数据科学技术丛书

数据分析与预测算法

基于R语言

[美] 拉斐尔·A. 伊里萨里 著
（Rafael A. Irizarry）

郭 涛 吴禹林 译

Introduction to Data Science

Data Analysis and Prediction
Algorithms with R

机械工业出版社
CHINA MACHINE PRESS

图书在版编目（CIP）数据

数据分析与预测算法：基于 R 语言 /（美）拉斐尔·A. 伊里萨里（Rafael A. Irizarry）著；郭涛，吴禹林译. —北京：机械工业出版社，2024.1

（数据科学技术丛书）

书名原文：Introduction to Data Science: Data Analysis and Prediction Algorithms with R

ISBN 978-7-111-74678-2

Ⅰ.①数… Ⅱ.①拉… ②郭… ③吴… Ⅲ.①数据处理　Ⅳ.① TP274

中国国家版本馆 CIP 数据核字（2024）第 005921 号

机械工业出版社（北京市百万庄大街 22 号　邮政编码 100037）

策划编辑：刘　锋　　　　　　　　责任编辑：刘　锋　张秀华
责任校对：马荣华　高凯月　梁　静　责任印制：常天培

北京铭成印刷有限公司印刷

2024 年 4 月第 1 版第 1 次印刷

186mm × 240mm · 37 印张 · 851 千字

标准书号：ISBN 978-7-111-74678-2

定价：199.00 元

电话服务　　　　　　　　　　　　网络服务

客服电话：010-88361066　　　　　机　工　官　网：www.cmpbook.com
　　　　　010-88379833　　　　　机　工　官　博：weibo.com/cmp1952
　　　　　010-68326294　　　　　金　书　网：www.golden-book.com
封底无防伪标均为盗版　　　　机工教育服务网：www.cmpedu.com

　　工业界、学术界和政府对熟练的数据科学从业人员的需求正在迅速增长。本书介绍的概念和技能可以帮助读者解决现实世界的数据分析问题。本书涵盖了概率、统计推断、线性回归和机器学习等概念，还可以帮助读者培养一些技能，如 R 编程、使用 dplyr 进行数据整理、使用 ggplot2 进行数据可视化、使用 caret 包构建算法、使用 UNIX/Linux 框架组织文件、使用 Git 和 GitHub 进行版本控制，以及使用 knitr 和 R markdown 进行可复现的文档准备。本书主要分为六个部分，每个部分都有若干章，可以适用于一个课程。

案例研究

　　启发性案例研究贯穿全书。在每个案例研究中，我们都试图真实地模仿数据科学家的经历。对于所涵盖的每个概念，我们从提出具体问题开始，并通过数据分析回答这些问题。我们将所学习的概念作为回答问题的手段。本书中的案例研究包括：

案例研究	概念
美国各州枪杀率	R 基础知识
描述学生的身高	统计汇总
世界卫生和经济趋势	数据可视化
疫苗对传染病病发率的影响	数据可视化
2007—2008 年金融危机	概率
美国总统选举预测	统计推断
学生报告的身高	数据整理
《点球成金》	线性回归
MNIST：手写数字图像处理	机器学习
电影推荐系统	机器学习

本书读者对象

　　本书适合作为数据科学方向第一门课程的教材。虽然有一些编程经验可能会有所帮助，但不需要有 R 语言的知识背景。本书对用于回答案例研究中的问题的统计概念仅作简要介绍，因此，要深入理解这些概念，建议配备概率与统计教材。如果你阅读并理解了所有章节并完成了所有练习，你将能够很好地完成基本数据分析任务，并且为学习成为专家所需的更高级的概念和技能做好了准备。

本书包含的主题

我们首先复习 R 基础知识和 tidyverse。R 的知识贯穿全书，但第一部分主要介绍持续学习所需的构建块。

信息数据集和软件工具的日益普及，使得许多领域对数据可视化的依赖性增加。第二部分将演示如何使用 ggplot2 生成图形，并描述重要的数据可视化原则。

第三部分基于 R，通过概率、推断和回归回答案例研究中的问题，以说明统计学在数据分析中的重要性。

第四部分通过若干示例来让读者熟悉数据整理。我们将学习的具体技能包括网页抓取、正则表达式使用、连接和重塑数据表。我们使用 tidyverse 工具来完成这些工作。

第五部分通过展示一些挑战引出机器学习。我们将学习使用 caret 包来构建包括 k 最近邻和随机森林在内的预测算法。

第六部分简要介绍在数据科学项目中日常使用的生产力工具：RStudio、UNIX/Linux shell、Git 和 GitHub，以及 knitr 和 R markdown。

本书未包含的主题

本书的重点是数据科学的数据分析方面，因此，不涉及与数据管理或工程相关的内容。尽管 R 编程是本书的一个重要部分，但本书并不教授更高级的计算机科学主题，如数据结构、优化和算法理论。同理，本书也不讨论诸如 Web 服务、交互式图形、并行计算和数据流处理等主题。统计概念主要作为解决问题的工具提出，本书并不包括其深入的理论描述。

本书配套

本书英文版基于 HarvardX 数据科学系列 ⊖ 的课堂笔记。本书英文版在线版本的链接是 https://rafalab.github.io/dsbook/。用于生成这本书的 R markdown 代码可以在 GitHub⊖ 上获得。注意，用于本书的图形可以使用 dslabs 包的 ds_theme_set() 函数重新创建。

本书通过 Creative Commons Attribution-NonCommercial-ShareAlike 4.0 International（CC BY-NC-SA 4.0）⊖ 授权许可。

⊖ https://www.edx.org/professional-certificate/harvardx-data-science
⊖ https://github.com/rafalab/dsbook
⊜ https://creativecommons.org/licenses/by-nc-sa/4.0

Acknowledgments 致　谢

本书献给所有参与构建和维护我们在本书中使用的 R 以及 R 包的人。特别感谢 R、tidyverse 和 caret 包的开发人员及维护人员。

特别感谢 tidyverse 专家 David Robinson 和 Amy Gill 的数十条点评、编辑意见及建议，也非常感谢曾两次担任我数据科学课指导老师的 Stephanie Hicks，以及耐心地回答了我很多关于 bookdown 的问题的 Yihui Xie。还要感谢 Karl Broman，我从他那里借鉴了数据可视化和生产力工具部分的想法，也要感谢 Hector Corrada-Bravo 在教授机器学习课程的方法方面的建议。感谢 Peter Aldhous，我从他那里借鉴了数据可视化原则部分的想法，感谢 Jenny Bryan 编写了 *Happy Git and GitHub for the useR*，这对本书第 37 章的编写很有启发。感谢 Alyssa Frazee 提出的家庭作业问题，该问题成就了本书的推荐系统章节。感谢 Amanda Cox 提供的纽约高中会考数据。同时，也要感谢 Jeff Leek、Roger Peng 和 Brian Caffo，本书的章节划分受他们的课程启发。还要感谢 Garrett Grolemund 和 Hadley Wickham 开放了 *R for Data Science* 一书的 bookdown 代码。最后，感谢 Alex Nones 在各个阶段对本书手稿的校对。

本书的构思开始于 15 年前，是从几门应用统计学课程的教学构思而来的。多年来，与我一起工作的助教们间接对本书做出了重要的贡献。本课程的最新版本是由 Heather Sternshein 和 Zzofia Gajdos 协助的 HarvardX 系列课程，感谢他们的贡献。也要感谢所有的学生，他们的问题和意见帮助我们改进了本书。课程部分经费由美国国立卫生研究院（NIH）（R25GM114818）资助。非常感谢美国国立卫生研究院的支持。

特别感谢所有通过 GitHub 拉请求在线编辑或通过创建问题提出建议的读者，他们是：nickyfoto（Huang Qiang）、desautm（Marc-André Désautels）、michaschwab（Michail Schwab）、alvarolarreategui（Alvaro Larreategui）、jakevc（Jake VanCampen）、omerta（Guillermo Lengemann）、espinielli（Enrico Spinielli）、asimumba（Aaron Simumba）、braunschweig（Maldewar）、gwierzchowski（Grzegorz Wierzchowski）、technocrat（Richard Careaga）、atzakas，defeit（David Emerson Feit）、shiraamitchell（Shira Mitchell）、Nathalie-S，andreashandel（Andreas Handel）、berkowitze（Elias Berkowitz）、Dean-Webb（Dean Webber）、mohayusuf，jimrothstein，mPloenzke（Matthew Ploenzke），以及 David D. Kane。

目　　录　*Contents*

第 1 章 *Chapter 1*

R 和 RStudio 入门

1.1 为什么是 R

　　R 与 C 或 Java 那些编程语言不同，它不是由软件工程师为软件开发而创建的。相反，它是由统计学家开发的一个用于数据分析的交互式环境。你可以通过论文"A Brief History of S"[一] 了解其完整历史。交互性是数据科学中不可或缺的一个特性，因为正如你很快将了解到的，快速探索数据的能力是在该领域取得成功所必需的。但是，与在其他编程语言中一样，你可以将工作保存为随时可以轻松执行的脚本。这些脚本作为执行分析的记录，是一个有助于复现工作的关键特性。如果你是一个专家级程序员，那么不要期望 R 会遵循你之前的习惯，因为你会失望的。但如果你有耐心的话，你就会欣赏到 R 在数据分析（特别是数据可视化）方面那不平凡的力量。

　　R 其他吸引人的特性还有：

- ❑　R 是免费且开源的[二]；
- ❑　它可以在所有主要平台上运行，包括 Windows、Mac OS、UNIX/Linux；
- ❑　脚本和数据对象可以跨平台无缝共享；
- ❑　有一个庞大的、不断增长的、活跃的用户社区，因此有许多资源可用于学习[三]；
- ❑　其他人可以很容易地贡献插件，使开发人员能够共享新数据科学方法的软件实现，

㊀　https://pdfs.semanticscholar.org/9b48/46f192aa37ca122cfabb1ed1b59866d8bfda.pdf

㊁　https://opensource.org/history

㊂　https://stats.stackexchange.com/questions/138/free-resources-for-learning-r；https://www.r-project.org/help.html

这使得 R 用户可以很早地使用较新的方法和工具，这些方法和工具是为多种学科开发的，包括生态学、分子生物学、社会科学和地理学等。

1.2 R 控制台

交互式数据分析通常在 R 控制台上进行，该控制台可以执行你输入的命令。有几种方法可以访问 R 控制台。一种方法是简单地在计算机上启动 R。控制台如图 1.1 所示。

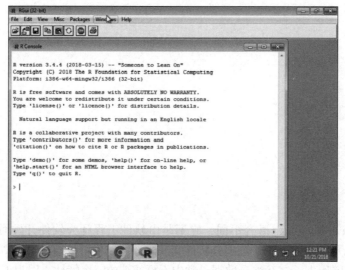

图 1.1

举个简单的例子，试着用控制台计算一餐消费 19.71 美元的小费（15%）：

```
0.15 * 19.71
#> [1] 2.96
```

注意，在本书中，符号 #> 用于表示 R 控制台输出的内容。

1.3 脚本

与点击式分析软件相比，R 的一大优点是可以将工作保存为脚本。你可以使用文本编辑器编辑和保存这些脚本。本书中的脚本是使用交互式集成开发环境 RStudio[⊖] 开发的。RStudio 包括一个具有许多 R 特定功能的编辑器、一个用于执行代码的控制台和其他一些有用的窗格（其中一个用于显示图形），如图 1.2 所示。

⊖ https://www.rstudio.com/

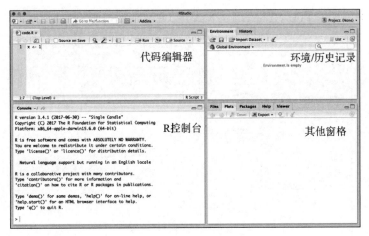

图　1.2

大多数基于 Web 的 R 控制台还提供了一个用于编辑脚本的窗格，但并非所有控制台都允许你保存脚本以供后续使用。

本书的所有 R 脚本都可以在 GitHub[⊖] 上找到。

1.4　RStudio

RStudio 将成为我们数据科学项目的启动平台。它不仅为我们提供了一个用于创建和编辑脚本的编辑器，还提供了许多其他有用的工具。在本节中，我们将介绍一些基本知识。

1.4.1　窗格

当第一次启动 RStudio 时，你将看到三个窗格（见图 1.3）。左窗格显示 R 控制台。右侧上方窗格包括"环境"（Environment）和"历史记录"（History）等选项卡，而右侧下方窗格显示 5 个选项卡：文件（Files）、绘图（Plots）、包（Packages）、帮助（Help）和查看器（Viewer）（在新版本中这些选项卡可能会有所不同）。你可以单击每个选项卡，在不同的功能之间切换。

要启动新脚本，可以依次单击文件

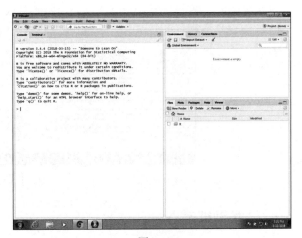

图　1.3

⊖　https://github.com/rafalab/dsbook

（File）、新建文件（New File），然后选择 R 脚本（R Script），如图 1.4 所示。

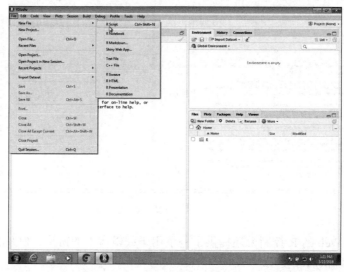

图 1.4

这将在左侧启动一个新窗格，你可以在此处开始编写脚本（见图 1.5）。

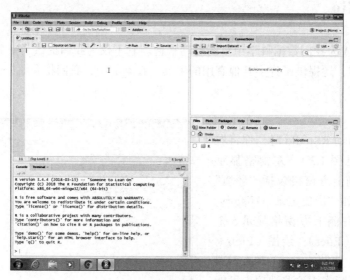

图 1.5

1.4.2 按键绑定

用鼠标执行的许多任务可以通过组合按键来完成。这些用于执行任务的键盘操作称为按键绑定。例如，我们刚刚演示了如何使用鼠标启动新脚本，你也可以使用按键绑定：

Windows 上的 <Ctrl+Shift+N> 和 Mac 上的 <command+Shift+N>。

尽管在本书中，我们经常演示如何使用鼠标操作，但强烈建议你记住最常用的操作的按键绑定。RStudio 提供了一个速查表（Cheatsheets），其中包含广泛使用的一些命令。你可以直接从 RStudio 获得，如图 1.6 所示。

图　1.6

你可能希望将此保存在手边，以便在执行重复点击式操作时快速查找按键绑定。

1.4.3　编辑脚本时运行命令

有许多专门为编码而设计的编辑器。这些编辑器非常实用，因为它们可以自动添加颜色和缩进，使代码可读性更强。其中，RStudio 是专门为 R 开发的。RStudio 相对于其他编辑器的一个主要优势是，我们可以在编辑脚本时轻松测试代码。

下面展示一个例子。我们像以前一样打开一个新脚本，然后给脚本命名。我们可以通过编辑器保存当前的未命名脚本。要执行此操作，请单击保存图标，或使用按键绑定 <Ctrl+S>（Windows）和 <command+S>（Mac）。

当你第一次要求保存文档时，RStudio 会提示你输入名称。比较好的方法是使用一个描述性的名称，名称中的字母小写，无空格，仅用连字符来分隔单词，后面跟着后缀 .R。我们将这个脚本命名为 my-first-script.R（见图 1.7）。

现在，我们准备开始编辑这个脚本。R 脚本中的前几行代码专门用于加载我们将使用的库。RStudio 的另一个有用的特性是，一旦我们输入 `library()`，它就开始自动补全已安装的库。注意当我们输入 `library(ti)` 时会发生什么（见图 1.8）。

它还有一个特性是，当输入 `library(` 时，会自动添加右半个括号。这有助于避免编码中常见的错误之一：忘记结束括号。

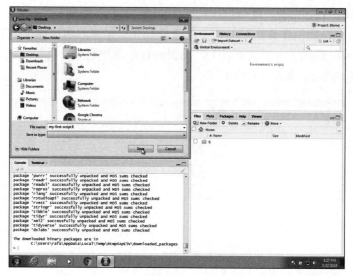

图 1.7

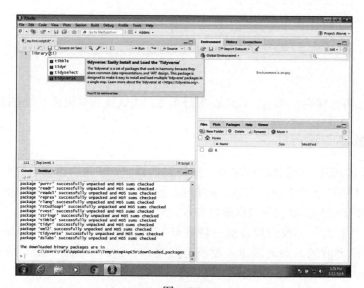

图 1.8

现在，我们可以继续编写代码。接下来我们将绘制一个图，按州显示枪杀总人数和人口总数。一旦完成了绘制此图所需的代码的编写，就可以通过执行代码来进行绘图尝试。要执行此操作，请单击编辑窗格右上角的"运行"（Run）按钮。你也可以使用按键绑定：在Windows 上使用 <Ctrl+Shift+Enter>，在 Mac 上使用 <command+Shift+return>。

运行代码后，你将看到它出现在 R 控制台中，在本例中，生成的图将显示在绘图控制台中。请注意，绘图控制台有一个界面，允许在不同的图之间单击"后退"和"前进"，放大图或将图另存为文件，如图 1.9 所示。

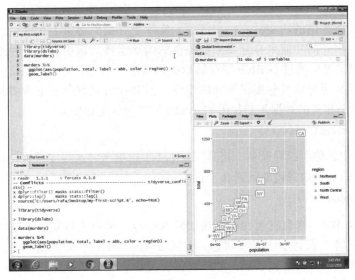

图　1.9

如果要一次运行一行代码而不是整个脚本，可以在 Windows 上使用 <Ctrl+Enter>，在 Mac 上使用 <command+return>。

1.4.4　更改全局选项

你可以在很大程度上改变 RStudio 的外观和功能。

要更改全局选项，请单击"工具"（Tools），然后单击"全局选项"（Global Options…）。

例如，我们展示了如何做出我们强烈推荐的改变。将 Save workspace to .RData on exit 改为 Never，并取消勾选 Restore .RData into workspace at startup。默认情况下，退出 R 时，会将创建的所有对象保存到名为 .RData 的文件中。这样，当在同一文件夹中重新启动会话时，它将加载这些对象。我们发现这会导致混淆，特别是当我们与同事共享代码并假设他们有这个 .RData 文件时。要更改这些选项，请按图 1.10 所示设置 General 选项。

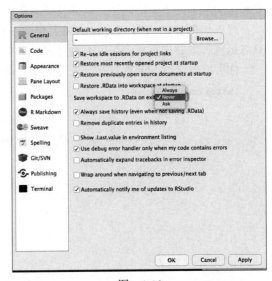

图　1.10

1.5　安装 R 包

新安装的 R 所提供的功能只有一小部分。实际上，我们将第一次安装后获得的功能集合称为 base R。额外的功能来自开发人员提供的附加组件。目前有上百种组件可从 CRAN 中获得，还有很多可以通过 GitHub 等存储库进行共享。然而，并不是每个人都需要所有可用的功能，所以 R 通过软件包提供不同的组件。在 R 中安装软件包非常容易。例如，要安装用于共享与本书相关的数据集和代码的 dslabs 软件包，可以输入：

```
install.packages("dslabs")
```

在 RStudio 中，你可以导航到"工具"（Tools）选项卡并选择安装软件包。然后，我们可以使用 library 函数将包加载到 R 会话中：

```
library(dslabs)
```

当你浏览本书时，你会发现我们直接加载软件包，没有进行安装。这是因为一旦你安装了软件包，它将一直处于已安装状态，只需要用 library 来加载即可。在我们退出 R 会话之前，软件包将保持加载状态。如果你试图加载一个软件包但得到了一个错误，则可能意味着需要事先对其进行安装。

通过向以下函数提供字符向量，我们可以一次安装多个软件包：

```
install.packages(c("tidyverse", "dslabs"))
```

注意，安装 tidyverse 时实际上会安装多个软件包。当软件包具有依赖项或使用其他软件包中的函数时，通常会发生这种情况。使用 library 加载软件包时，也会加载其依赖项。

一旦安装了软件包，你就可以将它们加载到 R 中，并且不需要再次安装它们，除非你安装了新版本的 R。请记住，软件包安装在 R 而不是 RStudio 中。

将工作所需的所有软件包的列表保存在脚本中很有帮助，因为如果需要重新安装 R，只需运行脚本即可重新安装所有软件包。

你可以使用以下函数查看已安装的所有软件包：

```
installed.packages()
```

R 语言

第 2 章

R 基础知识

在本书中，我们将使用 R 软件环境进行所有分析。你将同时学习 R 和数据分析技术。因此，你需要访问 R。我们还建议使用集成开发环境（Integrated Development Environment, IDE）——例如 RStudio 来保存你的工作。请注意，课程或讲习班通常会通过 Web 浏览器提供对 R 环境和 IDE 的访问，就像 RStudio Cloud⊖ 所做的那样。如果你可以访问这样的资源，则不需要安装 R 和 RStudio。但是，如果你想成为一名高级数据分析师，那么我们强烈建议你在计算机上安装这些工具 ⊜。R 和 RStudio 都是免费的，均可在线使用。

2.1　案例研究：美国枪杀人数

假设你住在欧洲，有一家美国公司为你提供了一份工作，其子公司遍布美国各州。这是一份很棒的工作，但像美国枪杀率高于其他发达国家 ⊜ 这样的新闻头条让你担心。图 2.1 所示的信息可能会让你更加担心。

更糟的是，来自 everytown.org 网站的图 2.2 可能会让你更加忧虑。

但你还记得，美国是一个疆土辽阔、多元化的国家，有 50 个截然不同的州以及一个哥伦比亚特区（见图 2.3）。

加利福尼亚州的人口比加拿大都多，美国有 20 个州的人口比挪威多。在某些方面，美国各州之间的差异与欧洲各国之间的差异类似。此外，虽未列入上述图表，立陶宛、乌克

⊖　https://rstudio.cloud

⊜　https://rafalab.github.io/dsbook/installing-r-rstudio.html

⊜　http://abcnews.go.com/blogs/headlines/2012/12/us-ownership-homicide-rate-higher-than-other-developed-countries/

兰和俄罗斯的枪杀率也高于 10 万分之 4。所以，也许让你担心的新闻报道太粗浅了。现在的情况是你可以选择住在哪里，并想要确定每个州的安全度。我们将使用 R 研究 2010 年美国枪杀案的相关数据来得出一些见解。

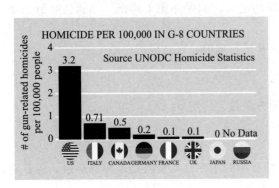

图　2.1

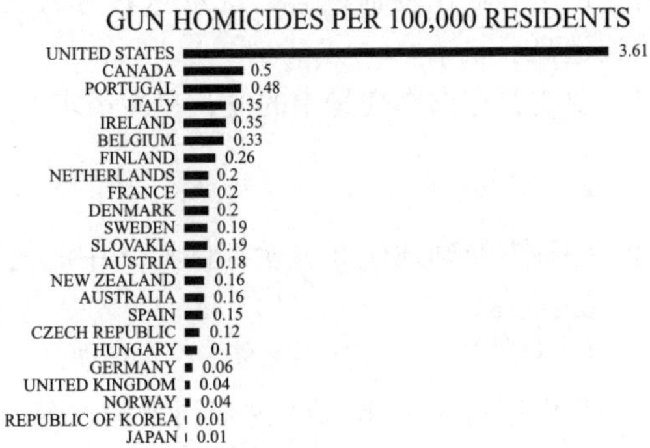

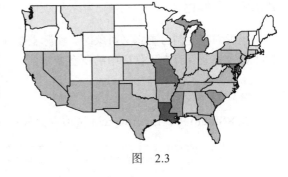

图　2.2

在开始这个例子之前，我们需要介绍 logistics 回归以及一些非常基本的构建块，这些都是获得更高级的 R 技能所必需的。请注意，其中一些构建块的有用性可能不会立即显现，但是在本书的后面，你将感激自己掌握了这些技能。

图　2.3

2.2　非常基础的知识

在开始使用启发性数据集之前，我们需要先了解 R 的基础知识。

2.2.1　对象

假设一名高中生请我们帮助解几个形式为 $ax^2+bx+c=0$ 的二次方程。二次方程的解如下：

$$\frac{-b-\sqrt{b^2-4ac}}{2a},\ \frac{-b+\sqrt{b^2-4ac}}{2a}$$

当然，这取决于 a、b 和 c 的值。编程语言的一个优点是，我们可以定义变量并用这些变量编写表达式，这与我们在数学中的做法类似，但可以获得数值解。我们将在下面写出求解二次方程的一般代码，但如果要求我们解 $x^2+x-1=0$，那么我们定义：

```
a <- 1
b <- 1
c <- -1
```

它们存储值以供后续使用。我们使用 <- 为变量赋值。

也可以使用 = 来代替 <-，但是我们建议不使用 =，以避免混淆。

将上面的代码复制并粘贴到控制台中，以定义这三个变量。请注意，当我们进行赋值时，R 不会输出任何内容，这意味着对象已成功定义。如果你犯了错误，你就会收到一条错误消息。

要查看存储在变量中的值，只需请求 R 对 a 进行求值，它会显示存储的值：

```
a
#> [1] 1
```

一种更明确地让 R 显示存储在 a 中的值的方法是，使用 print：

```
print(a)
#> [1] 1
```

我们用对象（object）这个词来描述存储在 R 中的东西。变量就是这样的对象，但是对象也可以是更复杂的实体，比如后面会介绍的函数。

2.2.2　工作区

当我们在控制台中定义对象时，实际上是在更改工作区（workspace）。你可以通过输入以下命令查看保存在工作区中的所有变量：

```
ls()
#> [1] "a"          "b"          "c"
```

在 RStudio 中，Environment 选项卡会显示这些值，如图 2.4 所示。

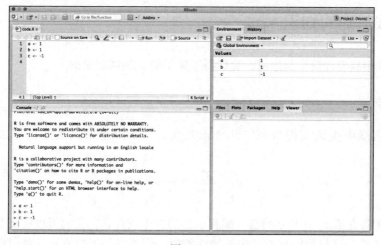

图　2.4

我们应该可以看到 a、b 和 c。如果试图恢复不在工作区中的变量值，则会收到一个错误。例如，如果输入 x，则会收到消息：Error: object 'x' not found。

既然这些值保存在变量中，为了得到方程的解，我们使用二次公式：

```
(-b + sqrt(b^2 - 4*a*c) ) / ( 2*a )
#> [1] 0.618
(-b - sqrt(b^2 - 4*a*c) ) / ( 2*a )
#> [1] -1.62
```

2.2.3　函数

定义变量后，数据分析过程通常可以描述为应用于数据的一系列函数。R 包含若干预定义的函数，我们构建的大多数分析管道都广泛使用了这些函数。

目前我们已经使用了 install.packages、library 和 ls 函数，还用 sqrt 函数求解了上述二次方程。R 还有更多的预构建函数，甚至可以通过软件包添加更多的函数。这些函数不会出现在工作区中，因为你没有对其加以定义，但它们可以立即使用。

通常，我们需要使用括号来计算函数。如果输入 ls，则不会对函数求值，而只会显示定义函数的代码；如果输入 ls()，则会对函数求值。如上所示，我们将在工作区中看到对象。

与 ls 函数不同，大多数函数需要一个或多个参数。以下示例展示了如何将对象赋给函数 log 的参数。请记住，我们先前将 a 定义为 1：

```
log(8)
#> [1] 2.08
log(a)
#> [1] 0
```

通过查看 R 中包含的手册，你可以了解该函数的预期用途和功能。你可以通过 help 函数获得帮助：

```
help("log")
```

对于大多数函数，我们也可以使用以下简写命令：

```
?log
```

帮助页将显示函数所需的参数。例如，log 需要 x 和 base 才能运行。但是，有些参数是必需的，有些参数则是可选的。在帮助文档中，默认值通过 = 赋值，我们可以据此确定哪些参数是可选的。例如，log 函数的 base 默认为 base = exp(1)，因此默认情况下 log 是自然对数函数。

如果要在不打开帮助文档的情况下快速查看参数，可以输入：

```
args(log)
#> function (x, base = exp(1))
#> NULL
```

只需指定另一个对象即可更改默认值：

```
log(8, base = 2)
#> [1] 3
```

请注意，我们没有像下面这样指定参数 x：

```
log(x = 8, base = 2)
#> [1] 3
```

上面的代码可以工作，但是我们可以省去一些输入：如果没有使用参数名，R 会假设你是按照帮助文档中显示的顺序或按照 args 输入参数。因此，不使用参数名时，它假定参数是 x 后跟 base：

```
log(8,2)
#> [1] 3
```

如果使用参数名，那么我们可以按照想要的顺序将它们列出：

```
log(base = 2, x = 8)
#> [1] 3
```

若要指定参数，必须使用 =，而不能使用 <- 。

函数需要用括号求值的规则有一些例外。其中，最常用的是算术运算符和关系运算符，例如：

```
2 ^ 3
#> [1] 8
```

你可以通过输入

```
help("+")
```

或者

```
?"+"
```

来查看算术运算符。

通过输入

```
help(">")
```

或者

```
?">"
```

来查看关系运算符。

2.2.4 其他预构建对象

有几个数据集可供用户练习和测试函数。你可以输入以下命令来查看所有可用的数据集：

```
data()
```

这将显示这些数据集的对象名。这些数据集是只需输入名称即可使用的对象。例如，如果输入：

```
co2
```

R 将显示莫纳罗亚大气二氧化碳浓度数据。

其他预构建对象还有数学量，例如常数 π 和 ∞：

```
pi
#> [1] 3.14
Inf+1
#> [1] Inf
```

2.2.5　变量名

我们这里使用了字母 a、b 和 c 作为变量名，但是变量名几乎可以是任何东西。R 的一些基本规则要求变量名必须以字母开头，不能包含空格，并且不应是在 R 中预定义的变量。例如，不要通过输入 install.packages <- 2 来命名变量 install.packages。

一个很好的习惯是使用有意义的词来描述存储的内容，只使用小写字母，并使用下划线代替空格。对于二次方程，我们可以用这样的方法：

```
solution_1 <- (-b + sqrt(b^2 - 4*a*c)) / (2*a)
solution_2 <- (-b - sqrt(b^2 - 4*a*c)) / (2*a)
```

如需更多建议，建议学习 Hadley Wickham 的风格指南 ⊖。

2.2.6　保存工作区

值将保留在工作区中，直到结束会话或使用函数 rm 将其清除。但是，我们也可以将工作区保存起来以备后续使用。实际上，当退出 R 时，程序会询问你是否要保存工作区。如果保存，下次启动 R 时，程序将恢复工作区。

实际上，我们不建议用这种方式保存工作区，因为当你开始处理不同的项目时，跟踪保存的内容会变得更加困难。相反，我们建议为工作区指定一个特定的名称，方法是使用函数 save 或 save.image。若要加载，请使用函数 load。保存工作区时，建议使用后缀 rda 或 RData。在 RStudio 中，也可以导航到 Session 选项卡并选择 Save Workspace as 来完成此操作。之后，便可以使用同一选项卡中的 Load Workspace 选项进行加载。你可以阅读有关 save、save.image 和 load 的帮助页以了解更多信息。

2.2.7　启发性脚本

要求解另一个方程，如 $3x^2+2x-1=0$，我们可以复制并粘贴上面的代码，然后重新定义变量并重新计算方程的解：

```
a <- 3
b <- 2
c <- -1
(-b + sqrt(b^2 - 4*a*c)) / (2*a)
(-b - sqrt(b^2 - 4*a*c)) / (2*a)
```

⊖　http://adv-r.had.co.nz/Style.html

如果使用前面的代码创建和保存脚本，就不需要每次都重新输入所有内容，只需更改变量名即可。试着把上面的脚本写进编辑器中，体验一下改变变量并得到答案是多么容易。

2.2.8　注释代码

如果一行 R 代码以符号 # 开头，则不会对其进行求值。我们可以用这种方式来提醒自己为什么要写这些代码。例如，对于上面的脚本，我们可以添加：

```
## Code to compute solution to quadratic equation of the form ax^2 + bx + c
## define the variables
a <- 3
b <- 2
c <- -1


## now compute the solution
(-b + sqrt(b^2 - 4*a*c)) / (2*a)
(-b - sqrt(b^2 - 4*a*c)) / (2*a)
```

2.3　练习

1. 前 100 个正整数的和是多少？整数 $1 \sim n$ 之和的公式是 $n(n+1)/2$。设 $n=100$，然后使用 R 通过公式来计算 $1 \sim 100$ 的总和。总和是多少？
2. 用同样的公式计算 $1 \sim 1000$ 的整数之和。
3. 查看在 R 中输入以下代码的结果：

```
n <- 1000
x <- seq(1, n)
sum(x)
```

根据结果，你认为 seq 和 sum 函数做了什么？可以使用 help 查询。

a. sum 创建一个数字列表，seq 将它们相加。

b. seq 创建一个数字列表，sum 将它们相加。

c. seq 创建一个随机列表，sum 计算 $1 \sim 1000$ 的总和。

d. sum 总是返回相同的数字。

4. 在数学和编程中，当我们用给定的数字替换参数时，我们会对函数求值。所以，如果输入 sqrt(4)，则对 sqrt 函数求值。在 R 中，可以在另一个函数内计算某个函数。计算是由内而外进行的。用一行代码计算 100 的平方根的对数，以 10 为底。

5. 以下哪一项总是返回存储在 x 中的数值？如果需要，可以分别尝试并使用 help 系统。

a. log(10^x)

b. log10(x^10)

c. log(exp(x))

d. exp(log(x, base = 2))

2.4　数据类型

R 中的变量可以有不同的类型。例如，我们需要区分数字与字符串、表格与简单的数字列表。函数 class 可以帮助我们确定对象的类型：

```
a <- 2
class(a)
#> [1] "numeric"
```

为了高效地使用 R，学习不同类型的变量以及这些变量的作用是很重要的。

2.4.1　数据帧

到目前为止，我们定义的变量都是数字。这对于存储数据不是很有用。在 R 中存储数据集的常见方法是使用数据帧。从概念上讲，我们可以将数据帧看作一个表，其中的行表示观测对象，列表示每个观测对象的不同变量。数据帧对于数据集特别有用，因为我们可以将不同的数据类型组合到一个对象中。

很大一部分数据分析挑战都是从数据帧中存储的数据开始的。例如，前面示例的数据就是存储在数据帧中的。我们可以通过加载 dslabs 库并使用 data 函数加载 murders 数据集来访问此数据集：

```
library(dslabs)
data(murders)
```

为了确认它确实是一个数据帧，我们输入：

```
class(murders)
#> [1] "data.frame"
```

2.4.2　检查对象

str 函数有助于我们了解有关对象结构的更多信息：

```
str(murders)
#> 'data.frame':    51 obs. of  5 variables:
#> $ state : chr "Alabama" "Alaska" "Arizona" "Arkansas" ...
#> $ abb : chr "AL" "AK" "AZ" "AR" ...
#> $ region : Factor w/ 4 levels "Northeast","South",..: 2 4 4 2 4 4 1 2 2
#>   2 ...
#> $ population: num 4779736 710231 6392017 2915918 37253956 ...
#> $ total : num 135 19 232 93 1257 ...
```

这告诉我们关于这个对象的更多信息。我们看到该表有 51 行（50 个州加上哥伦比亚特区）和 5 个变量。我们可以使用函数 head 显示前 6 行：

```
head(murders)
#>        state abb region population total
#> 1    Alabama  AL  South    4779736   135
```

```
#> 2      Alaska   AK    West     710231     19
#> 3     Arizona   AZ    West    6392017    232
#> 4    Arkansas   AR   South    2915918     93
#> 5  California   CA    West   37253956   1257
#> 6    Colorado   CO    West    5029196     65
```

在这个数据集中，每个州都被视为一个观察对象，每个州有 5 个变量。

在进一步回答关于不同州的问题之前，我们先了解一下这个对象的组件。

2.4.3　访问器：$

进行分析时，我们需要访问这个数据帧中包含的列所表示的不同变量。为此，我们按以下方式使用访问器运算符 $：

```
murders$population
#>  [1]  4779736    710231   6392017   2915918  37253956   5029196   3574097
#>  [8]   897934    601723  19687653   9920000   1360301   1567582  12830632
#> [15]  6483802   3046355   2853118   4339367   4533372   1328361   5773552
#> [22]  6547629   9883640   5303925   2967297   5988927    989415   1826341
#> [29]  2700551   1316470   8791894   2059179  19378102   9535483    672591
#> [36] 11536504   3751351   3831074  12702379   1052567   4625364    814180
#> [43]  6346105  25145561   2763885    625741   8001024   6724540   1852994
#> [50]  5686986    563626
```

但我们怎么知道如何使用 population 呢？之前，通过将 str 函数应用于 murders 对象，我们展示了存储在该表中的 5 个变量的名称。我们可以使用以下方法快速访问变量名：

```
names(murders)
#> [1] "state"      "abb"        "region"     "population" "total"
```

重要的是要知道，murders$population 中的条目的顺序与数据表中行的顺序一致。这使得我们可以根据另一个变量的结果来操纵一个变量。例如，我们可以根据枪杀人数来排列州名。

 提示　R 提供了一个非常好的自动补全功能，可以省去我们输入所有名称的麻烦。试着输入 murders$p，然后按键盘上的 <Tab> 键。在 RStudio 中工作时，可以使用此功能和许多其他有用的自动补全功能。

2.4.4　向量：数值型、字符型和逻辑型

murders$population 对象不是一个数字，而是包含多个数字。我们称这类对象为向量。从技术上讲，单个数字是长度为 1 的向量，但我们通常使用"向量"这个术语来指代具有多个条目的对象。函数 length 可以告诉我们向量中有多少个条目：

```
pop <- murders$population
```

```
length(pop)
#> [1] 51
```

这个向量是数值型的，因为人口数量是数字：

```
class(pop)
#> [1] "numeric"
```

在数值向量中，每个条目都必须是数字。

为了存储字符串，向量也可以是字符型的。例如，州的名称为字符串：

```
class(murders$state)
#> [1] "character"
```

与数值向量一样，字符向量中的所有条目都必须是字符。

另一种重要的向量是逻辑向量。它的条目要么是 TRUE，要么是 FALSE。

```
z <- 3 == 2
z
#> [1] FALSE
class(z)
#> [1] "logical"
```

这里的 == 是一个关系运算符，询问 3 是否等于 2。在 R 中，如果使用 =，则实际上是在分配变量；如果使用 ==，则是在测试相等性。

你可以输入以下内容查看其他关系运算符：

```
?Comparison
```

在后面的章节中，你将看到关系运算符的用处。

在下一组练习之后，我们将继续讨论向量更重要的特征。

进阶内容　从数学上讲，pop 中的值是整数，R 中有一个整数类。但是，在默认情况下，即使是整数，数字也被指定为数值类。例如，class(1) 返回数值。可以使用 as.integer() 函数或添加 L（如 1L）来将它们转换为整数类，例如 class(1L)。

2.4.5　因子

在 murders 数据集中，我们可能希望地区也是一个字符向量，但它不是。

```
class(murders$region)
#> [1] "factor"
```

这是一个因子。因子对于存储分类数据很有用。使用 levels 函数，我们可以看到只有 4 个地区：

```
levels(murders$region)
#> [1] "Northeast"     "South"          "North Central" "West"
```

在后台，R 将这些级别（levels）存储为整数，并保留一个映射来跟踪标签。这比存储所有字符更节省内存。

请注意，级别的顺序与因子对象的出现顺序不同。默认情况下，级别按字母顺序排列。然而，我们可能会希望级别遵循不同的顺序。我们将在本书的第二部分看到一些这样的例子。函数 reorder 使得我们可以根据数值向量计算的汇总更改因子变量的级别顺序。我们将用一个简单的例子来说明这一点。

假设我们要按枪杀总人数而不是字母顺序来计算该地区的级别。如果每个级别都有关联的值，我们可以使用 reorder 并指定一个数据汇总来确定顺序。下面的代码取每个地区枪杀人数的总和，并根据这些总和重新排序因子。

```
region <- murders$region
value <- murders$total
region <- reorder(region, value, FUN = sum)
levels(region)
#> [1] "Northeast"     "North Central" "West"          "South"
```

新顺序与事实一致：美国东北部枪杀人数最少，南部枪杀人数最多。

警告 因子可能导致混乱，因为有时它们表现得像字符，有时却并非如此。因此，混淆因子和字符是常见的错误源。

2.4.6 列表

数据帧是列表的一种特殊情况。稍后，我们将详细地介绍列表，它们很有用，可以用来存储不同类型的数据。下面是我们创建的列表示例：

```
record
#> $name
#> [1] "John Doe"
#>
#> $student_id
#> [1] 1234
#>
#> $grades
#> [1] 95 82 91 97 93
#>
#> $final_grade
#> [1] "A"
class(record)
#> [1] "list"
```

与数据帧一样，我们可以使用访问器 $ 提取列表的组件。事实上，数据帧也是一种列表。

```
record$student_id
#> [1] 1234
```

我们也可以像这样使用双方括号（[[）：

```
record[["student_id"]]
#> [1] 1234
```

你应该习惯这样一个事实：在 R 中，通常有几种方法可以执行相同的操作，例如访问条目。

你可能还会遇到没有变量名的列表。

```
record2
#> [[1]]
#> [1] "John Doe"
#>
#> [[2]]
#> [1] 1234
```

如果列表没有名称，则无法使用 $ 提取元素，但仍可以使用方括号方法，只需提供列表索引，而不需要提供变量名称，如下所示：

```
record2[[1]]
#> [1] "John Doe"
```

我们稍后才会使用列表，但你可能会在探索 R 时遇到列表。为此，我们将在这里给出一些基本信息。

2.4.7　矩阵

矩阵是 R 中另一种常见的对象。矩阵类似于数据帧，因为它们都是二维的：都有行和列。然而，像数值、字符和逻辑向量一样，矩阵中的条目必须都是相同的类型。因此，数据帧对于存储数据更有用，因为我们可以在其中包含字符、因子和数字。

然而，与数据帧相比，矩阵有一个主要的优势：我们可以执行矩阵代数运算，这是一种强大的数学技术。在本书中我们没有描述这些运算，但是当你执行数据分析时，在后台发生的大部分操作都涉及矩阵。我们将在 33.1 节中详细地介绍矩阵，但由于我们马上会学习返回矩阵的一些函数，因此这里将对其进行简要概述。

我们可以用函数 matrix 来定义矩阵。定义矩阵时需要指定行数和列数：

```
mat <- matrix(1:12, 4, 3)
mat
#>      [,1] [,2] [,3]
#> [1,]    1    5    9
#> [2,]    2    6   10
#> [3,]    3    7   11
#> [4,]    4    8   12
```

我们可以使用方括号访问矩阵中的特定条目。如果需要访问第二行第三列处的元素，可以使用：

```
mat[2, 3]
#> [1] 10
```

如果需要访问整个第二行的元素，请将列位留空：

```
mat[2, ]
#> [1]  2  6 10
```

注意，这里返回的是向量而不是矩阵。类似地，如果需要访问整个第三列的元素，请将行位留空：

```
mat[, 3]
#> [1]  9 10 11 12
```

这也是一个向量而不是矩阵。

如果愿意，可以访问多个列或多个行的元素。这将返回一个新的矩阵：

```
mat[, 2:3]
#>      [,1] [,2]
#> [1,]   5    9
#> [2,]   6   10

#> [3,]   7   11
#> [4,]   8   12
```

这可以同时对行和列进行子集限定：

```
mat[1:2, 2:3]
#>      [,1] [,2]
#> [1,]   5    9
#> [2,]   6   10
```

我们可以使用函数 `as.data.frame` 将矩阵转换为数据帧：

```
as.data.frame(mat)
#>   V1 V2 V3
#> 1  1  5  9
#> 2  2  6 10
#> 3  3  7 11
#> 4  4  8 12
```

也可以使用单方括号访问数据帧的行和列：

```
data("murders")
murders[25, 1]
#> [1] "Mississippi"
murders[2:3, ]
#>      state abb region population total
#> 2 Alaska  AK   West     710231    19
#> 3 Arizona AZ   West    6392017   232
```

2.5 练习

1. 加载 `murders` 数据集。

```
library(dslabs)
data(murders)
```

使用 str 函数检查 murders 对象的结构。以下哪项最能描述此数据帧中表示的变量？

a. 51 个州。

b. 50 个州和哥伦比亚特区的枪杀率。

c. 州名、州名的缩写、州所在地区，以及 2010 年该州的人口和枪杀总人数。

d. str 没有显示相关信息。

2. 数据帧对这 5 个变量使用了什么列名？

3. 使用访问器 $ 提取州名缩写并将其分配给对象 a。这个对象的类型是什么？

4. 使用方括号提取州名缩写并将它们分配给对象 b。使用 identical 函数来确定 a 和 b 是否相同。

5. 我们看到 region 列存储了一个因子。你可以通过输入以下内容来证实这一点：

```
class(murders$region)
```

对于一行代码，使用函数 levels 和 length 来确定此数据集定义的地区数。

6. 函数 table 接受一个向量并返回每个元素的频率。通过应用此函数，你可以快速看到每个地区中有多少个州。在一行代码中使用此函数创建每个地区的州列表。

2.6 向量

在 R 中，可用于存储数据的最基本对象是向量。如你所见，复杂的数据集通常可以分解为组件，即向量。例如，在数据帧中，每一列都是一个向量。在这里，我们将了解更多关于这一重要类型的信息。

2.6.1 创建向量

我们可以使用函数 c（代表 concatenate）创建向量，按以下方式连接条目：

```
codes <- c(380, 124, 818)
codes
#> [1] 380 124 818
```

我们也可以创建字符向量，使用引号来表明条目是字符而不是变量名。

```
country <- c("italy", "canada", "egypt")
```

在 R 中，也可以使用单引号：

```
country <- c('italy', 'canada', 'egypt')
```

现在你应该知道，如果输入：

```
country <- c(italy, canada, egypt)
```

你将收到一个错误，因为还未定义变量 italy、canada 和 egypt。如果不使用引号，R 将查找具有这些名称的变量并返回一个错误。

2.6.2 命名

有时，给向量的条目命名很有用。例如，在定义国家代码向量时，我们可以将名称与代码连接起来：

```
codes <- c(italy = 380, canada = 124, egypt = 818)
codes
#>  italy canada  egypt
#>    380    124    818
```

codes 对象仍然是数值向量：

```
class(codes)
#> [1] "numeric"
```

但有名字：

```
names(codes)
#> [1] "italy"  "canada" "egypt"
```

如果使用不带引号的字符串看起来很混乱，那么也可以使用引号：

```
codes <- c("italy" = 380, "canada" = 124, "egypt" = 818)
codes
#>  italy canada  egypt
#>    380    124    818
```

此函数调用与上一个函数调用没有区别。与其他语言相比，R 在许多方面都很古怪，这便是其中之一。

我们还可以使用 names 函数指定名称：

```
codes <- c(380, 124, 818)
country <- c("italy","canada","egypt")
names(codes) <- country
codes
#>  italy canada  egypt
#>    380    124    818
```

2.6.3 序列

还有一个用于创建向量的有用函数可以生成序列：

```
seq(1, 10)
#>  [1]  1  2  3  4  5  6  7  8  9 10
```

第一个参数定义开头，第二个参数定义结尾。默认值以 1 为增量递增，但增量也可以通过第三个参数进行设置：

```
seq(1, 10, 2)
#> [1] 1 3 5 7 9
```

如果需要连续整数，可以使用以下简略表达方式：

```
1:10
#> [1]  1  2  3  4  5  6  7  8  9 10
```

当使用这些函数时，R 会生成整数而不是一般数字，因为它们通常用于索引：

```
class(1:10)
#> [1] "integer"
```

但是，如果我们创建一个包含非整数的序列，class 返回值会发生变化：

```
class(seq(1, 10, 0.5))
#> [1] "numeric"
```

2.6.4　子集

我们使用方括号来访问向量的特定元素。对于上面定义的向量 codes，我们可以使用以下方法访问第二个元素：

```
codes[2]
#> canada
#>    124
```

使用多条目向量作为索引，可以获得多个条目：

```
codes[c(1,3)]
#> italy egypt
#>   380   818
```

如果想访问前两个元素，上面定义的序列尤其有用：

```
codes[1:2]
#>  italy canada
#>    380    124
```

如果元素有名称，也可以使用这些名称访问条目。下面是两个例子：

```
codes["canada"]
#> canada
#>    124
codes[c("egypt","italy")]
#> egypt italy
#>   818   380
```

2.7　强制转换

一般来说，强制转换是指 R 试图灵活处理数据类型。当条目与预期不匹配时，一些预构建的 R 函数会在抛出错误之前尝试猜测其含义，这也会导致混淆。当试图用 R 编写代码时，不理解强制转换会让程序员发疯，因为在这方面，它的行为与大多数其他语言完全不同。我们通过一些例子来了解一下它。

我们说过向量元素必须是同一类型的。因此，如果我们尝试组合数字和字符，可能会遇到错误：

```
x <- c(1, "canada", 3)
```

但我们没有收到错误，甚至没有收到警告！这是怎么了？看看 x 和它的类型：

```
x
#> [1] "1"      "canada" "3"
class(x)
#> [1] "character"
```

R 将数据强制转换为字符。它猜测，因为你把一个字符串放在向量中，很可能你认为 1 和 3 实际上是字符串 "1" 和 "3"。没有发出警告的事实说明强制转换会在 R 中造成许多未被注意到的错误。

R 还提供了从一种类型转换到另一种类型的函数。例如，可以使用以下命令将数字转换为字符：

```
x <- 1:5
y <- as.character(x)
y
#> [1] "1" "2" "3" "4" "5"
```

你可以用 as.numeric 转换回去：

```
as.numeric(y)
#> [1] 1 2 3 4 5
```

这个函数实际上非常有用，因为将数字作为字符串进行保存的数据集很常见。

不可用

当函数试图将一种类型强制转换为另一种类型，却遇到不可能的情况时，它通常会发出警告，并将条目转换为一个称为 NA（Not Available，不可用）的特殊值。例如：

```
x <- c("1", "b", "3")
as.numeric(x)
#> Warning: NAs introduced by coercion
#> [1]  1 NA  3
```

当你输入 b 时，R 无法猜测出你想要的数字，因此它不会尝试。

作为数据科学家，你经常会遇到 NA，因为它们通常用于表示丢失的数据，这是现实世界数据集中的一个常见问题。

2.8　练习

1. 使用函数 c 创建一个向量，其中包含北京、拉各斯、巴黎、里约热内卢、圣胡安和多伦多 1 月份的平均高温，即 35、88、42、84、81 和 30 华氏度，设对象为 temp。
2. 创建一个包含城市名称的向量，设对象为 city。
3. 使用 names 函数和前面练习中定义的对象将温度数据与对应的城市相关联。

4. 使用［和 : 运算符获取列表中前三个城市的温度。

5. 使用［运算符获取巴黎和圣胡安的温度。

6. 使用 : 运算符创建一个数字序列 12，13，14，…，73。

7. 创建一个包含所有小于 100 的正奇数的向量。

8. 创建一个数值向量，从 6 开始，不超过 55，并以 4/7 作为增量递增数字。列表中有多少个数字？提示：使用 seq 和 length。

9. 对象 a <- seq(1, 10, 0.5) 的类型是什么？

10. 对象 a <- seq(1, 10) 的类型是什么？

11. class(a<-1) 的类型是数字，而不是整数。R 默认使用数字，要强制使用整数，需要添加字母 L。确认 1L 的类型是整数。

12. 定义以下向量：

```
x <- c("1", "3", "5")
```

将它强制转换为整数。

2.9　排序

我们已经掌握了一些基本的 R 知识，现在来深入了解不同州依据枪杀案发生情况的安全问题。

2.9.1　sort

假设我们想把各州按照枪杀总人数从少到多的顺序排列。函数 sort 按递增顺序对向量进行排序。因此，我们可以输入以下内容来查看枪杀总人数的最大值：

```
library(dslabs)
data(murders)
sort(murders$total)
#>  [1]    2    4    5    5    7    8   11   12   12   16   19   21   22
#> [14]   27   32   36   38   53   63   65   67   84   93   93   97   97
#> [27]   99  111  116  118  120  135  142  207  219  232  246  250  286
#> [40]  293  310  321  351  364  376  413  457  517  669  805 1257
```

然而，这并没有给我们提供关于州与枪杀总人数的对应信息。例如，我们不知道哪个州枪杀总人数为 1257。

2.9.2　order

函数 order 更接近我们想要的。它将向量作为输入，并返回对输入向量进行排序的索引向量。这听起来可能令人困惑，我们来看一个简单的例子。我们可以创建一个向量并对其进行排序：

```
x <- c(31, 4, 15, 92, 65)
sort(x)
#> [1]  4 15 31 65 92
```

函数 order 不对输入向量进行排序，而是返回对输入向量进行排序的索引：

```
index <- order(x)
x[index]
#> [1]  4 15 31 65 92
```

这与 sort(x) 返回的输出相同。如果看一下它的索引，就会明白为什么它会起作用：

```
x
#> [1] 31  4 15 92 65
order(x)
#> [1] 2 3 1 5 4
```

x 的第二个条目是最小的，所以 order(x) 从 2 开始。次小的是第三个条目，所以 order(x) 的第二个条目是 3，依次类推。

这怎么帮助我们通过枪杀总人数对州进行排序？首先，请记住，使用 $ 访问的向量条目的顺序与表中的行的顺序相同。例如，这两个分别包含州名和州名缩写的向量按顺序匹配：

```
murders$state[1:6]
#> [1] "Alabama"    "Alaska"     "Arizona"    "Arkansas"   "California"
#> [6] "Colorado"
murders$abb[1:6]
#> [1] "AL" "AK" "AZ" "AR" "CA" "CO"
```

这意味着我们可以根据枪杀总人数来排列州名。我们首先获得根据枪杀总人数对向量进行排序的索引，然后索引州名向量：

```
ind <- order(murders$total)
murders$abb[ind]
#>  [1] "VT" "ND" "NH" "WY" "HI" "SD" "ME" "ID" "MT" "RI" "AK" "IA" "UT"
#> [14] "WV" "NE" "OR" "DE" "MN" "KS" "CO" "NM" "NV" "AR" "WA" "CT" "WI"
#> [27] "DC" "OK" "KY" "MA" "MS" "AL" "IN" "SC" "TN" "AZ" "NJ" "VA" "NC"
#> [40] "MD" "OH" "MO" "LA" "IL" "GA" "MI" "PA" "NY" "FL" "TX" "CA"
```

根据以上数据，加利福尼亚州枪杀人数最多。

2.9.3 max 和 which.max

如果我们只对最大值条目感兴趣，则可以使用 max：

```
max(murders$total)
#> [1] 1257
```

对于最大值的索引，则使用 which.max：

```
i_max <- which.max(murders$total)
murders$state[i_max]
#> [1] "California"
```

对于最小值，可以以同样的方式使用 min 和 which.min。

这是否意味着加利福尼亚州是最危险的州？在下一节中，我们将提到应该考虑枪杀率而不是枪杀人数总量。在此之前，我们引入最后一个排序相关函数：rank。

2.9.4　rank

虽然不像 order 和 sort 那样频繁被使用，但是函数 rank 也与排序相关，并且很有用。对于给定的向量，它将返回一个向量，该向量包含输入向量的第一个条目、第二个条目等的排序。下面是一个简单的例子：

```
x <- c(31, 4, 15, 92, 65)
rank(x)
#> [1] 3 1 2 5 4
```

总而言之，我们介绍的三个函数的结果对比如表 2.1 所示。

表　2.1

原始向量条目	sort	order	rank
31	4	2	3
4	15	3	1
15	31	1	2
92	65	5	5
65	92	4	4

2.9.5　注意循环使用

R 中另一个未被注意到的错误通常来源于循环使用。我们看到向量是按元素相加的。因此，如果向量的长度不匹配，自然就会得到一个错误。但我们没有。注意一下发生了什么：

```
x <- c(1,2,3)
y <- c(10, 20, 30, 40, 50, 60, 70)
x+y
#> Warning in x + y: longer object length is not a multiple of shorter
#> object length
#> [1] 11 22 33 41 52 63 71
```

我们确实收到了警告，但不是错误。对于输出，R 循环使用 x 中的数字。注意输出中数字的最后一位。

2.10　练习

在以下练习中，我们将使用 murders 数据集。请确保在开始之前加载它：

```
library(dslabs)
data("murders")
```

1. 使用 $ 运算符访问人口数量数据并将其存储为对象 pop。然后，使用 sort 函数重新定义 pop 以便对其进行排序。最后，使用 [运算符给出最小的人口规模。

2. 现在，我们需要找的不是最小的人口规模，而是最小人口规模的条目的索引。提示：使用 order 而不是 sort。

3. 实际上，我们可以使用函数 which.min 执行与上一个练习中相同的操作。编写一行代码来完成此操作。

4. 现在，我们知道人口最少的州有多少，也知道哪一行代表它。是哪个州？定义一个变量 states 作为 murders 数据帧中的州名。给出人口最少的州的名称。

5. 我们可以使用 data.frame 函数来创建一个数据帧。下面是一个简单的例子：

```
temp <- c(35, 88, 42, 84, 81, 30)
city <- c("Beijing", "Lagos", "Paris", "Rio de Janeiro",
          "San Juan", "Toronto")
city_temps <- data.frame(name = city, temperature = temp)
```

使用 rank 函数从最小人口规模到最大人口规模确定每个州的人口排名。将这些排名保存在名为 ranks 的对象中，然后使用州名及其排名创建一个数据帧。将数据帧命名为 my_df。

6. 重复上一练习，但这一次，请按人口从最少到最多的顺序排列 my_df。提示：创建一个对象 ind，它存储排序人口值所需的索引。然后，使用括号运算符 [对数据帧中的列重新排序。

7. na_example 向量表示一系列计数。可以使用以下方法快速检查对象：

```
data("na_example")
str(na_example)
#>  int [1:1000] 2 1 3 2 1 3 1 4 3 2 ...
```

然而，当我们用函数 mean 计算平均值时，我们得到一个 NA：

```
mean(na_example)
#> [1] NA
```

函数 is.na 返回一个逻辑向量，告诉我们哪些条目是 NA。将这个逻辑向量分配给名为 ind 的对象，确定 na_example 有多少个 NA。

8. 现在，再次计算平均值，但只计算非 NA 的条目。提示：记住 ! 运算符。

2.11　向量运算

加利福尼亚州枪杀人数最多，但这是否意味着它是最危险的州？如果它的人口比其他任何州都多呢？我们可以很快确认，加利福尼亚州确实拥有最多的人口：

```
library(dslabs)
data("murders")
```

```
murders$state[which.max(murders$population)]
#> [1] "California"
```

共 3700 多万居民。因此,如果想要了解各州的安全程度,那么比较枪杀总人数是不公平的。我们真正应该计算的是单位人口枪杀人数。我们在示例中描述的报告以每 10 万人枪杀人数为单位。要计算这个量,R 强大的向量运算能力就派上了用场。

2.11.1 重新缩放向量

在 R 中,对向量的算术运算是按元素进行的。举个简单的例子,假设我们有以英寸 [⊖] 为单位的一系列身高数据:

```
inches <- c(69, 62, 66, 70, 70, 73, 67, 73, 67, 70)
```

如果想换算成厘米,可以乘以 2.54:

```
inches * 2.54
#> [1] 175 157 168 178 178 185 170 185 170 178
```

在上一行中,我们将每个元素乘以 2.54。同样,如果想计算每个条目比男性的平均身高 69 英寸差多少,则可以从每个条目中减去平均值:

```
inches - 69
#> [1] 0 -7 -3 1 1 4 -2 4 -2 1
```

2.11.2 两个向量

如果我们有两个长度相同的向量,并在 R 中将它们相加,它们将按如下方式逐项相加:

$$\begin{pmatrix} a \\ b \\ c \\ d \end{pmatrix} + \begin{pmatrix} e \\ f \\ g \\ h \end{pmatrix} = \begin{pmatrix} a+e \\ b+f \\ c+g \\ d+h \end{pmatrix}$$

其他数学运算(例如减法、乘法和除法)也是如此。这意味着要计算枪杀率,我们可以简单地输入:

```
murder_rate <- murders$total / murders$population * 100000
```

一旦我们这样做了,就会注意到加利福尼亚州不再位于榜首。事实上,我们可以利用所学的知识,按枪杀率对各州进行排序:

```
murders$abb[order(murder_rate)]
#> [1] "VT" "NH" "HI" "ND" "IA" "ID" "UT" "ME" "WY" "OR" "SD" "MN" "MT"
#> [14] "CO" "WA" "WV" "RI" "WI" "NE" "MA" "IN" "KS" "NY" "KY" "AK" "OH"
#> [27] "CT" "NJ" "AL" "IL" "OK" "NC" "NV" "VA" "AR" "TX" "NM" "CA" "FL"
#> [40] "TN" "PA" "AZ" "GA" "MS" "MI" "DE" "SC" "MD" "MO" "LA" "DC"
```

⊖ 1 英寸 =2.54 厘米。——编辑注

2.12　练习

1. 之前我们创建了这个数据帧：

```
temp <- c(35, 88, 42, 84, 81, 30)
city <- c("Beijing", "Lagos", "Paris", "Rio de Janeiro",
          "San Juan", "Toronto")
city_temps <- data.frame(name = city, temperature = temp)
```

使用上面的代码重新生成数据帧，但要添加一行将温度从华氏度转换为摄氏度的代码。

转换公式为 $C=\dfrac{5}{9}(F-32)$。

2. $1+1/2^2+1/3^2+\cdots+1/100^2$ 等于多少？提示：它应该接近 $\pi^2/6$。

3. 计算每个州每 10 万人的枪杀率，并将其存储在对象 murder_rate 中。然后，用函数 mean 计算美国的平均枪杀率。平均枪杀率是多少？

2.13　索引

R 提供了一种强大而方便的向量索引方法。例如，我们可以根据另一个向量的性质给变量构造子集。在本节中，我们将继续研究美国枪杀人数的例子，我们可以这样加载数据集：

```
library(dslabs)
data("murders")
```

2.13.1　逻辑子集

我们现在用以下公式计算枪杀率：

```
murder_rate <- murders$total / murders$population * 100000
```

假设你要搬离意大利，据 ABC 新闻报道，那里的枪杀率只有 10 万分之 0.71。你可能更倾向于搬到一个枪杀率相似的州。R 的另一个强大特性是我们可以使用逻辑运算来索引向量。如果我们将向量与一个数字进行比较，它实际上会针对每个条目进行测试。以下是与上述问题相关的示例：

```
ind <- murder_rate < 0.71
```

如果我们想知道一个值是否小于或等于 0.71，我们可以使用：

```
ind <- murder_rate <= 0.71
```

请注意，对于每个小于或等于 0.71 的条目，我们将以 TRUE 返回一个逻辑向量。为了了解这些州是哪些，我们可以利用向量能够用逻辑索引这一事实。

```
murders$state[ind]
#> [1] "Hawaii"        "Iowa"          "New Hampshire" "North Dakota"
#> [5] "Vermont"
```

为了计算有多少个 TRUE，函数 sum 返回一个向量的条目的和，逻辑向量被强制转换为数值，将 TRUE 编码为 1，FALSE 编码为 0。因此，我们可以使用下列代码来计算州的数量：

```
sum(ind)
#> [1] 5
```

2.13.2　逻辑运算符

假设我们喜欢山脉，并且想搬到美国西部一个安全的地方。我们希望枪杀率不超过 1。在这种情况下，我们希望这两个不同的条件均满足。这里，我们可以使用逻辑运算符 AND，其在 R 中用 & 表示。只有当两个逻辑都为 TRUE 时，此运算才会产生 TRUE。要了解这一点，请看以下示例：

```
TRUE & TRUE
#> [1] TRUE
TRUE & FALSE
#> [1] FALSE
FALSE & FALSE
#> [1] FALSE
```

在我们的例子中，我们可以形成两个逻辑：

```
west <- murders$region == "West"
safe <- murder_rate <= 1
```

我们可以用 & 得到一个逻辑向量，它会告诉我们哪些州满足这两个条件：

```
ind <- safe & west
murders$state[ind]
#> [1] "Hawaii" "Idaho"  "Oregon" "Utah"   "Wyoming"
```

2.13.3　which

假设我们想查询加利福尼亚州的枪杀率。对于这种类型的运算，可以方便地将逻辑向量转换为索引，而不是保留逻辑长向量。函数 which 可以告诉我们逻辑向量的哪些条目是 TRUE。所以，我们可以输入：

```
ind <- which(murders$state == "California")
murder_rate[ind]
#> [1] 3.37
```

2.13.4　match

如果我们不只是想知道一个州的枪杀率，而是想知道多个州（比如纽约、佛罗里达和得克萨斯）的枪杀率，那么可以使用函数 match。此函数可以告诉我们第二个向量的哪些索引与第一个向量的各个条目匹配：

```
ind <- match(c("New York", "Florida", "Texas"), murders$state)
ind
#> [1] 33 10 44
```

现在，我们可以看看枪杀率：

```
murder_rate[ind]
#> [1] 2.67 3.40 3.20
```

2.13.5　%in%

如果我们不需要索引，而是需要一个逻辑值来告诉我们第一个向量的每个元素是否在第二个向量中，那么可以使用函数 %in%。假设我们不确定波士顿、达科他和华盛顿是否是州，那么可以这样查询：

```
c("Boston", "Dakota", "Washington") %in% murders$state
#> [1] FALSE FALSE  TRUE
```

请注意，在本书中，我们将经常使用 %in%。

进阶内容　match 与 %in% 之间通过 which 存在关联。要理解这一点，请注意以下两行代码生成了相同的索引（尽管顺序不同）：

```
match(c("New York", "Florida", "Texas"), murders$state)
#> [1] 33 10 44
which(murders$state%in%c("New York", "Florida", "Texas"))
#> [1] 10 33 44
```

2.14　练习

我们首先加载库和数据。

```
library(dslabs)
data(murders)
```

1. 计算各州每 10 万人的枪杀率，并将其存储在一个名为 murder_rate 的对象中。然后，使用逻辑运算符创建一个名为 low 的逻辑向量，它告诉我们 murder_rate 的哪些条目小于 1。
2. 使用前面练习的结果和函数 which 确定值小于 1 的 murder_rate 的索引。
3. 使用上一个练习的结果指出枪杀率低于 1 的州的名称。
4. 从练习 2 和练习 3 扩展代码，指出美国东北部枪杀率低于 1 的州。提示：使用前面定义的逻辑向量 low 和逻辑运算符 &。

5. 在之前的练习中，我们计算了每个州的枪杀率以及平均枪杀率。有多少州枪杀率低于平均水平？

6. 使用 match 函数以缩写 AK、MI 和 IA 来识别州。提示：首先定义一个与三个缩写相匹配的 murders$abb 条目索引，然后使用 [运算符提取州。

7. 使用 %in% 运算符创建一个逻辑向量来回答以下问题：下列哪个是实际的缩写：MA、ME、MI、MO、MU？

8. 扩展练习 7 中使用的代码，指出不是实际缩写的条目。提示：使用 ! 运算符，它会将 FALSE 转换为 TRUE，将 TRUE 转换为 FALSE，然后使用 which 获取索引。

2.15　基本图

第 7 章将描述一个附加软件包，它提供了一个在 R 中生成图形的强大方法。第二部分提供了许多示例。这里，我们简要介绍一些基本 R 安装中可用的功能。

2.15.1　plot

函数 plot 可用于绘制散点图。图 2.5 是一张枪杀总人数与人口数关系的散点图。

```
x <- murders$population / 10^6
y <- murders$total
plot(x, y)
```

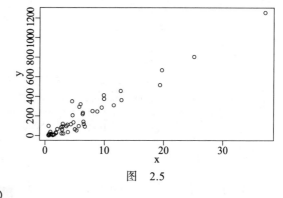

图　2.5

如果想要避免两次访问变量，快速进行绘图，我们可以使用 with 函数：

```
with(murders, plot(population, total))
```

函数 with 使我们可以在 plot 函数中使用 murders 列名。它也适用于数据帧和函数。

2.15.2　hist

我们将在第二部分描述与分布相关的直方图。这里，我们只需注意，直方图是数字列表的一个强大的图形化汇总，它提供了值类型的总体概述。我们只需输入以下内容就可以得到枪杀率的直方图（见图 2.6）：

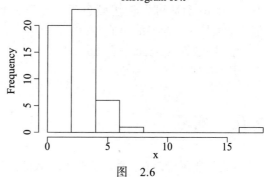

Histogram of x

图　2.6

```
x <- with(murders, total / population * 100000)
hist(x)
```

我们可以看到，值的范围很广，其中大多数在2～3之间，还有一个非常极端的，其枪杀率超过15：

```
murders$state[which.max(x)]
#> [1] "District of Columbia"
```

2.15.3 boxplot

第二部分也将描述箱线图。它们提供了比直方图更简洁的汇总，且更容易与其他箱线图叠加。例如，我们可以使用它们来比较不同地区的枪杀率（见图2.7）：

```
murders$rate <- with(murders, total / population * 100000)
boxplot(rate~region, data = murders)
```

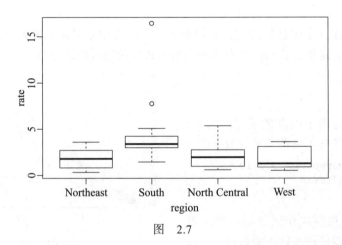

图　2.7

我们可以看到美国南部的枪杀率比其他三个地区高。

2.15.4 image

image函数可以使用颜色显示矩阵中的值。下面是一个简单的例子（见图2.8）：

```
x <- matrix(1:120, 12, 10)
image(x)
```

2.16 练习

1. 我们绘制了枪杀总人数与人口数关系的散点图，并注意到它们之间的关系很密切。不出所料，人口较多的州枪杀总人数更多。

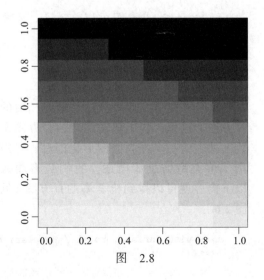

图　2.8

```
library(dslabs)
data(murders)
population_in_millions <- murders$population/10^6
total_gun_murders <- murders$total
plot(population_in_millions, total_gun_murders)
```

请记住，许多州的人口数都在 500 万以下，而且在图中这些州是聚集在一起的。我们可以通过在对数标度中绘制这个图来进一步探究。使用 log10 转换变量，然后将其绘制出来。

2. 创建州人口的直方图。

3. 按地区生成州人口的箱线图。

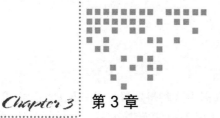

Chapter 3 第 3 章

编程基础

我们教授 R 是因为它极大地方便了数据分析，这也是本书的主题。用 R 编码，我们可以高效地执行探索性数据分析，建立数据分析管道，并准备数据可视化来传达结果。然而，R 不仅仅是一个数据分析环境，还是一种编程语言。高级 R 程序员可以开发复杂的软件包，甚至可以改进 R，但本书中不涉及高级编程。尽管如此，在本章中，我们将介绍三个关键的编程概念：条件表达式、for 循环和函数。这些不仅仅是高级编程的关键构建块，有时在数据分析过程中也很有用。我们还注意到，有几个函数被广泛用于 R 语言编程，但我们不会在本书中讨论。这些包括 split、cut、do.call 和 Reduce 函数，以及 data.table 包。如果你打算成为专业的 R 程序员，则需要深入学习这些。

3.1 条件表达式

条件表达式是程序设计的基本特性之一。它们用于所谓的流控制。最常见的条件表达式是 if-else 语句。在 R 中，我们实际上可以在没有条件表达式的情况下执行相当多的数据分析。但是，它们确实偶尔会出现，一旦你开始编写自己的函数和包，你将需要它们。

下面是一个非常简单的示例，它展示了 if-else 语句的一般结构。基本思路是输出 a 的倒数，除非 a 为 0：

```
a <- 0

if(a!=0){
  print(1/a)
} else{
```

```
  print("No reciprocal for 0.")
}
#> [1] "No reciprocal for 0."
```

我们再看一个使用美国枪杀数据帧的例子：

```
library(dslabs)
data(murders)
murder_rate <- murders$total / murders$population*100000
```

这是一个非常简单的例子，它告诉我们哪些州（如果有的话）的枪杀率低于 10 万分之 0.5。if 语句保护我们免受没有州满足条件的情况。

```
ind <- which.min(murder_rate)

if(murder_rate[ind] < 0.5){
  print(murders$state[ind])
} else{
  print("No state has murder rate that low.")
}
#> [1] "Vermont"
```

如果我们以 10 万分之 0.25 的枪杀率再试一次，则会得到不同的答案：

```
if(murder_rate[ind] < 0.25){
  print(murders$state[ind])
} else{
  print("No state has a murder rate that low.")
}
#> [1] "No state has a murder rate that low."
```

相关的一个非常有用的函数是 ifelse。此函数接受三个参数：一个逻辑和两个可能的答案。如果逻辑值为 TRUE，则返回第二个参数的值；如果为 FALSE，则返回第三个参数的值。下面是一个例子：

```
a <- 0
ifelse(a > 0, 1/a, NA)
#> [1] NA
```

这个函数特别有用，因为它可以处理向量。它检查逻辑向量的每个条目，如果条目为 TRUE，则返回第二个参数中提供的向量中的元素；如果条目为 FALSE，则返回第三个参数中提供的向量中的元素。

```
a <- c(0, 1, 2, -4, 5)
result <- ifelse(a > 0, 1/a, NA)
```

表 3.1 可以帮助我们了解发生的情况。

下面是一个示例，说明了如何使用此函数将向量中的所有缺失值替换为零：

```
data(na_example)
no_nas <- ifelse(is.na(na_example), 0, na_example)
sum(is.na(no_nas))
#> [1] 0
```

表 3.1

a	is_a_positive	答案 1	答案 2	结果
0	FALSE	Inf	NA	NA
1	TRUE	1.00	NA	1.0
2	TRUE	0.50	NA	0.5
−4	FALSE	−0.25	NA	NA
5	TRUE	0.20	NA	0.2

另外两个有用的函数是 any 和 all。any 函数接受一个逻辑向量，如果有条目为 TRUE，则返回 TRUE。all 函数接受一个逻辑向量，如果所有条目都为 TRUE，则返回 TRUE。下面是一个例子：

```
z <- c(TRUE, TRUE, FALSE)
any(z)
#> [1] TRUE
all(z)
#> [1] FALSE
```

3.2 函数

随着你越来越有经验，你会发现自己需要不断执行同样的操作，例如计算平均值。我们可以使用 sum 和 length 函数计算向量 x 的平均值：sum(x)/length(x)。因为我们经常需要重复这样做，所以编写一个执行此操作的函数会更有效率。这个特殊的操作非常常见，以至于有人已经编写了 mean 函数，并且它已被包含在 R base 中。但是，你会遇到函数不存在的情况，因此 R 允许你自己编写函数。计算平均值的函数可以简单地这样定义：

```
avg <- function(x){
  s <- sum(x)
  n <- length(x)
  s/n
}
```

现在，avg 函数是一个计算平均值的函数：

```
x <- 1:100
identical(mean(x), avg(x))
#> [1] TRUE
```

请注意，函数中定义的变量不会保存在工作区中。因此，当我们调用 avg 且使用 s 和 n 时，只在调用期间创建和更改值。下面是一个示例：

```
s <- 3
avg(1:10)
#> [1] 5.5
s
#> [1] 3
```

注意，在调用 avg 之后，s 仍然是 3。

一般来说，函数是对象，所以我们用 <- 将它们赋给变量名。函数 function 告诉 R 你要定义一个函数。函数定义的一般形式如下：

```
my_function <- function(VARIABLE_NAME){
  perform operations on VARIABLE_NAME and calculate VALUE
  VALUE
}
```

定义的函数可以有多个参数和默认值。例如，我们可以定义一个函数，该函数根据用户定义的变量计算算术平均值或几何平均值：

```
avg <- function(x, arithmetic = TRUE){
 n <- length(x)
 ifelse(arithmetic, sum(x)/n, prod(x)^(1/n))
}
```

当面对更复杂的任务时，我们将学习如何通过经验创建函数。

3.3　命名空间

一旦你成为 R 专家用户，你可能需要加载几个附加包以进行分析。一旦开始这样做，很可能出现两个包对两个不同的函数使用相同名称的情况。这些函数做的事完全不同。实际上，你已经遇到过这种情况，因为 dplyr 和 R base 的 stats 包都定义了一个 filter 函数。dplyr 中还有其他 5 个类似情况的函数。我们之所以知道这一点，是因为当第一次加载 dplyr 时，会看到以下消息：

```
The following objects are masked from 'package:stats':
    filter, lag
The following objects are masked from 'package:base':
    intersect, setdiff, setequal, union
```

那么，当输入 filter 时，R 在做什么呢？它使用 dplyr 函数还是 stats 函数？从我们之前的工作中我们知道它使用的是 dplyr 函数。但是，如果我们想使用 stats 版本呢？

这些函数位于不同的命名空间中。在这些命名空间中搜索函数时，R 将遵循一定的顺序。你可以通过输入以下内容查看顺序：

```
search()
```

此列表中的第一个条目是全局环境，其中包含所定义的所有对象。

如果我们想使用 stats 的 filter 而不是 dplyr 的 filter，但是 dplyr 出现在搜索列表的第一个呢？可以使用双冒号（::）强制使用特定的命名空间，如下所示：

```
stats::filter
```

如果十分确定使用 dplyr 的 filter，则可以使用以下命令：

```
dplyr::filter
```

还要注意，如果想在不加载整个包的情况下使用包中的函数，也可以使用双冒号。关于这个更高级的主题，我们推荐阅读 *R Packages*[⊖]。

3.4 for 循环

级数 $1+2+\cdots+n$ 的结果是 $n(n+1)/2$。如果我们不确定这是否是正确的函数呢？我们怎么检查？利用我们所学的函数，我们可以创建一个计算该级数 S_n 的函数：

```
compute_s_n <- function(n){
  x <- 1:n
  sum(x)
}
```

对于不同的 n 值（比如 $n=1, \cdots, 25$），该如何计算 S_n？我们是否要编写 25 行代码来调用 compute_s_n？不，这就是 for 循环在编程中的作用。在这个例子中，我们不断执行同样的任务，唯一改变的是 n 的值。for 循环使我们能够定义变量的取值范围（在我们的示例中，$n=1, \cdots, 10$），然后在循环时更改值并计算表达式。

也许 for 循环最简单的例子就是这段看起来无用的代码：

```
for(i in 1:5){
  print(i)
}
#> [1] 1
#> [1] 2
#> [1] 3
#> [1] 4
#> [1] 5
```

下面是我们将为 S_n 示例编写的 for 循环：

```
m <- 25
s_n <- vector(length = m) # create an empty vector
for(n in 1:m){
  s_n[n] <- compute_s_n(n)
}
```

在每次迭代（$n=1$，$n=2$ 等）时，我们计算 S_n 并将其存储在 s_n 的第 n 个条目中。现在，我们可以创建一个图（见图 3.1）：

```
n <- 1:m
plot(n, s_n)
```

如果你注意到它是一个二次曲线，说明你的操作是正确的，因为公式是 $S_n=n(n+1)/2$。

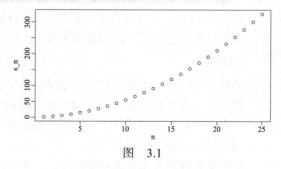

图   3.1

3.5　向量化和泛函

尽管 for 循环是一个需要理解的重要概念，但在 R 中我们很少使用它们。当你了解更多的 R 知识时，你会意识到向量化比 for 循环更可取，因为它可以生成更短更清晰的代码。我们已经在 2.11 节看到了一些例子。向量化函数是对每个向量应用相同操作的函数：

```
x <- 1:10
sqrt(x)
#>  [1] 1.00 1.41 1.73 2.00 2.24 2.45 2.65 2.83 3.00 3.16
y <- 1:10
x*y
#>  [1]   1   4   9  16  25  36  49  64  81 100
```

要进行这种计算，不需要 for 循环。然而，并非所有函数都是这样工作的。例如，我们刚刚编写的函数 compute_s_n 在元素方面不起作用，因为它需要一个标量。这段代码没有在 n 的每个条目上运行函数：

```
n <- 1:25
compute_s_n(n)
```

泛函（functional）是帮助我们对向量、矩阵、数据帧或列表中的每个条目应用相同函数的函数。这里我们将介绍对数字、逻辑和字符向量进行操作的泛函：sapply。

sapply 函数允许我们有效地对任何函数执行元素操作。其工作原理如下：

```
x <- 1:10
sapply(x, sqrt)
#>  [1] 1.00 1.41 1.73 2.00 2.24 2.45 2.65 2.83 3.00 3.16
```

将 x 的每个元素都传递给函数 sqrt 并返回结果。将这些结果串联起来。在这个例子中，最终结果是与原始 x 长度相同的向量。这意味着上面的 for 循环可以写成下面这样：

```
n <- 1:25
s_n <- sapply(n, compute_s_n)
```

其他泛函是 apply、lapply、tapply、mapply、vapply 和 replicate。在本书中，我们主要使用 sapply、apply 和 replicate，但我们建议你熟悉一下其他泛函，因为它们可能非常有用。

3.6　练习

1. 以下条件表达式将返回什么？

```
x <- c(1,2,-3,4)

if(all(x>0)){
  print("All Postives")
} else{
  print("Not all positives")
}
```

2. 当逻辑向量 x 中至少有一个条目为 TRUE 时，下列哪个表达式总是返回 FALSE ？

   a. `all(x)`

   b. `any(x)`

   c. `any(!x)`

   d. `all(!x)`

3. 函数 nchar 可以告诉我们字符向量的长度。写一行代码，当州名超过 8 个字符时，将州名缩写赋给对象 new_names。

4. 创建一个函数 sum_n，它对任何给定的 n 都计算从 1 到 n（含 n）的整数之和。使用函数确定 1 到 5000 之间的整数和。

5. 创建一个函数 altman_plot，它取 x 和 y 两个参数，并根据总和绘制差值。

6. 运行下面的代码后，x 的值是多少？

```
x <- 3
my_func <- function(y){
  x <- 5
  y+5
}
```

7. 写一个函数 compute_s_n，它对任何给定的 n 都计算总和 $S_n = 1^2 + 2^2 + 3^2 + \cdots + n^2$。当 $n=10$ 时，给出总和的值。

8. 使用 `s_n <- vector("numeric", 25)` 定义一个大小为 25 的空数值向量 s_n，并使用 for 循环存储 $S_1, S_2, \cdots, S_{25}$ 结果。

9. 重复练习 8，但这一次要用 sapply。

10. 重复练习 8，但这一次使用 map_dbl。

11. 绘制 S_n 与 n 的关系图，$n=1, \cdots, 25$。

12. 确认公式为 $S_n = n(n+1)(2n+1)/6$。

第 4 章 *Chapter 4*

tidyverse

到目前为止，我们一直在通过索引对向量进行重新排序和构造子集。然而，一旦我们开始更高级的分析，数据存储的首选单位不是向量而是数据帧。在本章中，我们将直接使用数据帧，这将极大地促进信息的组织。本书主要使用数据帧。我们将关注一种称为 tidy 的特定数据格式，以及对处理 tidy 数据特别有用的包的特定集合（称为 tidyverse）。

我们可以一次加载所有 tidyverse 包：

```
library(tidyverse)
```

在本书中，我们将学习如何实现 tidyverse 方法，但是在深入讨论细节之前，将先介绍一些广泛使用的 tidyverse 功能。首先介绍用于操作数据帧的 dplyr 包和用于处理函数的 purrr 包。请注意，tidyverse 还包括：绘图包 ggplot2，详见第 7 章；readr 包，详见第 5 章。本章首先介绍 tidy 数据的概念，然后演示如何使用 tidyverse 处理这种格式的数据帧。

4.1 tidy 数据

如果每一行代表一个观察对象，列代表每一个观察对象的不同变量，那么我们认为数据表的格式为 tidy。`murders` 数据集就是一个 tidy 数据帧的例子：

```
#>        state abb region population total
#> 1    Alabama  AL  South    4779736   135
#> 2     Alaska  AK   West     710231    19
#> 3    Arizona  AZ   West    6392017   232
#> 4   Arkansas  AR  South    2915918    93
#> 5 California  CA   West   37253956  1257
#> 6   Colorado  CO   West    5029196    65
```

每一行代表一个州，五列中的每一列都提供了一个与这些州相关的变量：州名、州名缩写、地区、人口和枪杀总人数。

要了解如何以不同的格式提供相同的信息，请考虑以下示例：

```
#>            country year fertility
#>1           Germany 1960      2.41
#>2 Republic of Korea 1960      6.16
#>3           Germany 1961      2.44
#>4 Republic of Korea 1961      5.99
#>5           Germany 1962      2.47
#>6 Republic of Korea 1962      5.79
```

这一 tidy 数据集提供了两个国家历年的生育率。这是一个 tidy 数据集，因为每一行显示一个观察对象，三个变量分别是国家、年份和生育率。然而，这个数据集最初是以另一种格式出现的，并且针对 dslabs 包重新进行了调整。最初，数据格式如下：

```
#>            country 1960 1961 1962
#>1           Germany 2.41 2.44 2.47
#>2 Republic of Korea 6.16 5.99 5.79
```

它提供了相同的信息，但格式有两个重要区别：①每一行包含多个观测值；②变量年份存储在标题行中。为了使 tidyverse 包得到最佳的使用，需要将数据重新格式化为 tidy 格式，你将在第四部分中学习如何操作。在此之前，我们将使用已经是 tidy 格式的示例数据集。

虽然不是很明显，但是当你阅读这本书的时候，你会意识到函数对输入和输出都使用 tidy 格式的好处。你将看到数据分析员如何由此关注分析的更重要的方面，而不是数据的格式。

4.2 练习

1. 检查内置数据集 co2。以下哪项是正确的？
   a. co2 是 tidy 格式的：每行有一个年份。
   b. co2 不是 tidy 格式的：至少需要一个带有字符向量的列。
   c. co2 不是 tidy 格式的：它是矩阵而不是数据帧。
   d. co2 不是 tidy 格式的：要使其成为 tidy 格式，必须把它分成三列（年、月和值），然后每个 co2 观测值占一行。

2. 检查内置数据集 ChickWeight。以下哪项是正确的？
   a. ChickWeight 不是 tidy 格式的：每只小鸡有不止一行数据。
   b. ChickWeight 是 tidy 格式的：每个观测值（体重）占一行。这项测量结果的来源（即小鸡）是一个变量。
   c. ChickWeight 不是 tidy 格式的：我们漏掉了年份列。
   d. ChickWeight 是 tidy 格式的：它存储在数据帧中。

3. 检查内置数据集 BOD。以下哪项是正确的？

a. BOD 不是 tidy 格式的：只有六行。

b. BOD 不是 tidy 格式的：第一列只是一个索引。

c. BOD 是 tidy 格式的：每行是一个观察对象，有两个值（时间和需求）。

d. BOD 是 tidy 格式的：从定义上讲，所有小数据集都是 tidy 格式的。

4. 以下哪个内置数据集是 tidy 格式的（多选）？

a. BJsales

b. EuStockMarkets

c. DNase

d. Formaldehyde

e. Orange

f. UCBAdmissions

4.3　操作数据帧

tidyverse 的 dplyr 包引入了一些函数，这些函数在处理数据帧时执行一些常见的操作，并使用了相对容易记住的名称。例如，要通过添加新列来更改数据表，我们会使用 mutate。要从数据表筛选出行的子集，我们使用 filter。最后，要通过选择特定的列筛选出数据子集，我们使用 select。

4.3.1　使用 mutate 添加列

我们希望分析所需的所有信息都包含在数据表中，所以第一个任务是把枪杀率加到枪杀数据帧中。mutate 函数使用约定 name = values 将数据帧作为第一个参数，将变量的名称和值作为第二个参数。为了添加枪杀率，我们使用：

```
library(dslabs)
data("murders")
murders <- mutate(murders, rate = total / population * 100000)
```

注意，这里我们在函数中使用了 total 和 population，它们是工作区中没有定义的对象。但是，为什么我们没有得到错误呢？

这是 dplyr 的主要特性之一。这个包中的函数，比如 mutate，知道在第一个参数提供的数据帧中寻找变量。在上面的 mutate 调用中，total 会得到 murders$total 的值。这种方法使代码更具可读性。

我们可以看到添加了新列：

```
head(murders)
#>       state abb region population total rate
#> 1   Alabama  AL  South    4779736   135 2.82
#> 2    Alaska  AK   West     710231    19 2.68
#> 3   Arizona  AZ   West    6392017   232 3.63
```

```
#> 4     Arkansas  AR  South      2915918    93 3.19
#> 5  California   CA  West      37253956  1257 3.37
#> 6   Colorado    CO  West       5029196    65 1.29
```

虽然我们覆盖了原始的 murders 对象，但这并没有改变加载的对象 data (murders)。如果我们再次加载 murders 数据，原始数据将覆盖 mutate 版本。

4.3.2 使用 filter 构造子集

现在假设我们要筛选数据表，只显示枪杀率低于 0.71 的条目。为此，我们需要使用 filter 函数，它将数据表作为第一个参数，然后将条件语句作为第二个参数。像 mutate 一样，我们可以在函数内部使用来自 murders 的未加引号的变量名，它将知道我们指的是工作区中的列而不是对象。

```
filter(murders, rate <= 0.71)
#>             state abb      region population total  rate
#> 1          Hawaii  HI        West    1360301     7 0.515
#> 2            Iowa  IA North Central  3046355    21 0.689
#> 3  New Hampshire   NH    Northeast   1316470     5 0.380
#> 4   North Dakota   ND North Central   672591     4 0.595
#> 5        Vermont   VT    Northeast    625741     2 0.320
```

4.3.3 使用 select 选择列

虽然我们的数据表只有六列，但有些数据表包含数百列。如果我们只想查看其中的几列，可以使用 dplyr 的 select 函数。在下面的代码中，我们选择三列，将其分配给一个新对象，然后过滤新对象：

```
new_table <- select(murders, state, region, rate)
filter(new_table, rate <= 0.71)
#>            state        region  rate
#> 1         Hawaii          West 0.515
#> 2           Iowa North Central 0.689
#> 3  New Hampshire     Northeast 0.380
#> 4   North Dakota North Central 0.595
#> 5        Vermont     Northeast 0.320
```

在调用 select 时，第一个参数 murders 是一个对象，但是 state、region 和 rate 是变量名。

4.4 练习

1. 加载 dplyr 包和 murders 数据集：

```
library(dplyr)
library(dslabs)
data(murders)
```

使用 dplyr 函数 mutate 添加列。这个函数可识别列名，在函数内部，你可以不带引号地引用它们：

```
murders <- mutate(murders, population_in_millions = population / 10^6)
```

我们可以写 population 而不是 murders$population。函数 mutate 知道我们正在从 murders 中获取列。

使用 mutate 函数添加一个名为 rate 的枪杀率列。确保按照上面的示例代码（murders <- [your code]）重新定义 murders，这样我们就可以继续使用这个变量。

2　如果 rank(x) 给出 x 从最低到最高的排序，那么 rank(-x) 给出 x 从最高到最低的排序。使用函数 mutate 添加一个 rank 列，包含从最高到最低的枪杀率。确保重新定义 murders，这样我们就可以继续使用这个变量。

3. 使用 dplyr，我们可以通过 select 只显示某些列。例如，使用以下代码，我们将只显示州和人口规模：

```
select(murders, state, population) %>% head()
```

使用 select 显示 murders 中的州名和州名缩写。不要重新定义 murders，只需显示结果。

4. dplyr 函数 filter 用于选择要保留的数据帧的特定行。与 select 不同，select 用于列，filter 用于行。例如，可以这样显示纽约这一行：

```
filter(murders, state == "New York")
```

也可以使用其他逻辑向量来筛选行。

使用 filter 显示枪杀率最高的 5 个州。在我们添加了枪杀率和排名列后，不更改 murders 数据集，只显示结果。请记住，还可以根据 rank 列进行筛选。

5. 我们可以使用运算符 != 删除行。例如，要移除佛罗里达州，我们可以这样做：

```
no_florida <- filter(murders, state != "Florida")
```

创建一个名为 no_south 的新数据帧，该数据帧移除了南部地区的州。有多少州属于这一类？你可以使用 nrow 函数进行此操作。

6. 我们也可以用 %in% 来过滤。因此，我们可以通过以下方式查看来自纽约和得克萨斯州的数据：

```
filter(murders, state %in% c("New York", "Texas"))
```

创建一个名为 murders_nw 的新数据帧，使其只包含美国东北部和西部地区的州。有多少州属于这一类？

7. 假设你想住在东北部或西部枪杀率低于 1 的州。我们希望看到满足这些选项的州的数据。请注意，你可以在 filter 中使用逻辑运算符。下面有一个例子，我们过滤后只保留东北部地区的人口较少的州。

```
filter(murders, population < 5000000 & region == "Northeast")
```

确保 murders 已经定义 rate 和 rank，并且仍然包含所有的州。创建一个名为 my_ states 的表，其中包含满足这两个条件的州：它位于东北部或西部，枪杀率小于 1。使用 select 仅显示州名、枪杀率和排名。

4.5 管道：%>%

使用 dplyr，我们可以执行一系列操作，例如先 select 后 filter，方法是使用管道运算符 %>% 将一个函数的结果发送到另一个函数。以下是一些细节。

我们写了上面的代码来显示枪杀率低于 0.71 的州的三个变量（state、region、rate）。为此，我们定义了中间对象 new_table。在 dplyr 中，我们可以编写更像描述没有中间对象的情况的代码：

原始数据 → 选择 → 过滤

对于这种操作，我们可以使用管道 %>%。代码如下：

```
murders %>% select(state, region, rate) %>% filter(rate <= 0.71)
#>            state        region  rate
#> 1         Hawaii          West 0.515
#> 2           Iowa North Central 0.689
#> 3  New Hampshire     Northeast 0.380
#> 4   North Dakota North Central 0.595
#> 5        Vermont     Northeast 0.320
```

这行代码相当于前面的两行代码。这是怎么回事？

通常，管道会将管道左侧的结果作为管道右侧函数的第一个参数。下面是一个非常简单的例子：

```
16 %>% sqrt()
#> [1] 4
```

我们可以继续通过管道输送值：

```
16 %>% sqrt() %>% log2()
#> [1] 2
```

上述语句相当于 log2(sqrt(16))。

请记住，管道将值发送给第一个参数，因此我们可以定义其他参数，就像第一个参数已经定义一样：

```
16 %>% sqrt() %>% log(base = 2)
#> [1] 2
```

因此，当对数据帧使用 dplyr 的管道时，我们不再需要指定所需的第一个参数，因为所描述的 dplyr 函数都将数据作为第一个参数。在以下代码中：

```
murders %>% select(state, region, rate) %>% filter(rate <= 0.71)
```

murders 是 select 函数的第一个参数，新的数据帧（以前的 new_table）是

filter 函数的第一个参数。请注意，管道与第一个参数是输入数据的函数配合得很好。像 dplyr 这样的 tidyverse 包中的函数具有这种格式，可以很容易地与管道一起使用。

4.6 练习

1. 管道 %>% 可用于按顺序执行操作，不用定义中间对象。首先，重新定义 murders，以包括枪杀率和排名。

   ```
   murders <- mutate(murders, rate =  total / population * 100000,
                     rank = rank(-rate))
   ```

   在前面练习的解决方案中，我们执行了以下操作：

   ```
   my_states <- filter(murders, region %in% c("Northeast", "West") &
                       rate < 1)

   select(my_states, state, rate, rank)
   ```

   管道 %>% 允许我们按顺序执行这两个操作，不用定义中间变量 my_states。因此，我们可以在同一行中进行转换和选择：

   ```
   mutate(murders, rate =  total / population * 100000,
          rank = rank(-rate)) %>%
     select(state, rate, rank)
   ```

   请注意，select 不再将数据帧作为第一个参数，而是假定第一个参数是在 %>% 之前执行的操作的结果。

   重复前面的练习，但现在不再创建新对象，而是显示只包含 state、rate 和 rank 列的结果。使用管道 %>% 在一行代码中完成这个操作。

2. 使用 data(murders) 将 murders 重置为原始表。使用管道创建一个新的数据帧 my_states，它只考虑东北部或西部枪杀率低于 1 的州，并且只包含 state、rate 和 rank 列。管道应有四个部件，由三个 %>% 隔开。代码应该类似下面这样：

   ```
   my_states <- murders %>%
     mutate SOMETHING %>%
     filter SOMETHING %>%
     select SOMETHING
   ```

4.7 汇总数据

探索性数据分析的一个重要部分是对数据进行汇总。平均值和标准差是广泛使用的两个汇总统计量。将数据分组后，通常可以获得更多信息的汇总统计量。在这一节中，我们将介绍两个新的 dplyr 函数：summarize 和 group_by。我们可以使用 pull 函数访问结果值。

4.7.1 summarize

dplyr 中的 summarize 函数提供了一种使用直观易读的代码计算汇总统计量的方法。我们先来看一个简单的基于身高的例子。heights 数据集包括学生在课堂调查中报告的身高和性别数据：

```
library(dplyr)
library(dslabs)
data(heights)
```

以下代码计算女性身高的平均值和标准差：

```
s <- heights %>%
  filter(sex == "Female") %>%
  summarize(average = mean(height), standard_deviation = sd(height))
s
#>    average standard_deviation
#> 1    64.9               3.76
```

它将原始数据表作为输入，筛选后只保留女性身高，然后生成一个新的汇总表，其中只包含身高的平均值和标准差。我们选择得到的表中列的名称。例如，在上面我们决定使用 average 和 standard_deviation，但是我们也可以使用其他名称。

因为存储在 s 中的结果表是一个数据帧，所以我们可以使用访问器 $ 访问其组件：

```
s$average
#> [1] 64.9
s$standard_deviation
#> [1] 3.76
```

与大多数其他 dplyr 函数一样，summarize 知道变量名，我们可以直接使用它们。因此，当在对 summarize 函数的调用中写入 mean(height) 时，该函数访问名为 height 的列，然后计算得到的数值向量的平均值。我们可以计算对向量进行操作并返回单个值的其他汇总统计量。例如，我们可以添加身高中值、最小值和最大值，如下所示：

```
heights %>%
  filter(sex == "Female") %>%
  summarize(median = median(height), minimum = min(height),
            maximum = max(height))
#>   median minimum maximum
#> 1     65      51      79
```

使用函数 quantile，我们仅用一行就可以得到这三个值：quantile(x, c(0,0.5,1)) 返回向量 x 的最小值（第 0 个百分位数）、中值（第 50 个百分位数）和最大值（第 100 个百分位数）。但是，如果我们试图使用在 summarize 中返回两个或多个值的函数：

```
heights %>%
  filter(sex == "Female") %>%
  summarize(range = quantile(height, c(0, 0.5, 1)))
```

我们将收到一个错误：Error: expecting result of length one, got:2。

使用 summarize 函数，我们只能调用返回单个值的函数。在 4.12 节中，我们将学习如何处理返回多个值的函数。

关于如何使用 summarize 函数的另一个例子，我们来计算一下美国的平均枪杀率。请记住，数据表包括每个州的枪杀总人数和人口规模，我们已经使用 dplyr 添加了枪杀率列：

```
murders <- murders %>% mutate(rate = total/population*100000)
```

记住，美国的枪杀率不是州枪杀率的平均值：

```
summarize(murders, mean(rate))
#>   mean(rate)
#> 1     2.78
```

这是因为在上面的计算中，小的州与大的州被赋予了相同的权重。美国枪杀率是指美国枪杀总人数除以美国总人口，所以正确的计算是：

```
us_murder_rate <- murders %>%
  summarize(rate = sum(total) / sum(population) * 100000)
us_murder_rate
#>   rate
#> 1 3.03
```

这种计算按比例计算较大的州，从而产生更大的值。

4.7.2　pull

上面定义的 us_murder_rate 对象只代表一个数字，但我们将其存储在数据帧中：

```
class(us_murder_rate)
#> [1] "data.frame"
```

因为，和大多数 dplyr 函数一样，summarize 总是返回一个数据帧。

如果要将此结果与需要数值的函数一起使用，可能会出现问题。这里我们展示了使用管道访问存储在数据中的值的一个有用技巧：当一个数据对象通过管道传输时，可以使用 pull 函数访问该对象及其列。要理解这里的意思，请看一行代码：

```
us_murder_rate %>% pull(rate)
#> [1] 3.03
```

这将返回 us_murder_rate 的 rate 列中的值，使其与 us_murder_rate$rate 相等。

要使用一行代码从原始数据表中获取数字，可以输入：

```
us_murder_rate <- murders %>%
  summarize(rate = sum(total) / sum(population) * 100000) %>%
  pull(rate)

us_murder_rate
#> [1] 3.03
```

它现在是一个数字：

```
class(us_murder_rate)
#> [1] "numeric"
```

4.7.3　group_by

数据探索中的一个常见操作是首先将数据分组，然后按组汇总。例如，我们可能需要分别计算男性和女性身高的平均值和标准差。group_by 函数可以帮助我们实现这一点。

如果我们输入：

```
heights %>% group_by(sex)
#> # A tibble: 1,050 x 2
#> # Groups:   sex [2]
#>   sex    height
#>   <fct>  <dbl>
#> 1 Male   75
#> 2 Male   70
#> 3 Male   68
#> 4 Male   74
#> 5 Male   61
#> # ... with 1,045 more rows
```

从 heights 看，结果看起来没有太大区别，只是我们在输出对象时看到了 Groups: sex [2]。虽然从外观上看不是很明显，但现在这是一个称为分组数据帧（grouped data frame）的特殊数据帧，dplyr 函数（尤其是 summarize）在处理该对象时行为将有所不同。从概念上讲，可以将此表看作一个对象中堆叠在一起的多个表，这些表具有相同的列，但不一定具有相同的行数。当我们对分组后的数据进行汇总时，会发生以下情况：

```
heights %>%
  group_by(sex) %>%
  summarize(average = mean(height), standard_deviation = sd(height))
#> # A tibble: 2 x 3
#>   sex    average standard_deviation
#>   <fct>  <dbl>              <dbl>
#> 1 Female  64.9               3.76
#> 2 Male    69.3               3.61
```

summarize 函数将汇总操作分别应用于每个组。

再举一个例子，我们来计算这个国家四个地区的枪杀率中值：

```
murders %>%
  group_by(region) %>%
  summarize(median_rate = median(rate))
#> # A tibble: 4 x 2
#>   region        median_rate
#>   <fct>               <dbl>
#> 1 Northeast            1.80
#> 2 South                3.40
#> 3 North Central        1.97
#> 4 West                 1.29
```

4.8　数据帧排序

当检查数据集时，按不同的列对表进行排序通常比较方便。我们知道有 `order` 和 `sort` 函数，但是对于整个表的排序，dplyr 函数 `arrange` 很有用。例如，这里我们按人口规模对各州进行排序：

```
murders %>%
  arrange(population) %>%
  head()
#>                  state abb       region population total   rate
#> 1              Wyoming  WY         West     563626     5  0.887
#> 2 District of Columbia  DC        South     601723    99 16.453
#> 3              Vermont  VT    Northeast     625741     2  0.320
#> 4         North Dakota  ND North Central    672591     4  0.595
#> 5               Alaska  AK         West     710231    19  2.675
#> 6         South Dakota  SD North Central    814180     8  0.983
```

使用 `arrange`，我们可以决定按哪个列进行排序。为了按枪杀率（从最小到最大）查看各州，我们改为按 `rate` 排列：

```
murders %>%
  arrange(rate) %>%
  head()
#>            state abb       region population total  rate
#> 1        Vermont  VT    Northeast     625741     2 0.320
#> 2 New Hampshire  NH    Northeast    1316470     5 0.380
#> 3         Hawaii  HI         West    1360301     7 0.515
#> 4   North Dakota  ND North Central    672591     4 0.595
#> 5           Iowa  IA North Central   3046355    21 0.689
#> 6          Idaho  ID         West    1567582    12 0.766
```

注意，默认行为是按升序排序。在 dplyr 中，函数 `desc` 变换向量，使其按降序排列。要按降序对表排序，可以输入：

```
murders %>%
  arrange(desc(rate))
```

4.8.1　嵌套排序

如果我们按一个带约束的列排序，我们可以使用第二个列来打破约束。类似地，第三列可用于断开第一列和第二列之间的连接，以此类推。这里我们按 `region` 排序，然后在各地区内按枪杀率排序：

```
murders %>%
  arrange(region, rate) %>%
  head()
#>           state abb    region population total  rate
#> 1       Vermont  VT Northeast     625741     2 0.320
#> 2 New Hampshire  NH Northeast    1316470     5 0.380
```

```
#> 3           Maine  ME Northeast     1328361     11 0.828
#> 4    Rhode Island  RI Northeast     1052567     16 1.520
#> 5   Massachusetts  MA Northeast     6547629    118 1.802
#> 6       New York  NY Northeast    19378102    517 2.668
```

4.8.2 top_n

在上面的代码中,我们使用函数 head 来避免页面被整个数据集填满。如果想看到更大的比例,我们可以使用 top_n 函数。此函数的第一个参数是数据帧,第二个参数是要显示的行数,第三个参数是要筛选的变量。下面是查看前 5 行的方法示例:

```
murders %>% top_n(5, rate)
#>                 state abb        region population total   rate
#> 1 District of Columbia  DC         South     601723    99 16.45
#> 2           Louisiana  LA         South    4533372   351  7.74
#> 3            Maryland  MD         South    5773552   293  5.07
#> 4            Missouri  MO North Central    5988927   321  5.36
#> 5       South Carolina  SC         South    4625364   207  4.48
```

请注意,行不是按 rate 排序的,只是经过筛选的。如果想排序,我们需要使用 arrange。请注意,如果第三个参数留空,top_n 将按最后一列进行筛选。

4.9 练习

对于这些练习,我们将使用美国国家卫生统计中心(NCHS)收集的调查数据。该中心自 20 世纪 60 年代以来进行了一系列的健康和营养调查。从 1999 年开始,每年约有 5000 名不同年龄段的人接受访问,他们完成了调查的健康检查部分。部分数据通过 NHANES 包提供。安装 NHANES 包后,可以按如下方式加载数据:

```
library(NHANES)
data(NHANES)
```

NHANES 数据有许多缺失值。请记住,如果输入向量的任一条目是 NA,R 中的主汇总函数将返回 NA。下面是一个例子:

```
library(dslabs)
data(na_example)
mean(na_example)
#> [1] NA
sd(na_example)
#> [1] NA
```

要忽略 NA,我们可以使用 na.rm 参数:

```
mean(na_example, na.rm = TRUE)
#> [1] 2.3
sd(na_example, na.rm = TRUE)
#> [1] 1.22
```

现在，我们来研究一下 NHANES 数据：

1. 我们将提供一些关于血压的基本事实。首先我们选择一组来设置标准。对象为 20 至 29 岁的女性。AgeDecade 是这些年龄的一个分类变量。请注意，类别的编码类似于 "20-29"，前面有一个空格！在 BPSysAve 变量中保存的收缩压的平均值和标准差是多少？将其保存到名为 ref 的变量中。

   提示：使用 filter 和 summarize 并使用 na.rm = TRUE 参数计算平均值和标准差。也可以使用 filter 过滤 NA 值。

2. 使用管道将平均值赋给数值变量 ref_avg。提示：使用类似于上面的代码，然后用 pull。

3. 现在报告同一组的最小值和最大值。

4. 计算女性的平均值和标准差，但要分别计算每个年龄组的平均值和标准差，而不是像第一个问题中那样计算选定十个年龄的数据。请注意，年龄组是由 AgeDecade 定义的。

   提示：不按年龄和性别筛选，而是先按 Gender 筛选，然后使用 group_by 分组。

5. 重复练习 4，计算男性的平均值和标准差。

6. 实际上，我们可以将练习 4 和练习 5 的汇总合并成一行代码。这是因为 group_by 允许我们按多个变量分组。使用 group_by(AgeDecade, Gender) 获得一个大的汇总表。

7. 对于年龄在 40~49 岁之间的男性，比较 Race1 变量中报告的不同种族的收缩压。将得到的平均收缩压从最低到最高排序。

4.10 tibble

tidy 数据必须存储在数据帧中。我们在 2.4.1 节中介绍了数据帧，并在整本书中使用了 murders 数据帧。在 4.7.3 节中，我们介绍了 group_by 函数，它允许在计算汇总统计量之前对数据进行分组。但是数据帧中的组信息存储在哪里呢？

```
murders %>% group_by(region)
#> # A tibble: 51 x 6
#> # Groups:   region [4]
#>   state      abb   region population total  rate
#>   <chr>      <chr> <fct>       <dbl> <dbl> <dbl>
#> 1 Alabama    AL    South     4779736   135  2.82
#> 2 Alaska     AK    West       710231    19  2.68
#> 3 Arizona    AZ    West      6392017   232  3.63
#> 4 Arkansas   AR    South     2915918    93  3.19
#> 5 California CA    West     37253956  1257  3.37
#> # ... with 46 more rows
```

请注意，没有包含此信息的列。但是，如果仔细观察上面的输出，就会在维度后看到行 A tibble。我们可以使用以下方法了解返回对象的类型：

```
murders %>% group_by(region) %>% class()
#> [1] "grouped_df" "tbl_df"     "tbl"         "data.frame"
```

tbl（发音为 tibble）是一种特殊的数据帧。函数 group_by 和 summarize 总是返回这种类型的数据帧。group_by 函数返回一种特殊类型的 tbl，即 grouped_df。稍后，我们将详细讨论这些问题。为了保持一致性，dplyr 操作（select、filter、mutate 和 arrange）保留输入的类型：如果它们接收到常规数据帧，则返回常规数据帧；如果它们接收到 tibble，则返回 tibble。但是，tibble 是 tidyverse 中的首选格式，因此从头生成数据帧的 tidyverse 函数返回 tibble。例如，在第 5 章中，我们将看到用于导入数据的 tidyverse 函数创建 tibble。

tibble 与数据帧非常相似。事实上，我们可以将其看作数据帧的现代版本。尽管如此，二者之间仍有几个重要的不同之处，接下来我们将对此进行描述。

4.10.1 tibble 展示效果更好

tibble 的输出方法比数据帧的输出方法更具可读性。要了解这一点，请将输入 murders 的输出与转换为 tibble 的 murders 的输出进行比较。我们可以用 as_tibble(murders) 进行比较。如果使用 RStudio，tibble 的输出将根据窗口大小进行调整。要看到这一点，请更改 R 控制台的宽度，并注意显示更多/更少列的方式。

4.10.2 tibble 的子集仍是 tibble

如果对数据帧的列进行子集化，则可能会得到非数据帧的对象，例如向量或标量。例如：

```
class(murders[,4])
#> [1] "numeric"
```

不是数据帧。对于 tibble，这是不会发生的：

```
class(as_tibble(murders)[,4])
#> [1] "tbl_df"    "tbl"         "data.frame"
```

这在 tidyverse 中很有用，因为函数需要数据帧作为输入。

对于 tibble，如果要访问定义列的向量，而不返回数据帧，则需要使用访问器 $：

```
class(as_tibble(murders)$population)
#> [1] "numeric"
```

一个相关的特性是，如果试图访问不存在的列，tibble 将给你一个警告。如果我们不小心将 population 写成 Population，那么：

```
murders$Population
#> NULL
```

返回一个没有警告的 NULL，这会增加调试的难度。相比之下，如果我们尝试使用 tibble，我们会得到一个信息丰富的警告：

```
as_tibble(murders)$Population
#> Warning: Unknown or uninitialised column: 'Population'.
#> NULL
```

4.10.3　tibble 可以有复杂的条目

虽然数据帧列需要是数字、字符串或逻辑值的向量，但是 tibble 可以有更复杂的对象，比如列表或函数。此外，我们还可以使用以下函数创建 tibble：

```
tibble(id = c(1, 2, 3), func = c(mean, median, sd))
#> # A tibble: 3 x 2
#>      id func
#>   <dbl> <list>
#> 1     1 <fn>
#> 2     2 <fn>
#> 3     3 <fn>
```

4.10.4　tibble 可以分组

函数 group_by 返回一种特殊类型的 tibble：分组 tibble。这个类型存储的信息可以让你知道哪些行在哪些组中。tidyverse 函数（特别是 summarize 函数）可以察觉到组信息。

4.10.5　使用 tibble 代替 data.frame

有时，创建自己的数据帧对我们很有用。要以 tibble 格式创建数据帧，可以使用 tibble 函数来执行此操作。

```
grades <- tibble(names = c("John", "Juan", "Jean", "Yao"),
                 exam_1 = c(95, 80, 90, 85),
                 exam_2 = c(90, 85, 85, 90))
```

注意，基本 R（不加载包）有一个名称非常相似的函数，即 data.frame，它可用于创建常规数据帧而不是 tibble。另一个重要区别是默认情况下 data.frame 在不提供警告或消息的情况下将字符强制转换为因子：

```
grades <- data.frame(names = c("John", "Juan", "Jean", "Yao"),
                     exam_1 = c(95, 80, 90, 85),
                     exam_2 = c(90, 85, 85, 90))
class(grades$names)
#> [1] "factor"
```

为了避免这种情况，我们使用了相当麻烦的参数 stringsAsFactors：

```
grades <- data.frame(names = c("John", "Juan", "Jean", "Yao"),
                     exam_1 = c(95, 80, 90, 85),
                     exam_2 = c(90, 85, 85, 90),
                     stringsAsFactors = FALSE)
class(grades$names)
#> [1] "character"
```

要将常规数据帧转换为 tibble，可以使用 as_tibble 函数：

```
as_tibble(grades) %>% class()
#> [1] "tbl_df"      "tbl"          "data.frame"
```

4.11 点运算符

使用管道 %>% 的一个优点是，我们不必在操作数据帧时不断地命名新对象。如果我们想计算南部各州的枪杀率中值，不需要输入：

```
tab_1 <- filter(murders, region == "South")
tab_2 <- mutate(tab_1, rate = total / population * 10^5)
rates <- tab_2$rate
median(rates)
#> [1] 3.4
```

而是可以通过输入以下内容来避免定义任何新的中间对象：

```
filter(murders, region == "South") %>%
  mutate(rate = total / population * 10^5) %>%
  summarize(median = median(rate)) %>%
  pull(median)
#> [1] 3.4
```

之所以可以这样做，是因为每个函数都以数据帧作为第一个参数。但是，如果我们想访问数据帧的一个组件，该怎么办呢？例如，如果 pull 函数不可用，而我们想访问 tab_2$rate，怎么办？我们将使用什么数据帧名称？答案是点运算符。

例如，在不使用 pull 函数的情况下访问枪杀率向量，我们可以使用：

```
rates <-filter(murders, region == "South") %>%
  mutate(rate = total / population * 10^5) %>%
  .$rate
median(rates)
#> [1] 3.4
```

在下一节中，我们将看到在其他实例中使用点运算符（.）是有用的。

4.12 do

tidyverse 函数知道如何解释分组 tibble。此外，为了方便通过管道 %>% 串接命令，tidyverse 函数会始终返回数据帧，因为这样可以确保函数的输出被接受为另一个函数的输入。但大多数 R 函数不识别分组 tibble，也不返回数据帧。quantile 函数是我们在4.7.1 节中描述的一个例子。do 函数充当 R 函数（例如 quantile）和 tidyverse 之间的桥梁。do 函数理解分组 tibble 并始终返回数据帧。

在 4.7.1 节中，我们注意到，如果试图在一个函数调用中使用 quantile 来获得最小值、中值和最大值，我们将收到一个错误：Error: expecting result of length one, got：2。

```
data(heights)
heights %>%
  filter(sex == "Female") %>%
  summarize(range = quantile(height, c(0, 0.5, 1)))
```

我们可以使用 do 函数来解决这个问题。

首先，我们必须编写一个适合 tidyverse 方法的函数，即它接收一个数据帧并返回一个数据帧。

```
my_summary <- function(dat){
  x <- quantile(dat$height, c(0, 0.5, 1))
  tibble(min = x[1], median = x[2], max = x[3])
}
```

我们现在可以将该函数应用于 heights 数据集，以获得汇总统计量：

```
heights %>%
  group_by(sex) %>%
  my_summary
#> # A tibble: 1 x 3
#>     min median    max
#>   <dbl>  <dbl>  <dbl>
#> 1    50   68.5   82.7
```

但这不是我们想要的。我们需要每个性别的汇总统计量，代码只返回一个汇总统计量。这是因为 my_summary 不是 tidyverse 的一部分，也不知道如何处理分组 tibble。do 可以进行此连接：

```
heights %>%
  group_by(sex) %>%
  do(my_summary(.))
#> # A tibble: 2 x 4
#> # Groups:   sex [2]
#>   sex       min median   max
#>   <fct>   <dbl>  <dbl> <dbl>
#> 1 Female     51   65.0    79
#> 2 Male       50     69  82.7
```

注意，这里我们需要使用点运算符。由 group_by 创建的 tibble 通过管道发送到 do。在 do 调用中，这个 tibble 的名称是 .，我们要把它发给 my_summary。如果不使用点，那么 my_summary 没有参数，并返回一个错误来告诉我们参数 "dat" 丢失。你可以通过输入以下内容来查看这个错误：

```
heights %>%
  group_by(sex) %>%
  do(my_summary())
```

如果不使用括号，则不会执行函数，do 会尝试返回函数。这将导致错误，因为 do 必须始终返回数据帧。你可以通过输入以下内容来查看这个错误：

```
heights %>%
  group_by(sex) %>%
  do(my_summary)
```

4.13 purrr 包

在 3.5 节中，我们学习了 `sapply` 函数，它允许我们对向量的每个元素应用相同的函数。我们构造一个函数，并使用 `sapply` 计算 n 的前 n 个整数的和，如下所示：

```
compute_s_n <- function(n){
  x <- 1:n
  sum(x)
}
n <- 1:25
s_n <- sapply(n, compute_s_n)
```

这种类型的操作将相同的函数或程序应用于对象的元素，这在数据分析中非常常见。purrr 包包含与 `sapply` 相似的函数，但它可以更好地与其他 tidyverse 函数交互。主要优点是我们可以更好地控制函数的输出类型。相反，`sapply` 可以返回几种不同的对象类型。例如，我们可能希望从一行代码中得到一个数值结果，但 `sapply` 可能在某些情况下将结果转换为字符。purrr 函数永远不会这样做：它们将返回指定类型的对象；如果不能，则返回错误。

我们将学习的第一个 purrr 函数是 `map`，它的工作原理与 `sapply` 非常相似，但总是毫无例外地返回一个列表：

```
library(purrr)
s_n <- map(n, compute_s_n)
class(s_n)
#> [1] "list"
```

如果我们想要一个数值向量，可以使用 `map_dbl`，它总是返回一个数值向量。

```
s_n <- map_dbl(n, compute_s_n)
class(s_n)
#> [1] "numeric"
```

这将产生与上面显示的 `sapply` 调用相同的结果。

与 tidyverse 的其余部分交互的一个特别有用的 purrr 函数是 `map_df`，它总是返回一个 tibble 数据帧。但是，被调用的函数需要返回一个向量或带有名称的列表。因此，以下代码将导致 `Argument 1 must have names` 错误：

```
s_n <- map_df(n, compute_s_n)
```

我们需要更改函数才能使其正常工作：

```
compute_s_n <- function(n){
  x <- 1:n
  tibble(sum = sum(x))
```

```
}
s_n <- map_df(n, compute_s_n)
```

purrr 包提供了更多这里没有介绍的功能。如需更多详细信息，请参阅 https://jennybc. github.io/purrr-tutorial/。

4.14　tidyverse 条件

典型的数据分析通常涉及一个或多个条件操作。在 3.1 节中，我们描述了将在本书中广泛使用的 ifelse 函数。在本节中，我们将介绍两个 dplyr 函数，它们为执行条件操作提供了进一步的功能。

4.14.1　case_when

case_when 函数对于条件语句的向量化很有用。它类似于 ifelse，但是可以输出任意数量的值，而不是只输出 TRUE 或 FALSE。下面是一个将数字拆分为负数、正数和 0 的示例：

```
x <- c(-2, -1, 0, 1, 2)
case_when(x < 0 ~ "Negative", x > 0 ~ "Positive", TRUE ~ "Zero")
#> [1] "Negative" "Negative" "Zero"     "Positive" "Positive"
```

此函数的常见用法是根据现有变量定义分类变量。例如，假设我们要比较三组州（新英格兰、西海岸、南部）的枪杀率。对于每个州，我们需要确定它是否在新英格兰，如果不在，则查看它是否在西海岸，如果也不在，则查看它是否在南部，如果不在，则将它确定为其他州。以下是使用 case_when 的方法：

```
murders %>%
  mutate(group = case_when(
    abb %in% c("ME", "NH", "VT", "MA", "RI", "CT") ~ "New England",
    abb %in% c("WA", "OR", "CA") ~ "West Coast",
    region == "South" ~ "South",
    TRUE ~ "Other")) %>%
  group_by(group) %>%
  summarize(rate = sum(total) / sum(population) * 10^5)
#> # A tibble: 4 x 2
#>   group       rate
#>   <chr>       <dbl>
#> 1 New England 1.72
#> 2 Other       2.71
#> 3 South       3.63
#> 4 West Coast  2.90
```

4.14.2　between

数据分析中的一个常见操作是确定某个值是否落在某个区间内。我们可以用条件语句来检查。例如，要检查向量 x 的元素是否在 a 和 b 之间，我们可以输入：

```
x >= a & x <= b
```

然而，这可能会变得很麻烦，尤其是在 tidyverse 方法中。between 函数执行相同的操作：

```
between(x, a, b)
```

4.15 练习

1. 加载 murders 数据集。以下哪项是正确的？
   a. murders 是 tidy 格式的，保存在 tibble 中。
   b. murders 是 tidy 格式的，保存在数据帧中。
   c. murders 不是 tidy 格式的，保存在 tibble 中。
   d. murders 不是 tidy 格式的，保存在数据帧中。
2. 使用 as_tibble 将 murders 数据表转换为 tibble，并将其保存在名为 murders_tibble 的对象中。
3. 使用 group_by 函数将 murders 转换为按地区分组的 tibble。
4. 编写与以下代码等效的 tidyverse 代码：

   ```
   exp(mean(log(murders$population)))
   ```

   使用管道编写它，以便调用每个函数时不带参数。使用点运算符访问 population。提示：代码应该以 murders %>% 开头。
5. 使用 map_df 创建一个包含三个列的数据帧，将三个列分别命名为 n、s_n 和 s_n_2。第一列应该包含数字 1 到 100。第二列和第三列都应该包含 1 到 n 的和，其中 n 是行号。

第 5 章 *Chapter 5*

导入数据

我们一直在使用存储为 R 对象的数据集。数据科学家很少能凑巧碰上这种数据形式，他们必须从文件、数据库或其他来源将数据导入 R。目前，存储和共享用于分析的数据的最常见方法之一是使用电子表格。电子表格以行和列存储数据。它基本上是数据帧的文件版本。将这样的表保存到计算机文件时，需要一种方法来定义新行或新列何时结束、另一行或列何时开始。这又定义了存储单个值的单元格。

当用文本文件创建电子表格时，就像用简单的文本编辑器创建的那样，用 return 定义新行，用一些预定义的特殊字符分隔列。最常见的分隔字符是逗号、分号、空格和制表符（预设的空格数或 \t）。图 5.1 是一个使用基本文本编辑器打开逗号分隔文件的示例。

第一行包含列名而不是数据，我们称之为标题行（header）。当我们从电子表格中读入数据时，重要的是要知道文件是否有标题行。大多数读取函数都假设有一个标题行。要知道文件是否有标题行，建议在尝试读取文件之前先查看文件。这可以通过文本编辑器或 RStudio 完成。在 RStudio 中，我们可以通过在编辑器中打开文件，或者导航到文件位置、双击该文件，然后单击 View File 来完成此操作。

图 5.1

但是，并不是所有的电子表格文件都是文本格式。在浏览器上呈现的 Google Sheets 就是一个例子。另一个例子是 Microsoft Excel 使用的专有格式。这些不能用文本编辑器查看。尽管如此，由于 Microsoft Excel 软件的广泛使用，这种格式得到了广泛的应用。

本章首先介绍文本（ASCII）、Unicode 和二进制文件之间的区别，以及这对导入它们的影响。然后，我们将解释文件路径和工作目录的概念，这对于理解如何有效地导入数据至关重要。同时，我们将介绍 readr 和 readxl 包，以及可以将电子表格导入 R 的函数。最后，我们就如何在文件中存储和组织数据提供了一些建议。更复杂的挑战，如从 Web 页面或 PDF 文档中提取数据，将在本书中第四部分进行介绍。

5.1 路径和工作目录

从电子表格导入数据时，第一步是找到包含数据的文件。尽管我们不建议这样做，但你可以使用类似于在 Microsoft Excel 中打开文件的方法，方法是单击 RStudio "文件"（File）菜单，单击 "导入数据集"（Import Dataset），然后单击文件夹，直到找到文件为止。我们希望能够编写代码，而不是使用点击式方法。我们需要学习的关键和概念在本书的第六部分有详细的描述。在这里，我们只给出基本知识概述。

第一步中的主要挑战是，我们需要让执行导入的 R 函数知道从哪里查找包含数据的文件。最简单的方法是在默认导入函数所在的文件夹中保存一个文件副本。此后，我们要提供给导入函数的就是文件名。

包含美国枪杀数据的电子表格是 dslabs 包的一部分。查找这个文件并不简单，但是下面的代码行将文件复制到 R 默认查找的文件夹中。下面我们将解释这些代码是如何运行的。

```
filename <- "murders.csv"
dir <- system.file("extdata", package = "dslabs")
fullpath <- file.path(dir, filename)
file.copy(fullpath, "murders.csv")
```

这段代码不会将数据读入 R，只是复制一个文件。但是，一旦文件被复制，我们就可以用简单的代码导入数据。这里，我们使用 readr 包（它是 tidyverse 的一部分）中的 read_csv 函数。

```
library(tidyverse)
dat <- read_csv(filename)
```

将数据导入并存储在 dat 中。本节的其余部分定义了一些重要的概念，并概述了如何编写代码来告诉 R 如何找到要导入的文件。第 36 章将给出关于这个主题的更多细节。

5.1.1 文件系统

我们可以将计算机的文件系统看作一系列嵌套的文件夹，每个文件夹都包含其他文件夹和文件。数据科学家将文件夹称为目录。我们将包含所有其他文件夹的文件夹称为根目录。我们将当前所在的目录称为工作目录。因此，当在文件夹中移动时，工作目录会发生变化：将其视为当前位置。

5.1.2 相对路径和完整路径

文件的路径是一个目录名列表,我们可以将其视为关于单击哪些文件夹以及按什么顺序查找文件的指令。如果这些指令用于从根目录中查找文件,我们将其称为完整路径。如果指令用于从工作目录开始查找文件,我们将其称为相对路径。36.3 节给出了有关此主题的更多详细信息。

要查看系统上完整路径的示例,请输入以下命令:

```
system.file(package = "dslabs")
```

用斜杠分隔的字符串是目录名。第一个斜杠代表根目录,由于以斜杠开头,因此我们知道这是一个完整路径。如果第一个目录名前面没有斜杠,则认为路径是相对的。我们可以使用函数 list.files 查看相对路径的示例:

```
dir <- system.file(package = "dslabs")
list.files(path = dir)
#> [1] "data"        "DESCRIPTION" "extdata"    "help"
#> [5] "html"        "INDEX"       "Meta"       "NAMESPACE"
#> [9] "R"           "script"
```

如果我们从具有完整路径的目录开始,这些相对路径将为我们提供文件或目录的位置。例如,上面例子中的 help 目录的完整路径是 /Library/Frameworks/R.framework/Versions/3.5/Resources/library/dslabs/help。

 在日常数据分析工作中,你可能不经常使用 system.file。本节之所以介绍它是因为它通过将电子表格包含在 **dslabs** 包中来促进共享电子表格。你很少有机会在已经安装的软件包中包含大量数据。但是,你经常需要确定完整路径和相对路径,并导入电子表格格式的数据。

5.1.3 工作目录

我们强烈建议只在代码中编写相对路径。原因是完整路径对于你的计算机是唯一的,而你希望代码是可移植的。使用 getwd 函数,不用显式地写出就可以得到工作目录的完整路径。

```
wd <- getwd()
```

如果需要更改工作目录,可以使用函数 setwd,也可以通过单击 Session 通过 RStudio 进行更改。

5.1.4 生成路径名

在我们创建对象 fullpath 时,上面给出了另一个在不显式写出的情况下获得完整路径的示例:

```
filename <- "murders.csv"
dir <- system.file("extdata", package = "dslabs")
fullpath <- file.path(dir, filename)
```

函数 `system.file` 提供包含与 `package` 参数指定的包相关的所有文件和目录的文件夹的完整路径。通过搜索 `dir` 中的目录，我们发现 `extdata` 包含我们想要的文件：

```
dir <- system.file(package = "dslabs")
filename %in% list.files(file.path(dir, "extdata"))
#> [1] TRUE
```

`system.file` 函数允许我们提供一个子目录作为第一个参数，这样就可以获得 `extdata` 目录的完整路径，如下所示：

```
dir <- system.file("extdata", package = "dslabs")
```

函数 `file.path` 用于组合目录名，以生成要导入的文件的完整路径：

```
fullpath <- file.path(dir, filename)
```

5.1.5 使用路径复制文件

我们用来将文件复制到主目录的最后一行代码使用了函数 `file.copy`。这个函数有两个参数，即要复制的文件和在新目录中为其指定的名称：

```
file.copy(fullpath, "murders.csv")
#> [1] TRUE
```

如果文件复制成功，则 `file.copy` 函数返回 TRUE。注意我们给文件取了相同的名字 murders.csv，但其实我们可以给它起任意名字。还要注意，由于字符串不以斜杠开头，R 假定这是一个相对路径并将文件复制到工作目录中。

你应该能够在工作目录中看到该文件，并可以使用以下方法进行检查：

```
list.files()
```

5.2 readr 和 readxl 包

在本节中，我们将介绍主要的 tidyverse 数据导入函数。我们将以 dslabs 包提供的 murders.csv 文件为例。为了简化说明，我们将使用以下代码将文件复制到工作目录：

```
filename <- "murders.csv"
dir <- system.file("extdata", package = "dslabs")
fullpath <- file.path(dir, filename)
file.copy(fullpath, "murders.csv")
```

5.2.1 readr

readr 库包含将存储在文本文件电子表格中的数据读入 R 的函数。readr 是 tidyverse 包的一部分，也可以直接加载：

```
library(readr)
```

表 5.1 所示函数可用于读取电子表格。

表　5.1

函数	格式	典型后缀
read_table	空格分隔值	txt
read_csv	逗号分隔值	csv
read_csv2	分号分隔值	csv
read_tsv	制表符分隔值	tsv
read_delim	一般文本文件格式，必须定义分隔符	txt

虽然后缀通常可以告诉我们文件类型，但不能保证这些文件总是匹配的。我们可以打开文件查看，也可以使用函数 read_lines 查看几行：

```
read_lines("murders.csv", n_max = 3)
#> [1] "state,abb,region,population,total"
#> [2] "Alabama,AL,South,4779736,135"
#> [3] "Alaska,AK,West,710231,19"
```

这也表明其中包含标题行。现在，我们准备将数据读入 R。从 .csv 扩展名和对文件的查看，我们知道要使用 read_csv：

```
dat <- read_csv(filename)
#> Parsed with column specification:
#> cols(
#>   state = col_character(),
#>   abb = col_character(),
#>   region = col_character(),
#>   population = col_double(),
#>   total = col_double()
#> )
```

注意，我们收到一条消息，它告诉我们每列使用了什么数据类型。还要注意，dat 是一个 tibble，而不仅仅是一个数据帧。这是因为 read_csv 是一个 tidyverse 解析器。我们可以确认这些数据实际上是通过以下方式读取的：

```
View(dat)
```

最后，请注意，我们还可以使用文件的完整路径：

```
dat <- read_csv(fullpath)
```

5.2.2　readxl

我们可以使用下列代码加载 readxl 包：

```
library(readxl)
```

该软件包提供函数读取 Microsoft Excel 格式的电子表格数据（见表 5.2）。

表 5.2

函数	格式	典型后缀
read_excel	自动检测格式	xls、xlsx
read_xls	原始格式	xls
read_xlsx	新格式	xlsx

Microsoft Excel 格式允许在一个文件中包含多个电子表格。这些电子表格称为工作表（sheet）。上面列出的函数默认读取第一个工作表，但我们也可以读取其他工作表。excel_sheets 函数提供 Excel 文件中所有工作表的名称。我们可以将这些名称传递给上述三个函数中的 sheet 参数，以读取第一个工作表以外的其他工作表。

5.3 练习

1. 使用 read_csv 函数读取以下代码保存在 files 对象中的每个文件：

```
path <- system.file("extdata", package = "dslabs")
files <- list.files(path)
files
```

2. 注意，最后一个 olive 文件给了我们一个警告。这是因为文件的第一行缺少第一列的标题。

   阅读 read_csv 的帮助文件，了解如何在不读取这个标题的情况下读取文件。如果跳过标题，则应不会收到此警告。将结果保存到一个名为 dat 的对象。

3. 前一种方法的一个问题是我们不知道列代表什么。输入：

```
names(dat)
```

查看名称是否能够提供信息。

使用 readLines 函数只读取第一行（稍后我们将学习如何从输出中提取值）。

5.4 下载文件

数据另一个常见的存放位置是互联网。当这些数据在文件中时，我们可以下载它们，然后导入，甚至可以直接从 Web 上读取它们。例如，我们注意到，因为 dslabs 包在 GitHub 上，所以我们随包下载的文件有一个 url：

```
url <- "https://raw.githubusercontent.com/rafalab/dslabs/master/inst/
extdata/murders.csv"
```

read_csv 可以直接读取这些文件：

```
dat <- read_csv(url)
```

如果想要文件的本地副本，可以使用 `download.file` 功能：

```
download.file(url, "murders.csv")
```

这将下载该文件并将其命名为 `murders.csv` 保存在你的系统中。你可以在这里用任何名字，不一定要用 `murders.csv`。注意，使用 `download.file` 时应该小心，因为它会在没有发出警告的情况下覆盖现有文件。

从互联网下载数据时，有两个函数很有用：`tempdir` 和 `tempfile`。第一个函数使用随机名称创建一个目录，该名称很可能是唯一的。类似地，`tempfile` 创建一个字符串，而不是一个文件，它可能是唯一的文件名。因此，你可以运行这样的命令，在临时文件导入数据后将其删除：

```
tmp_filename <- tempfile()
download.file(url, tmp_filename)
dat <- read_csv(tmp_filename)
file.remove(tmp_filename)
```

5.5　R-base 导入函数

R-base 也提供导入函数。它们的名称与 **tidyverse** 中的名称相似，例如 `read.table`、`read.csv` 以及 `read.delim`。然而，它们之间有两个重要的区别。为了说明这一点，我们使用 R-base 函数读入数据：

```
dat2 <- read.csv(filename)
```

一个重要的区别是字符被转换成因子：

```
class(dat2$abb)
#> [1] "factor"
class(dat2$region)
#> [1] "factor"
```

通过将参数 `stringsAsFactors` 设置为 `FALSE`，可以避免这种情况：

```
dat <- read.csv("murders.csv", stringsAsFactors = FALSE)
class(dat$state)
#> [1] "character"
```

根据我们的经验，这可能会导致混淆，因为无论变量代表什么，在文件中保存为字符的变量都会转换为因子。事实上，我们强烈建议在使用 R-base 解析器时将 `stringsAsFactors = FALSE` 设置为默认方法。导入数据后，你可以轻松地将所需列转换为因子。

scan

在读入电子表格时，很多事情都会出错。该文件可能有多行标题、缺少单元格，或者可能使用了没想到的编码。建议阅读以下常见问题：https://www.joelonsoftware.

com/2003/10/08/the-absolute-minimum-every-software-developer-absolutely-positive-ly-must-know-about-unicode-and-character-sets-no-excuses/。

凭经验你将学会如何应对不同的挑战。仔细阅读这里讨论的函数的帮助文件很有用。另一个有用的函数是 scan。通过 scan，我们可以读取文件的每个单元格。下面是一个例子：

```
path <- system.file("extdata", package = "dslabs")
filename <- "murders.csv"
x <- scan(file.path(path, filename), sep=",", what = "c")
x[1:10]
#> [1] "state"     "abb"       "region"     "population" "total"
#> [6] "Alabama"   "AL"        "South"      "4779736"    "135"
```

请注意，tidyverse 提供 read_lines，这是一个同样有用的函数。

5.6　文本与二进制文件

出于数据科学的目的，文件通常可以分为两类：文本文件（也称为 ASCII 文件）和二进制文件。我们已经使用过文本文件。我们所有的 R 脚本都是文本文件，R markdown 文件也是如此。我们读取的 csv 表也是文本文件。这些文件的一大优点是，我们可以轻松地"查看"它们，而不必购买任何类型的特殊软件或遵循复杂的指令。任何文本编辑器都可以用来检查文本文件，包括免费提供的编辑器，如 RStudio、Notepad、textEdit、vi、emacs、nano 和 pico。要查看这个，请尝试使用"打开文件"RStudio 工具打开 csv 文件，此时应该能够在编辑器上看到内容。但是，如果试图打开 Excel xls 文件、jpg 或 png 等文件，则无法立即看到任何有用的内容。这些是二进制文件。Excel 文件实际上是压缩文件夹，里面有多个文本文件。但是这里的主要区别是文本文件可以很容易地被检查。

尽管 R 包含了用于读取广泛使用的二进制文件（如 xls 文件）的工具，但通常你还希望找到存储在文本文件中的数据集。类似地，在共享数据时，只要存储不是问题（二进制文件在节省磁盘空间方面效率更高），就可以将其作为文本文件使用。一般来说，纯文本格式使数据共享更容易，因为处理数据不需要使用商业软件。

从存储为文本文件的电子表格中提取数据，可能是将数据从文件中带到 R 会话的最简单方法。不幸的是，电子表格并不总是可用的，而且可以查看文本文件并不一定意味着从中提取数据是简单的。在本书的第四部分，我们将学习从更复杂的文本文件（如 html 文件）中提取数据的方法。

5.7　Unicode 与 ASCII

数据科学中的一个陷阱是假设文件是 ASCII 文本文件，而事实上，它是另一种看起来很像 ASCII 文本文件的东西：Unicode 文本文件。

要理解它们之间的区别，需要牢记计算机上的所有内容最终都需要转换为 0 和 1。ASCII 是一种将字符映射到数字的编码方案。ASCII 使用 7 位（0 和 1），其结果是 $2^7=128$ 个唯一项，足以对英语键盘上的所有字符进行编码。但是，其他语言使用此编码中未包含的字符。例如，México 中的 é 无法用 ASCII 编码。为此，人们定义了一种使用超过 7 位的新编码方案：Unicode。使用 Unicode 时，可以从 8 位、16 位和 32 位中选择，它们分别缩写为 UTF-8、UTF-16 和 UTF-32。RStudio 实际上默认使用 UTF-8 编码。

虽然我们在这里没有详细介绍如何处理不同的编码，但重要的是要知道这些不同的编码的存在，以便在遇到问题时能够更好地进行诊断。问题表现出来的一种方式是看到意想不到的"长相怪异"的字符。这个 StackOverflow 讨论（https://stackoverflow.com/questions/18789330/r-on-windows-character-encoding-hell）就是一个例子。

5.8　用电子表格组织数据

虽然设计了 R 包来读取这种格式，但是如果你选择一种文件格式来保存自己的数据，你通常希望避免使用 Microsoft Excel。我们推荐使用 Google Sheets 作为组织数据的免费软件工具。本书重点关注数据分析。然而，数据科学家通常需要收集数据或与其他人合作收集数据。手工填写电子表格是一种我们强烈反对的做法，我们建议尽可能自动化这个过程。但有时候你必须这么做。在本节中，我们将提供有关如何在电子表格中存储数据的建议。我们总结了 Karl Broman 和 Kara Woo 的一篇论文 [⊖]。以下是他们的一般建议。重要细节请阅读原论文。

❑ **保持一致**。在开始输入数据之前，先制定计划。一旦有了计划，就要始终如一地坚持下去。

❑ **为事物选择好名称**。我们希望为对象、文件和目录选择的名称要易记、易于拼写并具有描述性。实际上，这是一个很难达到的平衡，确实需要时间和思考。要遵循的一个重要规则是**不要使用空格**，而是使用下划线（_）或英文破折号（-）。另外，避免使用符号，坚持使用字母和数字。

❑ **将日期写成 YYYY-MM-DD 模式**。为避免混淆，我们强烈建议使用此全球 ISO 8601 标准模式。

❑ **没有空单元格**。填写所有单元格，并使用一些常用代码来处理缺失的数据。

❑ **一个单元格中只放一件事**。最好添加列来存储额外的信息，而不是在一个单元格中包含多个信息。

❑ **使其成为矩形**。电子表格应为矩形。

❑ **创建一个数据字典**。如果需要解释一些事情，例如列代表什么或分类变量的标签是什么，请在单独的文件中进行解释。

⊖　https://www.tandfonline.com/doi/abs/10.1080/00031305.2017.1375989

❑ **不在原始数据文件中进行计算**。Excel 允许进行计算。不要将这种计算作为电子表格的一部分。计算代码应该放在脚本中。

❑ **不要使用字体颜色或突出显示作为数据**。大多数导入函数无法导入此信息。将此信息编码为变量。

❑ **备份**。定期备份数据。

❑ **使用数据验证以避免错误**。利用电子表格软件中的工具，使流程尽可能无错误，无重复压力伤害。

❑ **将数据保存为文本文件**。以逗号或制表符分隔的格式保存文件以方便共享。

5.9 练习

1. 选择一个你可以定期进行的测量目标，例如你每天的体重或者跑 5 英里 ⊖ 需要多长时间。保存一份电子表格，其中包括日期、时间、测量值和任何其他你认为值得保存的信息变量。坚持两周，然后绘制一张图。

⊖ 1 英里 =1609.344 米。——编辑注

第二部分 *Part 2*

数据可视化

数据可视化导论

只是查看构成数据集的数字和字符串通常没那么有用。为了验证，请把美国枪杀数据表打印出来并仔细观察：

```
library(dslabs)
data(murders)
head(murders)
#>        state abb region population total
#> 1    Alabama  AL  South    4779736   135
#> 2     Alaska  AK   West     710231    19
#> 3    Arizona  AZ   West    6392017   232
#> 4   Arkansas  AR  South    2915918    93
#> 5 California  CA   West   37253956  1257
#> 6   Colorado  CO   West    5029196    65
```

从这张表中你发现了什么？你多快能确定哪个州拥有的人口最多，哪个州拥有的人口最少？常规的州拥有多少人口？人口数量和枪杀总人数之间有关系吗？全美各地的枪杀率有何不同？对于大多数人来说，仅仅通过数字来提取信息是相当困难的。相比之下，以上所有问题的答案都很容易从图 6.1 中得到。

我们想起了"一图胜千言"这句话。数据可视化为数据驱动的发现提供了一种强大的传达方式。在某些情况下，可视化结果十分令人信服，不需要后续分析。

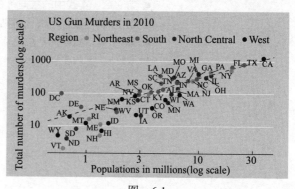

图　6.1

信息数据集和软件工具可用性的日益增长促使许多行业界、学术界组织以及政府都越来越依赖于数据可视化，例如新闻机构正越来越多地采用数据新闻，并将有效的信息图表作为报道的一部分。

一个特别有效的例子是《华尔街日报》的一篇文章，文中展示了疫苗对抗击传染病的影响的相关数据。其中一幅图显示了美国各州历年的麻疹病例，竖线表示疫苗是何时引入的（见图 6.2）。

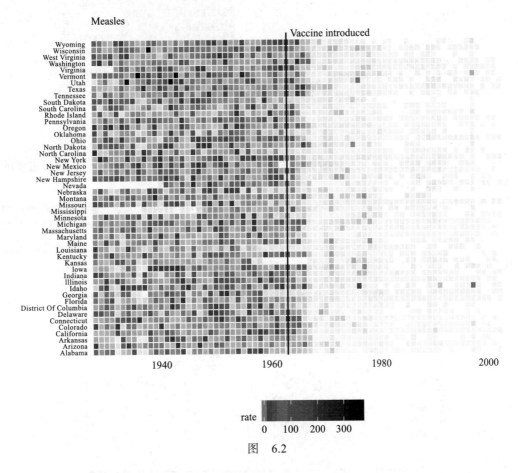

图 6.2

另一个引人注目的例子来自《纽约时报》，其中的图汇总了纽约高中会考成绩（见图 6.3）。收集这些成绩的原因有几个，包括确定学生能否从高中毕业。在纽约，需要 65 分才能通过毕业考试。考试分数的分布迫使我们注意一些问题。

最常见的考试成绩是刚好及格，很少有分数刚好低于阈值。这一出乎意料的结果与接近及格的学生的分数会被提高这一事实是一致的。

这是一个数据可视化如何带来发现的例子，而如果我们简单地把数据放在一组数据分析工具或程序中，我们可能就会错过这些发现。数据可视化是我们所说的探索性数据分析（Exploratory Data Analysis，EDA）最强有力的工具。有"EDA 之父"之称的 John W. Tukey 曾经说过：

> 一幅画的最大价值在于，它迫使我们注意到我们从未期望看到的东西。

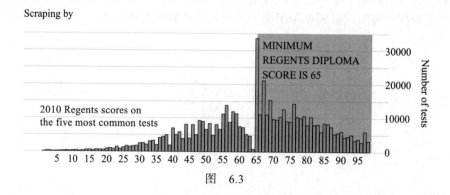

图　6.3

许多广泛使用的数据分析工具都是通过 EDA 发现的。EDA 可能是数据分析中最重要的部分，但它常常被忽视。

数据可视化现在在慈善和教育组织中也很普遍，Has Rosling 在"New Insights on Porerty"⊖ 和"The Best Stats You've Ever Seen"⊖ 这两场演讲中，通过一系列与世界卫生和经济相关的图（见图 6.4）迫使我们注意到意想不到的事情。在他的视频中，他用动画图表向我们展示了世界是如何变化的，以及古老的故事为何不再真实。

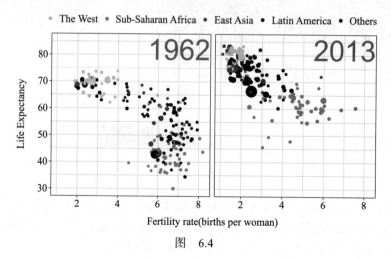

图　6.4

同样重要的是要注意错误、偏差、系统错误和其他意想不到的问题常常会影响数据，要小心处理。如果不能发现这些问题，就可能会得到错误的分析和错误的发现。例如，测

⊖　https://www.ted.com/talks/hans_rosling_reveals_new_insights_on_poverty?language=en
⊖　https://www.ted.com/talks/hans_rosling_shows_the_best_stats_you_ve_ever_seen

量设备有时会出现故障，并且大多数数据分析程序可能无法检测出这些故障。但是，这些数据分析程序仍然会根据数据给出一个答案。仅从报告的结果来看，很难甚至不可能注意到错误，这使得数据可视化尤为重要。

在这个部分，我们将用三个动态实例来介绍数据可视化和探索性数据分析的基础知识。我们将使用 ggplot2 包来编写代码。为了解最基本的知识，我们首先将介绍一个人为的例子：学生的身高报告。然后，我们将介绍上面提到的两个例子：①世界卫生和经济形势；②美国的传染病趋势。

当然，数据可视化比我们在这里讨论的内容要多得多。以下是给希望了解更多资讯的人的参考资料：

- ❑ ER Tufte (1983) The visual display of quantitative information. Graphics Press.
- ❑ ER Tufte (1990) Envisioning information. Graphics Press.
- ❑ ER Tufte (1997) Visual explanations. Graphics Press.
- ❑ WS Cleveland (1993) Visualizing data. Hobart Press.
- ❑ WS Cleveland (1994) The elements of graphing data. CRC Press.
- ❑ A Gelman, C Pasarica, R Dodhia (2002) Let's practice what we preach: Turning tables into graphs. The American Statistician 56:121−130.
- ❑ NB Robbins (2004) Creating more effffective graphs. Wiley.
- ❑ A Cairo (2013) The functional art: An introduction to information graphics and visualization. New Riders.
- ❑ N Yau (2013) Data points: Visualization that means something. Wiley.

我们也不会介绍交互式图形，这个主题对于本书而言过于高级。以下资讯可供有兴趣的人士参考：

- ❑ https://shiny.rstudio.com/
- ❑ https://d3js.org/

ggplot2

探索性数据可视化可能是 R 的最大优势。人们可以以灵活性和易用性的独特平衡，快速地从想法推进到数据再到图形。例如，对于某些图，Excel 可能比 R 简单，但它远没有 R 灵活。D3.js 可能比 R 更灵活、更强大，但它生成图所需要的时间更长。

在本书中，我们将使用 ggplot2[⊖] 包创建图：

```
library(dplyr)
library(ggplot2)
```

我们可以使用许多其他方法在 R 中创建图。实际上，R 的基本安装附带的绘图功能已经非常强大。还有其他用于创建图的包（如 grid 和 lattice）。在本书中，我们选择使用 ggplot2，因为它以一种允许初学者使用直观且相对容易记住的语法创建相对复杂且美观的图的方式将图分解为组件。

ggplot2 对初学者来说很容易的一个原因是它使用了图形语法[⊝]，即 ggplot2 中的 gg。这好比学习语法可以帮助初学者构建数百个不同的句子，而只需学习少量的动词、名词和形容词，不需要记住每个具体的句子。同样，通过学习少量 ggplot2 构建块及其语法，便能够创建数百个不同的图。

ggplot2 对初学者来说很容易的另一个原因是，它的默认行为是经过精心选择的，能够满足绝大多数情况，并且在视觉上令人满意。因此，可以用相对简单且可读的代码创建信息丰富且优雅的图形。

一个限制是 ggplot2 只处理 tidy 格式的数据表（行是观察对象，列是变量）。然而，初学者使用的数据集中有相当大一部分是这种格式的，或者可以转换成这种格式。这种方法

⊖ https://ggplot2.tidyverse.org/

⊝ http://www.springer.com/us/book/9780387245447

的一个优点是，假设数据是 tidy 格式的，ggplot2 简化了绘图代码和各种绘图语法学习过程。

要使用 ggplot2，必须先学习一些函数和参数。但这些很难记住，所以我们强烈建议身边准备一个 ggplot2 备忘单（在网络上搜索 ggplot2 cheat sheet）。

7.1　图的组件

我们将构建一个图，总结美国枪杀数据集，如图 7.1 所示。

我们可以清楚地看到各州在人口规模和枪杀总人数上的差异有多大。不出所料，我们也看到了纵轴枪杀总人数（取对数）和横轴人口数量（百万人数取对数）之间的明显关系。位于灰色虚线上的州的枪杀率与美国平均水平相同。四个地区用四种颜色表示，结果显示大多数南部州的枪杀率高于平均水平。

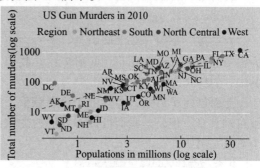

图　7.1

这个数据可视化向我们展示了数据表中的所有信息。绘制此图所需的代码相对简单。我们将逐步学习如何绘图。

学习 ggplot2 的第一步是将图分解为组件。我们来分解图 7.1，并介绍一些 ggplot2 术语。需要注意的三个主要组件是：

❏　**数据**：汇总美国枪杀数据表。我们将其称为数据组件。
❏　**几何图形**：图 7.1 为散点图。它被称为几何组件。其他可能的几何图形有条形图、直方图、平滑密度图、QQ 图和箱线图。我们将在这一部分学习更多相关内容。
❏　**美学映射**：图使用几个视觉线索来表示数据集提供的信息。图中最重要的两个线索是 x 轴（横轴）和 y 轴（纵轴）上的点位置，它们分别代表人口规模和枪杀总人数。每个点代表一个观测值，我们将这些观测值的数据映射到像 x 和 y 这样的视觉线索上。颜色是我们映射到各地区的另一个视觉线索。我们将其称为美学映射组件。如何定义映射取决于使用的几何图形。

我们还需要注意：

❏　点需要用州名缩写标记。
❏　x 轴和 y 轴的范围似乎是由数据的范围定义的。它们都是对数尺度。
❏　图有标签、有标题、有图例，我们使用《经济学家》杂志的样式。

现在我们将逐块构建这个图。首先，加载数据集：

```
library(dslabs)
data(murders)
```

7.2 ggplot 对象

创建 ggplot2 图的第一步是定义 ggplot 对象。我们使用函数 ggplot 来完成此操作，它初始化图形。如果阅读这个函数的帮助文件，我们会看到第一个参数用于指定与此对象关联的数据：

```
ggplot(data = murders)
```

我们还可以以将数据作为第一个参数通过管道导入。所以以下代码和上面的是等价的：

```
murders %>% ggplot()
```

它呈现一个图，在本例中是一个空白块，因为没有定义任何几何图形（见图 7.2）。我们看到的唯一的样式选择是灰色背景。

上面创建了对象，并且由于没有赋值，对象被自动计算。但是，我们可以将我们的图赋给一个对象，例如：

```
p <- ggplot(data = murders)
class(p)
#> [1] "gg"      "ggplot"
```

图　7.2

要呈现与此对象关联的图，只需输出对象 p。下面两行代码都生成了与前面相同的图：

```
print(p)
p
```

7.3 几何图形

在 ggplot2 中，我们通过添加不同的图层来创建图形。图层可以定义几何图形，计算汇总统计量，定义要使用的尺度，甚至更改样式。要添加图层，我们使用符号 +。通常，一行代码的样式如下所示：

DATA %>% ggplot() + LAYER 1 + LAYER 2 + … + LAYER N

通常，第一个添加的图层定义了几何图形。我们要绘制一个散点图，该用什么几何图形？

快速查看一下备忘单（见图 7.3），我们看到用于创建带有这个几何图形的图的函数是 geom_point。

几何函数的名称遵循以下模式：geom_X，其中 X 是几何图形的名称，例如 geom_point、geom_bar 和 geom_histogram。

为了让 geom_point 正常运行，我们需要提供数据和映射。我们已经将对象 p 与 murders 数据表连接起来，如果我们添加图层 geom_point，它将默认使用该数据。为了找出预期的映射，请阅读 geom_point 帮助文件的 Aesthetics 部分：

```
> Aesthetics
>
> geom_point understands the following aesthetics (required aesthetics are
  in bold):
>
> x
>
> y
>
> alpha
>
> colour
```

不出所料，我们看到至少需要两个参数：x 和 y。

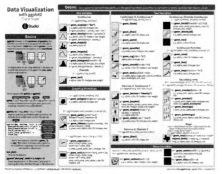

图　7.3

7.4　美学映射

美学映射描述数据的属性如何与图形的特性（例如沿轴的距离、大小或颜色）相连接。aes 函数通过定义美学映射将数据与我们在图中看到的内容连接起来，它将是绘图时最常用的函数之一。aes 函数的结果通常用作几何函数的参数。这个例子产生一个枪杀总人数与人口之间的散点图（见图 7.4）：

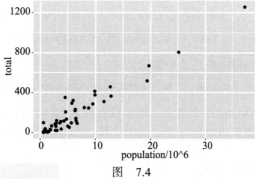

图　7.4

```
murders %>% ggplot() +
  geom_point(aes(x = population/10^6, y = total))
```

如果需要，我们可以删除 x ＝ 和 y ＝，因为这是第一个和第二个预期参数，如帮助页面所示。

不需要从头开始定义该图，我们还可以在上面定义的 p 对象（p <- ggplot(data = murders）上添加一个图层：

```
p + geom_point(aes(population/10^6, total))
```

添加这一层时，尺度和标签是默认定义的。与 **dplyr** 函数一样，aes 也使用来自对象组件的变量名：我们可以使用 population 和 total，而不用把它们叫作 murders$population 和 murders$total。从数据组件中识别变量的行为是 aes 特有的。对于大多数函数，如果试图在 aes 之外访问 population 或 total，则会出错。

7.5 图层集合

我们希望创建的第二个图层涉及为每个点添加一个标签来标识州。geom_label 和 geom_text 函数允许我们将文本添加到图中。

因为每个点（本例中代表州）都有一个标签，所以我们需要一个美学映射来建立点和标签之间的联系。通过阅读帮助文件，我们了解到需要通过 aes 的 label 参数提供点和标签之间的映射。代码如下：

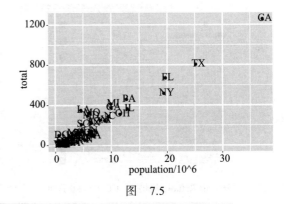

图 7.5

```
p + geom_point(aes(population/10^6, total)) +
   geom_text(aes(population/10^6, total, label = abb))
```

我们成功地添加了第二个图层（见图 7.5）。

作为上面提到的 aes 的独特行为的一个例子，请注意以下调用：

```
p_test <- p + geom_text(aes(population/10^6, total, label = abb))
```

很好，但是这个调用：

```
p_test <- p + geom_text(aes(population/10^6, total), label = abb)
```

将给出一个错误，因为没有找到 abb，它在 aes 函数之外。图层 geom_text 不知道在哪里可以找到 abb，因为它是一个列名，而不是一个全局变量。

修补参数

每个几何函数除了 aes 和数据之外还有很多参数。它们往往是特定于函数的。例如，在我们希望创建的图中，点的大小大于默认大小（见图 7.6）。在帮助文件中，我们看到 size 是一种美学参数，我们可以这样改变它：

```
p + geom_point(aes(population/10^6, total), size = 3) +
   geom_text(aes(population/10^6, total, label = abb))
```

size 不是映射：尽管映射使用来自特定观测值，并且需要在 aes() 中，但是我们希望以相同的方式影响所有点的操作不需要包含在 aes 中。

因为点比较大，所以很难看到标签。如果阅读 geom_text 的帮助文件，我们将看到 nudge_x 参数，它可以将文本稍微向右或向左移动（见图 7.7）：

```
p + geom_point(aes(population/10^6, total), size = 3) +
  geom_text(aes(population/10^6, total, label = abb), nudge_x = 1.5)
```

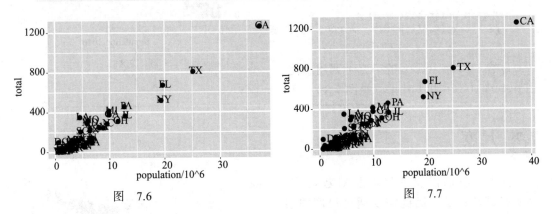

图 7.6   图 7.7

这是首选的，因为它更便于阅读文本。在 7.11 节中，我们将学习一种更好的方法来确保我们可以看到这些点和标签。

7.6 全局与局部美学映射

在前面的代码行中，我们定义了两次映射 aes(population/10^6, total)，每个几何图形中定义一次。我们可以使用全局美学映射来避免这种情况。我们可以在定义空白板块 ggplot 对象时这样做。请记住，函数 ggplot 包含一个参数，该参数允许我们定义美学映射：

```
args(ggplot)
#> function (data = NULL, mapping = aes(), ..., environment = parent.frame())
#> NULL
```

如果我们在 ggplot 中定义映射，那么作为图层添加的所有几何图形都将默认使用该映射。我们重新定义 p：

```
p <- murders %>% ggplot(aes(population/10^6, total, label = abb))
```

然后，简单地编写以下代码来生成图 7.7：

```
p + geom_point(size = 3) +
  geom_text(nudge_x = 1.5)
```

我们分别在 geom_point 和 geom_text 中保留 size 和 nudge_x 参数，因为我们只想增加点的大小并只轻推标签。如果我们把这些参数放在 aes 中，那么它们将适用于这两个图层。还要注意，geom_point 函数不需要 label 参数，因此忽略了美学映射。

如果需要，可以通过在每个图层中定义一个新的映射来覆盖全局映射。这些局部定义会覆盖全局定义。以下为一个例子：

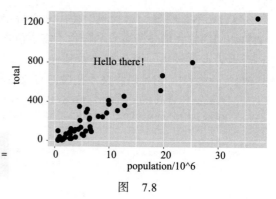

图 7.8

```
p + geom_point(size = 3) +
    geom_text(aes(x = 10, y = 800, label =
                  "Hello there!"))
```

显然，geom_text 的第二个调用不使用 population 和 total（见图 7.8）。

7.7 尺度

首先，我们需要的尺度是对数尺度。这不是默认设置，因此需要通过尺度图层添加此更改。快速浏览一下备忘单就会发现 scale_x_continuous 函数允许我们控制尺度（见图 7.9）。我们可以这样使用它们：

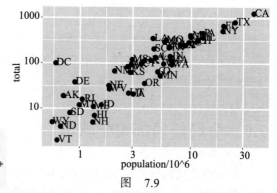

图 7.9

```
p + geom_point(size = 3) +
  geom_text(nudge_x = 0.05) +
  scale_x_continuous(trans = "log10") +
  scale_y_continuous(trans = "log10")
```

因为现在处于对数尺度，所以这个标签推动量必须更小。这种特殊的转换非常常见，所以 ggplot2 提供了专门的函数 scale_x_log10 和 scale_y_log10。我们可以使用它们重写代码，如下所示：

```
p + geom_point(size = 3) +
  geom_text(nudge_x = 0.05) +
  scale_x_log10() +
  scale_y_log10()
```

7.8 标签和标题

同样，根据备忘单，若想更改标签并添加标题（见图 7.10），可以使用以下函数：
```
p + geom_point(size = 3) +
  geom_text(nudge_x = 0.05) +
```

```
scale_x_log10() +
scale_y_log10() +
xlab("Populations in millions (log scale)") +
ylab("Total number of murders (log scale)") +
ggtitle("US Gun Murders in 2010")
```

我们快要成功了！剩下要做的就是添加颜色、图例和更改样式（可选）。

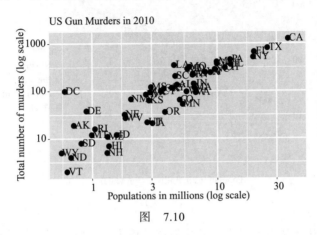

图 7.10

7.9 类别的颜色

我们可以使用 geom_point 函数中的 col 参数更改点的颜色。为了便于演示新特性，我们将 p 重新定义为除了点层之外的所有东西：

```
p <- murders %>% ggplot(aes(population/10^6, total, label = abb)) +
geom_text(nudge_x = 0.05) +
scale_x_log10() +
scale_y_log10() +
xlab("Populations in millions (log scale)") +
ylab("Total number of murders (log scale)") +
ggtitle("US Gun Murders in 2010")
```

然后，通过向 geom_point 添加不同的调用来测试会发生什么。我们可以通过添加 color 参数使所有的点变成蓝色（见图 7.11 ）：

```
p + geom_point(size = 3, color ="blue")
```

当然，这不是我们想要的。我们要根据地区来分配颜色。ggplot2 的一个很好的默认行为是，如果我们给 col 参数分配一个分类变量，它会自动为每个类别分配不同的颜色，并添加图例。

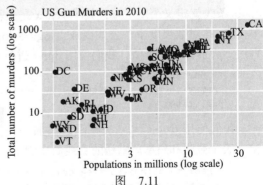

图 7.11

由于颜色的选择是由每个观测值的特征决定的，因此这是一种美学映射。要将每个点映射到一种颜色（见图 7.12），我们需要使用 aes。我们使用以下代码：

```
p + geom_point(aes(col=region), size = 3)
```

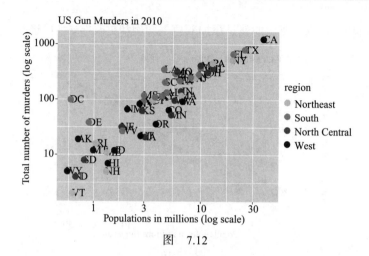

图　7.12

x 和 y 映射是从已经在 p 中定义的映射继承而来的，所以不需要重新定义它们。我们还将 aes 移到第一个参数，因为在这个函数调用中，映射将在第一个参数处进行。

在这里，我们看到了另一个有用的默认行为：ggplot2 自动添加将颜色映射到地区的图例。为了避免添加这个图例，我们将 geom_point 参数设置为 show.legend = FALSE。

7.10　注释、形状和调整

我们经常想为那些不是直接从美学映射中得到的图形添加形状或注释，例如标签、方框、阴影区域和直线。

这里我们要加一条线表示整个美国的平均枪杀率。一旦我们确定每百万人的枪杀率为 r，这条线就定义为 $y = rx$，其中 y 和 x 是坐标轴，分别代表枪杀总人数和人口（以百万为单位）。在对数尺度下，公式变成：$\log y = \log r + \log x$。这是一条斜率为 1、截距为 $\log r$ 的直线。为了计算这个值，我们使用 dplyr 进行数据操作：

```
r <- murders %>%
  summarize(rate = sum(total) /  sum(population) * 10^6) %>%
  pull(rate)
```

我们使用 geom_abline 函数添加一条直线（见图 7.13）。ggplot2 在名称中分别用 a 和 b 表示截距和斜率。默认的直线斜率为 1，截距为 0，所以我们只需要定义截距：

```
p + geom_point(aes(col=region), size = 3) +
  geom_abline(intercept = log10(r))
```

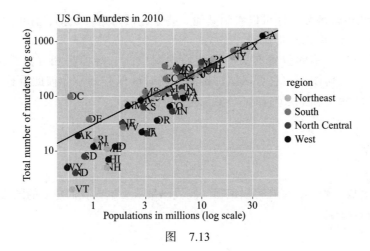

图 7.13

在这里，geom_abline 没有使用数据对象的任何信息。

我们可以使用参数更改直线类型和直线颜色。我们先把它画出来，这样它就不会经过我们的点了：

```
p <- p + geom_abline(intercept = log10(r), lty = 2, color = "darkgrey") +
  geom_point(aes(col=region), size = 3)
```

请注意，我们已经重新定义了 p，并在下面和下一节中使用这个新的 p。

ggplot2 创建的默认图已经非常有用。然而，我们经常需要对默认图做一些小的调整。尽管备忘单并没有给出明显的实现这些功能的方法，但是 ggplot2 非常灵活。

例如，我们可以通过 scale_color_discrete 函数对图例进行更改。在我们的图中，单词 region 首字母可以大写，我们可以如下更改：

```
p <- p + scale_color_discrete(name = "Region")
```

7.11 附加组件包

由于附加组件包，ggplot2 的功能得到了进一步的增强。我们需要 ggthemes 和 ggrepel 包来完成我们需要对图进行的其余更改。

可以使用 theme 函数更改 ggplot2 图的样式。ggplot2 包中包含了几个主题。事实上，对于本书中的大部分分图，我们使用 dslabs 包中的一个函数来自动设置默认主题：

```
ds_theme_set()
```

ggthemes 包还添加了许多其他主题，其中包括我们使用的 theme_economist 主题。安装包之后，可以通过添加下面这样的图层来更改样式：

```
library(ggthemes)
p + theme_economist()
```

通过简单地更改函数，你可以看到其他一些主题的外观。例如，你可以尝试 theme_fivethirtyeight() 主题。

最后的区别与标签的位置有关。在我们的图中，一些标签相互重叠。附加组件包 ggrepel 包括一个几何图形，它可以添加标签，同时确保它们不会彼此重叠。我们只需用 geom_text_repel 来替换 geom_text。

7.12　综合

我们已经完成了测试，现在可以编写一段代码来从头生成我们想要的图（见图 7.14）：

```
library(ggthemes)
library(ggrepel)

r <- murders %>%
  summarize(rate = sum(total) /  sum(population) * 10^6) %>%
  pull(rate)

murders %>% ggplot(aes(population/10^6, total, label = abb)) +
geom_abline(intercept = log10(r), lty = 2, color = "darkgrey") +
geom_point(aes(col=region), size = 3) +
geom_text_repel() +
scale_x_log10() +
scale_y_log10() +
xlab("Populations in millions (log scale)") +
ylab("Total number of murders (log scale)") +
ggtitle("US Gun Murders in 2010") +
scale_color_discrete(name = "Region") +
theme_economist()
```

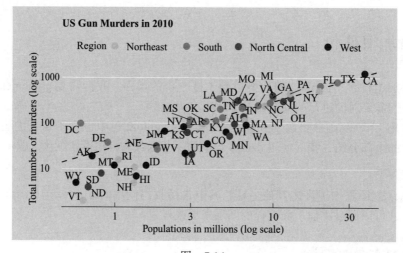

图　7.14

7.13　用 qplot 快速绘图

我们已经学习了使用 ggplot 生成可视化视图的强大方法。然而，在某些情况下，我们只想快速绘制一个图，例如向量中值的直方图、两个向量中值的散点图，或者分类向量和数值向量的箱线图。我们演示了如何使用 hist、plot 和 boxplot 生成这些图。但是，如果想与 ggplot 样式保持一致，则可以使用 qplot 函数。

假设有两个向量，例如：

```
data(murders)
x <- log10(murders$population)
y <- murders$total
```

如果要用 ggplot 绘制散点图，我们需要输入类似下面这样的代码：

```
data.frame(x = x, y = y) %>%
  ggplot(aes(x, y)) +
  geom_point()
```

对于这样一个简单的图来说，代码似乎太多了。qplot 函数牺牲了 ggplot 方法提供的灵活性，但可以让我们快速生成图：

```
qplot(x, y)
```

我们将在 8.16 节中学习更多关于 qplot 的内容。

7.14　绘图网格

相邻地绘制图形是有原因的。gridExtra 包允许我们把多个图画在一起（见图 7.15）：

```
library(gridExtra)
p1 <- qplot(x)
p2 <- qplot(x,y)
grid.arrange(p1, p2, ncol = 2)
```

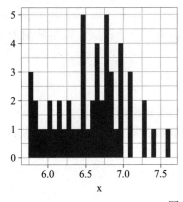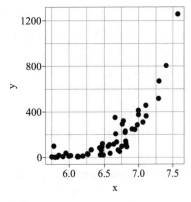

图　7.15

7.15 练习

首先加载 dplyr 和 ggplot2 库以及 murders 和 heights 数据:

```
library(dplyr)
library(ggplot2)
library(dslabs)
data(heights)
data(murders)
```

1. 使用 ggplot2 可以将图保存为对象。例如,我们可以将数据集与这样的图对象相关联:

```
p <- ggplot(data = murders)
```

由于 data 是第一个参数,因此我们不需要把它写出来。

```
p <- ggplot(murders)
```

我们也可以用管道:

```
p <- murders %>% ggplot()
```

对象 p 的类型是什么?

2. 请记住,要输出对象,可以使用 print 命令或简单地输入对象。输出练习 1 中定义的对象 p 并描述所看到的。

   a. 什么都没有。   b. 空白图。
   c. 散点图。   d. 直方图。

3. 使用管道 %>% 创建对象 p,但这次将之与 heights 数据集关联,而不是与 murders 数据集关联。

4. 刚才创建的对象 p 的类型是什么?

5. 现在,我们要添加一个图层和相应的美学映射。对于 murders 数据,我们绘制了枪杀总人数与人口规模的关系图。浏览一下 murders 数据帧,提醒自己这两个变量的名称,并选择正确的答案。提示:考虑一下 ?murders。

   a. state 和 abb。   b. total_murders 和 population_size。
   c. total 和 population。   d. murders 和 size。

6. 为了创建散点图,我们使用 geom_point 添加了一个图层。美学映射要求我们分别定义 x 轴和 y 轴变量。代码如下所示:

```
murders %>% ggplot(aes(x = , y = )) +
  geom_point()
```

除此之外,我们必须定义两个变量 x 和 y。填入正确的变量名。

7. 注意,如果不使用参数名,可以通过确保以正确的顺序输入变量名来获得相同的图,如下所示:

```
murders %>% ggplot(aes(population, total)) +
  geom_point()
```

以 total 为 x 轴、population 为 y 轴重新绘制该图。

8. 如果我们想添加文本而不是点，那么可以使用 geom_text() 或 geom_label()。下面的代码：

```
murders %>% ggplot(aes(population, total)) + geom_label()
```

会给出错误消息：Error: geom_label requires the following missing aesthetics:label。

为什么会这样？

a. 我们需要通过 aes 中的 label 参数将字符映射到每个点。

b. 我们需要让 geom_label 知道要在图中应用什么字符。

c. geom_label 不需要 x 轴和 y 轴的值。

d. geom_label 不是 ggplot2 命令。

9. 通过 aes 将上面的代码重写为标签缩写形式。

10. 将标签的颜色更改为蓝色。该怎么做呢？

a. 向 murders 中添加名为 blue 的列。

b. 由于每个标签需要不同的颜色，因此通过 aes 映射颜色。

c. 在 ggplot 中使用 color 参数。

d. 由于我们想让所有颜色为蓝色，因此不需要映射颜色，只需要在 geom_label 中使用 color 参数即可。

11. 重写上面的代码，使标签变成蓝色。

12. 假设我们要用颜色来代表不同的地区。在这种情况下，下面哪一个是最合适的？

a. 向 murders 中添加名为 color 的列，使用我们想用的颜色即可。

b. 由于每个标签需要不同的颜色，因此我们通过 aes 的 color 参数映射颜色。

c. 在 ggplot 中使用 color 参数。

d. 由于我们想让所有颜色为蓝色，因此不需要映射颜色，只需要在 geom_label 中使用 color 参数即可。

13. 重写上面的代码，使标签颜色由州所在地区决定。

14. 现在，我们要把 x 轴换成对数尺度以说明人口分布是偏斜的。首先定义一个对象 p，它包含我们到目前为止创建的图：

```
p <- murders %>%
  ggplot(aes(population, total, label = abb, color = region)) +
  geom_label()
```

要将 x 轴改为对数尺度，我们学习了 scale_x_log10() 函数。将这个图层添加到对象 p 上，以改变尺度。

15. 重复前面的练习，但是现在将两个轴都更改为对数尺度。

16. 现在编辑上面的代码，将标题 "Gun murder data" 添加到图中。提示：使用 ggtitle 函数。

可视化数据分布

你可能已经注意到,数值数据通常用平均值来概括。例如,一所高中的质量有时可以用一个数字来概括:标准化考试的平均分数。偶尔会记录第二个数字:标准差。例如,你可能会读到一份报告,其中说明分数为 680±50。该报告用两个数字概括了整个分数向量。这合适吗?如果只看这两个汇总统计量而不看整个向量,是否会遗漏一些重要的信息?

我们的第一个数据可视化构建块是学习汇总因子列表或数值向量。通常情况下,数据可视化是共享或探索此汇总的最佳方法。对象或数字列表最基本的统计汇总是其分布。一旦向量被汇总为一个分布,就有几种数据可视化技术可以有效地传递这个信息。

在本章中,我们首先讨论各种分布的性质,以及如何使用学生身高的例子来可视化分布。然后,我们将在 8.16 节中讨论用于这些可视化的 ggplot2 几何图形。

8.1 变量类型

我们将使用两种类型的变量:分类变量和数值变量。每一种变量都可以分为另外两组:分类变量可以是有序的或无序的,而数值变量可以是离散的或连续的。

当向量中的每个元素都来自少数组中时,我们将该数据称为分类数据。举两个简单的例子,如性别(男性或女性)和地区(东北部、南部、北部、中部、西部)。有些分类数据即使不是数字,也可以排序,比如辣度(微辣、中辣、特辣)。在统计教科书中,有序的分类数据称为有序数据。

数值数据的例子有人口规模、枪杀率和身高。一些数值数据可以被视为有序的分类数据。我们可以进一步把数值数据分为连续的和离散的。连续变量是那些可以取任意值的变量,比如身高,如果测量足够精确的话。例如,一对双胞胎的身高可能分别是 68.12 英寸和

68.11 英寸。计数数据（例如人口规模）是离散的，因为它们必须是整数。

请记住，离散的数值数据可以被认为是有序的。尽管这在学术上是正确的，但我们通常为属于少数不同组的变量保留术语有序数据，每个组有许多成员。当有很多组，每个组中只有很少的情况时，我们通常将它们称为离散的数值变量。例如，一个人每天抽的香烟包数（四舍五入到最接近的数量）被认为是序数，而实际的香烟数量被认为是数值变量。但是，当涉及可视化数据时，有些变量可以被认为既是数值的又是有序的。

8.2　案例研究：描述学生的身高

这里我们引入一个新的激励思考的问题。虽然它是一个人为的例子，但它可以帮助我们阐明理解分布所需的概念。

假设我们必须向从未见过人类的外星人描述我们同学的身高。首先，我们需要收集数据。为了做到这一点，我们要求学生们报告各自的身高，以英寸为单位。我们让他们提供性别信息，因为我们知道按性别划分有两种不同的分布。收集数据并将其保存在 heights 数据帧中：

```
library(tidyverse)
library(dslabs)
data(heights)
```

向外星人传达身高的一种方式是简单地将这个包含 1050 个身高的列表发送给他。但是有更有效的方式来传达这些信息，而理解分布的概念将会有所帮助。为了简化解释，我们首先关注男性身高。我们会在 8.14 节调查女性身高数据。

8.3　分布函数

事实证明，在某些情况下，只需平均值和标准差几乎就可以理解数据。我们将学习数据可视化技术，它将帮助我们确定何时使用平均值和标准差。当这两个数字不够时，这些技术可以作为一种选择。

对象或数字列表最基本的统计汇总是其分布。最简单的理解分布的方法是将它看作一个包含许多条目的列表的简洁描述。这个概念对本书的读者来说应该不是什么新鲜事了。例如，对于分类数据，分布只描述每个独特类别所占的比例。身高数据集中表示的性别为：

```
#>
#> Female   Male
#>  0.227  0.773
```

这个两类别频率表是最简单的分布形式。我们真的不需要多加思考，因为一个数字即可描述我们需要知道的一切：约 23% 是女性，其余是男性。当有更多的类别时，可以用简单的条形图来描述分布。图 8.1 所示是美国各地区的州的比例的条形图。

这个图简单地向我们展示了四个数字，每个类别一个。我们通常使用条形图来显示一些数字。

尽管这个图不能提供比频率表更深刻的见解，但它是第一个说明了如何将向量转换为图，从而简洁地总结向量中的所有信息的示例。当数据是数值的时候，显示分布的任务更具挑战性。

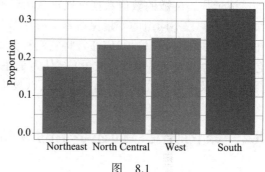

图　8.1

8.4　累积分布函数

非分类的数值数据也有分布。通常来说，当数据不是分类数据时，报告每个条目的频率并不是有效的汇总，因为大多数条目是唯一的。在我们的案例研究中，虽然有几个学生报告的身高为 68 英寸，但只有一个学生报告的是 68.503937007874 英寸，也只有一个学生报告的是 68.8976377952756 英寸。我们假设它们分别换算自 174 厘米和 175 厘米。

由统计学可知，定义数值数据分布的一个更有用的方法是定义一个函数，使该函数报告 a 以下所有可能值的数据所占的比例。这个函数称为累积分布函数（Cumulative Distribution Function，CDF）。在统计学中，该函数使用以下符号：

$$F(a) = P(x \leq a)$$

图 8.2 是男性身高数据的 F 图。

与频率表对分类数据的作用类似，CDF 定义了数值数据的分布。从图 8.2 中可以看出，约 16% 的值小于 65，因为 $F(66)=0.164$；约 84% 的值小于 72，因为 $F(72)=0.841$。事实上，我们可以通过计算 $F(b)-F(a)$ 来报告任意两个身高（比如 a 和 b）之间的值的比例。这意味着如果我们把图 8.2 发送给外星人，他将得到重建整个列表所需的所有信息。换句话说，"一图胜千言"，在这种情况下，一幅图的信息量相当于 812 个数字。

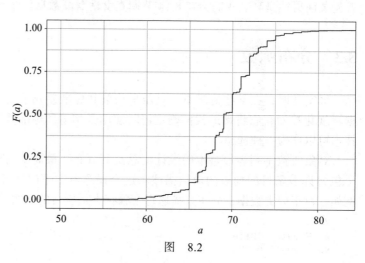

图　8.2

> 注意　由于 CDF 可以从数学上定义，因此在使用数据时添加"经验"一词来区分。因此，我们使用术语经验 CDF（empirical CDF，eCDF）。

8.5　直方图

虽然 CDF 的概念在统计教科书中被广泛讨论，但在实际操作中，它并不是很受欢迎。主要原因是它不容易传达特征，例如分布的中心值是多少？分布是否对称？哪个范围包含 95% 的值？直方图更受青睐，因为它们能极大地帮助我们回答这类问题。直方图只需牺牲一点信息就可以生成更容易解释的图形。

制作直方图最简单的方法是将数据的跨度（span）划分为大小相同但不重叠的箱子（bin）。然后，对于每个箱子，我们计算落在这个区间的值的数量。我们将这些计数值绘制为直方图，直方图的底部由各区间定义。图 8.3 是身高数据的直方图，它将身高的范围按一英寸的间隔进行分割：[49.5,50.5]，(51.5,52.5]，(52.5,53.5]，…，(82.5,83.5]。

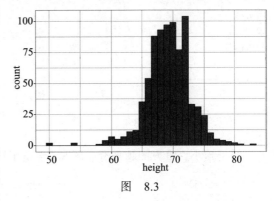

图　8.3

可以看到，直方图与条形图类似，不同之处在于直方图的 x 轴是数值的，而不是分类的。

如果我们把这个图发送给外星人，他会立即了解到数据的一些重要性质。首先，数据的范围在 50 到 84 英寸之间，大多数（超过 95%）在 63 到 75 英寸之间。其次，身高数据在 69 英寸左右接近对称。同时，通过累加计数外星人可以得到任意区间内数据所占比例的近似值。因此，直方图不仅容易解释，而且用大约 30 个区间计数提供了 812 个身高的原始列表中几乎所有的信息。

我们丢失了什么信息？注意，在计算箱子高度时，每个区间中的所有值都被处理为相同的值。例如，直方图不区分 64、64.1 和 64.2 英寸。鉴于这是一些肉眼不可见的差异，其实际影响可以忽略不计，因此我们能够将数据汇总为 23 个数字。

我们将在 8.16 节中讨论如何编码直方图。

8.6　平滑密度图

平滑密度图在美学上比直方图更有吸引力。图 8.4 所示是身高数据的平滑密度图。

在这个图中，区间边界上不再有尖锐的边缘，许多局部峰值也不复存在。同样，y 轴的尺度也从计数变为密度。

为了理解平滑密度，我们必须理解估计值，这是我们稍后才会涉及的话题。但是，这里提供了一个启发式的解释来帮助你理解基础知识，以便你可以使用这个有用的数据可视化工具。

你必须理解的主要新概念是，我们假设观测值列表是更大的未观察到的值列表的子集。就身高而言，你可以想象我们的 812 名男学生的身高列表来自一个更大的假设列表，该列表包含了全世界所有男学生的身高。假设有 1000000 个这样的测量值。这个值列表有一个分布，就像其他值列表一样，这个更大的分布正是我们想要向外星人报告的，因为它更普遍。不幸的是，我们无法得到。

但是，我们可以做一个假设来帮助我们得出近似分布。如果我们有 1000000 个精确测量的值，则可以用极其小的箱子绘制直方图，两个连续箱子的高度将是相似的。这就是我们所说的"平滑"：连续箱子的高度不会有很大的跳跃。图 8.5 是一个假设箱子大小为 1 的直方图。

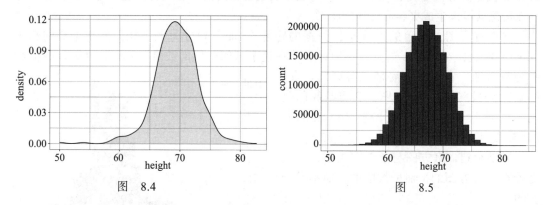

图　8.4　　　　　　　　　　　　　　　　图　8.5

箱子越小，直方图越平滑。图 8.6 给出了箱子宽度为 1、0.5 和 0.1 的直方图。

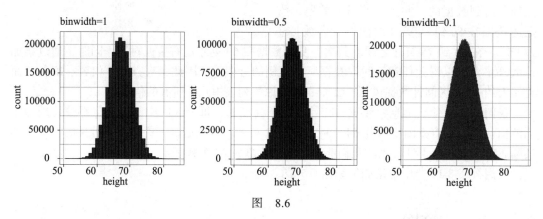

图　8.6

当箱子极其小的时候，平滑密度基本上是通过直方图顶端的曲线。为了使曲线不依赖于假设列表的假设大小，我们根据频率而不是计数来计算曲线（见图 8.7）。

现在，回到现实，我们没有数百万的测量数据，只有 812 个数据，不能用非常小的箱子来绘制直方图。

因此，我们使用适合我们数据的箱子大小，计算频率而不是计数，绘制直方图，并

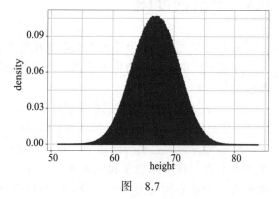

图　8.7

绘制一条穿过直方图顶端的平滑曲线。图 8.8 演示了实现平滑密度图的步骤。

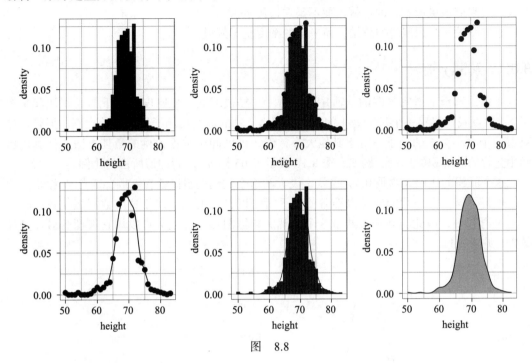

图　8.8

请记住，平滑是一个相对的术语。实际上，我们可以通过计算平滑密度曲线的函数中的一个选项来控制定义平滑密度曲线的平滑度。图 8.9 是在同一直方图上使用不同平滑度的两个例子。

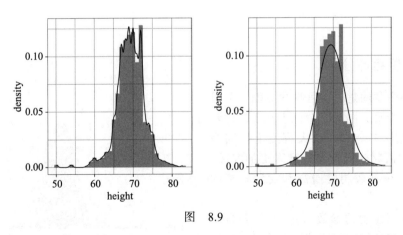

图　8.9

我们需要谨慎地做出选择，因为最终的可视化效果可能会改变我们对数据的解释。我们应该选择一定程度的平滑度，以便把它作为底层数据的代表。就身高而言，我们确实有理由相信相近身高的人比例应该是接近的。例如，身高为 72 英寸的人的比例应该更接近 71

英寸的人的比例，而不是 78 或 65 英寸的人的比例。这意味着曲线应该很平滑，也就是说，曲线看起来应该更像右边的示例，而不是左边的示例。

直方图是一个无假设的总结，而平滑的密度基于假设。

8.6.1 解读 y 轴

注意，解释平滑密度图的 y 轴并不容易。它经过缩放，使密度曲线下的面积加起来等于 1。假设我们组建一个长度为 1 的箱子，那么 y 轴的值给出箱子里的值的比例。但是，这只适用于大小为 1 的箱子。对于其他大小，确定该区间中数据比例的最佳方法是计算该区间中包含的总面积的比例。例如，图 8.10 展示了 65 到 68 之间的值所占的比例。

这个面积的比例大约是 0.3，也就是说大约这个比例的身高值在 65 到 68 英寸之间。

理解了这一点，我们便可以准备使用平滑密度进行汇总。对于这个数据集，我们非常满意平滑假设，因此与外星人共享这个美观的数据图形，外星人可以用它来理解男性身高数据（见图 8.11）。

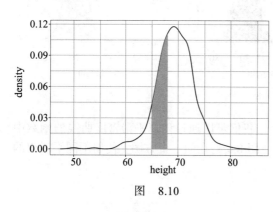

图　8.10

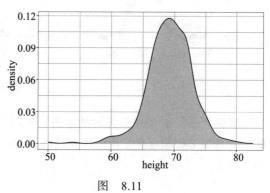

图　8.11

8.6.2 密度容许分层

最后要注意的是，在可视化方面，平滑密度图相较于直方图的一个优点在于，比较两个分布更容易。这在很大程度上是因为直方图的锯齿状边缘使其看起来更加混乱。图 8.12 是一个比较男性身高和女性身高的例子。

只要使用正确的参数，ggplot 会自动使用不同的颜色给交叉区域涂上阴影。我们将在第 9 章和 8.16 节中展示用于绘制平滑密度图的 ggplot2 代码示例。

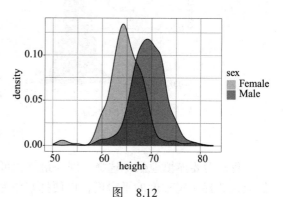

图　8.12

8.7　练习

1. 在 `murders` 数据集中，`region` 是一个分类变量，图 8.13 所示是它的分布情况。准确到 5%，中北部地区的州占多大比例？

2. 下列哪项是正确的？

    a. 图 8.13 是直方图。

    b. 图 8.13 是只显示了四个数字的条形图。

    c. 类别不是数字，所以用图形表示分布没有意义。

    d. 描述分布的是颜色，而不是条形的高度。

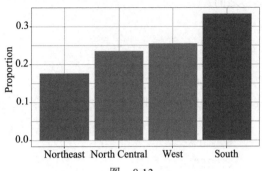

图　8.13

3. 图 8.14 显示了男性身高的经验累积分布函数（eCDF）。

   根据图 8.14，身高低于 75 英寸的男性比例是多少？

    a. 100%　　　　b. 95%

    c. 80%　　　　d. 72 英寸

4. 准确到英寸，m 为何值时，1/2 的男生高于 m，1/2 的男生低于 m？

    a. 61 英寸　　　b. 64 英寸

    c. 69 英寸　　　d. 74 英寸

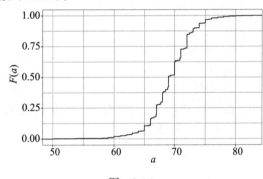

图　8.14

5. 图 8.15 是各州枪杀率的经验累积分布函数。

   我们知道美国有 51 个州（加上哥伦比亚特区），根据这个图，有多少州的枪杀率超过十万分之十？

    a. 1　　　　　　b. 5

    c. 10　　　　　d. 50

6. 根据以上 eCDF，下列哪个陈述是正确的？

    a. 大约有一半的州的枪杀率在十万分之七以上，另一半低于这个数字。

    b. 大多数州的枪杀率低于十万分之二。

    c. 所有州的枪杀率都在十万分之二以上。

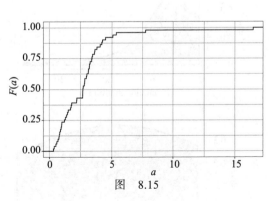

图　8.15

d. 除 4 个州外，其余州的枪杀率在十万分之五以下。

7. 图 8.16 所示是 heights 数据集中男性身高的直方图。

根据图 8.16，有多少男性在 63.5 到 65.5 之间？

 a. 10

 b. 24

 c. 34

 d. 100

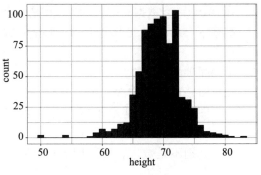

图　8.16

8. 低于 60 英寸的比例是多少？

 a. 1%

 b. 10%

 c. 25%

 d. 50%

9. 根据图 8.17 所示的密度图，美国人口超过 1000 万的州占多大比例？

 a. 0.02

 b. 0.15

 c. 0.50

 d. 0.55

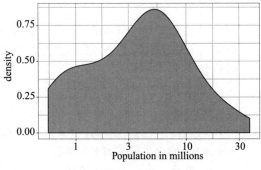

图　8.17

10. 图 8.18 所示是三个密度图。它们可能来自同一个数据集吗？

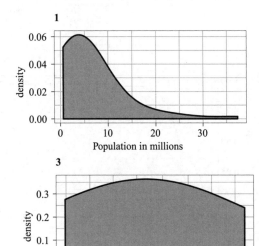

图　8.18

下列哪项是正确的？

a. 它们不可能来自同一数据集。

b. 它们来自相同的数据集，但是由于代码错误，图有所不同。

c. 它们来自相同的数据集，但是第一个和第二个图不平滑，第三个图过度平滑。

d. 它们来自相同的数据集，但是第一个没有采用对数尺度，第二个不平滑，第三个过度平滑。

8.8　正态分布

直方图和密度图可以很好地总结分布。但我们能进一步总结吗？我们经常看到平均值和标准差被用作汇总统计量：两个数字的总结！要理解这些总结是什么以及为什么应用如此广泛，我们需要理解正态分布。

正态分布也称为钟形曲线和高斯分布，是著名的数学概念之一。其中一个原因是，在很多情况下都存在近似正态分布，包括身高、体重、血压、标准化考试分数和实验测量误差。对此，有一些解释，但我们稍后再对此进行介绍。这里，我们关注正态分布如何帮助我们总结数据。

正态分布是用数学公式定义的，而不是使用数据定义的。对于任意区间 (a, b)，该区间内的值所占的比例可用以下公式计算：

$$P(a < x < b) = \int_a^b \frac{1}{\sqrt{2\pi}s} e^{-\frac{1}{2}\left(\frac{x-m}{s}\right)^2} \mathrm{d}x$$

你不需要记住或理解这个公式的细节。但请注意，公式完全由两个参数定义：m 和 s。公式中其他的符号代表我们确定的区间端点（即 a 和 b），以及已知的数学常数 π 和 e。m 和 s 这两个参数分别被称为分布的平均值（也称为均值）和标准差（Standard Deviation，SD）。

该分布是对称的，以平均值为中心，大多数（大约 95%）值都在平均值两侧 2 个标准差以内。图 8.19 所示是平均值为 0、标准差为 1 时的正态分布。

分布仅由两个参数定义这一事实意味着，如果数据集近似为正态分布，那么描述该分布所需的所有信息都可以编码为两个数字：平均值和标准差。我们现在为任意数字列表定义这些值。

对于向量 x 所包含的一列数字，其平均值定义为：

```
m <- sum(x) / length(x)
```

标准差定义为：

```
s <- sqrt(sum((x-mu)^2) / length(x))
```

标准差可以解释为值与其平均值之间的平均距离。

我们计算要存储在对象 x 中的男性高度的值：

```
index <- heights$sex=="Male"
```

```
x <- heights$height[index]
```

在此可使用预构建函数 mean 和 sd（基于 16.2 节所解释的理由，sd 除以 length(x)-1 而不是 length(x)）：

```
m <- mean(x)
s <- sd(x)
c(average = m, sd = s)
#> average      sd
#>   69.31    3.61
```

图 8.20 给出了平滑密度图和正态分布，其中正态分布的平均值为 69.3，标准差为 3.6，由黑线绘制，平滑密度由阴影区绘制。

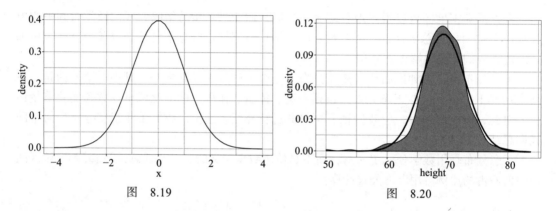

图　8.19　　　　　　　　　　　　　　　图　8.20

正态分布是一个很好的近似值。现在，我们来看这个近似值在预测区间内值的比例方面如何发挥作用。

8.9　标准单位

对于近似正态分布的数据，用标准单位来考虑比较方便。值的标准单位是指距离平均值有多少个标准差。具体来说，对于向量 X 的一个值 x，我们以标准单位将 x 的值定义为 $z =(x-m)/s$，m 和 s 分别为 X 的平均值和标准差。为什么这样会很方便呢？

首先回顾一下正态分布的公式，注意被求幂的是 $-z^2/2$，在标准单位中 z 等于 x。当 $z=0$ 时，$e^{-z^2/2}$ 最大，这就解释了为什么分布的最大值出现在平均值处。这也解释了对称性，因为 $-z^2/2$ 在 0 处左右对称。其次，请注意，如果我们将正态分布的数据转换为标准单位，我们可以很快知道一个人大约处于平均值（$z=0$）、最大值（$z \approx 2$）、最小值（$z \approx -2$），还是极其罕见（$z > 3$ 或 $z<-3$）的情况。记住，无论原始的单位是什么，这些规则都适用于任何近似正态分布的数据。

在 R 中，我们可以通过函数 scale 得到标准单位：

```
z <- scale(x)
```

要了解有多少男性与平均值相差在 2 个标准差以内，我们只需输入：

```
mean(abs(z) < 2)
#> [1] 0.95
```

这个比例大约是 95%，这是正态分布得出的预测！为了进一步证实这个近似的好处，我们可以使用分位数图（quantile-quantile plot）。

8.10　分位数图

评估正态分布是否适合数据的系统方法是，检查观察到的比例和预测的比例是否匹配。通常，这是分位数图（QQ 图）的方法。

首先定义正态分布的理论分位数。在统计学中，我们使用 $\Phi(x)$ 来定义给出标准正态分布的概率小于 x 的函数，例如 $\Phi(1.96)= 0.025$ 和 $\Phi(1.96)= 0.975$。在 R 中，我们可以使用 pnorm 函数计算 Φ：

```
pnorm(-1.96)
#> [1] 0.025
```

逆函数 $\Phi^{-1}(x)$ 给出了正态分布的理论分位数，例如 $\Phi^{-1}(0.975)=1.96$。在 R 中，我们可以使用 qnorm 计算 Φ 的逆函数：

```
qnorm(0.975)
#> [1] 1.96
```

注意，这些计算默认用于标准正态分布（平均值为 0，标准差为 1），但我们也可以为任何正态分布定义这些计算。我们可以使用 pnorm 函数和 qnorm 函数中的 mean 和 sd 参数来做到这一点。例如，我们可以使用 qnorm 来确定具有特定平均值和标准差的分布的分位数：

```
qnorm(0.975, mean = 5, sd = 2)
#> [1] 8.92
```

对于正态分布，所有与分位数相关的计算都是在没有数据的情况下进行的，因此称为理论分位数。但是，我们可以为任何分布定义分位数，包括经验分布。如果我们有向量 x 中的数据，我们可以将与任意比例 p 相关的分位数定义为 q，其中小于 q 的值的比例为 p。使用 R 代码，我们可以将 q 定义为满足 mean(x<=q)=p 的值。注意，并不是所有的 p 都有对应的 q。有几种定义最佳 q 的方法，就像在 quantile 函数的帮助文件中所讨论的一样。

举个例子，对于男性身高的数据，我们有：

```
mean(x <= 69.5)
#> [1] 0.515
```

大约 50% 的男性身高低于或等于 69.5 英寸。这意味着如果 p=0.50，则 q=69.5。QQ 图的概念是，如果数据很接近正态分布，那么数据的分位数应该与正态分布的分位数相似。

要构建 QQ 图，我们需要执行以下操作：

1）定义包含 m 个比例 $p_1, p_2, \cdots, p_m$ 的向量。

2）为数据比例 $p_1, \cdots, p_m$ 定义包含分位数 $q_1, \cdots, q_m$ 的向量。我们将 $q_1, \cdots, q_m$ 称为样本分位数。

3）对于具有与数据相同的平均值和标准差的正态分布，定义比例 $p_1, \cdots, p_m$ 的理论分位数向量。

4）绘制样本分位数与理论分位数的图。

我们来使用 R 代码构建一个 QQ 图。首先，定义比例向量：

```
p <- seq(0.05, 0.95, 0.05)
```

要从数据中获得分位数，我们可以像下面这样使用 quantile 函数：

```
sample_quantiles <- quantile(x, p)
```

为了得到具有对应的平均值和标准差的理论正态分布的分位数，我们使用 qnorm 函数：

```
theoretical_quantiles <- qnorm(p, mean = mean(x), sd = sd(x))
```

要判断二者是否匹配，我们把它们画在一起，并画出标识线（见图 8.21）：

```
qplot(theoretical_quantiles, sample_quantiles) + geom_abline()
```

请注意，如果使用标准单位，这段代码将变得更加清晰：

```
sample_quantiles <- quantile(z, p)
theoretical_quantiles <- qnorm(p)
qplot(theoretical_quantiles, sample_quantiles) + geom_abline()
```

上面的代码用于帮助描述 QQ 图。但是，在实践中，使用 8.16 节中描述的 ggplot2 代码更容易：

```
heights %>% filter(sex=="Male") %>%
  ggplot(aes(sample = scale(height))) +
  geom_qq() +
  geom_abline()
```

在上面的例子中，我们使用了 20 个分位数，而 geom_qq 函数默认使用与数据点一样多的分位数。

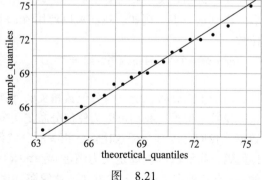

图　8.21

8.11　百分位数

在继续之前，我们先定义一些在探索性数据分析中常用的术语。

百分位数是常用的分位数的特殊情况。百分位数是当 p 设置为 0.01，0.02，$\cdots$，0.99 时得到的分位数。例如，我们把 $p = 0.25$ 时的分位数称为第 25 个百分位数，也就是说有 25% 的数据低于这个数字。最著名的百分位数是第 50 个百分位数，也被称为中值。

正态分布的中值和均值相同，但通常并非如此。

另外一种特殊情况是当 $p = 0.25, 0.50, 0.75$ 时，我们称所得为四分位数。

8.12　箱线图

为了介绍箱线图，我们将继续探究美国枪杀数据。假设我们要总结枪杀率的分布。使用我们学过的数据可视化技术，我们可以很快发现正态分布近似在这里并不适用（见图 8.22）。

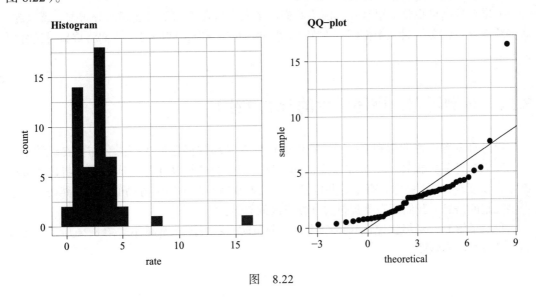

图　8.22

在这种情况下，上面的直方图或平滑密度图可以作为一个相对简洁的总结。

现在假设那些习惯于接受两个数字作为总结的人要求我们提供一个更紧凑的数字总结。

在此，Tukey 提出了一些建议。提供由范围和四分位数（第 25、50 和 75 个百分位数）组成的五个数字的总结。Tukey 进一步建议在计算范围时忽略离群值，将其绘制为独立点。

稍后我们将对离群值进行详细的解释。最后，他建议把这些数字画成一个箱线图，就像图 8.23 这样。

图中用第 25 和 75 个百分位数定义方框，用须线表示范围。这两者之间的距离称为四分位距。根据 Tukey 的定义，两个点是离群值。中值用水平线表示。如今，我们将之称为箱线图。

从这个简单的图中，我们知道中值大约

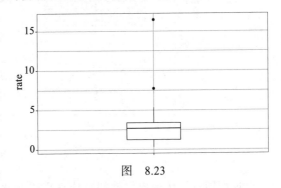

图　8.23

是 2.5，这个分布是不对称的，大多数州的范围是 0 到 5，只有两个州例外。

我们将在 8.16 节中讨论如何绘制箱线图。

8.13 分层法

在数据分析中，我们经常根据与观察结果相关的一个或多个变量的值将观察结果分组。例如，在 8.14 节中，我们将根据性别变量（女性和男性）将身高值分组。我们把这个过程称为分层，并把产生的各组称为层（strata）。

分层在数据可视化中很常见，因为我们经常对变量在不同子组之间的分布差异感兴趣。我们将在这一部分探讨几个例子。在第 17 章和第五部分介绍回归时，我们将重新讨论分层的概念。

8.14 案例研究：描述学生的身高（续）

通过直方图、密度图和 QQ 图，我们确信男性身高数据近似于正态分布。在这种情况下，我们向外星人报告了一个非常简洁的总结：男性身高服从正态分布，平均身高为 69.3 英寸，标准差为 3.6 英寸。有了这些信息，外星人掌握了对男学生身高的预测。然而，为了提供完整的信息，我们还需要提供对女性身高的总结。

我们了解到，当想快速比较两个或多个分布时，箱线图非常有用。图 8.24 所示是男性和女性身高的箱线图。

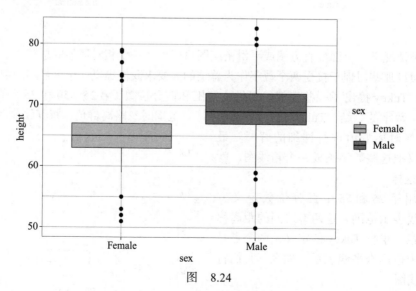

图 8.24

这幅图直接体现出男性的平均身高比女性高。标准差也十分相似。但正态近似也适用于调查收集的女性身高数据吗？我们预计它们也服从正态分布，就像男性身高数据一样。然而，图 8.25 显示，这种近似并没有那么有用。

我们发现了在男性身高数据中没有的东西：密度图上有第二个"凸起"（见图 8.25）。此外，QQ 图显示，最高点往往比正态分布预期的要高。最后，我们还在 QQ 图中看到 5 个点，它们表明身高低于正态分布的预期身高。在向外星人报告时，我们可能需要提供直方图，而不仅仅是女性身高的平均值和标准差。

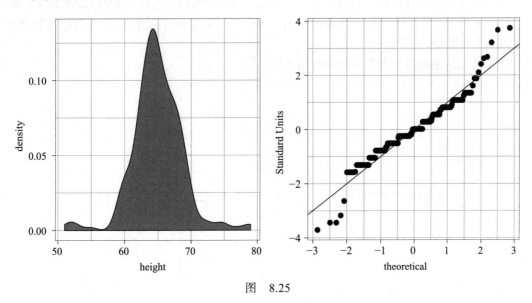

图　8.25

然而，再去阅读 Tukey 的引述，我们注意到了我们未曾预料的事情。如果查看其他的女性身高分布，我们会发现它们很接近正态分布。那么，为什么我们的女学生身高会有所不同呢？我们班是女篮要求吗？是不是有一小部分女性上报的身高高于真实身高？另一种更有可能的解释是，在学生输入身高时，女性是默认性别，而一些男性输入身高时忘记了修改性别变量。无论如何，数据可视化有助于发现数据中的潜在缺陷。

关于五个最小的值，请注意这些值是：

```
heights %>% filter(sex=="Female") %>%
  top_n(5, desc(height)) %>%
  pull(height)
#> [1] 51 53 55 52 52
```

因为这些都是上报的身高，所以学生可能想要输入的是 5'1"、5'2"、5'3" 或 5'5"。

8.15　练习

1. 像下面这样定义包含男性和女性身高的变量：

```
library(dslabs)
data(heights)
male <- heights$height[heights$sex=="Male"]
female <- heights$height[heights$sex=="Female"]
```

每个变量有多少个测量值？

2. 假设我们想在不画图的情况下，比较相邻两个分布。我们不能列出所有的数字。相反，我们需要研究百分位数。创建一个 5 行的表，显示 female_percentiles 和 male_percentiles 以及男女生身高的第 10，30，50，…，90 百分位数，然后用这两列创建一个数据帧。

3. 研究图 8.26 显示各大洲人口规模的箱线图。

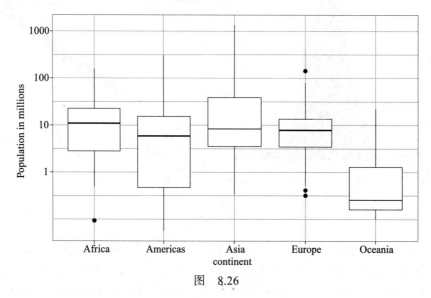

图　8.26

哪个大洲有人口最多的国家？

4. 哪个大洲的人口中值最大？

5. 非洲人口的中值是多少？

6. 欧洲人口低于 1400 万的国家占多大比例？

　　a. 0.99　　　　　　b. 0.75

　　c. 0.50　　　　　　d. 0.25

7. 如果我们使用对数转换，上述哪个大洲的四分位距最大？

8. 加载 heights 数据集，创建一个只有男性身高的向量 x：

```
library(dslabs)
data(heights)
x <- heights$height[heights$sex=="Male"]
```

在 69 到 72 英寸（身高高于 69 英寸，但低于或等于 72 英寸）之间的数据的比例是多少？提示：使用逻辑运算符和 mean。

9. 假设我们只知道数据的平均值和标准差。使用正态近似来估计刚刚计算的比例。提示：从计算平均值和标准差开始，然后利用 pnorm 函数进行比例预测。

10. 注意，在问题 2 中计算的近似值非常接近第一个问题中的精确计算结果。现在在对更极端的值执行相同的任务。比较区间 (79,81] 的精确计算结果和正态近似结果。实际比例比近似值大多少倍？

11. 世界上成年男性的身高分布近似为正态分布，平均值为 69 英寸，标准差为 3 英寸。用这个近似分布估计身高在 7 英尺 [注] 及以上的成年男性的比例。提示：使用 pnorm 函数。

12. 世界上大约有 10 亿年龄在 18 到 40 岁之间的男性。用上一个问题的答案来估计一下，世界上 18 到 40 岁的男性中有多少人身高在 7 英尺及以上？

13. 美国国家篮球协会（NBA）大约有 10 名球员身高在 7 英尺及以上。根据前两个问题的答案，世界上 18 到 40 岁 7 英尺及以上的球员在 NBA 的比例是多少？

14. 对 Lebron James 的身高（6 英尺 8 英寸）重复上一问题的计算。大约有 150 名球员至少有这么高。

15. 在回答之前的问题时，我们发现高于 7 英尺的人成为 NBA 球员的情况并不罕见。下列哪项是对我们计算结果的公正评论？

   a. 造就一名伟大的篮球运动员的是训练和天赋，而不是身高。

   b. 正态近似不适用于身高。

   c. 从问题 3 中可以看出，正态近似往往会低估极端值。高于 7 英尺的成年男性可能比我们预测的还要多。

   d. 从问题 3 中可以看出，正态近似往往会高估极端值。高于 7 英尺的成年男性可能比我们预测的要少。

8.16　ggplot2 几何图形

在第 7 章中，我们介绍了用于数据可视化的 ggplot2 包。这里我们将演示如何生成与分布相关的图形，特别是本章前面展示的图形。

8.16.1　条形图

我们可以使用 geom_bar 来生成条形图。默认的方法是计算每个类别的数量，然后绘制图形。以下给出了美国各地区拥有州的数量的条形图（见图 8.27）：

```
murders %>% ggplot(aes(region)) + geom_bar()
```

我们通常已经有一个分布表，希望将其表示为条形图。下面是这种分布表的一个例子：

```
data(murders)
tab <- murders %>%
```

⊖　1 英尺 = 30.48 厘米。——编辑注

```
  count(region) %>%
  mutate(proportion = n/sum(n))
tab
#> # A tibble: 4 x 3
#>   region          n proportion
#>   <fct>       <int>      <dbl>
#> 1 Northeast       9      0.176
#> 2 South          17      0.333
#> 3 North Central  12      0.235
#> 4 West           13      0.255
```

我们不再需要使用 geom_bar 来计数，而是根据 proportion 变量提供的高度绘制条形图（见图8.28）。为此，我们需要提供 x(类别) 和 y(值) 并使用 stat="identity" 选项：

```
tab %>% ggplot(aes(region, proportion)) + geom_bar(stat = "identity")
```

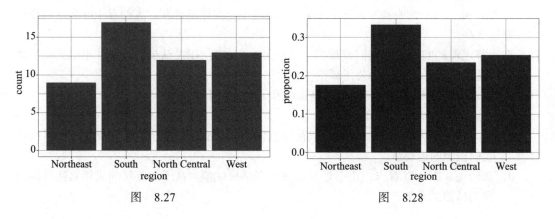

图　8.27　　　　　　　　　　　　图　8.28

8.16.2　直方图

我们使用 geom_histogram 生成直方图。通过查看这个函数的帮助文件，我们了解到唯一需要的参数是 x，我们将为它构造一个直方图。我们省略了 x，因为我们知道它是第一个参数。代码如下：

```
heights %>%
  filter(sex == "Female") %>%
  ggplot(aes(height)) +
  geom_histogram()
```

如果我们运行上面的代码，会得到一条消息：

stat_bin() using bins = 30. Pick better value with binwidth.

我们以前使用的箱子大小为1英寸，因此代码如下：

```
heights %>%
  filter(sex == "Female") %>%
  ggplot(aes(height)) +
  geom_histogram(binwidth = 1)
```

最后，如果想添加颜色以达到美观，则可以使用帮助文件中描述的参数。我们还可以添加标签和标题（见图 8.29）：

```
heights %>%
  filter(sex == "Female") %>%
  ggplot(aes(height)) +
  geom_histogram(binwidth = 1, fill =
                 "blue", col = "black") +
  xlab("Male heights in inches") +
  ggtitle("Histogram")
```

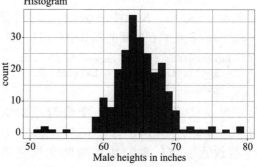

图　8.29

8.16.3　密度图

我们使用 `geom_density` 创建平滑密度图。要用之前显示为直方图的数据绘制一个平滑密度图，我们可以使用以下代码：

```
heights %>%
  filter(sex == "Female") %>%
  ggplot(aes(height)) +
  geom_density()
```

可以使用 `fill` 参数来填充颜色（见图 8.30）：

```
heights %>%
  filter(sex == "Female") %>%
  ggplot(aes(height)) +
  geom_density(fill="blue")
```

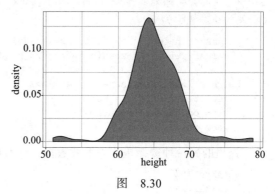

图　8.30

为了改变密度的平滑度，我们使用 `adjust` 参数将默认值乘以 `adjust`。例如，如果我们希望带宽（bandwidth）是现在使用的两倍，则可以使用以下代码：

```
heights %>%
  filter(sex == "Female") +
  geom_density(fill="blue", adjust = 2)
```

8.16.4　箱线图

箱线图的几何图形是 `geom_boxplot`。如前所述，箱线图对于比较分布非常有用。例如，图 8.31 所示是之前所示的女性身高与男性身高的对比图。对于这个几何图形，我们需要将参数 x 作为类别，将参数 y 作为值。

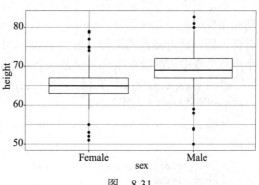

图　8.31

8.16.5 QQ 图

对于 QQ 图，我们使用 `geom_qq` 几何图形。从帮助文件我们了解到，我们需要指定 `sample`（我们将在后面的章节中介绍）。图 8.32 是男性身高的 QQ 图。

```
heights %>% filter(sex=="Male") %>%
  ggplot(aes(sample = height)) +
  geom_qq()
```

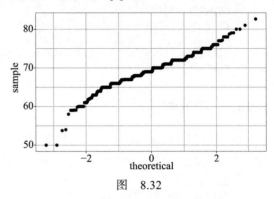

默认情况下，`sample` 变量与平均值为 0、标准差为 1 的正态分布进行比较。为了更改这一点，我们基于帮助文件使用 `dparams` 参数。添加一条标识线就像分配一个图层一样简单。对于直线，我们使用 `geom_abline` 函数。默认的直线是标识线（斜率为 1，截距为 0）。

图　8.32

```
params <- heights %>% filter(sex=="Male") %>%
  summarize(mean = mean(height), sd = sd(height))

heights %>% filter(sex=="Male") %>%
  ggplot(aes(sample = height)) +
  geom_qq(dparams = params) +
  geom_abline()
```

这里的另一种选择是首先缩放数据，然后根据标准正态分布创建 qqplot。

```
heights %>%
  filter(sex=="Male") %>%
  ggplot(aes(sample = scale(height))) +
  geom_qq() +
  geom_abline()
```

8.16.6　图像

本章中描述的概念不需要图像，但是我们将在 10.14 节中使用图像，因此这里介绍用于创建图像的两个几何图形：`geom_tile` 和 `geom_raster`。它们的表现类似，要了解它们有何不同，请查阅帮助文件。要在 ggplot2 中创建图像，需要使用具有 x 和 y 坐标以及与每个坐标关联的值的数据帧。下面是一个数据帧：

```
x <- expand.grid(x = 1:12, y = 1:10) %>%
  mutate(z = 1:120)
```

注意，这是矩阵 `matrix(1:120,12,10)` 的 tidy 版本。要绘制图像，我们使用以下代码：

```
x %>% ggplot(aes(x, y, fill = z)) +
  geom_raster()
```

对于这些图像，我们经常想要改变颜色色阶。这可以通过 scale_fill_gradientn 图层完成（见图 8.33）：

```
x %>% ggplot(aes(x, y, fill = z)) +
  geom_raster() +
  scale_fill_gradientn(colors =  terrain.colors(10))
```

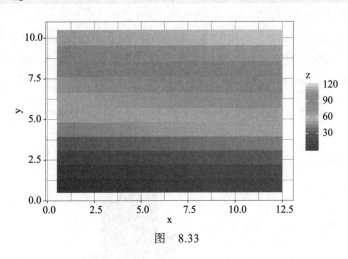

图　8.33

8.16.7　快速绘图

在 7.13 节中，我们提到 qplot 函数在需要快速绘制散点图时非常有用。我们也可以使用 qplot 来绘制直方图、密度图、箱线图、qqplot 等。尽管它不提供 ggplot 的控制级别，但 qplot 肯定是有用的，因为它允许我们使用一小段代码来创建图形。

假设对象 x 存储着女性身高数据：

```
x <- heights %>%
  filter(sex=="Male") %>%
  pull(height)
```

要快速绘制直方图，我们可以使用：

```
qplot(x)
```

这个函数猜测我们想绘制一个直方图，因为我们只提供了一个变量。在 7.13 节中，我们会看到如果给 qplot 提供两个变量，它会自动生成散点图。

要快速绘制一个 qplot，必须使用 sample 参数。注意，我们可以像使用 ggplot 那样添加图层：

```
qplot(sample = scale(x)) + geom_abline()
```

注意，在下面的代码中，我们使用了 data 参数。因为数据帧不是 qplot 的第一个参数，所以我们必须使用点运算符：

```
heights %>% qplot(sex, height, data = .)
```

我们还可以使用 geom 参数选择特定的几何图形。因此，要将图转换为箱线图，需使用以下代码：

```
heights %>% qplot(sex, height, data = ., geom = "boxplot")
```

我们也可以使用 geom 参数来生成密度图，而不是直方图：

```
qplot(x, geom = "density")
```

尽管不如使用 ggplot 时，但我们确实可以灵活改进 qplot 的结果。通过查看帮助文件，我们可以看到改进上述直方图外观的几种方法。下面是一个例子（见图 8.34）：

```
qplot(x, bins=15, color = I("black"), xlab = "Population")
```

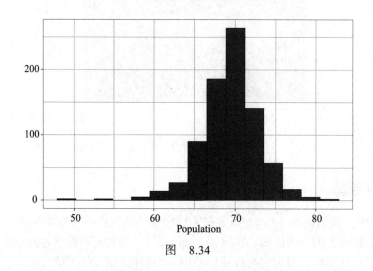

图 8.34

 技术要点　使用 I(" black ") 的原因是我们希望 qplot 将 " black " 视为字符，而不是将其转换为因子，这是 aes 的默认行为，在这里会内部调用 aes。一般来说，函数 I 在 R 中表示"保持原样"。

8.17　练习

1. 现在我们将使用 geom_histogram 函数对 height 数据帧绘制一个直方图。当阅读这个函数的文档时，我们看到它只需要一个映射，就是直方图使用的值。绘制所有图的直方图。

   包含身高数据的变量是什么？

   a. sex

   b. heights

   c. height

   d. heights$height

2. 使用管道创建 **ggplot** 对象，将身高数据分配给 **ggplot** 对象。通过 aes 函数为 x 值分配 height。

3. 准备添加一个图层来实际绘制直方图。使用之前练习中创建的对象和 geom_histogram 函数来生成直方图。

4. 注意，当运行上一个练习的代码时，我们得到了警告：stat_bin() using bins = 30.Pick better value with binwidth。使用 binwidth 参数来更改上一个练习中的直方图，以使用大小为 1 英寸的箱子。

5. 我们要绘制一个平滑密度图，而不是直方图。在本例中，我们将不创建对象，而是使用一行代码来渲染图形。更改代码中使用的几何图形，以生成平滑密度图，而不是直方图。

6. 分别绘制男性身高和女性身高的密度图。我们可以用 group 参数来实现。通过美学映射来分配分组，因为在进行估算密度的计算之前，每个点都需要分成一个组。

7. 我们也可以通过 color 参数分配组。这样做的另一个好处是，它使用颜色来区分不同的组。改变上面的代码来使用颜色。

8. 我们还可以通过 fill 参数分配组。它还有一个好处，就是用颜色来区分不同的组，比如：

```
heights %>%
  ggplot(aes(height, fill = sex)) +
  geom_density()
```

然而，这里的第二个密度图画在另一张图上。我们可以使用 alpha 参数来增加透明度，使曲线更加可见。在 geom_density 函数中将 alpha 参数设置为 0.2 来进行此更改。

Chapter 9　第9章

实践中的数据可视化

在本章中，我们将演示相对简单的 ggplot2 代码如何创建有洞察力和美观的图形。我们将绘制图形，帮助我们更好地理解世界卫生和经济趋势。我们将应用我们在第 7 章和 8.16 节中所学，学习如何增加代码来完善图形。在案例研究中，我们将探讨相关的一般数据可视化原则，并介绍诸如分面（faceting）、时间序列图、转换和脊线图等概念。

9.1　案例研究：对贫困的新见解

Hans Rosling 是 Gapminder 基金会的联合创始人，该组织致力于通过数据来消除对于所谓的发展中国家的普遍误解，从而起到教育意义。该组织利用数据显示卫生和经济领域的实际趋势与媒体对灾难、悲剧和其他不幸事件的耸人听闻的报道之间存在着怎样的矛盾。正如 Gapminder 基金会网站所述：

> 记者和说客们讲述着戏剧性的故事。这是他们的工作。他们讲述非凡事件和不寻常的人的故事。这些戏剧性的故事会在人们的脑海中形成一种过度戏剧性的世界观和强烈的负面压力感："世界变得更糟了！""是我们与他们间的较量！""别人都很奇怪！""人口在持续增长！""没人在乎！"

Hans Rosling 使用有效的数据可视化，以他自己的戏剧性方式表达了基于数据的实际趋势。本节基于两场例证这种教育方法的演讲："New Insights on Poverty"[⊖] 和 "The Best Stats You've Ever Seen"[⊖]。具体来说，在本节中，我们试图使用数据回答以下两个问题：

⊖ https://www.ted.com/talks/hans_rosling_reveals_new_insights_on_poverty?language=en
⊖ https://www.ted.com/talks/hans_rosling_shows_the_best_stats_you_ve_ever_seen

❑ 当今世界划分为西方富裕国家和非洲、亚洲和拉丁美洲的发展中国家，这样的描述
公平吗？

❑ 在过去 40 多年里，各国之间的收入不平等是否有所恶化？

为了回答这些问题，我们将使用 dslabs 中提供的 gapminder 数据集。这个数据集是
使用 Gapminder 基金会提供的大量电子表格创建的。我们可以像这样访问该表：

```
library(tidyverse)
library(dslabs)
data(gapminder)
gapminder %>% as_tibble()
#> # A tibble: 10,545 x 9
#>   country  year infant_mortality life_expectancy fertility population
#>   <fct>   <int>          <dbl>           <dbl>    <dbl>      <dbl>
#> 1 Albania  1960          115.            62.9     6.19    1636054
#> 2 Algeria  1960          148.            47.5     7.65   11124892
#> 3 Angola   1960          208             36.0     7.32    5270844
#> 4 Antigu~  1960           NA             63.0     4.43      54681
#> 5 Argent~  1960           59.9           65.4     3.11   20619075
#> # ... with 1.054e+04 more rows, and 3 more variables: gdp <dbl>,
#> #   continent <fct>, region <fct>
```

Hans Rosling 的测验

正如在 New Insights on Poverty 视频中所做的，我们首先测试我们对不同国家婴儿死亡
率差异的了解。以下五组国家中，你认为哪个国家在 2015 年的婴儿死亡率最高？哪一组最
相似？

❑ 斯里兰卡和土耳其；
❑ 波兰和韩国；
❑ 马来西亚和俄罗斯；
❑ 巴基斯坦和越南；
❑ 泰国和南非。

当在没有数据的情况下回答这些问题时，人们通常认为婴儿死亡率较高的国家大多不
在欧洲，例如斯里兰卡高于土耳其、韩国高于波兰、马来西亚高于俄罗斯。人们普遍认为，
巴基斯坦、越南、泰国和南非等发展中国家的婴儿死亡率也同样很高。

要基于数据回答这些问题，我们可以使用 dplyr。例如，对于第一组，我们可以看到：

```
gapminder %>%
  filter(year == 2015 & country %in% c("Sri Lanka","Turkey")) %>%
  select(country, infant_mortality)
#>      country infant_mortality
#> 1 Sri Lanka              8.4
#> 2    Turkey             11.6
```

土耳其的婴儿死亡率较高。

我们可以使用这段代码对其他几组进行比较，给出表 9.1 所示的结果。

表　9.1

国家	婴儿死亡率	国家	婴儿死亡率
斯里兰卡	8.4	土耳其	11.6
波兰	4.5	韩国	2.9
马来西亚	6.0	俄罗斯	8.2
巴基斯坦	65.8	越南	17.3
泰国	10.5	南非	33.6

我们看到，这个名单上的欧洲国家的婴儿死亡率更高：波兰的婴儿死亡率高于韩国，俄罗斯的婴儿死亡率高于马来西亚。我们还看到巴基斯坦的婴儿死亡率比越南高得多，南非比泰国高得多。事实证明，当 Hans Rosling 对一群受过良好教育的人进行这项测验时，平均得分不到 2.5 分（满分 5 分），比他们随机猜测的结果还要差。这意味着我们不是无知，而是被误导了。在本章中，我们将看到数据可视化如何帮助我们了解信息。

9.2　散点图

其原因源于一种先入为主的观念，即世界被分为两部分：西方世界（西欧和北美），其特点是寿命长、家庭小；发展中世界（非洲、亚洲和拉丁美洲），其特点是寿命短、家庭大。但是，这些数据支持这种两分法的观点吗？

gapminder 表中也提供了回答这个问题所需的数据。我们可以利用刚学到的数据可视化技能来应对这一挑战。

为了分析这种世界观，我们首先绘制预期寿命与生育率（每个妇女平均生育子女数）的散点图（见图 9.1）。我们从大约 50 年前的数据开始，当时这个观点在人们的脑海中根深蒂固：

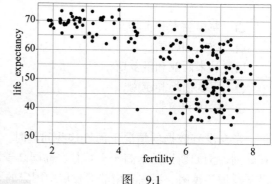

图　9.1

```
filter(gapminder, year == 1962) %>%
  ggplot(aes(fertility, life_expectancy)) +
  geom_point()
```

这些点大致可分为两类：

❏　预期寿命在 70 岁左右，每个家庭有 3 个或以下的孩子；
❏　预期寿命低于 65 岁，每个家庭有 5 个以上子女。

为了确认这些国家确实来自我们预期的大洲，我们可以用不同的颜色来表示（见图 9.2）。

```
filter(gapminder, year == 1962) %>%
  ggplot( aes(fertility, life_expectancy, color = continent)) +
  geom_point()
```

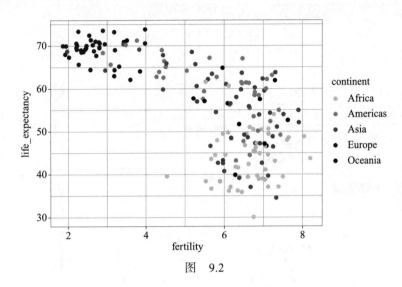

图　9.2

1962 年，"西方世界与发展中国家"的观点有一定的现实依据。50 年后的情况仍然如此吗？

9.3　分面

我们可以轻松地用同样的方法绘制 2012 年的数据。但是，为了进行比较，并排的图更可取。在 ggplot2 中，我们可以通过对变量进行分面（faceting）处理来实现这一点：通过一些变量对数据进行分层，并为每层绘制相同的图。

为了实现分面，我们添加一个 facet_grid 函数层，它可以自动分离图形。这个函数允许我们按最多两个变量进行划分，使用列表示一个变量，使用行表示另一个变量。该函数期望用 ~ 分隔行变量和列变量。下面是添加 facet_grid 作为最后一层的散点图示例（见图 9.3）：

```
filter(gapminder, year%in%c(1962, 2012)) %>%
  ggplot(aes(fertility, life_expectancy, col = continent)) +
  geom_point() +
  facet_grid(continent~year)
```

然而，这仅仅是一个例子，无法让我们简单地比较 1962 年和 2012 年的数据。在这种情况下，只有一个变量，我们使用 . 让 facet 知道我们没有使用其中的一个变量（见图 9.4）：

```
filter(gapminder, year%in%c(1962, 2012)) %>%
  ggplot(aes(fertility, life_expectancy, col = continent)) +
  geom_point() +
  facet_grid(. ~ year)
```

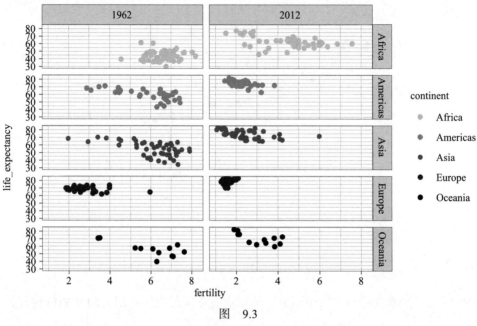

图 9.3

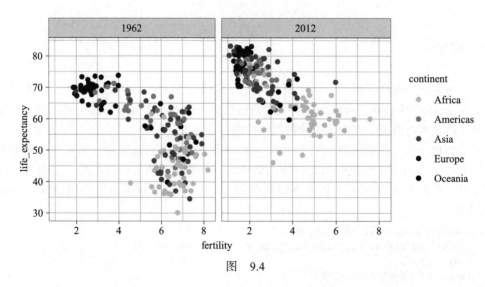

图 9.4

这幅图清楚地表明，大多数国家已经从发展中国家簇转移到西方世界簇。2012 年，西方世界对发展中国家的世界观不再有意义。将欧洲和亚洲相比时，这一点尤其明显，亚洲有些国家取得了巨大进步。

9.3.1 facet_wrap

为了探究多年来这种转变是如何发生的，我们可以绘制不同年份数据的图。我们可以增加 1980 年、1990 年和 2000 年的数据。如果这样，我们不希望所有图形都在同一行上（这是 facet_grid 的默认行为），因为它们将变得太拥挤而无法显示数据。相反，我们希望将它们分成多行和多列。函数 facet_wrap 允许我们通过自动包装一系列图形来实现这一点，以便每个图形都具有可查看的维度。

```
years <- c(1962, 1980, 1990, 2000, 2012)
continents <- c("Europe", "Asia")
gapminder %>%
  filter(year %in% years & continent %in% continents) %>%
  ggplot( aes(fertility, life_expectancy, col = continent)) +
  geom_point() +
  facet_wrap(~year)
```

图 9.5 清楚地显示了与欧洲相比，大多数亚洲国家是如何以更快的速度进步的。

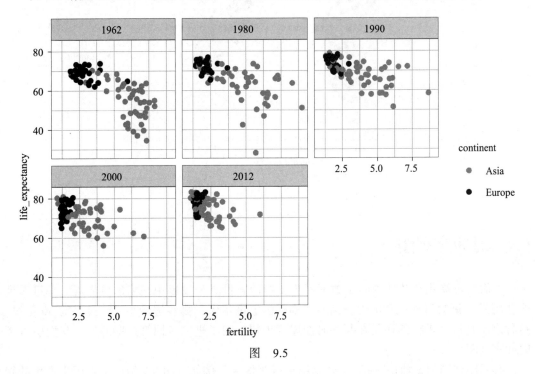

图 9.5

9.3.2 采用固定尺度以更好地进行比较

坐标轴范围的默认选择非常重要。当不使用 facet 时，此范围由图中显示的数据确定。当使用 facet 时，这个范围由所有图中显示的数据确定，因此在各个图中保持固定。

这使得对不同图的比较更加容易。例如，在图 9.5 中，我们可以看到大多数国家的预期寿命增加了，生育率下降了（因为点云在移动）。如果我们调整尺度，情况就不是这样了：

```
filter(gapminder, year%in%c(1962, 2012)) %>%
  ggplot(aes(fertility, life_expectancy, col = continent)) +
  geom_point() +
  facet_wrap(. ~ year, scales = "free")
```

在图 9.6 中，我们必须特别注意坐标轴范围，右边的图的纵轴（预期寿命）的上下限均更大。

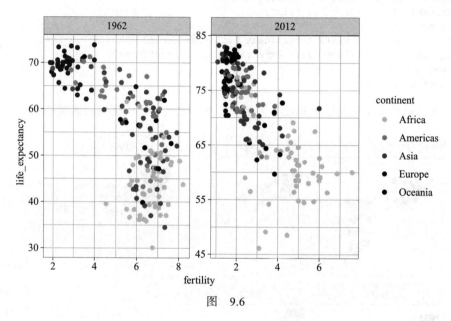

图　9.6

9.4　时间序列图

上面的可视化有效地说明了数据不再支持西方世界与发展中国家的世界观。一旦看到这些图后，新的问题就会出现。例如，哪些国家进步大，哪些进步小？在过去的 50 年里，这种进步是持续进行的还是在某些时期速度更快？为了进一步回答这些问题，我们引入了时间序列图。

时间序列图的 x 轴是时间，y 轴是结果或测量值。例如，图 9.7 给出了美国生育率的趋势图：

```
gapminder %>%
  filter(country == "United States") %>%
  ggplot(aes(year, fertility)) +
  geom_point()
```

我们发现这种趋势不是线性的。相反，在 20 世纪 60 年代和 70 年代生育率急速下降到 2 以下。然后，在 20 世纪 90 年代回到 2，并稳定下来。

当这些点有规律地密集分布时，就像这里一样，我们把这些点连接起来（见图 9.8）来表示这些数据来自一个单一的序列，这里指来自一个国家。为此，我们使用 geom_line 函数代替 geom_point：

```
gapminder %>%
  filter(country == "United States") %>%
  ggplot(aes(year, fertility)) +
  geom_line()
```

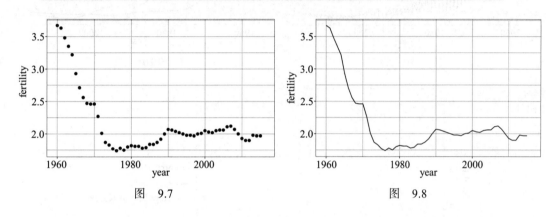

图　9.7　　　　　　　　　　　　图　9.8

当我们观察两个国家的数据时，这一点尤其有用。如果要查看两个国家（一个来自欧洲，一个来自亚洲）的数据（见图 9.9），那么如下调整上面的代码：

```
countries <- c("Republic of Korea","Germany")

gapminder %>% filter(country %in% countries) %>%
  ggplot(aes(year,fertility)) +
  geom_line()
```

遗憾的是，这不是我们想要的图。该图并非每个国家对应一条线，而是两个国家的点连接在一起。这实际上是意料之中的，因为我们没有告知 ggplot 我们需要两条单独的线。为了让 ggplot 知道需要绘制两条曲线，我们将每个点分配给一组，每个国家一组（见图 9.10）：

```
countries <- c("Republic of Korea","Germany")

gapminder %>% filter(country %in% countries & !is.na(fertility)) %>%
  ggplot(aes(year, fertility, group = country)) +
  geom_line()
```

但是，哪条线对应哪个国家呢？我们可以用颜色来区分（见图 9.11）。使用 color 参数为不同国家分配不同颜色的一个副作用就是数据会自动分组：

```
countries <- c("Republic of Korea","Germany")

gapminder %>% filter(country %in% countries & !is.na(fertility)) %>%
```

```
ggplot(aes(year,fertility, col = country)) +
geom_line()
```

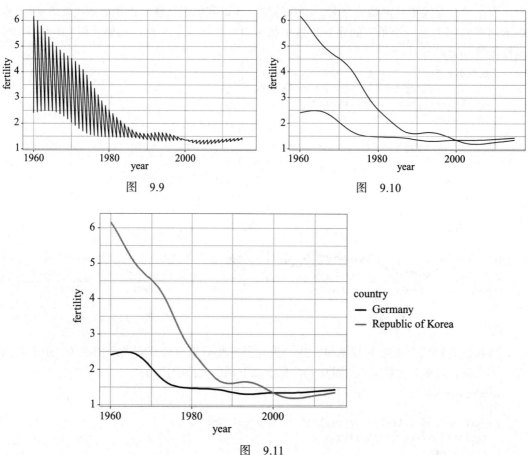

图　9.9　　　　　　　　　　图　9.10

图　9.11

这幅图清楚地显示了韩国的生育率在 20 世纪 60 年代和 70 年代是如何急剧下降的，到 1990 年，韩国的生育率与德国的相近。

用标签代替图例

对于趋势图，建议用标签标记线条而不是使用图例，因为观众可以快速看到哪条线对应哪个国家。这条建议实际上适用于大多数图：标签通常比图例更可取。

我们将使用预期寿命数据演示如何来做到这一点。我们定义了一个带有标签位置的数据表，然后针对这些标签进行第二次映射：

```
labels <- data.frame(country = countries, x = c(1975,1965), y = c(60,72))

gapminder %>%
  filter(country %in% countries) %>%
```

```
ggplot(aes(year, life_expectancy, col = country)) +
geom_line() +
geom_text(data = labels, aes(x, y, label = country), size = 5) +
theme(legend.position = "none")
```

图 9.12 清楚地显示了生育率下降后预期寿命的提高。1960 年，德国人均预期寿命比韩国的长 15 年，不过到 2010 年，这一差距完全消除了。它是许多非西方国家在过去 40 年取得进步的例证。

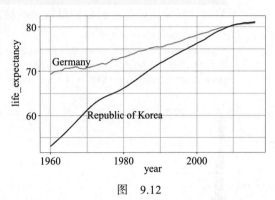

图　9.12

9.5　数据转换

现在我们把注意力转移到第二个问题上，这个问题与人们普遍持有的观念有关，即在过去几十年里，世界各地的财富分配变得越来越糟糕。当被问及穷国是否变得更穷，富国是否变得更富时，大多数人的回答是肯定的。通过分层图、直方图、平滑密度图和箱线图，我们将探讨事实是否如此。首先，我们来看数据转换如何提供更有意义的总结和图。

gapminder 数据表包括一个国内生产总值（Gross Domestic Product，GDP）列。GDP 衡量的是一个国家一年生产的商品和服务的市场价值。人均 GDP 通常被用来粗略概括一个国家的财富程度。这里我们用这个量除以 365，得到更容易理解的衡量方式：美元 / 天。以当前美元为单位，每日收入不足 2 美元的人被视为绝对贫困。我们将这个变量添加到数据表中：

```
gapminder <- gapminder %>% mutate(dollars_per_day = gdp/population/365)
```

GDP 值根据通货膨胀进行了调整，代表了当前的美元，因此这些值在不同年份之间具有可比性。当然，这些都是各国的平均值，每个国家内部都有很大的差异。下面描述的所有图表和见解都与国家平均水平有关，而与个人无关。

9.5.1　对数转换

以下代码绘制了 1970 年以来的日收入直方图（见图 9.13）：

```
past_year <- 1970
gapminder %>%
  filter(year == past_year & !is.na(gdp)) %>%
  ggplot(aes(dollars_per_day)) +
  geom_histogram(binwidth = 1, color = "black")
```

我们使用 color = "black" 参数来绘制边界并清楚地区分各箱子。

我们可以看到，大多数国家的平均收入都在每天 10 美元以下。然而，*x* 轴的很大一部分平均值在 10 美元以上。因此，这个图并不能提供每天 10 美元以下国家的信息。

如果可以快速了解有多少国家的平均日收入是 1 美元（极度贫困）、2 美元（非常贫困）、

4 美元（贫困）、8 美元（中等收入）、16 美元（富裕）、32 美元（富有）以及 64 美元（非常富有），那么可以获得更多信息。这些数据具有某种乘法关系，而对数转换可以将乘法关系转换为加法关系：当使用底数 2 时，值的倍增会变成递增 1。

下面的代码使用以 2 为底数的对数转换给出了分布（见图 9.14）：

```
gapminder %>%
  filter(year == past_year & !is.na(gdp)) %>%
  ggplot(aes(log2(dollars_per_day))) +
  geom_histogram(binwidth = 1, color = "black")
```

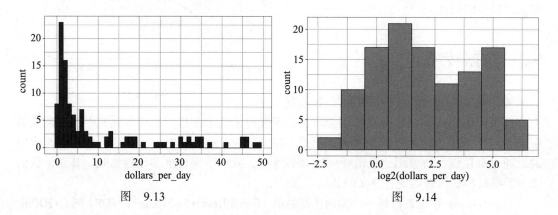

图 9.13　　　　　　　　　　　　　　　　图 9.14

在某种程度上，这提供了一个对中低收入国家的特写。

9.5.2　使用哪一个底数

在上面的例子中，我们在对数转换中使用了底数 2。其他常见的选择有底数 e（自然对数）和 10。

通常，我们不建议使用自然对数进行数据探索和可视化。这是因为 2^2、2^3、2^4，…或 10^2、10^3，…等数字很容易口算出来，但 e^2、e^3，…的计算就不那么简单了，所以这个尺度并不直观，也不容易解释。

在上面的例子中，我们使用底数 2 而不是底数 10，因为得到的范围更容易解释。绘制的值的范围为 0.327～48.885。

若采用底数 10，这将变成一个包含很少整数的范围：只有 0 和 1。若采用底数 2，范围包括 -2、-1、0、1、2、3、4 和 5。当 x 是整数并且在 -10 和 10 之间时，计算 2^x 和 10^x 比较容易，所以我们更喜欢使用较小的整数。范围有限的另一个后果是选择 binwidth 更具挑战性。对于以 2 为底的对数，我们知道 binwidth 为 1 可以将范围转换为 x 到 2x。

举个以 10 为底数的更有意义的例子，请考虑人口规模。对于该例子，最好使用以 10 为底的对数，因为它们的范围是：

```
filter(gapminder, year == past_year) %>%
  summarize(min = min(population), max = max(population))
```

```
#>      min     max
#> 1 46075 8.09e+08
```

以下代码给出了转换后的值的直方图
（见图 9.15）：

```
gapminder %>%
    filter(year == past_year) %>%
    ggplot(aes(log10(population))) +
    geom_histogram(binwidth = 0.5, color
                        = "black")
```

从这个图中，我们可以很快看到，各
国家的人口在 1 万到 100 亿之间。

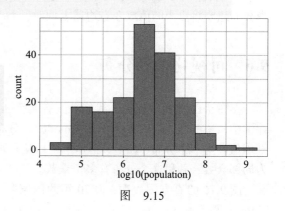

图　9.15

9.5.3　转换值还是标记尺度

可以用两种方法在图中使用对数转换。我们可以在绘制它们之前对它们取对数，或者
在坐标轴中使用对数尺度。这两种方法都很有用，各有优点。如果我们对数据取对数，则
更容易解释中间值。例如，如果我们看到：

----1----x----2--------3----

对于对数转换数据，我们知道 x 的值大约是 1.5。如果尺度为：

----1----x----10------100---

那么为了确定 x，我们需要计算 $10^{1.5}$，
这不是很容易口算。使用对数尺度的优点是
我们可以在轴上看到原始值。而给出对数尺
度的优点是原始值显示在图中，这更容易解
释。例如，我们会看到"32 美元 / 天"而
不是"以 2 为底的 5 的对数美元 / 天"（见
图 9.16）。

正如我们之前学过的，如果想用对数
缩放坐标轴，那么可以使用 scale_x_
continuous 函数。我们不先对值取对数，
而是应用这个图层：

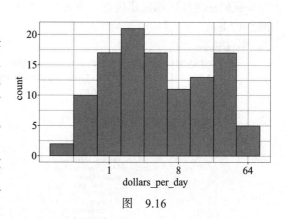

图　9.16

```
gapminder %>%
    filter(year == past_year & !is.na(gdp)) %>%
    ggplot(aes(dollars_per_day)) +
    geom_histogram(binwidth = 1, color = "black") +
    scale_x_continuous(trans = "log2")
```

注意，以 10 为底的对数转换有自己的函数：scale_x_log10()，尽管我们很容易定
义自己的函数，但是目前以 2 为底的对数转换还没有自己的函数。

通过 trans 参数还可以使用其他转换。我们稍后将了解到，在考虑计数时，平方根

（sqrt）转换很有用。在绘制 0 和 1 之间的比例时，逻辑（logistic）转换（logit）很有用。当我们想要将更小的值放在右边或上面时，reverse 转换很有用。

9.6 可视化多峰分布

在图 9.16 的直方图中，我们看到有两个凸起：一个在 4 左右，另一个在 32 左右。在统计学中，这些凸起有时称为众数（mode）。分布的众数是频率最高的值。正态分布的众数是平均值。当一个分布（如上）不是单调地从众数下降时，我们把它再次上升和下降的位置称为局部众数，并称这个分布有多个众数。

图 9.16 的直方图表明，1970 年的国家收入分布有两个众数：一个是大约每天 2 美元（$\log_2$ 尺度下为 1），另一个是大约每天 32 美元（$\log_2$ 尺度下为 5）。这种双峰与平均日收入低于 8 美元（$\log_2$ 尺度下为 3）的国家和高于 8 美元的国家组成的二分法世界是一致的。

9.7 用箱线图和脊线图比较多种分布

直方图显示，1970 年的收入分布呈现出一种二分法。然而，直方图并没有告诉我们这两组国家是否是西方国家与发展中国家。

我们首先按区域快速检查一下数据。然后，按中值对区域重新排序并使用对数尺度（见图 9.17）：

```
gapminder %>%
  filter(year == past_year & !is.na(gdp)) %>%
  mutate(region = reorder(region, dollars_per_day, FUN = median)) %>%
  ggplot(aes(dollars_per_day, region)) +
  geom_point() +
  scale_x_continuous(trans = "log2")
```

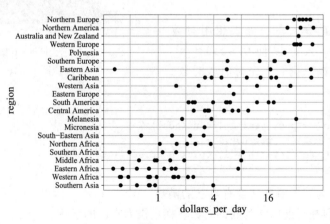

图　9.17

我们可以看到，确实存在一种西方与其他国家的二分法：我们看到两个明显的组，富裕组由北美、北欧和西欧、新西兰和澳大利亚组成。我们根据这种观察结果来定义组：

```
gapminder <- gapminder %>%
  mutate(group = case_when(
    region %in% c("Western Europe", "Northern Europe","Southern Europe",
                  "Northern America",
                  "Australia and New Zealand") ~ "West",
    region %in% c("Eastern Asia", "South-Eastern Asia") ~ "East Asia",
    region %in% c("Caribbean", "Central America",
                  "South America") ~ "Latin America",
    continent == "Africa" &
      region != "Northern Africa" ~ "Sub-Saharan",
    TRUE ~ "Others"))
```

我们将 group 变量转化为一个因子来控制层的顺序：

```
gapminder <- gapminder %>%
  mutate(group = factor(group, levels = c("Others", "Latin America",
                                          "East Asia", "Sub-Saharan",
                                          "West")))
```

在下一节中，我们将演示如何在组之间实现可视化并比较分布。

9.7.1 箱线图

以上探索性数据分析揭示了 1970 年平均收入分布的两个特征。利用直方图，我们发现一个有两个与穷国和富国相关的众数的双峰分布。我们现在想比较这五组的分布情况，以确定"西方与其他国家"的二分法。每个类别中的点数量足够大，因此可以使用一个总结图。我们可以生成 5 个直方图或 5 个密度图，但是将所有的视觉总结放在一个图中可能更实用。因此，我们首先将箱线图排列在一起（见图 9.18）。注意，我们添加图层 theme(axis.text.x = element_text(angle = 90, hjust = 1)) 是为了垂直显示组标签，因为如果水平显示它们就不能够拟合，因此删除轴标签以留出空间。

```
p <- gapminder %>%
  filter(year == past_year & !is.na(gdp)) %>%
  ggplot(aes(group, dollars_per_day)) +
  geom_boxplot() +
  scale_y_continuous(trans = "log2") +
  xlab("") +
  theme(axis.text.x = element_text(angle = 90, hjust = 1))
p
```

箱线图的局限性在于，如果将数据汇总成 5 个数字，可能会遗漏数据的重要特征。为了避免这种情况，一种方法就是显示数据（见图 9.19）：

```
p + geom_point(alpha = 0.5)
```

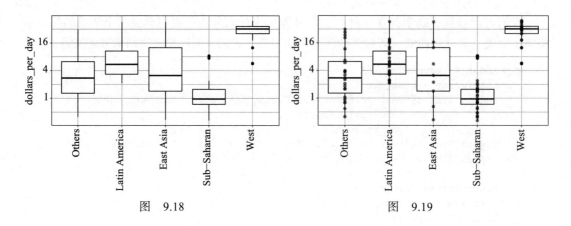

图 9.18   图 9.19

9.7.2 脊线图

显示每个点并不总能揭示分布的重要特征。虽然这里的情况并非如此,但当数据点的数量太大而导致过度绘制时,显示数据可能会适得其反。箱线图通过提供五个数字的总结来帮助实现这一点,但这也有局限性。例如,我们不能通过箱线图发现双峰分布。要看到这一点,请注意图 9.20 的两个图汇总了同一个数据集。

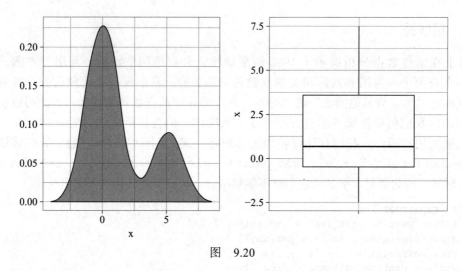

图 9.20

如果担心箱线图总结过于简单,那么可以堆叠地显示平滑密度图或直方图。我们称这些图为脊线图(见图 9.21)。因为我们习惯用 x 轴的值来可视化密度,所以我们垂直地将它们叠加。另外,因为这种方法需要更多的空间,所以可以方便地覆盖它们。软件包 ggridges 提供了一个方便的函数来完成此任务。以下代码将上面用箱线图显示的收入数据用脊线图显示:

```
library(ggridges)
p <- gapminder %>%
```

```
    filter(year == past_year & !is.na(dollars_per_day)) %>%
    ggplot(aes(dollars_per_day, group)) +
    scale_x_continuous(trans = "log2")
p  + geom_density_ridges()
```

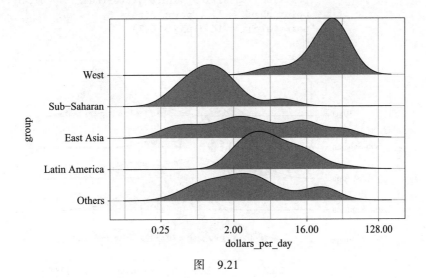

图　9.21

注意，我们必须将箱线图中使用的 x 和 y 反转。一个有用的 geom_density_ridges 参数是 scale，它可以确定重叠的数量，scale = 1 表示没有重叠，值越多表示重叠越多。

如果数据点的数量足够小，那么可以使用以下代码将其添加到脊线图（见图 9.22）中：

```
p + geom_density_ridges(jittered_points = TRUE)
```

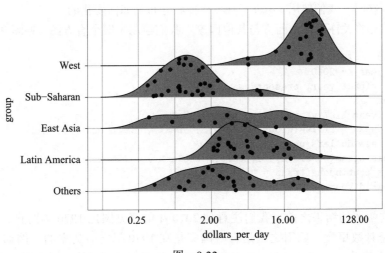

图　9.22

默认情况下，点的高度是抖动的，不应该以任何方式解释。如果要在不使用抖动的情况下显示数据点（见图 9.23），则可以使用以下代码添加数据的毛毯式表示：

```
p + geom_density_ridges(jittered_points = TRUE,
                        position = position_points_jitter(height = 0),
                        point_shape = '|', point_size = 3,
                        point_alpha = 1, alpha = 0.7)
```

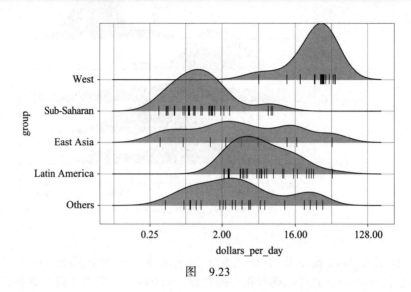

图 9.23

9.7.3 示例：1970 年和 2010 年的收入分布

数据探索清楚地表明，在 1970 年，存在着"西方与其他国家"的二分法。但这种二分法还会继续存在吗？我们使用 facet_grid 查看分布是如何变化的。

首先，我们将关注两组：西方与其他国家。我们绘制了四个直方图（见图 9.24）：

```
past_year <- 1970
present_year <- 2010
years <- c(past_year, present_year)
gapminder %>%
  filter(year %in% years & !is.na(gdp)) %>%
  mutate(west = ifelse(group == "West", "West", "Developing")) %>%
  ggplot(aes(dollars_per_day)) +
  geom_histogram(binwidth = 1, color = "black") +
  scale_x_continuous(trans = "log2") +
  facet_grid(year ~ west)
```

在解释这幅图的结果之前，我们注意到 2010 年的直方图比 1970 年的直方图代表了更多的国家：总计数更大。原因之一是有些国家是在 1970 年之后建立的。例如，苏联在 20 世纪 90 年代分裂为多个国家。另一个原因是 2010 年有更多国家的数据可用。

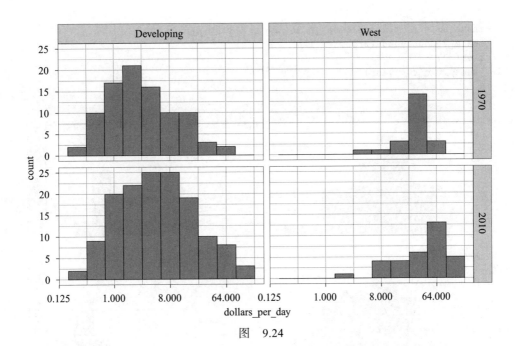

图　9.24

我们只使用有这两年数据的国家重新绘制了这些图。在本书的第四部分，我们将学习 tidyverse 工具，它允许我们编写高效的代码，但在这里，我们可以使用 intersect 函数编写简单的代码：

```
country_list_1 <- gapminder %>%
  filter(year == past_year & !is.na(dollars_per_day)) %>%
  pull(country)

country_list_2 <- gapminder %>%
  filter(year == present_year & !is.na(dollars_per_day)) %>%
  pull(country)

country_list <- intersect(country_list_1, country_list_2)
```

这 108 个国家占世界人口的 86%，因此这个子集应该具有代表性。

我们只针对这个子集重新绘制图，只需在 filter 函数中添加 country %in% country_list，如图 9.25 所示。

我们现在看到，富裕国家变得更富有了一些，但就百分比而言，贫穷国家的进步似乎更大。特别是，我们看到每天收入超过 16 美元的发展中国家的比例大大增加。

要查看哪些区域进步最大，我们可以重新绘制上面的箱线图。但是现在添加 2010 年数据，然后使用 facet 来比较这两年的情况（见图 9.26）：

```
gapminder %>%
  filter(year %in% years & country %in% country_list) %>%
  ggplot(aes(group, dollars_per_day)) +
  geom_boxplot() +
```

```
theme(axis.text.x = element_text(angle = 90, hjust = 1)) +
scale_y_continuous(trans = "log2") +
xlab("") +
facet_grid(. ~ year)
```

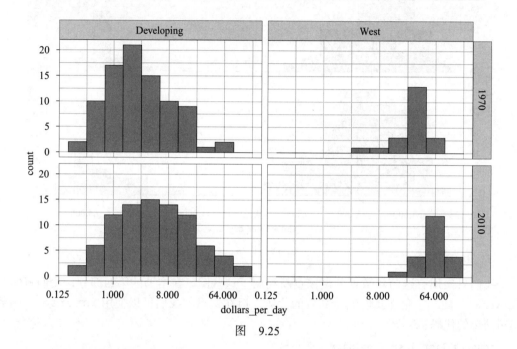

图　9.25

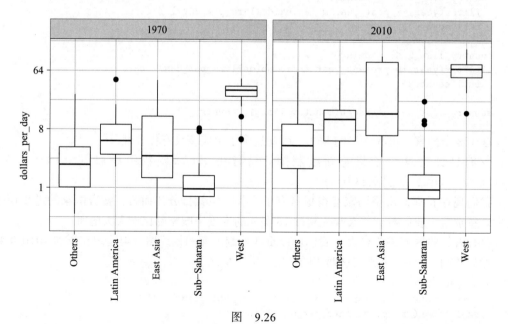

图　9.26

在这里，我们介绍另一个强大的 ggplot2 特性。因为我们想要比较每个区域两个年份的数据，所以将每个区域 1970 年的箱线图放在 2010 年的箱线图旁边比较方便。一般来说，当数据被绘制在一起时更容易进行比较。

我们将两个年份的数据保存在一起，并根据年份对它们进行着色（或填充），而不是进行分面处理。注意，组是按年份自动分隔的，每对箱线图都是相邻绘制的。因为年份是一个数字，而 ggplot2 会自动为因子的每个类别分配一种颜色（见图 9.27），所以我们将它转换为因子。注意，我们必须将年份列从数字转换为因子：

```
gapminder %>%
  filter(year %in% years & country %in% country_list) %>%
  mutate(year = factor(year)) %>%
  ggplot(aes(group, dollars_per_day, fill = year)) +
  geom_boxplot() +
  theme(axis.text.x = element_text(angle = 90, hjust = 1)) +
  scale_y_continuous(trans = "log2") +
  xlab("")
```

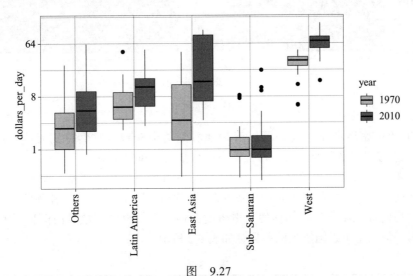

图 9.27

最后，我们指出，如果我们最感兴趣的是比较前后值，那么绘制百分比增长图可能更有意义。我们还没有准备好学习编码，但图应该类似图 9.28 那样。

之前的数据探索显示，在过去 40 年里，富国和穷国之间的收入差距已经显著缩小。我们通过一系列直方图和箱线图看到了这一点。建议用一个图来传达这个信息。

我们先来看 1970 年和 2010 年的收入分

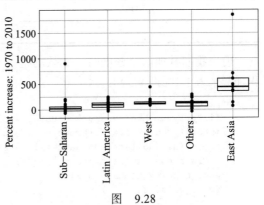

图 9.28

布密度图（见图 9.29），它给出差距正在缩小的信息：

```
gapminder %>%
  filter(year %in% years & country %in% country_list) %>%
  ggplot(aes(dollars_per_day)) +
  geom_density(fill = "grey") +
  scale_x_continuous(trans = "log2") +
  facet_grid(. ~ year)
```

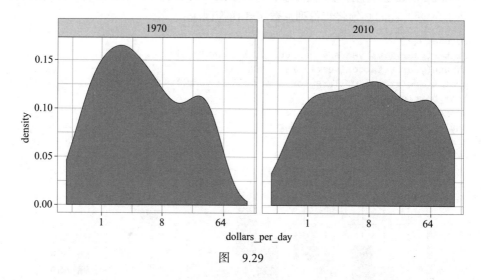

图　9.29

在 1970 年的密度图中，我们可以清楚地看到两个众数，它们分别对应穷国和富国。2010 年，一些穷国似乎已经向右转移，缩小了与富国之间的差距。

我们需要传达的下一条信息是，这种变化的原因是一些穷国变富，而不是一些富国变穷。要做到这一点，我们可以为我们在数据探索过程中识别的组分配一种颜色。

然而，我们首先需要学习如何使平滑密度保存关于每组国家数量的信息。为了理解这样做的原因，请注意每组国家数的差异，如表 9.2 所示。

表　9.2

发展中国家	西方国家
87	21

但当我们叠加两个密度时，默认的是，不管每个组的大小如何，每个分布所代表的面积加起来为 1（见图 9.30）：

```
gapminder %>%
  filter(year %in% years & country %in% country_list) %>%
  mutate(group = ifelse(group == "West", "West", "Developing")) %>%
  ggplot(aes(dollars_per_day, fill = group)) +
  scale_x_continuous(trans = "log2") +
  geom_density(alpha = 0.2) +
  facet_grid(year ~ .)
```

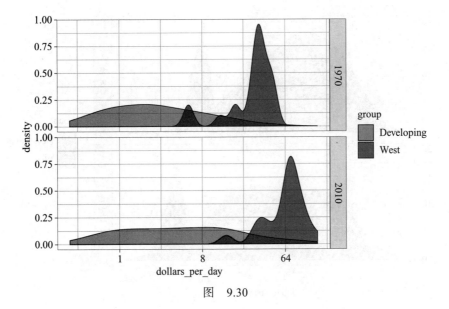

图　9.30

这使得每一组国家的数目看起来都是一样的。要改变这一点，我们需要学习使用 `geom_density` 函数访问计算变量的方法。

9.7.4　访问计算变量

要使这些密度的面积与组的大小成正比，我们可以简单地将 y 轴的值乘以组的大小。从 `geom_density` 帮助文件我们可以看到，这些函数计算了一个名为 `count` 的变量，该变量正是这样做的。我们希望这个变量在 y 轴上，而不是密度上。

在 ggplot2 中，我们通过在名称两侧加上两个点来访问这些变量。因此，我们将使用以下映射：

```
aes(x = dollars_per_day, y = ..count..)
```

现在，只需更改前面代码块中的映射，就可以创建所需的图形。我们还可以扩展 x 轴的极限（见图 9.31）：

```
p <- gapminder %>%
  filter(year %in% years & country %in% country_list) %>%
  mutate(group = ifelse(group == "West", "West", "Developing")) %>%
  ggplot(aes(dollars_per_day, y = ..count.., fill = group)) +
  scale_x_continuous(trans = "log2", limit = c(0.125, 300))

p + geom_density(alpha = 0.2) +
  facet_grid(year ~ .)
```

如果想让密度更平滑，我们需要使用 `bw` 参数，以便对每个密度使用相同的带宽（见图 9.32）。在尝试了几个值之后，我们选择了 0.75：

```
p + geom_density(alpha = 0.2, bw = 0.75) + facet_grid(year ~ .)
```

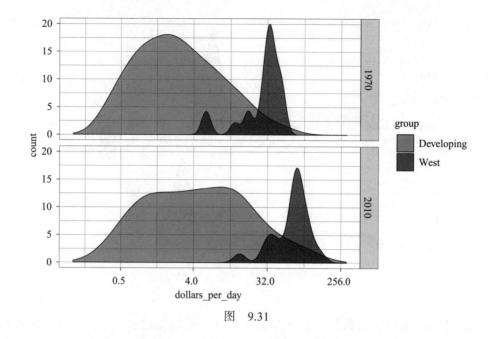

图 9.31

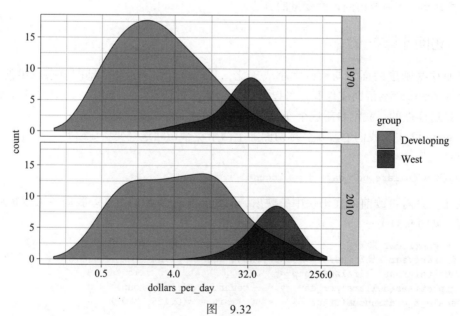

图 9.32

这幅图现在非常清楚地显示了正在发生的事情。发展中国家的分布正在发生变化。第三个众数出现了，对应于那些缩小差距程度最大的国家。

为了可视化上面定义的哪些组正在推动这种差距的缩小，我们可以快速绘制出脊线图（见图 9.33）：

```
gapminder %>%
  filter(year %in% years & !is.na(dollars_per_day)) %>%
  ggplot(aes(dollars_per_day, group)) +
  scale_x_continuous(trans = "log2") +
  geom_density_ridges(adjust = 1.5) +
  facet_grid(. ~ year)
```

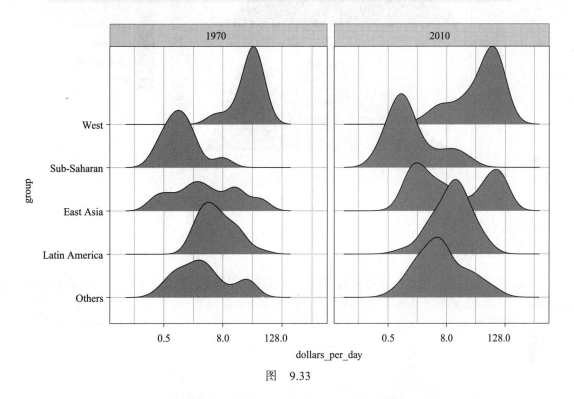

图　9.33

另一种实现方法是将密度叠加在一起（见图 9.34）：

```
gapminder %>%
  filter(year %in% years & country %in% country_list) %>%
  group_by(year) %>%
  mutate(weight = population/sum(population)*2) %>%
  ungroup() %>%
  ggplot(aes(dollars_per_day, fill = group)) +
  scale_x_continuous(trans = "log2", limit = c(0.125, 300)) +
  geom_density(alpha = 0.2, bw = 0.75, position = "stack") +
  facet_grid(year ~ .)
```

在这里，我们可以清楚地看到东亚、拉丁美洲和其他地区的分布是如何明显向右转移的。而撒哈拉以南的非洲仍然停滞不前。

注意，我们要对组的等级进行排序，所以首先绘制西方地区的密度图，然后绘制撒哈拉以南的非洲。先画出两个极值，我们就能更好地了解剩下的双峰性。

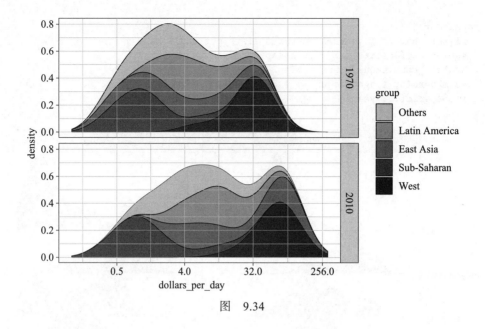

图　9.34

9.7.5　加权密度

最后，我们注意到这些分布对每个国家的权重是相同的。因此，如果大多数人口都在改善，但如果生活在一个非常大的国家，我们可能不会赞同这一点。

我们实际上可以用 `weight` 映射参数来对平滑密度进行加权，如图 9.35 所示。

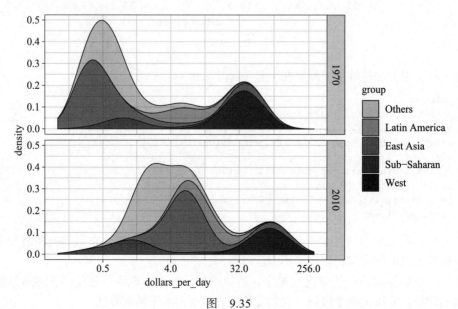

图　9.35

这一特殊图形非常清楚地表明，收入分布差距正在缩小，而大多数穷国仍位于撒哈拉以南的非洲。

9.8　生态谬误和显示数据的重要性

在这一部分中，我们一直在对世界的各个地区进行比较。我们已经看到，平均而言，一些地区比其他地区做得更好。在本节中，我们着重介绍在研究一个国家的婴儿死亡率和平均收入之间的关系时，各组内部变异性（variability）的重要性。

我们定义了更多的区域，并比较了各个区域的平均值（见图 9.36）。

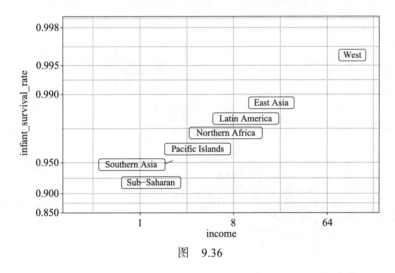

图　9.36

这两个变量之间的关系几乎是完美的线性关系，该图显示了一个戏剧性的差异。在西方，婴儿死亡率不到 0.5%，而在撒哈拉以南的非洲，这一比率高于 6%！

请注意，该图使用了一个新的转换，即逻辑转换。

9.8.1　逻辑转换

比例或比率 p 的逻辑（logistic）转换定义为：

$$f(p) = \log\left(\frac{p}{1-p}\right)$$

当 p 是一个比例或概率时，取对数的量 $p/(1-p)$ 称为比值（odds）。在本例中，p 是存活婴儿的比例。这个比值可以告诉我们，预期存活的婴儿比死亡的婴儿多多少。如果速率相同，则对数比值为 0。折叠增加或减少分别变成正增量和负增量。

当我们想要突出 0 或 1 附近的差异时，这个尺度是有用的。对于存活率来说，99% 的存活率比较好，而 90% 的存活率是不可接受的，我们更倾向于接近 99.9% 的存活率。我们想用尺度来突出这些差异，由逻辑转换实现。注意，99.9/0.1 是 99/1 的 10 倍，99/1 是 90/10 的 10 倍。通过对数转换，这些折叠变化将变成常数增长。

9.8.2 显示数据

现在，回到我们的图。根据图 9.36，我们是否可以得出收入低的国家注定存活率低的结论？是否可以得出这样的结论：撒哈拉以南的非洲的存活率都低于南亚的存活率，而南亚的存活率又低于太平洋岛屿的存活率，等等？

根据显示平均值的图表得出这个结论被称为生态谬误。存活率和收入之间近乎完美的关系仅在区域一级的平均水平上观察到。展示所有的数据后，会看到更加复杂的信息（见图 9.37）。

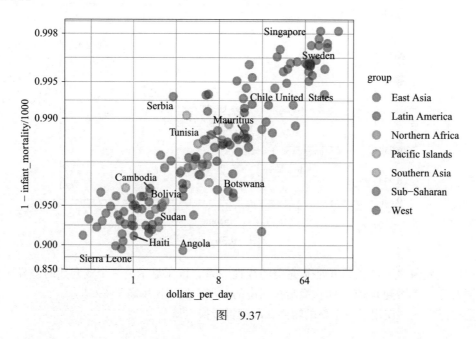

图 9.37

具体来说，我们看到有很大的变异性。我们看到来自相同地区的国家可能会有很大的不同，同样收入的国家可能会有不同的存活率。例如，虽然平均而言，撒哈拉以南非洲的健康和经济结果较差，但该地区内部各国也存在很大的差异。毛里求斯和博茨瓦纳比安哥拉和塞拉利昂做得更好，而毛里求斯与西方国家相当。

第 10 章　*Chapter 10*

数据可视化原则

在为示例创建图时，我们已经提供了一些需要遵循的规则。在这里，我们的目标是提供一些可以指导有效数据可视化的通用原则。本章的大部分内容基于 Karl Broman[⊖] 题为 "Creating Effective Figures and Tables"[⊖] 的讨论，并且包括了一些由 Karl 在他的 GitHub 知识库[⊖] 中提供的代码绘制的图形以及 Peter Aldhous 在数据可视化介绍课程的课堂笔记。按照 Karl 的方法，我们展示了一些应该避免的绘图风格的例子，解释如何改进它们。我们将遵循原则的图和不遵循原则的图加以比较。

这些原则大多基于人类检测模式和进行视觉比较的研究。首选的方法是那些最适合我们大脑处理视觉信息的方法。在确定可视化方法时，记住目标也很重要。我们可以比较可见的数量，描述类别或数值的分布，比较两组数据，或者描述两个变量之间的关系。最后，我们要强调的是，对于数据科学家来说，适应和优化图表是非常重要的。例如，为我们自己制作的探索性图表不同于用于向一般观众传达发现的图表。

我们将使用以下这些库：

```
library(tidyverse)
library(dslabs)
library(gridExtra)
```

10.1　使用视觉线索编码数据

我们先介绍编码数据的一些原则。有几种方法可以使用，包括位置、对齐长度、角度、

⊖　http://kbroman.org/

⊖　https://www.biostat.wisc.edu/~kbroman/presentations/graphs2017.pdf

⊖　https://github.com/kbroman/Talk_Graphs

面积、亮度和色调。

为了说明这些策略的比较情况，假设我们想要报告 2000 年和 2015 年关于浏览器偏好的两个假设民意调查的结果。对于每个年份，我们只比较四个数，即四个百分比。由 Microsoft Excel 推广的一个广泛使用的百分比图形是饼状图，如图 10.1 所示。

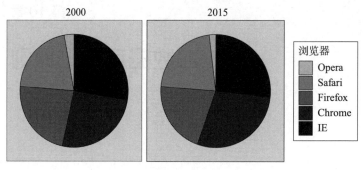

图　10.1

这里我们用面积和角度来表示数量，因为每个饼片的角度和面积都与饼片所代表的数量成比例。这是一个次优选择，正如感知研究所证明的那样，人类并不擅长精确地量化角度，当面积是唯一可用的视觉线索时，情况就更糟了。圆环图就是一个只使用面积的图的例子（见图 10.2）。

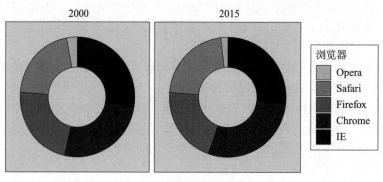

图　10.2

为了了解量化角度和面积有多困难，请注意从 2000 年到 2015 年，图中的排名和所有百分比都在变化。你能确定实际百分比并对浏览器的流行程度排名吗？从 2000 年到 2015 年，你了解这些百分比是如何变化的吗？这些并不容易从图中获知（见图 10.3）。事实上，pie R 函数帮助文件声明：

饼状图是一种非常糟糕的显示信息的方式。眼睛善于判断线性度量，而不善于判断相对面积。条形图或点图更利于显示这类数据。

在这种情况下，简单地显示数字（见表 10.1）不仅更清楚，而且如果要打印一份纸质副本，还可以节省印刷成本。

表　10.1

浏览器	2000	2015
Opera	3	2
Safari	21	22
Firefox	23	21
Chrome	26	29
IE	28	27

　　绘制这些数量的首选方法是将长度和位置作为视觉线索，因为人类更善于判断线性度量。条形图通过使用与数量成正比的长度条来实现这种方法（见图 10.4）。通过在策略选择的值（本例中是 10 的每一个倍数）上添加水平线，我们减轻了通过长度条的顶部位置进行量化的视觉负担。将从两幅图中提取的信息加以比较，并加以区分。

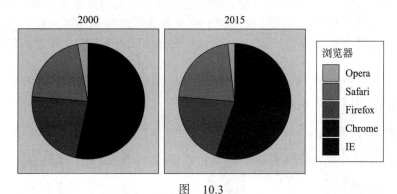

图　10.3

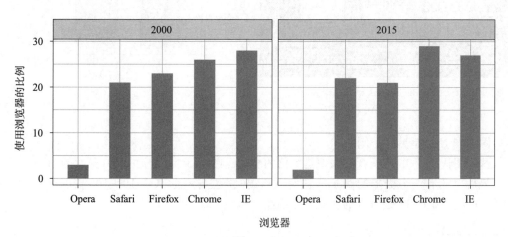

图　10.4

请注意，查看条形图中的差异要容易得多。事实上，我们现在可以确定实际的百分比。

如果由于某些原因你需要制作一个饼状图，请在每个饼片上标注各自的百分比（见图 10.5），这样浏览者就不必由角度或面积推断它们了。

通常，当显示数量时，位置和长度比角度和面积更受青睐。亮度和颜色比角度更难量化。但是，正如我们后面将讨论的，当必须同时显示两个以上维度时，它们有时很有用。

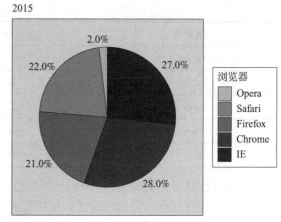

图　10.5

10.2　知道什么时候包含 0

当使用条形图时，不从 0 开始是错误的。这是因为，使用条形图意味着长度与显示的数量成正比。不从 0 开始，可以使相对较小的差异看起来比实际要大得多。政客或媒体经常使用这种方法来夸大差异。图 10.6 所示是 Peter Aldhous 在课堂中使用的一个说明性例子。

从图 10.6 中可以看出，忧虑情绪似乎增加了近两倍，而实际上，它只增加了 16%。从 0 开始的图像（见图 10.7）很清楚地说明了这一点。

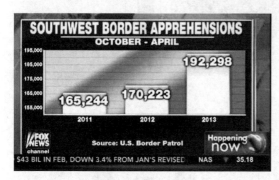

来源：Fox News，Media Matters

图　10.6

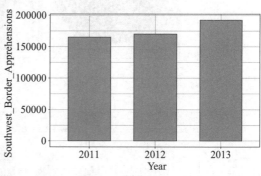

图　10.7

图 10.8 所示是另一个例子 [注]。

这幅图让 13% 的增长看起来像是 5 倍的变化。图 10.9 是对应的从 0 开始的图。

最后，还有一个极端的例子，它使不到 2% 的差异看起来像 10～100 倍的变化，如图 10.10 所示。图 10.11 是对应的从 0 开始的图。

[注]　http://flowingdata.com/2012/08/06/fox-news-continues-charting-excellence/

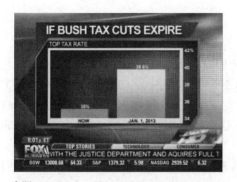

来源：Fox News，Flowing Data

图 10.8

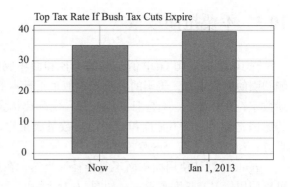

图 10.9

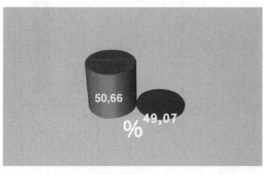

图 10.10

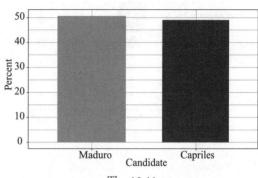

图 10.11

当使用的是位置而不是长度时，就不需要包含 0。当我们想要比较组间与组内变异性的差异时，这种情况尤其明显。图 10.12 是一个说明性的例子，它显示了 2012 年各大洲国家的平均预期寿命分层图。

请注意，在左边包含 0 的图中，0 和 43 之间没有任何信息，使得比较组间和组内的变异性变得更加困难。

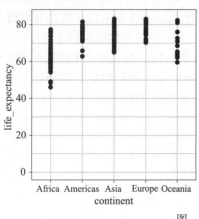

图 10.12

10.3 不要扭曲数量

图 10.13 是各国 GDP 值与圆的半径和面积成比例时得到的比较情况。从图 10.13 中左侧圆圈的面积来看，美国的经济规模似乎是日本的 5 倍多，是法国的 30 多倍，但如果看实际数字，并非如此。对应日本和法国，实际比例大约分别是 2.6 倍和 5.8 倍。造成这种扭曲的原因是半径，而不是面积，半径与数量成正比，这意味着面积之间的比例是半径比例的平方：2.6 变成 6.5，5.8 变成 34.1。

ggplot2 默认使用面积而不是半径。当然，在这种情况下，不应该使用面积，因为我们可以使用位置和长度来表示，如图 10.14 所示。

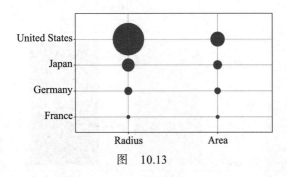

图　10.13

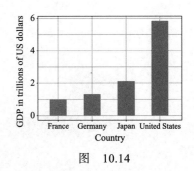

图　10.14

10.4 按有意义的值对类别排序

就像在条形图中所做的那样，当使用一个轴来显示类别时，默认的 ggplot2 行为是当用字符串定义类别时按字母顺序排序。如果它们是由因子定义的，则根据因子级别对它们进行排序。我们很少使用字母顺序。相反，我们应该按照有意义的数量排序。在上面的所有情况中，条形图都是按显示的值排序的。唯一的例外是显示浏览器比较情况的直方图。在本例中，为了便于比较，我们保持条形图的顺序相同。具体来说，我们并没有在两个年份内分别对浏览器进行排序，而是按照 2000 年和 2015 年的平均值进行了排序。

我们之前学习的 reorder 函数可以实现这个目标。为了理解正确的顺序为什么有助于传达信息，假设我们想创建一个比较各州枪杀率的图。我们对最危险和最安全的州特别感兴趣。注意按字母顺序排序（默认）与按实际枪杀率排序的区别（见图 10.15）。

我们可以这样画第二个图：

```
data(murders)
murders %>% mutate(murder_rate = total / population * 100000) %>%
  mutate(state = reorder(state, murder_rate)) %>%
  ggplot(aes(state, murder_rate)) +
  geom_bar(stat="identity") +
  coord_flip() +
```

```
theme(axis.text.y = element_text(size = 6)) +
xlab("")
```

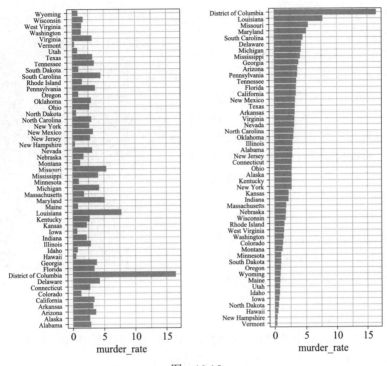

图　10.15

reorder 函数也允许我们对组重新排序。在前面，我们看到过一个关于各地区收入分布的例子。图 10.16 所示是两个版本的相互对照图。

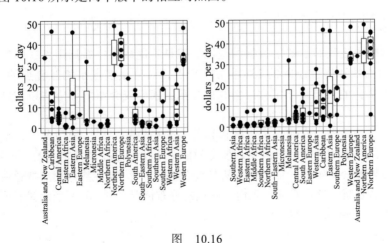

图　10.16

第一个图按字母顺序排列各地区，第二个图按各组的中值排序。

10.5 显示数据

我们之前着重显示不同类别的单个数量。现在，我们将注意力转移到显示数据上，重点放在比较各组上。

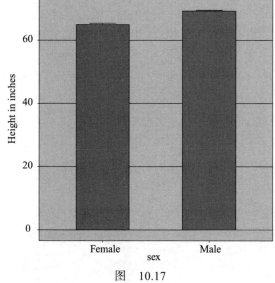

图　10.17

为了说明第一个原则"显示数据"，我们回到向外星人描述身高的例子。这次我们假设外星人对男性和女性的身高差异感兴趣。Microsoft Excel 等软件推广的一种常见的用于组间比较的图是 dynamite 图，它显示平均值和标准误差（标准误差将在后面的章节中定义，但不要将它们与数据的标准差混淆），如图 10.17 所示。

每组的平均值由每条柱的顶部表示，触角从平均值延伸到平均值加上两个标准误差的位置。如果外星人接收到的只是这样的图，那么当他遇到一群人类男女时，他无法判断他们的身高处于什么样的水平。如果柱趋于 0，这是否意味着有身高不到 1 英尺的小矮人呢？所有的男性都比最高的女性高吗？有身高范围吗？外星人无法回答这些问题，因为我们几乎没有提供关于身高分布的信息。

这就引出了我们的第一个原则：显示数据。通过简单地显示所有数据点，这段简单的 ggplot2 代码已经生成了一个比条形图提供更多信息的图（见图 10.18）：

```
heights %>%
  ggplot(aes(sex, height)) +
  geom_point()
```

例如，这幅图让我们了解了数据的范围。但是，这幅图也有局限性，因为我们无法真正看到分别为女性和男性绘制的 238 和 812 个点，而且很多点是相互叠加的。如前所述，可视化分布可提供的信息量非常大。但在此之前，我们先介绍两种方法以改进显示所有点的图。

第一种方法是抖动，它使每个点随机移位一个小位移。在这种情况下，抖动点不会改变点的解释，因为点的高度不会改变，但是我们最小化了落在彼此之上的点的数量，因此，数据分布有更好的视觉感受。第二种方法是混合使用 `alpha` 参数：使点变透明。越多的点落在一起，图就越暗，这也有助于我们了解点的分布情况。图 10.19 所示是相同的图通过抖动并混合使用 `alpha` 参数的效果：

```
heights %>%
  ggplot(aes(sex, height)) +
  geom_jitter(width = 0.1, alpha = 0.2)
```

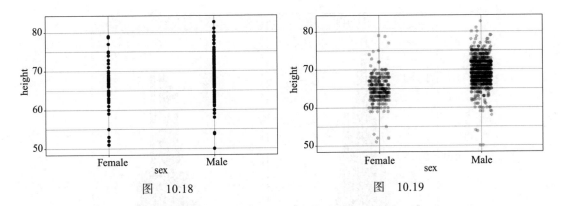

图　10.18　　　　　　　　　　　图　10.19

现在我们开始觉得，平均来说，男性比女性高。我们还注意到一些点形成了黑色水平条带，这说明许多值都四舍五入到了最接近的整数。

10.6　简单的比较

10.6.1　使用公共的轴

由于有很多的点，因此显示分布比显示各个点更有效。因此，我们展示了每一组的直方图（见图 10.20）。

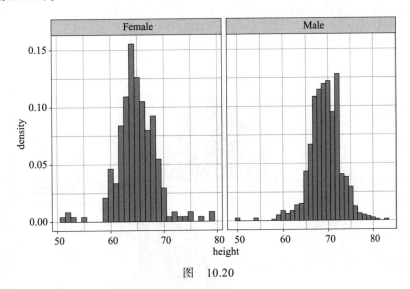

图　10.20

然而，从这张图来看，无法明显地看出男性的平均身高高于女性的。我们必须仔细观察才能注意到，在男性身高直方图中，x 轴的值范围更大。这里的一个重要原则是，在比较两个图的数据时保持坐标轴相同。下面我们来看比较如何变得容易，如图 10.21 所示。

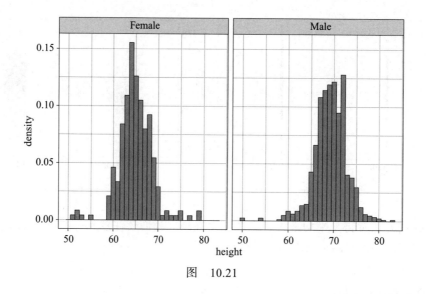

图 10.21

10.6.2 垂直对齐图可以看到水平变化，水平对齐图可以看到垂直变化

在这些直方图中，与高度增加或减少有关的视觉线索分别是向右移动或向左移动：水平变化。当横轴固定不变时，垂直地对齐图可以帮助我们看到这种变化（见图 10.22）：

```
heights %>%
  ggplot(aes(height, ..density..)) +
  geom_histogram(binwidth = 1, color="black") +
  facet_grid(sex~.)
```

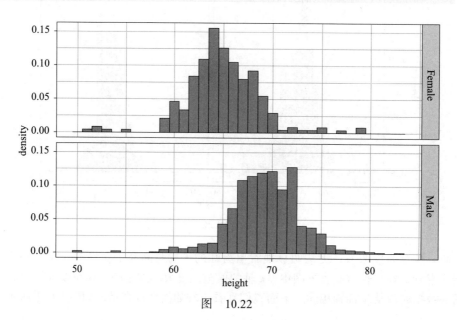

图 10.22

这张图让我们更容易注意到男性的平均身高更高。

如果希望获得箱线图提供的更紧凑的汇总效果，那么可以将它们水平对齐，默认情况下，箱线图会随着高度的变化而上下移动。按照"显示数据"的原则，我们覆盖上所有的数据点（见图 10.23）：

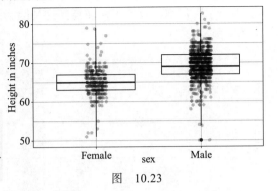

```
heights %>%
  ggplot(aes(sex, height)) +
  geom_boxplot(coef=3) +
  geom_jitter(width = 0.1, alpha = 0.2) +
  ylab("Height in inches")
```

图　10.23

现在，基于完全相同的数据对比图 10.24 所示的三幅图。

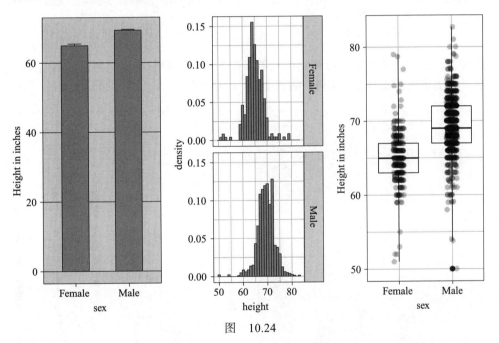

图　10.24

注意我们从右边的两幅图中了解到了多少。条形图在表示一个数时很有用，但在描述分布时就不太有用了。

10.6.3　考虑数据转换

我们鼓励对乘法关系使用对数转换。人口规模就是一个例子，在这个例子中，我们发现通过对数转换可以产生更丰富的信息。

如果条形图的选择不正确，再加上没有在适当的时候使用对数转换，就会造成特别的数据扭曲。我们以 2015 年各大洲的平均人口规模的条形图为例（见图 10.25）。

从图 10.25 中，我们可以得出结论：亚洲国家的人口要比其他大洲的人口多得多。根据
"数据显示"原则，我们很快注意到这是因为亚洲有两个非常大的国家（见图 10.26），即印
度和中国。

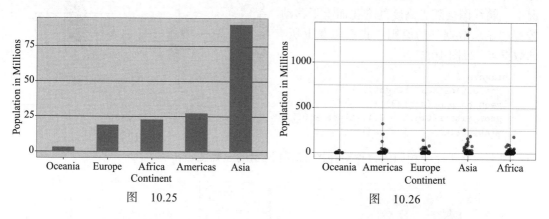

图　10.25　　　　　　　　　　　　图　10.26

在这里，使用对数转换可以得到提供更多信息的图。我们将原始的条形图与使用 y 轴
的对数尺度变换的箱线图进行比较，如图 10.27 所示。

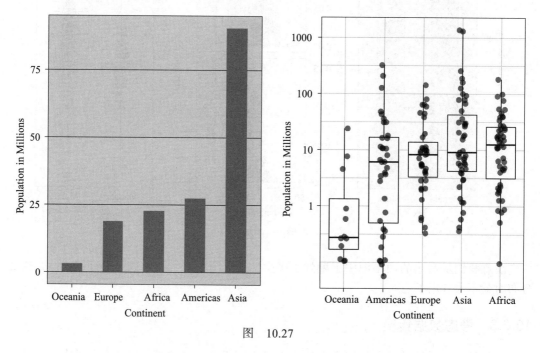

图　10.27

通过观察新图，我们意识到非洲国家的人口中值实际上比亚洲国家的人口中值要大。

我们应该考虑的其他转换包括逻辑转换（logit）和平方根转换（sqrt），前者有助于
更好地查看比值的折叠变化，后者有助于计数数据。

10.6.4 比较相邻视觉线索

对于每个大洲，我们比较其 1970 年和 2010 年的收入。在比较 1970 年和 2010 年不同地区的收入数据时，我们得出了类似图 10.28 的图，但这次我们调查的是大洲而不是地区。

ggplot2 中默认的是按字母顺序排列标签，因此 1970 年的标签就排在 2010 年的标签之前，这使得各大洲 1970 年的分布与 2010 年的分布在视觉上距离很远，很难进行比较。当各个洲不同年份的箱线图相邻时，比较各大洲 1970 年和 2010 年的分布要容易得多，如图 10.29 所示。

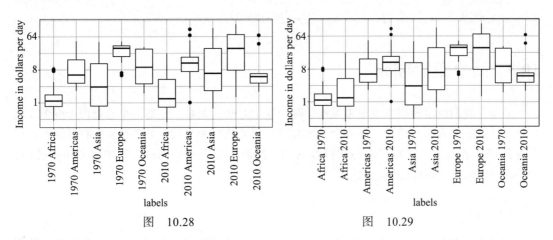

图 10.28　　　　　　　　　　　图 10.29

10.6.5 使用颜色

如果我们用颜色来表示想要比较的两个东西，比较就变得更容易了，如图 10.30 所示。

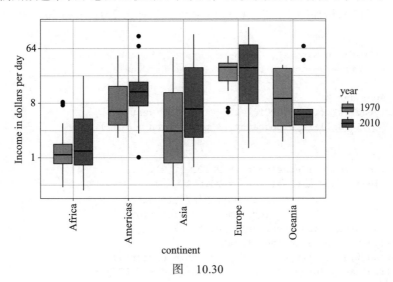

图 10.30

10.7 考虑色盲

全世界大约有 10% 的人是色盲。不幸的是，ggplot2 中使用的默认颜色并不适合这类人群。但是，ggplot2 确实可以轻松地改变图形中使用的颜色。下例描述了如何使用对色盲友好的调色板（http://www.cookbook-r.com/Graphs/Colors_(ggplot2)/#a-colorblind-friendly-palette）：

```
color_blind_friendly_cols <-
  c("#999999", "#E69F00", "#56B4E9", "#009E73",
    "#F0E442", "#0072B2", "#D55E00", "#CC79A7")
```

10.8 两个变量的图

通常，我们应该使用散点图来可视化两个变量之间的关系。在每一个检查两个变量（包括枪杀总人数与人口规模、预期寿命与生育率、婴儿死亡率与收入）之间关系的案例中，我们都使用了散点图。这是我们通常推荐的图。然而，也有一些例外，这里将介绍两种图：斜率图和 Bland–Altman 图。

10.8.1 斜率图

当对不同时间点的相同类型变量进行比较，并且比较数量相对较小时，会出现一种例外：另一种图可能提供更多信息。例如，要比较 2010 年和 2015 年的预期寿命，我们建议使用斜率图。

ggplot2 中没有用于斜率图的几何图形，但是我们可以使用 geom_line 构建一个。我们需要做一些修改来添加标签。图 10.31 所示是一个对比 2010 年和 2015 年西方大国预期寿命的例子：

```
west <- c("Western Europe","Northern Europe","Southern Europe",
          "Northern America","Australia and New Zealand")

dat <- gapminder %>%
  filter(year%in% c(2010, 2015) & region %in% west &
           !is.na(life_expectancy) & population > 10^7)

dat %>%
  mutate(location = ifelse(year == 2010, 1, 2),
         location = ifelse(year == 2015 &
                             country %in% c("United Kingdom", "Portugal"),
                           location+0.22, location),
         hjust = ifelse(year == 2010, 1, 0)) %>%
  mutate(year = as.factor(year)) %>%
  ggplot(aes(year, life_expectancy, group = country)) +
  geom_line(aes(color = country), show.legend = FALSE) +
```

```
geom_text(aes(x = location, label = country, hjust = hjust),
          show.legend = FALSE) +
xlab("") + ylab("Life Expectancy")
```

斜率图的一个优点是，我们可以根据直线的斜率快速了解变化。虽然我们使用角度作为视觉线索，但我们也使用位置来确定确切的值。用散点图比较有点困难，如图 10.32 所示。

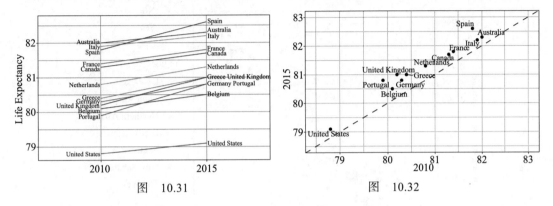

图 10.31   图 10.32

在散点图中，我们遵循了使用公共轴的原则，因为我们在比较它们的先后两组数据。但是，如果有很多点，斜率图便不再适用，因为很难看到所有的线。

10.8.2 Bland-Altman 图

由于我们主要关心差异，因此专门使用一个坐标轴来表示差异很有意义。Bland-Altman 图也称为 Tukey 均值 – 差图和 MA 图，它显示差值与平均值（见图 10.33）：

```
library(ggrepel)
dat %>%
  mutate(year = paste0("life_expectancy_", year)) %>%
  select(country, year, life_expectancy) %>%
  spread(year, life_expectancy) %>%
  mutate(average = (life_expectancy_2015 + life_expectancy_2010)/2,
         difference = life_expectancy_2015 - life_expectancy_2010) %>%
  ggplot(aes(average, difference, label = country)) +
  geom_point() +
  geom_text_repel() +
  geom_abline(lty = 2) +
  xlab("Average of 2010 and 2015") +
  ylab("Difference between 2015 and 2010")
```

在这里，只要看一下 y 轴，就能很快看出哪些国家的进步最大。我们还可以从 x 轴得到总体的值。

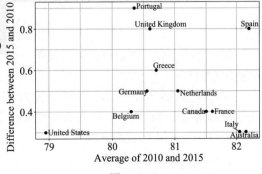

图 10.33

10.9 编码第三个变量

之前的散点图显示了婴儿存活率和平均收入之间的关系。下面是这幅图的一个版本，它编码了三个变量：OPEC 成员、地区和人口（见图 10.34）。

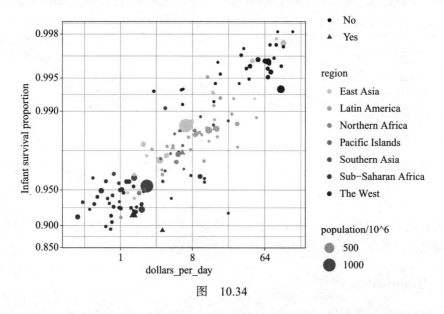

图 10.34

我们用颜色和形状来编码分类变量。我们可以通过 shape 参数控制形状。图 10.35 所示是 R 中可用的形状。最后 5 种形状内有颜色。

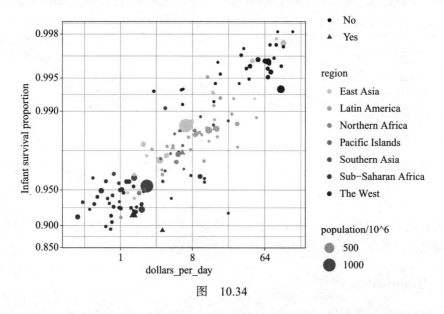

图 10.35

对于连续变量，我们可以使用颜色、强度或大小。现在，我们通过一个案例来展示如何使用它们。

当选择颜色来量化数值变量时，我们有两种选择：顺序颜色和发散颜色。顺序颜色适用于从高到低排序的数据。高数值和低数值是有明显区别的。以下是 RColorBrewer 软件包提供的一些示例（见图 10.36）：

```
library(RColorBrewer)
display.brewer.all(type="seq")
```

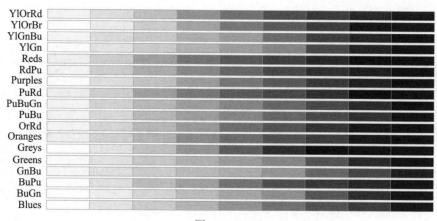

图　10.36

发散颜色用来表示从中心发散的值。我们对数据范围两端的数据，即高于中心值和低于中心值的值同样重视。使用发散颜色的一个例子是，用距平均值的标准差距离来表示身高。下面是一些发散颜色的例子（见图 10.37）：

```
library(RColorBrewer)
display.brewer.all(type="div")
```

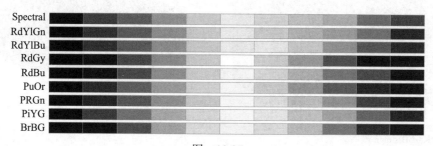

图　10.37

10.10　避免拟三维图

图 10.38 取自科学文献 ⊖，它显示了三个变量：剂量、药物类型和生存率。尽管屏幕或书本页面是平面的、二维的，但有些图试图模拟三维情况，并为每个变量分配一个维度。

人类不擅长在三维空间中看事物（这就是人很难平行泊车的原因），这种局限性在拟三维空间方面更甚。要了解这一点，请尝试确定图 10.38 中生存率变量的值。你能辨别下方两条曲线何时交叉吗？我们可以轻松地使用颜色来表示分类变量，而不是使用拟三维空间，如图 10.39 所示。

⊖　https://projecteuclid.org/download/pdf_1/euclid.ss/1177010488

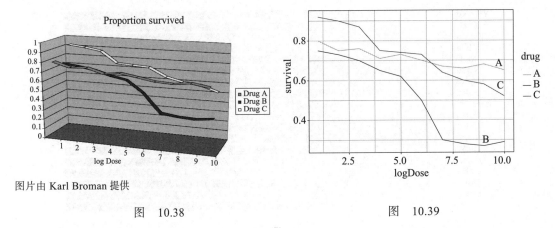

图片由 Karl Broman 提供

图　10.38

图　10.39

注意确定生存率是多么容易。

有时不必使用拟三维图：当第三个维度不代表数量时，图也可能被制作成三维的样子。这只会更混乱，使信息更难传递。图 10.40 给出了两个例子。

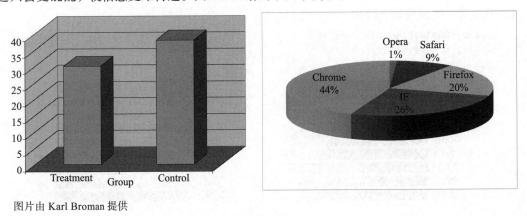

图片由 Karl Broman 提供

图　10.40

10.11　避免使用过多有效数字

默认情况下，像 R 这样的统计软件会返回许多有效数字。R 默认显示 7 位有效数字。如此多数字通常不会增加任何信息，而且增加的视觉混乱会使观众很难理解信息。例如，表 10.2 给出了加利福尼亚州 50 年来每 10000 人的发病率，是利用 R 根据发病总人数和人口计算出来的。

表　10.2

州	年份	Measles	Pertussis	Polio
California	1940	37.8826320	18.3397861	18.3397861
California	1950	13.9124205	4.7467350	4.7467350

（续）

州	年份	Measles	Pertussis	Polio
California	1960	14.1386471	0.0000000	0.0000000
California	1970	0.9767889	0.0000000	0.0000000
California	1980	0.3743467	0.0515466	0.0515466

我们的报告精度高达 0.00001/10000，这是非常小的值。在这种情况下，两个有效数字就足够了，并且能够清楚地表明发病率在下降，如表 10.3 所示。

表　10.3

州	年份	Measles	Pertussis	Polio
California	1940	37.9	18.3	18.3
California	1950	13.9	4.7	4.7
California	1960	14.1	0.0	0.0
California	1970	1.0	0.0	0.0
California	1980	0.4	0.1	0.1

可以用 signif 和 round 函数更改有效数字数量或更改四舍五入位数。我们可以通过设置选项来定义全局有效数字的数量：options(digits = 3)。

与显示表相关的另一个原则是将要比较的值放在列而不是行上。表 10.3 比表 10.4 更容易阅读。

表　10.4

州	疾病	1940	1950	1960	1970	1980
California	Measles	37.9	13.9	14.1	1.0	0.4
California	Pertussis	18.3	4.7	0.0	0.0	0.1
California	Polio	18.3	4.7	0.0	0.0	0.1

10.12　了解你的读者

图表可以用于：①我们自己的探索性数据分析；②向专家传达信息；③向普通读者讲述一个故事。确保目标读者理解图中的每一个元素。

例如，在自己探索的情况下，对数据进行对数转换并绘制图表可能更有用。但对于不熟悉如何将已进行对数转换的值转换回原始度量的一般读者而言，使用轴的对数尺度代替对数转换值更容易理解。

10.13 练习

以下练习中，我们将使用 dslabs 包中的疫苗数据：

```
library(dslabs)
data(us_contagious_diseases)
```

1. 饼状图何时是合适的？
   a. 当想要显示百分比时。
   b. 当 ggplot2 不可用时。
   c. 当在面包店时。
   d. 从不。条形图和表格总是更好。

2. 图 10.41 有什么问题？

   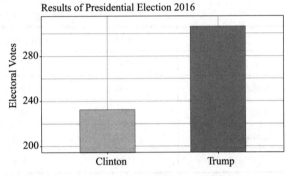

   图　10.41

   a. 数值错误。最终投票结果是 306 票对 232 票。
   b. 坐标轴不是从 0 开始的。从长度来看，特朗普获得的选票似乎是前者的三倍，而实际上，只是多出了大约 30%。
   c. 颜色应该一样。
   d. 百分比应以饼状图的形式展现。

3. 观察图 10.42 中的两个图。它们显示了同样的信息：1928 年美国 50 个州的麻疹发病率。

   若要依据发病率确定各州好坏，那么哪个图更易阅读，为什么？

   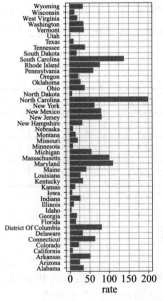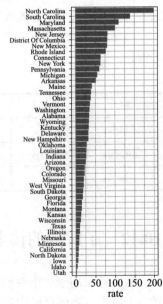

   图　10.42

   a. 它们提供相同的信息，所以它们都一样好。
   b. 右边的图更好，因为它按字母顺序排列各州。
   c. 右边的图更好，因为字母顺序与疾病无关，根据实际发病率排序，我们很快就能发现发病率最高和最低的州。
   d. 两个图都应该是饼状图。

4. 为了制作图 10.43，我们必须重新排列州的变量的级别。

```
dat <- us_contagious_diseases %>%
  filter(year == 1967 & disease=="Measles" & !is.na(population)) %>%
  mutate(rate = count / population * 10000 * 52 / weeks_reporting)
```

注意当我们绘制条形图时会发生什么：

```
dat %>% ggplot(aes(state, rate)) +
  geom_bar(stat="identity") +
  coord_flip()
```

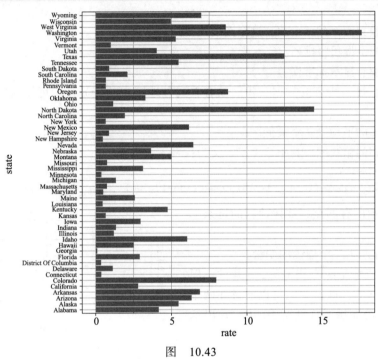

图　　10.43

定义这些对象：

```
state <- dat$state
rate <- dat$count/dat$population*10000*52/dat$weeks_reporting
```

重新定义 state 对象，以便重新排序级别。输出新对象 state 及其级别，这样就可以
观察到向量没有按级别重新排序。

5. 现在，用一行代码像上面那样定义 dat
   表，但是更改 mutate 创建一个发病率
   变量，并重新排序州变量，以便根据该
   变量重新排序级别。然后，使用上面的
   代码仅针对新的 dat 制作一个条形图。

6. 假设我们想比较美国不同地区的枪杀
   率。我们观察图 10.44：

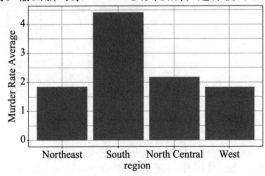

图　　10.44

```
library(dslabs)
data("murders")
murders %>% mutate(rate = total/population*100000) %>%
group_by(region) %>%
summarize(avg = mean(rate)) %>%
mutate(region = factor(region)) %>%
ggplot(aes(region, avg)) +
geom_bar(stat="identity") +
ylab("Murder Rate Average")
```

然后决定搬到西部的一个州。这个图的主要问题是什么？

a. 类别按字母顺序排列。

b. 图中没有显示标准误差。

c. 它没有显示所有的数据。我们没有看到各地区内的变异性，可能最安全的州不在西部。

d. 东北部的平均枪杀率最低。

7. 制作枪杀率的箱线图，其中枪杀率定义为：

```
data("murders")
murders %>% mutate(rate = total/population*100000)
```

按地区显示所有的点，并按地区的枪杀率中值排序。

8. 图 10.45 显示了三个连续的变量。图中的点似乎是由直线 $x = 2$ 分开的。但实际情况并非如此，我们可以通过在两个二维图上绘制数据（见图 10.46）看出这一点。

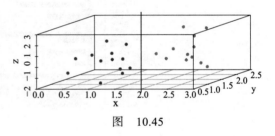

图　10.45

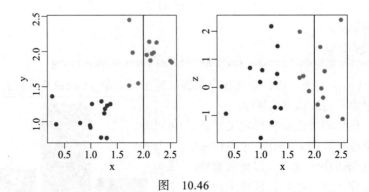

图　10.46

为什么会发生这种情况？

a. 人类不擅长读拟三维图。

b. 代码中一定有错误。

c. 这些颜色把我们弄糊涂了。

d. 当访问 3 个变量时，散点图不应该用来比较两个变量。

10.14　案例研究：疫苗和传染病

疫苗拯救了数百万人的生命。在 19 世纪，通过疫苗接种项目实现群体免疫之前，人死于天花和小儿麻痹症等传染病的情况很常见。然而，尽管所有的科学证据都表明了疫苗接种项目的重要性，但如今这一项目仍有些争议。

这场争论始于 Andrew Wakefield 1988 年发表的一篇论文 ⊖，他声称使用麻疹、腮腺炎和风疹（Measles Mumps and Rubella，MMR）疫苗与否与自闭症和肠道疾病的出现与否之间存在联系。尽管有许多科学证据与这一发现相矛盾，但有耸人听闻的媒体报道和阴谋论者散布恐惧使部分公众相信疫苗是有害的。因此，许多父母停止给孩子接种疫苗。这种危险的做法可能是灾难性的，据美国疾病控制中心（CDC）估计，接种疫苗使过去 20 年出生的孩子中的 2100 万人免于住院治病、732000 人免于死亡。1988 年的那篇论文后来被撤回，Andrew Wakefield 最终被英国医学界除名，*Lancet* 上的一份声明指出该研究存在故意造假行为，因此他被禁止在英国行医。然而，误解仍然存在，部分原因是那些自称为积极分子的人仍在传播有关疫苗的错误信息。

有效的数据交流是消除错误信息和恐慌的良计。之前，我们使用了《华尔街日报》提供的一个例子，该例子显示了疫苗对抗击传染病的影响的数据。在这里，我们重构这个例子。

这些图的数据是由 Tycho Project⊖ 收集、组织和发布的，包括从 1928 年到 2011 年每周报告的美国 50 个州的 7 种疾病的统计数据。dslabs 包中包括了年度数据：

```
library(tidyverse)
library(RColorBrewer)
library(dslabs)
data(us_contagious_diseases)
names(us_contagious_diseases)
#> [1] "disease"         "state"          "year"
#> [4] "weeks_reporting" "count"          "population"
```

我们创建一个临时对象 dat，它只存储麻疹数据，包括每 10 万人发病率。按疾病的平均值排序各州，剔除阿拉斯加和夏威夷，因为它们在 20 世纪 50 年代后期才成为州。要注意 weeks_reporting 列，它告诉我们每年报告了多少周的数据。在计算发病率时，我们必须根据这个值进行调整：

```
the_disease <- "Measles"
dat <- us_contagious_diseases %>%
  filter(!state%in%c("Hawaii","Alaska") & disease == the_disease) %>%
```

⊖　http://www.thelancet.com/journals/lancet/article/PIIS0140-6736(97)11096-0/abstract

⊖　http://www.tycho.pitt.edu/

```
  mutate(rate = count / population * 10000 * 52 / weeks_reporting) %>%
  mutate(state = reorder(state, rate))
```

现在，我们可以轻松地绘制出每年的发病率。图 10.47 给出了加利福尼亚州的麻疹数据：

```
dat %>% filter(state == "California" & !is.na(rate)) %>%
  ggplot(aes(year, rate)) +
  geom_line() +
  ylab("Cases per 10,000")  +
  geom_vline(xintercept=1963, col = "blue")
```

我们在 1963 年处加上一条竖线，因为这是疫苗被引入的时间 [Control, Centers for Disease; Prevention (2014). CDC health information for international travel 2014 (the yellow book). p. 250. ISBN 9780199948505]。

现在，我们能在一个图中显示所有州的数据吗？我们有 3 个变量要显示：年份、州和发病率。《华尔街日报》的图用 x 轴代表年份，y 轴代表州，色调代表发病率。然而，所使用的颜色尺度从黄色到蓝色、绿色、橙色，再到红色，它可以改进。

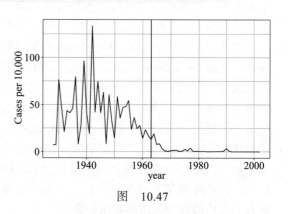

图　10.47

在我们的示例中，因为没有有意义的中心值，只有低发病率和高发病率，所以我们希望使用顺序调色板。

我们使用几何图形 geom_tile 平铺显示各地区，颜色代表疾病发病率（见图 10.48）。我们使用平方根转换，以避免过高的计数占据图的绝大部分。缺少的值用灰色显示。注意，一旦一种疾病几乎被根除，某些州就停止报告病例。这就是我们在 1980 年之后看到如此多的灰色的原因。

```
dat %>% ggplot(aes(year, state, fill = rate)) +
  geom_tile(color = "grey50") +
  scale_x_continuous(expand=c(0,0)) +
  scale_fill_gradientn(colors = brewer.pal(9, "Reds"), trans = "sqrt") +
  geom_vline(xintercept=1963, col = "blue") +
  theme_minimal() +
  theme(panel.grid = element_blank(),
        legend.position="bottom",
        text = element_text(size = 8)) +
  ggtitle(the_disease) +
  ylab("") + xlab("")
```

这个图为疫苗的贡献提供了一个非常惊人的论据。然而，该图有一个限制，即它使用颜色来表示数量，这一点我们之前解释过，这使得准确确定值有多大变得更加困难。位置和长度是更好的线索。如果愿意舍去州信息，我们可以制作一个通过位置显示值的图。我们也可以展示美国的发病率平均值，这可以这样计算：

```
avg <- us_contagious_diseases %>%
  filter(disease==the_disease) %>% group_by(year) %>%
  summarize(us_rate = sum(count, na.rm = TRUE) /
              sum(population, na.rm = TRUE) * 10000)
```

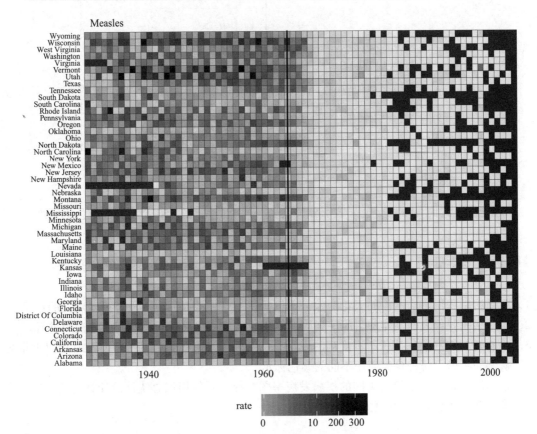

图   10.48

现在，我们使用 geom_line 来绘制这个图（见图 10.49）：

```
dat %>%
  filter(!is.na(rate)) %>%
    ggplot() +
  geom_line(aes(year, rate, group = state),  color = "grey50",
          show.legend = FALSE, alpha = 0.2, size = 1) +
  geom_line(mapping = aes(year, us_rate),  data = avg, size = 1) +
  scale_y_continuous(trans = "sqrt", breaks = c(5, 25, 125, 300)) +
  ggtitle("Cases per 10,000 by state") +
  xlab("") + ylab("") +
  geom_text(data = data.frame(x = 1955, y = 50),
          mapping = aes(x, y, label="US average"),
          color="black") +
  geom_vline(xintercept=1963, col = "blue")
```

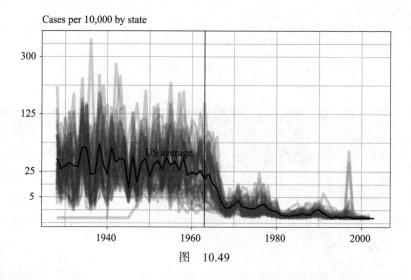

图　10.49

　　理论上，我们可以用颜色来表示分类值——州，但是选择 50 个不同的颜色很困难。

10.15　练习

1. 重新绘制我们之前制作的天花图像。不包括在 10 周或 10 周以上没有报告病例的年份。
2. 重新绘制我们之前制作的时间序列图，但是这次依照之前关于天花问题的说明进行。
3. 绘制显示加利福尼亚州所有疾病的发病率的时间序列图。只包括 10 周或 10 周以上报告病例的年份。每种疾病使用不同的颜色标示。
4. 根据以上条件重新绘制美国的疾病发病率图。提示：使用汇总统计量计算美国疾病发病率，即发病总人数除以总人口。

第 11 章 | *Chapter 11*

鲁棒的汇总

11.1 离群值

我们前面介绍了箱线图如何显示离群值，但是没有提供一个精确的定义。这里我们讨论离群值、检测它们的方法，以及考虑到它们存在的汇总。

离群值在数据科学中很常见。数据记录可能很复杂，因为观察错误而生成的数据点很常见。例如，旧的监控设备在完全失效之前可能会读出无意义的测量结果。人为错误也是离群值的来源之一，特别是当手动输入数据时。例如，一个人可能会错将身高以厘米为单位而不是以英寸为单位输入，也可能将小数点的位置放错。

如何从仅仅由于预期的变异性而较大或较小的测量值中区分出离群值？这不是一个容易回答的问题，但我们试图提供一些指导。我们从一个简单的例子开始。

假设一位同事负责收集一群男性的统计数据。身高数据以英尺为单位，并存储在对象中：

```
library(tidyverse)
library(dslabs)
data(outlier_example)
str(outlier_example)
#>  num [1:500] 5.59 5.8 5.54 6.15 5.83 5.54 5.87 5.93 5.89 5.67 ...
```

我们的同事利用身高数据通常接近正态分布这一事实，用平均值和标准差总结了数据：

```
mean(outlier_example)
#> [1] 6.1
sd(outlier_example)
#> [1] 7.8
```

并写了一份报告，报告中提到了一个有趣的事实，那就是这群男性比普通男性群体要高得多。平均身高超过 6 英尺！但是，使用数据科学技术，便会注意到其他意想不到的事情：标准差超过 7 英尺。加减两个标准差，95% 的人身高在 −9.489～21.697 英尺之间，这是不合理的。快速绘制的图（见图 11.1）揭示了这个问题。

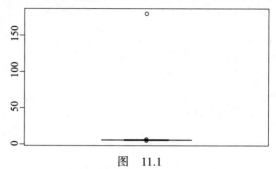

```
boxplot(outlier_example)
```

图　11.1

似乎至少有一个值是无意义的，因为我们知道 180 英尺的身高是不可能存在的。箱线图将此点检测为离群值。

11.2　中值

当有这样的离群值时，平均值会变得很大。从数学上讲，我们可以通过简单地改变一个数字来让平均值尽可能大：对于 500 个数据点，我们可以通过将 $\Delta \times 500$ 加到某个数字来将平均值增加 Δ。中值大于一半的值，同时也小于剩余一半的值，相对于这些离群值是鲁棒的。不管最大的点有多大，中值都是一样的。

该数据的中值为：

```
median(outlier_example)
#> [1] 5.74
```

大约 5 英尺 9 英寸。

中值是箱线图显示为水平线的值。

11.3　四分位距

箱线图中的"箱"由第 1 个和第 3 个四分位数定义。这是为了提供数据变异性的概念：50% 的数据在这个范围内。第 3 个和第 1 个四分位数（或第 75 个和第 25 个百分位数）之间的差称为四分位距（Inter Quartile Range，IQR）。与中值一样，由于大的值不会影响这个量，因此其相对于离群值是鲁棒的。我们可以计算一下，对于正态分布的数据，IQR / 1.349 近似于没有离群值的数据的标准差。我们可以看到，这非常适用于我们这个例子，如下估计标准差为：

```
IQR(outlier_example) / 1.349
#> [1] 0.245
```

大约是 3 英寸。

11.4 Tukey 对离群值的定义

在 R 中，落在箱线图须线外的点称为离群值。这一离群值的定义由 Tukey 提出。顶端的须线在第 75 个百分位数加上 1.5IQR 处结束。同样，底部的须线结束于第 25 个百分位数减去 1.5IQR 处。如果分别将第一个和第三个四分位数定义为 Q_1 和 Q_3，那么离群值就是以下范围之外的值：

$$[Q_1-1.5(Q_3-Q_1),\ Q_3+1.5(Q_3-Q_1)]$$

当数据服从正态分布时，这些值的标准单位为：

```
q3 <- qnorm(0.75)
q1 <- qnorm(0.25)
iqr <- q3 - q1
r <- c(q1 - 1.5*iqr, q3 + 1.5*iqr)
r
#> [1] -2.7 2.7
```

使用 qnorm 函数，我们看到 99.3% 的数据落在了这个区间内。

请记住，这并不是一个极端的事件：如果我们有 1000 个服从正态分布的数据点，我们预计大约有 7 个数据点落在这个范围之外。但这些不是离群值，因为我们期望在典型变化下看到它们。

如果想让离群值更少，则可以把 1.5 修改为更大的数字。Tukey 使用了 3，并将落在相应区间外的值称为离群值。对于正态分布，100% 的数据落在这个区间内。也就是说，有百万分之二的概率落在这个范围之外。在 geom_boxplot 函数中，这可以由默认值为 1.5 的 outlier.size 参数控制。

180 英寸的测量值远远超出了身高数据的范围：

```
max_height <- quantile(outlier_example, 0.75) + 3*IQR(outlier_example)
max_height
#>   75%
#> 6.91
```

如果去掉这个值，那么我们可以看到数据实际上服从预期的正态分布（见图 11.2）。

```
x <- outlier_example[outlier_example < max_height]
qqnorm(x)
qqline(x)
```

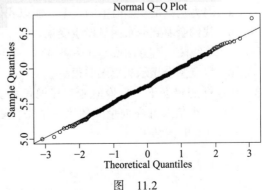

11.5 绝对中位差

在存在离群值的情况下，另一种估计标准差的可靠方法是使用绝对中位差（Median Absolute Deviation，MAD）。为

图 11.2

了计算 MAD，我们首先计算中值，然后计算每个值和中值之间的距离。MAD 被定义为这些距离的中值。这个量还需要乘以 1.4826 以确保它接近实际的标准差，具体原因此处略去。mad 函数已经包含了这个修正。对于身高数据，我们得到 MAD：

```
mad(outlier_example)
#> [1] 0.237
```

大约是 3 英寸。

11.6　练习

我们将使用 HistData 包。如果没有安装，可以这样安装：

```
install.packages("HistData")
```

加载身高数据集，创建一个向量 x，使其只包含男性身高数据，该数据源于高尔顿数据集，用于根据父母及孩子身高研究遗传。

```
library(HistData)
data(Galton)
x <- Galton$child
```

1. 计算这些数据的平均值和中值。
2. 计算这些数据的中值和绝对中位差。
3. 现在假设高尔顿在输入第一个值时出错，忘记了使用小数点。你可以通过输入下列代码来模仿这个错误：

```
x_with_error <- x
x_with_error[1] <- x_with_error[1]*10
```

出现这个错误之后，平均值增长了多少英寸？
4. 出现这个错误之后，标准差增长了多少英寸？
5. 出现这个错误之后，中值增长了多少英寸？
6. 出现这个错误之后，MAD 增长了多少英寸？
7. 如何使用探索性数据分析来检测错误？
   a. 因为它只是众多值中的一个，所以我们无法检测到它。
   b. 我们会看到分布明显发生变化。
   c. 箱线图、直方图或 QQ 图将显示一个明显的离群值。
   d. 散点图会显示测量误差很高。
8. 在这样的错误下，平均值能意外增长多少？编写一个名为 error_avg 的函数，使它接受一个值 k 并在向量 x 的第一个条目更改为 k 后返回平均值。给出 k=10000 和 k=-10000 时的结果。

11.7 案例研究：学生报告的身高

我们一直在研究的身高并不是学生报告的原始身高。学生报告的原始身高也包含在 dslabs 包中，可以这样加载：

```
library(dslabs)
data("reported_heights")
```

身高是一个字符向量，所以我们创建一个数字版本的新列：

```
reported_heights <- reported_heights %>%
  mutate(original_heights = height, height = as.numeric(height))
#> Warning: NAs introduced by coercion
```

注意，我们得到了一个关于 NA 的警告。这是因为一些学生报告的身高不是数字。我们可以了解一下原因：

```
reported_heights %>% filter(is.na(height)) %>%  head()
#>           time_stamp    sex height original_heights
#> 1 2014-09-02 15:16:28   Male     NA            5' 4"
#> 2 2014-09-02 15:16:37 Female     NA            165cm
#> 3 2014-09-02 15:16:52   Male     NA              5'7
#> 4 2014-09-02 15:16:56   Male     NA            >9000
#> 5 2014-09-02 15:16:56   Male     NA            5'7"
#> 6 2014-09-02 15:17:09 Female     NA            5'3"
```

学生上报的身高单位有英尺、英寸及厘米，而不是只有英寸，也有学生上报的数据没有单位。现在，我们将删除这些条目：

```
reported_heights <- filter(reported_heights, !is.na(height))
```

如果计算平均值和标准差，便会发现我们得到了奇怪的结果。平均值和标准差不同于中值和 MAD。

```
reported_heights %>%
  group_by(sex) %>%
  summarize(average = mean(height), sd = sd(height),
            median = median(height), MAD = mad(height))
#> # A tibble: 2 x 5
#>   sex    average     sd median   MAD
#>   <chr>    <dbl>  <dbl>  <dbl> <dbl>
#> 1 Female    63.4   27.9   64.2  4.05
#> 2 Male     103.   530.      70  4.45
```

这表明存在离群值，这可以通过箱线图（见图 11.3）来确认。

可以看到有一些相当极端的值。要了解这些值是什么，可以使用 arrange 函数快速查看最大值：

```
reported_heights %>% arrange(desc(height)) %>% top_n(10, height)
#>           time_stamp    sex height original_heights
#> 1  2014-09-03 23:55:37   Male  11111            11111
#> 2  2016-04-10 22:45:49   Male  10000            10000
```

```
#> 3   2015-08-10 03:10:01   Male     684              684
#> 4   2015-02-27 18:05:06   Male     612              612
#> 5   2014-09-02 15:16:41   Male     511              511
#> 6   2014-09-07 20:53:43   Male     300              300
#> 7   2014-11-28 12:18:40   Male     214              214
#> 8   2017-04-03 16:16:57   Male     210              210
#> 9   2015-11-24 10:39:45   Male     192              192
#> 10  2014-12-26 10:00:12   Male     190              190
#> 11  2016-11-06 10:21:02 Female     190              190
```

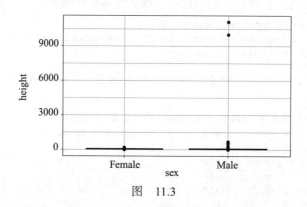

图　11.3

前 7 个条目看起来像是奇怪的错误。接下来的几个看起来是以厘米而不是英寸为单位输入的。因为 184 厘米相当于 6 英尺高，所以我们猜测 184 实际上应该是 72 英寸。

我们可以通过查看 Tukey 定义的离群值来回顾所有荒谬的数据：

```
whisker <- 3*IQR(reported_heights$height)
max_height <- quantile(reported_heights$height, .75) + whisker
min_height <- quantile(reported_heights$height, .25) - whisker
reported_heights %>%
  filter(!between(height, min_height, max_height)) %>%
  select(original_heights) %>%
  head(n=10) %>% pull(original_heights)
#>  [1] "6"     "5.3"   "511"   "6"      "2"      "5.25"   "5.5"   "11111"
#>  [9] "6"     "6.5"
```

仔细检查这些身高值，我们发现了两个常见的错误：以厘米为单位的条目结果过大，而 x.y 形式的条目（x 表示英尺，y 表示英寸）结果过小。一些更小的值（比如 1.6）可能是以米为单位的条目。

在本书的第四部分，我们将学习校正这些值以及将其转换为以英寸为单位的值的技术。在这里，我们可以使用数据探索来发现数据问题：这是大多数数据科学项目的第一步。

第三部分 *Part 3*

R 语言统计学

R 语言统计学导论

数据分析是本书的重点之一。虽然我们介绍的计算工具是相对较新的产物，但其实数据分析已经存在了一个多世纪。多年来，负责特定项目的数据分析师提出了适用于多种应用场合的想法和概念。他们也总结了一些常见的容易被数据的表面变化模式所误导的情况，以及一些重要的不易观察的数学现象。这些想法和见解催生了统计学，统计学又提供了一个数学框架，从而极大地促进了对这些想法的定义和正式评估。

对于数据分析师而言，对统计有深入的理解是很重要的，这样可以避免重复发生常见的错误以及"重复造轮子"。然而，由于该学科已然成熟，已经有几十本相关主题的优秀书籍出版，因此在这里我们不会重点描述数学框架。相反，我们将简要介绍一些概念，然后提供详细的案例研究来演示如何在数据分析中运用 R 代码进行数据统计，进而实现这些想法。我们还会使用 R 代码协助阐述一些用数学运算来描述的主要统计概念。强烈建议配备一本基础统计学教科书（如 Freedman、Pisani 和 Purves 的 *Statistics* 以及 Casella 和 Berger 的 *Statistical Inference*）来作为本书这部分的补充。本部分涉及的具体概念都是统计学课程中的主要主题，包括概率、统计推断、统计模型、回归分析和线性模型。我们提供的案例研究会涉及金融危机、选举结果预测、遗传以及棒球队组建。

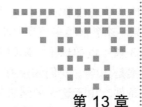

第 13 章 | *Chapter 13*

概率

在运气游戏中，概率有一个非常直观的定义。例如，我们知道掷出一对骰子，其结果加起来等于 7 的概率为 1/6，然而，在其他情况下就不是这样的。如今，概率一词在日常生活中被广泛使用，概率论的应用也日益广泛。输入"有多大概率……"，谷歌的自动补全功能会给出"生双胞胎""今天下雨""被闪电击中"和"得癌症"等补全选项。本部分的目标之一是帮助读者理解，在执行数据分析时，概率在理解和描述现实的事件中是如何发挥作用的。

因为知道如何计算概率会在运气游戏中拥有优势，所以纵观历史，许多聪明人都会花时间和精力去思考这些游戏所蕴含的数学原理，其中就包括了著名数学家 Cardano（卡达诺）、Fermat（费马）和 Pascal（帕斯卡）。概率论因此而诞生，并且在当代的概率游戏中，概率仍然非常有用。例如，在扑克游戏中，我们可以根据桌上的牌计算出赢的概率。

概率论在许多其他情况下也很有用，尤其是在依赖数据（这些数据会以某种方式受到概率的影响）的领域。本部分的其他章节都建立在概率论的基础上，因此，概率知识对于数据科学是必不可少的。

13.1 离散概率

我们首先介绍与分类数据相关的一些基本原则。概率包含一种离散概率。离散概率可以帮助我们理解即将介绍的用于数值和连续数据的概率论，该理论在数据科学应用中更为常见。在纸牌游戏中，离散概率用处很大，因此我们使用纸牌游戏作为例子来介绍概率。

13.1.1 相对频率

我们日常生活中都会用到概率一词。在回答有关概率的问题时，通常都会很难。在这里，我们会讨论概率的数学定义，它使我们能够精确给出某些问题的答案。

例如，如果一个瓮（很多概率书都使用"瓮"这个古老的术语，我们也一样）中有 2 颗红色的珠子和 3 颗蓝色的珠子，随机拿出一颗珠子，那么拿到红色珠子的概率是多少？直觉告诉我们答案是 40%。我们知道有 5 种可能的结果，其中有两种满足事件"拿到红色珠子"这个必要条件。由于这 5 种结果发生的概率相同，因此我们得出结论：拿到红色珠子的概率是 40%，拿到蓝色珠子的概率是 60%。

获知发生某事件的概率的一个更为具体的方法是，在相同的条件下重复进行无数次独立实验，计算该事件发生的比例。

13.1.2　符号

我们用符号 $P(A)$ 来表示事件 A 发生的概率，用常用术语"事件"指代偶然发生的事情。在前面的例子中，事件就是"拿出红色珠子"。例如，在一项政治投票中，我们随机召集 100 名拟投票选民，可能的事件则是"召集 48 名民主党人和 52 名共和党人"。

在数据科学应用中，我们会经常处理连续变量，事件通常就是像"这个人的身高超过 6 英尺吗"这样的问题。在本例中，我们以更数学化的方式将事件写为：$X \geqslant 6$。稍后我们会看到更多类似的例子，此处我们主要关注分类数据。

13.1.3　概率分布

如果已知不同类别的相对频率，那么定义分类结果的分布就相对简单了。我们只需给每个类别分配一个概率。在诸如瓮中珠子的例子中，每种珠子的比例定义了它的分布。

如果我们随机从 44% 的民主党人、44% 的共和党人、10% 的无党派归属选民和 2% 的绿党选民中选可能的选民，那么这些比例决定了每个政党被选中的概率。其概率分布见表 13.1。

表　13.1

P（选中共和党人）	= 0.44
P（选中民主党人）	= 0.44
P（选中无党派归属选民）	= 0.10
P（选中绿党选民）	= 0.02

13.2　分类数据的蒙特卡罗模拟

计算机提供了一种方法来执行上述的简单随机实验：从一个有 3 颗蓝色珠子和 2 颗红色珠子的袋子里随机拿出一颗珠子。随机数生成器允许我们模拟随机选择的过程。

一个例子是 R 中的 sample 函数，我们将在接下来的代码中演示它的用法。首先，我们使用函数 rep 来生成一个瓮：

```
beads <- rep(c("red", "blue"), times = c(2,3))
beads
#> [1] "red"  "red"  "blue" "blue" "blue"
```

然后，用 sample 随机挑选一颗珠子：

```
sample(beads, 1)
#> [1] "blue"
```

这行代码会产生一个随机的结果。我们想无数次地重复这个实验，但永远重复是不可能的，所以我们重复实验足够多的次数，使结果几乎相当于永远重复的结果。这是蒙特卡罗模拟的一个例子。

数学家和理论统计学家研究的大部分内容（本书中没有涉及）都与"几乎相当"的严格定义有关，也与大量实验与极限情况的接近程度有关。在本节的后面，我们将提供一种实用的方法来确定什么是"足够大"。

为了执行第一个蒙特卡罗模拟，我们使用 replicate 函数，它使我们可以对相同的任务重复任意次数。在这里，我们重复随机事件 B=10 000 次：

```
B <- 10000
events <- replicate(B, sample(beads, 1))
```

现在，我们可以看看我们的定义是否与蒙特卡罗模拟一致。可以用 table 来查看分布：

```
tab <- table(events)
tab
#> events
#> blue  red
#> 5920 4080
```

prop.table 可以给出比例：

```
prop.table(tab)
#> events
#>  blue   red
#> 0.592 0.408
```

以上数字为本次蒙特卡罗模拟给出的概率估计值。从统计理论（此处省略）可以得知，当 B 变大时，估计值更接近 60% 和 40%。

虽然这个例子很简单，也不是很有用，但这表明我们可以使用蒙特卡罗模拟在难以计算准确概率的情况下估计事件的概率。在深入研究更复杂的例子之前，我们会用简单的例子来演示 R 中可用的计算工具。

13.2.1 设置随机种子

在继续之前，我们先简要解释一下以下重要代码行：

```
set.seed(1986)
```

在本书中，我们使用了随机数生成器，这意味着所展示的结果实际上可能会发生偶然的变化，也就是说本书显示的结果可能会与你按照书中所示编写代码得到的结果不同。这其实是件好事，因为结果是随机的，并且会随着时间的变化而变化。但是，如果想确保每次运行的结果都完全相同，则可以将 R 的随机数生成种子设置为特定的数字。在上面的代码中，我们将其设置为 1986。我们希望避免每次都使用相同的种子。一种流行的选择种子的方法是使用年 - 月 - 日格式，例如，我们在 2018 年 12 月 20 日选择了 1986：2018-

12-20=1986。

你可以查看文件了解更多关于设置种子的内容：

```
?set.seed
```

在练习中，我们可能会要求你设置种子以确保你得到的结果是我们所期望的。

13.2.2　有无放回

函数 sample 有一个参数允许我们从瓮中选择多颗珠子，但是在默认情况下，这种选择是无放回的：选中珠子后不会再把它放回去。要注意，当我们随机选择 5 颗珠子时会发生的情况：

```
sample(beads, 5)
#> [1] "red"  "blue" "blue" "blue" "red"
sample(beads, 5)
#> [1] "red"  "red"  "blue" "blue" "blue"
sample(beads, 5)
#> [1] "blue" "red"  "blue" "red"  "blue"
```

这会得到总是有 3 颗蓝色珠子和 2 颗红色珠子重新排列的结果。如果我们要求选择 6 颗珠子，就会得到错误：

```
sample(beads, 6)

Error in sample.int(length(x), size, replace, prob) :    cannot take a sample
larger than the population when 'replace = FALSE'
```

然而，sample 函数可以直接使用，不使用 replicate，从而在相同的条件下重复从 5 颗珠子中选择 1 颗的相同实验。为了实现这一点，我们有放回地抽样：选中珠子后将它放回瓮中。我们可以通过改变 replace 参数（默认为 FALSE）来用 sample 实现这点，设置 replace = TRUE：

```
events <- sample(beads, B, replace = TRUE)
prop.table(table(events))
#> events
#> blue   red
#> 0.602 0.398
```

不出所料，我们得到的结果与之前用 replicate 得到的结果非常相似。

13.3　独立性

如果一个事件的结果不影响另一个事件，我们就说这两个事件相互独立。一个经典的例子就是抛硬币：每次投掷质地均匀的硬币时，无论之前投掷的结果如何，出现正面的概率始终都是 1/2。同样的道理也适用于有放回地从瓮中拿珠子的情形，从上面的例子可以看出，拿到红色珠子的概率是 40%，与之前的抽取结果无关。

许多非独立事件都来自纸牌游戏。当我们发第一张牌时，得到 K 的概率是 1/13，因为有 13 种可能：A、2、3、4、5、6、7、8、9、10、J、Q、K（不包含王牌）。如果我们发的第一张牌是 K 并且没有把它放回牌堆里，那么第二张牌是 K 的概率就变小了，因为只剩下 3 张 K，概率为 3/51。因此，这些事件不是独立的：第一个结果会影响下一个结果。

要查看非独立事件的极端情况，请看以下例子，即无放回地随机抽取 5 颗珠子：

```
x <- sample(beads, 5)
```

如果要猜测第一颗珠子的颜色，你可能猜测它是蓝色，因为抽到蓝色珠子的概率为 60%。但如果给出其余四次的结果：

```
x[2:5]
#> [1] "blue" "blue" "blue" "red"
```

你还会猜测是蓝色吗？当然不会，因为剩下的唯一一颗珠子是红色的，所以拿到红色珠子的概率是 1。这些事件不是独立的，所以概率会改变。

13.4 条件概率

当事件不独立时，条件概率就发挥作用了。我们已经看到过一个条件概率的例子：在第一张牌是 K 的前提下，第二张牌也是 K 的概率。在概率中，我们会使用下面的符号：

$$P(\text{第二张牌是 K} \mid \text{第一张牌是 K}) = 3/51$$

我们用 | 表示"已知"或"前提"。当两个事件 A 和 B 相互独立时，我们有：

$$P(A \mid B) = P(A)$$

数学上的说法是：B 的发生不影响 A 发生的概率。事实上，这可以看作独立性的数学定义。

13.5 加法和乘法法则

13.5.1 乘法法则

如果想知道两个事件 A 和 B 共同发生的概率，则可以使用乘法法则：

$$P(A \cap B) = P(A)P(B \mid A)$$

以 21 点游戏为例。在 21 点游戏中，我们会随机分配两张牌给你，你看到牌之后可以要求再要更多的牌，目标是牌面加起来比发牌者更接近 21 但不超过 21。人头牌值 10 分，A 牌值 11 分或 1 分（随你选择）。

在 21 点游戏中，要计算抽到一张 A 牌和一张人头牌得到 21 的概率，首先要计算出第一张牌是 A 牌的概率，用其乘以在第一张牌是 A 牌的前提下抽出一张人头牌或 10 的概率：$1/13 \times 16/51 \approx 0.025$。

乘法法则也适用于两个以上的事件。我们可以使用归纳法来展开更多的事件对应的公式：

$$P(A \cap B \cap C) = P(A)P(B|A)P(C|A \cap B)$$

13.5.2　独立条件下的乘法法则

当遇到独立事件时，乘法法则更加简单：

$$P(A \cap B \cap C) = P(A)P(B)P(C)$$

但是在使用该公式之前必须非常小心，因为当事件实际上非独立时，假设它们独立会导致不同且错误的概率计算。

举个例子，假设有一个法庭案件，涉案嫌疑犯被描述为长有小胡子和络腮胡。该案的被告就有小胡子和络腮胡，并且起诉方请来的"专家"作证说：1/10 的人有络腮胡，1/5 的人有小胡子，所以根据乘法法则，只有 1/10×1/5=0.02 的人同时有络腮胡和小胡子。

但是像这样相乘的话，我们需要假设事件是独立的！假设一个男人在有络腮胡的条件下有小胡子的条件概率是 95%，所以计算出的正确概率要更高：1/10×95/100=0.095。

乘法法则还给出了计算条件概率的一般公式：

$$P(B|A) = \frac{P(A \cap B)}{P(A)}$$

为了演示如何在实践中使用这些公式和概率，我们将举几个与纸牌游戏相关的例子。

13.5.3　加法法则

加法法则告诉我们：

$$P(A \cup B) = P(A)+P(B)-P(A \cap B)$$

这个法则很直观：想象一下维恩图（见图 13.1）。如果我们简单地将概率相加，就会计算两次交集，所以我们需要减去一个交集。

13.6　排列组合

图　13.1

在第一个例子中，我们假设一个瓮中有 5 颗珠子。要注意的是，我们简要地列出了所有的可能结果来计算抽取一颗珠子的概率分布。共有 5 种结果，因此对于每个事件，我们都要计算这些可能的结果中有多少是与要求事件有关的。在 5 种可能的结果中，有 3 种是蓝色的，所以最终选择蓝色珠子的概率是 3/5。

对于更复杂的情况，计算就没有那么简单了。例如，抽 5 张牌并且不放回，那么得到的所有牌都是相同花色（也就是抽到"同花顺"）的概率是多少？在离散概率课程中，你会学到进行这些计算的理论知识。这里我们主要关注如何使用 R 代码来对这些问题进行计算。

首先，我们构造一副牌。为此，我们使用 expand.grid 和 paste 函数。使用 paste 函数通过连接更小的字符串来创建新的字符串。要做到这一点，就要获取牌的号码和花色，像这样创建一个牌名：

```
number <- "Three"
suit <- "Hearts"
paste(number, suit)
#> [1] "Three Hearts"
```

paste 还适用于执行元素操作的向量对：

```
paste(letters[1:5], as.character(1:5))
#> [1] "a 1" "b 2" "c 3" "d 4" "e 5"
```

expand.grid 函数给出了两个向量所有的元素组合。例如，如果你有蓝色和黑色的裤子，白色、灰色和格子的衬衫，那么你所有的套装组合如下：

```
expand.grid(pants = c("blue", "black"), shirt = c("white", "grey", "plaid"))
#>   pants shirt
#> 1  blue white
#> 2 black white
#> 3  blue  grey
#> 4 black  grey
#> 5  blue plaid
#> 6 black plaid
```

下面给出了生成一副牌的方法：

```
suits <- c("Diamonds", "Clubs", "Hearts", "Spades")
numbers <- c("Ace", "Deuce", "Three", "Four", "Five", "Six", "Seven",
             "Eight", "Nine", "Ten", "Jack", "Queen", "King")
deck <- expand.grid(number=numbers, suit=suits)
deck <- paste(deck$number, deck$suit)
```

构建好牌后，我们可以通过计算满足条件的可能结果的比例，再次检验第一张牌出现 K 的概率是 1/13：

```
kings <- paste("King", suits)
mean(deck %in% kings)
#> [1] 0.0769
```

如果第一张牌是 K，那么第二张牌也是 K 的条件概率是多少呢？之前，我们已经推导出，如果已经拿出了一张 K，那就还剩下 51 张牌，概率就是 3/51。我们列出所有可能的结果来确认一下。

为此，我们可以使用 gtools 包中的 permutations 函数。对于大小为 n 的任意列表，该函数计算我们在选择 r 项时可以得到的所有组合。以下是我们从 1、2、3 组成的列表中选择两个数字的所有方法：

```
library(gtools)
permutations(3, 2)
#>      [,1] [,2]
#> [1,]    1    2
```

```
#> [2,]   1   3
#> [3,]   2   1
#> [4,]   2   3
#> [5,]   3   1
#> [6,]   3   2
```

注意，这里顺序很重要：（3,1）和（1,3）是不同的。另外要注意的是，（1,1）、（2,2）和（3,3）不会出现，因为一旦我们选择了某个数字，它将不会再次出现。

我们还可以选择性地添加一个向量。如果你想在所有可能的电话号码中随机看到 5 个七位数电话号码（不重复），那么你可以输入：

```
all_phone_numbers <- permutations(10, 7, v = 0:9)
n <- nrow(all_phone_numbers)
index <- sample(n, 5)
all_phone_numbers[index,]
#>      [,1] [,2] [,3] [,4] [,5] [,6] [,7]
#> [1,]   1   3   8   0   6   7   5
#> [2,]   2   9   1   6   4   8   0
#> [3,]   5   1   6   0   9   8   2
#> [4,]   7   4   6   0   2   8   1
#> [5,]   4   6   5   9   2   8   0
```

我们没有使用默认的 1 到 10，而是使用通过 v 提供的数字：0 到 9。

在注意顺序的前提下，为了计算选择两张牌的所有可能选择方式，我们可以输入：

```
hands <- permutations(52, 2, v = deck)
```

这是一个 2 列 2652 行的矩阵。通过矩阵，我们可以得到第一张牌和第二张牌：

```
first_card <- hands[,1]
second_card <- hands[,2]
```

第一张牌是 K 的情况可以这样计算：

```
kings <- paste("King", suits)
sum(first_card %in% kings)
#> [1] 204
```

为了得到条件概率，我们要计算第二张牌是 K 的概率：

```
sum(first_card%in%kings & second_card%in%kings)/sum(first_card %in% kings)
#> [1] 0.0588
```

也就是 3/51，与我们推导的一致。请注意，上述代码相当于：

```
mean(first_card%in%kings & second_card%in%kings)/mean(first_card %in% kings)
#> [1] 0.0588
```

它使用的是 mean 而不是 sum，是下式的 R 版本：

$$\frac{P(A \cap B)}{P(A)}$$

如果顺序不重要呢？例如，在 21 点游戏中，如果你第一次就抽到 A 牌和人头牌——这被称为自然 21 点，那么你自动获胜。如果要计算发生这种情况的概率，则需要列举组合而不是排列，因为顺序并不重要：

```
combinations(3,2)
#>      [,1] [,2]
#> [1,]    1    2
#> [2,]    1    3
#> [3,]    2    3
```

在第二行中，结果不包括（2,1），因为（1,2）已经列举了。同样，（3,1）和（3,2）也是如此。

因此，要计算 21 点游戏中自然出现 21 点的概率，我们可以这样做：

```
aces <- paste("Ace", suits)

facecard <- c("King", "Queen", "Jack", "Ten")
facecard <- expand.grid(number = facecard, suit = suits)
facecard <- paste(facecard$number, facecard$suit)

hands <- combinations(52, 2, v = deck)
mean(hands[,1] %in% aces & hands[,2] %in% facecard)
#> [1] 0.0483
```

在最后一行中，我们假设 A 牌先出现，这是因为我们知道 combinations 枚举可能结果的方法并且会首先列出这种情况。但是为了安全起见，我们可以这样写，然后得出同样的答案：

```
mean((hands[,1] %in% aces & hands[,2] %in% facecard) |
       (hands[,2] %in% aces & hands[,1] %in% facecard))
#> [1] 0.0483
```

蒙特卡罗例子

我们可以使用蒙特卡罗模拟来估计这个概率，而不是使用 combinations 来推断出现自然 21 点的确切概率。在本例中，我们反复抽两张牌，并记录有多少次得到了 21 点。我们可以使用函数 sample 无放回地抽取两张牌：

```
hand <- sample(deck, 2)
hand
#> [1] "Queen Clubs"  "Seven Spades"
```

然后检查是否一张是 A 牌，另一张是人头牌或 10。人头牌相当于 10。现在，我们需要核对两种可能性：

```
(hands[1] %in% aces & hands[2] %in% facecard) |
  (hands[2] %in% aces & hands[1] %in% facecard)
#> [1] FALSE
```

如果我们重复一万次，就会得到出现自然 21 点的近似概率。

我们首先编写一个抓牌函数，如果得到 21，则返回 TRUE。该函数不需要任何参数，因为它使用的是全局环境中定义的对象：

```
blackjack <- function(){
  hand <- sample(deck, 2)
```

```
  (hand[1] %in% aces & hand[2] %in% facecard) |
    (hand[2] %in% aces & hand[1] %in% facecard)
}
```

因为没有使用 combinations 函数，所以在这里我们必须检查两种可能性：A 牌是第一张还是第二张。如果得到 21，函数返回 TURE，否则返回 FALSE：

```
blackjack()
#> [1] FALSE
```

现在，我们可以进行这个游戏一万次：

```
B <- 10000
results <- replicate(B, blackjack())
mean(results)
#> [1] 0.0475
```

13.7 示例

在本节中，我们将介绍两个离散概率的常见例子：蒙提·霍尔（Monty Hall）问题和生日问题。我们使用 R 来帮助说明这些数学概念。

13.7.1 蒙提·霍尔问题

20 世纪 70 年代，有一个游戏节目叫作"我们做个交易"，蒙提·霍尔是主持人。在游戏中，参赛者要从三扇门中选择一扇门。一扇门后是奖品，另外两扇门后是山羊，所选门后出现山羊代表参赛者输了比赛。参赛者选好之后，在揭晓结果之前，蒙提·霍尔会打开剩下的两扇门中的一扇，告诉参赛者该门后没有奖品，然后询问参赛者是否想换一扇门。你会怎么做？

我们可以看一看概率，如果坚持最初那扇门，获胜的概率仍然是 1/3，然而如果换到另一扇门，获胜的概率会增加到 2/3。这似乎有违直觉，许多人错误地认为两种可能情况的概率都是 1/2，因为都是在两个选项中进行选择。具体解释见可汗学院网站 ⊖。下面我们使用蒙特卡罗模拟来判断哪种策略更好。请注意，出于教学目的，这段代码相对较长。

我们先看坚持策略：

```
B <- 10000
monty_hall <- function(strategy){
  doors <- as.character(1:3)
  prize <- sample(c("car", "goat", "goat"))
  prize_door <- doors[prize == "car"]
  my_pick  <- sample(doors, 1)
  show <- sample(doors[!doors %in% c(my_pick, prize_door)],1)
  stick <- my_pick
```

⊖ https://www.khanacademy.org/math/precalculus/prob-comb/dependent-events-precalc/v/monty-hall-problem

```
  stick == prize_door
  switch <- doors[!doors%in%c(my_pick, show)]
  choice <- ifelse(strategy == "stick", stick, switch)
  choice == prize_door
}
stick <- replicate(B, monty_hall("stick"))
mean(stick)
#> [1] 0.342
switch <- replicate(B, monty_hall("switch"))
mean(switch)
#> [1] 0.668
```

在编写代码时，我们注意到，当我们坚持原来的选择时，以 my-pick 和 show 开头的代码行对最后一个逻辑操作没有影响。由此我们应该意识到概率是初始的 1/3。当我们改变选择时，蒙特卡罗模拟证实了概率为 2/3。通过移除一扇门并告诉我们这肯定不是正确的那扇门的结论，可以帮助我们获得一些洞察。我们也可以看到，除非我们第一次就选对，否则赢的概率就是 $1 - 1/3 = 2/3$。

13.7.2　生日问题

假设你在一个有 50 人的教室里，如果这 50 人都是随机选择出来的，那么至少有两个人同一天生日的概率是多少？虽然这个问题有点超前，但是可以用数学方法推断出来，我们将稍后进行。在这里，我们会用到蒙特卡罗模拟。为了简单起见，我们假设没有人出生在 2 月 29 日，这对答案没有太大的影响。

首先请注意，生日可以表示为 1~365 之间的数字，因此我们可以获得 50 个生日样本：

```
n <- 50
bdays <- sample(1:365, n, replace = TRUE)
```

要确定在这 50 个人的集合中是否至少有两个生日相同的人，我们可以使用 duplicated 函数，该函数会在向量的某个元素是重复元素时返回 TRUE，如下例所示：

```
duplicated(c(1,2,3,1,4,3,5))
#> [1] FALSE FALSE FALSE  TRUE FALSE  TRUE FALSE
```

第二次出现 1 和 3 时，我们都会得到一个 TRUE。因此，要检查两个生日是否相同，我们只需要像这样使用 any 和 duplicated 函数：

```
any(duplicated(bdays))
#> [1] TRUE
```

在这个例子中，我们可以看到确实生成了 TRUE，也就是说至少有两个人的生日是同一天。为了估计群体中有人生日为同一天的概率，我们对 50 个生日反复抽样，以进行重复实验：

```
B <- 10000
same_birthday <- function(n){
  bdays <- sample(1:365, n, replace=TRUE)
  any(duplicated(bdays))
}
```

```
results <- replicate(B, same_birthday(50))
mean(results)
#> [1] 0.969
```

你是否预料到概率有这么高？人们往往会低估这个概率。设想当群体规模接近 365 时会发生什么，这样就能直观地理解概率如此高的原因了。在这个阶段，我们用到了所有的日期，而其概率为 1。

假设我们想用这些知识和朋友打赌一群人中有两个生日相同的人，那么什么时候概率大于 50%？什么时候会超过 75%？

我们来创建一个查找表。我们可以快速创建一个函数来计算任意大小的群体有人同一天生日的概率：

```
compute_prob <- function(n, B=10000){
  results <- replicate(B, same_birthday(n))
  mean(results)
}
```

使用 sapply 函数，我们可以对任何函数执行元素操作：

```
n <- seq(1,60)
prob <- sapply(n, compute_prob)
```

现在我们可以画出在大小为 n 的群体中有两个人生日相同的概率的估计图（见图 13.2）：

```
library(tidyverse)
prob <- sapply(n, compute_prob)
qplot(n, prob)
```

现在，我们来计算准确的概率，而不是使用蒙特卡罗模拟近似值。我们不仅可以使用数学方法得到准确的答案，而且因为不需要生成实验，所以计算速度更快。

为了简化数学计算，我们不计算发生的概率，而是计算不发生的概率。为此，我们用到了乘法法则。

我们从第一个人开始，第一个人生日唯一的概率是 1，在此条件下第二个人生日唯一的概率是 364/365。假设前两个人的生日都是唯一的，那么第三个人的生日只能在其他 363 个日期中。以此类推，50 个人都有唯一的生日的概率是：

$$1 \times \frac{364}{365} \times \frac{363}{365} \times \cdots \times \frac{365-n+1}{365}$$

我们可以写一个对任何数都适用的函数：

```
exact_prob <- function(n){
  prob_unique <- seq(365,365-n+1)/365
  1 - prod( prob_unique)
}
eprob <- sapply(n, exact_prob)
qplot(n, prob) + geom_line(aes(n, eprob), col = "red")
```

从图 13.3 能够看出，蒙特卡罗模拟提供的估计值与准确概率非常接近。即使无法计算出确切的概率，我们仍然能够准确地估计出这些概率。

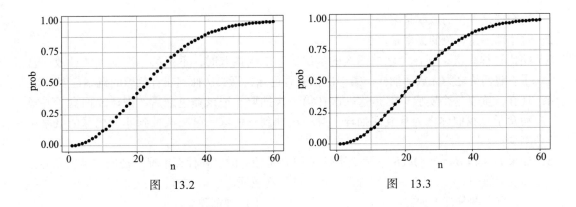

图　13.2　　　　　　　　图　13.3

13.8　无限实验

这里描述的理论都需要进行无限重复实验,但是实际上我们是做不到的。在前面的例子中,我们进行了 B=10 000 次蒙特卡罗实验,结果证明它提供了准确的估计值。这个数越大,估计值就越精确,直到近似值完全接近计算机计算的值。但对于更复杂的情况,10 000次可能还是远远不够。此外,对于某些计算,10 000 次实验在计算方面可能不具有可行性。在实践中,我们并不知道正确答案是什么,所以也就无法知道蒙特卡罗估计是否准确。我们知道 B 越大,近似值就越接近,但是到底需要 B 有多大呢? 这实际上是一个有挑战性的问题,回答这个问题通常需要高级的统计理论培训。

下面我们将介绍一个检查估计值稳定性的实用方法。下例是一个关于 25 个人的生日问题:

```
B <- 10^seq(1, 5, len = 100)
compute_prob <- function(B, n=25){
  same_day <- replicate(B, same_birthday(n))
  mean(same_day)
}
prob <- sapply(B, compute_prob)
qplot(log10(B), prob, geom = "line")
```

从图 13.4 可以看到,概率在 1000 左右开始趋于稳定(即变化小于 0.01)。注意,我们知道此例的准确概率是 0.569。

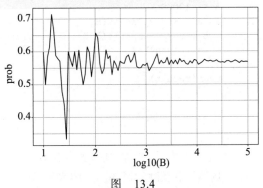

13.9　练习

1. 假设盒子中包含 3 个青色球、5 个洋红色球和 7 个黄色球,从中随机抽取一个球,

图　13.4

这个球是青色的概率是多少？

2. 这个球不是青色的概率是多少？

3. 相比只抽一次，现在考虑抽两次的情况。第二次抽取时，不把第一次抽到的球放回盒子。我们称之为无放回抽样。第一次抽到青色球，第二次抽到非青色球的概率是多少？

4. 现在，重复这个实验，但是这一次在第一次抽取并记录颜色之后，把球放回盒子并摇动盒子。我们称之为有放回抽样。第一次抽到青色球，第二次抽到非青色球的概率是多少？

5. 如果 $P(A \cap B)=P(A)P(B)$，那么事件 A 和 B 是独立的。在什么情况下抽取才是独立的？

   a. 无放回。　　　　　　　　　　b. 有放回。

   c. 以上两种都不独立。　　　　　d. 以上两种都独立。

6. 假设 5 次从盒子里取出的 5 个球（有放回）都是黄色的，下一次取出的球还是黄色的概率是多少？

7. 如果掷一个六面骰子 6 次，得不到 6 的概率是多少？

8. 凯尔特人和骑士队两支球队将进行 7 场系列赛。骑士队更强，每场比赛都有 60% 的胜率。凯尔特人至少赢 1 场的概率是多少？

9. 通过蒙特卡罗模拟来确认你得出的上一问题的答案。进行 B <- 10000 次模拟。提示：使用以下代码生成前 4 场比赛的结果：

```
celtic_wins <- sample(c(0,1), 4, replace = TRUE, prob = c(0.6, 0.4))
```

   这 4 场比赛中，凯尔特人必须赢一场。

10. 骑士队和勇士队这两支球队正在进行 7 场冠军系列赛，因此先赢得 4 场比赛的队伍将赢得系列赛。这两支球队实力相当，所以每支球队都有 50% 的胜算。如果骑士队输掉第一场比赛，那么骑士队赢得系列赛的概率是多少？

11. 通过蒙特卡罗模拟验证上一问题的结果。

12. A 队和 B 队正在进行 7 场系列赛，A 队实力更强，每场比赛获胜的概率是 $p > 0.5$。给定一个 p 值，根据蒙特卡罗模拟，我们可以用以下函数计算出处于劣势的 B 队赢得系列赛的概率：

```
prob_win <- function(p){
  B <- 10000
  result <- replicate(B, {
    b_win <- sample(c(1,0), 7, replace = TRUE, prob = c(1-p, p))
    sum(b_win)>=4
  })
  mean(result)
}
```

   使用 sapply 函数计算 p <- seq(0.5, 0.95, 0.025) 时的获胜概率。然后绘制结果。

13. 重复上述练习，但将概率固定为 p <- 0.75，然后计算不同长度系列赛（1 场、3 场、5 场等）下获胜的概率。具体来说，N <- seq(1, 25, 2)。提示：使用下面这个函数：

```
prob_win <- function(N, p=0.75){
  B <- 10000
  result <- replicate(B, {
    b_win <- sample(c(1,0), N, replace = TRUE, prob = c(1-p, p))
    sum(b_win)>=(N+1)/2
  })
  mean(result)
}
```

13.10　连续概率

在 8.4 节中，我们解释了为什么在汇总数值列表（如身高列表）时，构造一个定义每个可能结果比例的分布是没有用的。例如，如果我们以极高的精度测量大小为 n 的数据总体中的每一个人的身高，因为没有两个人是完全一样高的，所以我们给每个观测值分配比例 $1/n$，获得的汇总没有任何用处。同样，当定义概率分布时，给每一个身高分配一个非常小的概率是没有用的。

和使用分布来汇总数值数据一样，定义一个对区间进行操作的函数要比定义一个对单个值操作的函数实用得多。实现此目标的标准方法是使用累积分布函数（CDF）。

我们在 8.4 节中介绍了经验累积分布函数（eCDF），它可以作为数值列表的基本汇总。我们之前定义了成年男学生的身高分布，在这里我们定义向量 x 来包含这些身高数据：

```
library(tidyverse)
library(dslabs)
data(heights)
x <- heights %>% filter(sex=="Male") %>% pull(height)
```

我们将经验累积分布函数定义为：

```
F <- function(a) mean(x<=a)
```

对于任意值 a，该函数都给出了列表 x 中小于或等于 a 的值的比例。

记住，我们目前还没有在 CDF 的背景中介绍到概率。要实现此目标，我们提出如下问题：如果随机选取一个男生，他高于 70.5 英寸的概率是多少？因为每个男生都有相同的概率被选中，所以这个问题的答案等于高于 70.5 英寸的学生的比例。使用 CDF，我们通过输入以下内容来获取答案：

```
1 - F(70)
#> [1] 0.377
```

定义 CDF 后，我们就可以用它来计算任意子集的概率。例如，一个学生身高介于 a 和 b 之间的概率是：

```
F(b)-F(a)
```

因为我们可以用这种方法计算任何可能事件的概率，所以累积分布函数定义了从身高向量 x 中随机选择一个高度的概率分布。

13.11 理论连续分布

在 8.8 节中，我们介绍了正态分布可以作为许多自然分布（包括身高分布）的有用近似。正态分布的累积分布由一个数学公式定义，在 R 中用 pnorm 表示。我们把一个平均值为 m、标准差为 s 的随机量的正态分布定义为：

```
F(a) = pnorm(a, m, s)
```

这是非常有用的，因为如果我们愿意使用正态近似，那么就不需要用整个数据集来回答这样的问题了：随机选择的一个学生身高超过 70 英寸的概率是多少？我们只需要使用平均值和标准差：

```
m <- mean(x)
s <- sd(x)
1 - pnorm(70.5, m, s)
#> [1] 0.371
```

13.11.1 近似理论分布

正态分布是用数学方法推导出来的，所以我们不需要用数据来定义它。对于实践数据科学家来说，我们所做的几乎所有事情都涉及数据。严格来讲，数据总是离散的。例如，我们可以将身高数据分类，每个特定的身高都是唯一的类别。概率分布是由报告各个身高的学生比例来定义的。图 13.5 所示是一个概率分布图。

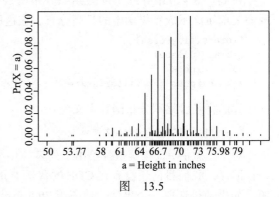

图　13.5

虽然大多数学生把他们的身高四舍五入到最接近的整数，但还有其他人报告更为精确的值。例如，有一名学生报告称，他的身高为 69.6850393700787 英寸，也就是 177 厘米。这个身高的概率是 0.001 或 1/812。身高为 70 英寸的概率就要高得多，为 0.106。但是把这两个概率当作不同的来考虑真的有意义吗？显然，对于数据分析来说，把这个结果当作一个连续的数值变量更为有用。记住，很少有或者说根本就没有人的身高正好是 70 英寸，而我们得到 70 英寸的概率更大是因为人们将身高四舍五入到了最接近的整数。

就连续分布来说，奇异值的概率甚至是没有定义的。例如，求正态分布值为 70 的概率是没有意义的。但是，我们会定义区间的概率。因此，我们可以求某个人的身高在 69.5～70.5 英寸之间的概率是多少。

对于身高这种四舍五入的数据，如果我们处理的区间恰好包含一个整数，那么正态近似就特别有用。例如，正态分布在估计学生报告值在某些区间的比例时很有用：

```
mean(x <= 68.5) - mean(x <= 67.5)
#> [1] 0.115
mean(x <= 69.5) - mean(x <= 68.5)
#> [1] 0.119
mean(x <= 70.5) - mean(x <= 69.5)
#> [1] 0.122
```

注意它们与正态近似值的接近程度：

```
pnorm(68.5, m, s) - pnorm(67.5, m, s)
#> [1] 0.103
pnorm(69.5, m, s) - pnorm(68.5, m, s)
#> [1] 0.11
pnorm(70.5, m, s) - pnorm(69.5, m, s)
#> [1] 0.108
```

这种近似对于其他区间就不那么有用了。例如，请注意当我们试图用：

```
pnorm(70.9, m, s) - pnorm(70.1, m, s)
#> [1] 0.0836
```

估计以下值时，近似结果是如何崩溃的：

```
mean(x <= 70.9) - mean(x<=70.1)
#> [1] 0.0222
```

通常，我们称这种情况为离散化。虽然真实的身高分布是连续的，但由于四舍五入的原因，学生报告的身高往往是离散值。只要我们知道如何处理这个情况，那么正态近似仍然是非常有用的工具。

13.11.2　概率密度

对于分类分布，我们可以定义类别的概率。例如，掷一个骰子（称为 X），其结果可以是 1、2、3、4、5、6。那么是 4 的概率定义为：

$$P(X = 4) = 1/6$$

CDF 可以很容易地定义为：

$$F(4) = P(X \leqslant 4) = P(X = 4) + P(X = 3) + P(X = 2) + P(X = 1)$$

虽然对于连续分布，单个值的概率 $P(X = x)$ 没有定义，但是有一个理论定义有类似的解释。x 处的概率密度定义为 $f(a)$：

$$F(a) = P(X \leqslant a) = \int_{-\infty}^{a} f(x) \mathrm{d}x$$

对于懂微积分的人来说，要记住积分与和有关：它是宽度接近于 0 的柱和。如果不懂微积分，那么可以把 $f(x)$ 想象成一条曲线，曲线下的面积为 a，这样就可以得到 $P(X \leqslant a)$ 的概率。

例如，要使用正态近似值来估计某人高于 76 英寸的概率，我们使用：

```
1 - pnorm(76, m, s)
#> [1] 0.0321
```

该概率在数学上表示为图 13.6 中的灰色区域。

你看到的曲线是正态分布的概率密度。在 R 中，我们可以用 dnorm 函数得到。

虽然需要知道概率密度的原因还不是很明显，但是对于那些想要将模型与预定义函数不可用的数据相匹配的人来说，理解这个概念至关重要。

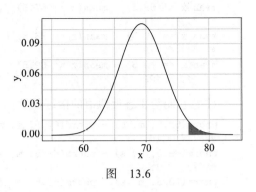

图 13.6

13.12 连续变量的蒙特卡罗模拟

R 提供了生成正态分布结果的函数。具体来说，rnorm 函数需要 3 个参数：总体大小、平均值（默认为 0）和标准差（默认为 1）。它产生随机数。下面有一个关于如何生成数据（如身高）的例子：

```
n <- length(x)
m <- mean(x)
s <- sd(x)
simulated_heights <- rnorm(n, m, s)
```

不出所料，这看起来是正态分布，如图 13.7 所示。

这是 R 中非常有用的函数之一，因为它允许我们生成模拟自然事件的数据，并使用蒙特卡罗模拟来回答与偶然事件相关的问题。

举个例子，如果我们随机选出 800 名男性，那么较高的人是如何分布的？在 800 名男性中，身高在 7 英尺及以上的男性有多罕见？下面的蒙特卡罗模拟可以帮助我们回答这个问题：

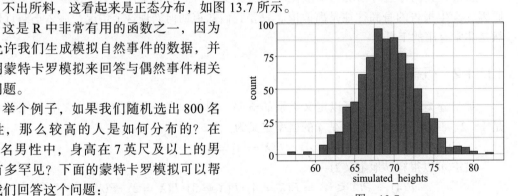

图 13.7

```
B <- 10000
tallest <- replicate(B, {
  simulated_data <- rnorm(800, m, s)
  max(simulated_data)
})
```

身高在 7 英尺及以上的人是很罕见的：

```
mean(tallest >= 7*12)
#> [1] 0.0199
```

图 13.8 给出了最终分布图。

注意，它看起来不是正态分布。

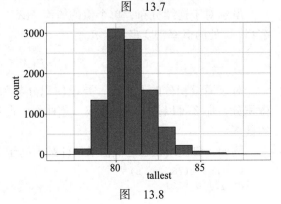

图 13.8

13.13　连续分布

我们在 8.8 节中介绍了正态分布，并在上面给出了示例。正态分布不是唯一有用的理论分布，我们还可能用到其他连续分布：t 分布、卡方分布、指数分布、伽玛分布、贝塔分布和贝塔二项分布。R 提供了计算密度、分位数、累积分布函数的函数和生成蒙特卡罗模拟的函数。R 用一种约定让我们记住这些名字，也就是在分布的简写名前面使用字母 d、q、p 和 r。我们已经见过正态分布的 dnorm、pnorm 和 rnorm 函数。qnorm 函数可以给出正态分布的分位数，因此我们可以像下面这样得到一个分布：

```
x <- seq(-4, 4, length.out = 100)
qplot(x, f, geom = "line", data = data.frame(x, f = dnorm(x)))
```

对于 16.10 节中介绍的 t 分布，用到了简写 t，因此，函数 dt 表示密度，qt 表示分位数，pt 表示累积分布函数，rt 表示蒙特卡罗模拟。

13.14　练习

1. 假设女性身高的分布近似正态分布，平均值为 64 英寸，标准差为 3 英寸。如果随机选出一名女性，她的身高为 5 英尺或以下的概率是多少？
2. 假设女性身高的分布近似正态分布，平均值为 64 英寸，标准差为 3 英寸。如果随机选出一名女性，她的身高为 6 英尺或以上的概率是多少？
3. 假设女性身高的分布近似正态分布，平均值为 64 英寸，标准差为 3 英寸。如果随机选出一名女性，她的身高在 61~67 英寸之间的概率是多少？
4. 重复上面的练习，但是要把每一项的单位换成厘米，也就是说每个身高，包括标准差，都要乘以 2.54。那么，现在的答案是什么？
5. 注意，当你改变单位时，问题的答案并没有改变。这很容易理解，因为问题的答案不应该受到单位的影响。事实上，如果你仔细观察，便会发现 61 英寸和 67 英寸都与平均值相差 1 个标准差。计算随机抽取并且呈正态分布的随机变量与平均值相差在 1 个标准差范围内的概率。
6. 为了用数学知识解释为什么问题 3、4、5 的答案是一样的，我们假设有一个平均值为 m、标准差为 s 的随机变量。假设我们想知道 X 小于或等于 a 的概率。记住，根据定义，a 与平均值 m 相差 $(a - m)/s$ 个标准差 (s)。概率是：

$$P(X \leq a)$$

现在，我们两边同时减去平均值，然后两边同时除以标准差：

$$P\left(\frac{X - m}{s} \leqslant \frac{a - m}{s}\right)$$

左边的量是标准正态随机变量，其平均值是 0，标准差是 1。我们称其为 Z：

$$P\left(Z \leqslant \frac{a-m}{s}\right)$$

因此，不管单位是什么，$X \leqslant a$ 的概率与标准正态随机变量小于 $(a-m)/s$ 的概率相同。如果 mu 是平均值，sigma 是标准差，下面哪行 R 代码能在每种情况下都给出正确答案：

a. mean(X<=a)

b. pnorm((a - m)/s)

c. pnorm((a - m)/s, m, s)

d. pnorm(a)

7. 假设成年男性的身高分布近似正态分布，平均值为 69 英寸，标准差为 3 英寸。那么第 99 个百分位数对应的男性身高有多少？提示：使用 qnorm。

8. 智商的分布近似正态分布，平均值为 100，标准差为 15。假设你所在的学区毕业班共有 10 000 人，而你想知道较高智商在所有毕业班的分布。那么，我们可以运用蒙特卡罗模拟，采用 B=1000 参数生成 10 000 个智商值，并保持最高，绘制出直方图。

第 14 章 *Chapter 14*

随机变量

在数据科学中，我们经常用某些方法来处理受偶然性影响的数据：数据来自随机样本，数据受到测量误差的影响，或者一些数据测量的结果实质上是随机的。量化由随机性带来的不确定性是数据分析师最重要的工作之一。统计推断为实现此目的提供了框架和一些实用工具。第一步就是要学习如何用数学方法描述随机变量。

在本章中，我们将通过概率游戏介绍随机变量及其性质。我们会用概率论描述 2007—2008 年金融危机期间发生的一些事情。这次金融危机发生的部分原因是人们低估了金融机构出售某些证券的风险。具体来说，就是人们严重低估了抵押支持证券（Mortgage-Backed Security，MBS）和债务抵押债券（Collateralized Debt Obligation，CDO）的风险。以假定大多数房主能够支付的月供的价格出售，而计算出不发生这种情况的概率是很低的。这一系列的因素导致出现比预期还要多的违约情况，也就导致这些证券的价格暴跌。结果就是银行损失惨重，需要政府的救助才能避免完全倒闭。

14.1 生成随机变量

随机变量是由随机过程产生的数值结果。我们可以用一些我们已经展示过的简单例子轻松地生成随机变量。例如，如果一颗珠子是蓝色的，则定义 X 为 1；如果为红色珠子，则 X 为 0。

```
beads <- rep( c("red", "blue"), times = c(2,3))
X <- ifelse(sample(beads, 1) == "blue", 1, 0)
```

这里的 X 是一个随机变量：每次选择一个新的珠子时，结果都会随机变化。例如：

```
ifelse(sample(beads, 1) == "blue", 1, 0)
```

```
#> [1] 1
ifelse(sample(beads, 1) == "blue", 1, 0)
#> [1] 0
ifelse(sample(beads, 1) == "blue", 1, 0)
#> [1] 0
```

X有时是1，有时是0。

14.2 抽样模型

许多产生我们研究的数据的数据生成过程，都可以像从瓮中拿出珠子一样很好地建模。例如，我们可以将投票的过程建模为：从一个包含所有投票者的瓮中抽取1（民主党）和0（共和党）。在流行病学研究中，我们通常假设我们研究的对象是从所研究人群中随机抽取的样本。与特定结果相关的数据可以建模为一个来自瓮的随机样本，瓮中包含整个人群的结果。同样，在实验研究中，我们经常假设我们研究的个体生物体（例如蠕虫、苍蝇和老鼠）是来自更大种群的随机样本。随机实验也可以通过从有个体分组方式的瓮中抽取样本来建模：当分组时，要随机抽取组。因此，抽样模型在数据科学中是普遍存在的。赌场游戏提供了大量的真实例子，其中抽样模型可以用来回答特定的问题。因此，我们将从这些例子开始。

假设有一个非常小的赌场向你咨询赌场是否应该设置轮盘。为了简单起见，我们假设有1000人参与，并且在轮盘上唯一可以玩的就是给红色或黑色下注。赌场想让你预测它可以赢多少钱或输多少钱。赌场想要得到一些值，尤其是想知道赔钱的概率是多少。如果赔钱的概率太高，就不会设置轮盘。

我们定义一个随机变量S表示赌场赢的钱。我们首先构建一个瓮，假设一个轮盘有18个红色区域、18个黑色区域和2个绿色区域，那么旋转一次轮盘，向一种颜色下注就相当于从瓮中抽取不同颜色的珠子：

```
color <- rep(c("Black", "Red", "Green"), c(18, 18, 2))
```

1000个人参与游戏将产生1000个独立结果。如果出现红色，赌徒获胜，赌场输1美元，所以我们记 -1 美元；否则赌场赢1美元，我们记1美元。要构造随机变量S，我们可以使用以下代码：

```
n <- 1000
X <- sample(ifelse(color == "Red", -1, 1),  n, replace = TRUE)
X[1:10]
#>  [1] -1  1  1 -1 -1 -1  1  1  1  1
```

因为我们知道1和 -1 的比例，所以我们可以不定义color而用一行代码来抽取颜色：

```
X <- sample(c(-1,1), n, replace = TRUE, prob=c(9/19, 10/19))
```

因为我们通过从瓮中抽取样本来建模赌场轮盘的随机行为，所以我们称其为抽样模型。总奖金S是这1000次独立抽取的奖金总和：

```
X <- sample(c(-1,1), n, replace = TRUE, prob=c(9/19, 10/19))
S <- sum(X)
S
#> [1] 22
```

14.3　随机变量的概率分布

如果运行上面的代码，你就会发现 S 每次都在变化。这是因为 S 是一个随机变量。随机变量的概率分布可以告诉我们观测值落在任意给定区间内的概率。例如，如果我们想知道赌场赔钱的概率，就要求出 S 在区间 $S < 0$ 的概率。

注意，如果我们可以定义一个累积分布函数 $F(a)=P(S < a)$，那么就可以回答任何由随机变量 S 定义的事件的概率相关问题，包括事件 $S < 0$。我们称 $F(a)$ 为随机变量的分布函数。

我们可以通过蒙特卡罗模拟来估计随机变量 S 的分布函数，从而产生随机变量的多种情况。我们用这段代码做一个实验，让 1000 个人重复玩赌场轮盘，玩 $B=10\,000$ 次：

```
n <- 1000
B <- 10000
roulette_winnings <- function(n){
  X <- sample(c(-1,1), n, replace = TRUE, prob=c(9/19, 10/19))
  sum(X)
}
S <- replicate(B, roulette_winnings(n))
```

现在我们可以问一个问题：在模拟中，得到的和小于或等于 a 的次数是多少？

```
mean(S <= a)
```

这会是 $F(a)$ 的一个很好的近似值，我们可以轻松地回答赌场的问题：赌场赔钱的概率有多高？我们可以看到，这个概率非常低：

```
mean(S<0)
#> [1] 0.0456
```

我们可以创建一个直方图，显示 $F(b)-F(a)$ 在若干个区间 $(a, b]$ 的概率，从而直观地看到 S 的分布，如图 14.1 所示。

我们可以看到，分布似乎近似正态分布。QQ 图将证实这个近似正态分布接近这个分布的完美近似。如果分布实际上是正态的，那么我们只需要定义平均值和标准差。因为我们有创建分布的原始值，所以可以轻松地用 mean (S) 和 sd (S) 来计算这些值。从图 14.1 可以看到，曲线是具有该平均值和标准差的正态分布的密度函数。

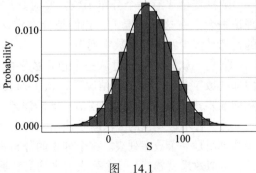

图　14.1

这个平均值和标准差有特殊的名字，它们被称为随机变量 S 的期望值和标准误差，我们将在下一节中对其进行详细的介绍。

统计理论提供了一种方法来获得被定义为从瓮中随机独立抽取的随机变量的分布。在上面的例子中，我们可以证明 $(S + n)/2$ 服从二项分布。因此，我们不需要使用蒙特卡罗模拟来了解 S 的概率分布。我们这样做只是为了说明问题。

我们可以用 dbinom 函数和 pbinom 函数来精确地计算概率。例如，为了计算 $P(S < 0)$，我们注意到：

$$P(S < 0)=P((S+n)/2 < (0+n)/2)$$

我们可以用 pbinom 来计算：

$$P(S \leqslant 0)$$

```
n <- 1000
pbinom(n/2, size = n, prob = 10/19)
#> [1] 0.0511
```

因为这是一个离散的概率函数，所以为了得到 $P(S < 0)$ 而不是 $P(S \leqslant 0)$，我们写为：

```
pbinom(n/2-1, size = n, prob = 10/19)
#> [1] 0.0448
```

在这里，我们不讨论二项分布细节，只讨论一个由数学理论提供的非常有用的近似，它通常适用于任何从瓮中抽取结果之和与平均值：中心极限定理（Central Limit Theorem，CLT）。

14.4 分布与概率分布

在继续之前，我们先看看数字列表的分布和概率分布的区别和联系。我们介绍过任何数字列表 $x_1, \cdots, x_n$ 都有一个分布。这个定义很简单，我们将 $F(a)$ 定义为列表中小于或等于 a 的元素的比例。因为这些在分布近似正态分布时很有用，所以我们定义了平均值和标准差。这些是由包含数字列表的向量 x 的简单操作定义的：

```
m <- sum(x)/length(x)
s <- sqrt(sum((x - m)^2) / length(x))
```

随机变量 X 有一个分布函数。要对其进行定义，我们不需要用到数字列表。这是一个理论概念。在这种情况下，我们把分布定义为 $F(a)$，它回答了这个问题：X 小于或等于 a 的概率是多少？不存在数字列表。

但是，如果 X 是通过从一个包含数字的瓮中提取来定义的，那么就会有一个列表：瓮内部的数字列表。在这种情况下，这个列表的分布就是 X 的概率分布，这个列表的平均值和标准差就是随机变量的期望值和标准误差。

另一种不涉及瓮的方法就是使用蒙特卡罗模拟，来生成一个非常大的 X 的结果列表，这些结果便是一个数字列表。这个列表的分布将是 X 的概率分布的一个非常好的近似，列表越长，近似效果就越好。这个列表的平均值和标准差将近似于随机变量的期望值和标准误差。

14.5 随机变量符号

在这里，我们也遵循统计教科书中的惯例：用大写字母来表示随机变量，用小写字母表示观测值。有时，我们会看到包含两种符号的表示，例如定义为 $X \leq x$ 的事件。这里的 X 是一个随机变量，而 x 是任意一个值且不随机。举个例子，X 代表骰子上的一个数，而 x 代表一个实际值，如 1、2、3、4、5 或 6。在这个例子中，不管观测值 x 是多少，$X= x$ 的概率都等于 1/6。这个表示有点奇怪，因为当我们询问关于概率的问题时，X 不是观察到的量，相反，它是一个我们会在后面见到的随机量。我们可以讨论对它的期望值是多少，有哪些可能的值，而不会讨论它是什么。但是，一旦有了数据，我们就能看到 X 的实现。所以，数据科学家在看到实际发生的事情之后才对可能发生的事情进行讨论。

14.6 期望值和标准误差

我们已经介绍了从瓮中抽取的抽样模型。现在，我们来复习一下数学理论，这能让我们得到抽取结果之和的近似概率分布，这样我们就能够帮助赌场预测能够赚多少钱。我们用于计算抽取结果之和的方法也有助于描述平均值和比例的分布，这有助于理解投票的运行机制。

首先要介绍的重要概念是期望值。在统计学书籍中，常使用字母 E：

$$E[X]$$

来表示随机变量 X 的期望值。

随机变量期望值的变化方式是，如果对很多次抽取结果取平均值，平均值会接近期望值。抽取的次数越多，结果就越接近期望值。

理论统计提供了计算不同情况下期望值的方法。例如，一个有用的公式证明：一次抽取定义的随机变量的期望值是瓮中数字的平均值。在用来模拟对轮盘红色下注的瓮中，我们有 20 个 1 美元和 18 个 −1 美元。因此，其期望值为：

$$E[X]=(20-18)/38$$

大约为 5 美分。当 X 只取 1 和 −1 时，说 X 在 0.05 左右变化有点不太直观。在这种情况下，理解期望值的一种方法是：假设一遍又一遍地玩这个游戏，赌场平均每场赢 5 美分。蒙特卡罗模拟证实了这一点：

```
B <- 10^6
x <- sample(c(-1,1), B, replace = TRUE, prob=c(9/19, 10/19))
mean(x)
#> [1] 0.0517
```

一般来说，如果瓮中有两种结果 a 和 b，它们的比例分别为 p 和 $1-p$，那么平均值是：

$$E[X]=ap+b(1-p)$$

为证实这一点，注意如果瓮中有 n 颗珠子，那么我们就有 np 个 a 和 $n(1-p)$ 个 b，因为平均值是总和 $nap + nb(1-p)$ 除以 n，等于 $ap + b(1-p)$。

我们定义期望值的原因是：这个数学定义对于近似和的概率分布是有用的，因此对于描述平均值和比例的分布也是有用的。第一个有用的是抽取结果之和的期望值：

$$抽取次数 \times 瓮中数字的平均值$$

因此，如果有 1000 人玩赌场轮盘，预计赌场平均会赢 1000×0.05=50 美元。但是，这是期望值，观测值与期望值有多大的不同？赌场需要了解到这一点。可能结果的范围是多少？如果出现负数的概率太高，就不会设置赌场轮盘。统计理论再次回答了这个问题。标准误差（Standard Error，SE）给出一个关于期望值变化大小的概念。在统计学书籍中，我们经常使用：

$$SE[X]$$

来表示随机变量的标准误差。

如果每次抽取都是独立的，那么抽取结果之和的标准误差由以下方程给出：

$$\sqrt{抽取次数} \times 瓮中数字的标准差$$

利用标准差的定义，我们可以推导出，如果瓮中包含两个值 a 和 b，它们的比例分别为 p 和 $(1-p)$，那么标准差是：

$$|b-a| \sqrt{p(1-p)}$$

在赌场轮盘例子中，瓮中值的标准差是 $|1-(-1)| \sqrt{10/19 \times 9/19}$：

```
2 * sqrt(90)/19
#> [1] 0.999
```

标准误差给出了随机变量和期望值之间的特有区别。因为很明显，一次抽取结果只是一次抽取结果之和，所以我们可以用上面的公式来计算出一次抽取定义的随机变量的期望值为 0.05，标准误差约为 1。这是说得通的，因为我们要么得到 1，要么得到 -1，1 比 -1 稍微好一点。

根据上面的公式，1000 人游戏结果的总和的标准误差大约为 32 美元：

```
n <- 1000
sqrt(n) * 2 * sqrt(90)/19
#> [1] 31.6
```

因此，当 1000 人押注红色时，预计赌场将赢得 50 美元，标准误差为 32 美元。这似乎是一个安全的赌注。但是，我们仍然没有回答这个问题：赌场赔钱的概率有多高？这里，CLT 可以提供帮助。

🔍 注意　在继续之前，我们要指出，赌场赢钱的精确概率计算可以用二项分布来完成。然而，在这里我们更关注 CLT，它通常可以应用于随机变量的和，而二项分布则办不到。

总体标准差和样本标准差

列表 x（下面以身高数据为例）的标准差定义为差平方的平均值的平方根：

```
library(dslabs)
x <- heights$height
m <- mean(x)
s <- sqrt(mean((x-m)^2))
```

使用数学符号写作：

$$\mu = \frac{1}{n}\sum_{i=1}^{n} x_i \qquad \sigma = \sqrt{\frac{1}{n}\sum_{i=1}^{n}\left(x_i - \mu\right)^2}$$

但是请注意，sd 函数返回的结果略有不同：

```
identical(s, sd(x))
#> [1] FALSE
s-sd(x)
#> [1] -0.00194
```

这是因为 sd 函数不返回列表的 sd，而是用公式来基于随机样本 $X_1,\cdots,X_N$ 估计总体标准差。由于此处省略的某些原因，标准差用平方和除以 $N-1$。

$$\bar{X} = \frac{1}{N}\sum_{i=1}^{N} X_i \qquad s = \sqrt{\frac{1}{N-1}\sum_{i=1}^{n}\left(X_i - \bar{X}\right)^2}$$

输入下列代码来查看这种情况：

```
n <- length(x)
s-sd(x)*sqrt((n-1) / n)
#> [1] 0
```

对于这里讨论的所有理论，你都需要计算出实际标准差，定义为：

```
sqrt(mean((x-m)^2))
```

因此，使用 R 中 sd 函数时要小心。但是请记住，在本书中，当我们真正需要实际标准差时，我们有时还是会使用 sd 函数。这是因为当列表很大时，$\sqrt{(N-1)/N} \approx 1$，这两个数实际上是相等的。

14.7　中心极限定理

由中心极限定理（CLT）可知，当抽取次数（也就是样本容量）很大时，各独立抽取结果之和的概率分布近似正态分布。由于抽样模型适用于许多数据生成过程，因此 CLT 被视为历史上最重要的数学见解之一。

前面我们已经讨论过了，如果我们知道一组数的分布近似于正态分布，那么我们需要描述的就是这些数字的平均值和标准差。这也同样适用于概率分布。如果随机变量的概率分布近似于正态分布，那么我们只需要描述概率分布的平均值和标准差，即期望值和标准误差。

我们之前用到过蒙特卡罗模拟：

```
n <- 1000
B <- 10000
roulette_winnings <- function(n){
  X <- sample(c(-1,1), n, replace = TRUE, prob=c(9/19, 10/19))
  sum(X)
}
S <- replicate(B, roulette_winnings(n))
```

由中心极限定理（CLT）可知，和 S 近似服从正态分布。由上式可知，期望值和标准误差分别为：

```
n * (20-18)/38
#> [1] 52.6
sqrt(n) * 2 * sqrt(90)/19
#> [1] 31.6
```

以上理论值与蒙特卡罗模拟的结果相吻合：

```
mean(S)
#> [1] 52.2
sd(S)
#> [1] 31.7
```

使用 CLT，我们可以跳过蒙特卡罗模拟，转而使用这个近似值直接计算赌场赔钱的概率：

```
mu <- n * (20-18)/38
se <- sqrt(n) * 2 * sqrt(90)/19
pnorm(0, mu, se)
#> [1] 0.0478
```

这与蒙特卡罗模拟结果也是相吻合的：

```
mean(S < 0)
#> [1] 0.0458
```

中心极限定理中多大算大

当抽取次数很大时，CLT 开始产生作用。但"大"是一个相对的词，在很多情况下，30 次抽取足以让 CLT 产生作用。在某些特定情况下，甚至 10 次就够了。然而，这些并不是一般规律。例如，当成功的概率非常低时，我们就需要更大的样本容量。

例如在彩票中，中奖的机会不到百万分之一。有成千上万的人购买彩票，所以抽取次数是非常大的。然而，中奖者的数量和抽取结果的总和在 0 到 4 之间。这个和并不能很好地由正态分布近似，所以即使样本容量非常大，CLT 也不适用。当成功的概率非常低时，这一般没有问题。但是，在这些情况下，泊松分布更为合适。

你可以使用 dpois 和 ppois 来检查泊松分布的属性，也可以使用 rpois 来生成遵循此分布的随机变量。但是，在这里我们不会讨论这个理论。

14.8 平均值统计特性

有几个有用的数学结果我们在上面使用过，并且在处理数据时经常用到，我们把它们列在下面：

1）随机变量和的期望值是每个随机变量期望值的和。我们可以这样写：

$$E[X_1 + X_2 + \cdots + X_n] = E[X_1] + E[X_2] + \cdots + E[X_n]$$

如果 X 是从瓮中独立抽取的，那么它们都有相同的期望值，我们称之为 μ，因此：

$$E[X_1 + X_2 + \cdots + X_n] = n\mu$$

这是我们上面所示的求和结果的另一种写法。

2）非随机常数乘以随机变量的期望值等于非随机常数乘以随机变量的期望值。用符号来表示会更加直观：

$$E[aX] = aE[X]$$

要理解为什么说它直观，就要考虑到单位的变化。如果我们改变一个随机变量的单位，比如将美元改为美分，期望值也会以同样的方式发生改变。结合上面两个事实有：从同一个瓮中独立抽取的结果的平均值的期望值是瓮中结果的期望值，我们称之为 μ：

$$E[(X_1 + X_2 + \cdots + X_n)/n] = E[X_1 + X_2 + \cdots + X_n]/n = n\mu/n = \mu$$

3）独立随机变量和的标准误差的平方和等于每个随机变量的标准误差的平方和。用数学形式来表达会更容易理解：

$$\mathrm{SE}[X_1 + X_2 + \cdots + X_n] = \sqrt{\mathrm{SE}[X_1]^2 + \mathrm{SE}[X_2]^2 + \cdots + \mathrm{SE}[X_n]^2}$$

标准误差的平方在统计教科书中称为方差。注意，这不像前面几个那样直观，可以在统计教科书中找到更多深入的解释。

4）非随机常数乘以随机变量的标准误差等于非随机常数乘以随机变量的标准误差。这与预期的一样：

$$\mathrm{SE}[aX] = a \times \mathrm{SE}[X]$$

要理解为什么这是直观的，请再次考虑单位的变化。结合 3）和 4）的事实有：从同一瓮中独立抽取的结果的平均值的标准误差等于瓮中结果的标准差（σ）除以 n（抽取次数）的平方根：

$$
\begin{aligned}
\mathrm{SE}[(X_1 + X_2 + \cdots + X_n)/n] &= \mathrm{SE}[X_1 + X_2 + \cdots + X_n]/n \\
&= \sqrt{\mathrm{SE}[X_1]^2 + \mathrm{SE}[X_2]^2 + \cdots + \mathrm{SE}[X_n]^2}/n \\
&= \sqrt{\sigma^2 + \sigma^2 + \cdots + \sigma^2}/n \\
&= \sqrt{n\sigma^2}/n \\
&= \sigma/\sqrt{n}
\end{aligned}
$$

5）如果 X 是一个服从正态分布的随机变量，a 和 b 是非随机常数，那么 $aX + b$ 也是服从正态分布的随机变量。我们可以通过乘以 a，然后移动 b 来改变随机变量的单位。

注意，统计教科书使用希腊字母 μ 和 σ 来分别表示期望值和标准误差，因为 μ 是均值（mean）的第一个字母 m 的希腊字母，这也是表示期望值的另一个术语。同理，σ 是标准误差（standard error）的第一个字母 s 的希腊字母。

14.9　大数定律

随着 n 的增大，平均值的标准误差会变得越来越小。当 n 非常大时，标准误差实际上就是 0，抽取的结果的平均值会向瓮中结果的平均值靠拢。在统计教科书中，这被称为大数定律，也叫作平均定律。

平均定律的曲解

平均定律有时候会被曲解。例如，如果抛 5 次硬币，每次得到的都是正面，可能就会有人说，根据平均定律，下一次可能得到的是反面：平均来说，我们有 50% 的概率得到正面，有 50% 的概率得到反面。类似的说法有，在赌场轮盘上看到黑色区域连续出现 5 次后，出现红色区域是"必然的"。这些事件都是独立的，所以硬币落地得到正面的概率是 50%，与之前的 5 次结果都无关。轮盘结果也是如此。平均定律只适用于抽取的样本数量非常大的时候。抛一百万次硬币以后，不管前 5 次的结果如何，肯定会看到有 50% 的结果是正面在上。

另一个滥用平均定律的有趣例子是，在体育比赛中，体育节目主持人预测一名运动员即将获得胜利，原因是他们已经连续失败好几次了。

14.10　练习

1. 在美国的轮盘游戏中，也可以给绿色下注。轮盘有 18 个红色区域、18 个黑色区域和 2 个绿色区域（0 和 00）。得到绿色的概率是多少？
2. 下注绿色后获胜的奖金是 17 美元，这就意味着，如果下注 1 美元，轮盘转到绿色区域时可以得到 17 美元。使用模拟奖金的随机变量 X 创建一个抽样模型。提示，当下注红色时，参考下面的例子：

   ```
   x <- sample(c(1,-1), 1, prob = c(9/19, 10/19))
   ```
3. 计算 X 的期望值。
4. 计算 X 的标准误差。
5. 创建一个随机变量 S，代表下注绿色 1000 次后赢得的奖金总和。提示：改变问题 2 的答案中的参数 `size` 和 `replace`。通过 `set.seed(1)` 将种子设置为 1。
6. S 的期望值是多少？
7. S 的标准误差是多少？
8. 赢钱的概率是多少？提示：使用 CLT。
9. 创建一个生成 1000 个 S 的结果的蒙特卡罗模拟。计算结果的平均值和标准差，以证实第 6 题和第 7 题的结果。通过 `set.seed(1)` 将种子设置为 1。

10. 用蒙特卡罗模拟的结果来检查第 8 题的答案。

11. 蒙特卡罗模拟结果和 CLT 近似结果接近，但不是特别接近。这是怎么回事呢？
   a. 1000 次模拟还不够，如果进行更多次的模拟，那么结果就会特别接近。
   b. 当成功的概率很小时，CLT 就不能准确地发挥作用。在这个例子中，成功的概率是 1/19。如果我们加大轮盘赌局数量，结果就会更吻合。
   c. 差异在于对误差的四舍五入。
   d. CLT 只适用于平均值。

12. 创建一个随机变量 Y，代表在下注绿色 1000 次后，每次下注平均赢得的钱。

13. Y 的期望值是多少？

14. Y 的标准误差是多少？

15. 每个赌局赢钱的概率是多少？提示：使用 CLT。

16. 创建一个生成 2500 个 Y 结果的蒙特卡罗模拟。计算结果的平均值和标准差，以证实第 6 题和第 7 题的答案。通过 `set.seed(1)` 将种子设置为 1。

17. 用蒙特卡罗模拟结果来检验第 8 题的答案。

18. 蒙特卡罗模拟结果与 CLT 近似结果更接近了，这是怎么回事呢？
   a. 现在计算的是平均值而不是和。
   b. 2500 次蒙特卡罗模拟并不比 1000 次更好。
   c. 当样本容量更大时，CLT 能够更好地发挥作用。在这里，样本容量从 1000 增加到了 2500。
   d. 它们并不接近，其差异在于对误差的四舍五入。

14.11　案例研究：大空头

14.11.1　利率解释与机会模型

　　银行也用我们讨论过的更复杂的抽样模型来确定利率。假设有一家小银行，这家银行已经有一段历史了，它能够识别出值得信任的潜在房主。事实上，在过去，在给定的一年中，只有 2% 的客户违约，即他们不会偿还银行借给他们的钱。然而，如果无息贷款给所有人，那么银行最终会因为这 2% 的人而损失一笔钱。虽然你知道有 2% 的客户可能会违约，但是你不知道这 2% 具体是哪些客户。其实，只要向每个客户收取一点额外的利息，就可以弥补因那 2% 而造成的损失，同时还能抵消银行的运营成本。当然，也可能营利，但如果把利率定得太高，客户就会选择其他银行。下面依据所有这些情况和概率论来确定银行应该收取的利率。

　　假设银行今年将发送 1000 笔贷款，金额共为 18 万美元。另外，假设在把所有的成本加起来之后，银行在每次止赎中损失了 20 万美元。为了简单起见，我们假设这包含了所有的运营成本。这个情况的抽样模型可以这样编码：

```
n <- 1000
loss_per_foreclosure <- -200000
p <- 0.02
defaults <- sample( c(0,1), n, prob=c(1-p, p), replace = TRUE)
sum(defaults * loss_per_foreclosure)
#> [1] -2800000
```

注意，由最终和定义的总损失是一个随机变量。每次运行上述代码时，都会得到不同的答案。我们可以轻松地构造一个蒙特卡罗模拟来获得这个随机变量的分布：

```
B <- 10000
losses <- replicate(B, {
    defaults <- sample( c(0,1), n, prob=c(1-p, p), replace = TRUE)
  sum(defaults * loss_per_foreclosure)
})
```

我们不需要使用蒙特卡罗模拟。由 CLT 可知，由于总损失是独立抽取结果的总和，因此其分布近似正态分布，其期望值和标准误差由以下代码给出：

```
n*(p*loss_per_foreclosure + (1-p)*0)
#> [1] -4e+06
sqrt(n)*abs(loss_per_foreclosure)*sqrt(p*(1-p))
#> [1] 885438
```

我们可以设定一个利率来保证平均而言收支是平衡的。大体上，我们需要给每一笔贷款加上一个量 x，在这个例子中，x 是用抽取结果来表示的，所以期望值为 0。如果我们将 l 定义为每次止赎的损失，那么：

$$lp + x(1-p) = 0$$

这就意味着 x 等于：

```
- loss_per_foreclosure*p/(1-p)
#> [1] 4082
```

或者说利率是 0.023。

然而，仍然有一个问题。虽然这个利率能够保证平均而言保本，但是仍有 50% 的概率会赔钱。如果银行赔钱，就必须关闭。因此，我们需要选择一个不那么容易发生赔钱状况的利率。同时，如果利率过高，客户就会选择其他银行，所以我们必须承担一些风险。假设我们想让赔钱的概率是 1/100，此时 x 需要是多少呢？这个问题有些难，我们想让和 S 满足：

$$P(S < 0) = 0.01$$

我们知道 S 近似服从正态分布，因此 S 的期望值是：

$$E[S] = (lp + x(1-p))n$$

其中 n 表示抽取次数，在本例中表示贷款笔数。因此，标准差为：

$$SD[S] = |x-l|\sqrt{np(1-p)}$$

因为 x 是正数，而 l 是负，|x-l| = x-l。注意，这些只是前面展示的那些公式的应用，只是用到了更简洁的符号。

现在我们将使用一个在统计学中非常常见的数学"技巧"。在事件 $S < 0$ 的两边减去并除以相同量，概率不会改变，最终使左边的量成为标准正态随机变量，这样我们就可以写出一个只有 x 为未知数的方程。这个"技巧"如下。

如果 $P(S < 0) = 0.01$，那么

$$P\left(\frac{S - E[S]}{SE[S]} < \frac{-E[S]}{SE[S]}\right)$$

记住，$E[S]$ 和 $SE[S]$ 分别是 S 的期望值和标准误差。在两边同时减去并除以相同的量可以使左边的这一项成为标准正态随机变量，我们将其重命名为 Z。现在，我们用期望值和标准误差的实际公式来填补空白：

$$P\left(Z < \frac{-\left(lp + x(1-p)\right)n}{(x-l)\sqrt{np(1-p)}}\right) = 0.01$$

这可能看起来很复杂，但是请记住，l、p 和 n 都是已知量，所以最终我们都会用数字来进行替代。

Z 是期望值为 0、标准误差为 1 的正态随机变量，这意味着要使方程成立，$<$ 符号右侧的量必须等于：

```
qnorm(0.01)
#> [1] -2.33
```

记住，qnorm（0.01）给出了 z 的值，其中：
$$P(Z \le z) = 0.01$$
这就意味着复杂方程式的右边一定是 $z=$qnorm（0.01）。

$$\frac{-\left(lp + x(1-p)\right)n}{(x-l)\sqrt{np(1-p)}} = z$$

这个技巧很有用，因为我们最终会得到一个包含 x 的表达式，并且它必须等于一个已知量 z。现在，求解 x 非常简单：

$$x = -l\frac{np - z\sqrt{np(1-p)}}{n(1-p) + z\sqrt{np(1-p)}}$$

也就是说：

```
l <- loss_per_foreclosure
z <- qnorm(0.01)
x <- -l*( n*p - z*sqrt(n*p*(1-p)))/ ( n*(1-p) + z*sqrt(n*p*(1-p)))
x
#> [1] 6249
```

我们将利率提升到 0.035，这是一个很有竞争力的利率。采用这个利率，每笔贷款都有预期的利润：

```
loss_per_foreclosure*p + x*(1-p)
#> [1] 2124
```

总预期利润约为：

```
n*(loss_per_foreclosure*p + x*(1-p))
#> [1] 2124198
```

单位为美元！

我们可以运用蒙特卡罗模拟再次检验我们的理论近似：

```
B <- 100000
profit <- replicate(B, {
    draws <- sample( c(x, loss_per_foreclosure), n,
                     prob=c(1-p, p), replace = TRUE)
    sum(draws)
})
mean(profit)
#> [1] 2121417
mean(profit<0)
#> [1] 0.0123
```

14.11.2　大空头

一名员工指出，既然银行的每笔贷款可以赚 2124 美元，那么银行就应该放出更多笔贷款！为什么只放出 n 笔贷款？你解释说要找到 n 个客户很难，银行需要的只是一个能够预测、能够将违约率保持在较低水平的人群。该员工指出，即使违约的概率很高，但只要我们的期望值是正的，就可以通过增加 n 并且依靠大数定律来使损失概率最小化。

他认为，即使我们把违约率设置得比现在的高一点，也就是说使违约率是现在的两倍，即 4%，我们仍会营利：

```
p <- 0.04
r <- (- loss_per_foreclosure*p/(1-p)) / 180000
r
#> [1] 0.0463
```

当违约率为 5% 时，我们仍能保证得到正的期望值：

```
r <- 0.05
x <- r*180000
loss_per_foreclosure*p + x * (1-p)
#> [1] 640
```

并且可以通过增加 n 来降低赔钱的概率，因为：

$$P(S<0) = P\left(Z < -\frac{E[S]}{\mathrm{SE}[S]} \right)$$

如前所述，Z 是标准正态随机变量。如果我们将瓮中结果（一笔贷款）的期望值和标准差分别定义为 μ 和 σ，那么使用上面的公式可以得到 $E[S] = n\mu$ 和 $\mathrm{SE}[S] = \sqrt{n}\sigma$。因此，如果我们定义 z=qnorm（0.01），那么有：

$$-\frac{n\mu}{\sqrt{n}\sigma} = -\frac{\sqrt{n}\mu}{\sigma} = z$$

这意味着如果我们使：

$$n \geq z^2\sigma^2/\mu^2$$

则可以保证概率小于 0.01，这就意味着只要 μ 是正数，我们就可以找到一个 n 使损失概率最小化。大数定律的一个形式是：当 n 很大时，每笔贷款的平均收益会向期望收益 μ 靠拢。

在 x 固定的情况下，n 为多大才能使概率等于 0.01？在我们的例子中，如果我们放出的贷款笔数为：

```
z <- qnorm(0.01)
n <- ceiling((z^2*(x-1)^2*p*(1-p))/(l*p + x*(1-p))^2)
n
#> [1] 22163
```

则损失的概率约为 0.01，预计总共能够赚到：

```
n*(loss_per_foreclosure*p + x * (1-p))
#> [1] 14184320
```

单位为美元！我们可以用蒙特卡罗模拟来证实：

```
p <- 0.04
x <- 0.05*180000
profit <- replicate(B, {
    draws <- sample( c(x, loss_per_foreclosure), n,
                     prob=c(1-p, p), replace = TRUE)
    sum(draws)
})
mean(profit)
#> [1] 14207076
```

结果似乎是显而易见的。因此，一名同事决定离开银行，创办自己的高风险抵押贷款公司。几个月后，这名同事的银行破产了，然后他写了一本书，最后将它拍成了电影，电影讲述了这名同事和许多其他人所犯的错误。到底发生了什么？

这名同事的方案主要基于这个数学公式：

$$\mathrm{SE}\big[(X_1 + X_2 + \cdots + X_n)/n\big] = \sigma/\sqrt{n}$$

通过使 n 变大，我们最小化了每笔贷款利润的标准误差。然而，要使这个式子成立，X 必须是独立的：各违约的人必须相互独立。要注意的是，在反复求同一个事件的平均值的情况下，有一个非独立事件的极端例子，在这个极端例子中我们得到的标准误差是 $\sqrt{n}$ 倍大：

$$\mathrm{SE}\big[(X_1 + X_2 + \cdots + X_n)/n\big] = \mathrm{SE}[nX_1/n] = \sigma > \sigma/\sqrt{n}$$

为了构建一个比那名同事运行的模拟更为真实的模拟，我们假设存在一个全球事件，它会影响到每个有高风险抵押贷款的人，并且会改变这个概率。我们假设概率是 50%，所有的概率都在 0.03 到 0.05 之间轻微浮动。但这并非针对某一个人，而是会发生在每一个人身上，所以这些事件不再是独立的。

```
p <- 0.04
x <- 0.05*180000
profit <- replicate(B, {
    new_p <- 0.04 + sample(seq(-0.01, 0.01, length = 100), 1)
    draws <- sample( c(x, loss_per_foreclosure), n,
                        prob=c(1-new_p, new_p), replace = TRUE)
    sum(draws)
})
```

请注意，这里的预期利润仍然很大：

```
mean(profit)
#> [1] 14093512
```

然而，银行出现亏损的概率飙升至：

```
mean(profit<0)
#> [1] 0.349
```

更可怕的是，亏损超过 1000 万美元的概率是：

```
mean(profit < -10000000)
#> [1] 0.241
```

要想理解这是如何发生的，请查看以下分布（见图 14.2）：

```
data.frame(profit_in_millions=profit/10^6) %>%
  ggplot(aes(profit_in_millions)) +
  geom_histogram(color="black", binwidth = 5)
```

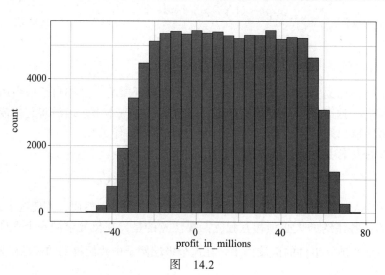

图　14.2

这个理论完全崩溃了，并且随机变量的变异性比预期大得多。2007 年的金融危机的原因之一就是，金融"专家"在事件不满足独立性的情况下仍然假设它们相互独立。

14.12 练习

1. 如果银行借出 10000 笔贷款，违约率为 0.3，每次止赎会损失 20 万美元，用银行的收益创建一个随机变量 S。提示：使用前一节中展示的代码，但是要对参数进行更改。

2. 对 S 运行一个有 10000 个结果的蒙特卡罗模拟。绘制结果的直方图。

3. S 的期望值是多少？

4. S 的标准误差是多少？

5. 假设发放 18 万美元的贷款，要让期望值为 0，利率应该为多少？

6. （较难）要使赔钱的概率是 1/20，利率应该为多少？在数学表示中，要使得 $P(S < 0) = 0.05$，利率应该是多少？

7. 如果银行想把赔钱的概率降到最低，下列哪项不会使利率上升？

   a. 更小的贷款池。

   b. 更大的违约概率。

   c. 更小的赔钱概率。

   d. 蒙特卡罗模拟次数。

Chapter 13 第 15 章

统计推断

在第 16 章中，我们将详细描述像 FiveThirtyEight 这样的民意调查聚合器是如何使用数据来预测选举结果的。要理解其方法，我们首先要学习统计推断的基础知识，这是统计学中的一部分，它有助于区分信号模式和偶然模式。统计推断是一个很广的主题，在这里我们以民意调查为例来介绍最基本的内容。为了描述这些概念，我们用蒙特卡罗模拟和 R 代码来对数学公式加以补充。

15.1　民意调查

民意调查从 19 世纪就开始执行了，其目标是描述特定人群对特定主题的看法。近年来，民意调查在美国总统选举方面非常流行。当无法采访特定人群中的每个成员时，民意调查非常有用。一般的策略是随机选择一个较小的群体进行访谈，然后根据较小群体的观点推断出整个群体的观点。统计理论可以证明这个过程，这一理论被称为推断，是本章的主要主题。

最著名的民意调查或许是在特定的选举中，确定选民更喜欢的候选人的民意调查。政治策略家们广泛利用民意调查来确定如何投资资源等问题。例如，他们想知道要集中在哪些区域争取选票。

选举是民意调查的一个特别有趣的例子，因为所有人的实际意见是在选举日当天公布的。当然，举行一次选举需要花费数百万美元，因此对于想要预测结果的人来说，民意调查是一种划算的策略。

虽然这些民意调查的结果通常都是保密的，但类似的民意调查都是由媒体机构执行的，因为这些结果往往都是公众感兴趣的，所以媒体会将其公开。最终，我们都会看到这些数据。

RealClear Politics⊖ 就是一个新闻网站，它可以组织民意调查并发布结果。例如，它给出了表 15.1 所示的关于 2016 年美国总统大选 ⊖ 的民意调查的估计结果。

表 15.1

Poll	Date	Sample	MoE	Clinton	Trump	Spread
Final Results	—	—	—	48.2	46.1	Clinton +2.1
RCP Average	11/1 - 11/7	—	—	46.8	43.6	Clinton +3.2
Bloomberg	11/4 - 11/6	799 LV	3.5	46.0	43.0	Clinton +3
IBD	11/4 - 11/7	1107 LV	3.1	43.0	42.0	Clinton +1
Economist	11/4 - 11/7	3669 LV	—	49.0	45.0	Clinton +4
LA Times	11/1 - 11/7	2935 LV	4.5	44.0	47.0	Trump +3
ABC	11/3 - 11/6	2220 LV	2.5	49.0	46.0	Clinton +3
FOX News	11/3 - 11/6	1295 LV	2.5	48.0	44.0	Clinton +4
Monmouth	11/3 - 11/6	748 LV	3.6	50.0	44.0	Clinton +6
NBC News	11/3 - 11/5	1282 LV	2.7	48.0	43.0	Clinton +5
CBS News	11/2 - 11/6	1426 LV	3.0	47.0	43.0	Clinton +4
Reuters	11/2 - 11/6	2196 LV	2.3	44.0	39.0	Clinton +5

虽然在美国，普选并不决定总统选举的结果，但我们将用它作为一个简明的例子来说明民意调查是如何运作的。预测选举结果是一个更为复杂的过程，因为它涉及 50 个州和哥伦比亚特区的民意调查结果，我们将在 16.8 节中对其进行讲解。

我们来观察一下表 15.1。首先请注意，民意调查都是在大选前几天进行的，不同民意调查显示的候选人支持率不同：对两位候选人支持率的估计有差异。还要注意的是，所显示的差距在最终的实际结果附近浮动：克林顿以 2.1 个百分点的优势赢得了普选。我们还看到了 MoE 列，它表示误差范围（Margin of Error）。

在本节中，我们将展示如何应用前面介绍的概率概念来开发使民意调查成为有效工具的统计方法。我们将介绍定义估计值和误差范围所必需的统计概念，展示如何使用这些概念来相对较好地预测最终结果，并提供估计的预测精度。了解这些之后，我们就能理解数据科学中普遍存在的两个概念：置信区间和 p 值。为了理解关于候选人获胜概率的概率性陈述，我们还必须学习贝叶斯建模。最后，我们将所有的内容放在一起，重新创建简化版的 FiveThirtyEight 模型并将其运用到 2016 年的选举中。

首先，我们将概率论和通过民意调查了解群体的任务联系起来。

民意调查的抽样模型

为了理解民意调查和我们所学知识之间的联系，我们构建一个与民意调查专家所面对

⊖ http://www.realclearpolitics.com

⊖ http://www.realclearpolitics.com/epolls/2016/president/us/general_election_trump_vs_clinton-5491.html

的情况类似的情景。为了模拟真实的民意调查专家在与其他的民意调查专家争夺媒体关注时面临的一个挑战，我们将用一个装满了珠子的瓮来代表选民，假装我们是在为了 25 美元的奖金而竞争。这个挑战是猜测瓮（见图 15.1）中蓝色珠子比例和红色珠子比例的差值（spread）。

在进行预测之前，可以从瓮中进行抽样（有放回）。为了模拟进行民意调查代价很高的这个事实，假设需要为每一颗珠子样本支付 0.1 美元。因此，如果你赢了并且你的样本量是 250 颗，那么你不赚不赔，因为你需要支付 25 美元来获得赢得的 25 美元奖金。你也可以提交一个区间来参与，如果实际比例在你提交的区间内，那么你将得到你支付的钱的一半，并进入比赛第二阶段。在第二阶段，区间最小的包含正确结果的项将被选为优胜者。

图　15.1

dslabs 包包含一个函数，该函数可以显示从瓮中随机抽取的结果（见图 15.2）：

```
library(tidyverse)
library(dslabs)
take_poll(25)
```

考虑如何用上面显示的数据构造区间。

我们刚刚描述了民意调查的一个简单抽样模型。瓮中的珠子代表将在选举日投票的个人，将给共和党候选人投票的表示为红色珠子，给民主党候选人投票的表示为蓝色珠子。为了简单起见，假设没有其他颜色，也就是说，只有共和党和民主党候选人。

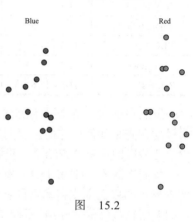

图　15.2

15.2　总体、样本、参数和估计

我们想要预测瓮中蓝色珠子的比例，我们称这个量为 p，它告诉我们红色珠子的比例是 $1-p$，差值为 $p-(1-p)$，即 $2p-1$。

在统计教科书中，瓮中的珠子被称为总体。蓝色珠子在总体中所占的比例 p 称为参数，图 15.2 中的 25 个珠子被称为一个样本。统计推断的任务是利用样本中的观测数据来预测参数 p。

我们能用上面的 25 个观测值完成该任务吗？这当然是非常可行的。例如，假设我们看到 13 颗红色珠子和 12 颗蓝色珠子，那么 $p > 0.9$ 或 $p < 0.1$ 不可能成立。但是，我们能预测瓮中红色珠子比蓝色珠子多吗？

我们想用观察到的信息来构造 p 的估计值。估计值应该是观测数据的总结，并且我们认为这些数据能够提供参数的信息。似乎可以直观地认为，样本中蓝色珠子的比例 0.48

至少与实际比例 p 有关，但是否能够直接预测 p 为 0.48 呢？首先，样本比例是一个随机变量。如果我们运行 4 次 `take_poll(25)` 命令，那我们每次都会得到不同的答案（见图 15.3），因为样本比例是一个随机变量。

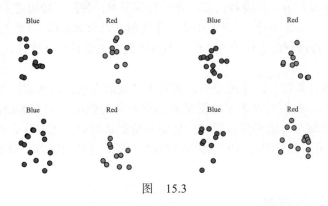

图　15.3

注意，图 15.3 所示的 4 个随机样本中，样本比例的范围是 0.44～0.60。通过描述这个随机变量的分布，我们将能够深入了解估计值有多准确，以及如何才能使其更准确。

15.2.1　样本平均值

进行民意调查通常建模为从瓮中随机抽样，建议使用样本中蓝色珠子的比例作为参数 p 的估计值。获得 p 的估计值后，就可以轻松地估计差值 $2p-1$。但是为了简单起见，我们将演示 p 的估计。我们将用概率知识来证明使用样本比例的正确性并且将它与总体比例 p 的接近程度进行量化。

我们首先定义随机变量 X：如果随机选择的是蓝色珠子，则 $X=1$；如果是红色珠子，则 $X=0$。这就意味着总体是 0 和 1 的列表。如果我们抽取 N 颗珠子，那么 $X_1, \cdots, X_N$ 的平均值等于样本中蓝色珠子的比例。这是因为各 X 相加等于蓝色珠子数量，将数量除以 N 就是计算蓝色珠子所占比例。我们用 $\bar{X}$ 来表示这个平均值。一般来说，在统计教科书中，符号上方的横线表示平均值。因为平均值是各次抽取结果之和乘以常数 $1/N$，所以我们刚刚学的和数理论很有用：

$$\bar{X} = 1/N \times \sum_{i=1}^{N} X_i$$

为了简单起见，假设每次抽取都是独立的：在看到每个珠子样本后，将其放回瓮中。在这种情况下，我们能从抽取结果总和的分布中了解到什么？首先，我们知道抽取结果总和的期望值是 N 乘以瓮中值的平均值。我们知道瓮中 0 和 1 的平均值一定是 p，也就是蓝色珠子的比例。

在这里，有一个与第 13 章不同的地方：我们不知道瓮中是什么。我们知道有红色和蓝色的珠子，但并不知道它们分别有多少个，这也正是我们想要知道的：我们试图估计 p 的值。

15.2.2 参数

就像在方程组中使用变量来定义未知数一样，在统计推断中，我们对参数进行定义，从而定义模型的未知部分。在模拟民意调查的瓮模型中，我们不知道瓮中蓝色珠子的比例。我们定义参数 p 来表示这个量。p 是瓮中值的平均值，因为如果取 1（蓝色珠子）和 0（红色珠子）的平均值，将得到蓝色珠子的比例。因为我们的主要目标是计算 p，所以我们要对这个参数进行估计。

我们介绍了估计参数，以及确定估计值有多准确的方法，这些方法可用于推断许多数据科学任务。例如，我们可以确定接受治疗的患者和对照组之间在健康改善方面的差异。我们可能会问，吸烟对健康有什么影响？警察开枪射杀的那些人有什么种族上的不同？在过去的 10 年里，美国人预期寿命的变化率是多少？所有这些问题都可以看作依据样本估计参数的任务。

15.2.3 民意调查与预测

在继续之前，我们先对预测选举结果的实际问题做一个说明。如果民意调查是在选举前 4 个月进行的，那么它估计的 p 值是调查时的，而不是选举日的 p 值，因为人们的观点会随着时间的变化而变化，所以选举日的 p 值可能会有所不同。选举前一晚提供的民意调查往往是最准确的，因为民意在一天内不会发生太大的变化。

然而，预测员试图建立工具来模拟不同时间民众意见的变化，然后通过意见波动来预测选举之夜的结果。在后面的部分，我们将介绍一些实现此目的的方法。

15.2.4 估计值的性质：期望值和标准误差

为了理解估计值有多准确，我们将对上面定义的随机变量（即样本比例 $\bar{X}$）的统计属性进行描述。请记住，$\bar{X}$ 是独立抽取结果的平均值，所以第 13 章提到的规则也同样适用。

根据我们所学的知识，$N\bar{X}$ 的期望值等于 N 乘以瓮中值的平均值 p，所以除以非随机常数 N 就得到平均值 $\bar{X}$ 的期望值就是 p。我们用数学符号来表示：

$$E(\bar{X}) = p$$

我们也可以用学过的知识来计算标准误差：和的标准误差是 $\sqrt{N}$ 乘瓮中值的标准差。可以计算出瓮中值的标准误差吗？从我们学过的一个公式可以得出：它是 $(1-0)\sqrt{p(1-p)} = \sqrt{p(1-p)}$。

因为我们用这个和除以 N，所以得到平均值的标准误差的公式：

$$SE(\bar{X}) = \sqrt{p(1-p)/N}$$

这个结果显示了民意调查的作用。样本比例 $\bar{X}$ 的期望值就是我们要求的参数 p，我们可以通过增大 N 来尽可能减小标准误差。由大数定律可知，如果民意调查样本数量足够大，那么我们的估计值就会向 p 靠拢。

如果我们进行一次大型的民意调查，使标准误差在 1% 左右，那我们就会非常确定谁会获胜。但要使标准误差为如此小的数值，需要多大规模的民意调查呢？

问题是，我们不知道 p，所以不能计算标准误差。但是为了便于说明，我们假设 $p=0.51$，并绘制标准误差和样本容量 N 的关系图（见图 15.4）。

从图 15.4 中我们可以看出，民意调查规模需要超过 10000 人才能得到如此低的标准误差。因为成本等原因，我们很少能看到这种大规模的民意调查。从 Real Clear Politics 表格中，我们了解到民意调查的样本容量在 500～3500 人之间。对于样本容量为 1000 且 $p=0.51$ 的情况，标准误差为：

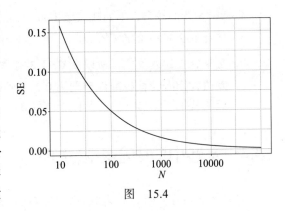

图 15.4

```
sqrt(p*(1-p))/sqrt(1000)
#> [1] 0.0158
```

所以，即使是为势均力敌的选举进行大型民意调查，如果不能意识到 $\bar{X}$ 是一个随机变量，那么便会被误导。尽管如此，我们还是会多讲一些关于 p 的近似值的内容，见 15.4 节。

15.3 练习

1. 假设你在进行民意调查，其中民主党人的选民比例是 p，共和党人的选民比例是 $1-p$。样本容量为 $N=25$。将样本中民主党人的总数看作随机变量 S。随机变量 S 的期望值是多少？提示：关于 p 的函数。

2. S 的标准误差是多少？提示：关于 p 的函数。

3. 考虑随机变量 S/N，也就是样本的平均值，我们将其写作 $\bar{X}$。$\bar{X}$ 的期望值是多少？提示：关于 p 的函数。

4. $\bar{X}$ 的标准误差是多少？提示：关于 p 的函数。

5. 编写一行代码，给出上面问题的几个 p 值的标准误差 se，尤其是对于 p<- seq(0, 1, length = 100)。绘制出 se 和 p 的图。

6. 复制上面的代码并将其放入 for 循环，以绘制 $N=25$、$N=100$ 和 $N=1000$ 时的图。

7. 如果对比例的差 $p-(1-p)$ 感兴趣，那么估计值是 $d = \bar{X} -(1- \bar{X})$。利用随机变量和，以及按比例缩放随机变量的规则，求出 d 的期望值。

8. d 的标准误差是多少？

9. 如果实际的 $p = 0.45$，那么就意味着共和党以相对较大的优势获胜，因为 $d = -0.1$，也就是有 10% 的胜率。在这种情况下，如果样本容量 $N=25$，那么 $2\bar{X}-1$ 的标准误差是多少？

10. 根据第 9 题的答案，下面哪个选项最能描述使用 $N=25$ 时的方法？

   a. 估计的 $2\bar{X}-1$ 的期望值为 d，所以我们的预测是对的。

   b. 标准误差比差值大，所以 $2\bar{X}-1$ 的概率是正的，应该选择更大的样本容量。

   c. 差值为 10%，而标准误差约为 0.2，远小于差值。

   d. 因为我们不知道 p 值，所以无法知道 N 变大是否会改善标准误差。

15.4 实践中的中心极限定理

中心极限定理 CLT，告诉我们，抽取的结果之和的分布函数近似正态分布。此外，服从正态分布的随机变量除以常数，结果也服从正态分布。这就意味着 $\bar{X}$ 的分布近似正态分布。

综上所述，我们得出 $\bar{X}$ 近似服从正态分布，其期望值为 p，标准误差为 $\sqrt{p(1-p)/N}$。

这对我们有什么帮助呢？假设我们想知道距离 p 在 1% 之内的概率是多少，这其实就是在问：

$$P\big(|\bar{X}-p|\leqslant 0.01\big)$$

也就是：

$$P\big(\bar{X}\leqslant p+0.01\big)-P\big(\bar{X}\leqslant p-0.01\big)$$

我们能回答这个问题吗？可以使用前一章介绍的技巧：先减去期望值，然后除以标准误差，这样左侧就可以得到标准正态随机变量 Z。因为 p 是期望值，而 $\mathrm{SE}(\bar{X})=\sqrt{p(1-p)/N}$ 是标准误差，所以我们得到：

$$P\left(Z\leqslant\frac{0.01}{\mathrm{SE}(\bar{X})}\right)-P\left(Z\leqslant-\frac{0.01}{\mathrm{SE}(\bar{X})}\right)$$

一个问题是，因为我们不知道 p，所以也无法知道 $\mathrm{SE}(\bar{X})$，但如果用 $\bar{X}$ 代替 p 来估计标准误差，CLT 仍然能够起到作用。我们将其称为插入估计值。因此，对标准误差的估计是：

$$\widehat{\mathrm{SE}}(\bar{X})=\sqrt{\bar{X}(1-\bar{X})/N}$$

在统计教科书中，我们用 ^ 来表示估计值，利用观测数据和 N 来构造估计值。

我们继续之前的计算，但是现在除以 $\widehat{\text{SE}}(\bar{X}) = \sqrt{\bar{X}(1-\bar{X})/N}$。在第一个样本中，有 12 颗蓝色珠子和 13 颗红色珠子，所以 $\bar{X} = 0.48$，标准误差的估计值是：

```
x_hat <- 0.48
se <- sqrt(x_hat*(1-x_hat)/25)
se
#> [1] 0.0999
```

现在我们就可以回答近似 p 的概率问题了，答案是：

```
pnorm(0.01/se) - pnorm(-0.01/se)
#> [1] 0.0797
```

因此，接近目标的可能性很小。一项只有 N=25 人参与的民意调查并不是很有用，至少对那些势均力敌的选举不是很有用。

之前我们提到了误差范围（MoE），因为它为标准误差的两倍，所以现在我们可以对它进行定义了。在本例中，它是：

```
1.96*se
#> [1] 0.196
```

为什么要乘以 1.96 呢？因为如果想知道距离 p 在 1.96 倍标准误差范围内的概率是多少，我们会得到：

$$P(Z \leqslant 1.96\text{SE}(\bar{X})/\text{SE}(\bar{X})) - P(Z \leqslant -1.96\text{SE}(\bar{X})/\text{SE}(\bar{X}))$$

也就是：

$$P(Z \leqslant 1.96) - P(Z \leqslant -1.96)$$

大约是 95%：

```
pnorm(1.96)-pnorm(-1.96)
#> [1] 0.95
```

因此，$\bar{X}$ 有 95% 的概率在距离 p 1.96 $\widehat{\text{SE}}(\bar{X})$ 的范围内（在本案中，约 0.2）。注意，95% 是随机选择的，有时也可以选择其他的百分比，但这是定义误差范围最常用的值。我们经常把 1.96 四舍五入到 2 来简化表示。

总而言之，CLT 告诉我们，样本容量为 25 的民意调查作用不是很大。当有这么大的误差范围时，一般得不到什么。可以肯定的是，普选获胜的优势不是很大。这也是民意调查专家更倾向于使用更大样本容量的原因。

从表 15.1 中，我们可以看到典型的样本容量从 700 到 3500 不等。要明白为什么这会给出更具有实际意义的结果，就要注意到，如果我们得到 $\bar{X}$ =0.48 并且样本容量为 2000，那么标准误差 $\widehat{\text{SE}}(\bar{X})$ 是 0.011。所以，结果是 48% 的估计值有 2% 的误差范围。在这种情况下，结果更有意义，可以让我们认为红色珠子比蓝色珠子多。但是请注意，这只是一种假设，我们不想破坏竞争，所以不会进行 2000 人的民意调查。

15.4.1 蒙特卡罗模拟

假设要使用蒙特卡罗模拟来证实我们使用概率论构建的工具，为了创建模拟，我们会写像这样的代码：

```
B <- 10000
N <- 1000
x_hat <- replicate(B, {
  x <- sample(c(0,1), size = N, replace = TRUE, prob = c(1-p, p))
  mean(x)
})
```

当然，问题是我们不知道 p 值。我们可以构造一个瓮，并且运行一个类比模拟（不用计算机）。这可能花费很长时间，但是可以取 10 000 个样本，数珠子并且记录蓝色珠子的比例。我们可以使用 take_poll(n=1000) 函数，而不是从实际的瓮中进行抽取，但是数珠子和输入结果仍然需要时间。

因此，为了证实理论结果，我们要选择 1 个或者多个 p 值进行模拟。设 p=0.45，然后我们模拟民意调查：

```
p <- 0.45
N <- 1000

x <- sample(c(0,1), size = N, replace = TRUE, prob = c(1-p, p))
x_hat <- mean(x)
```

在这个特定的示例中，估计值是 x_hat。我们可以用这段代码进行蒙特卡罗模拟：

```
B <- 10000
x_hat <- replicate(B, {
  x <- sample(c(0,1), size = N, replace = TRUE, prob = c(1-p, p))
  mean(x)
})
```

回顾之前，这个理论告诉我们 $\bar{X}$ 近似服从正态分布，其期望值 p=0.45，标准误差 $\sqrt{p(1-p)/N}$ = 0.016。蒙特卡罗模拟就证实了这一点：

```
mean(x_hat)
#> [1] 0.45
sd(x_hat)
#> [1] 0.0156
```

直方图和 QQ 图也证实了正态近似是准确的，如图 15.5 所示。

当然，在现实生活中，我们永远不可能进行这样的实验，因为我们不知道 p 值。但是，我们可以对不同的 p 和 N 进行实验，然后看看这个理论是否对于大多数值都适用。可以通过更改 p 和 N，重新运行上面的代码来实现这一点。

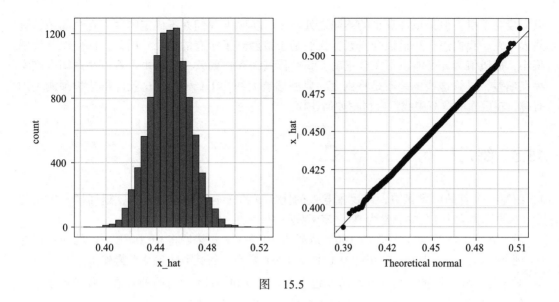

图　15.5

15.4.2　差值

竞争在于预测差值（spread），而不是比例 p，但因为我们假设只有两个党派，所以差值是 $p-(1-p)=2p-1$。因此我们所做的一切都可以很轻松地调整为 $2p-1$ 的估计值。估计了 $\bar{X}$ 和 $\widehat{SE}(\bar{X})$ 之后，就要估计差值 $2\bar{X}-1$。由于要乘以 2，所以标准误差是 $2\,\widehat{SE}(\bar{X})$。注意，减 1 并不增加任何变异性，因此它不影响标准误差。

对于上面的 25 个样本，我们的估计值 p 是 0.48，误差范围是 0.20；我们估算的差值是 0.04，误差范围是 0.40。这个样本容量依然没有什么用。然而关键的是，我们得到 p 的估计值和标准误差后，就可以得到差值 $2p-1$ 的。

15.4.3　偏差：为什么不进行一次大规模的民意调查呢

对于实际的 p 值（例如 0.35 到 0.65），如果要进行一次有 10 万人参加的大型民意调查，从理论上来说，因为最大的误差范围约为 0.3%，所以我们可以进行完美的预测，如图 15.6 所示。

一个原因是进行这样的民意调查成本较高。更重要的原因可能是，理论有其局限性。民意调查比从瓮中取珠子要复杂得多，有些人可能会对民意调查人员说谎，有些人

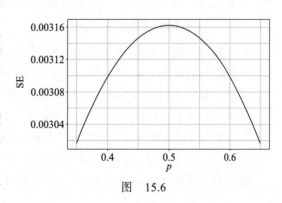

图　15.6

可能没有手机。但是也许真正的不同之处在于,实际上我们并不确定哪些人在总体中,哪些人不在。我们怎么知道谁会投票?我们是否接触到了所有的选民?因此,即使误差范围很小,期望值为 p 可能也不完全正确,我们称其为存在偏差。从历史上看,民意调查确实存在偏差,尽管这些偏差不是特别大。典型偏差大约在 1%~2%,这就使得选举预测更加有趣,在后面的章节中我们会讨论如何建模。

15.5 练习

1. 编写一个瓮的模型函数,以民主党人的比例 p 和样本容量 N 为参数,返回样本平均值(如果民主党为 1,共和党为 0)。该函数称为 take_sample。

2. 假设 p = 0.45 且样本容量 N=100。取样本 10 000 次,然后将 mean(X)-p 的向量保存到 errors 中。提示:使用练习 1 中编写的函数在一行代码中完成此操作。

3. 对于每个模拟样本,向量 errors 包含实际值 p 和估计值 $\bar{X}$ 之间的差值,我们把这个差值称为误差。计算平均值,对蒙特卡罗模拟产生的误差绘制直方图:

```
mean(errors)
hist(errors)
```

下列哪一项最能描述其分布?
   a. 误差都在 0.05 左右。   b. 误差都在 −0.05 左右。
   c. 误差在 0 左右对称分布。   d. 误差范围为 −1~1。

4. 误差 $\bar{X}-p$ 是一个随机变量。在实践中,由于我们不知道 p 值,因此无法观察到误差。在这里,因为我们构造了模拟,所以能够观察到误差。如果我们取绝对值 $|\bar{X}-p|$ 来定义误差大小,那么误差的平均大小是多少?

5. 标准误差与我们在预测时的典型误差大小有关。之所以用"大小"一词是因为误差集中在 0 附近,所以平均误差值是 0。由于与中心极限定理相关的数学原因,实际上量化大小时使用的是 errors 的标准差而不是绝对值的平均值。误差的标准差是多少?

6. 从刚学的理论可知,标准差是根据 $\bar{X}$ 的标准误差来计算的。根据理论,当样本容量为 100 时,$\bar{X}$ 的标准误差是多少?

7. 在实践中,由于我们不知道 p,因此我们通过将 $\bar{X}$ 代入 p 来构建对理论预测值的估计。计算这个估计值。使用 set.seed(1) 将种子设置为 1。

8. 注意从蒙特卡罗模拟(第 5 题)、理论预测(第 6 题)和理论预测的估计(第 7 题)中得到的标准误差估计值有多接近。这个有效的理论为我们提供了一种实用的方法,让我们知道如果用 $\bar{X}$ 来预测 p 值会出现什么样的典型误差。理论结果还提供了另一个优势:当已知想要的精度时,它给出了所需样本容量的大小。我们知道,在 p=0.5 时有最大的标准误差。创建 N 从 100 到 5000 的最大标准误差图。根据这个图,样本容量为多少时才能有大约 1% 的标准误差?

  a. 100   b. 500

  c. 2500   d. 4000

9. 对于样本容量 $N=100$,根据中心极限定理得出 $\bar{X}$ 的分布:

  a. 几乎等于 p。

  b. 具有期望值 p 和标准误差 $\sqrt{p(1-p)/N}$ 的近似正态分布。

  c. 具有期望值 $\bar{X}$ 和标准误差 $\sqrt{\bar{X}(1-\bar{X})/N}$ 的近似正态分布。

  d. 不是随机变量。

10. 基于练习 8 的答案,$\bar{X}-p$ 的误差:

  a. 几乎等于 0。

  b. 具有期望值 0 和标准误差 $\sqrt{p(1-p)/N}$ 的近似正态分布。

  c. 具有期望值 p 和标准误差 $\sqrt{p(1-p)/N}$ 的近似正态分布。

  d. 不是随机变量。

11. 制作练习 2 中生成的 errors 的 QQ 图证实练习 9 的答案,观察其是否服从正态分布。

12. 正如练习 2,如果 $p = 0.45$,$N = 100$,使用 CLT 来估计 $\bar{X} > 0.5$ 的概率。可以假设已知 $p=0.45$。

13. 假设在实际情况中不知道 p 值,取样本容量 $N=100$,得到 $\bar{X} = 0.51$ 的样本平均值。误差大于或等于 0.01 的概率的 CLT 近似是多少?

15.6 置信区间

    置信区间是数据分析师广泛使用的一个非常有用的概念。常见的版本来自 ggplot 几何图形 geom_smooth。图 15.7 给出了一个使用 R 中温度数据集的例子。

    在第五部分,我们将学习曲线是如何形成的,但在这里考虑的是曲线周围的阴影区域。这是使用置信区间的概念创建的。

    在之前的竞争例子中,要求提供一个区间。如果提交的区间包含 p,那么就会拿回一半的"投票"费用,并进入下一阶段的竞争。通过第二轮的方法是提供一个非常大的区间。例如,区间 [0, 1] 保证包含 p,但是在这么大的区间内,我们没有获胜的机会。同样,如果你是一名选举预测者,并且你的预测结果是在 −100% 和 100% 之间,那么你会被嘲笑,因为这个结果是显而易见的。即使是更小的区间,例如 −10% 到 10% 之间,也会被认为不值一提。

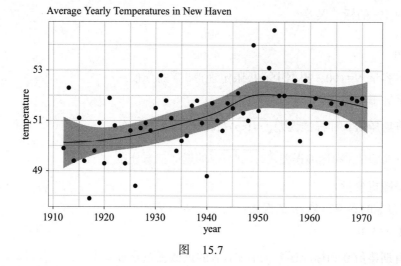

图　15.7

此外，提供的区间越小，得奖的机会就越小。同样，如果一名大胆的民意调查专家提供的时间区间非常小，但是没有成功预测出结果，那他也不会被认可。所以，我们要介于两者之间。

我们可以使用学过的统计理论来计算包含 p 的任意给定区间的概率。如果要创建一个包含 p 且概率为 95% 的区间，也可以使用统计理论。这些区间就叫作 95% 置信区间。

当民意调查专家报告估计值和误差范围时，从某种程度上来说，他们报告的是一个 95% 置信区间。我们从数学上看一下这是如何进行的。

我们想知道区间 $[\bar{X} - 2\,\widehat{SE}(\bar{X})\,, \bar{X} + 2\,\widehat{SE}(\bar{X})]$ 包含真实比例 p 的概率。首先，考虑到这些区间的两端都是随机变量：每次抽样时，它们都会发生变化。我们将运行两次蒙特卡罗模拟来证明这一点。我们使用与上面一样的参数：

```
p <- 0.45
N <- 1000
```

注意这里的区间：

```
x <- sample(c(0, 1), size = N, replace = TRUE, prob = c(1-p, p))
x_hat <- mean(x)
se_hat <- sqrt(x_hat * (1 - x_hat) / N)
c(x_hat - 1.96 * se_hat, x_hat + 1.96 * se_hat)
#> [1] 0.443 0.505
```

和以下区间是不同的：

```
x <- sample(c(0,1), size=N, replace=TRUE, prob=c(1-p, p))
x_hat <- mean(x)
se_hat <- sqrt(x_hat * (1 - x_hat) / N)
c(x_hat - 1.96 * se_hat, x_hat + 1.96 * se_hat)
#> [1] 0.417 0.479
```

继续抽样，建立区间，就可以看到随机变化。要确定区间包含 p 的概率，需要进行如下计算：

$$P\left(\bar{X} - 1.96\widehat{\text{SE}}(\bar{X}) \le p \le \bar{X} + 1.96\widehat{\text{SE}}(\bar{X})\right)$$

在等式的两边分别减去并除以相同的量，可以得到：

$$P\left(-1.96 \le \frac{\bar{X} - p}{\widehat{\text{SE}}(\bar{X})} \le 1.96\right)$$

中间项是一个期望值为 0、标准误差为 1 的近似正态随机变量，我们用 Z 来表示，那么就有：

$$P(-1.96 \le Z \le 1.96)$$

我们可以用以下方法进行快速计算：

```
pnorm(1.96) - pnorm(-1.96)
#> [1] 0.95
```

这就证明该区间有 95% 的概率。

如果想得到更大的概率，比如 99%，那么我们需要乘以能够满足以下条件的 z：

$$P(-z \le Z \le z) = 0.99$$

使用下面这行代码就能实现这一点：

```
z <- qnorm(0.995)
z
#> [1] 2.58
```

因 为 根 据 定 义，pnorm(qnorm(0.995)) 是 0.995， 根 据 对 称 性，pnorm(1-qnorm(0.995)) 是 1-0.995。因此，我们有：

```
pnorm(z) - pnorm(-z)
#> [1] 0.99
```

也就是 0.995 − 0.005 = 0.99。对任意比例 p，我们都可以使用这种方法：因为 $1 - (1 - p)/2 - (1 - p)/2 = p$，所以我们设置 z = qnorm(1 - (1 - p)/2)。

例如，对于 $p=0.95$，有 $1 - (1 - p)/2 = 0.975$，使用以下代码得到 1.96：

```
qnorm(0.975)
#> [1] 1.96
```

15.6.1 蒙特卡罗模拟

事实上，95% 置信区间在 95% 的情况下都包含 p，这一点我们可以运行蒙特卡罗模拟来确认：

```
N <- 1000
B <- 10000
inside <- replicate(B, {
  x <- sample(c(0,1), size = N, replace = TRUE, prob = c(1-p, p))
  x_hat <- mean(x)
```

```
  se_hat <- sqrt(x_hat * (1 - x_hat) / N)
  between(p, x_hat - 1.96 * se_hat, x_hat + 1.96 * se_hat)
})
mean(inside)
#> [1] 0.948
```

图 15.8 显示了前 100 个置信区间。我们创建了一个模拟，黑线表示我们试图估计的参数。

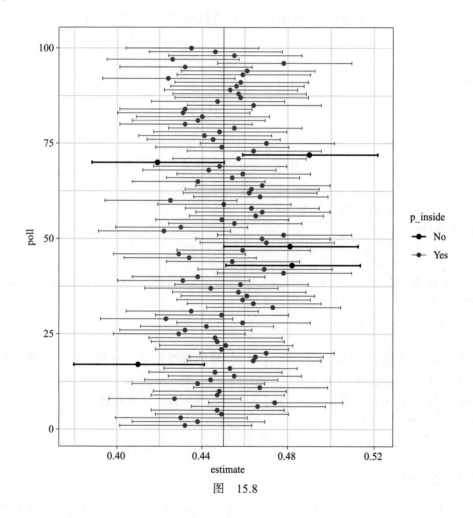

图　15.8

15.6.2　正确的语言

在使用上述理论时，要记住区间是随机的，而 p 不是。从图 15.8 可知，随机区间在变动，而 p（垂直线）保持在相同的位置（蓝色珠子在瓮中的比例 p 不变）。随机区间落在 p 上的概率为 95%，而说 p 有 95% 的概率落在这个区间其实是不正确的，因为 p 并不是随机的。

15.7　练习

在以下练习中，我们将使用 2016 年美国大选的民意调查结果。可以从 dslabs 软件包中加载数据：

```
library(dslabs)
data("polls_us_election_2016")
```

具体来说，我们将使用选举前一周内得到的全国性民意调查结果：

```
library(tidyverse)
polls <- polls_us_election_2016 %>%
    filter(enddate >= "2016-10-31" & state == "U.S.")
```

1. 对于第一次民意调查，可以通过以下方法获得样本容量和估计的克林顿的得票百分比：

```
N <- polls$samplesize[1]
x_hat <- polls$rawpoll_clinton[1]/100
```

假设只有两个候选人，构造选举之夜比例 p 的 95% 置信区间。

2. 现在使用 dplyr 将置信区间作为两列添加到对象 poll 中，分别称作 lower 和 upper。然后使用 select 函数来显示 pollster、enddate、x_hat、lower 和 upper 这些变量。提示：定义临时列 x_hat 和 se_hat。

3. 最终的普选票数是克林顿 48.2%、特朗普 46.1%。在上表中添加一列，叫作 hit，以说明置信区间是否包含 $p=0.482$。

4. 对于刚刚创建的表，包含 p 的置信区间的比例是多少？

5. 如果这些置信区间的构造都是正确的且理论也成立，那么包含 p 的比例是多少？

6. 比预期少很多的民意调查产生了包含 p 的置信区间。如果仔细观察表格就会发现，大多数没有包含 p 的民意调查其实都被低估了。造成这种情况的原因是：尚未做出决定的选民，也就是那些投票的选民不知道要投票给谁或是他们不愿意说。从历史上看，在大选日，摇摆不定的选民的选票在两位主要候选人之间平分，所以估计两位候选人得票比例之间差值 d 更有价值，在本次选举中，差值 d 为 0.482−0.461 = 0.021。假设只有两个政党，且 $d = 2p-1$，重新定义 polls，并重做第 1 题，但要计算差值：

```
polls <- polls_us_election_2016 %>%
    filter(enddate >= "2016-10-31" & state == "U.S.")  %>%
    mutate(d_hat = rawpoll_clinton / 100 - rawpoll_trump / 100)
```

7. 重做第 3 题，但要计算差值。

8. 重做第 4 题，但要计算差值。

9. 虽然置信区间比例大幅上升，但仍低于 0.95（在下一章中，我们会讨论其原因）。为了实现这点，我们需要绘制误差图，即每次民意调查的估计值与实际值之间的差值 $d=0.021$。对民意进行分层。

10. 重新绘制第 9 题中的图，但仅针对进行了 5 次或 5 次以上民意调查的民意调查专家。

15.8 幂

民意调查专家虽然不能成功地提供正确的置信区间，但能成功地预测谁能获胜。当我们取 25 个珠子作为样本容量时，差值的置信区间：

```
N <- 25
x_hat <- 0.48
(2 * x_hat - 1) + c(-1.96, 1.96) * 2 * sqrt(x_hat * (1 - x_hat) / N)
#> [1] -0.432  0.352
```

包括 0。如果这是一次民意调查，我们将被迫宣布："胜负难料"。

民意调查结果的一个问题是，在给定样本容量和 p 值的情况下，我们将不得不去掉错误结果的概率来创建不包含 0 的区间。

这并不意味着选举势均力敌，只表示样本容量很小。在统计教科书中，这被称作缺乏幂。在民意调查的例子中，幂是不同于 0 的差值的概率。

通过增加样本容量，我们降低了标准误差，因此就有更大的机会检测到差值的方向。

15.9 *p* 值

p 值在科学文献中无处不在，我们在这里引入 p 值概念的原因是它与置信区间有关。

再来考虑蓝色珠子和红色珠子的问题。假设我们不需要估计蓝色珠子的差值和比例，我们感兴趣的是：蓝色珠子更多还是红色珠子更多？我们想知道差值 $2p-1 > 0$ 是否成立。

假设我们有一个随机样本（$N=100$），我们发现有 52 颗蓝色珠子，也就是 $2\bar{X}-1 = 0.04$。这似乎表明蓝色珠子比红色珠子更多，因为 0.04 大于 0。然而，作为数据科学家，我们需要持怀疑态度。我们知道在这个过程中，即使实际差值是 0 我们也可以得到 52 颗蓝色珠子。我们称差值为 $2p-1 = 0$ 的假设为零假设。零假设是怀疑者的假设。我们观察到随机变量 $2\bar{X}-1 = 0.04$，p 值就是以下问题的答案：当零假设成立时，得到这么大的值的可能性有多大？我们可以写出：

$$P(|\bar{X} - 0.5| > 0.02)$$

假设 $2p-1 = 0$ 或者 $p = 0.5$。在零假设下，我们可以得到：

$$\sqrt{N}\,\frac{\bar{X} - 0.5}{\sqrt{0.5(1-0.5)}}$$

服从标准正态分布。因此，我们可以计算上面的概率，也就是 p 值：

$$P\left(\sqrt{N}\,\frac{|\bar{X} - 0.5|}{\sqrt{0.5(1-0.5)}} > \sqrt{N}\,\frac{0.02}{\sqrt{0.5(1-0.5)}}\right)$$

```
N <- 100
z <- sqrt(N)*0.02/0.5
```

```
1 - (pnorm(z) - pnorm(-z))
#> [1] 0.689
```

在本例中，在零假设下观察到 52 或者更大值的概率是很大的。

要记住，p 值和置信区间之间存在紧密联系。如果差值的一个 95% 置信区间不包含 0，那么我们知道 p 值必须小于 0.05。

你也可以查阅统计教科书来了解更多关于 p 值的知识。但是一般来说，我们更喜欢使用置信区间而不是 p 值，因为置信区间可以让我们了解估计值的大小。在这个背景下，如果只提供 p 值就没有任何意义。

15.10　联合检验

到目前为止，我们所研究的统计检验都忽略了大量的数据类型。具体来说，我们没有讨论二进制数据、分类数据和有序数据的推断。下面的案例研究给出了一个具体的例子。

2014 年 PNAS 的一篇论文[⊖]分析了荷兰资助机构的成功率，并得出结论：

　　结果显示，在"研究人员素质"（而不是"提案质量"）评估和成功率以及在教学和评估材料的语言使用中，男性申请者比女性申请者更受青睐。

这一结论的主要证据可以归结为百分比的比较。论文的表 S1 包含了我们需要的信息。下面三列显示了总体结果：

```
library(tidyverse)
library(dslabs)
data("research_funding_rates")
research_funding_rates %>% select(discipline, applications_total,
                                  success_rates_total) %>% head()
#>           discipline applications_total success_rates_total
#> 1  Chemical sciences                122                26.2
#> 2  Physical sciences                174                20.1
#> 3            Physics                 76                26.3
#> 4         Humanities                396                16.4
#> 5 Technical sciences                251                17.1
#> 6  Interdisciplinary                183                15.8
```

对于不同的性别，有以下数值：

```
names(research_funding_rates)
#>  [1] "discipline"          "applications_total"  "applications_men"
#>  [4] "applications_women"  "awards_total"        "awards_men"
#>  [7] "awards_women"        "success_rates_total" "success_rates_men"
#> [10] "success_rates_women"
```

我们可以计算成功的总数和不成功的总数，如下：

```
totals <- research_funding_rates %>%
```

⊖　http://www.pnas.org/content/112/40/12349.abstract

```
select(-discipline) %>%
summarize_all(sum) %>%
summarize(yes_men = awards_men,
          no_men = applications_men - awards_men,
          yes_women = awards_women,
          no_women = applications_women - awards_women)
```

我们看到，获得奖项的男性比女性多：

```
totals %>% summarize(percent_men = yes_men/(yes_men+no_men),
                     percent_women = yes_women/(yes_women+no_women))
#>   percent_men percent_women
#> 1       0.177         0.149
```

但这仅仅是因为随机变异性吗？我们将在这里学习如何对这类数据进行推断。

15.10.1　女士品茶

R. A. Fisher 是最早将假设检验形式化的人之一。"女士品茶"（Lady TastingTea）是一个著名的例子。

故事是这样的：Fisher 的一个熟人声称她能分辨出牛奶是在倒茶之前还是之后加的。Fisher 对此表示怀疑，于是他设计了一个实验来验证。他给这名女士 4 杯随机摆放的茶：其中一杯是先加牛奶，其他的是后加牛奶。4 杯茶的顺序是随机的。女士在猜测就是零假设。Fisher 推导出了在独立随机的选择下，正确选择次数的分布。

举个例子，假设这名女士正确地从 4 杯中选择了 3 杯，我们应该认为她有特殊能力吗？我们的基本问题是：如果她真的是在猜测，那么她正确选择 3 杯的概率是多少？和之前一样，我们可以计算零假设下猜 4 次的概率。在零假设下，我们可以把这个特殊例子想象成从瓮中取出 4 颗珠子，瓮中有 4 颗蓝色珠子（正确答案）和 4 颗红色珠子（错误答案）。记住，她知道有 4 杯先加奶、4 杯后加奶。

在她在猜测的零假设下，每颗珠子被选中的概率是相同的。我们可以用组合来算出每种选择的概率。选对 3 个的概率是 $C_4^3 C_4^1 C_8^4 = 16/70$。4 个都选对的概率是 $C_4^4 C_4^0 C_8^4 = 1/70$。因此，在零假设下，选对 3 个或者更多的概率大约是 0.24，这就是 p 值。产生这个 p 值的过程叫作 Fisher 精确检验，它使用了超几何分布。

15.10.2　二乘二表

实验数据通常总结为如下表格：

```
tab <- matrix(c(3,1,1,3),2,2)
rownames(tab)<-c("Poured Before","Poured After")
colnames(tab)<-c("Guessed before","Guessed after")
tab
#>                Guessed before Guessed after
```

```
#> Poured Before          3          1
#> Poured After           1          3
```

这些被称为二乘二表，对于可以通过一对二进制变量得到的 4 种组合中的每一种，都能够显示出观察到的计数。

使用 fisher.test 函数执行以上推理计算：

```
fisher.test(tab, alternative="greater")$p.value
#> [1] 0.243
```

15.10.3　卡方检验

请注意，在某种程度上，融资利率的例子和女士品茶的例子是类似的。然而，在女士品茶的例子中，蓝色珠子和红色珠子的数量在实验中是固定的，每个类别给出的答案数量也是固定的。这是因为 Fisher 确定有 4 杯先加牛奶，有 4 杯后加牛奶，女士也知道这一点，所以给出的答案也是 4 杯先加奶，4 杯后加奶。在这种情况下，行之和列之和都是固定的。这就定义了填充二乘二表的约束，这也允许我们使用超几何分布。一般来说，情况并非如此，但还有另一种方法，即卡方检验，如下所述。

假设有 4 组数据 290, 1345, 177, 1011，有些代表男性，有些代表女性，有些代表得到了资助，而有些代表没有得到资助。我们发现男性和女性的成功率分别是：

```
totals %>% summarize(percent_men = yes_men/(yes_men+no_men),
                     percent_women = yes_women/(yes_women+no_women))
#>   percent_men percent_women
#> 1       0.177         0.149
```

如果我们按照总体比率随机分配资金，还会看到这样的情况吗？

```
rate <- totals %>%
  summarize(percent_total =
              (yes_men + yes_women)/
              (yes_men + no_men +yes_women + no_women)) %>%
  pull(percent_total)
rate
#> [1] 0.165
```

卡方检验就回答了这个问题。首先，创建一个二乘二的数据表：

```
two_by_two <- data.frame(awarded = c("no", "yes"),
                     men = c(totals$no_men, totals$yes_men),
                     women = c(totals$no_women, totals$yes_women))
two_by_two
#>   awarded  men women
#> 1      no 1345  1011
#> 2     yes  290   177
```

卡方检验的方法是，将这个二乘二的表和期望看到的进行比较：

```
data.frame(awarded = c("no", "yes"),
       men = (totals$no_men + totals$yes_men) * c(1 - rate, rate),
       women = (totals$no_women + totals$yes_women) * c(1 - rate, rate))
```

```
#>    awarded  men women
#> 1      no 1365   991
#> 2     yes  270   197
```

我们可以看到，获得资助的男性比预期更多，而获得资助的女性比预期少。然而，在零假设下，这些观测值都是随机变量。卡方检验告诉我们有多大的可能性看到如此大，甚至更大的偏差。这个检验使用了一个渐进的结果，类似于 CLT，与独立二进制结果的和有关。R 函数 chisq.test 接受一个二乘二表，返回检验结果：

```
chisq_test <- two_by_two %>% select(-awarded) %>% chisq.test()
```

我们可以看到，p 值为 0.0509：

```
chisq_test$p.value
#> [1] 0.0509
```

15.10.4 比值比

与二乘二表相关联的信息汇总统计量是比值比（odds ratio）。定义两个变量：如果是男性，则定义 $X = 1$，否则定义 $X = 0$；如果获得了资助，则定义 $Y = 1$，否则定义 $Y = 0$。如果是男性，则获得资助与未获得资助的比值（odds）被定义为：

$$P(Y=1 \mid X=1) / P(Y=0 \mid X=1)$$

并且可以这样计算：

```
odds_men <- with(two_by_two, (men[2]/sum(men)) / (men[1]/sum(men)))
odds_men
#> [1] 0.216
```

如果是女性，则得到资助与未获得资助的比值是：

$$P(Y=1 \mid X=0) / P(Y=0 \mid X=0)$$

并且可以这样计算：

```
odds_women <- with(two_by_two, (women[2]/sum(women)) / (women[1]/sum(women))
odds_women
#> [1] 0.175
```

比值比就是这两个比值的比率，代表男性的比值比女性的比值大多少倍：

```
odds_men / odds_women
#> [1] 1.23
```

我们经常看到二乘二表被写成表 15.2 这样。

表 15.2

	男性	女性
获得资助	a	b
未获得资助	c	d

在本例中，比值比是 $\dfrac{a\,/\,c}{b\,/\,d}$，等于 $(ad)/(bc)$。

15.10.5 比值比的置信区间

计算比值比的置信区间并不简单。对于其他统计数据，我们可以推导出它们分布的有用近似值，而比值比不同，它不仅是一个比率，还是比率的比率。因此，没有使用 CLT 的简单方法。

然而，统计理论告诉我们，当二乘二表的四项都足够大时，比值比的对数近似服从正态分布，标准误差为：

$$\sqrt{1\,/\,a+1\,/\,b+1\,/\,c+1\,/\,d}$$

这意味着对数比值比的 95% 置信区间为：

$$\log\left(\frac{ad}{bc}\right)\pm 1.96\sqrt{1\,/\,a+1\,/\,b+1\,/\,c+1\,/\,d}$$

通过对这两个数取幂，我们可以构造比值比的置信区间。

我们可以使用 R 计算出置信区间：

```
log_or <- log(odds_men / odds_women)
se <- two_by_two %>% select(-awarded) %>%
  summarize(se = sqrt(sum(1/men) + sum(1/women))) %>%
  pull(se)
ci <- log_or + c(-1,1) * qnorm(0.975) * se
```

如果想把它转换回比值比，可以取幂：

```
exp(ci)
#> [1] 1.00 1.51
```

注意，置信区间中不包括 1，这就一定意味着 p 值小于 0.05。为确定这一点，我们可以使用以下代码：

```
2*(1 - pnorm(log_or, 0, se))
#> [1] 0.0454
```

这个 p 值和卡方检验的 p 值略有不同，这是因为我们在用与零分布不同的渐进近似。请查阅 McCullagh 和 Nelder 所著的 *Generalized Linear Models* 来了解更多关于比值比的推理和渐进理论。

15.10.6 小计数校正

注意，如果二乘二表的某些单元格为 0，则不定义对数比值比。这是因为如果 a、b、c、d 是 0，那么 $\log(\dfrac{ad}{bc})$ 要么是 0 的对数，要么分母是 0。对于这种情况，通常的做法是将每个单元格增加 0.5，从而避免出现 0。这被称为 Haldane-Anscombe 校正，并且这一方法在理论和实践中都被证明是有效的。

15.10.7 样本大，p 值小

如前所述，仅报告 p 值并不是报告数据分析结果的合适方式。例如，在科学期刊上，一些研究似乎过分强调 p 值。一些研究的样本容量很大，而 p 却极小。但是仔细查看结果，便会发现比值比相当适中：仅略大于 1。在这种情况下，这种差异在实际意义和科学意义上可能并不显著。

注意，比值比和 p 值不是一对一的关系，这取决于样本容量。因此，很小的 p 值并不一定意味着很大的比值比。注意，如果我们将二乘二表乘以 10（这不会改变比值比），会发生什么变化？

```
two_by_two %>% select(-awarded) %>%
  mutate(men = men*10, women = women*10) %>%
  chisq.test() %>% .$p.value
#> [1] 2.63e-10
```

15.11 练习

1. 假设一位著名的运动员有着令人印象深刻的职业生涯：她参加了 500 场比赛，胜率 70%。然而，这位运动员在重要比赛（例如奥运会）中有着 8 胜 9 负的战绩记录，因此饱受争议。使用卡方检验来确定这种失败记录是否仅仅是出于偶然，而不是迫于压力表现不好。

2. 在第 1 题中，我们为什么使用卡方检验，而不是使用 Fisher 精确检验？
   a. 因为它们给出了相同的准确 p 值，所以实际上无所谓。
   b. Fisher 精确检验和卡方检验是具有不同名字的相同检验。
   c. 因为二乘二表的行之和与列之和不是固定的，所以超几何分布不是对零假设的合适假设。因此，Fisher 精确检验很少适用于观测数据。
   d. 因为卡方检验运行得更快。

3. 计算"迫于压力失败"的比值比以及置信区间。

4. 注意，p 值大于 0.05，但 95% 置信区间不包含 1。这是为什么？
   a. 代码出错了。
   b. 这不是 t 检验，所以 p 值和置信区间之间的联系不适用。
   c. 对 p 值和置信区间的计算采用不同的近似方法。如果有容量更大的样本，它们会更匹配。
   d. 我们应该使用 Fisher 精确检验来得到置信区间。

5. 将二乘二表乘以 2，查看 p 值和置信区间是否更匹配。

第 16 章 *Chapter 16*

统计模型

所有的模型都是错的，但其中一些有用。

——George E. P. Box

在 2008 年美国总统大选的前一天，Nate Silver 的 FiveThirtyEight 网站称，"巴拉克·奥巴马似乎已经为获得决定性的选举胜利做好了准备"。他们进一步预测奥巴马将以 349 票对 189 票和 6.1% 的普选优势赢得选举。FiveThirtyEight 还在预测中附上了一个概率说明，称奥巴马有 91% 的机会赢得选举。这些预测都是非常准确的，因为在最终的结果中，奥巴马以 365∶173 的选票和 7.2% 的普选优势赢得了选举。FiveThirtyEight 在 2008 年总统大选中的预测引起了政治评论员和电视名人的关注。四年后，在 2012 年总统大选的前一周，FiveThirtyEight 的 Nate Silver 认为奥巴马有 90% 的概率获胜，尽管许多专家认为最终结果是势均力敌。政治评论员 Joe Scarborough 在节目中说：

任何认为这场竞选不是胜负难分的人都是空想家……他们就是个笑话。

对此，Nate Silver 在推特上回应道：

如果你认为结果不相上下，那我们打赌吧。如果奥巴马获胜，你向美国红十字会捐赠 1000 美元。如果罗姆尼（Romney）获胜，那就我向美国红十字会捐赠 1000 美元。赌吗？

2016 年，Silver 不是那么确定，他认为克林顿只有 71% 的胜率，相比之下，其他大多数预测者几乎可以肯定她会赢。结果是她失败了。但 71% 仍超过了 50%，Silver 预测错了吗？在这种情况下，概率是什么意思呢？

在这一章中，我们将演示民意调查聚合器（如 FiveThirtyEight）是如何通过收集和合并不同专家报告的数据来改进预测的。我们将介绍统计模型（也叫作概率模型）背后的理念，这些统计模型被民意调查聚合器用来改进超出单个民意调查能力的选举预测。在这一章中，我们基于第 15 章介绍的统计推断概念来建立模型。从相对简单的模型开始，我们知道预测选举的实际数据涉及相当复杂的模型，这些将在 16.8 节中进行介绍。

16.1 民意调查聚合器

正如之前的描述，2012 年大选前一周，Nate Silver 认为奥巴马有 90% 的概率获胜。Silver 怎么会这么自信呢？我们将使用蒙特卡罗模拟来说明 Silver 拥有的独特洞察力。为了实现这一点，我们生成了选举前一周进行的 12 次民意调查的结果。我们模拟了实际民意调查的样本容量，并分别为 12 次民意调查构建和报告 95% 置信区间。我们将模拟结果保存在一个数据帧中，并添加一个民意调查 ID 列。

```
library(tidyverse)
library(dslabs)
d <- 0.039
Ns <- c(1298, 533, 1342, 897, 774, 254, 812, 324, 1291, 1056, 2172, 516)
p <- (d + 1) / 2

polls <- map_df(Ns, function(N) {
  x <- sample(c(0,1), size=N, replace=TRUE, prob=c(1-p, p))
  x_hat <- mean(x)
  se_hat <- sqrt(x_hat * (1 - x_hat) / N)
  list(estimate = 2 * x_hat - 1,
    low = 2*(x_hat - 1.96*se_hat) - 1,
    high = 2*(x_hat + 1.96*se_hat) - 1,
    sample_size = N)
}) %>% mutate(poll = seq_along(Ns))
```

图 16.1 可视化地展示了民意调查专家报告的奥巴马和罗姆尼之间的差距置信区间。

不出所料，12 次民意调查报告的置信区间都包括了选举之夜的结果（虚线）。然而，12 次民意调查也包括 0（实黑线）。因此，如果分别要求民意调查专家做出预测，他们只能说：胜负难分。下面我们将描述他们忽略的关键。

民意调查聚合器意识到通过合并不同民意调查的结果可以极大地提高精确度。这样，我们可以有效地进行巨大样本容量的民意调查，从而报告更小的 95% 置信区间和更精确的预测结果。

虽然聚合器不能访问原始民意调查数据，但我们可以使用数学方法对进行一次大规模的民意调查所获得的结果进行重建，样本容量为：

```
sum(polls$sample_size)
#> [1] 11269
```

大体上，我们构建一个差值 d 的估计值，运用加权平均的方法：

```
d_hat <- polls %>%
  summarize(avg = sum(estimate*sample_size) / sum(sample_size)) %>%
  pull(avg)
```

获得 d 的估计值后，我们就可以构建一个对奥巴马的投票比例的估计值，然后用这个估计值来估计标准误差。我们可以得到误差范围是 0.018。

因此，我们预测差值将是 3.1 ± 1.8，这不仅包括了最终在选举之夜观察到的实际结果，而且还没有包括 0。把 12 次民意调查结合起来，就可以相当肯定奥巴马将赢得普选（见图 16.2）。

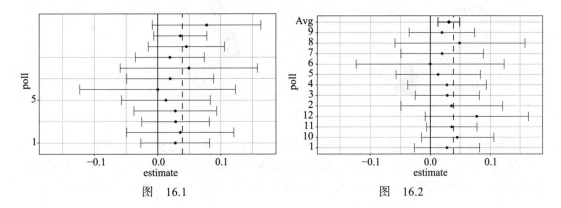

图 16.1   图 16.2

当然，这只是用模拟来说明这个想法。预测选举的实际数据的操作要复杂得多，并涉及建模。下面我们将解释民意调查专家是如何将多级模型与数据相结合，并利用这些数据来预测选举结果的。在 2008 年和 2012 年的美国总统大选中，Nate Silver 就用这种方法做出了近乎完美的预测，让专家们哑口无言。

自 2008 年大选以来，其他组织也成立了自己的选举预测小组，像 Nate Silver 小组一样，收集民意调查数据并使用统计模型进行预测。2016 年，预测人士大大低估了特朗普获胜的概率。大选前一天，《纽约时报》（NYT）报道了克林顿赢得总统大选的概率，如表 16.1 所示。

表 16.1

机构	NYT	538	HuffPost	PW	PEC	DK	Cook	Roth
获胜概率	85%	71%	98%	89%	> 99%	92%	Lean Dem	Lean Dem

例如，普林斯顿选举联盟（Princeton Election Consortium, PEC）认为特朗普获胜的概率不到 1%，而《赫芬顿邮报》（HuffPost）认为特朗普获胜的概率有 2%。相比之下，FiveThirtyEight（538）预测特朗普获胜的概率为 29%，这高于抛两枚硬币得到两个正面的概率。事实上，在大选前四天，FiveThirtyEight 发表了一篇题为"Trump Is Just A Normal Polling Error Behind Clinton"[⊖]的文章。通过理解统计模型和预测者使用统计模型的方式，我们将理解这是如何发生的。

虽然没有预测选举团那样有趣，但为了说明目的，我们将从普选预测开始介绍。

⊖ https://fivethirtyeight.com/features/trump-is-just-a-normal-polling-error-behind-clinton/

FiveThirtyEight 预测克林顿[⊖]有 3.6% 的优势，区间中包括 2.1% 的实际结果（48.2% 对46.1%），并且对克林顿赢得选举有着更大的信心，预测她有 81.4% 的获胜概率。他们的预测总结如图 16.3 所示。

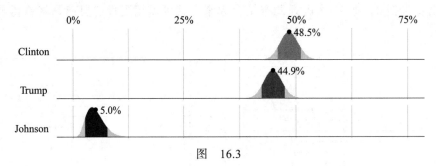

图　16.3

根据 FiveThirtyEight 模型，彩色区域代表的值有 80% 的可能包含实际结果。

我们引入了 2016 年美国总统大选的实际数据来展示如何构建模型产生这些预测结果。为了理解"81.4% 的概率"这一表述，我们需要介绍贝叶斯统计，见 16.4 节和 16.8.1 节。

16.1.1　民意调查数据

我们使用由 FiveThirtyEight 收集的 2016 年总统大选的民意调查数据。数据包含在dslabs 包中：

```
data(polls_us_election_2016)
```

该表包括选举前一年全美和各州的民意调查结果。对于第一个例子，我们将过滤数据，选择选举前一周进行的全美民意调查数据。我们还删除了 FiveThirtyEight 认为不可靠、评分等于或小于"B"的民意调查。有些民意调查没有评分，我们选择：

```
polls <- polls_us_election_2016 %>%
  filter(state == "U.S." & enddate >= "2016-10-31" &
          (grade %in% c("A+","A","A-","B+") | is.na(grade)))
```

添加差值估计：

```
polls <- polls %>%
  mutate(spread = rawpoll_clinton/100 - rawpoll_trump/100)
```

在这个例子中，我们假设只有两个政党，p 为支持克林顿的选票比例，$1-p$ 为支持特朗普的选票比例。我们关心的是 $2p-1$，我们称之为差值 d。

我们有 49 个差值估计值。从前面的理论可知，这些估计值是概率分布近似正态的随机变量，期望值为选举夜差值 d，标准误差为 $2\sqrt{p(1-p)/N}$。假设我们前面描述的瓮模型是好的，那么我们可以基于聚合数据使用该信息构建一个置信区间。估计的差值为：

　　⊖　https://projects.fivethirtyeight.com/2016-election-forecast

```
d_hat <- polls %>%
  summarize(d_hat = sum(spread * samplesize) / sum(samplesize)) %>%
  pull(d_hat)
```

标准误差为：

```
p_hat <- (d_hat+1)/2
moe <- 1.96 * 2 * sqrt(p_hat * (1 - p_hat) / sum(polls$samplesize))
moe
#> [1] 0.00662
```

因此，我们报告了 1.43% 的差值和 0.66% 的误差范围。在选举之夜，我们发现实际百分比为 2.1%，超出了 95% 的置信区间。这是为什么呢？

报告的差值直方图显示出了问题：

```
polls %>%
  ggplot(aes(spread)) +
  geom_histogram(color="black", binwidth = .01)
```

数据似乎不服从正态分布（见图 16.4），标准误差似乎大于 0.007。这个理论在这里不太适用。

16.1.2　民意调查机构偏差

请注意，许多民意调查机构参与其中，有些机构每周进行多次民意调查：

```
polls %>% group_by(pollster) %>% summarize(n())
#> # A tibble: 15 x 2
#>   pollster                                                        `n()`
#>   <fct>                                                           <int>
#> 1 ABC News/Washington Post                                            7
#> 2 Angus Reid Global                                                   1
#> 3 CBS News/New York Times                                             2
#> 4 Fox News/Anderson Robbins Research/Shaw & Company Research          2
#> 5 IBD/TIPP                                                            8
#> # ... with 10 more rows
```

我们把定期进行民意调查的民意调查机构的数据可视化，如图 16.5 所示。

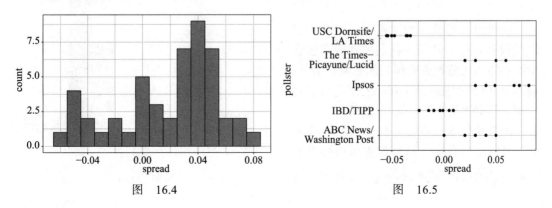

图　16.4　　　　　　　　　　　　　　　图　16.5

图 16.5 揭示了意想不到的结果。首先，考虑每次民意调查理论预测的标准误差：

```
polls %>% group_by(pollster) %>%
  filter(n() >= 6) %>%
  summarize(se = 2 * sqrt(p_hat * (1-p_hat) / median(samplesize)))
#> # A tibble: 5 x 2
#>   pollster                      se
#>   <fct>                      <dbl>
#> 1 ABC News/Washington Post  0.0265
#> 2 IBD/TIPP                  0.0333
#> 3 Ipsos                     0.0225
#> 4 The Times-Picayune/Lucid  0.0196
#> 5 USC Dornsife/LA Times     0.0183
```

它在 0.0183～0.0333 之间，这与我们看到的民意调查内部的变化一致。然而，各民意调查的结果似乎存在差异。例如，USC Dornsife/LA Times 民意调查机构预测特朗普的胜率是 4%，而 Ipsos 预测克林顿的胜率超过 5%。我们所学的理论并没有表明不同的民意调查机构会产生不同的期望值。所有的民意调查都应该有相同的期望值。FiveThirtyEight 将这些差异称为"房屋效应"。我们称其为民意调查机构偏差。

下面我们不使用瓮模型理论，而是开发一个数据驱动模型。

16.2　数据驱动模型

我们收集每一个民意调查机构在选举前的最后报告结果：

```
one_poll_per_pollster <- polls %>% group_by(pollster) %>%
  filter(enddate == max(enddate)) %>%
  ungroup()
```

下面的代码给出了这 15 个调查机构的数据直方图（见图 16.6）：

```
qplot(spread, data = one_poll_per_pollster, binwidth = 0.01)
```

在上一节中我们看到，由于民意调查机构效应，使用瓮模型理论合并这些结果可能不合适。我们将直接对这些差值数据进行建模。

新模型也可被视为瓮模型，尽管二者之间没有直接的联系。我们的瓮现在包含所有可能的民意调查机构的民意调查结果，而不是 0（共和党）和 1（民主党）。假设瓮中值的期望值是实际差值 $d=2p-1$。

因为瓮包含的不是 0 和 1，而是 -1 和 1 之间的连续数字，所以瓮中值的标准差不再是 $\sqrt{p(1-p)}$。标准误差现在包括了调查

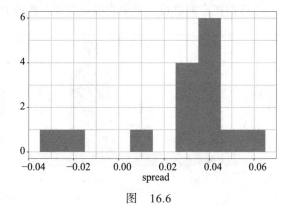

图　16.6

机构之间的变异性，而不是选民抽样的变异性。新瓮还包含了民意调查的抽样变异性。无论如何，这个标准差现在是一个未知的参数。在统计教科书中，用希腊符号 σ 来表示这个参数。

总而言之，有两个未知的参数：期望值 d 和标准差 σ。

我们的任务是估计 d 值。由于我们将观测值 $X_1, \cdots, X_N$ 作为瓮中的随机样本，CLT 在这种情况下仍然有效，因为它是独立随机变量的平均值。当样本容量 N 足够大时，样本平均值 $\overline{X}$ 的概率分布近似正态分布，其期望值为 μ，标准误差为 $\sigma/\sqrt{N}$。如果认为 $N=15$ 足够大，那么可以用它来构造置信区间。

问题在于我们不知道 σ。但理论告诉我们，我们可以用定义为 $s - \sqrt{\sum_{i=1}^{N}(X_i - \overline{X})^2/(N-1)}$ 的样本标准差来估计瓮模型 σ。

与总体标准差的定义不同，这里要除以 $N-1$，这使得 s 是对 σ 的更好的估计。大多数统计教科书上都有对此的数学解释，此处不做讲述。

使用 R 中的 sd 函数计算样本标准差：

```
sd(one_poll_per_pollster$spread)
#> [1] 0.0242
```

现在准备根据新的数据驱动模型来建立一个新的置信区间：

```
results <- one_poll_per_pollster %>%
  summarize(avg = mean(spread),
            se = sd(spread) / sqrt(length(spread))) %>%
  mutate(start = avg - 1.96 * se,
         end = avg + 1.96 * se)
round(results * 100, 1)
#>   avg se start end
#> 1 2.9 0.6   1.7 4.1
```

因为这里包含了民意调查机构的变异性，包括了选举之夜 2.1% 的结果，所以置信区间变宽了。此外，请注意，这里的区间小到没有包括 0，这就意味着我们有信心克林顿将赢得普选。

现在我们可以宣布克林顿赢得普选的概率了吗？还不行。因为在我们的模型中，d 是一个固定参数，所以不能讨论概率。要提供概率，就要学习贝叶斯统计。

16.3　练习

我们一直在使用瓮模型来模拟概率模型。大多数数据科学应用都与从瓮中获得的数据无关。更常见的是来自个人的数据。概率在这里起作用的原因是数据来自随机样本。随机样本来自总体，瓮可以作为该总体的一个类比。

我们再来看看身高数据集。假设我们在此考虑男性总体：

```
library(dslabs)
data(heights)
x <- heights %>% filter(sex == "Male") %>%
  pull(height)
```

1. 从数学上讲，x 是总体。使用瓮类比，我们有一个包含 x 值的瓮。该总体的平均值和标准差是多少？

2. 上面计算的总体平均值为 μ，标准差为 σ。现在取一个大小为 50 的样本，有放回，求 μ 和 σ 的估计值。

3. 关于样本平均值 $\bar{X}$，从这个理论能得到什么？它与 μ 有什么关系？

    a. 几乎等于 μ。

    b. 它是一个期望值为 μ、标准误差为 $\sigma/\sqrt{N}$ 的随机变量。

    c. 它是一个期望值为 μ、标准误差为 σ 的随机变量。

    d. 没有任何关系。

4. 这有什么用呢？我们将使用一个简化但具有代表性的例子来说明。假设我们想知道男生的平均身高，但是我们只测量了 708 个人中的 50 个人。使用 $\bar{X}$ 作为估计值。我们可以从练习 3 的答案得知，$\bar{X} - \mu$ 的标准估计值是 $\sigma/\sqrt{N}$。我们想要进行这个计算，但是不知道 σ。基于本节所描述的，给出 σ 的估计值。

5. 将 σ 的估计值称为 s。为 μ 构建一个 95% 置信区间。

6. 运行蒙特卡罗模拟，像刚才那样计算 10 000 个置信区间。这些区间包含 μ 的比例是多少？

7. 前面，我们讨论了民意调查机构偏差。我们来可视化这种偏差。这里将对其进行更严格的处理。我们将考虑两个每日进行民意调查的机构并关注大选前一个月的全国民意调查。

```
data(polls_us_election_2016)
polls <- polls_us_election_2016 %>%
  filter(pollster %in% c("Rasmussen Reports/Pulse Opinion Research",
                         "The Times-Picayune/Lucid") &
           enddate >= "2016-10-15" &
           state == "U.S.") %>%
  mutate(spread = rawpoll_clinton/100 - rawpoll_trump/100)
```

请回答这个问题：是否存在民意调查机构偏差？绘制一个图来显示每次民意调查的差值。

8. 数据显示确实存在差异，然而这些数据都是可变的。也许我们观察到的差异是偶然的。瓮模型理论没有提及民意调查机构效应。在瓮模型下，两个民意调查机构都有相同的期望值：选举日差值 d。

要回答"是否有瓮模型"这个问题，我们将对观察到的数据 $Y_{i,j}$ 按照如下方式建模：

$$Y_{i,j} = d + b_i + \varepsilon_{i,j}$$

$i=1, 2$ 表示两个民意调查机构，b_i 表示民意调查机构 i 的偏差，$\varepsilon_{i,j}$ 表示民意调查机会变异性。假设不管 j 如何，ε 都是独立的，期望值为 0，标准差为 σ_i。

下面哪一个最能代表问题？

  a．$\varepsilon_{i,j} = 0$ 是否成立？

  b．$Y_{i,j}$ 和 d 有多接近？

  c．$b_1 \neq b_2$ 是否成立？

  d．是否 $b_1 = 0$，$b_2 = 0$？

9. 在模型的右边，只有 $\varepsilon_{i,j}$ 是随机变量，另外两个是常数。$Y_{1,j}$ 的期望值是多少？

10. 假设将 $\bar{Y}_1$ 定义为第一次民意调查结果，$Y_{1,1}, \cdots, Y_{1,N_1}$ 的平均值，N_1 是由第一个民意调查机

  构进行的民意调查数量：

```
polls %>%
  filter(pollster=="Rasmussen Reports/Pulse Opinion Research") %>%
  summarize(N_1 = n())
```

  $\bar{Y}_1$ 的期望值是多少？

11. $\bar{Y}_1$ 的标准误差是多少？

12. 假设将 $\bar{Y}_2$ 定义为第一次民意调查结果 $Y_{2,1}, \cdots, Y_{2,N_2}$ 的平均值，N_2 是由第一个民意调查机

  构进行的民意调查数量。$\bar{Y}_2$ 的期望值是多少？

13. $\bar{Y}_2$ 的标准误差是多少？

14. 通过回答上述问题，计算 $\bar{Y}_2 - \bar{Y}_1$ 的期望值。

15. 通过回答上述问题，计算 $\bar{Y}_2 - \bar{Y}_1$ 的标准误差。

16. 以上问题的答案取决于我们不知道的两个参数：σ_1 和 σ_2。我们可以用样本标准差来进行估计。编写计算这两个估计值的代码。

17. 关于 $\bar{Y}_2 - \bar{Y}_1$ 的分布，我们可以从 CLT 知道什么？

  a．什么都不能知道，因为这不是样本的平均值。

  b．因为 $Y_{i,j}$ 近似服从正态分布，所以平均值也是。

  c．注意到 $\bar{Y}_2$ 和 $\bar{Y}_1$ 是样本平均值，所以如果假设 N_2 和 N_1 足够大，那么它们都近似服从正态分布。正态随机变量的差值也服从正态。

  d．数据不是 0 或 1，所以 CLT 并不适用。

18. 我们构造了一个随机变量，其期望值为 $b_2 \sim b_1$，即存在民意调查机构偏差。如果模型成立，这个随机变量就近似服从正态分布，并且我们知道其标准误差。标准误差取决于 σ_1 和 σ_2，但我们可以代入上面计算的样本标准差。请从问题"$b_2 - b_1$ 是否和 0 不一样"开始，利用上面介绍的知识来构造差 $b_2 - b_1$ 的 95% 置信区间。

19. 从置信区间可知，存在相对强烈的民意调查机构效应，结果相差约 5%。随机变异性似

乎不能对其进行解释。我们可以计算一个 p 值来说明概率也不能对其进行解释。p 值是多少？

20. 我们将用 b_2-b_1 的估计值除以其标准误差估计值形成的统计量：

$$\frac{\bar{Y}_2 - \bar{Y}_1}{\sqrt{s_2^2 / N_2 + s_1^2 / N_1}}$$

叫作 t 统计量。现在要注意的是有两个以上的民意调查机构。我们也可以使用所有的民意调查机构而不仅仅是两个，来检验民意调查机构效应。其想法在于比较不同调查之间的变异性和调查机构内部的变异性。实际上，我们可以构建统计量来检验这个效应，并近似其分布。在统计领域，这叫作方差分析或 ANOVA。在这里我们不会讨论，但 ANOVA 提供了一套非常有用的工具来回答问题，如是否存在民意调查机构效应？

在这个练习中，创建一个新表：

```
polls <- polls_us_election_2016 %>%
  filter(enddate >= "2016-10-15" &
          state == "U.S.") %>%
  group_by(pollster) %>%
  filter(n() >= 5) %>%
  mutate(spread = rawpoll_clinton/100 - rawpoll_trump/100) %>%
  ungroup()
```

计算每个民意调查机构的平均值和标准差，并检查平均值之间的变异性，以及由标准差总结出如何将其与民意调查机构内部的变异性进行比较。

16.4 贝叶斯统计

当选举预测者告诉我们某位候选人有 90% 的胜率，这意味着什么？在瓮模型例子中，这就等同于说 $p > 0.5$ 的概率是 90%。然而，正如前面所讨论的，在瓮模型中，p 是一个固定参数，因此讨论其概率是没有意义的。利用贝叶斯统计，我们将 p 建模为随机变量，因此“90% 的胜率”这个说法与该方法是一致的。

预测者还可以使用模型来描述不同水平的变异性，例如抽样变异性、调查机构的变异性、每天的变异性，以及每次选举的变异性。其中一种成功的方法是层次模型，它可以用贝叶斯统计进行解释。

在这一章中，我们会对贝叶斯统计进行简要描述。为了深入主题，我们推荐阅读以下教科书：

❑ Berger JO (1985). Statistical Decision Theory and Bayesian Analysis, 2nd edition. SpringerVerlag.

❑ Lee PM (1989). Bayesian Statistics: An Introduction. Oxford.

贝叶斯定理

我们首先描述贝叶斯定理，将假设的囊性纤维化测试作为例子。假设其准确率为99%。我们将使用以下表示：

$$P(+|D=1)=0.99,\ P(-|D=0)=0.99$$

其中 + 表示阳性测试，D 表示是否患有该疾病，是则为 1，否则为 0。

假设我们随机挑选一个人，测试结果呈阳性，那么患病的概率是多少？我们把这个概率写作 $P(D=1|+)$。囊性纤维化率为 1/3900，这意味着 $P(D=1)=0.00025$，为了回答这个问题，我们将使用贝叶斯定理，得到：

$$P(A|B)=\frac{P(B|A)P(A)}{P(B)}$$

将这个方程应用到我们的问题上，就得到：

$$P(D=1|+)=\frac{P(+|D=1)\cdot P(D=1)}{P(+)}$$

$$=\frac{P(+|D=1)\cdot P(D=1)}{P(+|D=1)\cdot P(D=1)+P(+|D=0)P(D=0)}$$

代入数字：

$$\frac{0.99\times0.00025}{0.99\times0.00025+0.01\times(0.99975)}=0.02$$

这表明：尽管测试准确率为 0.99，但测试呈阳性且患病的概率仅为 0.02。对一些人来说，这是不合理的，之所以产生这样的结果，是因为我们必须考虑到随机选择的一个人患有这种疾病的罕见情况。为了证明这一点，我们运用蒙特卡罗模拟。

16.5 贝叶斯定理模拟

下面的模拟旨在帮助可视化贝叶斯定理。我们从患病概率为 1/4000 的人群中随机选择 10 万人：

```
prev <- 0.00025
N <- 100000
outcome <- sample(c("Disease","Healthy"), N, replace = TRUE,
                  prob = c(prev, 1 - prev))
```

请注意，患病人数非常少：

```
N_D <- sum(outcome == "Disease")
N_D
#> [1] 23
N_H <- sum(outcome == "Healthy")
N_H
```

```
#> [1] 99977
```

很多人没有患病，但因为测试的不完美，我们看到假阳性的可能性很大。现在每个人都接受测试，99% 的测试结果都是正确的：

```
accuracy <- 0.99
test <- vector("character", N)
test[outcome == "Disease"] <- sample(c("+", "-"), N_D, replace = TRUE,
                                prob = c(accuracy, 1 - accuracy))
test[outcome == "Healthy"] <- sample(c("-", "+"), N_H, replace = TRUE,
                                prob = c(accuracy, 1 - accuracy))
```

因为对照对象比病例多，所以即使假阳性率很低，但我们得到阳性组中对照对象也比病例多：

```
table(outcome, test)
#>          test
#> outcome       -        +
#>   Disease     0       23
#>   Healthy 99012      965
```

从该表我们可以看到，988 个阳性测试结果中有 23 个病例。我们可以反复进行测试，以观察概率向 0.022 收敛。

实践中的贝叶斯

José Iglesias 是一名职业棒球运动员。2013 年 4 月，他开始了他的职业生涯，表现非常好如表 16.2 所示。

表　16.2

月份	击球次数	击中次数	击球率
4 月	20	9	0.450

击球率（AVG）是衡量是否成功的一个方法。粗略来讲，它给出击球的成功率。击球率 0.450 意味着 José 有 45% 的击球成功率，这从历史上来看是相当高的。要知道自从 1941 年 Ted Williams 创下纪录以来，还没有人能够在一个赛季中击球率超过 0.400。为了说明层次模型的强大，我们将尝试在赛季结束时预测 José 的击球率。注意，在典型的赛季中，球员们大概击球 500 次。

根据我们目前所学的技术，我们能够做的是提供一个置信区间。我们可以把击球结果想象成成功率为 p 的二项分布。因此，如果成功率确实是 0.450，那么 20 次击球的标准误差为：

$$\sqrt{\frac{0.450(1-0.450)}{20}} = 0.111$$

这就意味着置信区间是 0.450−0.222～0.450 +0.222 或 0.228～0.672。

这种预测存在两个问题。首先，区间非常大，不适用。其次，中心是 0.450，这就意味着我们最佳的猜测就是这个新球员将打破 Ted Williams 的纪录。

如果你关注棒球，那么你就会发现最后的表述是错误的，这是因为你使用了一个层次模型将多年的棒球赛信息考虑在内。在这里，我们将展示如何量化这种直觉。

首先，我们来探究前三个赛季所有击球数超过 500 次的球员的平均击球率分布，如图 16.7 所示。

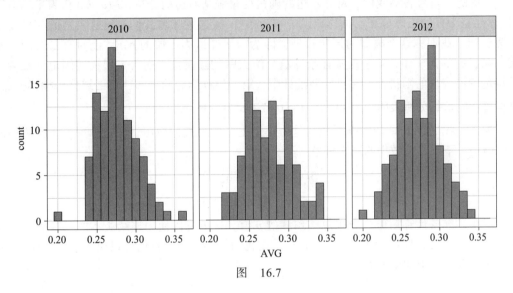

图　16.7

球员的平均击球率是 0.275。总体球员的标准差是 0.027。我们可以看到，0.450 距离平均值 6 个标准差，这是反常的。

那么是 José 很幸运吗，还是因为他是过去 50 年来最优秀的击球手？也许这是运气和天赋的结合，但是运气和天赋分别占多少呢？如果我们可以确信他很幸运，那么就应该把他放入 0.450 观察结果的球队，并且可能高估了他的潜力。

16.6　层次模型

层次模型从数学上描述了我们是如何看到 0.450 的观察结果的。首先，我们随机选择一位具有潜力的球员（对应 p）。然后，我们看到成功的概率为 p 的 20 个随机结果。

我们使用一个模型来表示数据中两个层次的变异性。首先，每个球员天然都有击球天赋，我们用 p 来表示这种能力。你可以把 p 看成球员不断地击球得到的平均击球率。

根据前面的图，我们假设 p 服从正态分布，期望值为 0.275，标准误差为 0.027。

第二个层次的变异性与击球时的运气有关。不管技术怎样，球员有时运气好，有时运气不好。每次击球，球员成功的概率为 p。如果将成功次数和失败次数加起来，那么从 CLT 可得观察到的平均值（称为 Y）服从期望值为 p、标准误差为 $\sqrt{p(1-p)/N}$ 的正态分布，其中

N 为击球次数。

这个模型写作：

$$p \sim N(\mu, \tau^2)$$
$$Y \mid p \sim N(p, \sigma^2)$$

这里的~符号告诉我们，符号左边的随机变量服从右边的分布，$N(a, b^2)$ 代表平均值为 a、标准差为 b 的正态分布。读作"以……为条件"，这意味着我们将符号右边的随机变量视为已知。我们称这个模型为层次模型，因为需要知道第一层的 p，才能对第二层的 Y 建模。在我们的例子中，第一层描述给球员分配天赋的随机性，而第二层描述固定天赋参数后特定球员表现的随机性。在贝叶斯统计中，第一层称为先验分布，第二层称为抽样分布。这里进行的数据分析表明，$\mu = 0.275, \tau = 0.027, \sigma^2 = p(1-p)/N$。

现在，我们将 José 的数据套用在这个模型上。假设我们想用真实击球率 p 来预测他的天赋能力。下面是此数据的层次模型：

$$p \sim N\left(0.275, 0.027^2\right)$$
$$Y \mid p \sim N\left(p, 0.111^2\right)$$

现在，准备计算后验分布来总结预测的 p 值。这里可以使用连续版本的贝叶斯规则获得后验概率函数，即假设 $Y = y$ 且 p 的分布。在我们的例子中，我们可以说当 $Y = y$ 时，p 服从正态分布，其中期望值为：

$$E\left(p \mid Y = y\right) = B\mu + (1 - B)y$$
$$= \mu + (1 - B)(y - \mu)$$
$$B = \frac{\sigma^2}{\sigma^2 + \tau^2}$$

这是总体平均值 μ 和观测数据 y 的加权平均值。权重取决于总体标准差 τ 和观测数据的标准差 σ。这种加权平均值有时被称为收缩，因为它使估计值向先验平均值收缩。对于 José Iglesias，我们有：

$$E\left(p \mid Y = 0.450\right) = B \times 0.275 + (1 - B) \times 0.450$$
$$= 0.275 + (1 - B)(0.450 - 0.275)$$
$$B = \frac{0.111^2}{0.111^2 + 0.027^2} = 0.944$$
$$E\left(p \mid Y = 0.450\right) \approx 0.285$$

这里我们不给出标准差，但可以得出：

$$\mathrm{SE}(p \mid y)^2 = \frac{1}{1/\sigma^2 + 1/\tau^2} = \frac{1}{1/0.111^2 + 1/0.027^2} = 0.00069$$

因此，标准差是 0.026。我们首先使用 95% 置信区间，忽略其他球员的数据，只总结

José 的数据：0.450 ± 0.222。然后，使用贝叶斯方法，结合其他球员和其他年份的数据来获得后验概率。因为我们使用数据来构建先验分布，所以这被称为经验贝叶斯方法。根据后验分布，我们可以通过报告一个区域来报告一个 95% 可信区间（credible interval），该区间以平均值为中心，有 95% 的概率发生。在这里，该区间是 0.285 ± 0.052。

贝叶斯可信区间表明，如果其他团队对 0.450 的观察结果所吸引，那么我们应该考虑对 José 进行交易，因为我们预计他将略高于平均水平。有趣的是，红袜队在 7 月将 José 交换到了底特律老虎队。以下是 José 接下来五个月的平均击球率，如表 16.3 所示。

表 16.3

月份	击球次数	击中次数	击球率
4 月	20	9	0.450
5 月	26	11	0.423
6 月	86	34	0.395
7 月	83	17	0.205
8 月	85	25	0.294
9 月	50	10	0.200
合计（不包括 4 月）	330	97	0.294

虽然两个区间都包含最终的击球平均率，但贝叶斯可信区间提供了更精确的预测。尤其是贝叶斯可信区间预测他在本赛季剩下的时间里表现不会太好。

16.7 练习

1. 1999 年，在英国，Sally Clark 因枪杀了她的两个儿子被判罪。两个婴儿都是在早上被发现死亡，一个死于 1996 年，一个死于 1998 年。在两起案件中，她都声称死亡原因是婴儿猝死综合症（Sudden Infant Death Syndrome，SIDS）。在两个婴儿身上没有发现物理伤害的证据，所以对她不利的主要证据是 Roy Meadow 教授的证词，他证明两个婴儿死于 SIDS 的概率是 7300 万分之一。他发现 SIDS 发病率为 1/8500，因此两个婴儿同时死于 SIDS 的概率为 $8500 \times 8500 \approx 7300$ 万分之一。下列选项哪一个正确？

   a. Meadow 假设第二个儿子受到 SIDS 影响的概率与第一个儿子受到 SIDS 影响的概率是独立的，从而忽略了可能是遗传的原因。如果遗传学在这里起作用，那么 $P($ 第二个儿子患 SIDS | 第一个儿子患 SIDS$) < P($ 第一个儿子患 SIDS$)$。

   b. 乘法法则总是这样应用：$P(A \cap B) = P(A)P(B)$。

   c. Meadow 是专家，我们应该相信他的计算。

   d. 数字不会说谎。

2. 假设 SIDS 有遗传成分，$P($ 第二个儿子患 SIDS | 第一个儿子患 SIDS$) = 1/100$，远远高于

1/8500。那么她的两个儿子都死于 SIDS 的概率是多少？

3. 许多新闻报道称，专家声称 Sally Clark 清白的概率为 7300 万分之一。也许陪审团和法官也是这样理解的。这个概率可以写成母亲是枪杀儿子的精神病患者的概率，前提是在她的两个儿子身上没有发现物理伤害的证据。根据贝叶斯规则，这个概率是多少？

4. 假设枪杀儿子的精神病患者找到一种方法杀死孩子，而不留下物理伤害证据的可能性是：

$$P(A|B) = 0.50$$

A 代表她的两个孩子死亡后没有发现物理伤害的证据，B 代表母亲是枪杀儿子的精神病患者。假设枪杀儿子的精神病患者母亲的比例为 1/1000000。根据贝叶斯定理，$P(B|A)$ 是多少？

5. 在 Sally Clark 被判有罪后，英国皇家统计学会发表了一项声明，称该专家的说法"没有统计依据"。他们对法庭上滥用统计数字的问题表示关注。最终，Sally Clark 在 2003 年 6 月被无罪释放。专家犯了什么错误？

　　a. 他犯了一个算术错误。

　　b. 他犯了两个错误。首先，他滥用乘法法则，而且没有考虑到母亲枪杀自己儿子的情况是多么罕见。使用贝叶斯规则后，我们发现这个概率更接近于 0.5，而不是 7300 万分之一。

　　c. 他混淆了贝叶斯规则的分子和分母。

　　d. 他没有使用 R 语言。

6. 佛罗里达州是美国大选中非常受关注的州之一，因为它拥有许多选票。大选候选人通常势均力敌，而佛罗里达州往往是一个摇摆不定的州，选民可以投票给任意一方。用大选前两周的民意调查数据建立下表：

```
library(tidyverse)
library(dslabs)
data(polls_us_election_2016)
polls <- polls_us_election_2016 %>%
  filter(state == "Florida" & enddate >= "2016-11-04" ) %>%
  mutate(spread = rawpoll_clinton/100 - rawpoll_trump/100)
```

取这些民意调查结果的平均差值。CLT 显示这个平均值近似服从正态分布。计算平均值并估计标准误差。将结果保存在 `results` 中。

7. 假设一个贝叶斯模型将佛罗里达州选举之夜的差值 d 的先验分布设置为正态分布，其期望值是 μ，标准差是 τ。对 μ 和 τ 作何解释？

　　a. μ 和 τ 可以是任意数值，可以让我们对 d 进行概率描述。

　　b. 在看到民意调查结果之前，μ 和 τ 可以总结我们对佛罗里达州数据的预测。根据以往的选举结果，因为共和党和民主党都曾获胜过，所以我们会把 μ 设为接近 0，τ 设为大约 0.02，因为选举双方往往不相上下。

　　c. μ 和 τ 总结我们想要证实的事实。因此，我们将其分别设置为 0.10 和 0.01。

　　d. 先验分布的选择对贝叶斯分析没有影响。

8. 从 CLT 可知，差值的估计值 $\hat{d}$ 服从正态分布，其期望值 d 和标准差 σ 见第 6 题。设 $\mu=0$，$\tau=0.01$，利用给出的后验分布公式计算后验分布的期望值。

9. 计算后验分布的标准差。

10. 根据后验分布是正态分布的事实，创建一个以后验期望值为中心且概率为 95% 的区间。注意，它就是可信区间。

11. 根据这个分析，特朗普赢得佛罗里达州支持的概率是多少？

12. 使用 `sapply` 函数来改变 `seq(0.05, 0.05, len = 100)` 中的先验方差，并通过绘图观察概率是如何变化的。

16.8　案例研究：选举预测

在前文中，我们生成了以下数据表：

```
library(tidyverse)
library(dslabs)
polls <- polls_us_election_2016 %>%
  filter(state == "U.S." & enddate >= "2016-10-31" &
           (grade %in% c("A+","A","A-","B+") | is.na(grade))) %>%
  mutate(spread = rawpoll_clinton/100 - rawpoll_trump/100)

one_poll_per_pollster <- polls %>% group_by(pollster) %>%
  filter(enddate == max(enddate)) %>%
  ungroup()

results <- one_poll_per_pollster %>%
  summarize(avg = mean(spread), se = sd(spread)/sqrt(length(spread))) %>%
  mutate(start = avg - 1.96*se, end = avg + 1.96*se)
```

下面，我们将使用这些数据来进行选举预测。

16.8.1　贝叶斯方法

民意调查机构倾向于对选举结果作概率性的陈述。例如，"奥巴马有 91% 的机会赢得选举"是一个关于参数 d 的概率陈述。我们可以看到，在 2016 年大选中，FiveThirtyEight 认为克林顿赢得普选的概率是 81.4%。它们使用了贝叶斯方法来得到这一结果。

假设有一个类似于预测棒球运动员的表现的层次模型，写作：

$$d \sim N(\mu, \tau^2)\ \text{表示没有看到任何民意调查数据时的最佳猜测}$$

$$\bar{X} \mid d \sim N(d, \sigma^2)\ \text{表示由于抽样和民意调查机构效应引起的随机性}$$

根据最佳预测，我们注意到，在民意调查数据可用之前，可以使用民意调查数据以外的数据源。一种流行的方法是使用民意调查机构所说的基本原理，基于当前经济特性进行分析，而这些特性似乎对执政党都有有利或不利的影响。这里不会使用这个方法，相反，

我们会使用 $\mu=0$，这是一个不提供任何信息的模型，也就是说，我们不知道谁会获胜。对于标准差，我们将使用最近的历史数据。数据显示，普选获胜者的平均差值约为 3.5%。因此，我们设 $\tau=0.035$。

现在可以使用参数 d 的后验分布公式：根据观察到的民意调查数据计算 $d > 0$ 的概率。

```
mu <- 0
tau <- 0.035
sigma <- results$se
Y <- results$avg
B <- sigma^2 / (sigma^2 + tau^2)

posterior_mean <- B*mu + (1-B)*Y
posterior_se <- sqrt( 1/ (1/sigma^2 + 1/tau^2))

posterior_mean
#> [1] 0.0281
posterior_se
#> [1] 0.00615
```

为了作出概率陈述，我们用到了后验分布也是正态分布这一事实。可信区间为：

```
posterior_mean + c(-1.96, 1.96)*posterior_se
#> [1] 0.0160 0.0401
```

后验概率 $P\left(d > 0 | \bar{X}\right)$ 可以这样计算：

```
1 - pnorm(0, posterior_mean, posterior_se)
#> [1] 1
```

这表明我们百分之百肯定克林顿会赢得普选，但这似乎过于肯定了。此外，这与 FiveThirtyEight 的 81.4% 的概率也不一致。如何解释这种差异呢？

16.8.2 一般偏差

选举结束后，可以研究民意调查机构的预测和实际结果之间的差异。模型没有考虑到的重要一点是，通常有种一般偏差，它会以与关联观测数据相同的方式影响许多民意调查机构。虽然没有很好的解释，但是通过历史数据我们观察到：在一场选举中，投票偏向民主党的比例平均为 2%，在下一次选举中，偏向共和党的比例为 1%，然后在下一次选举中没有偏差，再下一次偏向共和党的比例为 3%，以此类推。2016 年，民意调查偏向民主党的支持率为 1%～2%。

虽然我们知道这种偏差会影响民意调查，但是在选举之夜前，我们无法知道这种偏差具体是什么，所以不能对民意调查进行相应的修改，所能做的就是在模型中加入一项来解释这种变异性。

16.8.3 模型的数学表示

假设我们从一个民意调查机构收集数据并且没有一般偏差，共收集了样本容量为 N 的几次民意调查结果，因此得到了差值的测量结果 $X_1, \cdots, X_J$。由理论可知，这些随机变量的期望值为 d，标准误差为 $2\sqrt{p(1-p)/N}$。使用以下模型来描述观察到的变异性：

$$X_j = d + \varepsilon_j$$

索引 j 表示不同的民意调查，ε_j 定义为一个随机变量，它解释了由抽样误差造成的民意调查变异性。为此，我们假设其平均值为 0，标准误差为 $2\sqrt{p(1-p)/N}$。如果 d 为 2.1%，这些民意调查的样本容量为 2000，那么我们可以根据这样的模型模拟 $J=6$ 个数据点：

```
set.seed(3)
J <- 6
N <- 2000
d <- .021
p <- (d + 1)/2
X <- d + rnorm(J, 0, 2 * sqrt(p * (1 - p) / N))
```

假设我们有来自 $I=5$ 个民意调查机构的 $J=6$ 个数据点。为了表示这一点，我们需要两个索引，一个表示民意调查机构，另一个表示民意调查。$X_{i,j}$ 中的 i 表示调查机构，j 表示该机构第 j 次民意调查。如果我们应用同样的模型，则写作：

$$X_{i,j} = d + \varepsilon_{i,j}$$

为了模拟数据，我们必须依次进行民意调查：

```
I <- 5
J <- 6
N <- 2000
X <- sapply(1:I, function(i){
  d + rnorm(J, 0, 2 * sqrt(p * (1 - p) / N))
})
```

模拟数据似乎并没有真正捕捉到实际数据的特征，如图 16.8 所示。

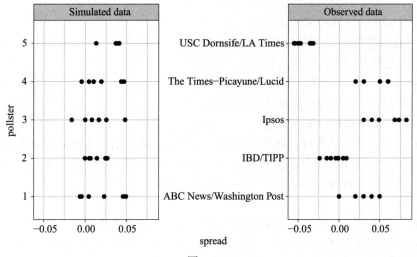

图　16.8

上述模型没有考虑到民意调查机构的变异性。为了解决这个问题，我们新添加表示民意调查机构效应的项。我们使用 h_i 来表示第 i 个民意调查机构的机构效应。该模型现在扩充为：

$$X_{i,j} = d + h_i + \varepsilon_{i,j}$$

为了模拟来自特定民意调查机构的数据，我们需要抽取一个 h_i，然后添加 $\varepsilon_{i,j}$。下面是我们对于特定调查机构所做的。假设 σ_h 是 0.025：

```
I <- 5
J <- 6
N <- 2000
d <- .021
p <- (d + 1) / 2
h <- rnorm(I, 0, 0.025)
X <- sapply(1:I, function(i){
  d + h[i] + rnorm(J, 0, 2 * sqrt(p * (1 - p) / N))
})
```

现在模拟数据看起来更像实际数据，如图 16.9 所示。

值得注意的是，h_i 对于特定民意调查机构所观察到的差值是相同的。不同的民意调查机构有不同的 h_i，这就解释了为什么我们可以看到不同民意调查机构的预测会上下变化。

在上面的模型中，假设平均机构效应为 0。我们认为，只要有民意调查机构偏向某个政党，就也会有偏向于其他政党的机构。假设标准差为 σ_h。但从历史上看，每次选举都有一般偏差，它会影响所有的民意调查。我们可以从 2016 年的数据中观察到这一点，但如果收集历史数据，便会发现，民意调查的平均误差比上述模型预测的要更大。要了解这一点，我们将取每个选举年的民意调查平均值，并将其与实际值进行比较。这样一来，标准差的变化就会在 2%~3% 之间。为了将其合并到模型中，我们可以添加另一项来解释这种变异性：

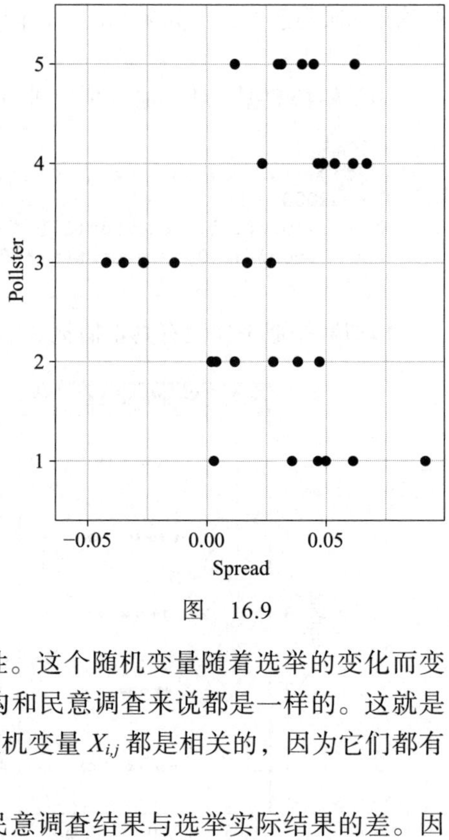

图　16.9

$$X_{i,j} = d + b + h_i + \varepsilon_{i,j}$$

这里的 b 是一个随机变量，解释了选举的变异性。这个随机变量随着选举的变化而变化，但对于给定的选举，这对于所有的民意调查机构和民意调查来说都是一样的。这就是它没有索引的原因。这意味着一个选举年内的所有随机变量 $X_{i,j}$ 都是相关的，因为它们都有共同的 b。

对 b 的一个解释是：所有民意调查机构的平均民意调查结果与选举实际结果的差。因为只有在选举之后才知道实际结果，所以在选举之后才能估计 b 值。但是，我们可以利用以前的选举对 b 进行估计，并研究这些值的分布。基于这种方法，我们假设在各选举年中，

b 的期望值为 0，标准误差大约是 $\sigma_b = 0.025$。

将这一项添加到模型中就意味着，$X_{i,j}$ 的标准差实际上高于我们之前所说的 σ，它综合了调查机构的变异性和样本的变异性，可以用下方代码进行估计：

```
sd(one_poll_per_pollster$spread)
#> [1] 0.0242
```

这个估计值不包括 b 引入的变异性。注意，因为：

$$\bar{X} = d + b + \frac{1}{N}\sum_{i=1}^{N} X_i$$

所以 $\bar{X}$ 的标准差为：

$$\sqrt{\sigma^2 / N + \sigma_b^2}$$

由于每一次测量都有相同的 b，因此平均值并不能减少 b 项带来的变异性。很重要的一点是：无论进行多少次民意调查，这种偏差都不会减少。

如果重新进行贝叶斯计算，并考虑到这种变异性，得到的结果会更接近于 FiveThirtyEight 的结果：

```
mu <- 0
tau <- 0.035
sigma <- sqrt(results$se^2 + .025^2)
Y <- results$avg
B <- sigma^2 / (sigma^2 + tau^2)

posterior_mean <- B*mu + (1-B)*Y
posterior_se <- sqrt( 1/ (1/sigma^2 + 1/tau^2))

1 - pnorm(0, posterior_mean, posterior_se)
#> [1] 0.817
```

16.8.4　预测选举团

到目前为止，我们关注的都是普选。但是在美国，选举结果不是由普选决定的，而是由选举团决定的。每个州都有一些选票，它们以某种复杂的方式取决于州的人口规模。以下是 2016 年选票排名前 5 的州：

```
results_us_election_2016 %>% top_n(5, electoral_votes)
#>         state electoral_votes clinton trump others
#> 1   California              55    61.7  31.6    6.7
#> 2        Texas              38    43.2  52.2    4.5
#> 3      Florida              29    47.8  49.0    3.2
#> 4     New York              29    59.0  36.5    4.5
#> 5     Illinois              20    55.8  38.8    5.4
#> 6 Pennsylvania              20    47.9  48.6    3.6
```

除了少数我们不讨论的州外，其他选举团的选票要么全部赢得，要么一无所获。例如，如果你以 1 票的优势赢得加利福尼亚州的支持，那么你可以获得该州全部的 55 张选票。这就意味着，如果你以大比分赢得几个大州的支持，但以小比分输掉许多小州的支持，那么你可能赢得普选，但是会输掉选举团选票。在 1876 年、1888 年、2000 年和 2016 年都发生过这样的情况。这样做的目的是避免少数几个大州在总统选举中占据主导地位。然而，许多美国人认为选举团制度不公平，希望能够将其废除。

我们现在准备预测 2016 年的选举团结果。我们首先汇总选举前一周的民意调查结果。使用 24.1 节中介绍的 `str_detect` 函数删除不适用于整个州的民意调查：

```
results <- polls_us_election_2016 %>%
  filter(state!="U.S." &
         !str_detect(state, "CD") &
         enddate >="2016-10-31" &
         (grade %in% c("A+","A","A-","B+") | is.na(grade))) %>%
  mutate(spread = rawpoll_clinton/100 - rawpoll_trump/100) %>%
  group_by(state) %>%
  summarize(avg = mean(spread), sd = sd(spread), n = n()) %>%
  mutate(state = as.character(state))
```

以下是根据民意调查得出的 5 场势均力敌的竞选：

```
results %>% arrange(abs(avg))
#> # A tibble: 47 x 4
#>   state              avg      sd      n
#>   <chr>            <dbl>   <dbl>  <int>
#> 1 Florida        0.00356 0.0163      7
#> 2 North Carolina -0.00730 0.0306     9
#> 3 Ohio           -0.0104  0.0252     6
#> 4 Nevada          0.0169  0.0441     7
#> 5 Iowa           -0.0197  0.0437     3
#> # ... with 42 more rows
```

现在我们介绍 `left_join` 指令，它可以让我们轻松地从数据集 us_electoral_votes_2016 中为每个州添加选票。我们将在第四部分详细描述这个函数。简单地说，这个函数组合了两个数据集，因此第二个参数的信息被添加到第一个参数的信息中：

```
results <- left_join(results, results_us_election_2016, by = "state")
```

请注意，有些州没有民意调查，因为获胜者几乎众所周知：

```
results_us_election_2016 %>% filter(!state %in% results$state) %>%
  pull(state)
#> [1] "Rhode Island"        "Alaska"             "Wyoming"
#> [4] "District of Columbia"
```

在哥伦比亚特区、罗得岛、阿拉斯加和怀俄明州没有进行民意调查，因为民主党肯定会在前两个获胜，而共和党会在后两个获胜。

因为我们无法估计只有一次民意调查的州的标准差，所以我们将其估计为一次以上民意调查的州的标准差的中值：

```
results <- results %>%
  mutate(sd = ifelse(is.na(sd), median(results$sd, na.rm = TRUE), sd))
```

为了进行概率论证，我们将使用蒙特卡罗模拟。对于每个州，用贝叶斯方法生成选举日 d。根据最近的历史数据为每个州构造先验分布。不过，为了简单起见，我们为每个州分配了一个先验分布，假设我们对将要发生的事情一无所知。由于各选举年之间，特定州的结果变化不大，因此我们将标准差指定为 2%，或 $\tau=0.02$。目前，我们将错误地假设每个州的民意调查结果都是独立的。在这些假设下，贝叶斯计算代码如下：

```
#> # A tibble: 47 x 12
#>   state    avg      sd     n electoral_votes clinton trump others
#>   <chr>   <dbl>   <dbl> <int>          <int>   <dbl> <dbl>  <dbl>
#> 1 Alab~ -0.149  2.53e-2     3              9    34.4  62.1    3.6
#> 2 Ariz~ -0.0326 2.70e-2     9             11    45.1  48.7    6.2
#> 3 Arka~ -0.151  9.90e-4     2              6    33.7  60.6    5.8
#> 4 Cali~  0.260  3.87e-2     5             55    61.7  31.6    6.7
#> 5 Colo~  0.0452 2.95e-2     7              9    48.2  43.3    8.6
#> # ... with 42 more rows, and 4 more variables: sigma <dbl>, B <dbl>,
#> #   posterior_mean <dbl>, posterior_se <dbl>
```

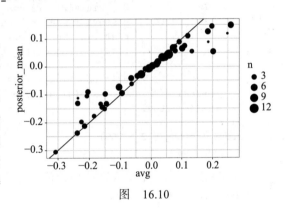

图　16.10

尽管民意调查次数多的州受影响较小，但基于后验的估计值确实将估计值移向了 0。我们收集的民意调查数据越多，就越相信这些结果，如图 16.10 所示。

现在我们重复 10 000 次，然后从后验产生结果。在每次重复中，我们都记录克林顿获得的选票总数。记住，特朗普得到的选票数等于 270 减去克林顿的选票数。还要注意的是，加 7 是为了包含罗得岛和哥伦比亚特区的选票：

```
B <- 10000
mu <- 0
tau <- 0.02
clinton_EV <- replicate(B, {
  results %>% mutate(sigma = sd/sqrt(n),
                     B = sigma^2 / (sigma^2 + tau^2),
                     posterior_mean = B * mu + (1 - B) * avg,
                     posterior_se = sqrt(1 / (1/sigma^2 + 1/tau^2)),
                     result = rnorm(length(posterior_mean),
                                    posterior_mean, posterior_se),
                     clinton = ifelse(result > 0, electoral_votes, 0)) %>%
    summarize(clinton = sum(clinton)) %>%
    pull(clinton) + 7
})

mean(clinton_EV > 269)
#> [1] 0.998
```

这个模型给出：克林顿有超过 99% 的获胜机会。普林斯顿选举联盟（PEC）也做出了类似的预测。我们知道这完全是错误的。发生了什么？

上述模型忽略了一般偏差，并假设不同州的结果是独立的。大选之后，我们意识到2016年选举的一般偏差并没有那么大：在1%到2%之间。但是由于几个大州的选举结果很接近，而且这些州有大量的民意调查且民意调查机构忽略了一般偏差，大大低估了标准误差。假设标准误差是$\sqrt{\sigma^2/N}$，N较大时，这比更精确的估计值$\sqrt{\sigma^2/N+\sigma_b^2}$要小得多。FiveThirtyEight以一种相当复杂的方式模拟了一般偏差，并报告了一个更接近的结果。我们可以用一个偏差项来模拟结果。对于各州，一般偏差可能更大，因此我们将其设置为$\sigma_b=0.03$：

```
tau <- 0.02
bias_sd <- 0.03
clinton_EV_2 <- replicate(1000, {
  results %>% mutate(sigma = sqrt(sd^2/n  + bias_sd^2),
                  B = sigma^2 / (sigma^2 + tau^2),
                  posterior_mean = B*mu + (1-B)*avg,
                  posterior_se = sqrt( 1/ (1/sigma^2 + 1/tau^2)),
                  result = rnorm(length(posterior_mean),
                               posterior_mean, posterior_se),
                  clinton = ifelse(result>0, electoral_votes, 0)) %>%
    summarize(clinton = sum(clinton) + 7) %>%
    pull(clinton)
})
mean(clinton_EV_2 > 269)
#> [1] 0.848
```

这使我们得出一个更合理的估计值。查看模拟结果，便可以看到偏差项是如何增加最终结果变异性的（见图16.11）。

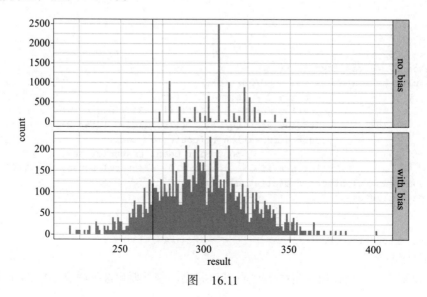

图　16.11

FiveThirtyEight 还包括许多其他功能。例如，它们用对于极端事件发生概率比正态分布高的分布来模拟变异性。对此，一种方法是将模拟使用的分布从正态分布改为 t 分布。FiveThirtyEight 预测的概率是 71%。

16.8.5 预测

预测员喜欢在选举之前就做出预测。随着新的民意调查的进行，这些预测结果会被调整。然而，预测员必须要问的一个重要问题是：在选举前几周进行的关于实际选举的民意调查能提供多少信息？这里将研究民意调查结果随时间的变异性。

为了确保我们观察到的变异性并非源于民意调查机构效应，我们研究来自一个民意调查机构的数据：

```
one_pollster <- polls_us_election_2016 %>%
  filter(pollster == "Ipsos" & state == "U.S.") %>%
  mutate(spread = rawpoll_clinton/100 - rawpoll_trump/100)
```

由于没有民意调查机构效应，因此理论标准误差和数据推导的标准差可能是匹配的。这两项我们都会在这里进行计算：

```
se <- one_pollster %>%
  summarize(empirical = sd(spread),
            theoretical = 2 * sqrt(mean(spread) * (1 - mean(spread)) /
                                   min(samplesize)))
se
#>     empirical theoretical
#> 1    0.0403      0.0326
```

但是，经验标准差比可能的最大理论估计值还要大。此外，差值数据看起来并不像理论预测那样遵循正态分布，如图 16.12 所示。

我们所描述的模型包括调查机构的变异性和抽样误差。但这幅图出自一个调查机构，我们看到的变异性当然不能由抽样误差来进行解释。那么，额外的变异性从何而来？图 16.13 有力地证明了它是来自时间波动，而不是由假设 p 固定的理论来进行解释。

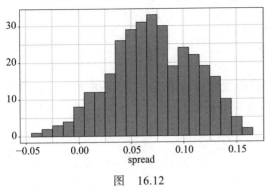

图 16.12

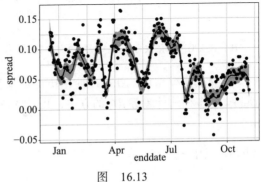

图 16.13

注：横坐标依次为 1 月、4 月、7 月、10 月。

我们看到的一些波峰和波谷都与政党代表大会等事件吻合，而政党代表大会往往会给候选人带来提振效果。可以看到，几个民意调查机构给出的波峰和波谷是一致的（见图 16.14）。

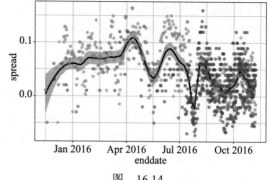

这就意味着，如果要进行预测，模型必须包含一项来解释时间效应。我们需要编写一个包含时间偏差项的模型：

$$Y_{i,j,t} = d + b + h_j + b_t + \varepsilon_{i,j,t}$$

b_t 的标准差取决于 t，因为离选举日越近，这个偏差项应该越接近 0。

图 16.14

民意调查机构还试图从这些数据中估计趋势，并将其纳入预测结果中。我们可以用函数 $f(t)$ 来对时间趋势建模，并将模型重写如下：

$$Y_{i,j,t} = d + b + h_j + b_t + f(t) + \varepsilon_{i,j,t}$$

通常，估计的 $f(t)$ 并不是针对差值的，而是针对每个候选人的实际百分比，如图 16.15 所示。

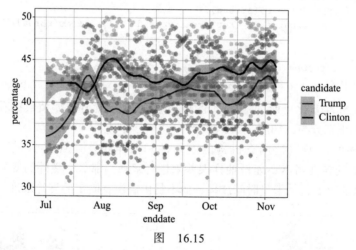

图 16.15

注：横轴时间点依次为 7 月、8 月、9 月、10 月、11 月。

选择上述模型后，就可以使用历史数据和当前数据来估计所有必要的参数，从而进行预测。有多种估计趋势 $f(t)$ 的方法，我们将在第五部分进行讨论。

16.9 练习

1. 创建以下这个表：

```
library(tidyverse)
library(dslabs)
data("polls_us_election_2016")
polls <- polls_us_election_2016 %>%
  filter(state != "U.S." & enddate >= "2016-10-31") %>%
  mutate(spread = rawpoll_clinton/100 - rawpoll_trump/100)
```

现在，使用 CLT 为每次民意调查报告的差值创建一个 95% 置信区间。将结果称为 cis，并使用 lower 和 upper 表示置信区间的极限值。使用 select 函数来保留列 state、startdate、enddate、pollster、grade、spread、lower、upper。

2. 使用 right_join 函数将最终结果添加到刚刚创建的 cis 表中，如下所示：

```
add <- results_us_election_2016 %>%
  mutate(actual_spread = clinton/100 - trump/100) %>%
  select(state, actual_spread)
cis <- cis %>%
  mutate(state = as.character(state)) %>%
  left_join(add, by = "state")
```

确定 95% 置信区间包含实际结果的频率。

3. 重复这个步骤，但是要显示出每个民意调查机构命中的比例。只显示超过 5 次民意调查的民意调查机构，并按从最好到最差进行排序。显示每个民意调查机构进行的民意调查次数和每个机构的 FiveThirtyEight 分数。提示：使用 n=n()，grade = grade[1] 来进行汇总。

4. 重复练习 3，按州而非民意调查机构来分层。注意，这里不显示分数。

5. 根据练习 4 的结果绘制一个条形图。使用 coord_flip 函数。

6. 通过计算每次民意调查的预测差值和实际差值之间的差值，在 cis 表中添加两列。如果符号相同，则定义 hit 列。提示：使用函数 sign。将这个对象称为 resids。

7. 像练习 5 那样创建一个条形图，但是针对的是差值符号一致的比例。

8. 在练习 7 中，我们看到大多数州的民意调查都是 100% 正确的。只有 9 个州的民意调查失误率超过 25%。特别要注意的是，在威斯康星州，每一次民意调查都是错误的。在宾夕法尼亚州和密歇根州，超过 90% 的民意调查的符号都是错误的。绘制误差的直方图。这些误差的中值是多少？

9. 我们看到在各州中，支持克林顿的中值误差为 3%。分布的中心不是 0 而是 0.03。这就是上一节中描述的一般偏差。创建一个箱线图，观察偏差是对所有州都有普遍影响，还是只对某些州有影响。使用 filter(grade %in% c("A+","A","A-","B+") | is.na(grade)) 筛选出高分民意调查机构。

10. 其中一些州只有很少几次民意调查。重复练习 9，但只考虑有 5 次或以上良好民意调查的州。提示：先使用 group_by 和 filter，然后使用 ungroup。你会发现西部地区（华盛顿、新墨西哥、加利福尼亚）低估了克林顿的表现，而中西部地区（密歇根、宾夕法尼亚、威斯康星、俄亥俄、密苏里）高估了她的表现。在我们的模拟中，因为我们添加了一般偏差，而不是区域性偏差，所以我们没有对这种行为建模。请注意，一些民意调查机构可能对类似州之间的相关性进行建模，并基于历史数据估计这种相关性。要了解更多这方面的知识，可以了解随机效应和混合模型。

16.10　t 分布

上面我们使用了样本容量为 15 的 CLT。因为我们正在估计第二个参数 σ，所以将进一步的变异性引入到置信区间中，这会导致区间过小。对于非常大的样本容量，这种额外的变异性是可以忽略的，但是一般来说，对于小于 30 的样本容量，就要谨慎使用 CLT。

然而，如果已知瓮中的数据是服从正态分布的，那么就有数学理论可以告诉我们需要多大的区间来考虑 σ 的估计数据。利用这个理论，我们可以针对任何 N 构造置信区间，但同样，只有当已知瓮中的数据服从正态分布时，这个方法才有效。对于我们之前的瓮模型的 0,1 数据，这个理论是不适用的。

d 的置信区间所基于的统计量为：

$$Z = \frac{\bar{X} - d}{\sigma / \sqrt{N}}$$

CLT 告诉我们 Z 近似服从正态分布，期望值为 0，标准误差为 1。但在实际中我们不知道 σ，所以：

$$Z = \frac{\bar{X} - d}{s / \sqrt{N}}$$

用 s 替代 σ，我们引入了一些变异性。理论告诉我们 Z 服从 t 分布，自由度为 $N-1$。自由度是一个参数，它通过胖尾控制变异性，如图 16.16 所示。

如果假设民意调查机构效应数据服从正态分布，基于样本数据 $X_1, \cdots, X_N$（见图 16.17）：

```
one_poll_per_pollster %>%
  ggplot(aes(sample=spread)) + stat_qq()
```

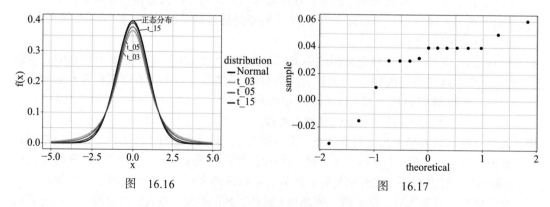

图　16.16　　　　　　　　　　　图　16.17

Z 服从有 $N-1$ 个自由度的 t 分布。所以，d 的更好的置信区间是：

```
z <- qt(0.975, nrow(one_poll_per_pollster)-1)
one_poll_per_pollster %>%
  summarize(avg = mean(spread), moe = z*sd(spread)/sqrt(length(spread))) %>%
  mutate(start = avg - moe, end = avg + moe)
#> # A tibble: 1 x 4
#>      avg    moe  start    end
#>    <dbl>  <dbl>  <dbl>  <dbl>
#> 1 0.0290 0.0134 0.0156 0.0424
```

它比使用正态分布的结果更大：

```
qt(0.975, 14)
#> [1] 2.14
qnorm(0.975)
#> [1] 1.96
```

t 分布也可以用来对更大偏差的误差建模，正如我们之前看到的密度，这比正态分布更有可能。FiveThirtyEight 使用 *t* 分布来产生误差，从而更好地模拟我们在选举数据中看到的偏差。例如，在威斯康星州，6 次民意调查支持克林顿的平均值是 7%，标准差为 1%，但特朗普以 0.7% 的优势获胜。即使考虑到整体偏差，7.7% 的残差更符合 *t* 分布数据，而不是正态分布。

```
data("polls_us_election_2016")
polls_us_election_2016 %>%
  filter(state =="Wisconsin" &
         enddate >="2016-10-31" &
         (grade %in% c("A+","A","A-","B+") | is.na(grade))) %>%
  mutate(spread = rawpoll_clinton/100 - rawpoll_trump/100) %>%
  mutate(state = as.character(state)) %>%
  left_join(results_us_election_2016, by = "state") %>%
  mutate(actual = clinton/100 - trump/100) %>%
  summarize(actual = first(actual), avg = mean(spread),
            sd = sd(spread), n = n()) %>%
  select(actual, avg, sd, n)
#>   actual    avg     sd n
#> 1 -0.007 0.0711 0.0104 6
```

Chapter 17 | 第 17 章

回归

到目前为止，本书主要关注的是单一变量。然而，在数据科学应用中，两个及以上变量之间的关系很常见。例如，在第 18 章中，我们将使用数据驱动的方法来研究球员统计数据和成功之间的关系，以指导如何在有限预算下组建一支棒球队。在深入研究这个复杂示例之前，我们使用一个更简单的示例来介绍理解回归所需的必要概念。我们实际上使用了回归诞生的数据集。

这个例子来自遗传学。Francis Galton 研究了人类特征的变异和遗传。在许多其他特征中，Galton 以家庭为单位收集并研究了身高数据，试图理解遗传原理。在此过程中，他发现了相关和回归的概念，以及与服从正态分布的成对数据的联系。当然，与现在相比，在收集这些数据的时候，我们对遗传学的了解相当有限。Galton 试图回答的一个非常具体的问题是：我们能在多大的程度上根据父母的身高来预测孩子的身高？为了回答这个问题，他开发了回归方法，该方法也可以应用到我们的棒球问题中。回归方法还可以应用到许多其他的情况中。

 注意　Galton 在统计学和遗传学方面做出了重要贡献，他也是优生学的首批支持者之一。优生学是一种有科学缺陷的哲学运动，受到 Galton 所处时代的许多生物学家的支持，但也带来了可怕的历史后果。更多信息请查询 https://pged.org/history-eugenics-and-genetics/。

17.1　案例研究：身高是遗传的吗

我们可以通过 HistData 获得 Galton 家庭式身高数据。这些数据包含了几十个家庭的身高。为了模仿 Galton 的分析，我们将创建一个数据集，其中包含每个家庭的父亲和随机选择的儿子的身高：

```
library(tidyverse)
library(HistData)
data("GaltonFamilies")

set.seed(1983)
galton_heights <- GaltonFamilies %>%
  filter(gender == "male") %>%
  group_by(family) %>%
  sample_n(1) %>%
  ungroup() %>%
  select(father, childHeight) %>%
  rename(son = childHeight)
```

在 17.5 节的练习中，你将看到包括母亲和女儿在内的身高数据。

假设我们要总结父子的身高数据。由于这两个分布都很接近正态分布，因此我们可以用两个平均值和两个标准差来总结：

```
galton_heights %>%
  summarize(mean(father), sd(father), mean(son), sd(son))
#> # A tibble: 1 x 4
#>   `mean(father)` `sd(father)` `mean(son)` `sd(son)`
#>            <dbl>        <dbl>       <dbl>     <dbl>
#> 1           69.1         2.55        69.2      2.71
```

然而，这种总结无法描述数据的一个重要特征，即父亲越高，儿子就越高的趋势（见图 17.1）：

```
galton_heights %>% ggplot(aes(father, son)) +
  geom_point(alpha = 0.5)
```

我们将了解到相关系数是有关两个变量如何一起变动的总结，还将了解到它是如何通过一个变量来预测另一个变量的。

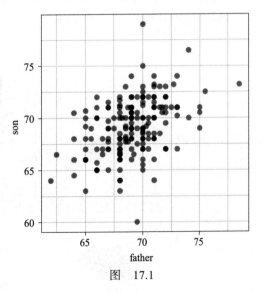

图　17.1

17.2　相关系数

对于一组 $(x_1, y_1), \cdots, (x_n, y_n)$ 数据，相关系数定义为标准化值乘积的平均值：

$$\rho = \frac{1}{n} \sum_{i=1}^{n} \left(\frac{x_i - \mu_x}{\sigma_x} \right) \left(\frac{y_i - \mu_y}{\sigma_y} \right)$$

$x_1, \cdots, x_n$ 和 $y_1, \cdots, y_n$ 的平均值分别为 μ_x 和 μ_y，标准差分别为 σ_x 和 σ_y。在统计书籍中，

常用希腊字母 ρ 表示相关系数，因为它对应回归单词的首字母 r。很快我们就会了解相关性和回归之间的联系。可以用 R 代码表示上式：

```
rho <- mean(scale(x) * scale(y))
```

要了解为什么这个方程总结了两个变量一起变动的方式，就要考虑到 x 的第 i 个条目偏离平均值 $\left(\dfrac{x_i - \mu_x}{\sigma_x}\right)$ 个标准差。同样，与 x_i 配对的 y_i 偏离平均值 y $\left(\dfrac{y_i - \mu_y}{\sigma_y}\right)$ 个标准差。如果 x 和 y 不相关，乘积 $\left(\dfrac{x_i - \mu_x}{\sigma_x}\right)\left(\dfrac{y_i - \mu_y}{\sigma_y}\right)$ 的结果为正与为负的频率相似，平均下来大约为 0。这种相关性是平均的，因此不相关变量的相关系数为 0。相反，如果两个量沿同一方向一起变化，那么通常会得到正数结果的平均值，于是得到一个正相关。如果它们向相反的方向变化，那么便得到一个负相关。

相关系数总是在 −1 和 1 之间。我们可以从数学上证明。考虑到不可能有比当将一个列表与其自身比较（完全相关）时更高的相关系数，在这种情况下，相关系数是：

$$\rho = \frac{1}{n}\sum_{i=1}^{n}\left(\frac{x_i - \mu_x}{\sigma_x}\right)^2 = \frac{1}{\sigma_x^2}\frac{1}{n}\sum_{i=1}^{n}\left(x_i - \mu_x\right)^2 = \frac{1}{\sigma_x^2}\sigma_x^2 = 1$$

用 x 和 −x 进行类似的推导，可以证明相关系数必须大于或等于 −1。

其他成对数据的相关关系在 −1 和 1 之间。父亲身高和儿子身高的相关系数约为 0.5：

```
galton_heights %>% summarize(r = cor(father, son)) %>% pull(r)
#> [1] 0.433
```

为了了解不同 ρ 值下的数据，图 17.2 给出了相关系数范围为 −0.9～0.99 的 6 个示例。

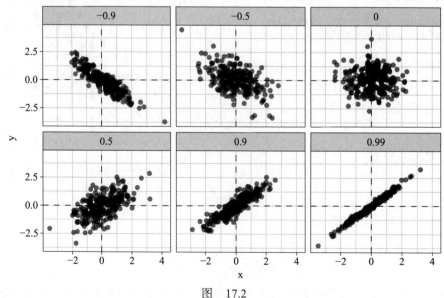

图　17.2

17.2.1 样本相关系数是一个随机变量

在继续讲述相关性和回归的联系之前，我们先来回顾一下随机变异性。

在大多数数据科学应用中，我们观察到的数据都包含随机变化。例如，在许多情况下，我们观察到的数据不是有关总体的数据，而是某个随机样本的数据。与平均值和标准差一样，样本相关性是总体相关性最常用的估计。这意味着我们计算和总结的相关系数是一个随机变量。

为了说明这一点，我们假设这 179 对父子的数据是一个总体。一名不太幸运的遗传学家只能用 25 对的随机样本进行测量。样本相关系数可以通过以下代码计算：

```r
R <- sample_n(galton_heights, 25, replace = TRUE) %>%
  summarize(r = cor(father, son)) %>% pull(r)
```

R 是一个随机变量。我们可以运行蒙特卡罗模拟来查看它的分布（见图 17.3）：

```r
B <- 1000
N <- 25
R <- replicate(B, {
  sample_n(galton_heights, N, replace = TRUE) %>%
    summarize(r=cor(father, son)) %>%
    pull(r)
})
qplot(R, geom = "histogram", binwidth = 0.05, color = I("black"))
```

可以看出 R 的期望值为总体的相关系数：

```r
mean(R)
#> [1] 0.431
```

相对于 R 所能取值的范围有较高的标准误差：

```r
sd(R)
#> [1] 0.161
```

因此，在解释相关性的时候，请记住从样本中得到的相关系数是包含不确定性的估计值。

另外，因为样本相关系数是多次独立抽取结果的平均值，所以中心极限定理适用。因此，当 N 足够大时，R 的分布近似服从正态分布，其期望值为 ρ。标准差的推导比较复杂，它为 $\sqrt{\dfrac{1-r^2}{N-2}}$。

在我们的例子中，$N=25$ 似乎不足够大，无法得到很好的近似值，如图 17.4 所示。

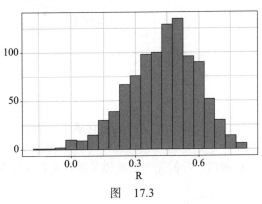

图 17.3

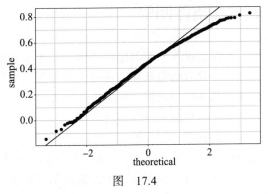

图 17.4

```
ggplot(aes(sample=R), data = data.frame(R)) +
  stat_qq() +
  geom_abline(intercept = mean(R), slope = sqrt((1-mean(R)^2)/(N-2)))
```

如果增大 N，分布会向正态分布靠拢。

17.2.2　相关系数并不总是有用

相关系数并不总是能很好地总结两个变量之间的关系。图 17.5 所示的四个人工数据集被称为安斯库姆四重奏（Anscombe's quartet），它很好地说明了这点。它们的相关系数皆为 0.82。

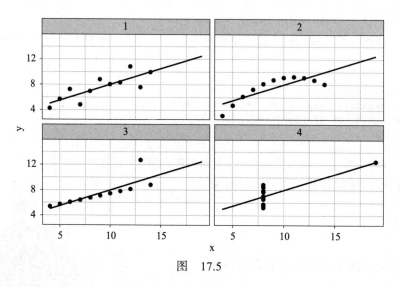

图　17.5

相关系数只有在特定的背景中才有意义。为了帮助大家理解什么时候相关系数作为汇总统计量是有意义的，我们将回到使用父亲身高预测儿子身高的例子中。这将有助于解释线性回归。我们先来演示相关系数是如何在预测中起作用的。

17.3　条件期望

假设要求我们猜测随机选择的某个男孩的身高，但是我们不知道他父亲的身高。由于男孩的身高近似服从正态分布，因此我们知道平均身高 69.2 英寸所占比例最高，是最可能使误差最小的预测值。但是如果父亲的身高高于平均身高，例如为 72 英寸，那么我们还会预测儿子的身高为 69.2 英寸吗？

如果我们能够收集大量身高为 72 英寸的父亲的数据，就会发现他们的儿子的身高呈正态分布。这意味着在这个子集上计算的分布平均值将是最好的预测结果。

一般来说，我们称这个方法为条件方法。一般的方法是将总体分层，然后计算每一组的汇总统计量。因此，条件方法与 8.13 节所述的分层概念有关。为了对条件作用进行数学描述，假设我们有 $(x_1, y_1), \cdots, (x_n, y_n)$ 这样的数据，例如英国所有的父亲和儿子的身高。在上一章中我们了解到，如果取随机变量对 (X, Y)，Y 的期望值和最好的预测器是 $E(Y) = \mu_y$，总体平均值为 $\dfrac{1}{n}\sum\limits_{i=1}^{n} y_i$。然而，我们不再对总体感兴趣，相反，我们只对具有特定 x_i 值的子集感兴趣，在刚刚的示例中我们只对身高为 72 英寸的子集感兴趣。这个总体的子集也是一个总体，因此我们学过的原理和性质也同样适用。在子总体中，y_i 有一个分布，称为条件分布，这个分布的期望值称为条件期望。在刚刚的示例中，条件期望是英国所有身高为 72 英寸的父亲的儿子的平均身高。条件期望的统计符号是：

$$E(Y \mid X = x)$$

其中，x 表示定义子集的固定值，例如 72 英寸。同理，我们用下式表示层标准差：

$$SD(Y \mid X = x) = \sqrt{Var(Y \mid X = x)}$$

由于条件期望 $E(Y \mid X = x)$ 是 $X = x$ 定义的层中个体的随机变量 Y 的最佳预测，因此许多数据科学的挑战就变为估计这个量。条件标准差量化了预测的精度。

在刚刚的示例中，我们感兴趣的是以父亲 72 英寸高为条件来计算儿子的平均身高。我们想用 Galton 收集的样本来估计 $E(Y \mid X = 72)$。我们知道，样本平均值是估计总体平均值的首选方法，然而，在使用这种方法估计条件期望值时会面临一个挑战：对于连续数据，我们没有很多数据点来恰好匹配样本中一个值。例如，我们只有：

```
sum(galton_heights$father == 72)
#> [1] 8
```

一名身高为 72 英寸的父亲。如果我们把这个值改为 72.5，那么得到的数据点会更少：

```
sum(galton_heights$father == 72.5)
#> [1] 1
```

改变条件期望估计的一个实际方法是，用类似的 x 值来定义层。在刚刚的示例中，我们可以将父亲的身高调整为最接近的整数高度，并假设他们都是 72 英寸高。这样，我们就可以对父亲为 72 英寸高的儿子的身高做如下预测：

```
conditional_avg <- galton_heights %>%
  filter(round(father) == 72) %>%
  summarize(avg = mean(son)) %>%
  pull(avg)
conditional_avg
#> [1] 70.5
```

请注意，身高 72 英寸的父亲比平均身高更高，具体来说，高于平均身高（72-69.1）/2.5 ≈ 1.1 个标准差。我们预测的 70.5 也高于平均值，但相比儿子的平均身高，只高了 0.49 个标准差。身高 72 英寸的父亲的儿子的身高已经回归到平均身高。我们注意到高出的标准差数减少了大概 0.5，这恰好是相关系数。从后文中我们可以知道，这并不是巧合。

如果我们想以任意身高而不只是 72 英寸身高为条件进行预测，那么可以对每一层使用相同的方法。分层后的箱线图可以让我们看到每一组的分布（见图 17.6）：

```
galton_heights %>% mutate(father_strata = factor(round(father))) %>%
  ggplot(aes(father_strata, son)) +
  geom_boxplot() +
  geom_point()
```

毫无疑问，各组的中心随着高度的增加而增加。此外，这些中心似乎遵循线性关系。下面我们画出每一组的平均值的图。如果考虑到这些平均值是具有标准误差的随机变量，则数据与这些点沿直线一致，如图 17.7 所示。

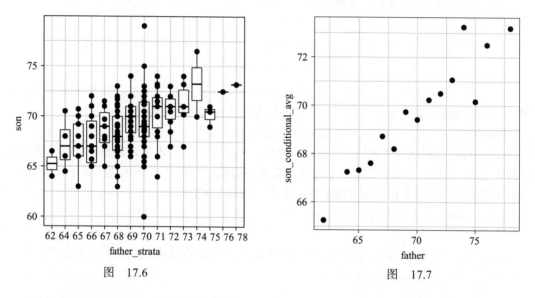

图　17.6　　　　　　　　　　　　　　图　17.7

这些条件平均值沿一条线分布的事实并不是巧合。在下一节中，我们将解释这些平均值所遵循的那条直线，即回归线。回归线提高了估计值的精确度。然而，用回归线来估计条件期望并不总是合适的，所以我们也介绍了 Galton 使用回归线的理论证明。

17.4　回归线

如果我们用回归线预测已知 $X=x$ 的随机变量 Y，然后预测，对于每一个标准差 σ_X，若 x 相比平均值 μ_X 增加 1 个标准差，那么 Y 相比平均值 μ_Y 增加 ρ 个标准差（σ_Y），ρ 是 X 和 Y 之间的线性相关系数。因此，回归公式为：

$$\left(\frac{Y - \mu_Y}{\sigma_Y}\right) = \rho\left(\frac{x - \mu_X}{\sigma_X}\right)$$

我们可以这样写：

$$Y = \mu_Y + \rho \left(\frac{x - \mu_X}{\sigma_X} \right) \sigma_Y$$

如果存在完全相关，那么回归线预测增加相同数量的 SD。如果相关系数为 0，那么我们根本无法用 x 来进行预测，只需预测平均值 μ_Y。对于相关系数在 0 到 1 之间的情况，预测值介于两者之间。如果相关系数是负的，我们预测的结果是减少而不是增加。

注意，如果相关系数是正的，并且小于 1，那么以标准单位计算，与用来预测的值 x 与各 x 的平均值的接近程度相比，预测结果更接近平均身高。这就是我们称之为回归的原因：儿子的身高回归到平均身高。事实上，Galton 论文的标题是 "Regression toward mediocrity in hereditary stature"。若要在图中加入回归线，需要使用上述公式，其形式如下：

$$y = b + mx$$

$$m = \rho \frac{\sigma_y}{\sigma_x}$$

$$b = \mu_y - m\mu_x$$

我们将回归线加入原始数据的图中（见图 17.8）：

```
mu_x <- mean(galton_heights$father)
mu_y <- mean(galton_heights$son)
s_x <- sd(galton_heights$father)
s_y <- sd(galton_heights$son)
r <- cor(galton_heights$father, galton_
          heights$son)

galton_heights %>%
  ggplot(aes(father, son)) +
  geom_point(alpha = 0.5) +
  geom_abline(slope = r * s_y/s_x, intercept = mu_y - r * s_y/s_x * mu_x)
```

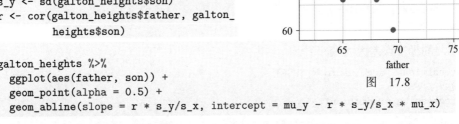

图　17.8

回归公式表明，如果我们先标准化变量，即先减去平均值再除以标准差，那么回归线的截距为 0，斜率等于相关系数 ρ。你可以绘制相同的图，但使用的标准单位如下：

```
galton_heights %>%
  ggplot(aes(scale(father), scale(son))) +
  geom_point(alpha = 0.5) +
  geom_abline(intercept = 0, slope = r)
```

17.4.1　回归提高精度

比较一下我们提出的两种预测方法：

❏ 把父亲的身高四舍五入到最接近的整数身高，分层，然后取平均值。
❏ 计算回归线，并用回归线来预测。

使用蒙特卡罗模拟抽样 *N*=50 个家庭：

```
B <- 1000
N <- 50

set.seed(1983)
conditional_avg <- replicate(B, {
  dat <- sample_n(galton_heights, N)
  dat %>% filter(round(father) == 72) %>%
    summarize(avg = mean(son)) %>%
    pull(avg)
})

regression_prediction <- replicate(B, {
  dat <- sample_n(galton_heights, N)
  mu_x <- mean(dat$father)
  mu_y <- mean(dat$son)
  s_x <- sd(dat$father)
  s_y <- sd(dat$son)
  r <- cor(dat$father, dat$son)
  mu_y + r*(72 - mu_x)/s_x*s_y
})
```

虽然这两个随机变量的期望值大致相同：

```
mean(conditional_avg, na.rm = TRUE)
#> [1] 70.5
mean(regression_prediction)
#> [1] 70.5
```

但回归预测的标准误差大大变小：

```
sd(conditional_avg, na.rm = TRUE)
#> [1] 0.964
sd(regression_prediction)
#> [1] 0.452
```

因此，回归线方法要比条件平均值方法稳定得多。这有一个直观的原因，即条件平均值是根据一个相对较小的子集（由身高约 72 英寸的父亲构成）计算出来的。事实上，在某些排列中我们没有数据，这就是我们使用 na.rm = TRUE 的原因。回归总是使用所有的数据。

那么，为什么不总是使用回归线来进行预测呢？因为回归线方法并不总是适用。例如，Anscombe 给出了数据不具有线性关系的情况。那么，我们用回归线来预测是否合理呢？Galton 认同对身高数据使用回归线方法。这比本章的其他部分稍超前，我们会在下一小节中说明理由。

17.4.2 二元正态分布（高级）

相关系数和回归线斜率是广泛使用的汇总统计量，但它们经常被误用或曲解。Anscombe 的例子提供了数据集过于简化的情况，在这种情况下使用相关系数进行汇总是错误的。现实生活中这样的例子还有很多。

我们使用相关系数的主要方法涉及二元正态分布。

当一对随机变量近似服从二元正态分布时，散点图看起来像椭圆形。正如我们在 17.2 节中看到的，它们可以是扁的（高度相关）或圆的（不相关）。

更专业的定义二元正态分布的方法是：如果 X 是正态分布的随机变量，Y 也是正态分布的随机变量，且对于任意 $X = x$ 都有 Y 的条件分布近似正态，则这一对随机变量近似服从二元正态分布。

如果我们认为身高数据很好地服从二元正态分布，那么正态近似适用于每一层。在这里，我们根据标准化的父亲身高对儿子的身高进行分层（见图 17.9），可以看到这个假设似乎是成立的：

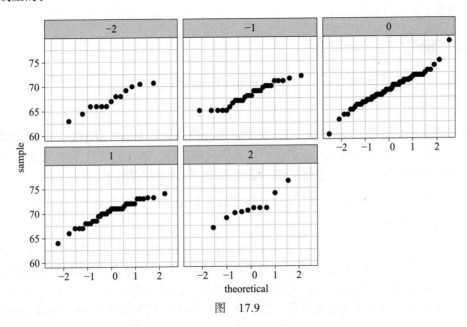

图　17.9

```
galton_heights %>%
  mutate(z_father = round((father - mean(father)) / sd(father))) %>%
  filter(z_father %in% -2:2) %>%
  ggplot() +
  stat_qq(aes(sample = son)) +
  facet_wrap( ~ z_father)
```

现在我们回到相关系数的定义上来。Galton 用数理统计证明，当两个变量服从二元正态分布时，计算回归线相当于计算条件期望。在这里，我们不展示推导过程，但是我们可以证明在这个假设下，对于 x 的任意给定值，当 $X=x$ 时，与之成对的 Y 的期望值是：

$$E\left(Y \mid X = x\right) = \mu_Y + \rho \frac{X - \mu_X}{\sigma_X} \sigma_Y$$

这是回归线，其斜率为：

$$\rho \frac{\sigma_Y}{\sigma_X}$$

截距为$\mu_Y - m\mu_X$。它等价于我们之前展示的回归方程，可以这样写：

$$\frac{E(Y \mid X = x) - \mu_Y}{\sigma_Y} = \rho \frac{x - \mu_X}{\sigma_X}$$

这意味着，如果我们的数据近似服从二元分布，那么回归线可以给出条件概率。因此，我们可以通过寻找回归线并利用回归线进行预测来获得对条件期望的一个更加稳定的估计。

总之，如果我们的数据近似服从二元分布，那么条件期望（也就是已知X值的Y的最佳预测结果）就由回归线给出。

17.4.3　可释方差

二元正态理论还告诉我们，上述条件分布的标准差为：

$$\mathrm{SD}(Y \mid X = x) = \sigma_Y \sqrt{1 - \rho^2}$$

要知道为什么这很直观，请注意，在没有条件作用的情况下，$\mathrm{SD}(Y) = \sigma_Y$，我们要研究的是所有儿子身高数据的变异性。但是一旦我们设定条件，那我们就只关注 72 英寸高的父亲的儿子的身高变异性。这一组数据都比较高，所以标准差就降低了。

具体来说，减为$\sqrt{1 - \rho^2} = \sqrt{1 - 0.25} = 0.86$倍的原始值。我们可以说，父亲的身高"解释了"儿子身高变异性的 14%。

"X解释了变异性多少百分比"是学术论文中经常使用的说法。在这种情况下，这个百分比实际上指的是方差（SD^2），因此，如果数据服从二元正态分布，方差减少了$1 - \rho^2$，所以我们说X解释了$1 - (1 - \rho^2) = \rho^2$（相关系数的平方）的可变性。

但是要记住，只有当数据近似服从二元正态分布时，"可释方差"（variance explained）才有意义。

17.4.4　警告：有两条回归线

我们计算了一条回归线来用父亲的身高预测儿子的身高。我们用到了以下计算方法：

```
mu_x <- mean(galton_heights$father)
mu_y <- mean(galton_heights$son)
s_x <- sd(galton_heights$father)
s_y <- sd(galton_heights$son)
r <- cor(galton_heights$father, galton_heights$son)
m_1 <-  r * s_y / s_x
b_1 <- mu_y - m_1*mu_x
```

这给出了函数 $E(Y|X=x) = 37.3 + 0.46x$。

如果我们想根据儿子的身高来预测父亲的身高，该怎么办呢？重要的是要知道，这不是由计算逆函数 $x=\{E(Y|X=x)-37.3\}/0.5$ 决定的。

我们需要计算 $E(X|Y=y)$。由于数据近似服从二元正态分布，因此上述理论告诉我们这个条件期望会沿着一条有斜率和截距的直线分布：

```
m_2 <- r * s_x / s_y
b_2 <- mu_x - m_2 * mu_y
```

我们得到 $E(X|Y=y)=40.9+0.41y$。我们再次看到了对平均值的回归：相比于儿子身高 y 与其平均值，对父亲身高的预测结果更接近父亲身高的平均值。

图 17.10 显示了两条回归线，蓝色代表用父亲的身高来预测儿子的身高，红色代表用儿子的身高来预测父亲的身高：

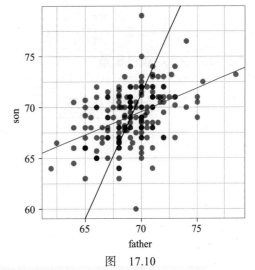

图 17.10

```
galton_heights %>%
  ggplot(aes(father, son)) +
  geom_point(alpha = 0.5) +
  geom_abline(intercept = b_1, slope = m_1, col = "blue") +
  geom_abline(intercept = -b_2/m_2, slope = 1/m_2, col = "red")
```

17.5 练习

1. 从 HistData 加载 GaltonFamilies 数据。每个家庭的孩子按性别然后按身高列出。随机选择一名男性和一名女性来创建一个名为 galton_heights 的数据集。
2. 绘制母亲和女儿、母亲和儿子、父亲和女儿、父亲和儿子之间的身高散点图。
3. 计算母亲和女儿、母亲和儿子、父亲和女儿、父亲和儿子之间的身高相关性。

线性模型

自 Galton 最初开发以来，回归已经成为数据科学中使用最广泛的工具之一。其中一个原因与这样一个事实有关，即回归允许我们在考虑其他变量的影响的情况下找到两个变量之间的关系。这在随机实验难以进行的领域尤其流行，例如在经济学和流行病学中。

当我们不能将每个人随机分配到试验组或对照组时，混杂因素就特别普遍。例如，考虑使用从一个辖区的随机样本收集的数据来估计快餐对预期寿命的影响。快餐消费者更有可能是吸烟者、饮酒者，而且收入较低。因此，一个朴素的回归模型可能会导致高估快餐对健康的负面影响。那么在实践中，如何解释混杂因素呢？在本章中，我们将解释线性模型是如何帮助处理这种情况，以及如何用来描述一个或多个变量是如何影响结果变量的。

18.1 案例研究:《点球成金》

《点球成金：赢得不公平比赛的艺术》(*Moneyball: The Art of Winning an Unfair Game*) 是 Michael Lewis 写的一本关于 Oakland Athletics 棒球队（A 队）及其总经理 Billy Beane(负责组建球队）的书。

传统的棒球队通过球探来帮助其决定雇佣哪些球员。这些球探通过观察球员的表现对他们进行评估。球探们更青睐体格强健的运动员。因此，球探们一般对好球员的判断一致，这往往也造成这些球员很抢手。这反过来又抬高了他们的工资。

从 1989 年到 1991 年，A 队是棒球界薪资最高的球队之一。该队能够聘到最好的球员，在那段时间，它也是最好的球队之一。然而，在 1995 年，A 队换了老板，新的管理层大幅削减了预算，使得当时的球队成为棒球界史上薪资最低的球队之一。总经理 Sandy Alderson 再也请不起那些受欢迎的球员了。他开始使用统计学方法来发现市场中的低效之处。Billy

Beane 师从 Alderson，在 1998 年接替了 Alderson。他完全采用与球探相反的数据科学方法，寻找低成本且由数据预测为可以帮助球队获得胜利的球员。如今，大多数棒球队都采用了这种策略。正如我们将看到的，回归在这种方法中起到了重要作用。

为方便说明，我们假设现在是 2002 年，并尝试用有限的预算组建一支棒球队，就像 A 队所做的那样。要清楚所面对的情况：2002 年洋基队（Yankees）的工资是 125 928 583 美元，是 A 队的 39 679 746 美元三倍以上，如图 18.1 所示。

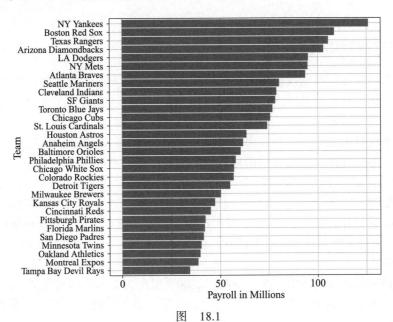

图　18.1

18.1.1　棒球统计学

从一开始，统计学就被用于棒球运动。我们将使用的包括在 Lahman 库中的数据集，可以追溯到 19 世纪。例如，我们很快会描述到的一个汇总统计量——击球率，几十年来一直被用来总结一个击球手的成功。其他的数据 [如全垒打（Home Runs，HR）、打点（Runs Batted In，RBI）和盗垒（Stolen Bases，SB）等] 都在报纸体育专栏的比赛汇总中被报道出来。得分高的球员会得到奖励。虽然诸如此类的汇总统计数据在棒球运动中被广泛使用，但数据分析本身却没有得到重视。这些统计数据是随意决定的，我们没有考虑它们是否真的预测了什么，或者是否能够帮助球队获胜。

Bill James 改变了这一点。在 20 世纪 70 年代末，这位有抱负的作家及棒球迷开始发表文章，对棒球数据进行更深入的分析。他提出一种名为棒球统计学的方法，该方法使用数据来预测何种结果可以很好地预测一支队伍是否会赢得比赛。在 Billy Beane 把棒球统计学

⊖　http://mlb.mlb.com/stats/league_leaders.jsp

作为他的棒球业务中心之前，Bill James 的成就基本上被棒球界忽略了。目前，棒球统计学的流行不再局限于棒球领域：其他运动项目也开始使用这种方法。

在本章中，为了简化练习，我们将重点放在比赛得分上，而忽略其他两个重要的方面：投球和守备。我们将讲解回归分析如何帮助制定策略并在预算受限的情况下组建一支强势的球队。这种方法可以分为两个独立的数据分析。在第一个分析中，我们确定哪些特定球员的数据记录能够预测得分。在第二个分析中，我们根据第一个分析的预测来研究球员是否被低估。

18.1.2 棒球基础知识

要了解回归是如何帮助我们确定被低估的球员，实际上不需要了解棒球比赛的所有细节（有超过 100 条规则）。在这里，我们从这项运动提炼出人们需要了解的有效解决数据科学问题所需的基本知识。

棒球比赛的目标是比另一个获得更多得分。每队有 9 名击球手，他们有机会按预定的顺序用球棒击球。在第 9 名击球手击球后，第 1 名击球手再次击球，然后是第 2 名击球手击球，以此类推。每次击球手有机会击球时，我们就称其为"轮击"（Plate Appearance，PA）。在每次 PA 中，对方的投手投球，击球手试着击球。PA 以两种结果结束：要么击球手出局（失败），回到休息区；要么击球手没有出局（成功），可以跑垒，并有可能得到一分（到达所有的 4 个垒）。每支球队有 9 次得分机会，即有 9 局（inning），每一局在 3 人出局（3次失败）后结束。

这个过程中是包含运气的。在击球时，击球手想用力击球。如果击球手击球时足够用力，这就是全垒打，这是最好的结果，因为击球手至少可以得到一次自动跑投。但有时，出于偶然，击球手击球过于用力，球被防守员接住，导致击球手出局。相反，有时击球手动作轻柔，但球却恰好落在正确的位置。事实上，这个过程包含偶然性的这一事实解释了使用概率模型的原因。

现在有几种成功的方法。理解这种差别对我们的分析很重要。当击球手击中球时，击球手要尽可能多地打垒。有 4 个垒，第 4个垒叫本垒。本垒板是击球手尝试击中的地方，所以以垒板形成了一个循环（见图 18.2）。

击球手绕着垒跑一圈回到本垒，得一分。

我们简化了一些，但击球手成功，即不出局的方式有 5 种：

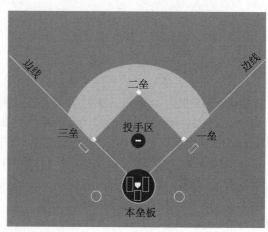

图片出自 Cburnett，CC BY-SA 3.0 license⊖

图　18.2

___

- ❑ 投球上垒（Baseson Balls，BB）——投球手没有将球投过预先设定的可击球区域（打击带），所以允许击球手去一垒。
- ❑ 一垒打——击球手击出球，上一垒。
- ❑ 二垒打（2B）——击球手击出球，上二垒。
- ❑ 三垒打（3B）——击球手击出球，上三垒。
- ❑ 全垒打（HR）——击球手击出球，上本垒，得一分。

如果击球手到达一垒，下一个击球手成功击出，那么他仍有机会回到本垒并得一分。当击球手在垒上时，他也可以试着盗垒。如果击球手跑得足够快，便可以尝试在不被追踪的前提下从一垒跑到下一垒。

在赛季期间所有这些事件都会被记录，并通过 Lahman 包提供给我们。现在，我们开始讨论数据分析是如何帮助我们决定怎样使用这些统计量来评估球手的。

18.1.3 投球上垒无奖

历史上，击球率被视为最重要的进攻数据（见图 18.3）。为了定义这个平均值，我们定义了一次安打（H）和一次击球（At Bat，AB）。一垒打、二垒打、三垒打和全垒打都是安打。第五种成功的方法——投球上垒，并不是安打。AB 是你命中或成功的次数，投球上垒不包括在内。击球率是 H/AB，是成功率的主要衡量标准。如今，这个成功率通常在 20% 到 38% 之间。我们以千为单位定义击球率，例如，如果成功率是 28%，我们就称击球率为 280。

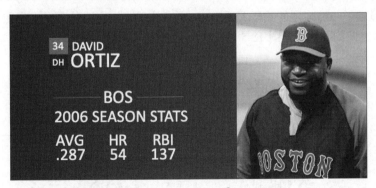

图片出自 Keith Allison，CC BY-SA 2.0 license[注]

图　18.3

Bill James 的第一个重要见解是：击球率忽略了投球上垒，但投球上垒也是成功的。他建议使用上垒率（On Base Percentage，OBP）来代替击球率。他将 OBP 定义为 (H+BB)/(AB+BB)，也就是不导致出局的轮击次数的比例，这是一个非常直观的指标。他指出，如果一个球员得到比一般球员更多的 BB，但是他的平均击球率不高，那么他可能不会被认可。但是，这个球员不会帮助产生跑垒吗？ BB 最多的球员不会获得任何奖励。然而，坏习

[注] https://creativecommons.org/licenses/by-sa/2.0

惯是很难打破的,棒球界没有立即采用 OBP 作为一个重要的统计数据。相反,人们认为盗垒(SB)总数很重要,并且盗垒最多的球员可以获得奖励 $^\ominus$。但是 SB 总分高的球员,出局次数也更多,因为他们并不总能成功。SB 总数多的球员会帮助产生跑垒吗?我们是否可以用数据科学方法来决定是给 BB 多的球员奖励,还是给 SB 多的球员奖励更好?

18.1.4 投球上垒还是盗垒

这种分析的挑战之一是,很难确定一个球员是否能跑垒,因为这很大程度上取决于他的队友。我们会记录球员得分的次数。但是请记住,如果一个球员 X 刚好在某个打出了很多 HR 的球员之前击球,那么击球手 X 将会得很多分。但如果我们雇用了 X 球员,而不是他的击出 HR 的队友,那么这种情况就不一定会发生。但是,我们可以查看团队级别的数据。SB 很多的团队与 SB 少的团队相比如何?对于 BB 来说呢?我们来看一些数据。

我们从明显的 HR 开始。更多全垒打的球队会得更多的分吗?我们研究了 1961 年至 2001 年的数据。在探索两个变量(如 HR 和获胜)之间的关系时,选择的可视化是散点图(见图 18.4):

```
library(Lahman)

Teams %>% filter(yearID %in% 1961:2001) %>%
  mutate(HR_per_game = HR / G, R_per_game = R / G) %>%
  ggplot(aes(HR_per_game, R_per_game)) +
  geom_point(alpha = 0.5)
```

图 18.4 显示了一种强烈的关联关系:HR 更多的球队往往得分更多。现在,我们查看一下盗垒和跑垒之间的关系(见图 18.5):

```
Teams %>% filter(yearID %in% 1961:2001) %>%
  mutate(SB_per_game = SB / G, R_per_game = R / G) %>%
  ggplot(aes(SB_per_game, R_per_game)) +
  geom_point(alpha = 0.5)
```

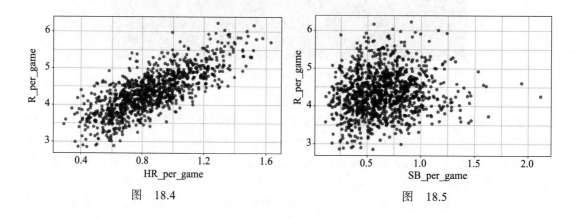

图 18.4　　　　　　　　　　　　　　　图 18.5

$\ominus$ http://www.baseball-almanac.com/awards/lou_brock_award.shtml

这里的关系就不那么清楚了。最后，我们来看 BB 和跑垒之间的关系（见图 18.6）：

```
Teams %>% filter(yearID %in% 1961:2001) %>%
  mutate(BB_per_game = BB/G, R_per_game = R/G) %>%
  ggplot(aes(BB_per_game, R_per_game)) +
  geom_point(alpha = 0.5)
```

这里我们再次看到了一个清晰的关联关系。但是，这是否意味着增加团队的 BB 数会导致跑垒数增加呢？从本书学到的重要一课就是关联关系不是因果关系。

事实上，BB 和 HR 似乎也有关联（见图 18.7）：

```
Teams %>% filter(yearID %in% 1961:2001 ) %>%
  mutate(HR_per_game = HR/G, BB_per_game = BB/G) %>%
  ggplot(aes(HR_per_game, BB_per_game)) +
  geom_point(alpha = 0.5)
```

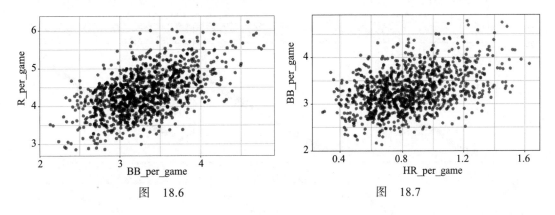

图　18.6　　　　　　　　　　　　　图　18.7

我们知道 HR 会导致跑垒，因为正如"全垒打"（HR）的名字一样，当一个球员实现 HR 时，他们至少会有一次跑垒。会不会是 HR 导致 BB，从而使得 BB 看起来也能引起跑垒？当发生这种情况时，我们就说其中有混杂因素。在本章中，我们会介绍更多关于此重要概念的内容。

线性回归可以帮助我们解析所有这些问题并量化关联关系，从而帮助我们决定招募哪些球员。具体来说，我们会尝试预测一些事情，比如，如果增加 BB 的数量，保持 HR 数，那么团队会多跑垒多少次？回归将帮助我们回答这样的问题。

18.1.5　应用于棒球统计的回归

我们能用这些数据进行回归吗？首先，请注意 HR 和跑垒数据看起来服从二元正态分布。我们将图保存到对象 p 中，因为稍后我们将再次用到它（见图 18.8）：

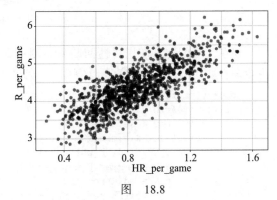

图　18.8

```
library(Lahman)
p <- Teams %>% filter(yearID %in% 1961:2001 ) %>%
  mutate(HR_per_game = HR/G, R_per_game = R/G) %>%
  ggplot(aes(HR_per_game, R_per_game)) +
  geom_point(alpha = 0.5)
p
```

QQ 图证实了正态近似在这里是有用的（见图 18.9）：

```
Teams %>% filter(yearID %in% 1961:2001 ) %>%
  mutate(z_HR = round((HR - mean(HR))/sd(HR)),
         R_per_game = R/G) %>%
  filter(z_HR %in% -2:3) %>%
  ggplot() +
  stat_qq(aes(sample=R_per_game)) +
  facet_wrap(~z_HR)
```

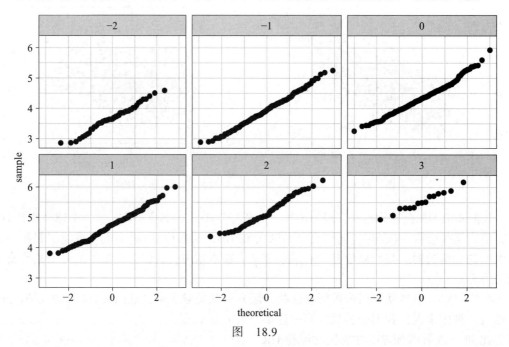

图　18.9

现在，我们准备使用线性回归来预测一支球队的得分，前提是我们知道该队打出了多少全垒打。我们需要做的就是计算以下 5 个汇总统计数据：

```
summary_stats <- Teams %>%
  filter(yearID %in% 1961:2001 ) %>%
  mutate(HR_per_game = HR/G, R_per_game = R/G) %>%
  summarize(avg_HR = mean(HR_per_game),
            s_HR = sd(HR_per_game),
            avg_R = mean(R_per_game),
            s_R = sd(R_per_game),
            r = cor(HR_per_game, R_per_game))
```

```
summary_stats
#>    avg_HR  s_HR avg_R   s_R     r
#> 1  0.855 0.243  4.36 0.589 0.762
```

并利用上述公式建立回归线（见图 18.10）：

```
reg_line <- summary_stats %>% summarize(slope = r*s_R/s_HR,
                             intercept = avg_R - slope*avg_HR)

p + geom_abline(intercept = reg_line$intercept, slope = reg_line$slope)
```

很快我们将介绍 R 函数，比如 lm，它使拟合回归线变得更容易。另一个函数是 **ggplot2** 函数 geom_smooth，它计算并添加一条回归线，同时画出置信区间，稍后我们将对此进行讲解。我们使用参数 method = "lm"，它代表线性模型。因此，我们可以像这样简化上面的代码：

```
p + geom_smooth(method = "lm")
```

在上面的例子中，斜率是 1.845（见图 18.11）。这告诉我们，那些每场比赛比一般球队多打 1 小时的球队，会多得 1.845 分。考虑到最常见的最终得分取决于跑垒的差异，这肯定会导致获胜次数的大幅增加。毫无疑问，HR 击球手是非常昂贵的。因为我们预算有限，所以需要找到一些其他的方法来增加胜利的概率。下一节我们重点讨论 BB。

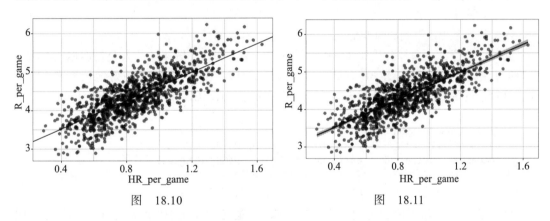

图　18.10　　　　　　　　　　　　图　18.11

18.2　混杂因素

之前，我们注意到跑垒和 BB 之间有很强的关系。如果我们找到预测投球上垒跑垒次数的回归线，便可以得到斜率：

```
library(tidyverse)
library(Lahman)
get_slope <- function(x, y) cor(x, y) / (sd(x) * sd(y))

bb_slope <- Teams %>%
```

```
  filter(yearID %in% 1961:2001 ) %>%
  mutate(BB_per_game = BB/G, R_per_game = R/G) %>%
  summarize(slope = get_slope(R_per_game, BB_per_game))

bb_slope
#>    slope
#> 1  2.12
```

那么，这是否意味着，如果我们雇佣一些低工资、BB 率高的球员，这样他们每场比赛就能增加 2 次上垒，我们的球队每场比赛就能多得 4.2 分？

再次提醒，关联关系不是因果关系。这些数据确实有力地证明了，如果一支球队的场均得分比一般球队多两个 BB，那么它的场均得分就会达到 4.2 分。但这并不意味着，BB 就是得分的原因。

注意，如果我们计算一垒打的回归线斜率，那么我们得到：

```
singles_slope <- Teams %>%
  filter(yearID %in% 1961:2001 ) %>%
  mutate(Singles_per_game = (H-HR-X2B-X3B)/G, R_per_game = R/G) %>%
  summarize(slope = get_slope(R_per_game, Singles_per_game))

singles_slope
#>    slope
#> 1   1.3
```

这个值比从 BB 得到的值要低。

同时请注意，一垒打会让你像 BB 一样进入一垒。那些了解棒球的人会告诉你，击出一垒打时，垒上跑垒者比击出 BB 有更大机会得分。那么，BB 如何才能更好地预测跑垒呢？发生这种情况的原因是有混杂因素。这里我们展示了 HR、BB 和一垒打之间的相关性：

```
Teams %>%
  filter(yearID %in% 1961:2001 ) %>%
  mutate(Singles = (H-HR-X2B-X3B)/G, BB = BB/G, HR = HR/G) %>%
  summarize(cor(BB, HR), cor(Singles, HR), cor(BB, Singles))
#>   cor(BB, HR) cor(Singles, HR) cor(BB, Singles)
#> 1       0.404           -0.174           -0.056
```

事实证明，投球手由于害怕出现 HR，有时会避免向击出 HR 的击球手投掷好球。因此，击出 HR 者往往会打出更多的 BB，而 HR 多的球队也会打出更多的 BB。虽然看起来是 BB 导致了跑垒，但实际上是 HR 导致了大多数的跑垒。我们说 HR 和 BB 混淆了。然而，BB 还能起作用吗？为了找到答案，我们必须根据 HR 效应进行调整。回归在这方面也能起到作用。

18.2.1 通过分层理解混杂因素

第一种方法是将 HR 固定在某个值，然后检查 BB 和跑垒之间的关系。就像我们将父亲身高四舍五入到最接近的整数高度一样，这里我们可以将每场比赛的 HR 划分到最接近的 10。我们过滤掉了点少的层，以避免可变性高的估计：

```
dat <- Teams %>% filter(yearID %in% 1961:2001) %>%
  mutate(HR_strata = round(HR/G, 1),
         BB_per_game = BB / G,
         R_per_game = R / G) %>%
  filter(HR_strata >= 0.4 & HR_strata <=1.2)
```

然后为每一层绘制散点图（见图 18.12）：

```
dat %>%
  ggplot(aes(BB_per_game, R_per_game)) +
  geom_point(alpha = 0.5) +
  geom_smooth(method = "lm") +
  facet_wrap( ~ HR_strata)
```

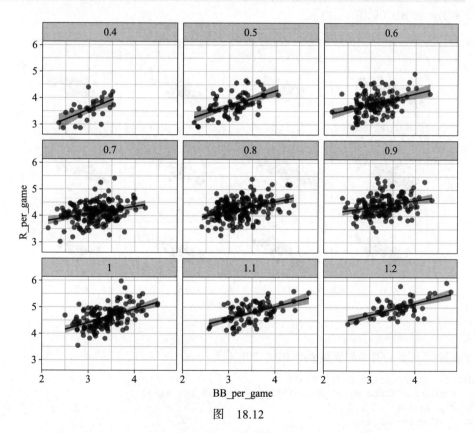

图　18.12

记住 BB 预测跑垒的回归线斜率是 2.1。一旦我们按 HR 分层，这些斜率将大大降低：

```
dat %>%
  group_by(HR_strata) %>%
  summarize(slope = get_slope(BB_per_game, R_per_game))
#> # A tibble: 9 x 2
#>   HR_strata slope
#>       <dbl> <dbl>
#> 1       0.4  4.19
```

```
#> 2        0.5  3.30
#> 3        0.6  2.55
#> 4        0.7  2.03
#> 5        0.8  2.47
#> # ... with 4 more rows
```

斜率减小了，但不是 0，这表明 BB 对产生跑垒是有帮助的，只是没有达到预期。事实上，上面的值更接近我们从一垒打得到的斜率 1.3，这更符合我们的直觉。既然一垒打和 BB 都能使我们上一垒，那它们的预测能力应该差不多。

虽然我们对应用的理解告诉我们是 HR 导致了 BB，而不是 BB 导致了 HR，但我们仍然可以检查按 BB 分层是否降低了 BB 的影响。为了实现这一点，我们使用相同的代码，但是要交换 HR 和 BB（见图 18.13）：

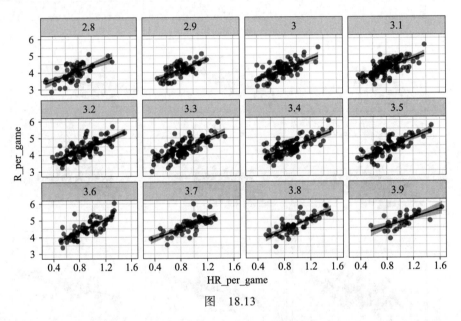

图　18.13

在这种情况下，斜率与原始斜率相比变化不大：

```
dat %>% group_by(BB_strata) %>%
   summarize(slope = get_slope(HR_per_game, R_per_game))
#> # A tibble: 12 x 2
#>   BB_strata slope
#>      <dbl> <dbl>
#> 1      2.8  6.47
#> 2      2.9  8.87
#> 3      3    7.40
#> 4      3.1  7.34
#> 5      3.2  5.89
#> # ... with 7 more rows
```

只减少了一点，这与 BB 确实导致了一些跑垒的事实是一致的。

```
hr_slope <- Teams %>%
  filter(yearID %in% 1961:2001 ) %>%
  mutate(HR_per_game = HR/G, R_per_game = R/G) %>%
  summarize(slope = get_slope(R_per_game, HR_per_game))

hr_slope
#>   slope
#> 1 5.33
```

不管怎样，如果按 HR 分层，就会得到跑垒与 BB 的二元分布。同理，如果按 BB 分层，就会得到 HR 与跑垒的近似二元正态分布。

18.2.2　多元回归

计算每个层的回归线有些复杂。一般我们像这样拟合模型：

$$E\left[\ \mathrm{R}|\mathrm{BB}=x_1,\ \mathrm{HR}=x_2\ \right]=\beta_0+\beta_1(x_2)x_1+\beta_2(x_1)x_2$$

x_1 的斜率随着 x_2 的取值而变化，反之亦然。但是否有更简单的方法呢？

如果我们把随机变异性考虑在内，各层的斜率似乎变化不大。如果这些斜率实际上是相同的，那么这就意味着 $\beta_1(x_2)$ 和 $\beta_2(x_1)$ 是常数。这反过来就意味着，基于 HR 和 BB 的跑垒期望可以这样写：

$$E\left[\ \mathrm{R}|\mathrm{BB}=x_1,\ \mathrm{HR}=x_2\ \right]=\beta_0+\beta_1 x_1+\beta_2 x_2$$

该模型表明，当 HR 的数量固定在 x_2 时，我们观察到 BB 和跑垒之间有线性关系，截距为 $\beta_0+\beta_2 x_2$。我们的探索性数据分析表明了这一点。该模型还表明，随着 HR 数量的增长，截距的增长也是线性的，并由 $\beta_1 x_1$ 决定。

在这个被称为多元回归的分析中，你会经常听到人们说 BB 的斜率 β_1 是根据 HR 效应进行调整的。如果模型是正确的，那么这就解释了混杂因素。但是，如何从这些数据中估算 β_1 和 β_2 呢？为此，我们要了解线性模型和最小二乘估计。

18.3　最小二乘估计

我们已经介绍过，如果数据服从二元正态分布，条件期望遵循回归线。条件期望是一条直线并不是假设，而是推导的结果。然而，在实践中，我们通常使用线性模型写出描述两个或多个变量之间关系的模型。

我们注意到，这里的"线性"并不只是指直线，而是指条件期望是已知量的线性组合。在数学中，当我们把每个变量乘以一个常数，然后把它们加在一起时，我们就说形成了变量的一个线性组合。例如，$3x-4y+5z$ 是 x、y 和 z 的线性组合，当然它也可以加上一个常数，所以 $2+3x-4y+5z$ 也是 x、y 和 z 的线性组合。

$\beta_0+\beta_1 x_1+\beta_2 x_2$ 是 x_1 和 x_2 的线性组合。最简单的线性模型是常数 β_0，其次是直线 $\beta_0+\beta_1 x$。如果要为 Galton 数据指定一个线性模型，可以用 $x_1,\cdots,x_n$ 来表示观察到的 N 个父亲的身高数据，然后建立 N 个儿子身高的模型，我们试图用下式进行预测：

$$Y_i = \beta_0 + \beta_1 x_i + \varepsilon_i, \ i = 1, \cdots, N$$

这里的 x_i 是父亲的身高，由于条件作用，这个值是固定的（不是随机的），Y_i 是要预测的随机儿子的身高。我们进一步假设，ε_i 彼此独立，期望值为 0，标准差为 σ，不依赖于 i。

在上面的模型中，我们知道了 x_i，但是要用有用的模型来进行预测，需要知道 β_0 和 β_1。我们根据数据进行估计。之后，就可以用任意父亲的身高 x 来预测儿子的身高了。

注意，如果我们进一步假设 ε 服从正态分布，那么这个模型与我们之前通过假设二元正态数据推导出来的模型完全相同。有一点细微的差别是，在第一种方法中，我们假设数据服从二元正态分布，线形模型是推导出来的，而不是假设的。在实践中，只假定线性模型，不一定假定正态性：不指明 ε 的分布。但是，如果数据服从二元正态分布，则上述线性模型成立。如果数据不服从二元正态分布，那么需要用其他方法来证明模型。

18.3.1 解释线性模型

线性模型流行的一个原因是它们是可解释的。在 Galton 数据示例中，我们可以这样解释：由于遗传基因，当父亲的身高 x 增加时，预测的儿子身高就要增加 β_1 倍。因为不是所有父亲身高为 x 的儿子的身高都一样，所以我们需要 ε 项，这就解释了其他变异性，包括母亲遗传效应、环境因素和其他生物随机性。

考虑到上面模型的编写方式，截距 β_0 并不具有可解释性，因为它相当于父亲身高为 0 时预测的儿子的身高。由于到平均值的回归，预测值通常会略大于 0。为了使斜率参数更具可解释性，我们可以将模型稍微改写：

$$Y_i = \beta_0 + \beta_1 (x_i - \bar{x}) + \varepsilon_i, \ i = 1, \cdots, N$$

其中，$\bar{x} = \dfrac{1}{N} \sum_{i=1}^{N} x_i$ 是 x 的平均值。在这种情况下，当 $x_i = \bar{x}$ 时，β_0 表示身高，即身高为平均值的父亲的儿子的身高。

18.3.2 最小二乘估计

为了使线性模型有用，我们必须估计未知的 β。科学上的标准方法是找到使拟合模型与数据的距离最小的值。下面是所谓的最小二乘（Least Square，LS）方程，在本章我们会经常见到它。对于 Galton 数据，我们写作：

$$RSS = \sum_{i=1}^{n} \left\{ y_i - (\beta_0 + \beta_1 x_i) \right\}^2$$

这个量称为残差平方和（Residual Sum of Square，RSS）。得到使 RSS 最小的值后，我们将其称为最小二乘估计值（Least Squares Estimate，LSE），并用 $\hat{\beta}_0$ 和 $\hat{\beta}_1$ 表示。我们用之前定义的数据集来演示：

```
library(HistData)
data("GaltonFamilies")
```

```
set.seed(1983)
galton_heights <- GaltonFamilies %>%
  filter(gender == "male") %>%
  group_by(family) %>%
  sample_n(1) %>%
  ungroup() %>%
  select(father, childHeight) %>%
  rename(son = childHeight)
```

我们编写一个计算任意 β_0 和 β_1 下的 RSS 的函数，即：

```
rss <- function(beta0, beta1, data){
  resid <- galton_heights$son - (beta0+beta1*galton_heights$father)
  return(sum(resid^2))
}
```

对于任意 β_0 和 β_1，我们都得到 RSS。图 18.14 显示了当我们将 β_0 固定在 25 时，RSS 作为 β_1 的函数：

```
beta1 = seq(0, 1, len=nrow(galton_heights))
results <- data.frame(beta1 = beta1,
                      rss = sapply(beta1, rss, beta0 = 25))
results %>% ggplot(aes(beta1, rss)) + geom_line() +
  geom_line(aes(beta1, rss))
```

我们可以清楚地看到，β_1 在 0.65 左右值最小。但是，这个最小值对应的 β_1 只在 $\beta_0=25$（任意选择的）时成立。我们不知道（25, 0.65）是否在所有可能的取值中使方程最小。

试错法在这种情况下是行不通的。我们可以在包含 β_0 和 β_1 的值的表格中寻找最小值，但这会造成不必要的耗时，因为我们可以使用微积分：取偏导数，设为 0，然后求出 β_1 和 β_2。当然，如果有很多参数，

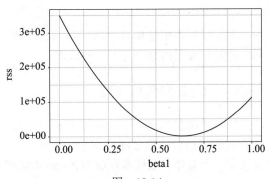

图　18.14

这些方程会变得相当复杂。但是，R 中的函数可以帮我们进行计算。我们接下来就会介绍。要了解背后的数学知识，请查阅关于线性模型的书。

18.3.3　lm 函数

在 R 中，我们可以利用 lm 函数得到最小二乘估计值。为拟合模型：

$$Y_i = \beta_0 + \beta_1 x_i + \varepsilon_i$$

其中，Y_i 表示儿子的身高，x_i 表示父亲的身高。我们可以用以下代码得到最小二乘估计值：

```
fit <- lm(son ~ father, data = galton_heights)
fit$coef
#> (Intercept)    father
#>     37.288      0.461
```

使用 `lm` 最常见的方法是使用字符 ~，从而让 `lm` 知道我们要预测哪个变量（~ 左边）以及要用什么来预测（~ 右边）。截距会自动添加到模型中。

对象 `fit` 包括更多信息。我们可以使用函数 `summary` 来提取更多的信息（这里没有显示）：

```
summary(fit)
#>
#> Call:
#> lm(formula = son ~ father, data = galton_heights)
#>
#> Residuals:
#>    Min     1Q Median     3Q    Max
#> -9.354 -1.566 -0.008  1.726  9.415
#>
#> Coefficients:
#>             Estimate Std. Error t value Pr(>|t|)
#> (Intercept)  37.2876     4.9862    7.48  3.4e-12 ***
#> father        0.4614     0.0721    6.40  1.4e-09 ***
#> ---
#> Signif. codes:  0 '***' 0.001 '**' 0.01 '*' 0.05 '.' 0.1 ' ' 1
#>
#> Residual standard error: 2.45 on 177 degrees of freedom
#> Multiple R-squared:  0.188,  Adjusted R-squared:  0.183
#> F-statistic: 40.9 on 1 and 177 DF,  p-value: 1.36e-09
```

为了理解本汇总中包含的一些信息，我们需要记住 LSE 是随机变量。数理统计使我们对这些随机变量的分布有了一些认识。

18.3.4 LSE 是随机变量

LSE 是由数据 $y_1, \cdots, y_N$ 推导出来的，这些数据是随机变量 $Y_1, \cdots, Y_N$ 的具体取值。这意味着我们的估计值也是随机变量。为此，我们可以使用蒙特卡罗模拟，假设父子身高数据定义了一个总体，取样本容量为 $N=50$ 的随机样本，计算每个样本的回归线斜率系数：

```
B <- 1000
N <- 50
lse <- replicate(B, {
  sample_n(galton_heights, N, replace = TRUE) %>%
    lm(son ~ father, data = .) %>%
    .$coef
})
lse <- data.frame(beta_0 = lse[1,], beta_1 = lse[2,])
```

我们可以通过绘制估计值的分布来了解其变异性，如图 18.15 所示。

这些看起来是正态分布的原因在于，中心极限定理在这里也适用：对于足够大的 N，最小二乘估计值将近似服从正态分布，其期望值分别为 β_0 和 β_1。标准误差的计算有点复杂，但是数学理论允许我们对其进行计算，它们包含在 `lm` 函数提供的汇总中。下面给出了一个模拟数据集的结果：

```
sample_n(galton_heights, N, replace = TRUE) %>%
 lm(son ~ father, data = .) %>%
 summary %>% .$coef
#>             Estimate Std. Error t value Pr(>|t|)
#> (Intercept)   19.28     11.656    1.65 1.05e-01
#> father         0.72      0.169    4.25 9.79e-05
```

可以看到，summary 报告的标准误差估计接近模拟的标准误差：

```
lse %>% summarize(se_0 = sd(beta_0), se_1 = sd(beta_1))
#>    se_0   se_1
#> 1 8.84 0.128
```

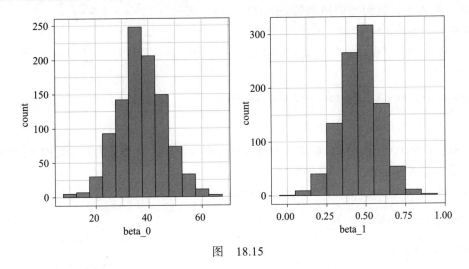

图 18.15

summary 函数还报告了 t 统计值（t value）和 p 值（Pr(>|t|)）。t 统计值实际上并不是基于中心极限定理，而是基于 ε 服从正态分布的假设的。在这种假设下，数学理论告诉我们，LSE 除以标准误差，即 $\hat{\beta}_0/\widehat{\mathrm{SE}}(\hat{\beta}_0)$ 和 $\hat{\beta}_1/\widehat{\mathrm{SE}}(\hat{\beta}_1)$ 服从 t 分布，自由度为 $N-p$，p 是模型中的参数数量。在身高示例中，$p=2$，两个 p 值分别检验了 $\beta_0 = 0$ 和 $\beta_1 = 0$ 的零假设。

记住，正如 16.10 节中描述的，对于足够大的 N，中心极限定理有效，且 t 分布几乎与正态分布一致。另外，请注意，我们可以构建置信区间，但我们很快会了解 broom，这是一个使操作变得简单的附加包。

虽然我们没有在本书中展示例子，但在流行病学和经济学中，使用回归模型进行假设检验的方法常用于得出这样的结论"在调整了 X、Y 和 Z 后，A 对 B 的影响从统计学上来看是显著的"。然而，要使这些说法正确，必须有几个假设。

18.3.5　预测值是随机变量

一旦拟合了模型，我们就可以通过将估计值代入回归模型得到 Y 的预测值。例如，如

果父亲的身高是 x，那么可以预测儿子的身高 $\hat{Y}$：

$$\hat{Y} = \hat{\beta}_0 + \hat{\beta}_1 x$$

绘制 $\hat{Y}$ 与 x 的图后，便可以看到回归线。

记住，预测值 $\hat{Y}$ 也是一个随机变量，并且数学理论告诉了我们它的标准误差。如果我们假设误差服从正态分布，或者有足够大的样本容量，也可以用理论来构造置信区间。事实上，我们之前用到的 ggplot2 层 geom_smooth(method = "lm") 绘制了 $\hat{Y}$，并且给出了围绕它的置信区间（见图 18.16）：

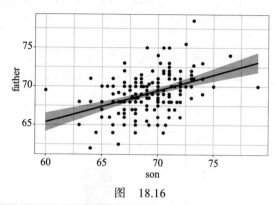

图　18.16

```
galton_heights %>% ggplot(aes(son, father)) +
  geom_point() +
  geom_smooth(method = "lm")
```

R 函数 predict 接受 lm 对象作为输入并返回预测结果。如果需要，我们可以提供用于构建置信区间的标准误差和其他信息：

```
fit <- galton_heights %>% lm(son ~ father, data = .)

y_hat <- predict(fit, se.fit = TRUE)

names(y_hat)
#> [1] "fit"            "se.fit"        "df"            "residual.scale"
```

18.4　练习

我们已经展示了 BB 和一垒打对得分有相似的预测能力。另一种比较这些棒球指标的方法是评估其多年来的稳定性。因为必须根据球员以前的表现来挑选他们，所以我们更喜欢更稳定的指标。在这些练习中，我们将比较一垒打和 BB 的稳定性。

1. 在开始之前，要先生成两个表，即 2002 年数据表和 1999—2001 年赛季平均值的表。我们要定义每个球员的轮击次数。下面是创建 2017 年的表的方式，这里只保留轮击 100 次以上的球员：

```
library(Lahman)
dat <- Batting %>% filter(yearID == 2002) %>%
  mutate(pa = AB + BB,
         singles = (H - X2B - X3B - HR) / pa, bb = BB / pa) %>%
  filter(pa >= 100) %>%
  select(playerID, singles, bb)
```

现在，用 1999—2001 年的比率计算一个类似的表。

2. 在 22.1 节中，我们将介绍 `inner_join`，你可以用它将 2001 年的数据和平均值放在同一个表中：

```
dat <- inner_join(dat, avg, by = "playerID")
```

计算 2002 年和前几个赛季之间的一垒打和 BB 的相关系数。

3. 注意，BB 的相关系数更高。为了快速了解相关系数估计值的不确定性，我们将拟合一个线性模型，并计算斜率的置信区间。但是，首先要绘制散点图来确定拟合线性模型的正确性。

4. 为每个指标拟合一个线性模型，并使用 `confint` 函数来比较估计值。

18.5　tidyverse 中的线性回归

为了解如何在更复杂的分析中使用 `lm` 函数，我们回到棒球例子中。在前面的示例中，我们对回归线进行了估计，以预测不同 HR 层下 BB 的跑垒情况。我们首先构建了一个类似下面这样的数据帧：

```
dat <- Teams %>% filter(yearID %in% 1961:2001) %>%
  mutate(HR = round(HR/G, 1),
         BB = BB/G,
         R = R/G) %>%
  select(HR, BB, R) %>%
  filter(HR >= 0.4 & HR<=1.2)
```

由于我们不知道 `lm` 函数，因此，为了计算各层的回归线，我们直接使用如下公式：

```
get_slope <- function(x, y) cor(x, y) / (sd(x) * sd(y))
dat %>%
  group_by(HR) %>%
  summarize(slope = get_slope(BB, R))
```

我们认为，斜率是相似的，差异可能是由随机变化引起的。为了更严格地防止斜率相同，从而产生多元模型，我们可以计算每个斜率的置信区间。我们还没有介绍过这个公式，但 `lm` 函数提供了足够的信息来对其进行构造。

请注意，如果尝试使用 `lm` 函数来得到这样的斜率估计值：

```
dat %>%
  group_by(HR) %>%
  lm(R ~ BB, data = .) %>% .$coef
#> (Intercept)        BB
#>       2.198     0.638
```

我们不会得到想要的结果。`lm` 函数忽略了 `group_by`，这是意料之中的，因为 `lm` 不是 tidyverse 的一部分，也不知道如何处理一个分组的 tibble 结果。

tidyverse 函数知道如何解释分组的 tibble。此外，为了方便命令通过 `%>%` 串联，

tidyverse 函数始终返回数据帧，因为这可以确保一个函数的输出被接受为另一个函数的输入。但是，大多数 R 函数既不识别分组的 tibble，也不返回数据帧。lm 函数就是这样一个例子。do 函数充当 R 函数（例如 lm 函数）和 tidyverse 之间的桥梁。do 函数能够理解分组的 tibble，并且总是返回一个数据帧。

下面，我们尝试使用 do 函数来为每个 HR 层拟合一条回归线：

```
dat %>%
  group_by(HR) %>%
  do(fit = lm(R ~ BB, data = .))
#> Source: local data frame [9 x 2]
#> Groups: <by row>
#>
#> # A tibble: 9 x 2
#>      HR fit
#> * <dbl> <list>
#> 1   0.4 <lm>
#> 2   0.5 <lm>
#> 3   0.6 <lm>
#> 4   0.7 <lm>
#> 5   0.8 <lm>
#> # ... with 4 more rows
```

注意，我们确实为每个层拟合了一条回归线。do 函数将创建一个数据帧，其第一列是层值，另一列名为 fit（我们选择的是这个名字，但其实它可以是任何名称）。该列包含 lm 调用的结果。因此，返回的 tibble 有一个包含 lm 对象的列，但这并不是很有用。

另外，如果我们没有给列命名（上面我们命名为 fit），那么 do 将返回 lm 的实际输出，而不是数据帧，这就会导致一个错误，因为 do 期望数据帧作为输出：

```
dat %>%
  group_by(HR) %>%
  do(lm(R ~ BB, data = .))
```

Error: Results 1, 2, 3, 4, 5, ... must be data frames, not lm

要构造一个有用的数据帧，函数的输出也必须是数据帧。我们可以构建一个函数，使其只返回我们想要的形式的数据帧：

```
get_slope <- function(data){
  fit <- lm(R ~ BB, data = data)
  data.frame(slope = fit$coefficients[2],
             se = summary(fit)$coefficient[2,2])
}
```

然后，使用 do 函数而不命名输出，因为我们已经得到了一个数据帧：

```
dat %>%
  group_by(HR) %>%
  do(get_slope(.))
#> # A tibble: 9 x 3
#> # Groups:   HR [9]
```

```
#>       HR slope     se
#>    <dbl> <dbl>   <dbl>
#> 1   0.4 0.734   0.208
#> 2   0.5 0.566   0.110
#> 3   0.6 0.412   0.0974
#> 4   0.7 0.285   0.0705
#> 5   0.8 0.365   0.0653
#> # ... with 4 more rows
```

如果给输出命名，那么我们会得到一些不需要的数据，也就是一个包含数据帧的列：

```
dat %>%
  group_by(HR) %>%
  do(slope = get_slope(.))
#> Source: local data frame [9 x 2]
#> Groups: <by row>
#>
#> # A tibble: 9 x 2
#>       HR slope
#> * <dbl> <list>
#> 1   0.4 <df[,2] [1 x 2]>
#> 2   0.5 <df[,2] [1 x 2]>
#> 3   0.6 <df[,2] [1 x 2]>
#> 4   0.7 <df[,2] [1 x 2]>
#> 5   0.8 <df[,2] [1 x 2]>
#> # ... with 4 more rows
```

这没什么用。我们来介绍 do 的最后一个特性。如果返回的数据帧有不止一行，那么这些行将被适当地连接起来。下面的例子会返回两个估计参数：

```
get_lse <- function(data){
  fit <- lm(R ~ BB, data = data)
  data.frame(term = names(fit$coefficients),
    slope = fit$coefficients,
    se = summary(fit)$coefficient[,2])
}

dat %>%
  group_by(HR) %>%
  do(get_lse(.))
#> # A tibble: 18 x 4
#> # Groups:   HR [9]
#>       HR term          slope    se
#>    <dbl> <fct>         <dbl> <dbl>
#> 1   0.4 (Intercept)   1.36  0.631
#> 2   0.4 BB            0.734 0.208
#> 3   0.5 (Intercept)   2.01  0.344
#> 4   0.5 BB            0.566 0.110
#> 5   0.6 (Intercept)   2.53  0.305
#> # ... with 13 more rows
```

如果你觉得这太复杂了，其实也有其他人这么认为。为了简化，我们引入了 broom 包，它旨在方便模型拟合函数（如有 tidyverse 的 lm 函数）的使用。

broom 包

我们最初的任务是为每个层的斜率估计提供一个估计值和置信区间。broom 包使其变得相当容易。

broom 包有 3 个主要函数，这些函数都可以从 lm 返回的对象中提取信息，并以 tidyverse 数据帧形式返回。这些函数包括 tidy、glance 和 augment。tidy 函数以数据帧的形式返回估计值和相关信息：

```
library(broom)
fit <- lm(R ~ BB, data = dat)
tidy(fit)
#> # A tibble: 2 x 5
#>   term          estimate std.error statistic  p.value
#>   <chr>            <dbl>     <dbl>     <dbl>    <dbl>
#> 1 (Intercept)       2.20    0.113      19.4 1.12e-70
#> 2 BB               0.638   0.0344      18.5 1.35e-65
```

我们可以添加其他重要的汇总统计量，如置信区间：

```
tidy(fit, conf.int = TRUE)
#> # A tibble: 2 x 7
#>   term          estimate std.error statistic  p.value conf.low conf.high
#>   <chr>            <dbl>     <dbl>     <dbl>    <dbl>    <dbl>     <dbl>
#> 1 (Intercept)       2.20    0.113      19.4 1.12e-70     1.98      2.42
#> 2 BB               0.638   0.0344      18.5 1.35e-65    0.570     0.705
```

因为结果是一个数据帧，所以我们可以立即使用它与 do 将生成后续要处理的表的命令串联起来。因为返回了一个数据帧，所以我们可以过滤并选择想要的行和列，这就有助于使用 ggplot2（见图 18.17）：

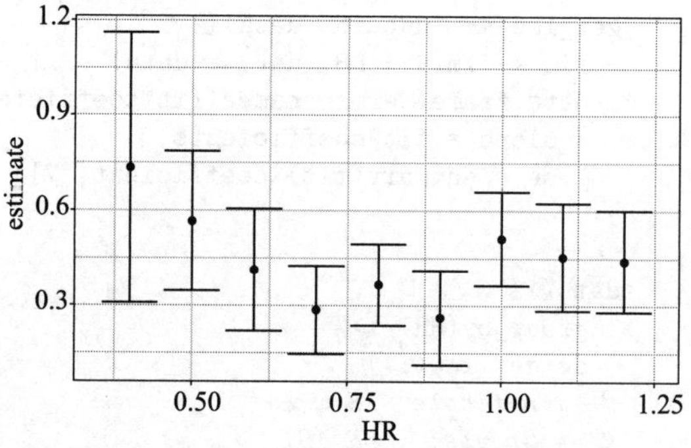

图 18.17

```
dat %>%
  group_by(HR) %>%
  do(tidy(lm(R ~ BB, data = .),
      conf.int = TRUE)) %>%
  filter(term == "BB") %>%
  select(HR, estimate, conf.low, conf.high) %>%
  ggplot(aes(HR, y = estimate, ymin = conf.low, ymax = conf.high)) +
  geom_errorbar() +
  geom_point()
```

现在回到我们最初讨论的任务，即确定斜率是否改变。我们刚刚用 do 和 tidy 函数绘制的图显示置信区间重叠，这在视觉上很好地证实了斜率没有变化这一假设是可靠的。

broom 提供的其他函数 glance 和 augment 分别与特定模型和特定观测结果相关。在这里，我们可以看到 glance 返回了 fit 模型总结：

```
glance(fit)
#> # A tibble: 1 x 11
#>   r.squared adj.r.squared sigma statistic  p.value    df logLik   AIC
#>       <dbl>         <dbl> <dbl>     <dbl>    <dbl> <int>  <dbl> <dbl>
#> 1     0.266         0.265 0.454     343. 1.35e-65     2  -596. 1199.
#> # ... with 3 more variables: BIC <dbl>, deviance <dbl>,
#> #   df.residual <int>
```

你可以在任何一本回归相关的课本中了解到更多信息。

18.6　练习

1. 在前面，我们计算了母亲和女儿、母亲和儿子、父亲和女儿、父亲和儿子之间的身高相关性，并注意到父亲和儿子之间的相关性最高，而母亲和儿子之间的相关性最低。我们可以使用：

```
data("GaltonFamilies")
set.seed(1)
galton_heights <- GaltonFamilies %>%
  group_by(family, gender) %>%
  sample_n(1) %>%
  ungroup()

cors <- galton_heights %>%
  gather(parent, parentHeight, father:mother) %>%
  mutate(child = ifelse(gender == "female", "daughter", "son")) %>%
  unite(pair, c("parent", "child")) %>%
  group_by(pair) %>%
  summarize(cor = cor(parentHeight, childHeight))
```

来计算相关性。这些差异在统计上显著吗？为了回答这个问题，我们将计算回归线的斜率及其标准误差。首先使用 lm 和 broom 包计算斜率的 LSE 和标准误差。

2. 重复上面的练习，但是也要计算出置信区间。

3. 画出置信区间。注意它们是重叠的，这意味着数据与独立于性别的身高遗传是一致的。

4. 因为我们随机选择孩子，所以实际上可以做一些置换检验。重复计算相关性 100 次，每次取不同的样本。提示：使用与模拟相似的代码。

5. 拟合一个线性回归模型，以获得 1971 年 BB 和 HR 对跑垒（在团队层面）的影响。使用 broom 包中的 tidy 函数以数据帧的形式获得结果。

6. 对 1961 年以来的每一年数据都按照上述方法重复模型拟合并绘图。对自 1961 年起的每年的数据使用 do 和 broom 包来拟合这种模型。

7. 使用前面练习的结果来绘制 BB 对跑垒的估计影响的图。

8. 进阶内容。编写一个函数，以 R、HR 和 BB 为参数，并拟合两个线性模型：R~BB 和 R~BB+HR。然后使用 do 函数获得自 1961 年以来每年两种模型的 BB，把它们绘制成时间的函数。

18.7 案例研究:《点球成金》(续)

在试图回答 BB 预测跑垒情况的准确性问题时,数据探索将我们引向了一个模型:

$$E\left[\,R|\mathrm{BB}{=}x_1,\ \mathrm{HR}{=}x_2\,\right]=\beta_0+\beta_1x_1+\beta_2x_2$$

这里的数据近似服从正态分布,条件分布也是正态分布。因此,我们有理由使用线性模型:

$$Y_i=\beta_0+\beta_1x_{i,1}+\beta_2x_{i,2}+\varepsilon_i$$

其中,Y_i 表示每场比赛 i 队得分。$x_{i,1}$ 表示每场比赛的跑垒数,$x_{i,2}$ 以此类推。为了在这里使用 lm,我们需要让函数知道有两个预测变量。所以我们使用 + 符号,如下所示:

```
fit <- Teams %>%
  filter(yearID %in% 1961:2001) %>%
  mutate(BB = BB/G, HR = HR/G, R = R/G) %>%
  lm(R ~ BB + HR, data = .)
```

我们可以使用 tidy 来得到很好的总结:

```
tidy(fit, conf.int = TRUE)
#> # A tibble: 3 x 7
#>   term          estimate std.error statistic  p.value conf.low conf.high
#>   <chr>            <dbl>    <dbl>     <dbl>     <dbl>    <dbl>    <dbl>
#> 1 (Intercept)      1.74    0.0824    21.2   7.62e- 83   1.58     1.91
#> 2 BB               0.387   0.0270    14.3   1.20e- 42   0.334    0.440
#> 3 HR               1.56    0.0490    31.9   1.78e-155   1.47     1.66
```

当只用一个变量拟合模型时,BB 和 HR 的估计斜率分别为 2.12261805015402 和 5.32531443555834。注意,当拟合多元模型时,两者都下降,但是 BB 下降得更多。

假设要构建一个挑选球员的指标,我们还需要考虑到一垒打、二垒打和三垒打的数量。我们能建立一个基于所有这些结果的模型来预测跑垒情况吗?

现在我们要大胆地假设这 5 个变量是共同正态的。这意味着,如果我们选择其中任何一个并保持其他 4 个固定,那么其与结果的关系就是线性的,并且斜率不依赖于其他 4 个固定值。如果这成立,那么我们数据的线性模型是:

$$Y_i=\beta_0+\beta_1x_{i,1}+\beta_2x_{i,2}+\beta_3x_{i,3}+\beta_4x_{i,4}+\beta_5x_{i,5}+\varepsilon_i$$

其中,$x_{i,1}$、$x_{i,2}$、$x_{i,3}$、$x_{i,4}$、$x_{i,5}$ 分别表示 BB、一垒打、二垒打、三垒打和 HR 的数量。使用 lm 函数,我们可以通过以下代码快速找到参数的 LSE:

```
fit <- Teams %>%
  filter(yearID %in% 1961:2001) %>%
mutate(BB = BB / G,
       singles = (H - X2B - X3B - HR) / G,
       doubles = X2B / G,
       triples = X3B / G,
       HR = HR / G,
       R = R / G) %>%
  lm(R ~ BB + singles + doubles + triples + HR, data = .)
```

我们可以使用 tidy 得到系数：

```
coefs <- tidy(fit, conf.int = TRUE)

coefs
#> # A tibble: 6 x 7
#>   term          estimate std.error statistic   p.value conf.low conf.high
#>   <chr>            <dbl>     <dbl>     <dbl>     <dbl>    <dbl>     <dbl>
#> 1 (Intercept)     -2.77    0.0862    -32.1 4.76e-157    -2.94     -2.60
#> 2 BB               0.371   0.0117     31.6 1.87e-153     0.348     0.394
#> 3 singles          0.519   0.0127     40.8 8.67e-217     0.494     0.544
#> 4 doubles          0.771   0.0226     34.1 8.44e-171     0.727     0.816
#> 5 triples          1.24    0.0768     16.1 2.12e- 52     1.09      1.39
#> # ... with 1 more row
```

为了了解指标实际预测跑垒的情况，我们可以用 predict 函数预测 2002 年每队的跑垒数，然后绘制一个图（见图 18.18）：

```
Teams %>%
  filter(yearID %in% 2002) %>%
  mutate(BB = BB/G,
         singles = (H-X2B-X3B-HR)/G,
         doubles = X2B/G,
         triples =X3B/G,
         HR=HR/G,
         R=R/G)  %>%
  mutate(R_hat = predict(fit, newdata = .)) %>%
  ggplot(aes(R_hat, R, label = teamID)) +
  geom_point() +
  geom_text(nudge_x=0.1, cex = 2) +
  geom_abline()
```

我们的模型效果非常好，事实证明，观察到的点与预测的点接近恒等线。

因此，我们可以使用拟合模型来产生与跑垒数更直接相关的指标，而不是使用击球率或 HR 数量作为选择球员的指标。具体来说，为了定义球员 A 的指标，我们设想了一个由像球员 A 一样的球员组成的球队，并使用拟合回归模型来预测这个球队将会产生多少次跑垒。公式为 $-2.769+0.371BB+0.519 \times$ 一垒打数 $+0.771 \times$ 二垒打数 $+1.24 \times$ 三垒打数 $+1.443HR$。

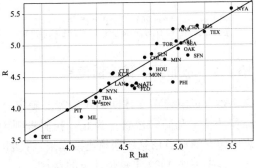

图　18.18

要定义特定于球员的度量标准，我们还有一些工作要做。一个挑战是，我们要根据团队级别的汇总统计数据来得出团队的度量标准。例如，公式中输入的 HR 值是整个团队每场比赛的 HR。如果计算一名球员每场比赛的 HR，那就会低很多，因为总共有 9 名击球手。此外，如果一名球员只参加了比赛的一部分并且获得的机会低于平均水平，他仍然被认为是参加了比赛。对于球员来说，一个考虑机会的比率是每次轮击比率。

为了使每场比赛的球队比率与每次轮击的球员比率相比较，需要计算每场比赛球队的平均轮击次数：

```
pa_per_game <- Batting %>% filter(yearID == 2002) %>%
  group_by(teamID) %>%
  summarize(pa_per_game = sum(AB+BB)/max(G)) %>%
  pull(pa_per_game) %>%
  mean
```

我们根据 1997—2001 年的数据计算了 2002 年在役球员每次轮击率。为了避免小样本假象，我们过滤掉了每年轮击次数少于 200 的球员。以下代码行给出了整个计算过程：

```
players <- Batting %>% filter(yearID %in% 1997:2001) %>%
  group_by(playerID) %>%
  mutate(PA = BB + AB) %>%
  summarize(G = sum(PA)/pa_per_game,
    BB = sum(BB)/G,
    singles = sum(H-X2B-X3B-HR)/G,
    doubles = sum(X2B)/G,
    triples = sum(X3B)/G,
    HR = sum(HR)/G,
    AVG = sum(H)/sum(AB),
    PA = sum(PA)) %>%
  filter(PA >= 1000) %>%
  select(-G) %>%
  mutate(R_hat = predict(fit, newdata = .))
```

这里计算的特定于球员的预测跑垒数可以解释为如果所有击球手都与该球员完全相同时我们预测该队将得分的跑垒数。这种分布表明，球员之间存在很大的变异性（见图 18.19）：

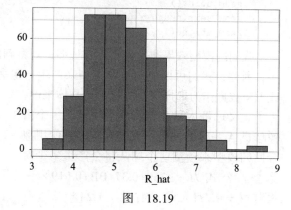

图　18.19

```
qplot(R_hat, data = players,
binwidth = 0.5, color = I("black"))
```

18.7.1　添加薪水和位置信息

要真正组建一支球队，我们需要确定球员的薪水和防守位置。为此，我们将刚创建的 player 数据帧与其他一些 Lahman 数据表中包含的球员信息数据帧连接起来。我们将在 22.1 节进一步了解 join 函数。

首先添加 2002 年每位球员的薪水：

```
players <- Salaries %>%
  filter(yearID == 2002) %>%
  select(playerID, salary) %>%
  right_join(players, by="playerID")
```

其次，我们添加球员的防守位置。这个任务有点复杂，因为球员每年会打多个位置。Lahman 包的 `Appearances` 表给出了每名球员在每个位置上打了多少次比赛，我们可以在每一行用 `which.max` 选择最常打的位置。我们使用 `apply` 函数来进行。然而，由于一些球员可能被挖到其他球队，他们在表中出现不止一次，因此我们首先要汇总他们在不同球队的出场次数。在这里，我们用 `top_n` 函数选择球员最常打的位置。为了确保只选择一个位置，我们选择结果数据帧的第一行。我们移除了外野手（OF）的位置，它概括起来有三种位置：左野（LF）、中野（CF）和右野（RF）。我们也移除了投手，因为他们在 A 队中不击球。

```r
position_names <-
  paste0("G_", c("p","c","1b","2b","3b","ss","lf","cf","rf", "dh"))

tmp <- Appearances %>%
  filter(yearID == 2002) %>%
  group_by(playerID) %>%
  summarize_at(position_names, sum) %>%
  ungroup()

pos <- tmp %>%
  select(position_names) %>%
  apply(., 1, which.max)

players <- tibble(playerID = tmp$playerID, POS = position_names[pos]) %>%
  mutate(POS = str_to_upper(str_remove(POS, "G_"))) %>%
  filter(POS != "P") %>%
  right_join(players, by="playerID") %>%
  filter(!is.na(POS)  & !is.na(salary))
```

最后，我们添加球员的名和姓：

```r
players <- Master %>%
  select(playerID, nameFirst, nameLast, debut) %>%
  mutate(debut = as.Date(debut)) %>%
  right_join(players, by="playerID")
```

如果你是棒球迷，就会认出前 10 名球员：

```r
players %>% select(nameFirst, nameLast, POS, salary, R_hat) %>%
  arrange(desc(R_hat)) %>% top_n(10)
#> Selecting by R_hat
#>    nameFirst nameLast POS   salary R_hat
#> 1      Barry    Bonds  LF 15000000  8.44
#> 2      Larry   Walker  RF 12666667  8.34
#> 3       Todd   Helton  1B  5000000  7.76
#> 4      Manny  Ramirez  LF 15462727  7.71
#> 5      Sammy     Sosa  RF 15000000  7.56
#> 6       Jeff  Bagwell  1B 11000000  7.41
#> 7       Mike   Piazza   C 10571429  7.34
#> 8      Jason   Giambi  1B 10428571  7.26
#> 9      Edgar Martinez  DH  7086668  7.26
#> 10       Jim    Thome  1B  8000000  7.23
```

18.7.2 选择 9 名球员

平均而言，指标越高的球员薪水越高（见图 18.20）：

```
players %>% ggplot(aes(salary, R_hat, color = POS)) +
  geom_point() +
  scale_x_log10()
```

通过观察薪水相当但跑垒数更多的球员，我们可以寻找更划算的球员。我们可以根据这个表来确定挑选哪个球员，使团队总薪水低于 Billy Beane 仅有的 4000 万美元。这可以通过计算机科学家所说的线性规划来实现。这里不介绍线性规划，但表 18.1 给出了用这种方法选择的球员。

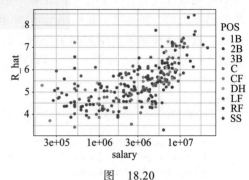

图　18.20

表　18.1

nameFirst	nameLast	POS	salary	R_hat
Todd	Helton	1B	5000000	7.76
Mike	Piazza	C	10571429	7.34
Edgar	Martinez	DH	7086668	7.26
Jim	Edmonds	CF	7333333	6.55
Jeff	Kent	2B	6000000	6.39
Phil	Nevin	3B	2600000	6.16
Matt	Stairs	RF	500000	6.06
Henry	Rodriguez	LF	300000	5.94
John	Valentin	SS	550000	5.27

我们发现，所有这些球员的 BB 率都高于平均水平，大部分球员都有高于平均值的 HR 率，但一垒打率并非如此。表 18.2 是一个标准化的球员统计数据表，例如，高于平均 HR 率的击球手的值大于 0。

表　18.2

nameLast	BB	singles	doubles	triples	HR	AVG	R_hat
Helton	0.909	−0.215	2.649	−0.311	1.522	2.670	2.532
Piazza	0.328	0.423	0.204	−1.418	1.825	2.199	2.089
Martinez	2.135	−0.005	1.265	−1.224	0.808	2.203	2.000
Edmonds	1.071	−0.558	0.791	−1.152	0.973	0.854	1.256
Kent	0.232	−0.732	2.011	0.448	0.766	0.787	1.087
Nevin	0.307	−0.905	0.479	−1.191	1.193	0.105	0.848
Stairs	1.100	−1.513	−0.046	−1.129	1.121	−0.561	0.741
Rodriguez	0.201	−1.596	0.332	−0.782	1.320	−0.672	0.610
Valentin	0.180	−0.929	1.794	−0.435	−0.045	−0.472	−0.089

18.8　回归谬论

维基百科将二年生症候群（sophomore slump）定义为：

> 二年生症候群、二年生厄运或二年生紧张不安，指的是二次努力没有达到第一次努力的标准。通常用来指学生（高中二年级、大学二年级）、运动员（第二赛季比赛）、歌手／乐队（第二张专辑）、电视节目（第二季）、电影（续集／前传）的冷淡。

在美国职业棒球联盟中，年度最佳新秀（Rookie of the Year，ROY）奖是颁给第一年表现最好的球员。"二年生症候群"用来描述 ROY 奖的获得者在第二年表现不佳的现象。例如，福克斯体育频道（Fox Sports）的一篇文章就提出了这样一个问题：美国职业棒球联盟2015 年的新秀会不会遭遇二年生症候群？

这些数据是否证实了二年生症候群的存在？我们来查看一下。检查平均击球率数据，我们看到，这一观察结果适用于获得 ROY 奖的顶级选手（见表 18.3）。

表　18.3

nameFirst	nameLast	rookie_year	rookie	sophomore
Willie	McCovey	1959	0.354	0.238
Ichiro	Suzuki	2001	0.350	0.321
Al	Bumbry	1973	0.337	0.233
Fred	Lynn	1975	0.331	0.314
Albert	Pujols	2001	0.329	0.314

事实上，第二年平均击球率较低的球员比例为 0.686。

那么是"紧张不安"还是"倒霉"呢？为了回答这个问题，我们把注意力转向所有在2013 年和 2014 年赛季击球次数超过 130 次的球员（最少要获得年度最佳新秀奖）。

同样的模式也出现在我们观察顶级球员的时候：大多数顶级球员的平均击球率下降（见表 18.4）。

表　18.4

nameFirst	nameLast	2013	2014
Miguel	Cabrera	0.348	0.313
Hanley	Ramirez	0.345	0.283
Michael	Cuddyer	0.331	0.332
Scooter	Gennett	0.324	0.289
Joe	Mauer	0.324	0.277

但他们不是新手！此外，请看 2013 年表现最差的球手身上发生了什么（见表 18.5）。

表 18.5

nameFirst	nameLast	2013	2014
Danny	Espinosa	0.158	0.219
Dan	Uggla	0.179	0.149
Jeff	Mathis	0.181	0.200
Melvin	Upton	0.184	0.208
Adam	Rosales	0.190	0.262

他们的平均击球率大多在上升！这是逆二年生症候群吗？并不是。不存在所谓的二年生症候群。这一切都可以用一个简单的统计事实来解释：两个不同年份的表现相关性很高，但并不完全相关，如图 18.21 所示。

相关系数为 0.46，数据看起来非常像二元正态分布，这意味着对于任何一位 2013 年平均击球率为 X 的球员，可通过下式预测 2014 年的平均击球率 Y：

$$\frac{Y - 0.255}{0.032} = 0.46 \left(\frac{X - 0.261}{0.023} \right)$$

由于并不完全相关，因此从回归可以得知，平均而言，2013 年表现优异的球员在 2014 年的表现会略差一点。这不是倒霉；只是巧合。ROY 是从 X 的最大值中选择的，因此预期 Y 将回归到平均值。

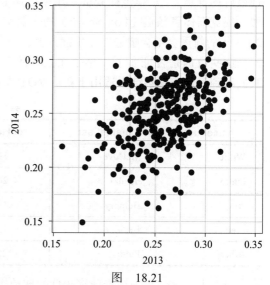

图 18.21

18.9 测量误差模型

到目前为止，我们所有的线性回归例子都应用于两个或两个以上的随机变量。我们假设两个随机变量服从二元正态分布，并用其产生一个线性模型。这种方法涵盖了线性回归的大多数实际例子。另一个主要应用是测量误差模型。在这些应用中，常有非随机的协变量（如时间），随机性是由测量误差而不是抽样或自然变异性引入的。

要理解这些模型，可以想象自己是 16 世纪的伽利略，正在试图描述一个下落物体的速度。一名助手爬上比萨斜塔，扔下一个球，其他几名助手则记录球在不同时间的位置。我们用今天所知的方程来模拟一些数据，并加上一些测量误差。dslabs 函数 rfalling_object 生成这些模拟数据：

```
library(dslabs)
falling_object <- rfalling_object()
```

助手们把数据交给伽利略，那么他看到（见图 18.22 ）：

```
falling_object %>%
  ggplot(aes(time, observed_distance)) +
  geom_point() +
  ylab("Distance in meters") +
  xlab("Time in seconds")
```

伽利略并不知道确切的方程，但是通过观察图 18.22，他推断这个位置函数应该是一条抛物线，写作：

$$f(x)=\beta_0+\beta_1 x+\beta_2 x^2$$

数据并不完全落在抛物线上。伽利略知道这是由测量误差造成的。

助手在测量距离时犯了错误。为了说明这一点，他对数据进行建模：

$$Y_i=\beta_0+\beta_1 x_i+\beta_2 x_i^2+\varepsilon_i,\ i=1,\cdots,n$$

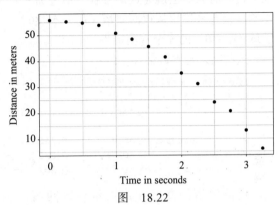

图　18.22

其中，Y_i 是以米为单位的距离，x_i 是以秒为单位的时间，ε 表示测量误差。假设测量误差是随机且相互独立的，并且在每个 i 下分布是相同的。我们假设不存在偏差，即期望值 $E[\varepsilon]=0$。

请注意，这是一个线性模型，因为这是已知量（x 和 x^2 已知）和未知参数（对伽利略来说，β 是未知参数）的线性组合。与之前的例子不同的是，这里的 x 是一个固定值，没有条件作用。

为了提出一个新的物理理论并对其他下落物体进行预测，伽利略需要实际的数字，而不是未知的参数。使用 LSE 似乎是一个合理的方法。如何才能得到 LSE 呢？

LSE 计算不要求误差近似服从正态分布。`lm` 函数会找到使残差平方和最小的 β：

```
fit <- falling_object %>%
  mutate(time_sq = time^2) %>%
  lm(observed_distance~time+time_sq, data=.)
tidy(fit)
#> # A tibble: 3 x 5
#>   term         estimate std.error statistic  p.value
#>   <chr>           <dbl>     <dbl>     <dbl>    <dbl>
#> 1 (Intercept)     56.1      0.592      94.9 2.23e-17
#> 2 time           -0.786     0.845     -0.930 3.72e- 1
#> 3 time_sq        -4.53      0.251     -18.1 1.58e- 9
```

检查一下估计的抛物线是否与数据吻合。broom 函数 `augment` 使这一过程变得简单（见图 18.23 ）：

```
augment(fit) %>%
  ggplot() +
  geom_point(aes(time, observed_distance)) +
  geom_line(aes(time, .fitted), col = "blue")
```

由高中物理知识可知，物体下落轨迹的
方程是：

$$d = h_0 + v_0 t - 0.5 \times 9.8 t^2$$

其中，h_0 和 v_0 分别是起始的高度和速度。
上面模拟的数据也遵循这个方程，不过加入
了测量误差来模拟从比萨斜塔（$h_0 = 55.86$）
丢球（$v_0 = 0$）的 n 个观测结果。

这些结果与参数估计一致：

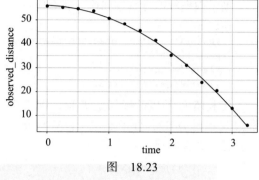

图 18.23

```
tidy(fit, conf.int = TRUE)
#> # A tibble: 3 x 7
#>   term         estimate std.error statistic  p.value conf.low conf.high
#>   <chr>           <dbl>     <dbl>     <dbl>    <dbl>    <dbl>     <dbl>
#> 1 (Intercept)     56.1     0.592      94.9  2.23e-17     54.8      57.4
#> 2 time          -0.786     0.845     -0.930 3.72e- 1    -2.65      1.07
#> 3 time_sq        -4.53     0.251     -18.1  1.58e- 9    -5.08     -3.98
```

比萨斜塔的高度在 β_0 的置信区间内，初速度 0 在 β_1 的置信区间内（注意 p 值大于
0.05），加速度常数在 $-2\beta_2$ 的置信区间内。

18.10 练习

自 20 世纪 80 年代起，棒球统计学家就开始使用一种与击球率不同的汇总统计数据来
评估球员。他们意识到跑垒很重要，二垒打、三垒打和 HR 的比重应该大于一垒打。因此，
他们提出下列衡量标准：

$$\frac{BB}{PA} + \frac{\text{一垒打数} + 2 \times \text{二垒打数} + 3 \times \text{三垒打数} + 4HR}{AB}$$

他们将之称为上垒率加上长打率（OPS）。尽管棒球统计学家可能没有使用回归，但在这
里，我们将展示这个指标和使用回归得到的结果是多么接近。

1. 计算 2001 年赛季每支球队的 OPS。绘制每场比赛跑垒次数与 OPS 的图。

2. 计算自 1961 年开始每一年每场比赛跑垒次数和 OPS 之间的相关性，然后绘制这些相关
   系数随年份变化的图。

3. 请注意，我们可以将 OPS 重写为 BB、一垒打、二垒打、三垒打和 HR 数量的加权平均
   值。我们知道二垒打、三垒打和 HR 的权重分别是一垒打的 2 倍、3 倍和 4 倍。但 BB
   呢？相对于一垒打，BB 的权重是多少？提示：BB 相对一垒打的权重是 AB 和 PA 的
   函数。

4. 请注意，BB 的权重 $\dfrac{AB}{PA}$ 会根据团队而变化。要了解它的可变程度，请计算并绘制自 1961
   年以来每支球队每年的这个量。再次绘图，但不针对每个团队计算，而是计算并绘制全

年的比率。一旦确信没有太多的时间或团队趋势，报告整体平均值。

5. 现在我们知道，OPS 公式与 0.91BB+ 一垒打数 +2× 二垒打数 +3× 三垒打数 +4HR 成正比。请看看这些系数与通过回归得到的系数有什么区别。像之前那样对 1961 年以后的数据拟合一个回归模型：使用每支球队每年每场比赛数据。拟合此模型后，报告系数相对于一垒打系数的权重。

6. 我们看到线性回归模型系数与 OPS 使用的系数遵循相同的总体趋势，但除一垒打以外指标的权重略低。对 1961 年以后的每支球队，都用回归模型计算 OPS、预测跑垒数，并计算两者之间的相关性以及与每场比赛跑垒数的相关性。

7. 我们看到，使用回归方法预测跑垒情况略好于 OPS，但没有好很多。但是请注意，当我们用这些方法来评估球员时，我们一直在计算 OPS 和预测跑垒数。OPS 与在球员层面通过回归得到的结果是非常相似的。根据模型，计算 1961 年赛季及以后每个球员的 OPS 和预测跑垒数，并绘制图形。使用在前一章中用到的每场比赛的 PA 进行修正。

8. 根据预测跑垒和 OPS，哪些球员的排名差异最大？

关联关系并非因果关系

关联关系并非因果关系，这也是统计学最重要的一课。相关关系也不是因果关系。在本书的第三部分，我们描述了用于量化变量之间关联关系的工具。然而，我们必须注意，不要过度解读这些关联关系。

变量 X 可以与变量 Y 相关而不会对 Y 产生任何直接影响，其原因有很多。在这里，我们研究三种可能导致错误解读数据的常见方式。

19.1　伪相关

图 19.1 的例子强调了相关关系不是因果关系。它显示离婚率和人均人造黄油消费量之间有很强的相关性。

这是否意味着人造黄油会导致离婚？或者离婚会导致人们食用更多的人造黄油？当然，这两个问题的答案都是否定的。这只是我们所说的伪相关的一个例子。

在伪相关网站[⊖]上，你可以看到许多更荒谬的例子。

在伪相关网站中出现的案例都是所谓的数据捕捞、数据钓鱼或数据探测的实例。这大体上就是美国人所说的随意选取（cherry

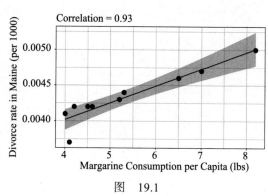

图　19.1

⊖　http://tylervigen.com/spurious-correlations

picking）的一种形式。数据捕捞的一个例子是，查看由随机过程产生的结果并选择一些支持你认同的理论的关系的结果。

蒙特卡罗模拟可以用来展示数据捕捞是如何在不相关的变量之间找到高度相关性的。我们将模拟的结果保存到 `tibble` 中：

```
N <- 25
g <- 1000000
sim_data <- tibble(group = rep(1:g, each=N),
                   x = rnorm(N * g),
                   y = rnorm(N * g))
```

第一列表示组。我们创建组，并为每组生成一对独立的向量 X 和 Y，每个向量有 25 个观测值，它们存储在第二列和第三列中。因为是我们构建的模拟数据，所以我们知道 X 和 Y 是不相关的。

接下来，计算每一组 X 和 Y 的相关系数，并观察最大值：

```
res <- sim_data %>%
  group_by(group) %>%
  summarize(r = cor(x, y)) %>%
  arrange(desc(r))
res
#> # A tibble: 1,000,000 x 2
#>     group       r
#>     <int>   <dbl>
#> 1   19673   0.808
#> 2  901379   0.799
#> 3  297494   0.780
#> 4  633789   0.768
#> 5  168119   0.764
#> # ... with 1e+06 more rows
```

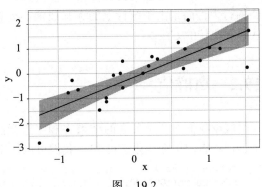

图　19.2

我们看到的最大相关系数是 0.808，如果将实现这一相关性的组中的数据绘制出来，便会得到一个说服力很强的图，表明 X 和 Y 实际上相关（见图 19.2）。

```
sim_data %>% filter(group == res$group[which.max(res$r)]) %>%
  ggplot(aes(x, y)) +
  geom_point() +
  geom_smooth(method = "lm")
```

记住，相关性汇总统计量是一个随机变量。蒙特卡罗模拟生成的分布如下（见图 19.3）：

```
res %>% ggplot(aes(x=r)) + geom_histogram
             (binwidth = 0.1, color =
                "black")
```

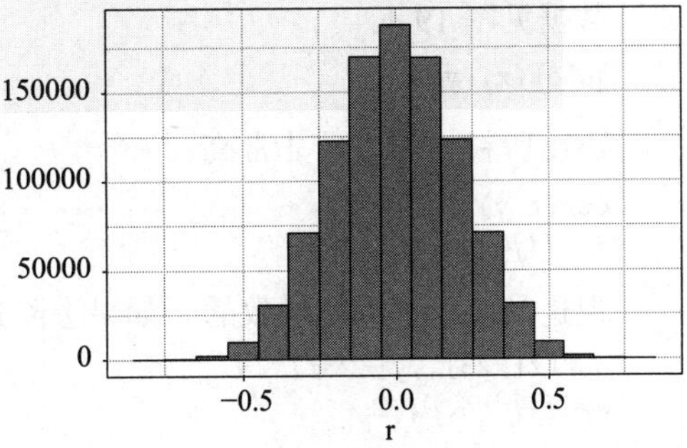

图　19.3

如果我们观察到期望值为 0 的随机相关系数，但标准误差为 0.204，那么最大值将接近 1，这仅是一个数学事实。

如果我们对这一组进行回归并解释 p 值，我们会错误地认为这是一种具有统计学意义的关系：

```
library(broom)
sim_data %>%
  filter(group == res$group[which.max(res$r)]) %>%
  do(tidy(lm(y ~ x, data = .))) %>%
  filter(term == "x")
#> # A tibble: 1 x 5
#>   term  estimate std.error statistic   p.value
#>   <chr>    <dbl>     <dbl>     <dbl>     <dbl>
#> 1 x         1.20     0.183      6.57 0.00000104
```

这种数据捕捞的特殊形式被称为 p 值操控（p-hacking）。这是一个讨论较多的话题，因为它是科学出版物中的一个问题。出版商倾向于奖励具有统计学意义的结果，而不是负面的结果，所以就有了报告有意义结果的动机。例如，在流行病学和社会科学领域，研究人员可能会寻找不良结果与多次接触之间的关联，然后只报告导致 p 值较小的一次接触。此外，他们尝试拟合几个不同的模型来考虑混杂因素，最终选择产生最小 p 值的模型。在实验学科中，一个实验可能被重复不止一次，但只报告 p 值很小的实验结果。这并不是不道德的行为，而是由于统计上的无知或痴心妄想。在高级统计学课程中，你可以学习调整这些多重比较的方法。

19.2　离群值

假设我们对两个独立的结果 X 和 Y 进行测量，然后标准化测量结果。如果我们犯了一个错误：忘记了标准化条目 23。我们可以使用以下方法来模拟这些数据：

```
set.seed(1985)
x <- rnorm(100,100,1)
y <- rnorm(100,84,1)
x[-23] <- scale(x[-23])
y[-23] <- scale(y[-23])
```

数据见图 19.4：

```
qplot(x, y)
```

不出所料，相关性非常高：

```
cor(x,y)
#> [1] 0.988
```

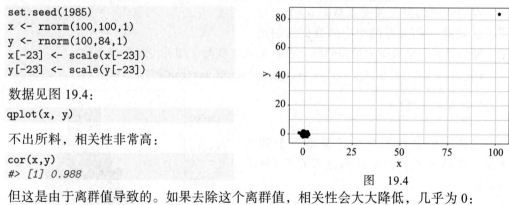

图　19.4

但这是由于离群值导致的。如果去除这个离群值，相关性会大大降低，几乎为 0：

```
cor(x[-23], y[-23])
#> [1] -0.0442
```

在第 11 章中，我们描述了针对离群值更为稳健的平均值和标准差的替代方法。除了样本相关性，还有一种方法可以用来估计总体相关性，这种相关性对离群值来说是稳健的，它被称为斯皮尔曼相关性。想法很简单：计算值等级的相关性。下面绘制了一个等级示意图（见图 19.5）：

```
qplot(rank(x), rank(y))
```

离群值不再与非常大的值相关联，相关性下降：

```
cor(rank(x), rank(y))
#> [1] 0.00251
```

斯皮尔曼相关性也可以这样计算：

```
cor(x, y, method = "spearman")
#> [1] 0.00251
```

还有一些线性模型的稳健拟合方法，详见 Peter J. Huber 和 Elvezio M. Ronchetti 所著的 *Robust Statistics*（第 2 版）。

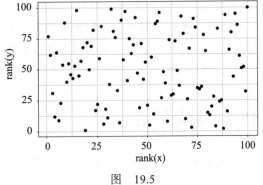

图 19.5

19.3 颠倒因果

混淆关联关系与因果关系的另一种方式是因果颠倒。其中一个例子就是，家教辅导会让学生表现更差，因为他们的考试成绩比没有家教辅导的同龄人要低。在这个例子中，家教辅导不是导致考试成绩低的原因，结果恰恰相反。

这种说法被刊登在了《纽约时报》的一篇专栏文章中，标题为"Parental Involvement Is Overrated"。考虑这篇文章中的一句话：

当我们检查定期辅导家庭作业是否对孩子的学业表现有积极影响时，我们的发现相当令人吃惊。不论家庭的社会阶层、种族、民族背景或孩子的年级如何，始终如一的家庭作业辅导几乎不会帮助提高考试成绩。更让我们惊讶的是，当父母经常辅导孩子完成家庭作业时，孩子的表现通常会变得更差。

一种非常有可能的情况是，因为孩子在学校的表现不好，所以才需要父母的定期辅导。

使用父子身高数据很容易构建一个因果颠倒的示例。如果我们用父子身高数据拟合以下模型：

$$X_i = \beta_0 + \beta_1 y_i + \varepsilon_i, \ i = 1, \cdots, N$$

其中，X_i 表示父亲的身高，y_i 表示儿子的身高，我们确实得到了一个具有统计学意义的结果：

```
library(HistData)
data("GaltonFamilies")
GaltonFamilies %>%
  filter(childNum == 1 & gender == "male") %>%
  select(father, childHeight) %>%
  rename(son = childHeight) %>%
  do(tidy(lm(father ~ son, data = .)))
#> # A tibble: 2 x 5
#>   term        estimate std.error statistic  p.value
```

```
#>   <chr>          <dbl>    <dbl>     <dbl>    <dbl>
#> 1 (Intercept)    34.0     4.57      7.44 4.31e-12
#> 2 son            0.499    0.0648    7.70 9.47e-13
```

数据与模型十分吻合。如果看一下上面模型的数学公式，会发现它很容易被错误地解释为：儿子的身高影响了父亲的身高。但根据我们对遗传学和生物学的了解，我们知道真实情况刚好相反。这个模型在技术上是正确的，正确得到了估计值和 p 值，错误在于解读。

19.4　混杂因素

混杂因素也许是导致关联关系被误解的最常见的原因。

如果 X 和 Y 是相关的，且 Z 变化的同时会引起 X 和 Y 的变化，我们就称 Z 为混杂因素。在前面，当研究棒球数据时，我们发现全垒打是一个混杂因素，在研究投球上垒与跑垒之间的关系时，它会导致相关性比预期的更高。在某些情况下，我们可以使用线性模型来解释混杂因素。然而，情况并非总是如此。

由混杂因素造成的错误解释在非专业媒体中普遍存在，并且也难以发现。在这里，我们展示一个广泛使用的与大学录取有关的例子。

19.4.1　示例：加州大学伯克利分校的招生

1973 年加州大学伯克利分校 6 个专业的录取数据显示，男生被录取的比例比女生高：男生为 44%，女生为 30%[⊖]。我们可以加载数据并进行统计检验，这显然否定了性别和录取人数相互独立的假设：

```
data(admissions)
admissions %>% group_by(gender) %>%
  summarize(total_admitted = round(sum(admitted / 100 * applicants)),
            not_admitted = sum(applicants) - sum(total_admitted)) %>%
  select(-gender) %>%
  do(tidy(chisq.test(.))) %>% .$p.value
#> [1] 1.06e-21
```

但仔细观察就会发现一个自相矛盾的结果。以下是各专业的录取比例：

```
admissions %>% select(major, gender, admitted) %>%
  spread(gender, admitted) %>%
  mutate(women_minus_men = women - men)
#>   major men women women_minus_men
#> 1     A  62    82              20
#> 2     B  63    68               5
#> 3     C  37    34              -3
#> 4     D  33    35               2
#> 5     E  28    24              -4
#> 6     F   6     7               1
```

⊖　PJ Bickel, EA Hammel, and JW O'Connell. Science (1975).

6 个专业中有 4 个更受女性青睐。更重要的是，所有的差异都比我们在检查总数时看到的 14.2 要小得多。

矛盾的是，分析总数时，我们发现录取人数与性别之间存在依赖关系，但当数据按专业分组时，这种依赖关系似乎就消失了。这是为什么呢？如果一个未计数的混杂因素导致了大部分的变异性，那发生这种情况是有可能的。

我们定义 3 个变量：X 是 1 时，代表男性，X 是 0 时，代表女性；Y 是 1 时，代表被录取，Y 是 0 时，代表没被录取；Z 则代表对专业的选择。性别偏见的主张基于这样一个事实：即当 $X=1$ 时，$P(Y=1|X=x)$ 要比 $X=0$ 时更高。然而，Z 是要考虑的一个重要混杂因素。显然，Z 与 Y 是有关联的，专业的选择性越高，$P(Y=1|Z=z)$ 就越低。但是，专业选择性 Z 与性别 X 有关联吗？

一种方法是把某一专业的总录取率与申请者中女性的比例的关系图画出来（见图 19.6）：

```
admissions %>%
  group_by(major) %>%
  summarize(major_selectivity = sum(admitted * applicants)/sum(applicants),
            percent_women_applicants = sum(applicants * (gender=="women")) /
                                        sum(applicants) * 100) %>%
  ggplot(aes(major_selectivity, percent_women_applicants, label = major)) +
  geom_text()
```

这似乎是有关联的。图 19.6 表明，女性更倾向于选择这两个"难"的专业：性别和专业的选择性是混杂。例如，对于 B 专业和 E 专业，E 专业比 B 专业更难进入，60% 以上的 E 专业申请者是女性，而 B 专业不到 30% 的申请者是女性。

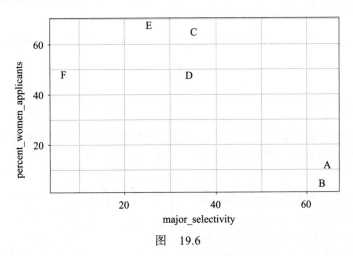

图　19.6

19.4.2　混杂解释图形

图 19.7 显示了被录取和未被录取的申请者人数。

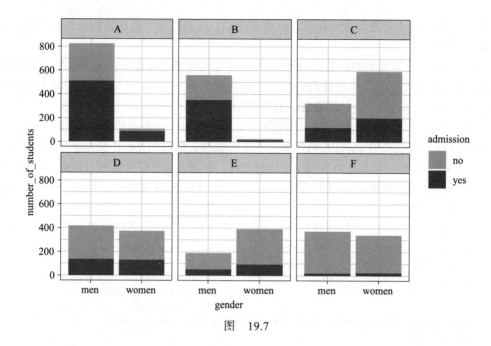

图　19.7

它还按照专业划分了录取率。从这个划分可以看到，大多数被录取的男生来自专业 A 和专业 B。我们也可以看到，申请这些专业的女生很少。

19.4.3　分层后的平均值

从图 19.8 可以看到，如果我们按专业进行分层，然后观察差异，我们就控制了混杂因素，那么这种影响就消失了。

```
admissions %>%
  ggplot(aes(major, admitted, col = gender, size = applicants)) +
  geom_point()
```

现在我们看到每个专业间没有太大的区别。点的大小代表申请者的数量，也解释了悖论：前两列代表了最简单的专业，即专业 A 和专业 B。

如果按专业来平均差值，就会发现女性的比例实际上高 3.5 个百分点：

```
admissions %>% group_by(gender) %>%
summarize(average = mean(admitted))
#> # A tibble: 2 x 2
#>   gender average
#>   <chr>    <dbl>
#> 1 men       38.2
#> 2 women     41.7
```

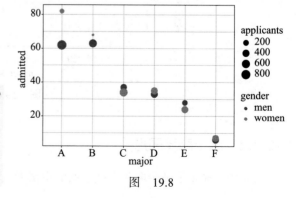

图　19.8

19.5　辛普森悖论

我们刚才讲的就是辛普森悖论的一个例子。之所以被称为悖论是因为当比较整个出版物和特定层的时候，我们看到了相关性翻转的迹象。作为一个说明性的例子，假设有 3 个随机变量 X、Y 和 Z。图 19.9 是 X 和 Y 的模拟观测图以及样本相关性。

可以看到，X 和 Y 是负相关的。然而，按 Z 分层后（下面用不同的颜色显示），另一个模式就出现了（见图 19.10）。

事实上，Z 与 X 是负相关的。如果按 Z 分层，那么 X 和 Y 正相关，如图 19.10 所示。

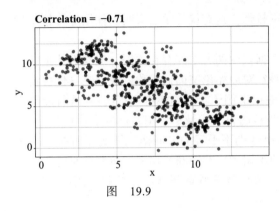

图　19.9

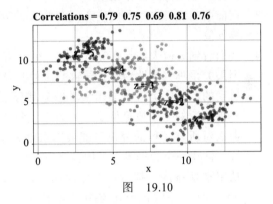

图　19.10

19.6　练习

在接下来的练习中，我们将分析 2014 年美国国家科学院院刊（Proceedings of the National Academy of Science，PNAS）的一篇论文 ⊖ 中的数据，该论文分析了获得荷兰资助机构资助的成功率，并得出结论：

　　我们的结果显示，在"研究人员质量"（而不是"提案质量"）评估和成功率上，以及在教学和评估材料中使用的语言上，男性申请者比女性申请者更受青睐。

几个月后，有人发表了一篇题为 "No evidence that gender contributes to personal research funding success in The Netherlands: A reaction to Van der Lee and Ellemers" 的文章 ⊖，进行了回应：

　　然而，尽管样本量很大，但是整体的性别效应仍有统计学意义。此外，他们的结论可能是辛普森悖论的一个最好的例子。如果在竞争更激烈的科学领域中申请资助的女性比例更高（即男性和女性的申请成功率都很低），那么对所有学科的分析可能会

　⊖　http://www.pnas.org/content/112/40/12349.abstract

　⊖　http://www.pnas.org/content/112/51/E7036.extract

错误地显示出性别不平等的"证据"。

谁是正确的？原始论文还是回应文章？在这里，你将检查数据并得出自己的结论。

1. 原始论文结论的主要证据可以归结为百分比的比较。论文中表 S1 包含了我们需要的信息：

```
library(dslabs)
data("research_funding_rates")
research_funding_rates
```

构建一个二乘二的表，用于得出关于性别奖励差异的结论。

2. 计算二乘二表的百分比差。

3. 在前面的练习中，我们注意到女性的成功率较低。这有统计学意义吗？使用卡方检验计算 p 值。

4. 我们看到 p 值大约是 0.05，因此，似乎有证据表明两者之间存在关联。但我们能推断出因果关系吗？是性别偏见导致的这种差异吗？对原始论文的回应称，我们在这件事情上看到的，其实类似于加州大学伯克利分校的招生例子。他们还特别指出："这可能是辛普森悖论的一个典型例子，如果在竞争更激烈的科学领域中申请资助的女性比例更高，那么对所有学科的分析可能会错误地显示出性别不平等的'证据'。"为了解决这个争议，创建一个数据集，其中包含每个性别的申请者、奖励和成功率。按照学科的总体成功率重新排序。提示：首先使用 reorder 函数对学科重新排序，然后使用 gather、separate 和 spread 创建所需的表。

5. 为了检验这是否是辛普森悖论的一个例子，我们用颜色来表示性别，用点的大小来表示申请者的数量，从而画出成功率和学科之间的关系图。学科按照总体成功率排序。

6. 在加州大学伯克利分校的招生例子中，我们显然没有看到同样程度的混杂因素。很难说明这里有混杂因素。然而，根据观察到的比例，我们确实看到一些领域更青睐男性，而另一些领域更青睐女性。我们也确实看到男性受欢迎程度差异最大的两个领域同时也是申请者最多的领域。但是，与加州大学伯克利分校的招生例子不同，女性申请难度较高的领域的可能性并不大。因此，也许有些评选委员会是有偏见的，但有些没有。

   但是，在得出结论之前，我们必须检查这些差异是否与我们偶然得到的差异有所不同。上面看到的差异有统计学意义吗？请记住，即使没有偏见，我们也会看到由于审查过程中的随机变异性以及候选人之间的随机变异性而产生的差异。对每个领域进行卡方检验。提示：定义一个接受二乘二表的总数并返回一个带有 p 值的数据帧的函数。使用 0.5 校正。然后使用 do 函数。

7. 在医学领域，似乎存在统计学上的显著差异。但这是伪相关吗？我们进行了 9 次检验，如果只报告 p 值小于 0.05 的情况，这可能会被看作一个随意选取的例子。重复上面的练习，但不计算 p 值，而是计算对数比值比除以其标准误差。然后，使用 QQ 图查看这些对数比值比偏离我们预期的正态分布（标准正态分布）的程度。

第四部分 *Part 4*

数据整理

数据整理导论

本书中使用的数据集已作为 R 对象提供，特别是已作为数据帧提供。美国的枪杀数据、学生报告的身高数据和 Gapminder 数据都是数据帧。这些数据集都包含在 dslabs 包中，我们使用 data 函数加载它们。此外，我们还以所谓的 tidy 类型提供了数据。tidyverse 包和函数假设数据是 tidy 类型的，而这一假设是这些包能够很好地协同工作的一个重要原因。

然而，在数据科学项目中，很少有数据可以作为包的一部分轻松获得。我们需要在"幕后"做很多工作，才能将原始的数据放入使用的 tidy 表中。更典型的情况是，数据放在文件、数据库中或需要从文档（包括网页、推文或 pdf 等）中提取。在这些情况下，第一步是将数据导入 R，在使用 tidyverse 时进行整理。数据分析过程中的初始步骤一般包括若干小步骤，通常很复杂，这些步骤可以将数据从原始形式转换为 tidy 形式，从方便后续分析。我们将此过程称为数据整理过程。

在这里，我们将介绍数据整理过程中的几个常见步骤，包括整理数据、字符串处理、html 解析、日期和时间处理以及文本挖掘。很少在一次分析中采取所有这些整理步骤，但数据科学家可能会在某个时刻面对所有这些步骤。我们用于演示数据整理技术的一些示例，主要基于我们将原始数据转换为 dslabs 包提供的 tidy 数据集的工作。

第 21 章　Chapter 21

重塑数据

正如我们在本书中看到的，拥有 tidy 格式的数据是 tidyverse 流动的原因。在数据分析过程的第一步（导入数据）之后，下一步通常是将数据重塑为便于后续分析的形式。tidyr 包中包含几个用于整理数据的函数。

我们将使用 4.1 节中描述的生育率 wide 格式数据集作为本节中的示例：

```
library(tidyverse)
library(dslabs)
path <- system.file("extdata", package="dslabs")
filename <- file.path(path, "fertility-two-countries-example.csv")
wide_data <- read_csv(filename)
```

21.1　gather 函数

tidyr 包中常用的函数之一是 gather，它对于将 wide 数据转换为 tidy 数据很有用。

与大多数 tidyverse 函数一样，gather 函数的第一个参数是要转换的数据帧。在这里，我们想要重塑 wide_data 数据集，使每一行代表一个生育率观测值，这意味着我们需要三列来存储年份、国家和观测值。在当前形式中，不同年份的数据位于不同的列中，年份值存储在列名中。通过第二个和第三个参数，我们将告诉 gather 我们要分别分配给包含当前列名和观测值的列的列名。在本例中，这两个参数是 year 和 fertility。注意，数据文件中没有告诉我们这是生育率数据。相反，我们从文件名中进行破译。通过第四个参数，我们指定包含观测值的列，这些列将被收集。默认收集所有列，因此，在大多数情况下，我们必须指定列。在我们的例子中，我们指定 1960、1961 到 2015 列。

因此，收集生育率数据的代码如下：

```
new_tidy_data <- gather(wide_data, year, fertility, `1960`:`2015`)
```

我们也可以这样使用管道：

```
new_tidy_data <- wide_data %>% gather(year, fertility, `1960`:`2015`)
```

可以看到，数据已转换为包含 year 和 fertility 列的 tidy 格式：

```
head(new_tidy_data)
#> # A tibble: 6 x 3
#>   country          year  fertility
#>   <chr>            <chr>     <dbl>
#> 1 Germany          1960       2.41
#> 2 Republic of Korea 1960      6.16
#> 3 Germany          1961       2.44
#> 4 Republic of Korea 1961      5.99
#> 5 Germany          1962       2.47
#> # ... with 1 more row
```

每个年份都有两行，因为有两个国家，而这一列并没有被收集。编写此代码的一种更快捷的方法是指定不收集的列，而不是指定要收集的所有列：

```
new_tidy_data <- wide_data %>%
  gather(year, fertility, -country)
```

new_tidy_data 对象看起来像我们如下定义的原始 tidy_data：

```
data("gapminder")
tidy_data <- gapminder %>%
  filter(country %in% c("Republic of Korea", "Germany") & !is.na(fertility)) %>%
  select(country, year, fertility)
```

只有一个小小的区别。你能认出它吗？查看年份列的数据类型：

```
class(tidy_data$year)
#> [1] "integer"
class(new_tidy_data$year)
#> [1] "character"
```

gather 函数假定列名是字符。因此，在作图之前我们需要稍稍整理。我们需要将年份列转换为数字类型。因此，gather 函数包含 convert 参数：

```
new_tidy_data <- wide_data %>%
  gather(year, fertility, -country, convert = TRUE)
class(new_tidy_data$year)
#> [1] "integer"
```

注意，我们也可以使用 mutate 和 as.numeric 函数。

现在数据是 tidy 格式，我们可以使用这个相对简单的 ggplot 代码：

```
new_tidy_data%>%ggplot(aes(year, fertility, color = country)) + geom_point()
```

21.2　spread 函数

正如我们将在后面的示例中看到的，有时将 tidy 数据转换为 wide 数据对于数据整理非常有用。我们经常将此作为整理数据的中间步骤。spread 函数基本上是 gather 的逆函数。第一个参数是针对数据的，但是由于我们使用的是管道，因此不显示它。第二个参数告诉 spread 哪个变量将用作列名。第三个参数指定用于填充单元格的变量：

```
new_wide_data <- new_tidy_data %>% spread(year, fertility)
select(new_wide_data, country, `1960`:`1967`)
#> # A tibble: 2 x 9
#>   country          `1960` `1961` `1962` `1963` `1964` `1965` `1966` `1967`
#>   <chr>             <dbl>  <dbl>  <dbl>  <dbl>  <dbl>  <dbl>  <dbl>  <dbl>
#> 1 Germany            2.41   2.44   2.47   2.49   2.49   2.48   2.44   2.37
#> 2 Republic of Korea  6.16   5.99   5.79   5.57   5.36   5.16   4.99   4.85
```

图 21.1 有助于理解这两个函数是如何运行的。

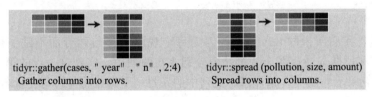

tidyr::gather(cases, " year" , " n" , 2:4)
Gather columns into rows.

tidyr::spread (pollution, size, amount)
Spread rows into columns.

图片由 RStudio[⊖] 提供，CC-BY-4.0 license[⊖]，裁剪于原图

图　21.1

21.3　separate 函数

上面显示的数据整理很简单。在我们的示例电子表格文件中，包含了一个稍微复杂的说明。它包含两个变量：预期寿命和生育率。然而，它的储存方式并不是 tidy，而且，正如我们将要解释的，也不是最佳的。

```
path <- system.file("extdata", package = "dslabs")
filename <- "life-expectancy-and-fertility-two-countries-example.csv"
filename <-  file.path(path, filename)

raw_dat <- read_csv(filename)
select(raw_dat, 1:5)
#> # A tibble: 2 x 5
#>   country `1960_fertility` `1960_life_expe~` `1961_fertility`
#>   <chr>              <dbl>             <dbl>            <dbl>
#> 1 Germany             2.41              69.3             2.44
#> 2 Republic of Korea   6.16              53.0             5.99
#> # ... with 1 more variable: `1961_life_expectancy` <dbl>
```

首先，注意数据是 wide 格式。其次，注意这个表包含两个变量（生育率和预期寿命）的值，列名编码哪个列表示哪个变量。不建议在列名中编码信息，但不幸的是，这很常见。

⊖ https://github.com/rstudio/cheatsheets

⊖ https://github.com/rstudio/cheatsheets/blob/master/LICENSE

我们将运用数据整理技巧来提取这些信息并以 tidy 格式存储。

我们可以使用 gather 函数整理数据，但是不应该再为新列使用列名 year，因为它还包含变量类型。我们现在将其称为 key，即默认值：

```
dat <- raw_dat %>% gather(key, value, -country)
head(dat)
#> # A tibble: 6 x 3
#>   country          key                 value
#>   <chr>            <chr>               <dbl>
#> 1 Germany          1960_fertility       2.41
#> 2 Republic of Korea 1960_fertility      6.16
#> 3 Germany          1960_life_expectancy 69.3
#> 4 Republic of Korea 1960_life_expectancy 53.0
#> 5 Germany          1961_fertility       2.44
#> # ... with 1 more row
```

结果并不是我们所说的 tidy 格式，因为每个观测值都与两行而不是一行关联。我们希望将生育率和预期寿命这两个变量的值分别放在两列中。实现这一点的第一个挑战是将 key 列分为年份和变量类型。请注意，此列中的条目用下划线将年份与变量名分开：

```
dat$key[1:5]
#> [1] "1960_fertility"        "1960_fertility"        "1960_life_expectancy"
#> [4] "1960_life_expectancy" "1961_fertility"
```

在一个列名中编码多个变量是一个常见的问题，以至于 readr 包中包含一个将这些列分隔成两个或更多列的函数。除数据之外，separate 函数还有 3 个参数：要分隔的列的名称、要用于新列的名称，以及分隔变量的字符。第一次尝试如下：

```
dat %>% separate(key, c("year", "variable_name"), "_")
```

因为 _ 是 separate 假定的默认分隔符，所以代码中不必包含它：

```
dat %>% separate(key, c("year", "variable_name"))
#> Warning: Expected 2 pieces. Additional pieces discarded in 112 rows [3,
#> 4, 7, 8, 11, 12, 15, 16, 19, 20, 23, 24, 27, 28, 31, 32, 35, 36, 39,
#> 40, ...].
#> # A tibble: 224 x 4
#>   country          year  variable_name value
#>   <chr>            <chr> <chr>         <dbl>
#> 1 Germany          1960  fertility      2.41
#> 2 Republic of Korea 1960  fertility      6.16
#> 3 Germany          1960  life          69.3
#> 4 Republic of Korea 1960  life          53.0
#> 5 Germany          1961  fertility      2.44
#> # ... with 219 more rows
```

函数确实将值分开了，但我们遇到了一个新问题。我们收到在 112 位置数值过多的警告，而且 life_expectancy 变量被截断为 life。这是因为 _ 用于分隔 life 和 expectancy，而不仅仅是年份和变量名！我们可以添加第三列来捕获此值，并在没有第三个值时让 separate 函数知道要用缺失值 NA 填充哪一列。在这里，我们告诉它填充右边的列：

```
var_names <- c("year", "first_variable_name", "second_variable_name")
dat %>% separate(key, var_names, fill = "right")
#> # A tibble: 224 x 5
#>   country          year  first_variable_name second_variable_name value
#>   <chr>            <chr> <chr>               <chr>                <dbl>
#> 1 Germany          1960  fertility           <NA>                  2.41
#> 2 Republic of Korea 1960 fertility           <NA>                  6.16
#> 3 Germany          1960  life                expectancy           69.3
#> 4 Republic of Korea 1960 life                expectancy           53.0
#> 5 Germany          1961  fertility           <NA>                  2.44
#> # ... with 219 more rows
```

但是，如果阅读 separate 的帮助文件，便会发现更好的方法是在有额外的分隔时合并最后两个变量：

```
dat %>% separate(key, c("year", "variable_name"), extra = "merge")
#> # A tibble: 224 x 4
#>   country          year  variable_name   value
#>   <chr>            <chr> <chr>           <dbl>
#> 1 Germany          1960  fertility        2.41
#> 2 Republic of Korea 1960 fertility        6.16
#> 3 Germany          1960  life_expectancy 69.3
#> 4 Republic of Korea 1960 life_expectancy 53.0
#> 5 Germany          1961  fertility        2.44
#> # ... with 219 more rows
```

这恰好实现了我们想要的分离。然而，这还没有结束。我们需要为每个变量创建一个列。正如我们学到的，spread 函数可以做到这一点：

```
dat %>%
  separate(key, c("year", "variable_name"), extra = "merge") %>%
  spread(variable_name, value)
#> # A tibble: 112 x 4
#>   country year  fertility life_expectancy
#>   <chr>   <chr>     <dbl>           <dbl>
#> 1 Germany 1960       2.41            69.3
#> 2 Germany 1961       2.44            69.8
#> 3 Germany 1962       2.47            70.0
#> 4 Germany 1963       2.49            70.1
#> 5 Germany 1964       2.49            70.7
#> # ... with 107 more rows
```

数据现在是 tidy 格式，每一个观测值占一行，有三个变量：年份、生育率和预期寿命。

21.4　unite 函数

有时，separate 的逆操作（即将两列合并为一列）非常有用。为了演示如何使用 unite 函数，我们展示了虽然不是最佳方法，但可以作为示例的代码。假设我们不知道 extra 并使用此命令来分隔：

```
dat %>%
  separate(key, var_names, fill = "right")
#> # A tibble: 224 x 5
#>   country        year  first_variable_name second_variable_name value
#>   <chr>          <chr> <chr>               <chr>                <dbl>
#> 1 Germany        1960  fertility           <NA>                  2.41
#> 2 Republic of Korea 1960 fertility         <NA>                  6.16
#> 3 Germany        1960  life                expectancy           69.3
#> 4 Republic of Korea 1960 life              expectancy           53.0
#> 5 Germany        1961  fertility           <NA>                  2.44
#> # ... with 219 more rows
```

我们可以通过合并第二列和第三列，然后展开这些列并将 fertility_NA 重命名为 fertility 来获得相同的最终结果：

```
dat %>%
  separate(key, var_names, fill = "right") %>%
  unite(variable_name, first_variable_name, second_variable_name) %>%
  spread(variable_name, value) %>%
  rename(fertility = fertility_NA)
#> # A tibble: 112 x 4
#>   country year  fertility life_expectancy
#>   <chr>   <chr>     <dbl>           <dbl>
#> 1 Germany 1960       2.41            69.3
#> 2 Germany 1961       2.44            69.8
#> 3 Germany 1962       2.47            70.0
#> 4 Germany 1963       2.49            70.1
#> 5 Germany 1964       2.49            70.7
#> # ... with 107 more rows
```

21.5 练习

1. 运行以下命令来定义 co2_wide 对象：

   ```
   co2_wide <- data.frame(matrix(co2, ncol = 12, byrow = TRUE)) %>%
     setNames(1:12) %>%
     mutate(year = as.character(1959:1997))
   ```

   使用 gather 函数将其整理成 tidy 格式的数据集。将 CO_2 排放量测量值列称为 co2，将月份列称为 month。将结果对象称为 co2_tidy。

2. 使用以下代码用不同曲线绘制每年 CO_2 排放量与月份的关系图：

   ```
   co2_tidy %>% ggplot(aes(month, co2, color = year)) + geom_line()
   ```

   如果不能绘制预期的图，可能是因为 co2_tidy$month 不是数字：

   ```
   class(co2_tidy$month)
   ```

   使用确保月份列为数字的参数重写对 gather 的调用，然后绘制图。

3. 从绘制的图中能看出什么？

  a．从 1959 年到 1997 年，CO_2 排放量单调增长。

  b．夏季 CO_2 排放量较高，1959—1997 年年均值递增。

  c．CO_2 排放量似乎是恒定的，随机变异性解释了这种差异。

  d．CO_2 排放量没有季节性趋势。

4. 加载 admissions 数据集，其中包含 6 个专业的男女招生信息，只保留录取百分比列：

```
load(admissions)
dat <- admissions %>% select(-applicants)
```

  如果我们把观测值看作专业，并且每个观测值都有两个变量（男性录取百分比和女性录取百分比），那么这不是 tidy 格式的。使用 spread 函数将数据整理成 tidy 格式：每个专业一行。

5. 现在我们尝试一个更高级的整理挑战。假设我们想对招生数据进行整理，以便对每个专业都有 4 个观测值：admitted_men、admitted_women、applicants_men 和 applicants_women。我们在这里采用的技巧实际上非常简单：首先通过 gather 生成中间数据帧，然后通过 spread 获得所需的 tidy 数据。我们将在这个及以下两个练习中逐步进行。

  使用 gather 函数创建 tmp 数据帧，该数据帧有一列包含 admitted 或 applicants 类型的观测值。我们称新的列为 key 和 value。

6. 现在我们有了一个带有列 major、gender、key 和 value 的对象 tmp。注意，如果将 key 和 gender 组合在一起，我们将得到所需的列名：admitted_men、admitted_women、applicants_men 和 applicants_women。使用函数 unite 创建名为 column_name 的新列。

7. 使用 spread 函数为每个专业生成包含四个变量的 tidy 数据。

8. 使用管道来编写一行代码，使该代码将 admissions 转换成上一个练习中生成的表。

连接表

对于给定的分析，我们需要的信息可能不仅仅在一个表中。例如，在预测选举结果时，我们使用函数 left_join 来组合两个表的信息。这里我们用一个简单的例子来说明组合表时需要面对的一些挑战。

假设我们想探讨美国各州人口规模与选票数之间的关系。下表给出了人口规模：

```
library(tidyverse)
library(dslabs)
data(murders)
head(murders)
#>       state abb region population total
#> 1    Alabama  AL  South    4779736   135
#> 3     Alaska  AK   West     710231    19
#> 3    Arizona  AZ   West    6392017   232
#> 4   Arkansas  AR  South    2915918    93
#> 5 California  CA   West   37253956  1257
#> 6   Colorado  CO   West    5029196    65
```

下表给出了选票数：

```
data(polls_us_election_2016)
head(results_us_election_2016)
#>          state electoral_votes clinton trump others
#> 1    California              55    61.7  31.6    6.7
#> 2        Texas              38    43.2  52.2    4.5
#> 3      Florida              29    47.8  49.0    3.2
#> 4     New York              29    59.0  36.5    4.5
#> 5     Illinois              20    55.8  38.8    5.4
#> 6 Pennsylvania              20    47.9  48.6    3.6
```

仅仅将这两个表连接在一起是行不通的，因为州的顺序不同：

```
identical(results_us_election_2016$state, murders$state)
#> [1] FALSE
```

下面描述的 `join` 函数可以用来处理这个挑战。

22.1　连接

`dplyr` 包中的 `join` 函数可以确保将表组合在一起，以便将匹配的行放在一起。如果你了解 SQL，便会觉得方法和句法非常相似。一般的想法是，需要标识一个或多个列，用于匹配这两个表，然后返回包含组合信息的新表。注意，如果使用 `left_join` 按照州连接上面的两个表，会发生什么情况（我们将删除 `others` 列并重命名 `electoral_votes`，使表适合页面）：

```
tab <- left_join(murders, results_us_election_2016, by = "state") %>%
  select(-others) %>% rename(ev = electoral_votes)
head(tab)
#>        state abb region population total  ev clinton trump
#> 1     Alabama  AL  South    4779736   135   9    34.4  62.1
#> 2      Alaska  AK   West     710231    19   3    36.6  51.3
#> 3     Arizona  AZ   West    6392017   232  11    45.1  48.7
#> 4    Arkansas  AR  South    2915918    93   6    33.7  60.6
#> 5  California  CA   West   37253956  1257  55    61.7  31.6
#> 6    Colorado  CO   West    5029196    65   9    48.2  43.3
```

数据已成功连接，现在我们可以绘制一个图（见图 22.1）来探究关系：

```
library(ggrepel)
tab %>% ggplot(aes(population/10^6, ev, label = abb)) +
  geom_point() +
  geom_text_repel() +
  scale_x_continuous(trans = "log2") +
  scale_y_continuous(trans = "log2") +
  geom_smooth(method = "lm", se = FALSE)
```

我们看到，这种关系接近线性关系，每 100 万人中大约 2 张选票，但非常小的州获得的比率更高。

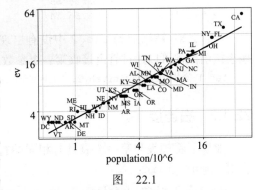

图　22.1

实际上，一个表中的每一行并非总是在另一个表中都有匹配的行。因此，我们有几个版本的 `join`。为了说明这一挑战，我们将采用上表的子表。我们创建表 `tab_1` 和 `tab_2`，使它们有一些共同的州，但不全部相同：

```
tab_1 <- slice(murders, 1:6) %>% select(state, population)
tab_1
#>      state population
#> 1  Alabama    4779736
#> 2   Alaska     710231
```

```
#> 3    Arizona    6392017
#> 4   Arkansas    2915918
#> 5 California   37253956
#> 6   Colorado    5029196
tab_2 <- results_us_election_2016 %>%
  filter(state%in%c("Alabama", "Alaska", "Arizona",
                    "California", "Connecticut", "Delaware")) %>%
  select(state, electoral_votes) %>% rename(ev = electoral_votes)
tab_2
#>          state ev
#> 1  California 55
#> 2     Arizona 11
#> 3     Alabama 9
#> 4 Connecticut 7
#> 5      Alaska 3
#> 6    Delaware 3
```

我们将在下面的小节中使用这两个表作为示例。

22.1.1　左连接

假设我们想要一个像 tab_1 这样的表，但是要把选票加到我们现有的各州。为此，我们使用 left_join，将 tab_1 作为第一个参数。我们指定要与 by 参数匹配的列：

```
left_join(tab_1, tab_2, by = "state")
#>         state population ev
#> 1     Alabama   4779736  9
#> 2      Alaska    710231  3
#> 3     Arizona   6392017 11
#> 4    Arkansas   2915918 NA
#> 5  California  37253956 55
#> 6    Colorado   5029196 NA
```

注意，NA 被添加到 tab_2 中没有出现的两个州。另外，请注意，此函数以及所有其他连接函数都可以通过管道接收第一个参数：

```
tab_1 %>% left_join(tab_2, by = "state")
```

22.1.2　右连接

如果不希望表与第一个表具有相同的行，而是希望与第二个表具有相同的行，则可以使用 right_join：

```
tab_1 %>% right_join(tab_2, by = "state")
#>         state population ev
#> 1  California  37253956 55
#> 2     Arizona   6392017 11
#> 3     Alabama   4779736  9
#> 4 Connecticut        NA  7
#> 5      Alaska    710231  3
#> 6    Delaware        NA  3
```

现在，NA 位于 tab_1 的列中。

22.1.3 内部连接

如果只想保留两个表中都有的信息的行，则使用 inner_join 函数。我们可以把它看作一个交集：

```
inner_join(tab_1, tab_2, by = "state")
#>        state population ev
#> 1    Alabama    4779736  9
#> 2     Alaska     710231  3
#> 3    Arizona    6392017 11
#> 4 California   37253956 55
```

22.1.4 全连接

如果要保留所有行并用 NA 填充缺少的部分，可以使用 full_join 函数。我们可以把它看作一个并集：

```
full_join(tab_1, tab_2, by = "state")
#>         state population ev
#> 1     Alabama    4779736  9
#> 2      Alaska     710231  3
#> 3     Arizona    6392017 11
#> 4    Arkansas    2915918 NA
#> 5  California   37253956 55
#> 6    Colorado    5029196 NA
#> 7 Connecticut         NA  7
#> 8    Delaware         NA  3
```

22.1.5 半连接

semi_join 函数允许我们保留同样存在于第二个表中的第一个表的部分信息。它不添加第二个表的列：

```
semi_join(tab_1, tab_2, by = "state")
#>        state population
#> 1    Alabama    4779736
#> 2     Alaska     710231
#> 3    Arizona    6392017
#> 4 California   37253956
```

22.1.6 反连接

anti_join 函数与 semi_join 函数相反。它保留第一个表有但第二个表没有的信息的元素：

```
anti_join(tab_1, tab_2, by = "state")
#>      state population
#> 1 Arkansas    2915918
#> 2 Colorado    5029196
```

图 22.2 总结了上述连接。

22.2 绑定

尽管我们还没有在本书中使用，但数据集组合的另一种常见方式是绑定。与 join 函数不同，绑定函数不试图通过变量进行匹配，而是简单地组合数据集。如果数据集与适当的维度不匹配，则会得到一个错误。

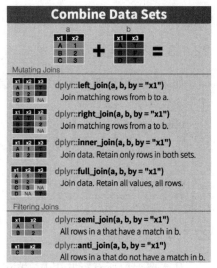

图片由 RStudio 提供，CC-BY-4.0 license，从原件中裁剪

图 22.2

22.2.1 按列绑定

dplyr 函数 bind_cols 通过使两个对象成为 tibble 中的列来绑定它们。例如，我们很快就会制作一个由可以使用的数字组成的数据帧：

```
bind_cols(a = 1:3, b = 4:6)
#> # A tibble: 3 x 2
#>       a     b
#>   <int> <int>
#> 1     1     4
#> 2     2     5
#> 3     3     6
```

此函数要求我们为列指定名称。在这里，我们选择 a 和 b。

注意，基础 R 函数 cbind 具有完全相同的功能。一个重要的区别是，cbind 可以创建不同类型的对象，而 bind-cols 总是生成一个数据帧。

bind-cols 还可以绑定两个不同的数据帧。例如，这里我们分解 tab 数据帧，然后将它们绑定在一起：

```
tab_1 <- tab[, 1:3]
tab_2 <- tab[, 4:6]
tab_3 <- tab[, 7:8]
new_tab <- bind_cols(tab_1, tab_2, tab_3)
head(new_tab)
#>        state abb region population total ev clinton trump
#> 1    Alabama  AL  South    4779736   135  9    34.4  62.1
#> 2     Alaska  AK   West     710231    19  3    36.6  51.3
#> 3    Arizona  AZ   West    6392017   232 11    45.1  48.7
#> 4   Arkansas  AR  South    2915918    93  6    33.7  60.6
#> 5 California  CA   West   37253956  1257 55    61.7  31.6
#> 6   Colorado  CO   West    5029196    65  9    48.2  43.3
```

22.2.2 按行绑定

bind_rows 函数类似于 bind_cols，但绑定的是行而不是列：

```
tab_1 <- tab[1:2,]
tab_2 <- tab[3:4,]
bind_rows(tab_1, tab_2)
#>      state abb region population total ev clinton trump
#> 1  Alabama  AL  South    4779736   135  9    34.4  62.1
#> 2   Alaska  AK   West     710231    19  3    36.6  51.3
#> 3  Arizona  AZ   West    6392017   232 11    45.1  48.7
#> 4 Arkansas  AR  South    2915918    93  6    33.7  60.6
```

这基于基础 R 函数 rbind。

22.3 集合运算符

另一组用于组合数据集的命令是集合运算符。当应用于向量时，它们的行为正如其名，例如 intersect、union、setdiff 和 setequal。但是，如果加载了 tidyverse（更具体地说是 dplyr），则这些函数可以用于数据帧，而不是仅用于向量。

22.3.1 intersect 函数

我们可以取任意类型（例如数值）向量的交集：

```
intersect(1:10, 6:15)
#> [1]  6  7  8  9 10
```

或取字符向量的交集：

```
intersect(c("a","b","c"), c("b","c","d"))
#> [1] "b" "c"
```

dplyr 包包含 intersect 函数，该函数可以应用于具有相同列名的表。此函数返回两个表的共有行。为了确保使用 intersect 的 dplyr 版本而不是基础包版本，我们可以使用 dplyr::intersect，如下所示：

```
tab_1 <- tab[1:5,]
tab_2 <- tab[3:7,]
dplyr::intersect(tab_1, tab_2)
#>        state abb region population total ev clinton trump
#> 1    Arizona  AZ   West    6392017   232 11    45.1  48.7
#> 2   Arkansas  AR  South    2915918    93  6    33.7  60.6
#> 3 California  CA   West   37253956  1257 55    61.7  31.6
```

22.3.2 union 函数

类似地，union 函数取向量的并集。例如：

```
union(1:10, 6:15)
#> [1]  1  2  3  4  5  6  7  8  9 10 11 12 13 14 15
union(c("a","b","c"), c("b","c","d"))
#> [1] "a" "b" "c" "d"
```

dplyr 包包含 union 的一个版本，它将两个表的所有行用相同的列名组合在一起：

```
tab_1 <- tab[1:5,]
tab_2 <- tab[3:7,]
dplyr::union(tab_1, tab_2)
#>          state abb   region population total ev clinton trump
#> 1      Alabama  AL    South    4779736   135  9    34.4  62.1
#> 2       Alaska  AK     West     710231    19  3    36.6  51.3
#> 3      Arizona  AZ     West    6392017   232 11    45.1  48.7
#> 4     Arkansas  AR    South    2915918    93  6    33.7  60.6
#> 5   California  CA     West   37253956  1257 55    61.7  31.6
#> 6     Colorado  CO     West    5029196    65  9    48.2  43.3
#> 7  Connecticut  CT Northeast    3574097    97  7    54.6  40.9
```

22.3.3　setdiff 函数

第一个和第二个参数之间的集合差可以通过 setdiff 获得。与 intersect 和 union 不同，此函数不是对称的：

```
setdiff(1:10, 6:15)
#> [1] 1 2 3 4 5
setdiff(6:15, 1:10)
#> [1] 11 12 13 14 15
```

与上面所示的函数一样，dplyr 有一个数据帧版本：

```
tab_1 <- tab[1:5,]
tab_2 <- tab[3:7,]
dplyr::setdiff(tab_1, tab_2)
#>     state abb region population total ev clinton trump
#> 1 Alabama  AL   South    4779736   135  9    34.4  62.1
#> 2  Alaska  AK    West     710231    19  3    36.6  51.3
```

22.3.4　setequal 函数

函数 setequal 告诉我们两个集合是否相同，无论顺序如何。请注意：

```
setequal(1:5, 1:6)
#> [1] FALSE
```

但是：

```
setequal(1:5, 5:1)
#> [1] TRUE
```

当应用于不相等的数据帧时，不管顺序如何，dplyr 版本都会提供一条有用的消息，让我们知道集合的不同之处：

```
dplyr::setequal(tab_1, tab_2)
#> [1] FALSE
```

22.4 练习

1. 安装并加载 Lahman 库。这个数据库含有棒球队的相关数据。它包括几年来球员在进攻和防守方面表现的汇总统计数据。它还包括球员的个人信息。

   Batting 数据帧包含多年来所有球员的进攻数据。例如，可以通过运行以下代码查看前 10 名击球手：

   ```
   library(Lahman)

   top <- Batting %>%
     filter(yearID == 2016) %>%
     arrange(desc(HR)) %>%
     slice(1:10)

   top %>% as_tibble()
   ```

   但这些球员是谁？我们看到的是 ID，而非名字。球员名字在下表中：

   ```
   Master %>% as_tibble()
   ```

   我们可以看到列名 nameFirst 和 nameLast。使用 left_join 函数创建顶级本垒击球手表。该表应包含 playerID、名字、姓氏和全垒打数（HR）。用这个新表重写对象 top。

2. 使用 Salaries 数据帧将每名球员的薪资添加到练习 1 创建的表中。请注意，每年的薪资都不同，因此请确保筛选 2016 年的薪资，然后使用 right_join。现在，表中显示名字、姓氏、团队、HR 和薪资。

3. 在之前的练习中，我们创建了 co2 数据集的一个 tidy 格式版本：

   ```
   co2_wide <- data.frame(matrix(co2, ncol = 12, byrow = TRUE)) %>%
     setNames(1:12) %>%
     mutate(year = 1959:1997) %>%
     gather(month, co2, -year, convert = TRUE)
   ```

   我们想看看月度趋势是否在变化，所以我们要消除年度影响，然后绘制结果。首先计算年平均值。使用 group_by 和 summarize 计算每年的平均排放量 co2，将之保存在名为 yearly_avg 的对象中。

4. 现在使用 left_join 函数将年平均值添加到 co2_wide 数据集，然后计算残差：用观测的 co2 减去年平均值。

5. 在消除年度影响后，按年度绘制季度趋势图。

第 23 章

网页抓取

我们回答问题所需的数据并不总是放在电子表格中供我们阅读。例如，我们在第 2 章中使用的美国枪杀数据集最初来自这个维基百科页面：

```
url <- paste0("https://en.wikipedia.org/w/index.php?title=",
"Gun_violence_in_the_United_States_by_state",
"&direction=prev&oldid=810166167")
```

访问网页时可以看到数据表，如图 23.1 所示。

由维基百科提供，CC-BY-SA-3.0 license，页面部分截图

图　23.1

不幸的是，没有指向数据文件的链接。为了制作输入 data（murders）时加载的数据帧，我们必须进行网页抓取（Web scraping）。

网页抓取（或网页采集）是用来描述从网站中提取数据的过程的术语。我们之所以可以这样做，是因为浏览器用来呈现网页的信息是作为文本文件从服务器接收的。文本是用超文本标记语言（Hyper Text Markup Language，HTML）编写的代码。每个浏览器都有一种方式来显示页面的 HTML 源代码，每个页面都不同。对于 Chrome，你可以在 PC 上使用 <Ctrl+U>，在 Mac 上使用 <command+Alt+U>，你会看到图 23.2 所示的内容。

图　23.2

23.1　HTML

因为这段代码是可访问的，所以我们可以下载 HTML 文件，将其导入 R，然后编写程序从页面中提取所需的信息。然而，一旦我们看到 HTML 代码，就会发现这似乎是一个艰巨的任务。我们将展示一些方便的工具，以帮助你完成这一过程。为了了解它的工作原理，下面给出几行维基百科页面上的代码，这些代码提供了美国枪杀数据：

```
<table class="wikitable sortable">
<tr>
<th>State</th>
<th><a href="/wiki/List_of_U.S._states_and_territories_by_population"
title="List of U.S. states and territories by population">Population</a><br>
<small>(total inhabitants)</small><br />
<small>(2015)</small> <sup id="cite_ref-1" class="reference">
<a href="#cite_note-1">[1]</a></sup></th>
<th>Murders and Nonnegligent
<p>Manslaughter<br />
<small>(total deaths)</small><br />
<small>(2015)</small> <sup id="cite_ref-2" class="reference">
<a href="#cite_note-2">[2]</a></sup></p>
</th>
<th>Murder and Nonnegligent
<p>Manslaughter Rate<br />
<small>(per 100,000 inhabitants)</small><br />
<small>(2015)</small></p>
</th>
```

```
</tr>
<tr>
<td><a href="/wiki/Alabama" title="Alabama">Alabama</a></td>
<td>4,853,875</td>
<td>348</td>
<td>7.2</td>
</tr>
<tr>
<td><a href="/wiki/Alaska" title="Alaska">Alaska</a></td>
<td>737,709</td>
<td>59</td>
<td>8.0</td>
</tr>
<tr>
```

我们实际上可以看到数据，只不过数据值被 HTML 代码（如 `<td>`）包围了起来。我们还可以看到它的存储模式。如果你了解 HTML，便可以编写程序，利用这些模式来提取我们想要的。我们还利用了一种被广泛用于使网页看起来"漂亮"的语言，即串联样式表（Cascading Style Sheet，CSS）。我们将在 23.3 节中对此做详细说明。

虽然我们提供的工具可以让你在不了解 HTML 的情况下抓取数据，但作为一名数据科学家，了解 HTML 和 CSS 是非常有用的。这不仅可以提高抓取技巧，而且有利于创建网页来展示作品。你可以通过很多在线课程和教程（例如 Codecademy[⊖] 和 W3schools[⊖]）来学习这些知识。

23.2　rvest 包

tidyverse 提供了一个名为 rvest 的网页采集包。使用此包的第一步是将网页导入 R。这个包使这一点非常简单：

```
library(tidyverse)
library(rvest)
h <- read_html(url)
```

请注意，维基百科上全部美国枪杀数据网页现在都包含在 h 中。此对象的类别是：

```
class(h)
#> [1] "xml_document" "xml_node"
```

rvest 包实际上更通用，它可以处理 XML 文档。XML 是一种通用的标记语言，可以用来表示任意类型的数据。HTML 是专门为网页而开发的一种特定类型的 XML。这里主要关注 HTML 文档。

现在，该如何从对象 h 中提取数据表呢？如果输出 h，我们不会看到太多信息：

⊖　https://www.codecademy.com/learn/learn-html

⊖　https://www.w3schools.com/

```
h
#> {xml_document}
#> <html class="client-nojs" lang="en" dir="ltr">
#> [1] <head>\n<meta http-equiv="Content-Type" content="text/html; chars ...
#> [2] <body class="mediawiki ltr sitedir-ltr mw-hide-empty-elt ns-0 ns- ...
```

我们可以使用 `html_text` 函数查看定义已下载网页的所有代码：

```
html_text(h)
```

这里不展示输出，因为它包含数千个字符，但是如果我们查看它，便可以看到我们捕捉的数据存储在一个 HTML 表中，你可以在上面的 HTML 代码行 `<table class="wikitable sortable">` 中看到这一点。HTML 文档的不同部分（通常由 < 和 > 之间的消息定义）称为节点。rvest 包包含提取 HTML 文档节点的函数：`html_nodes` 提取所有不同类型的节点，`html_node` 提取第一个节点。要从 HTML 代码中提取数据表，请执行以下操作：

```
tab <- h %>% html_nodes("table")
```

现在，我们获得的不是整个网页，只有页面中表的 HTML 代码：

```
tab
#> {xml_nodeset (2)}
#> [1] <table class="wikitable sortable"><tbody>\n<tr>\n<th>State\n</th>...
#> [2] <table class="nowraplinks hlist mw-collapsible mw-collapsed navbo...
```

我们感兴趣的表是第一个：

```
tab[[1]]
#> {xml_node}
#> <table class="wikitable sortable">
#> [1] <tbody>\n<tr>\n<th>State\n</th>\n<th>\n<a href="/wiki/List_of_U.S...
```

这显然不是一个 tidy 格式的数据集，甚至不是一个数据帧。在上面的代码中，你肯定可以看到一个模式，并且编写代码来提取数据是可行的。事实上，rvest 包含一个将 HTML 表转换为数据帧的函数：

```
tab <- tab[[1]] %>% html_table
class(tab)
#> [1] "data.frame"
```

现在我们离拥有可用的数据表更近了：

```
tab <- tab %>% setNames(c("state", "population", "total", "murder_rate"))
head(tab)
#> state population total murder_rate
#> 1 Alabama 4,853,875 348 7.2
#> 2 Alaska 737,709 59 8.0
#> 3 Arizona 6,817,565 309 4.5
#> 4 Arkansas 2,977,853 181 6.1
#> 5 California 38,993,940 1,861 4.8
#> 6 Colorado 5,448,819 176 3.2
```

我们还需要做一些整理工作。例如，我们需要删除逗号并将字符转换为数字。在继续此操作之前，我们先学习从网站提取信息的更一般的方法。

23.3 CSS 选择器

用最基本的 HTML 制作的网页的默认外观非常不美观。我们如今看到的美观页面是使用 CSS 来定义网页的外观和样式的。一个公司的所有页面都具有相同的样式，这通常是因为它们使用相同的 CSS 文件来定义样式。这些 CSS 文件的一般工作方式是定义网页中每个元素的外观。例如，每个题目、标题、逐项列表、表和链接都有自己的样式，包括字体、颜色、大小和页边距。CSS 利用定义这些元素的模式（称为选择器）来实现这一点。我们上面使用的模式（table）就是这样的一个例子，但是还有更多。

如果想从网页中获取数据，并且碰巧知道包含此数据的网页部分所特有的选择器，则可以使用 html_nodes 函数。但是，明确哪个选择器的过程可能非常复杂。事实上，随着网页越来越完善，其复杂度也在不断增加。对于一些更高级的网页，几乎不可能找到定义特定数据块的节点。但是，选择器小工具实际上可以使这成为可能。

SelectorGadget[⊖] 是一款软件，允许我们以交互方式确定从网页中提取特定组件所需的 CSS 选择器。如果要从 HTML 页面中抓取数据而不是表，建议安装它。可用 Chrome 扩展允许我们打开这个小工具，当我们点击页面时，它会高亮显示某些部分并显示用于提取这些部分的选择器。

23.4 JSON

在互联网上共享数据已经变得越来越普遍。不幸的是，提供者使用不同的格式，这使得数据科学家更难将数据打包成 R 格式。但是，有些标准也正在变得越来越普遍。目前，一种被广泛采用的格式是 JavaScript 对象表示法（JavaScript Object Notation，JSON）。这种格式非常通用，它不同于电子表格。JSON 文件看起来更像定义列表的代码。以下是以 JSON 格式存储的信息示例：

```
#>
#> Attaching package: 'jsonlite'
#> The following object is masked from 'package:purrr':
#>
#>     flatten
#> [
#>   {
#>     "name": "Miguel",
#>     "student_id": 1,
#>     "exam_1": 85,
#>     "exam_2": 86
```

⊖ http://selectorgadget.com/

```
#>   },
#>   {
#>     "name": "Sofia",
#>     "student_id": 2,
#>     "exam_1": 94,
#>     "exam_2": 93
#>   },
#>   {
#>     "name": "Aya",
#>     "student_id": 3,
#>     "exam_1": 87,
#>     "exam_2": 88
#>   },
#>   {
#>     "name": "Cheng",
#>     "student_id": 4,
#>     "exam_1": 90,
#>     "exam_2": 91
#>   }
#> ]
```

上面的文件实际上代表一个数据帧。要读取它，我们可以使用 jsonlite 包中的函数 fromJSON。请注意，JSON 文件通常通过互联网提供。有几个组织提供了 JSON API 或 Web 服务，你可以直接连接到该 API 或 Web 服务并获取数据。下面是一个例子：

```
library(jsonlite)
citi_bike <- fromJSON("http://citibikenyc.com/stations/json")
```

这将下载一个列表。第一个参数告诉你什么时候下载它：

```
citi_bike$executionTime
#> [1] "2019-09-16 04:54:16 PM"
```

第二个是数据表：

```
citi_bike$stationBeanList %>% as_tibble()
#> # A tibble: 844 x 18
#>      id stationName availableDocks totalDocks latitude longitude
#>   <int> <chr>                <int>      <int>    <dbl>     <dbl>
#> 1   281 Grand Army~             36         66     40.8     -74.0
#> 2   285 Broadway &~             51         53     40.7     -74.0
#> 3   304 Broadway &~             22         33     40.7     -74.0
#> 4   305 E 58 St & ~             17         33     40.8     -74.0
#> 5   337 Old Slip &~             29         37     40.7     -74.0
#> # ... with 839 more rows, and 12 more variables: statusValue <chr>,
#> #   statusKey <int>, availableBikes <int>, stAddress1 <chr>,
#> #   stAddress2 <chr>, city <chr>, postalCode <chr>, location <chr>,
#> #   altitude <chr>, testStation <lgl>, lastCommunicationTime <chr>,
#> #   landMark <chr>
```

查看 jsonlite 包中的教程和帮助文件，你可以了解更多信息。此包用于相对简单的任务，例如将数据聚合到表中。为了更灵活，我们推荐使用 rjson。

23.5 练习

1. 访问网页 `http://www.stevetheump.com/Payrolls.htm`
   注意，这里有几张表。假设我们想比较这些年来球队的工资。接下来的几项练习将带领我们完成这项工作。
   首先把从网站读取的东西放到一个名为 h 的对象中。

2. 请注意，虽然不是很有用，但我们可以通过输入以下代码来查看页面的内容：

   `html_text(h)`

   下一步是提取表。为此，我们可以使用 `html_nodes` 函数。我们知道 html 中的表与 `table` 节点相关联。使用 `html_nodes` 函数和 `table` 节点提取第一个表，将其存储在对象 `nodes` 中。

3. `html_nodes` 函数返回类型为 `xml_node` 的对象列表。我们可以使用 `html_text` 函数来查看每个对象的内容。你可以查看任意拾取的组件的内容，如下所示：

   `html_text(nodes[[8]])`

   如果这个对象的内容是一个 html 表，我们可以使用 `html_table` 函数将其转换为数据帧。使用 `html_table` 函数将 `nodes` 的第 8 个条目转换为表。

4. 对 `nodes` 的前 4 个组件重复上述步骤。以下哪个是工资表？
   a. 全部都是。
   b. 1。
   c. 2。
   d. 2~4。

5. 对 `nodes` 的后 3 个组件重复上述步骤。以下哪一项是正确的？
   a. `nodes` 的最后一个条目显示了整段时间内所有球队的平均值，而不是每个球队的工资。
   b. 这三个都是每个球队的工资表。
   c. 这三个都如第一个条目，而不是工资表。
   d. 以上都对。

6. 我们知道 `nodes` 的第一个和最后一个条目都不是工资表。重新定义 `nodes`，删除这两个节点。

7. 我们在前面的分析中看到，第一个表节点实际上不是一个表。这种情况在 html 中有时会发生，因为表用于使文本以某种方式呈现，而不是存储数值。删除第一个组件，然后使用 `sapply` 和 `html_table` 将 `nodes` 中的每个节点转换为表。注意，在本例中，`sapply` 将返回一个表列表。也可以使用 `lapply` 来确保应用列表。

8. 查看产生的表。它们都一样吗？可以用 `bind_rows` 合并吗？

9. 使用条目 10 和 19 创建两个表，分别称为 `tab_1` 和 `tab_2`。

10. 使用 `full_join` 函数合并这两个表。在执行此操作之前，必须修复丢失标题的问题。

还需要使名称匹配。

11. 连接表后，会看到几个 NA。这是因为有些球队出现在一个表中，而没有出现在另一个表中。使用 anti_join 函数可以更好地了解发生这种情况的原因。

12. 我们看到一个问题；洋基队（Yankees）同时被列为 N.Y. Yankees 和 NY Yankees。后文，我们将介绍解决此类问题的有效方法。在这里，我们可以"手动"完成这种操作：

```
tab_1 <- tab_1 %>%
  mutate(Team = ifelse(Team == "N.Y. Yankees", "NY Yankees", Team))
```

现在合并表格，只显示 Oakland 和 Yankees 以及工资栏。

13. 进阶内容：从网站 https://m.imdb.com/chart/bestpicture/ 中提取获得最佳影片的电影的名称。

字符串处理

数据整理最常见的挑战之一是提取字符串中包含的数值数据，并将其转换为绘图、计算汇总统计量或在 R 中拟合模型所需的数值表示形式。同样常见的是将无组织文本处理成有意义的变量名或分类变量。数据科学家面临的许多字符串处理挑战都是独一无二的，而且常常出乎意料。因此，就这一主题写一个较全面的章节是相当费心的。在这里，我们使用一系列的案例研究来说明在数据整理挑战中字符串处理这一步骤的重要性。具体来说，我们描述了将尚未显示的原始数据（从中我们提取了 murders、heights 以及 research_funding_rates）转换成本书中研究过的数据帧。

通过这些案例研究，我们将介绍字符串处理中一些常见的任务，包括从字符串中提取数字，从文本中删除不需要的字符，查找并替换字符，提取字符串的特定部分，将自由格式文本转换为更统一的格式，以及将字符串拆分为多个值。

基础 R 包括执行所有这些任务的函数。但是，它们不遵循统一的惯例，这使得它们难以记忆和使用。stringr 包基本上重新打包了这个功能，但是使用一种更一致的方法命名了函数并将其参数进行了排序。例如，在 stringr 中，所有的字符串处理函数都以 str_ 开头。这意味着，如果输入 str_ 并点击 tab，R 将自动补全并显示所有可用的函数。因此，我们不必记住所有的函数名。另一个优点是，在这个包的函数中，被处理的字符串始终作为第一个参数，这意味着我们更容易使用管道。因此，我们将首先描述如何使用 stringr 包中的函数。

大多数例子将来自第二个案例研究，该案例研究涉及学生自我报告的身高，本章大部分内容都是关于正则表达式（regex）和 stringr 包中的函数的。

24.1　stringr 包

```
library(tidyverse)
library(stringr)
```

一般来说，字符串处理任务可以分为字符检测、定位、提取或替换模式。我们将给出几个例子。表 24.1 给出了 stringr 包中提供的函数。我们将其按任务划分。我们也给出了对应的基础 R 函数（如果有的话）。

所有这些函数都以字符向量作为第一个参数。此外，对于每个函数，操作都是向量化的：操作将应用于向量中的每个字符串。

最后，请注意，在表 24.1 中我们提到了组（group）。这些将在 24.5.9 节中解释。

表　24.1

stringr	任务	描述	基础 R
str_detect	检测	模式是否在字符串中	grepl
str_which	检测	返回包含模式的条目的索引	grep
str_subset	检测	返回包含模式的字符串子集	grep, value=TRUE
str_locate	定位	返回模式第一次在字符串中出现的位置	regexpr
str_locate_all	定位	返回模式在字符串中的所有出现位置	gregexpr
str_view	定位	返回字符串中匹配模式的第一部分	
str_view_all	定位	展示字符串中匹配模式的所有部分	
str_extract	提取	提取字符串中匹配模式的第一部分	
str_extract_all	提取	提取字符串中匹配模式的所有部分	
str_match	提取	提取字符串中与组和组定义的模式匹配的第一部分	
str_match_all	提取	提取字符串中与组和组定义的模式匹配的所有部分	
str_sub	提取	提取子字符串	substring
str_split	提取	按模式将字符串拆分成列表	strsplit
str_split_fixed	提取	按模式将字符串拆分成矩阵	strsplit, fixed=TRUE
str_count	描述	统计模式在字符串中出现的次数	
str_length	描述	统计字符串中字符数量	nchar
str_replace	替换	将字符串中匹配模式的第一部分替换为另外的数据	
str_replace_all	替换	将字符串中匹配模式的所有部分替换为另外的数据	gsub
str_to_upper	替换	将所有字符改为大写	toupper
str_to_lower	替换	将所有字符改为小写	tolower
str_to_title	替换	将首字符改为大写，其余均为小写	

（续）

stringr	任务	描述	基础 R
str_replace_na	替换	将所有 NA 替换为新值	
str_trim	替换	删除字符串开头和结尾的空格	
str_c	操纵	连接多个字符串	paste0
str_conv	操纵	改变字符串的编码方式	
str_sort	操纵	按字母顺序对向量排序	sort
str_order	操纵	按字母顺序排序向量的索引	order
str_trunc	操纵	将字符串截断为固定大小	
str_pad	操纵	在字符串中添加空格使其变成固定大小	先 rep 后 paste
str_dup	操纵	替换字符串	
str_wrap	操纵	将内容包装成格式化段落	
str_interp	操纵	字符串插值	sprintf

24.2　案例研究：美国枪杀数据

在本节中，我们将以以下数据集为例，介绍一些简单的字符串处理挑战：

```
library(rvest)
url <- paste0("https://en.wikipedia.org/w/index.php?title=",
              "Gun_violence_in_the_United_States_by_state",
              "&direction=prev&oldid=810166167")
murders_raw <- read_html(url) %>%
  html_node("table") %>%
  html_table() %>%
  setNames(c("state", "population", "total", "murder_rate"))
```

以上代码显示了从维基百科页面提取的原始数据构造数据集的第一步。

```
library(dslabs)
data(murders)
```

一般来说，字符串处理涉及字符串和模式。在 R 中，我们通常将字符串存储在字符向量中，例如 murders$population。此向量中由 population 变量定义的前三个字符串是：

```
murders_raw$population[1:3]
#> [1] "4,853,875" "737,709"   "6,817,565"
```

通常的强制转换在这里不起作用：

```
as.numeric(murders_raw$population[1:3])
#> Warning: NAs introduced by coercion
#> [1] NA NA NA
```

这是因为存在逗号。我们在这里要做的字符串处理是从 murders_raw$population 的字符串中删除逗号模式，然后强制转换为数字。我们可以使用 str_detect 函数查看三列中的两列条目中是否有逗号：

```
commas <- function(x) any(str_detect(x, ","))
murders_raw %>% summarize_all(commas)
#>    state population total murder_rate
#> 1 FALSE      TRUE  TRUE       FALSE
```

然后使用 str_replace_all 函数将其删除：

```
test_1 <- str_replace_all(murders_raw$population, ",", "")
test_1 <- as.numeric(test_1)
```

我们可以使用 mutate_all 将此操作应用于每个列，因为它不会影响不含逗号的列。

事实证明，这个操作非常常见，以至于 readr 包含了 parse_number 函数，专门用于在执行强制转换操作之前删除非数字字符：

```
test_2 <- parse_number(murders_raw$population)
identical(test_1, test_2)
#> [1] TRUE
```

因此，我们可以使用以下方法获得所需的表：

```
murders_new <- murders_raw %>% mutate_at(2:3, parse_number)
head(murders_new)
#>        state population total murder_rate
#> 1    Alabama    4853875   348         7.2
#> 2     Alaska     737709    59         8.0
#> 3    Arizona    6817565   309         4.5
#> 4   Arkansas    2977853   181         6.1
#> 5 California   38993940  1861         4.8
#> 6   Colorado    5448819   176         3.2
```

与我们在数据科学中面临的字符串处理挑战相比，这个例子相对简单。下一个例子相当复杂，极具挑战性，我们能够从中学习许多字符串处理技术。

24.3　案例研究：学生报告的身高

dslabs 包包括 heights 数据集的原始数据。我们可以这样加载它：

```
data(reported_heights)
```

学生将自己的身高填入网页表单，我们因此获得身高数据。他们可以输入任何东西，但要求输入一个以英寸为单位的数字。我们编译了 1095 个提交的数据，但不幸的是，上报的身高数据的列向量中出现了几个非数字条目，因此它变成了字符向量：

```
class(reported_heights$height)
#> [1] "character"
```

如果我们试着把它解析成数字，就会得到一个警告：

```
x <- as.numeric(reported_heights$height)
#> Warning: NAs introduced by coercion
```

尽管大多数值似乎是按要求以英寸为单位的身高数据：

```
head(x)
#> [1] 75 70 68 74 61 65
```

但最终仍会得到许多 NA：

```
sum(is.na(x))
#> [1] 81
```

使用 filter 只保留导致 NA 的条目，我们可以看到一些未成功转换的条目：

```
reported_heights %>%
  mutate(new_height = as.numeric(height)) %>%
  filter(is.na(new_height)) %>%
  head(n=10)
#>            time_stamp    sex              height new_height
#> 1  2014-09-02 15:16:28   Male               5' 4"         NA
#> 2  2014-09-02 15:16:37 Female               165cm         NA
#> 3  2014-09-02 15:16:52   Male                 5'7         NA
#> 4  2014-09-02 15:16:56   Male               >9000         NA
#> 5  2014-09-02 15:16:56   Male                5'7"         NA
#> 6  2014-09-02 15:17:09 Female                5'3"         NA
#> 7  2014-09-02 15:18:00   Male 5 feet and 8.11 inches       NA
#> 8  2014-09-02 15:19:48   Male                5'11         NA
#> 9  2014-09-04 00:46:45   Male                5'9''        NA
#> 10 2014-09-04 10:29:44   Male               5'10''        NA
```

我们马上就能知道发生了什么。有些学生没有按要求用英寸表示身高。我们可以丢弃这些数据并继续。然而，许多条目遵循的模式在原则上可以很容易地转换为英寸。例如，在上面的输出中，我们看到有各种使用 x'y" 格式的数据，*x* 和 *y* 分别表示英尺和英寸。这些数据都可以被人读取并转换为英寸单位的，例如 5'4" 可转换为 $5 \times 12+4=64$ 英寸。因此，我们可以手动修复所有有问题的条目。然而，人很容易犯错，所以自动化方法更为可取。另外，由于我们计划继续收集数据，因此编写自动执行此操作的代码会非常方便。

这类任务的第一步是排查有问题的条目，并尝试定义大部分条目组都遵循的特定模式。这些组越大，我们可以用单一编程方法修复的条目就越多。我们希望找到可以用规则准确描述的模式，例如"一个数字后面依次跟着英尺符号、一个或两个数字以及英寸符号"。

寻找这样的模式有助于删除以英寸为单位的条目，只查看有问题的条目。因此，我们编写一个函数来自动执行此操作。我们保留在应用 as.numeric 时导致 NA 的条目或超出身高合理范围的条目。我们允许的范围覆盖 99.9999% 的成年人口。我们还可以使用 suppressWarnings 来避免我们知道 as.numeric 会给我们发出的警告信息：

```
not_inches <- function(x, smallest = 50, tallest = 84){
  inches <- suppressWarnings(as.numeric(x))
  ind <- is.na(inches) | inches < smallest | inches > tallest
  ind
}
```

我们应用此函数确定有问题的条目的数量：

```
problems <- reported_heights %>%
  filter(not_inches(height)) %>%
  pull(height)
length(problems)
#> [1] 292
```

我们现在可以输出并查看所有有问题的数据。这里不会这样做，因为存在 `length(problems)` 个数据，但是在仔细研究之后，我们发现可以使用三种模式来定义这些异常的三个大组。

❑ x'y、x'y'' 或 x'y'' 模式，x 和 y 分别代表英尺和英寸。以下是 10 个例子：

```
#> 5' 4" 5'7 5'7" 5'3" 5'11 5'9'' 5'10'' 5' 10 5'5" 5'2"
```

❑ x.y 或 x,y 模式，x 代表英尺，y 代表英寸。以下是 10 个例子：

```
#> 5.3 5.5 6.5 5.8 5.6 5,3 5.9 6,8 5.5 6.2
```

❑ 以厘米而不是英寸报告的条目。以下是 10 个例子：

```
#> 150 175 177 178 163 175 178 165 165 180
```

一旦我们看到这些大组遵循特定的模式，就可以制定一个攻击计划。记住，很少出现只有一种方法完成这些任务的情况。在这里，我们选择一个可以帮助我们介绍有用技巧的方法。但确实还有更有效的方法来完成这项任务。

攻击计划：我们将把遵循前两种模式的条目转换为标准的条目。我们将利用标准化过程提取英尺和英寸并将它们转换为英寸。我们将定义一个过程来识别以厘米为单位的条目，并将其转换为英寸。在完成这些步骤之后，我们将再次检查哪些条目没有被修复，并查看是否可以调整方法使其更全面。

最后，我们希望有一个脚本，使基于网页的数据收集方法对常见的用户错误具有鲁棒性。

为了实现这个目标，我们将使用一种能够准确检测模式并提取所需部分的技术：正则表达式（regex）。但首先，我们将快速描述如何转义某些字符，以便将它们包含在字符串中。

24.4 定义字符串时如何转义

在 R 中定义字符串，可以使用双引号：

```
s <- "Hello!"
```

或单引号：

```
s <- 'Hello!'
```

请确保选择正确的单引号，因为使用后引号会导致错误：

```
s <- `Hello`
```

```
Error: object 'Hello' not found
```

如果要定义的字符串包含双引号，会发生什么情况？例如，如果我们想将 10 英寸写为 10"，则不能使用：

```
s <- "10""
```

因为这代表的是字符串 10 后跟双引号。如果将其输入 R，会得到一个错误，因为这是一个未闭合的双引号。为了避免这种情况，我们可以使用单引号：

```
s <- '10"'
```

如果我们输出 s，就会看到双引号已用反斜杠转义了：

```
s
#> [1] "10\""
```

实际上，使用反斜杠转义提供了一种定义字符串的方法，同时仍然可以使用双引号定义字符串：

```
s <- "10\""
```

在 R 中，函数 cat 可以让我们看到字符串的实际外观：

```
cat(s)
#> 10"
```

如果我们将 5 英尺写成 5'，该怎么办呢？在这种情况下，我们可以使用双引号：

```
s <- "5'"
cat(s)
#> 5'
```

我们已经介绍了如何写出 5 英尺和 10 英寸，但是如果要将它们写在一起即把 5 英尺 10 英寸表示为 5'10"，该怎么办呢？在这种情况下，单引号和双引号都不起作用。

```
s <- '5'10"'
```

在 5 之后闭合字符串，而：

```
s <- "5'10""
```

在 10 后闭合字符串。请记住，如果将上述代码片段之一输入 R 中，它将被卡住，等待你关闭引号，你将不得不使用 Esc 按钮退出执行。

在这种情况下，我们需要用反斜杠来转义引号。我们可以像这样转义任意一个字符：

```
s <- '5\'10"'
cat(s)
#> 5'10"
```

也可以像这样转义：

```
s <- "5'10\""
cat(s)
#> 5'10"
```

字符转义在处理字符串时经常用到。

24.5 正则表达式

正则表达式（regex）是一种描述文本字符特定模式的方法。它们可用于确定给定字符串是否与某模式匹配。我们定义了一组规则来高效、准确地实现这一操作，这里我们给出了一些例子。通过阅读详细教程[⊖]，我们可以了解更多关于这些规则的信息。

提供给 stringr 函数的模式可以是正则表达式，而非标准字符串。我们将通过一系列的例子来介绍这是如何工作的。

本节将创建字符串来测试 regex。为此，我们定义了已知应该匹配的模式以及已知不应该匹配的模式。我们将它们分别称为 yes 和 no。这允许我们检查两种类型的错误：不匹配和不正确匹配。

24.5.1 字符串是正则表达式

从技术上讲，任何字符串都是正则表达式，最简单的例子可能是单个字符。因此，以下代码中使用的逗号是一个使用正则表达式进行搜索的简单示例。

```
pattern <- ","
str_detect(murders_raw$total, pattern)
```

我们抑制逻辑向量的输出，它可以告诉我们哪些条目有逗号。

在前面，我们注意到有一个包含 cm 的条目。这也是正则表达式的一个简单示例。我们可以显示所有使用 cm 的条目，如下所示：

```
str_subset(reported_heights$height, "cm")
#> [1] "165cm"  "170 cm"
```

24.5.2 特殊字符

现在我们考虑一个稍微复杂一点的例子。下列哪一个字符串包含模式 cm 或 inches？

```
yes <- c("180 cm", "70 inches")
no <- c("180", "70''")
s <- c(yes, no)
```

```
str_detect(s, "cm") | str_detect(s, "inches")
#> [1]  TRUE  TRUE FALSE FALSE
```

但是，我们不需要这样做。regex 与普通字符串的主要区别在于我们可以使用特殊字符。这些是有意义的字符。我们首先介绍表示"或"的 | 字符。因此，如果我们想知道字符串中是否有 cm 或 inches，可以使用 regex cm | inches：

⊖ https://www.regular-expressions.info/tutorial.html；http://r4ds.had.co.nz/strings.html#matching-patterns-with-regular-expressions

```
str_detect(s, "cm|inches")
#> [1]  TRUE  TRUE FALSE FALSE
```

另一个用于识别英尺和英寸的特殊字符是 \d，它表示任意数字，如 0、1、2、3、4、5、6、7、8、9。反斜杠用于将其与字符 d 区分开来。在 R 中，我们必须转义反斜杠，所以实际上我们必须使用 \\d 来表示数字。下面是一个例子：

```
yes <- c("5", "6", "5'10", "5 feet", "4'11")
no <- c("", ".", "Five", "six")
s <- c(yes, no)
pattern <- "\\d"
str_detect(s, pattern)
#> [1]  TRUE  TRUE  TRUE  TRUE  TRUE FALSE FALSE FALSE FALSE
```

我们借此机会介绍一下 str_view 函数，它有助于排除故障，因为它显示了每个字符串的第一个匹配项：

```
str_view(s, pattern)
```

```
5

6

5'10

5 feet

4'11

.

Five

six
```

str_view_all 可以展示所有的匹配项，3'2 有 2 个匹配项，5'10 有 3 个匹配项：

```
str_view_all(s, pattern)
```

```
5

6

5'10

5 feet

4'11

.

Five

six
```

还有许多其他的特殊字符。下面我们将介绍一些其他特殊字符，你可以在备忘单中看到其中的大部分或全部特殊字符。

24.5.3 字符类

字符类（character class）用于定义一系列可以匹配的字符。我们用方括号定义字符类。例如，如果我们只想让模式在有 5 或 6 时相匹配，则使用正则表达式 [56]：

```
str_view(s, "[56]")
```

    5

    6

    5'10

    5 feet

    4'11

    .

    Five

    six

假设我们要匹配 4 到 7 之间的值，定义字符类的一种常见方法是使用范围。例如，[0-9] 相当于 \\d。因此，我们想要的模式是 [4-7]：

```
yes <- as.character(4:7)
no <- as.character(1:3)
s <- c(yes, no)
str_detect(s, "[4-7]")
#> [1]  TRUE  TRUE  TRUE   TRUE FALSE FALSE FALSE
```

在 regex 中只有字符，没有数字，知道这一点非常重要。所以，4 是字符 4 而不是数字 4。例如，[1-20] 不是指 1 到 20，而是指字符 1 到 2 或字符 0，所以 [1-20] 只是指由 0、1 和 2 组成的字符类。

请记住，字符有顺序，数字也遵循数字顺序。因此，0 在 1 之前，1 在 2 之前，以此类推。出于同样的原因，我们可以将小写字母定义为 [a-z]，将大写字母定义为 [A-Z]，并将大小写字母定义为 [a-zA-Z]。

24.5.4 锚点

如果想在只有一位数的情况下进行匹配，该怎么办呢？这在我们的案例研究中很有用，因为英尺永远不会超过 1 位数，所以这个限制是有作用的。使用 regex 实现这种限制的一种方法是使用锚点，它允许我们定义必须在特定位置开始或结束的模式。常见的两个锚点是 ^ 和 $，它们分别表示字符串的开头和结尾。因此，模式 ^\\d$ 被读取为"字符串开头后是一个数字，然后是字符串的结尾"。

此模式现在只检测只有一个数字的字符串：

```
pattern <- "^\\d$"
yes <- c("1", "5", "9")
no <- c("12", "123", " 1", "a4", "b")
s <- c(yes, no)
str_view_all(s, pattern)
```

    1

    5

    9

```
12

123

1

a4

b
```

1 不匹配，因为它没有以数字开头，而是以空格开头，这实际上不容易看出来。

24.5.5 量词

对于英寸部分，数字可以是一到两位数。这可以在正则表达式中使用量词量化。实现方法是在模式后面加上一个大括号，大括号中指定前一个条目可以重复的次数。我们用一个例子来说明。一位或两位数的模式是：

```
pattern <- "^\\d{1,2}$"
yes <- c("1", "5", "9", "12")
no <- c("123", "a4", "b")
str_view(c(yes, no), pattern)
```

```
1

5

9

12

123

a4

b
```

在这个例子中，123 不匹配，但 12 匹配。为了寻找英尺和英寸模式，我们可以在数字后面加上英尺和英寸的符号。

根据所学的知识，我们可以构造 x'y\" 模式的一个例子，其中 x 代表英尺，y 代表英寸：

```
pattern <- "^[4-7]'\\d{1,2}\"$"
```

现在，模式变得越来越复杂，但我们可以仔细观察并将其分解为：

○ ^ 代表字符串起点。
○ [4-7] 代表一位数，即 4、5、6 或 7。
○ '代表英尺符号。
○ \\d{1,2} 代表一位或两位数。
○ \" 代表英寸符号。
○ $ 代表字符串末尾。

我们来测试一下：

```
yes <- c("5'7\"", "6'2\"",  "5'12\"")
```

```
no <- c("6,2\"", "6.2\"","I am 5'11\"", "3'2\"", "64")
str_detect(yes, pattern)
#> [1] TRUE TRUE TRUE
str_detect(no, pattern)
#> [1] FALSE FALSE FALSE FALSE FALSE
```

目前，我们允许英寸部分为 12 或更大。我们稍后将添加一个限制，因为它的正则表达式比我们准备展示的要更复杂一些。

24.5.6　空格

另一个问题涉及空格。例如，我们的模式与 5'4" 不匹配，因为在 ' 和 4 之间有一个我们的模式不允许存在的空格。空格是字符，R 不会忽略它们：

```
identical("Hi", "Hi ")
#> [1] FALSE
```

在 regex 中，\s 表示空格。要找到类似 5'4 的模式，我们可以将模式更改为：

```
pattern_2 <- "^[4-7]'\\s\\d{1,2}\"$"
str_subset(problems, pattern_2)
#> [1] "5' 4\""  "5' 11\"" "5' 7\""
```

但是，这与没有空格的模式不匹配。那么，我们需要不止一个 regex 模式吗？结果证明，我们也可以用量词。

24.5.7　量词 *、? 和 +

我们希望模式允许空格存在，但是要求它们必须存在。即使有多个空格，如 5' 4，我们仍然希望它匹配。有一个量词正好可以达到这个目的。在正则表达式中，字符 * 表示前一个字符可以有零个或多个。下面是一个例子：

```
yes <- c("AB", "A1B", "A11B", "A111B", "A1111B")
no <- c("A2B", "A21B")
str_detect(yes, "A1*B")
#> [1] TRUE TRUE TRUE TRUE TRUE
str_detect(no, "A1*B")
#> [1] FALSE FALSE
```

以上匹配的第一个字符串有 0 个 1，所有字符串都有一个或多个 1。我们可以通过在空格字符 \s 后添加 * 来改进模式。

还有两个相似的量词。对于零个或一个，我们可以使用 ?；对于一个或多个，我们可以使用 +。从下面这个例子中我们可以看到它们的不同之处：

```
data.frame(string = c("AB", "A1B", "A11B", "A111B", "A1111B"),
           none_or_more = str_detect(yes, "A1*B"),
           nore_or_once = str_detect(yes, "A1?B"),
           once_or_more = str_detect(yes, "A1+B"))
#>   string none_or_more nore_or_once once_or_more
#> 1     AB         TRUE         TRUE        FALSE
```

```
#> 2    A1B          TRUE           TRUE           TRUE
#> 3    A11B         TRUE           FALSE          TRUE
#> 4    A111B        TRUE           FALSE          TRUE
#> 5  A1111B         TRUE           FALSE          TRUE
```

实际上，我们将在学生报告的身高的例子中使用这三种类型，我们将在后面介绍这些内容。

24.5.8 非检测元素

为了指定不想检测的模式，我们可以使用 ^ 符号，但只能放在方括号内。请记住，在方括号的外部 ^ 表示字符串的开头。例如，如果我们想检测数字前不能是字母的模式，则可以执行以下操作：

```
pattern <- "[^a-zA-Z]\\d"
yes <- c(".3", "+2", "-0","*4")
no <- c("A3", "B2", "C0", "E4")
str_detect(yes, pattern)
#> [1] TRUE TRUE TRUE TRUE
str_detect(no, pattern)
#> [1] FALSE FALSE FALSE FALSE
```

另一种生成搜索除例外项以外的所有项的模式的方法是使用特殊字符的大写版本。例如，\\D 表示数字以外的任何内容，\\S 表示除空格以外的任何内容，以此类推。

24.5.9 组

组是正则表达式的一个强大方面，它允许提取值。组使用括号定义。它们本身不影响模式匹配。相反，它允许工具识别模式的特定部分，以便我们提取它们。

我们想把身高 5.6 改为 5'6。为了避免改变模式（如 70.2），我们将要求第一个数字在 4 到 7 之间（[4-7]），第二个数字为零个或多个数字（\\d*）。我们首先定义一个与其匹配的简单模式：

```
pattern_without_groups <- "^[4-7],\\d*$"
```

我们需要提取数字，这样就可以使用句点形成新版本。这是两组，所以我们用括号将它们封装起来：

```
pattern_with_groups <-  "^([4-7]),(\\d*)$"
```

我们封装模式中与我们希望保留以备将来使用的部分相匹配的部分。添加组不会影响检测，因为它只表示我们希望保存组捕获的内容。注意，当使用 str_detect 时，两种模式返回相同的结果：

```
yes <- c("5,9", "5,11", "6,", "6,1")
no <- c("5'9", ",", "2,8", "6.1.1")
s <- c(yes, no)
str_detect(s, pattern_without_groups)
#> [1]  TRUE   TRUE   TRUE   TRUE FALSE FALSE FALSE FALSE
```

```
str_detect(s, pattern_with_groups)
#> [1]  TRUE  TRUE  TRUE  TRUE FALSE FALSE FALSE FALSE
```

定义组之后，我们可以使用 `str_match` 函数提取这些组定义的值：

```
str_match(s, pattern_with_groups)
#>      [,1]    [,2] [,3]
#> [1,] "5,9"   "5"  "9"
#> [2,] "5,11"  "5"  "11"
#> [3,] "6,"    "6"  ""
#> [4,] "6,1"   "6"  "1"
#> [5,] NA      NA   NA
#> [6,] NA      NA   NA
#> [7,] NA      NA   NA
#> [8,] NA      NA   NA
```

请注意，第二列和第三列分别包含英尺和英寸。第一列是与模式匹配的字符串部分。如果没有匹配项，我们会看到一个 NA。

现在我们了解了 `str_extract` 和 `str_match` 函数之间的区别，即 `str_extract` 只提取与模式匹配的字符串，而不是组定义的值：

```
str_extract(s, pattern_with_groups)
#> [1] "5,9"  "5,11" "6,"   "6,1"  NA     NA     NA     NA
```

24.6　使用正则表达式搜索并替换

前面我们定义了包含字符串（不以英寸为单位）的对象 `problems`。我们可以看到，没有太多有问题的字符串与模式匹配：

```
pattern <- "^[4-7]'\\d{1,2}\"$"
sum(str_detect(problems, pattern))
#> [1] 14
```

为了了解原因，我们展示了一些示例：

```
problems[c(2, 10, 11, 12, 15)] %>% str_view(pattern)
```

```
                 5' 4"

                 5'7"

                 5'3"

                 5 feet and 8.11 inches

                 5.5
```

我们可以立即看到的一个问题是，一些学生写了 feet 和 inches。我们可以使用 `str_subset` 函数看到这样的条目：

```
str_subset(problems, "inches")
#> [1] "5 feet and 8.11 inches" "Five foot eight inches"
#> [3] "5 feet 7inches"         "5ft 9 inches"
#> [5] "5 ft 9 inches"          "5 feet 6 inches"
```

我们还看到一些条目使用了两个单引号，而不是一个双引号：

```
str_subset(problems, "''")
#> [1] "5'9''"   "5'10''"  "5'10''"  "5'3''"   "5'7''"   "5'6''"
#> [7] "5'7.5''" "5'7.5''" "5'10''"  "5'11''"  "5'10''"  "5'5''"
```

为了修正这一点，我们可以用统一的符号替换表示英尺和英寸的不同方式。我们将使用 ' 表示英尺，而对于英寸，我们不使用符号，因为有些条目的形式为 x'y。如果不再使用英寸符号，则必须相应地更改模式：

```
pattern <- "^[4-7]'\\d{1,2}$"
```

如果在匹配之前进行这种替换，则会得到更多匹配项：

```
problems %>%
  str_replace("feet|ft|foot", "'") %>% # replace feet, ft, foot with '
  str_replace("inches|in|''|\"", "") %>% # remove all inches symbols
  str_detect(pattern) %>%
  sum()
#> [1] 48
```

但是，仍然还有很多有问题的数据。

注意，在上面的代码中，我们利用了 stringr 一致性并使用了管道。

现在，我们在英尺符号前后添加 \\s* 以便在英尺符号和数字之间留出空格，从而改进模式。现在可以多匹配一些条目：

```
pattern <- "^[4-7]\\s*'\\s*\\d{1,2}$"
problems %>%
  str_replace("feet|ft|foot", "'") %>% # replace feet, ft, foot with '
  str_replace("inches|in|''|\"", "") %>% # remove all inches symbols
  str_detect(pattern) %>%
  sum
#> [1] 53
```

我们可能会用 str_replace_all 删除所有空格来试图避免这样做。然而，当进行这样的操作时，我们需要确保它不会产生意外的影响。在学生报告的身高的例子中，这将是一个问题，因为有些条目的形式是 x y，它用空格将英尺和英寸数据分隔开。如果去掉所有的空格，我们将错误地把 x y 变成 xy，这意味着 6 1 将变成 61 英寸而不是 73 英寸。

第二大类问题条目的形式是 x.y、x, y 和 x y。我们想把这些形式都改成常用的 x'y 形式。但我们不能只进行搜索和替换，因为我们会把 70.5 这样的值更改为 70'5。因此，我们的策略是搜索一个非常具体的模式，以确保提供英尺和英寸，然后对那些匹配项进行适当的替换操作。

使用组搜索并替换

组的另一个强大功能是，在搜索和替换时，可以引用正则表达式中提取的值。

第 *i* 组的正则表达式特殊字符是 \\i。因此，\\1 是从第 1 组中提取的值，\\2 是从第 2 组中提取的值，以此类推。作为一个简单的示例，请注意，以下代码将用句点替换逗号，但前提是逗号介于两个数字之间：

```
pattern_with_groups <-  "^([4-7]),(\\d*)$"
yes <- c("5,9", "5,11", "6,", "6,1")
no <- c("5'9", ",", "2,8", "6.1.1")
s <- c(yes, no)
str_replace(s, pattern_with_groups, "\\1'\\2")
#> [1] "5'9"   "5'11"  "6'"    "6'1"   "5'9"   ","     "2,8"   "6.1.1"
```

我们可以用这个方法来转换报告的身高数据。

我们现在已经做好准备，可以定义一个模式来帮助我们将 x.y、x, y 和 x　y 形式转换成我们喜欢的形式。我们需要改写 pattern_with_groups，使其更加灵活，并且能够捕获所有数据。

```
pattern_with_groups <-"^([4-7])\\s*[,\\.\\s+]\\s*(\\d*)$"
```

我们将其分解为：

❑　^ 代表字符串起点。

❑　[4-7] 代表一个数字，即 4、5、6 或 7。

❑　\\s* 代表零个或多个空格。

❑　[, \\.\\s+] 代表英尺符号要么是，或 .，要么是至少一个空格。

❑　\\s* 代表没有或多个空格。

❑　\\d* 代表一个或多个数字。

❑　$ 代表字符串末尾。

我们可以看到它这样运行：

```
str_subset(problems, pattern_with_groups) %>% head()
#> [1] "5.3"  "5.25" "5.5"  "6.5"  "5.8"  "5.6"
```

并且能够执行搜索和替换：

```
str_subset(problems, pattern_with_groups) %>%
  str_replace(pattern_with_groups, "\\1'\\2") %>% head
#> [1] "5'3"  "5'25" "5'5"  "6'5"  "5'8"  "5'6"
```

同样，我们将在后面处理大于 12 英寸的挑战。

24.7　测试和改进

第一次尝试开发正确的正则表达式通常很困难。试错法是寻找满足所有期望条件的正则表达式模式的常用方法。在前面的章节中，我们开发了一种功能强大的字符串处理技术，可以帮助我们捕获许多有问题的条目。在这里，我们将测试这些方法，搜索进一步的问题，并调整方法以期改进方法。我们编写一个函数来捕获所有不能转换成数字的条目，记住有些条目以厘米为单位（我们将在后面处理这些条目）：

```
not_inches_or_cm <- function(x, smallest = 50, tallest = 84){
  inches <- suppressWarnings(as.numeric(x))
```

```
  ind <- !is.na(inches) &
    ((inches >= smallest & inches <= tallest) |
       (inches/2.54 >= smallest & inches/2.54 <= tallest))
  !ind
}

problems <- reported_heights %>%
  filter(not_inches_or_cm(height)) %>%
  pull(height)
length(problems)
#> [1] 200
```

我们来看在上述处理步骤后，有多少匹配我们的模式：

```
converted <- problems %>%
  str_replace("feet|foot|ft", "'") %>% # convert feet symbols to '
  str_replace("inches|in|''|\"", "") %>%  # remove inches symbols
  str_replace("^([4-7])\\s*[,\\.\\s+]\\s*(\\d*)$", "\\1'\\2")# change format

pattern <- "^[4-7]\\s*'\\s*\\d{1,2}$"
index <- str_detect(converted, pattern)
mean(index)
#> [1] 0.615
```

请注意我们利用管道的方式，这是使用 stringr 的优势之一。最后一段代码显示我们已经匹配了超过一半的字符串。我们来看看剩下的字符串：

```
converted[!index]
#>  [1] "6"          "165cm"      "511"          "6"
#>  [5] "2"          ">9000"      "5 ' and 8.11 " "11111"
#>  [9] "6"          "103.2"      "19"           "5"
#> [13] "300"        "6'"         "6"            "Five ' eight "
#> [17] "7"          "214"        "6"            "0.7"
#> [21] "6"          "2'33"       "612"          "1,70"
#> [25] "87"         "5'7.5"      "5'7.5"        "111"
#> [29] "5' 7.78"    "12"         "6"            "yyy"
#> [33] "89"         "34"         "25"           "6"
#> [37] "6"          "22"         "684"          "6"
#> [41] "1"          "1"          "6*12"         "87"
#> [45] "6"          "1.6"        "120"          "120"
#> [49] "23"         "1.7"        "6"            "5"
#> [53] "69"         "5' 9 "      "5 ' 9 "       "6"
#> [57] "6"          "86"         "708,661"      "5 ' 6 "
#> [61] "6"          "649,606"    "10000"        "1"
#> [65] "728,346"    "0"          "6"            "6"
#> [69] "6"          "100"        "88"           "6"
#> [73] "170 cm"     "7,283,465"  "5"            "5"
#> [77] "34"
```

出现了四种明显的模式：

❑ 许多身高正好为 5 或 6 英尺的学生没有输入英寸部分，例如 6'，我们的模式要求包括英寸部分。

❑ 一些身高正好为 5 或 6 英尺的学生只输入了这个数字。

❑ 有些英寸部分包含小数点，例如 5'7.5''。我们的模式只需要两位数。

❑ 有些条目的末尾有空格，例如 5 ' 9。

我们也会遇到以下几个不常见的问题：

❑ 有些条目以米为单位，有些条目使用欧洲标准，如 1.6 和 1,70。

❑ 两个学生加了 cm。

❑ 一个学生拼写了数字：Five foot eight inches。

我们并不清楚编写代码来解决后三种问题是否值得，因为它们可能非常罕见。但是，其中一些方法为我们提供了学习更多正则表达式技术的机会，因此我们将构建一个修复程序。

对于第一种情况，如果在第一个数字之后添加 '0，例如，将所有的 6 转换为 6'0，那么我们先前定义的模式将匹配。这可以使用组来完成：

```
yes <- c("5", "6", "5")
no <- c("5'", "5'''", "5'4")
s <- c(yes, no)
str_replace(s, "^([4-7])$", "\\1'0")
#> [1] "5'0" "6'0" "5'0" "5'"  "5'''" "5'4"
```

该模式表示必须从 4 至 7 之间的一个数字开始（ˆ），到 $ 结束。圆括号定义传递 \\1 的组，以生成替换正则表达式字符串。

我们可以稍微修改一下这个代码来处理第二种情况——包含 5' 这样的条目。注意 5' 保持不变。这是因为额外的 ' 使模式不匹配，因为我们必须以 5 或 6 结束。我们允许 5 或 6 后面跟着 0 个或 1 个英尺标志。所以我们简单地在 ' 后面添加 '{0,1} 即可。但是，我们也可以使用特殊字符？（表示重复前一符号零次或一次）。正如我们在上面看到的，这和 * 不同，后者代表重复前一符号零次或多次。我们现在知道第四种情况也被转换了：

```
str_replace(s, "^([56])'?$", "\\1'0")
#> [1] "5'0" "6'0" "5'0" "5'0" "5'''" "5'4"
```

这里我们只允许对 5 和 6 进行这种转换，不允许对 4 和 7 进行这种转换。这是因为 5 英尺和 6 英尺的身高很常见，所以我们假设输入 5 或 6 的人实际上想输入的是 60 或 72 英寸。但是，4 英尺和 7 英尺的身高是非常罕见的，尽管我们认为 84 英寸是有效条目，但我们假设 7 是错误输入。

我们可以用量词来处理第三种情况。这些条目是不匹配的，因为英寸部分包含小数，而我们的模式不允许存在小数。我们需要允许第二组包括小数，而不仅仅是数字。这意味着我们必须允许有零个或一个句点，然后是零位数或更多位数。因此，我们同时使用？和 *。还要记住，对于这种特殊情况，句点需要转义，因为它是一个特殊字符（它表示除换行符以外的任何字符）。下面是一个简单的说明 * 使用方法的例子。

因此，我们可以将当前模式 ^[4-7]\\s*'\\s*\\d{1,2}$ 调整为允许在末尾使用小数：

```
pattern <- "^[4-7]\\s*'\\s*(\\d+\\.?\\d*)$"
```

第四种情况的单位为米且使用逗号，我们可以使用与将 x.y 转换为 x'y 类似的方法。不同之处在于，我们要求第一个数字是 1 或 2：

```
yes <- c("1,7", "1, 8", "2, " )
no <- c("5,8", "5,3,2", "1.7")
s <- c(yes, no)
str_replace(s, "^([12])\\s*,\\s*(\\d*)$", "\\1\\.\\2")
#> [1] "1.7"   "1.8"   "2."    "5,8"   "5,3,2" "1.7"
```

稍后我们将使用它们的数值检查条目单位是否是米。在介绍完字符串处理中两个广泛使用的函数之后，我们将继续讨论案例研究 2，这两个函数将在学生报告的身高的例子的最终解决方案开发中发挥作用。

24.8　修剪

一般来说，字符串开头或结尾处的空格不含信息。它们极具欺骗性，因为我们很难看出它们：

```
s <- "Hi "
cat(s)
#> Hi
identical(s, "Hi")
#> [1] FALSE
```

这是一个非常普遍的问题，因此有一个专门用来删除它们的函数：

```
str_trim("5 ' 9 ")
#> [1] "5 ' 9"
```

24.9　更改字母大小写

请注意，正则表达式区分大小写。通常，我们想匹配一个单词而不管大小写如何。一种方法是首先将所有字母改为小写，然后忽略大小写。例如，其中一个条目将数字写成单词 Five foot eight inches。虽然效率不高，但我们可以添加 13 个额外的 str_replace 调用来将 zero 转换为 0，one 转换为 1，以此类推。为了避免为 Zero 和 zero、One 和 one 等编写两个单独的操作，我们可以先使用 str_to_lower 函数使所有的字母变为小写：

```
s <- c("Five feet eight inches")
str_to_lower(s)
#> [1] "five feet eight inches"
```

其他相关函数包括 str_to_upper 和 str_to_title。现在我们准备定义一个过程，将所有有问题的数据转换为英寸数据。

24.10　案例研究：学生报告的身高（续）

现在，我们把所学的知识放在一个函数中，使该函数接受一个字符串向量，并将尽可能多的字符串转换为一种格式。我们写了一个函数，把上面所做的操作放在一起：

```
convert_format <- function(s){
  s %>%
    str_replace("feet|foot|ft", "'") %>%
    str_replace_all("inches|in|''|\"|cm|and", "") %>%
    str_replace("^([4-7])\\s*[,\\.\\s+]\\s*(\\d*)$", "\\1'\\2") %>%
    str_replace("^([56])'?$", "\\1'0") %>%
    str_replace("^([12])\\s*,\\s*(\\d*)$", "\\1\\.\\2") %>%
    str_trim()
}
```

我们还可以编写一个将单词转换为数字的函数：

```
library(english)
words_to_numbers <- function(s){
  s <- str_to_lower(s)
  for(i in 0:11)
    s <- str_replace_all(s, words(i), as.character(i))
  s
}
```

请注意，我们可以使用 recode 函数更有效地执行上述操作，该函数将在 24.13 节详细介绍。现在，我们可以看到还有哪些有问题的条目：

```
converted <- problems %>% words_to_numbers() %>% convert_format()
remaining_problems <- converted[not_inches_or_cm(converted)]
pattern <- "^[4-7]\\s*'\\s*\\d+\\.?\\d*$"
index <- str_detect(remaining_problems, pattern)
remaining_problems[!index]
#>  [1] "511"       "2"         ">9000"     "11111"     "103.2"
#>  [6] "19"        "300"       "7"         "214"       "0.7"
#> [11] "2'33"      "612"       "1.70"      "87"        "111"
#> [16] "12"        "yyy"       "89"        "34"        "25"
#> [21] "22"        "684"       "1"         "1"         "6*12"
#> [26] "87"        "1.6"       "120"       "120"       "23"
#> [31] "1.7"       "86"        "708,661"   "649,606"   "10000"
#> [36] "1"         "728,346"   "0"         "100"       "88"
#> [41] "7,283,465" "34"
```

除了下面我们将要修复的以米为单位的数据外，其他似乎都是不可能修复的数据。

24.10.1　extract 函数

extract 函数是用于字符串处理的一个有用的 tidyverse 函数，我们将在最终的解决方案中使用它，因此我们在这里进行介绍。前面我们构建了一个正则表达式来辨认字符向量的哪些元素与英尺和英寸模式匹配。但是，我们希望做得更多。我们希望提取并保存英尺和数值，以便在适当的时候将它们转换为英寸。

如果有这样一个简单的例子：

```
s <- c("5'10", "6'1")
tab <- data.frame(x = s)
```

从 21.3 节中我们了解了可用于实现当前目标的 separate 函数：

```
tab %>% separate(x, c("feet", "inches"), sep = "'")
#>   feet inches
#> 1    5     10
#> 2    6      1
```

tidyr 包中的 extract 函数允许我们使用正则表达式组来提取所需的值。以下使用 extract 函数的代码等同于上述使用 separate 函数的代码：

```
library(tidyr)
tab %>% extract(x, c("feet", "inches"), regex = "(\\d)'(\\d{1,2})")
#>   feet inches
#> 1    5     10
#> 2    6      1
```

那么，为什么还需要新的函数 extract 呢？我们已经看到能够摆脱特定模式匹配的改变有多小。正则表达式中的组可以让我们更灵活。例如，如果我们定义：

```
s <- c("5'10", "6'1\"","5'8inches")
tab <- data.frame(x = s)
```

并且只需要数字，那么 separate 函数失效：

```
tab %>% separate(x, c("feet","inches"), sep = "'", fill = "right")
#>   feet  inches
#> 1    5      10
#> 2    6      1"
#> 3    5 8inches
```

但是，我们可以使用 extract 函数。这里的正则表达式有点复杂，因为我们必须允许 ' 带有空格和 feet。我们也不希望 " 包含在值中，因此不将其包含在组中：

```
tab %>% extract(x, c("feet", "inches"), regex = "(\\d)'(\\d{1,2})")
#>   feet inches
#> 1    5     10
#> 2    6      1
#> 3    5      8
```

24.10.2　整合

我们已经准备好整合所有的功能，对学生报告的身高数据进行整理，以尽可能多地恢复身高数据。代码很复杂，我们将其分解成几个部分。

我们从清理 height 列开始，使身高数据更接近"英尺'英寸"的格式。我们添加一个原始身高列，这样我们可以比较清理前后的效果。

现在，我们准备对学生报告的身高数据集进行整理：

```
pattern <- "^([4-7])\\s*'\\s*(\\d+\\.?\\d*)$"

smallest <- 50
tallest <- 84
new_heights <- reported_heights %>%
  mutate(original = height,
         height = words_to_numbers(height) %>% convert_format()) %>%
  extract(height, c("feet", "inches"), regex = pattern, remove = FALSE) %>%
  mutate_at(c("height", "feet", "inches"), as.numeric) %>%
  mutate(guess = 12 * feet + inches) %>%
  mutate(height = case_when(
    is.na(height) ~ as.numeric(NA),
    between(height, smallest, tallest) ~ height,      #inches
    between(height/2.54, smallest, tallest) ~ height/2.54,  #cm
    between(height*100/2.54, smallest, tallest) ~ height*100/2.54, #meters
    TRUE ~ as.numeric(NA))) %>%
  mutate(height = ifelse(is.na(height) &
                           inches < 12 & between(guess, smallest, tallest),
                         guess, height)) %>%
  select(-guess)
```

我们可以通过输入以下代码来检查转换后的所有条目：

```
new_heights %>%
  filter(not_inches(original)) %>%
  select(original, height) %>%
  arrange(height) %>%
  View()
```

最后，如果查看最矮的学生：

```
new_heights %>% arrange(height) %>% head(n=7)
#>           time_stamp    sex height feet inches original
#> 1 2017-07-04 01:30:25   Male   50.0   NA     NA       50
#> 2 2017-09-07 10:40:35   Male   50.0   NA     NA       50
#> 3 2014-09-02 15:18:30 Female   51.0   NA     NA       51
#> 4 2016-06-05 14:07:20 Female   52.0   NA     NA       52
#> 5 2016-06-05 14:07:38 Female   52.0   NA     NA       52
#> 6 2014-09-23 03:39:56 Female   53.0   NA     NA       53
#> 7 2015-01-07 08:57:29   Male   53.8   NA     NA    53.77
```

我们会看到 53、54 和 55 的身高。在原始数据中，还有 51 和 52。这些矮个子很少见，很可能学生们的意思是 5'1、5'2、5'3、5'4 和 5'5。因为我们不能完全确定，所以会按报告的那样处理。对象 `new_heights` 包含这个案例研究的最终解决方案。

24.11　字符串拆分

另一个非常常见的数据整理操作是字符串拆分。我们从一个示例说明这是如何进行的。假设我们无法使用函数 `read_csv` 或 `read.csv`。我们必须使用基础 R 函数 `readLines`

读取 csv 文件，如下所示：

```
filename <- system.file("extdata/murders.csv", package = "dslabs")
lines <- readLines(filename)
```

此函数用于逐行读取数据以创建字符串向量。在本例中，电子表格中的每一行都是一个字符串。前六行是：

```
lines %>% head()
#> [1] "state,abb,region,population,total"
#> [2] "Alabama,AL,South,4779736,135"
#> [3] "Alaska,AK,West,710231,19"
#> [4] "Arizona,AZ,West,6392017,232"
#> [5] "Arkansas,AR,South,2915918,93"
#> [6] "California,CA,West,37253956,1257"
```

我们要提取向量中每个字符串用逗号分隔的值。str_split 命令正好可以执行这样的操作：

```
x <- str_split(lines, ",")
x %>% head(2)
#> [[1]]
#> [1] "state"      "abb"         "region"      "population" "total"
#>
#> [[2]]
#> [1] "Alabama" "AL"      "South"   "4779736" "135"
```

请注意，第一个条目具有列名，因此我们可以将其分开：

```
col_names <- x[[1]]
x <- x[-1]
```

要将列表转换为数据帧，可以使用 purrr 包中 map 函数提供的快捷方式。map 函数对列表中的每个元素应用相同的函数。因此，如果我们想提取 x 中每个元素的第一个条目，则可以这样写：

```
library(purrr)
map(x, function(y) y[1]) %>% head(2)
#> [[1]]
#> [1] "Alabama"
#>
#> [[2]]
#> [1] "Alaska"
```

但是，由于这是一个非常常见的任务，因此 purrr 提供了一个快捷方式。如果第二个参数接收的是整数而不是函数，则它假定我们需要该条目。所以，上面的代码这样写更高效：

```
map(x, 1)
```

要强制 map 返回字符向量而不是列表，可以使用 map_chr。同理，map_int 返回整数。因此，要创建数据帧，我们可以使用：

```
dat <- tibble(map_chr(x, 1),
              map_chr(x, 2),
```

```
              map_chr(x, 3),
              map_chr(x, 4),
              map_chr(x, 5)) %>%
  mutate_all(parse_guess) %>%
  setNames(col_names)
dat %>% head
#> # A tibble: 6 x 5
#>   state       abb   region population total
#>   <chr>       <chr> <chr>       <dbl> <dbl>
#> 1 Alabama     AL    South     4779736   135
#> 2 Alaska      AK    West       710231    19
#> 3 Arizona     AZ    West      6392017   232
#> 4 Arkansas    AR    South     2915918    93
#> 5 California  CA    West     37253956  1257
#> # ... with 1 more row
```

如果你了解更多关于 purrr 包的信息，那么就会知道可以使用以下更高效的代码执行上述操作：

```
dat <- x %>%
  transpose() %>%
  map( ~ parse_guess(unlist(.))) %>%
  setNames(col_names) %>%
  as_tibble()
```

事实证明，在调用 str_split 之后，我们可以避免上面显示的所有操作。具体来说，如果我们知道提取的数据可以表示为一个表，那么可以使用参数 simplify=TRUE，str_split 返回矩阵而不是列表：

```
x <- str_split(lines, ",", simplify = TRUE)
col_names <- x[1,]
x <- x[-1,]
colnames(x) <- col_names
x %>% as_tibble() %>%
  mutate_all(parse_guess) %>%
  head(5)
#> # A tibble: 5 x 5
#>   state       abb   region population total
#>   <chr>       <chr> <chr>       <dbl> <dbl>
#> 1 Alabama     AL    South     4779736   135
#> 2 Alaska      AK    West       710231    19
#> 3 Arizona     AZ    West      6392017   232
#> 4 Arkansas    AR    South     2915918    93
#> 5 California  CA    West     37253956  1257
```

24.12 案例研究：从 PDF 中提取表

dslabs 提供的一个数据集（按性别分列）显示了荷兰的科学基金资助率：

```
library(dslabs)
data("research_funding_rates")
research_funding_rates %>%
  select("discipline", "success_rates_men", "success_rates_women")
#>           discipline success_rates_men success_rates_women
#> 1   Chemical sciences             26.5              25.6
#> 2   Physical sciences             19.3              23.1
#> 3             Physics             26.9              22.2
#> 4          Humanities             14.3              19.3
#> 5  Technical sciences             15.9              21.0
#> 6   Interdisciplinary             11.4              21.8
#> 7 Earth/life sciences             24.4              14.3
#> 8     Social sciences             15.3              11.5
#> 9    Medical sciences             18.8              11.2
```

这些数据来自一篇发表在 PNAS 上的论文 [⊖]。但是，数据不是在电子表格中提供的，而是在 PDF 文档的表中提供的。图 24.1 给出了该表截图。

Table S1. Numbers of applications and awarded grants, along with success rates for male and female applicants, by scientific discipline

Discipline	Applications, n			Awards, n			Success rates, %		
	Total	Men	Women	Total	Men	Women	Total	Men	Women
Total	2,823	1,635	1,188	467	290	177	16.5	17.7$_a$	14.9$_b$
Chemical sciences	122	83	39	32	22	10	26.2	26.5$_a$	25.6$_a$
Physical sciences	174	135	39	35	26	9	20.1	19.3$_a$	23.1$_a$
Physics	76	67	9	20	18	2	26.3	26.9$_a$	22.2$_a$
Humanities	396	230	166	65	33	32	16.4	14.3$_a$	19.3$_a$
Technical sciences	251	189	62	43	30	13	17.1	15.9$_a$	21.0$_a$
Interdisciplinary	183	105	78	29	12	17	15.8	11.4$_a$	21.8$_a$
Earth/life sciences	282	156	126	56	38	18	19.9	24.4$_a$	14.3$_a$
Social sciences	834	425	409	112	65	47	13.4	15.3$_a$	11.5$_a$
Medical sciences	505	245	260	75	46	29	14.9	18.8$_a$	11.2$_b$

Success rates for male and female applicants with different subscripts differ reliably from one another ($P < 0.05$).

来源：Romy van der Lee 和 Naomi Ellemers，PNAS 2015 112（40）12349-12353[⊖]

图　24.1

我们可以手动提取数字，但这可能导致人为错误。相反，我们可以尝试使用 R 来整理数据。我们首先下载 PDF 文档，然后将其导入 R：

```
library("pdftools")
temp_file <- tempfile()
url <- paste0("http://www.pnas.org/content/suppl/2015/09/16/",
              "1510159112.DCSupplemental/pnas.201510159SI.pdf")

download.file(url, temp_file)
txt <- pdf_text(temp_file)
file.remove(temp_file)
```

如果检查对象文本，便可以注意到它是一个字符向量，每个页面都是一个条目。我们保留想要的页面：

```
raw_data_research_funding_rates <- txt[2]
```

上面的步骤实际上可以跳过，因为 dslabs 包中也包含了这个原始数据：

⊖ http://www.pnas.org/content/112/40/12349.abstract
⊖ http://www.pnas.org/content/112/40/12349

```
data("raw_data_research_funding_rates")
```

检查对象 raw_data_research_funding_rates，可以看到它是一个长字符串，页面上的每一行（包括表行）都由换行（\n）符分隔。因此，我们可以创建一个列表，将文本行作为元素，如下所示：

```
tab <- str_split(raw_data_research_funding_rates, "\n")
```

因为我们从字符串中只有一个元素的情况开始，所以最后得到的列表只有一个条目。

```
tab <- tab[[1]]
```

通过检查 tab，我们可以看到列名的信息在第三个和第四个条目：

```
the_names_1 <- tab[3]
the_names_2 <- tab[4]
```

第一行如下：

```
#>                                                        Applications, n
#>                         Awards, n          Success rates, %
```

我们要创建一个向量，每个列有一个名称。这可以使用我们刚学过的一些函数来实现。我们从上面的 the_names_1 开始。我们要删除前导空格和逗号后面的所有内容。对于后者，我们使用正则表达式。然后，我们可以通过拆分以空格分隔的字符串来获得元素。我们只想在有 2 个或更多的空格时拆分，以避免拆分 Success rates。因此，我们使用正则表达式 \\s{2,}：

```
the_names_1 <- the_names_1 %>%
  str_trim() %>%
  str_replace_all(",\\s.", "") %>%
  str_split("\\s{2,}", simplify = TRUE)
the_names_1
#>      [,1]           [,2]     [,3]
#> [1,] "Applications" "Awards" "Success rates"
```

现在我们来看 the_names_2：

```
#>                         Discipline        Total     Men      Women
#> n         Total     Men         Women         Total     Men         Women
```

这里我们要删除前导空格，然后像第一行一样按空格拆分：

```
the_names_2 <- the_names_2 %>%
  str_trim() %>%
  str_split("\\s+", simplify = TRUE)
the_names_2
#>      [,1]         [,2]    [,3]  [,4]    [,5]    [,6]  [,7]    [,8]
#> [1,] "Discipline" "Total" "Men" "Women" "Total" "Men" "Women" "Total"
#>      [,9]  [,10]
#> [1,] "Men" "Women"
```

然后，我们可以将这些合并，为每个列生成一个名称：

```
tmp_names <- str_c(rep(the_names_1, each = 3), the_names_2[-1], sep = "_")
the_names <- c(the_names_2[1], tmp_names) %>%
```

```
  str_to_lower() %>%
  str_replace_all("\\s", "_")
the_names
#>  [1] "discipline"          "applications_total"  "applications_men"
#>  [4] "applications_women"  "awards_total"        "awards_men"
#>  [7] "awards_women"        "success_rates_total" "success_rates_men"
#>  [10] "success_rates_women"
```

现在可以准备获取实际数据了。通过检查 tab 对象，我们注意到信息在第 6 行到第 14 行。我们可以再次使用 str_split 来实现目标：

```
new_research_funding_rates <- tab[6:14] %>%
  str_trim %>%
  str_split("\\s{2,}", simplify = TRUE) %>%
  data.frame(stringsAsFactors = FALSE) %>%
  setNames(the_names) %>%
  mutate_at(-1, parse_number)
new_research_funding_rates %>% as_tibble()
#> # A tibble: 9 x 10
#>   discipline applications_to~ applications_men applications_wo~
#>   <chr>                 <dbl>            <dbl>            <dbl>
#> 1 Chemical ~              122               83               39
#> 2 Physical ~              174              135               39
#> 3 Physics                  76               67                9
#> 4 Humanities              396              230              166
#> 5 Technical~              251              189               62
#> # ... with 4 more rows, and 6 more variables: awards_total <dbl>,
#> #   awards_men <dbl>, awards_women <dbl>, success_rates_total <dbl>,
#> #   success_rates_men <dbl>, success_rates_women <dbl>
```

我们可以看到这些对象是相同的：

```
identical(research_funding_rates, new_research_funding_rates)
#> [1] TRUE
```

24.13 重新编码

另一个涉及字符串的常见操作是重新编码分类变量的名称。假设你将在图表中显示很长的级别名称，你可能需要使用这些名称的较短版本。例如，在具有国家名称的字符向量中，你可能希望将"United States of America"更改为"USA"，将"United Kingdom"更改为"UK"，以此类推。虽然 tidyverse 提供了一个专门为这个任务设计的 recode 函数，但我们可以使用 case-when。

下面是一个示例，演示了如何重命名长名称国家：

```
library(dslabs)
data("gapminder")
```

假设我们要显示加勒比地区各国家的预期寿命的时间序列（见图 24.2）：

```
gapminder %>%
  filter(region == "Caribbean") %>%
  ggplot(aes(year, life_expectancy, color = country)) +
  geom_line()
```

图 24.2 就是我们想要的，但是大部分的空间都浪费在容纳一些冗长的国家名称上了。有 4 个国家的名称超过 12 个字符。这些名称在 gapminder 数据集中的每个年份中出现一次。一旦选择了昵称，就需要不断地改变它们。recode 函数可用于执行以下操作（见图 24.3）：

```
gapminder %>% filter(region=="Caribbean") %>%
  mutate(country = recode(country,
                          `Antigua and Barbuda` = "Barbuda",
                          `Dominican Republic` = "DR",
                          `St. Vincent and the Grenadines` = "St. Vincent",
                          `Trinidad and Tobago` = "Trinidad")) %>%
  ggplot(aes(year, life_expectancy, color = country)) +
  geom_line()
```

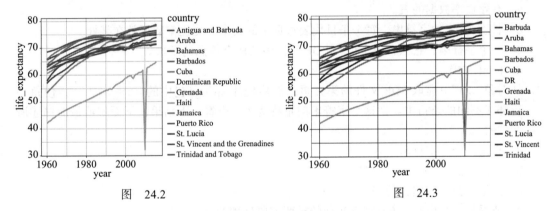

图　24.2　　　　　　　　　　　　　　　　图　24.3

在其他 R 包中还有其他类似的函数，例如 forcats 包中的 recode_factor 和 fct_recoder。

24.14　练习

1. 完成 https://regexone.com/ 在线互动教程中的所有课程和练习。

2. 在 dslabs 包的 extdata 目录中，你可以找到一个 PDF 文件，其中包含波多黎各 2015 年 1 月 1 日至 2018 年 5 月 31 日的每日死亡率数据。你可以像下面这样找到文件：

```
fn <- system.file("extdata", "RD-Mortality-Report_2015-18-180531.pdf",
                  package="dslabs")
```

找到并打开文件，或直接从 RStudio 打开它。在 Mac 上，你可以输入：

```
system2("open", args = fn)
```

在 Windows 上，你可以输入：

```
system("cmd.exe", input = paste("start", fn))
```

以下哪项最能描述此文件？

a. 这是一张表。提取数据很容易。

b. 这是一份散文形式的报告。无法提取数据。

c. 这是一份图表相结合的报告。似乎有可能提取数据。

d. 它显示数据的图形。提取数据很困难。

3. 我们将创建一个 tidy 格式的数据集，每行表示一个观测值。数据集中的年份、月份、日期以及死亡率是变量。首先安装并加载 pdftools 包：

```
install.packages("pdftools")
library(pdftools)
```

使用 pdf_text 函数读入 fn 并将结果存储在一个名为 txt 的对象中。以下哪项最能描述你在 txt 中看到的内容？

a. 有死亡率数据的表。

b. 长度为 12 的字符串。每个条目代表每页中的文本。死亡率数据就在某处。

c. 一个字符串，它只有一个包含 PDF 文件中的所有信息的条目。

d. html 文档。

4. 从对象 txt 中提取 PDF 文件的第九页，然后使用 stringr 包中的 str_split，使每一行都在不同的条目中。把这个字符串向量称为 s。查看一下结果，下面哪项最能描述所看到的？

a. 它是一个空字符串。

b. 可以看到第一页所示的图。

c. 这是一张 tidy 格式的表。

d. 能看见表！但是，还有很多其他的东西需要处理掉。

5. s 是哪种类型的对象，它有多少个条目？

6. 我们看到的输出是一个包含一个组件的列表。将 s 重新定义为列表的第一个条目。s 是哪种类型的对象，它有多少个条目？

7. 当检查上面获得的字符串时，我们会遇到一个常见问题：其他字符前后都有空格。修剪通常是字符串处理的第一步。这些额外的空格最终会使拆分字符串变得困难，所以我们先要移除它们。我们学习了 str_trim 命令，它可以删除字符串开头或结尾的空格。使用此函数修剪 s。

8. 我们要从存储在 s 中的字符串中提取数字。但是，有许多非数字字符会阻碍我们提取数字。我们可以将其删除，但在执行此操作之前，我们希望保留包含月份缩写的列标题的字符串。使用 str_which 函数查找具有标题的行。将这些结果保存到 header_index。提示：使用 str_which 函数找到第一个匹配 2015 模式的字符串。

9. 定义两个对象：month 将存储月份，header 将存储列名。识别包含表标题的行。将行的内容保存到名为 header 的对象中，然后使用 str_split 帮助我们定义需要的两个对象。提示：这里的分隔符是一个或多个空格。另外，请考虑使用 simplify 参数。

10. 请注意，在页面的末尾，有一个汇总行，后面是带有其他汇总统计信息的行。用汇总条目的索引创建一个名为 tail_index 的对象。

11. 因为 PDF 页面包含带数字的图形，所以一些行只有一个数字（对应图的 y 轴）。使用 str_count 函数创建一个对象 n，其中包含每行中的数字数量。提示：可以为这样的数字编写正则表达式 \\d+。

12. 现在准备从行中删除不需要的条目。条目 header_index 和它之前的所有内容都应该被删除。n 为 1 的条目也应该被删除，而条目 tail_index 及其后的所有内容也应该被删除。

13. 现在准备删除所有非数字条目。使用正则表达式和 str_remove_all 函数执行此操作。提示：记住，在正则表达式中，使用特殊字符的大写版本通常意味着相反的含义。所以，\\D 表示非数字。记住，要保留空格。

14. 要将字符串转换为表，请使用 str_split_fixed 函数。将 s 转换为一个只包含日期和死亡人数数据的数据矩阵。提示：注意分隔符是一个或多个空格。将参数 n 设为一个值，该值将列数限制为 4 列中的值，最后一列将捕获所有额外的内容。只保留前四列。

15. 现在几乎快完成了。将列名添加到矩阵中，包括一个名为 day 的列。另外，添加一个包含月份的列。将结果对象称为 dat。最后，确保日期是整数而不是字符。提示：只使用前五列。

16. 现在通过 gather 函数将 tab 整理为 tidy 格式。

17. 画一张死亡率与日期的图，用颜色表示年份。不包括 2018 年，因为我们没有那年的全年数据。

18. 现在我们已经尽可能多地使用管道，一步一步地将这些数据整理到一个 R 块中。提示：首先定义索引，然后编写一行代码来处理所有字符串。

19. 进阶内容：我们回到第 23 章的 MLB 工资单示例。使用本章和第 23 章中知识，提取纽约洋基队、波士顿红袜队和 A 队的工资单，并将它们以时间的函数绘制出来。

解析日期和时间

25.1 日期数据类型

我们已经描述了三种主要类型的向量：数值向量、字符向量和逻辑向量。在数据科学项目中，我们经常遇到日期变量。虽然可以用字符串表示日期，例如 November 2, 2017，但一旦选择了参考日（称为纪元），就可以通过计算自纪元以来的天数将其转换为数字。计算机语言通常将 1970 年 1 月 1 日作为纪元，1970 年 1 月 2 日是第 1 天，1969 年 12 月 31 日是第 -1 天，2017 年 11 月 2 日是第 17 204 天。

当在 R 中分析数据时，应该如何表示日期和时间呢？我们可以以用自纪元以来的天数表示，但那几乎无法解释。如果我告诉你现在是 2017 年 11 月 2 日，你立刻便知道这意味着什么。如果我告诉你今天是第 17 204 天，你会很困惑。类似的问题也会随着时间的推移而出现，甚至会因为时区而出现更多的并发问题。

因此，R 只为日期和时间定义了一个数据类型。以下面的民意调查数据为例：

```
library(tidyverse)
library(dslabs)
data("polls_us_election_2016")
polls_us_election_2016$startdate %>% head
#> [1] "2016-11-03" "2016-11-01" "2016-11-02" "2016-11-04" "2016-11-03"
#> [6] "2016-11-03"
```

这些看起来像字符串，但其实并不是。

```
class(polls_us_election_2016$startdate)
#> [1] "Date"
```

查看当把它们转换成数字时会发生什么：

```
as.numeric(polls_us_election_2016$startdate) %>% head
#> [1] 17108 17106 17107 17109 17108 17108
```

这会把它们变成自纪元以来的天数。
as.Date 函数可以将字符转换为日期。所
以如果要确认纪元是第 0 天，我们可以
输入：

```
as.Date("1970-01-01") %>% as.numeric
#> [1] 0
```

绘图函数（如 ggplot 中的函数）知道
日期格式。这意味着散点图可以使用数字表
示来确定点的位置，同时在标签中包含字符
串（见图 25.1）：

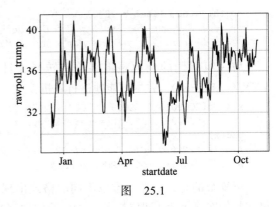

图　25.1

```
polls_us_election_2016 %>% filter(pollster == "Ipsos" & state =="U.S.") %>%
  ggplot(aes(startdate, rawpoll_trump)) +
  geom_line()
```

请特别注意显示的月份名称，这是一个非常方便的功能。

25.2 lubridate 包

tidyverse 包含用于处理日期的 lubridate 包：

```
library(lubridate)
```

我们将随机抽取日期样本，展示一些可以做的有用的事情：

```
set.seed(2002)
dates <- sample(polls_us_election_2016$startdate, 10) %>% sort
dates
#>  [1] "2016-05-31" "2016-08-08" "2016-08-19" "2016-09-22" "2016-09-27"
#>  [6] "2016-10-12" "2016-10-24" "2016-10-26" "2016-10-29" "2016-10-30"
```

函数 year、month 和 day 可以提取以下数值：

```
tibble(date = dates,
       month = month(dates),
       day = day(dates),
       year = year(dates))
#> # A tibble: 10 x 4
#>    date       month   day  year
#>    <date>     <dbl> <int> <dbl>
#> 1 2016-05-31     5    31  2016
#> 2 2016-08-08     8     8  2016
#> 3 2016-08-19     8    19  2016
#> 4 2016-09-22     9    22  2016
```

```
#> 5 2016-09-27      9      27   2016
#> # ... with 5 more rows
```

我们还可以提取月份标签：

```
month(dates, label = TRUE)
#>  [1] May Aug Aug Sep Sep Oct Oct Oct Oct Oct
#> 12 Levels: Jan < Feb < Mar < Apr < May < Jun < Jul < Aug < ... < Dec
```

另一组有用的函数是将字符串转换为日期的解析器。函数 ymd 假定日期的格式为
YYYY-MM-DD，并尽可能地进行解析：

```
x <- c(20090101, "2009-01-02", "2009 01 03", "2009-1-4",
       "2009-1, 5", "Created on 2009 1 6", "200901 !!! 07")
ymd(x)
#> [1] "2009-01-01" "2009-01-02" "2009-01-03" "2009-01-04" "2009-01-05"
#> [6] "2009-01-06" "2009-01-07"
```

更复杂的是，日期通常以不同的格式出现，其中年、月和日的顺序各不相同。首选的
格式是依次显示年（四位数字）、月（两位数字）、日，即采用 ISO 8601 标准。具体来说，我
们使用 YYYY-MM-DD 格式，这样在排序字符串时，它将按日期排序。你可以看到函数
ymd 以这种格式将其返回。

但是，如果遇到像 09/01/02 这样的日期，该怎么办呢？这可能表示 2002 年 9 月 1 日、
2009 年 1 月 2 日或 2002 年 1 月 9 日。在这种情况下，检查整个日期向量有助于确定它采用
的格式。一旦知道了格式，就可以使用 lubridate 提供的许多解析了。

例如，如果字符串是：

```
x <- "09/01/02"
```

则 ymd 函数假定第一个条目是年，第二个条目是月，第三个条目是日，因此它将其转换为：

```
ymd(x)
#> [1] "2009-01-02"
```

mdy 函数假定第一个条目是月，然后是日，最后是年：

```
mdy(x)
#> [1] "2002-09-01"
```

lubridate 包为每种可能性提供一种函数：

```
ydm(x)
#> [1] "2009-02-01"
myd(x)
#> [1] "2001-09-02"
dmy(x)
#> [1] "2002-01-09"
dym(x)
#> [1] "2001-02-09"
```

lubridate 包也适合用于处理时间。在基础 R 中，可以输入 Sys.time() 来获取当
前时间。lubridate 包提供了一个更高级的函数 now，它允许我们定义时区：

```
now()
#> [1] "2019-09-16 16:54:07 EDT"
now("GMT")
#> [1] "2019-09-16 20:54:07 GMT"
```

可以使用 OlsonNames() 函数查看所有可用的时区。我们还可以提取时、分和秒：

```
now() %>% hour()
#> [1] 16
now() %>% minute()
#> [1] 54
now() %>% second()
#> [1] 7.67
```

该包还包含一个将字符串解析为时间的函数，以及针对包含日期的时间对象的解析器：

```
x <- c("12:34:56")
hms(x)
#> [1] "12H 34M 56S"
x <- "Nov/2/2012 12:34:56"
mdy_hms(x)
#> [1] "2012-11-02 12:34:56 UTC"
```

这个包还有许多其他有用的函数。这里介绍其中两个我们认为特别有用的函数。

make_date 函数可用于快速创建日期对象。它有三个参数：年、月、日，时、分、秒，以及时区（默认为基于 UTC 时间的纪元值）。因此，要创建一个日期对象，例如 2019 年 7 月 6 日，我们可以这样写：

```
make_date(1970, 7, 6)
#> [1] "1970-07-06"
```

要得到一个包含 20 世纪 80 年代所有 1 月 1 日的向量，我们可以这样写：

```
make_date(1980:1989)
#>  [1] "1980-01-01" "1981-01-01" "1982-01-01" "1983-01-01" "1984-01-01"
#>  [6] "1985-01-01" "1986-01-01" "1987-01-01" "1988-01-01" "1989-01-01"
```

另一个非常有用的函数是 round_date，它用于将日期四舍五入到最近的年、季度、月、周、日、时、分或秒。如果想按一年中各周对所有民意调查结果进行分组（见图 25.2），我们可以执行以下操作：

```
polls_us_election_2016 %>%
  mutate(week = round_date(startdate,
          "week")) %>%
  group_by(week) %>%
  summarize(margin = mean(rawpoll_
          clinton - rawpoll_trump)) %>%
  qplot(week, margin, data = .)
```

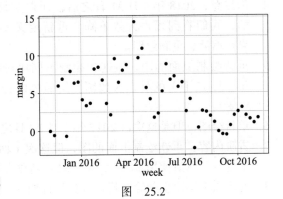

图　25.2

25.3 练习

在第 24 章的练习中，我们对一个 PDF 文件中包含的波多黎各人口动态统计数据进行了整理。当时只处理了 9 月份的数据。下面是对所有 12 个月的数据进行操作的代码：

```
library(tidyverse)
library(purrr)
library(pdftools)

fn <- system.file("extdata", "RD-Mortality-Report_2015-18-180531.pdf",
                  package="dslabs")
tab <- map_df(str_split(pdf_text(fn), "\n"), function(s){
  s <- str_trim(s)
  header_index <- str_which(s, "2015")[1]
  tmp <- str_split(s[header_index], "\\s+", simplify = TRUE)
  month <- tmp[1]
  header <- tmp[-1]
  tail_index  <- str_which(s, "Total")
  n <- str_count(s, "\\d+")
  out <- c(1:header_index, which(n==1), which(n>=28), tail_index:length(s))
  s[-out] %>% str_remove_all("[^\\d\\s]") %>% str_trim() %>%
    str_split_fixed("\\s+", n = 6) %>% .[,1:5] %>% as_tibble() %>%
    setNames(c("day", header)) %>%
    mutate(month = month, day = as.numeric(day)) %>%
    gather(year, deaths, -c(day, month)) %>%
    mutate(deaths = as.numeric(deaths))
})
```

1. 绘制死亡人数与日期的关系图。第一步是将 month 变量从字符转换为数字。注意，月份的缩写是西班牙文。使用 recode 函数将月份转换为数字并重新定义 tab。
2. 用每个观察的日期创建一个新的列 date。提示：使用 make_date 函数。
3. 绘制死亡人数与日期的关系图。
4. 请注意，2018 年 5 月 31 日之后，死亡人数均为 0。数据可能尚未输入。从 5 月 1 日开始，我们看到死亡人数下降。重新定义 tab 以排除 2018 年 5 月 1 日或之后的观察结果。然后，重新绘图。
5. 重新绘制上面的图，但这次绘制不同年份中同一日期（例如 2016 年 1 月 12 日和 2017 年 1 月 12 日）的死亡人数图。用颜色区分不同的年份。提示：使用 lubridate 函数 yday。
6. 重新绘图，但是这次对 2017 年 9 月 20 日之前和之后使用两种不同的颜色。
7. 进阶内容：重新绘制上面的图，但这次 x 轴表示月份。提示：用给定年份的日期创建一个变量，然后使用 scale_x_date 函数来显示月份。
8. 使用周平均值重新绘制死亡人数与日期的关系图。提示：使用 round_date 函数。
9. 使用月平均值重新绘图。提示：再次使用 round_date 函数。

第 26 章 *Chapter 26*

文本挖掘

除用来表示分类数据的标签外，我们主要关注数值数据。但在许多应用程序中，数据以文本形式存在。著名的例子有垃圾邮件过滤、网络犯罪预防、反恐和情绪分析。在所有这些情况下，原始数据都是由自由格式的文本组成的。我们的任务是从这些数据中提取见解。在本节中，我们将介绍如何从文本数据生成有用的数值汇总结果，我们可以将所学的一些强大的数据可视化和分析技术应用其中。

26.1　案例研究：特朗普推文

2016 年美国总统大选期间，当时的候选人唐纳德·J. 特朗普（Donald J.Trump）利用自己的推特账号与潜在选民沟通。2016 年 8 月 6 日，托德·瓦齐里（Todd Vaziri）在推特上就特朗普发文称："每一条不夸张的推文都来自 iPhone（他的员工）。每一条夸张的推文都来自 Android(来自他)。"数据科学家 David Robinson 进行了一项分析 [⊖]，以确定数据是否支持这一论断。在这里，我们通过 David 的分析来了解文本挖掘的一些基础知识。为了进一步了解 R 中的文本挖掘，我们推荐 Julia Silge 和 David Robinson 的 *Text Mining with R* [⊖]。

我们将使用以下库：

```
library(tidyverse)
library(lubridate)
library(scales)
```

一般来说，我们可以使用 rtweet 包直接从推特中提取数据。但是，在本例中，一个小

⊖　http://varianceexplained.org/r/trump-tweets/

⊖　https://www.tidytextmining.com/

组已经为我们编译了数据。我们可以使用如下脚本从其 JSON API 获取数据：

```
url <- 'http://www.trumptwitterarchive.com/data/realdonaldtrump/%s.json'
trump_tweets <- map(2009:2017, ~sprintf(url, .x)) %>%
  map_df(jsonlite::fromJSON, simplifyDataFrame = TRUE) %>%
  filter(!is_retweet & !str_detect(text, '^"')) %>%
  mutate(created_at = parse_date_time(created_at,
                            orders = "a b! d! H!:M!:S! z!* Y!",
                            tz="EST"))
```

为了方便起见，我们将上面代码的结果包含在 dslabs 包中：

```
library(dslabs)
data("trump_tweets")
```

通过输入以下内容可以查看包含推文信息的数据帧：

```
head(trump_tweets)
```

它包括以下变量：

```
names(trump_tweets)
#> [1] "source"              "id_str"
#> [3] "text"                "created_at"
#> [5] "retweet_count"       "in_reply_to_user_id_str"
#> [7] "favorite_count"      "is_retweet"
```

帮助文件 ?trump_tweets 提供了每个变量所代表含义的详细信息。推文由 text 变量表示：

```
trump_tweets$text[16413] %>% str_wrap(width = options()$width) %>% cat
#> Great to be back in Iowa! #TBT with @JerryJrFalwell joining me in
#> Davenport- this past winter. #MAGA https://t.co/A5IFOQHnic
```

源变量告诉我们使用了哪台设备编写和上传每条推文：

```
trump_tweets %>% count(source) %>% arrange(desc(n)) %>% head(5)
#> # A tibble: 5 x 2
#>   source               n
#>   <chr>            <int>
#> 1 Twitter Web Client  10718
#> 2 Twitter for Android  4652
#> 3 Twitter for iPhone   3962
#> 4 TweetDeck             468
#> 5 TwitLonger Beta       288
```

我们对竞选期间发生的事情很感兴趣，因此对于本次分析，我们将重点关注特朗普宣布竞选当天到选举日期间的推文。我们定义下表，其中只包含该时间段的推文。注意，我们使用 extract 删除源的 Twitter for 部分并过滤掉转发：

```
campaign_tweets <- trump_tweets %>%
  extract(source, "source", "Twitter for (.*)") %>%
  filter(source %in% c("Android", "iPhone") &
         created_at >= ymd("2015-06-17") &
         created_at < ymd("2016-11-08")) %>%
  filter(!is_retweet) %>%
  arrange(created_at)
```

现在，我们可以使用数据可视化技术来探索两组通过这些设备发推文的可能性。我们将提取每条推文发出的时间［即东海岸时间（East Coast Time，EST）］，然后计算每台设备每小时发出推文的比例（见图 26.1）：

```
ds_theme_set()
campaign_tweets %>%
  mutate(hour = hour(with_tz(created_at, "EST"))) %>%
  count(source, hour) %>%
  group_by(source) %>%
  mutate(percent = n / sum(n)) %>%
  ungroup %>%
  ggplot(aes(hour, percent, color = source)) +
  geom_line() +
  geom_point() +
  scale_y_continuous(labels = percent_format()) +
  labs(x = "Hour of day (EST)", y = "% of tweets", color = "")
```

我们注意到 Android 在早晨 6 点到 8 点之间出现了一个高峰。这些模式似乎有明显的区别。因此，我们假设两个不同的实体正在使用这两个设备。

现 在，我 们 将 研 究 当 将 Android 与 iPhone 进行比较时推文的区别。为此，我们引入 tidytext 包。

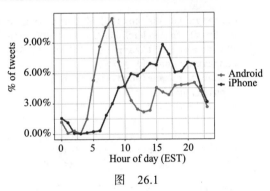

图　26.1

26.2　文本作为数据

tidytext 包可帮助我们将自由格式的文本转换成 tidy 格式的表。使用这种格式的数据极大地促进了数据可视化和统计技术的使用。

```
library(tidytext)
```

实现这一点所需的主要函数是 unnest_tokens。词元（token）指的是我们正在考虑作为数据点的单元。最常见的词元是单词，但它们也可以是单个字符、连词、句子、行或正则表达式定义的模式。函数将获取一个字符串向量并提取词元，以便每个词元都在新表中获得一行。下面是一个简单的例子：

```
poem <- c("Roses are red,", "Violets are blue,",
          "Sugar is sweet,", "And so are you.")
example <- tibble(line = c(1, 2, 3, 4),
                    text = poem)
example
#> # A tibble: 4 x 2
#>    line text
#>   <dbl> <chr>
#> 1     1 Roses are red,
```

```
#> 2       2 Violets are blue,
#> 3       3 Sugar is sweet,
#> 4       4 And so are you.
example %>% unnest_tokens(word, text)
#> # A tibble: 13 x 2
#>     line word
#>    <dbl> <chr>
#> 1      1 roses
#> 2      1 are
#> 3      1 red
#> 4      2 violets
#> 5      2 are
#> # ... with 8 more rows
```

现在我们看一个来自推文的例子。我们将查看第 3008 号推文，因为它稍后将允许我们进行一些演示：

```
i <- 3008
campaign_tweets$text[i] %>% str_wrap(width = 65) %>% cat()
#> Great to be back in Iowa! #TBT with @JerryJrFalwell joining me in
#> Davenport- this past winter. #MAGA https://t.co/A5IFOQHnic
campaign_tweets[i,] %>%
  unnest_tokens(word, text) %>%
  pull(word)
#>  [1] "great"          "to"         "be"       "back"
#>  [5] "in"             "iowa"       "tbt"      "with"
#>  [9] "jerryjrfalwell" "joining"    "me"       "in"
#> [13] "davenport"      "this"       "past"     "winter"
#> [17] "maga"           "https"      "t.co"     "a5if0qhnic"
```

请注意，该函数尝试将词元转换为单词。然而，要做到这一点，它会去掉推特上下文中重要的字符。也就是说，函数将删除所有的 # 和 @。推特上下文中的词元与英语口语或书面语中的词元不同。因此，我们不使用默认的单词，而是使用 tweets 词元来包含以 @ 和 # 开头的模式：

```
campaign_tweets[i,] %>%
  unnest_tokens(word, text, token = "tweets") %>%
  pull(word)
#>  [1] "great"            "to"
#>  [3] "be"               "back"
#>  [5] "in"               "iowa"
#>  [7] "#tbt"             "with"
#>  [9] "@jerryjrfalwell"  "joining"
#> [11] "me"               "in"
#> [13] "davenport"        "this"
#> [15] "past"             "winter"
#> [17] "#maga"            "https://t.co/a5if0qhnic"
```

我们要做的另一个小调整是删除指向图片的链接：

```
links <- "https://t.co/[A-Za-z\\d]+|&amp;"
campaign_tweets[i,] %>%
```

```
  mutate(text = str_replace_all(text, links, ""))  %>%
  unnest_tokens(word, text, token = "tweets") %>%
  pull(word)
#>  [1] "great"           "to"            "be"
#>  [4] "back"            "in"            "iowa"
#>  [7] "#tbt"            "with"          "@jerryjrfalwell"
#> [10] "joining"         "me"            "in"
#> [13] "davenport"       "this"          "past"
#> [16] "winter"          "#maga"
```

现在我们已经准备好提取所有推文的单词了：

```
tweet_words <- campaign_tweets %>%
  mutate(text = str_replace_all(text, links, ""))  %>%
  unnest_tokens(word, text, token = "tweets")
```

并且可以回答诸如"最常用的词是什么？"之类的问题了：

```
tweet_words %>%
  count(word) %>%
  arrange(desc(n))
#> # A tibble: 6,620 x 2
#>   word        n
#>   <chr>   <int>
#> 1 the      2329
#> 2 to       1410
#> 3 and      1239
#> 4 in       1185
#> 5 i        1143
#> # ... with 6,615 more rows
```

不出意料，这些是热门的词汇，不具有信息。在文本挖掘中，tidytext 包有一个数据库，其中包含这些常用词（称为停用词）：

```
stop_words
#> # A tibble: 1,149 x 2
#>   word   lexicon
#>   <chr>  <chr>
#> 1 a      SMART
#> 2 a's    SMART
#> 3 able   SMART
#> 4 about  SMART
#> 5 above  SMART
#> # ... with 1,144 more rows
```

如果我们用 filter(!word %in% stop_words$word) 过滤掉代表停用词的行：

```
tweet_words <- campaign_tweets %>%
  mutate(text = str_replace_all(text, links, ""))  %>%
  unnest_tokens(word, text, token = "tweets") %>%
  filter(!word %in% stop_words$word )
```

最终会得到信息量更大的十大推特词汇：

```
tweet_words %>%
  count(word) %>%
  top_n(10, n) %>%
  mutate(word = reorder(word, n)) %>%
  arrange(desc(n))
#> # A tibble: 10 x 2
#>    word                      n
#>    <fct>                 <int>
#> 1 #trump2016              414
#> 2 hillary                 405
#> 3 people                  303
#> 4 #makeamericagreatagain  294
#> 5 america                 254
#> # ... with 5 more rows
```

对结果单词（此处未显示）的一些探索揭示了词元中一些不需要的特征。首先，一些词元只是数字（例如年份）。我们希望删除这些，我们可以使用正则表达式 ^\d+$ 找到它们。其次，一些词元来自引用，它们以 ' 开头。我们想删除位于词开头的 '，所以使用 str_replace。我们将这两行代码添加到上面的代码中，以生成最终的表：

```
tweet_words <- campaign_tweets %>%
  mutate(text = str_replace_all(text, links, ""))  %>%
  unnest_tokens(word, text, token = "tweets") %>%
  filter(!word %in% stop_words$word &
           !str_detect(word, "^\\d+$")) %>%
  mutate(word = str_replace(word, "^'", ""))
```

现在我们已经把所有的单词都放在一个表中了，同时还提供了关于使用什么设备来撰写推文的信息，可以开始探索在比较 Android 和 iPhone 时，哪些单词更常见了。

对于每一个单词，我们想知道它更可能来自 Android 推文还是 iPhone 推文。在 15.10 节中，我们介绍了比值比，它可以作为量化这些差异的有用的汇总统计量。对于每个设备和一个给定的单词（称为 y），我们计算出 y 和非 y 单词比例的比值，然后计算这些比值的比率。这里有很多比例都是 0，所以我们使用 0.5 校正。

```
android_iphone_or <- tweet_words %>%
  count(word, source) %>%
  spread(source, n, fill = 0) %>%
  mutate(or = (Android + 0.5) / (sum(Android) - Android + 0.5) /
           ( (iPhone + 0.5) / (sum(iPhone) - iPhone + 0.5)))
```

以下是 Android 的最大比值比：

```
android_iphone_or %>% arrange(desc(or))
#> # A tibble: 5,914 x 4
#>    word       Android iPhone    or
#>    <chr>        <dbl>  <dbl> <dbl>
#> 1 poor            13      0  23.1
#> 2 poorly          12      0  21.4
#> 3 turnberry       11      0  19.7
```

```
#> 4 @cbsnews        10        0  18.0
#> 5 angry           10        0  18.0
#> # ... with 5,909 more rows
```

以及 iPhone 的最大比值比：

```
android_iphone_or %>% arrange(or)
#> # A tibble: 5,914 x 4
#>   word                    Android iPhone      or
#>   <chr>                     <dbl>  <dbl>   <dbl>
#> 1 #makeamericagreatagain        0    294 0.00142
#> 2 #americafirst                 0     71 0.00595
#> 3 #draintheswamp                0     63 0.00670
#> 4 #trump2016                    3    411 0.00706
#> 5 #votetrump                    0     56 0.00753
#> # ... with 5,909 more rows
```

鉴于这些单词中有几个从整体上看是低频单词，我们可以根据总频率施加一个过滤器，
如下所示：

```
android_iphone_or %>% filter(Android+iPhone > 100) %>%
  arrange(desc(or))
#> # A tibble: 30 x 4
#>   word         Android iPhone      or
#>   <chr>          <dbl>  <dbl>  <dbl>
#> 1 @cnn              90     17   4.44
#> 2 bad              104     26   3.39
#> 3 crooked          156     49   2.72
#> 4 interviewed       76     25   2.57
#> 5 media             76     25   2.57
#> # ... with 25 more rows

android_iphone_or %>% filter(Android+iPhone > 100) %>%
  arrange(or)
#> # A tibble: 30 x 4
#>   word                    Android iPhone      or
#>   <chr>                     <dbl>  <dbl>   <dbl>
#> 1 #makeamericagreatagain        0    294 0.00142
#> 2 #trump2016                    3    411 0.00706
#> 3 join                          1    157 0.00805
#> 4 tomorrow                     24     99 0.209
#> 5 vote                         46     67 0.588
#> # ... with 25 more rows
```

我们已经在某种程度上看到了一种模式，即一个设备比另一个设备发布更多类型的单
词。然而，我们对具体的单词不感兴趣，而是对语气感兴趣。Vaziri 指出，Android 推文更
夸张。那么，如何用数据来检验这一点呢？夸张是一种很难从词汇中提取出来的情绪，因
为它依赖于对短语的理解。单词可以与愤怒、恐惧、喜悦和惊讶等更基本的情绪联系在一
起。在下一节中，我们将演示基本的情感分析。

26.3　情感分析

在情感分析中，我们给一个或多个"情绪"指定一个单词。虽然这种方法会忽略依赖上下文的情绪，如讽刺，但当对大量的单词执行此操作时，汇总数据可以提供见解。

情感分析的第一步是给每个单词指定一个情绪。正如我们所展示的，tidytext 包包含几个映射或词典。我们还将使用 textdata 包。

```
library(tidytext)
library(textdata)
```

bing 词典将单词分为积极情绪和消极情绪。我们可以使用 tidytext 函数 get_sentiments 看到这一点：

```
get_sentiments("bing")
```

afinn 词典将分数定在 –5 到 5 之间，其中 –5 表示最消极，5 表示最积极。请注意，此词典需要在第一次调用函数 get_sentiments 时下载：

```
get_sentiments("afinn")
```

loughran 和 nrc 词典提供了几种不同的情绪。请注意，这些词典也必须在第一次使用时下载：

```
get_sentiments("loughran") %>% count(sentiment)
#> # A tibble: 6 x 2
#>   sentiment        n
#>   <chr>        <int>
#> 1 constraining   184
#> 2 litigious      904
#> 3 negative      2355
#> 4 positive       354
#> 5 superfluous     56
#> # ... with 1 more row
```

```
get_sentiments("nrc") %>% count(sentiment)
#> # A tibble: 10 x 2
#>   sentiment        n
#>   <chr>        <int>
#> 1 anger         1247
#> 2 anticipation   839
#> 3 disgust       1058
#> 4 fear          1476
#> 5 joy            689
#> # ... with 5 more rows
```

对于我们的分析，我们有兴趣探究每条推文的不同情绪，因此我们将使用 nrc 词典：

```
nrc <- get_sentiments("nrc") %>%
  select(word, sentiment)
```

我们可以使用 inner_join 将单词和情绪结合起来，这样只会使单词与情绪相关联。

以下是从推文中随机抽取的 10 个单词：

```
tweet_words %>% inner_join(nrc, by = "word") %>%
  select(source, word, sentiment) %>%
  sample_n(5)
#>     source     word     sentiment
#> 1  iPhone   failing         fear
#> 2  Android    proud        trust
#> 3  Android     time anticipation
#> 4  iPhone  horrible      disgust
#> 5  Android  failing        anger
```

现在，我们准备通过比较每个设备发布的推文的情绪，对 Android 和 iPhone 进行定量分析。在这里，我们可以逐推文执行分析，为每条推文指定一个情绪。然而，这难度很大，因为每一条推文都会有一些附加的情绪，其中每一个出现在词典中的单词都对应一种情绪。为了便于说明，我们将进行一个更简单的分析：计算并比较每台设备中出现的每种情绪的频率。

```
sentiment_counts <- tweet_words %>%
  left_join(nrc, by = "word") %>%
  count(source, sentiment) %>%
  spread(source, n) %>%
  mutate(sentiment = replace_na(sentiment, replace = "none"))
sentiment_counts
#> # A tibble: 11 x 3
#>    sentiment    Android  iPhone
#>    <chr>          <int>   <int>
#> 1 anger            958     528
#> 2 anticipation     910     715
#> 3 disgust          638     322
#> 4 fear             795     486
#> 5 joy              688     535
#> # ... with 6 more rows
```

我们可以计算每一种情绪在设备中出现的比值（odd）：有情绪的单词的比例与没有情绪的单词的比例。然后，通过比较两种设备，计算比值比：

```
sentiment_counts %>%
  mutate(Android = Android / (sum(Android) - Android) ,
         iPhone = iPhone / (sum(iPhone) - iPhone),
         or = Android/iPhone) %>%
  arrange(desc(or))
#> # A tibble: 11 x 4
#>    sentiment Android  iPhone     or
#>    <chr>       <dbl>   <dbl>  <dbl>
#> 1 disgust    0.0299  0.0186   1.61
#> 2 anger      0.0456  0.0309   1.47
#> 3 negative   0.0807  0.0556   1.45
#> 4 sadness    0.0424  0.0301   1.41
#> 5 fear       0.0375  0.0284   1.32
#> # ... with 6 more rows
```

我们确实看到了一些差异，而且顺序很有趣：最多的三种情绪是厌恶、愤怒和消极！但这些差异仅仅是出于偶然吗？如果我们只是随机分配情绪，又该如何比较呢？为了回答这个问题，我们可以计算每种情绪的比值比和置信区间，如 15.10 节所述。我们将需要的两个值相加，构建一个二乘二表，得到比值比：

```
library(broom)
log_or <- sentiment_counts %>%
  mutate(log_or = log((Android / (sum(Android) - Android)) /
      (iPhone / (sum(iPhone) - iPhone))),
         se = sqrt(1/Android + 1/(sum(Android) - Android) +
                   1/iPhone + 1/(sum(iPhone) - iPhone)),
         conf.low = log_or - qnorm(0.975)*se,
         conf.high = log_or + qnorm(0.975)*se) %>%
  arrange(desc(log_or))
```

```
log_or
#> # A tibble: 11 x 7
#>    sentiment Android iPhone  log_or     se conf.low conf.high
#>    <chr>       <int>  <int>   <dbl>  <dbl>    <dbl>     <dbl>
#> 1 disgust       638    322   0.474 0.0691    0.338     0.609
#> 2 anger         958    528   0.389 0.0552    0.281     0.497
#> 3 negative     1641    929   0.371 0.0424    0.288     0.454
#> 4 sadness       894    515   0.342 0.0563    0.232     0.452
#> 5 fear          795    486   0.280 0.0585    0.165     0.394
#> # ... with 6 more rows
```

图形可视化显示了一些明显过度表达的情绪（见图 26.2）：

```
log_or %>%
  mutate(sentiment = reorder(sentiment, log_or)) %>%
  ggplot(aes(x = sentiment, ymin = conf.low, ymax = conf.high)) +
  geom_errorbar() +
  geom_point(aes(sentiment, log_or)) +
  ylab("Log odds ratio for association between Android and sentiment") +
  coord_flip()
```

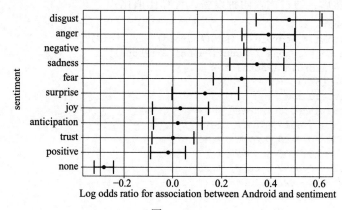

图　26.2

我们看到，厌恶、愤怒、消极、悲伤和恐惧情绪都与 Android 系统关联在一起，单凭偶然性很难解释。与情绪无关的单词与 iPhone 设备紧密关联，这与最初关于夸张推文的说法是一致的。

如果有兴趣探究是哪些特定的单词导致了这些差异，则可以参考 android_iphone_or 对象：

```
android_iphone_or %>% inner_join(nrc) %>%
  filter(sentiment == "disgust" & Android + iPhone > 10) %>%
  arrange(desc(or))
#> Joining, by = "word"
#> # A tibble: 20 x 5
#>   word      Android iPhone    or sentiment
#>   <chr>       <dbl>  <dbl> <dbl> <chr>
#> 1 mess           13      2  4.62 disgust
#> 2 finally        12      2  4.28 disgust
#> 3 unfair         12      2  4.28 disgust
#> 4 bad           104     26  3.39 disgust
#> 5 terrible       31      8  3.17 disgust
#> # ... with 15 more rows
```

我们可以绘制一个图（见图 26.3）：

```
android_iphone_or %>% inner_join(nrc, by = "word") %>%
  mutate(sentiment = factor(sentiment, levels = log_or$sentiment)) %>%
  mutate(log_or = log(or)) %>%
  filter(Android + iPhone > 10 & abs(log_or)>1) %>%
  mutate(word = reorder(word, log_or)) %>%
  ggplot(aes(word, log_or, fill = log_or < 0)) +
  facet_wrap(~sentiment, scales = "free_x", nrow = 2) +
  geom_bar(stat="identity", show.legend = FALSE) +
  theme(axis.text.x = element_text(angle = 90, hjust = 1))
```

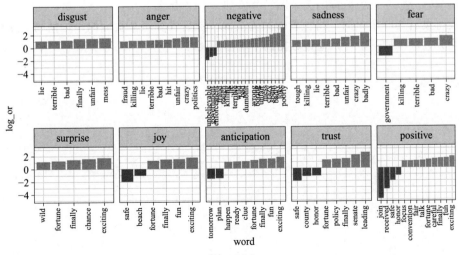

图　26.3

这只是可以用 tidytext 执行的许多分析中的一个简单例子。为了了解更多，我们再次推荐 *Tidy Text Mining*[⊖]。

26.4 练习

古腾堡计划（Project Gutenberg）是一个公共领域书籍的数字档案馆。R 包 gutenbergr 有助于将这些文本导入 R。

它可以通过输入以下命令进行安装和加载：

```
install.packages("gutenbergr")
library(gutenbergr)
```

我们可以像下面这样看到可用的书籍：

```
gutenberg_metadata
```

1. 使用 str_detect 来寻找小说《傲慢与偏见》的 ID。
2. 我们注意到有几个版本。gutenberg_works() 函数过滤此表以删除副本，只包括英语作品。阅读帮助文件并使用此函数查找《傲慢与偏见》的 ID。
3. 使用 gutenberg_download 函数下载《傲慢与偏见》的文本。将其保存到名为 book 的对象中。
4. 使用 tidytext 包创建一个包含文本中所有单词的 tidy 表。将表保存在名为 words 的对象中。
5. 稍后绘制情绪与书中位置的关系图。为此，可以向表中添加一个带有单词编号的列。
6. 从 words 对象中删除停用词和数字。提示：使用 anti_join。
7. 使用 afinn 词典为每个单词指定一个情绪。
8. 绘制情感分数与书中位置的关系图，并添加一个平滑器。
9. 假设每页有 300 个单词。将位置转换为页面，然后计算每个页面的平均情绪。逐页画出平均分数。添加一个可以通过数据的平滑器。

⊖ https://www.tidytextmining.com/

第五部分 *Part 5*

机器学习

机器学习导论

或许机器学习是那些著名的数据科学方法论的温床。机器学习的成功案例包括邮政部门的手写邮政编码阅读器，以及苹果系统的语音识别技术 Siri、电影推荐系统、垃圾邮件和恶意软件探测器、房价预测器与无人驾驶汽车。尽管如今的"人工智能"和"机器学习"经常互换使用，但它们还是有区别的：最初的人工智能算法（如象棋机用到的那些）基于从理论和第一原理推导的可编程规则来实现决策；机器学习中的决策则基于由数据构建的算法。

27.1 概念

机器学习中数据的呈现形式有：

❑ 我们想要预测的输出。
❑ 我们用来预测输出的特征。

输出未知时，我们想要构建一个算法，输入特征值后，算法将返回输出的预测结果。机器学习的方法就是用输出已知的数据集来训练算法，然后在未来输出未知时应用算法进行预测。

在这里，我们用 Y 代表输出，用 $X_1, \cdots, X_p$ 代表特征值。注意，特征值有时也被称作预测因素或协变量，这里将它们视为同义词。

预测问题有分类和连续两种输出。对于分类输出，Y 可以是 K 个类别中的任意一个。不同应用中类别的数量可能有很大差别。例如，数字阅读器数据中有 $K=10$ 个类别，分别为数字 0、1、2、3、4、5、6、7、8 和 9。在语音识别中，输出是所有我们尝试检测的单词或词语。垃圾邮件检测器有两种输出："垃圾邮件"或"非垃圾邮件"。在本书中，我们用索引 $k = 1, \cdots, K$ 代表 K 个分类型输出。但是对于二进制数据，我们使用 $k = 0, 1$，其中的数学便捷性会在之后介绍。

一般的设置如表 27.1 所示。我们有一系列特征值和一个想要预测的未知输出。

表 27.1

输出	特征 1	特征 2	特征 3	特征 4	特征 5
?	X_1	X_2	X_3	X_4	X_5

要建立一个为任意观测值 $X_1 = x_1, X_2 = x_2, \cdots, X_5 = x_5$ 提供预测结果的模型，首先要收集输出已知的数据（见表 27.2）。

表 27.2

输出	特征 1	特征 2	特征 3	特征 4	特征 5
y_1	$x_{1,1}$	$x_{1,2}$	$x_{1,3}$	$x_{1,4}$	$x_{1,5}$
y_2	$x_{2,1}$	$x_{2,2}$	$x_{2,3}$	$x_{2,4}$	$x_{2,5}$
$\vdots$	$\vdots$	$\vdots$	$\vdots$	$\vdots$	$\vdots$
y_n	$x_{n,1}$	$x_{n,2}$	$x_{n,3}$	$x_{n,4}$	$x_{n,5}$

如果输出是连续的，那么我们称机器学习的任务为"预测"，模型的主要输出是一个自动给出预测结果的函数 f，预测结果用 $\hat{y}$ 表示，对于任意预测因素，有 $\hat{y} = f(x_1, x_2, \cdots, x_p)$。我们用"实际输出"这一术语来表示观测值，我们想使预测结果 $\hat{y}$ 尽可能地符合实际输出 y。因为输出是连续的，所以预测结果 $\hat{y}$ 就没有准确的值，但我们要确定一个误差 $y - \hat{y}$（预测结果和实际输出之间的差值）。

如果输出是分类的，那么我们称机器学习的任务为"归类"，模型的主要输出是一个决策规则，它决定我们在预测 K 个类别中哪一个。这种情况下，多数模型会为每个类别 k 提供预测因素函数 $f_k(x_1, x_2, \cdots, x_p)$，用以支持决策。二进制数据的一个典型的决策规则如下：如果 $f_1(x_1, x_2, \cdots, x_p) > C$，则预测类别为 1，否则为 0，其中 C 是预先确定的截点（cutoff）。因为输出是分类的，所以预测结果只有"正确"和"错误"两种可能。

注意，课程、教科书和其他出版物中的术语并不一致。通常，"预测"一词在分类型和连续型的输出中是通用的，"回归"一词可在连续型输出情形中使用，但本书将避免使用"回归"一词，以免和前文中的"线性回归"相混淆。多数情况下，我们知道输出类别（分类型或连续型），所以我们将尽可能避免使用可能造成困扰的术语。

27.2 示例

我们思考一下邮政编码阅读器的例子。邮局处理信件的第一步是通过邮政编码来整理信件（见图 27.1）。

最初，人们必须手动进行整理，为此必须阅读每一封信件上的邮政编码。如今，在机器学习算法的帮助下，我们可以用一台计算机读取邮政编码，再通过机器人整理信件。在这一部分，我们将学习如何构建读取数字的算法。

算法构建的第一步：理解该算法的输出和特征值。图 27.2 给出了三张手写数字的图像，人们阅后即可将其归类到某个输出 Y。这三张图像被视为"已知"，并用作训练集。

图　27.1

这些图像被 $28 \times 28 = 784$ 个像素所覆盖，每个像素都有一个介于 0（白）到 255（黑）之间的灰度值（这里我们将其视为连续的）。图 27.3 展示了各个图像的特征。

对于每张数字化的图像 i，我们有特征值 $X_{i,1}, \cdots, X_{i,784}$ 和分类型输出 Y_i（其值可能是 0、1、2、3、4、5、6、7、8、9 中的一个）。我们用加粗的 $\boldsymbol{X}_i = (X_{i,1}, \cdots, X_{i,784})$ 来区分预测因素的向量与单独的预测因素。当引用一组任意的特征值而不是数据集中的特定图像时，我们去掉 i，使用 Y 和 $\boldsymbol{X} = (X_1, \cdots, X_{784})$。因为总体而言我们将预测因素视为随机变量，所以这里使用大写的变量。在 $\boldsymbol{X} = \boldsymbol{x}$ 这样的例子里，我们用小写的变量来代表观测值。编码时则惯用小写字母。

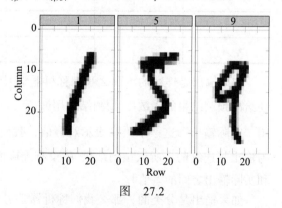

图　27.2

机器学习的任务是构建一个能预测任意可能特征值的输出的算法。我们将介绍几种构建算法的方法，尽管现在看来这似乎是不可能的。我们将从简单的例子入手，积累知识，直到可以解决更复杂的问题。事实上，我们将从特意简化的、仅有一个预测因素的例子开始，再过渡到有两个预测因素，也更真实的例子。理解这些例子后，便可以处理现实中涉及多个预测因素的机器学习挑战了。

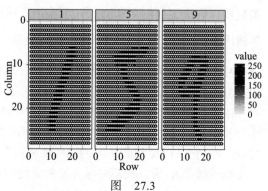

图　27.3

27.3 练习

1. 判断下列例子中的输出是连续型还是分类型。
    a. 数字阅读器。   b. 电影推荐系统。
    c. 垃圾邮件过滤器。   d. 住院治疗系统。
    e. Siri（语音识别）。

2. 数字数据集中有多少特征值可用于预测？

3. 在数字阅读器的例子中，输出被存储在：

```
library(dslabs)
y <- mnist$train$labels
```

下列操作有实际含义吗？

```
y[5] + y[6]
y[5] > y[6]
```

选出最佳答案：

    a. 有，因为 9+2=11 且 9 > 2。
    b. 没有，因为 y 不是一个数值向量。
    c. 没有，因为 11 不是一位数，而是两位数。
    d. 没有，因为这些标签代表的是一个类别而非数字。这里的 9 表示一个类别，而非数字。

27.4 评价标准

在我们介绍构建算法的优化方法之前，首先需要定义判断方法更好的标准。在本节中，我们将重点描述如何评价机器学习算法。具体来说，我们需要量化"更好"的概念。

我们用一个简单的例子引入机器学习的概念：如何用身高预测性别。在逐步讲解机器学习的过程中，这个例子将让我们确定第一个构造块，更有趣的挑战会紧随其后。我们会用到 caret 包，其中的函数可以帮助我们构建和评估机器学习方法，详细介绍见第 30 章。

```
library(tidyverse)
library(caret)
```

首先，我们演示如何使用 dslabs 中的身高数据：

```
library(dslabs)
data(heights)
```

我们从定义输出和预测因素开始：

```
y <- heights$sex
x <- heights$height
```

这里只有一个预测因素：身高。因为观测值只有男性（Male）和女性（Female）两种结果，所以 y 显然是一个分类型输出。身高数据的性别差异相比同性群体内的个体差异并不那么明显，由此可知基于 X 并不能非常准确地预测 Y。但我们能给出比猜测结果更好的结果吗？为了回答这个问题，我们需要对"更好"进行量化界定。

27.4.1 训练集和测试集

最终，我们将用全新的数据集评估机器学习算法在现实中的运作情况。但在开发算法时，我们通常会有一个输出值已知的数据集，就像有关身高的例子那样：我们知道数据集中所有学生的性别。因此，为模拟最终的评估过程，我们将数据分为两部分，并假设其中一部分的输出未知。只有在算法构建结束后，我们才不再假设评估该算法的数据的输出未知。我们称输出已知并用来开发算法的数据集为训练集，称假设输出未知的数据集为测试集。

生成训练集和测试集的一个标准方法是，对数据进行随机分割。caret 包中的函数 createDataPartition 能帮助我们生成将数据随机分为训练集和测试集的索引。

```
set.seed(2007)
test_index <- createDataPartition(y, times = 1, p = 0.5, list = FALSE)
```

参数 times 用于定义索引中返回的随机样本数，参数 p 用于定义用索引表示的数据的比例，参数 list 用于确定我们是否想要索引作为列表返回。我们可以用 createDataPartition 函数调用的结果来定义如下的训练集和测试集：

```
test_set <- heights[test_index, ]
train_set <- heights[-test_index, ]
```

只用训练集开发算法。一旦开发结束，我们会将算法冻结，然后用测试集对其进行评估。若输出是分类型输出，评估算法最简便的方式就是报出测试集中预测成功的对象的比例。这一指标通常被称为总体精度（overall accuracy）。

27.4.2 总体准确度

为演示总体准确度的用法，我们将构建两个算法并对它们进行比较。首先编写一个简单的机器学习算法，即猜测输出的算法：

```
y_hat <- sample(c("Male", "Female"), length(test_index), replace = TRUE)
```

注意，该算法在完全无视预测因素的情况下猜测性别。

在机器学习的应用中，用因子来表示分类型输出是有用的，因为为机器学习编写的 R 函数（如 caret 包中的哪些）要求或建议将分类型输出编码为因子。所以，我们用 factor 函数将 y_hat 转化为因子：

```
y_hat <- sample(c("Male", "Female"), length(test_index), replace = TRUE) %>%
  factor(levels = levels(test_set$sex))
```

总体准确度被简单地定义为被正确预测的对象在总体中的占比：

```
mean(y_hat == test_set$sex)
#> [1] 0.51
```

不出所料，总体准确度大概为 50%。我们在猜测！

我们能做得更好吗？数据分析探索表明我们可以，因为男性的平均身高略高于女性。

```
heights %>% group_by(sex) %>% summarize(mean(height), sd(height))
#> # A tibble: 2 x 3
#>   sex    `mean(height)`  `sd(height)`
#>   <fct>      <dbl>          <dbl>
#> 1 Female     64.9           3.76
#> 2 Male       69.3           3.61
```

但我们该如何利用这一发现呢？我们尝试一下另一个简单的方法：如果个体身高在男性平均值的两个标准差以内，则预测其为男性。

```
y_hat <- ifelse(x > 62, "Male", "Female") %>%
  factor(levels = levels(test_set$sex))
```

总体准确度从 50% 上升到了 80% 左右：

```
mean(y == y_hat)
#> [1] 0.793
```

是否还能更进一步？在上述例子中，我们以 62 作为截点，但我们也可以检查针对其他截点获得的准确度，然后选出能提供最佳结果的那一个。但需要谨记的是，我们必须只用训练集来优化截点：测试集只能用于评估。虽然在这个简单例子中这不是问题，但之后我们会了解到，用训练集评估算法可能会导致过度拟合，继而使评价结果过于乐观。

我们在检查了 10 个不同截点的准确度后选出了得出最佳结果的那一个：

```
cutoff <- seq(61, 70)
accuracy <- map_dbl(cutoff, function(x){
  y_hat <- ifelse(train_set$height > x, "Male", "Female") %>%
    factor(levels = levels(test_set$sex))
  mean(y_hat == train_set$sex)
})
```

我们可以绘制一个图来展示从训练集中获得的男性和女性的准确度（见图 27.4）。

我们得到的最大值是：

```
max(accuracy)
#> [1] 0.85
```

这比 50% 高得多。这一准确度对应的截点是：

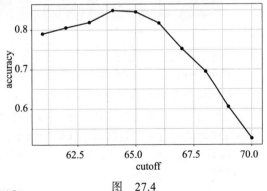

图　27.4

```
best_cutoff <- cutoff[which.max(accuracy)]
best_cutoff
#> [1] 64
```

现在，我们可以用测试集来检验这一截点，确保这一准确度不是过分乐观的：

```
y_hat <- ifelse(test_set$height > best_cutoff, "Male", "Female") %>%
  factor(levels = levels(test_set$sex))
```

```
y_hat <- factor(y_hat)
mean(y_hat == test_set$sex)
#> [1] 0.804
```

可以看出，它比在训练集中观测到的准确度要低一点，但依然好过盲目猜测。在用非训练集检验后，我们知道结果并不是一个单纯择优选择的结果。

27.4.3　混淆矩阵

当学生高于 64 英寸时，上一小节中的预测规则判定其为男性（Male）。由于女性的平均身高也在 64 英寸左右，这个规则似乎并不合理。这是为什么呢？如果一个学生达到了女性的平均身高，我们不应该预测其为女性（Female）吗？

一般来说，总体准确度可能极具欺骗性。为揭露这一点，我们首先构造一个所谓的混淆矩阵，即把预测结果和真实值组合成表。我们可以在 R 中用 table 函数来实现这一功能：

```
table(predicted = y_hat, actual = test_set$sex)
#>          actual
#> predicted Female Male
#>    Female     48   32
#>    Male       71  374
```

如果仔细研究这个表，就会发现一个问题。若我们分别针对两个性别计算预测准确度，可得：

```
test_set %>%
  mutate(y_hat = y_hat) %>%
  group_by(sex) %>%
  summarize(accuracy = mean(y_hat == sex))
#> # A tibble: 2 x 2
#>   sex     accuracy
#>   <fct>     <dbl>
#> 1 Female    0.403
#> 2 Male      0.921
```

男女两个性别的准确度是不平衡的：有太多的女性被预测成了男性，这个数量几乎占女性总体的一半！那为什么还有那么高的总体准确度？这是因为数据集中的男性占比偏高。这些身高数据源自三门数据科学课程的学生，其中两门都招收了更多的男性：

```
prev <- mean(y == "Male")
prev
#> [1] 0.773
```

所以当计算总体准确度时，对于女性群体的高错误率被在男性群体的正确率掩盖了。这实际上可能为机器学习带来巨大的问题。如果训练数据在某种意义上是有偏差的，那么极有可能开发出同样有偏差的算法。我们使用测试集的事实并不重要，因为测试集也是从有偏差的原始数据集中提取的。这是我们在评估机器学习算法时，关注指标而不是总体准确度的原因之一。

从混淆矩阵中可推导出几个不受类别主导优势影响的算法评估指标。总体准确度的一个进阶运用法就是分别研究灵敏度和特异性。

27.4.4 灵敏度和特异性

定义灵敏度和特异性需要用到二进制输出。当输出是分类型时，我们可以对某一特定类别来定义这些术语。在有关数字的例子中，我们想知道正确地预测出数字 2（而非其他数字）的情况的特异性。在指定一个类别后，即可讨论正输出 $Y = 1$ 和负输出 $Y = 0$。

总体而言，灵敏度指当实际输出为正时，算法预测为正的能力：当 $Y = 1$ 时，$\hat{Y} = 1$。因为一个永远给出正例的算法（任何情况下都有 $\hat{Y} = 1$）有着全灵敏度，所以这一指标本身并不足以衡量一个算法，因此我们还要用到特异性。总体而言，特异性指当实际输出非正（$Y = 0$）时，算法预测非正的能力 $\hat{Y} = 0$。我们可以做如下总结：

- ❑ 高灵敏度：$Y = 1 \Rightarrow \hat{Y} = 1$。
- ❑ 高特异性：$Y = 0 \Rightarrow \hat{Y} = 0$。

尽管上述内容经常被视为特异性的定义，但特异性还指被预测为正，实际也为正的结果的占比。

- ❑ 高特异性：$\hat{Y} = 1 \Rightarrow Y = 1$。

为了提供确切的定义，我们给出了混淆矩阵中四个条目的名称，见表 27.3。

表 27.3

	实际为正	实际为负
预测为正	真正例（True Positive，TP）	假正例（False Positive，FP）
预测为负	假负例（False Negative，FN）	真负例（True Negative，TN）

灵敏度通常被定义为 $TP / (TP + FN)$，即实际为正（$TP + FN$）中被预测为正（TP）的比例。这个量被称为真正率（True Positive Rate，TPR）或召回率（recall）。

特异性被定义为 $TN / (FP + TN)$，即实际为负（$FP + TN$）中被预测为负（TN）的比例。这个量被称为真负率（True Negative Rate，TNR）。我们还可以用 $TP / (TP + FP)$，即预测为正（$TP + FP$）中实际为正（TP）的比例来计算特异性。这个量被称为正预测值（Positive Predictive Value，PPV）或精度（precision）。注意，和 TPR 以及 TNR 不同的是，精度会受到类别主导优势的影响，因为类别占比高意味着即使猜测也能得到高精度。

所有的这些别称可能会给我们造成困扰，所以我们用一个表格来帮助大家记忆这些术语（见表 27.4）。下表的最后一列展示了把比例看作概率时的定义。

表　27.4

指标	名称 1	名称 2	定义	概率表示
灵敏度	TPR	召回率	$\dfrac{TP}{TP+FN}$	$P\left(\hat{Y}=1\mid Y=1\right)$
特异性	TNR	1-FPR	$\dfrac{TN}{TN+FP}$	$P\left(\hat{Y}=0\mid Y=0\right)$
特异性	PPV	精度	$\dfrac{TP}{TP+FP}$	$P\left(Y=1\mid\hat{Y}=1\right)$

这里TPR指真正率，FPR指假正率，PPV则指正预测值。只要给出正类别的定义，caret 函数 confusionMatrix 就可以为我们计算所有这些指标。该函数期望将因子作为输入，而第一级（first level）被视为正输出或 $Y=1$。在我们的例子中，如果按字母顺序排序，Female 在 Male 之前，所以它是第一级。在R中输入下列代码，我们可以得到包括准确度、灵敏度、特异性和 PPV 在内的几个指标：

```
cm <- confusionMatrix(data = y_hat, reference = test_set$sex)
```

我们还可以直接获取这些指标，如下所示：

```
cm$overall["Accuracy"]
#> Accuracy
#>    0.804
cm$byClass[c("Sensitivity","Specificity", "Prevalence")]
#> Sensitivity Specificity  Prevalence
#>       0.403       0.921       0.227
```

可以看出，即使灵敏度相对较低，总体准确度仍可能很高。如前所示，这是因为没有类别主导优势（0.23）：女性的占比太低了。因为没有类别主导优势，相比错误地将男性预测为女性（低特异性），错误地将女性预测为男性（低灵敏度）并不会降低准确度。这充分解释了检查灵敏度和特异性（而不仅仅是检查准确度）的重要性。在将这些算法应用到普通的数据集之前，我们要先考虑各类别占比是否一致。

27.4.5　平衡准确度和F_1评分

一般而言，我们推荐同时研究特异性和灵敏度，但很多时候，例如在进行优化时，单值概括指标会很有帮助。相比总体准确度，我们更倾向于使用特异性和灵敏度的平均值，即平衡准确度（balanced accuracy）。因为特异性和灵敏度都是比率，所以更恰当的做法是计算调和平均数。事实上，F_1评分（即精度和召回率的调和平均数）就是一个被广泛使用的单值概括指标：

$$F_1 = \cfrac{1}{\dfrac{1}{2}\left(\dfrac{1}{\text{recall}}+\dfrac{1}{\text{precision}}\right)}$$

为书写便利，常被改写为：

$$F_1 = 2 \times \frac{\text{precision} \times \text{recall}}{\text{precision} + \text{recall}}$$

记住，具体环境决定了哪类误差有更严重的危害性。例如在飞机安全的问题上，灵敏度的最大化就比特异性的最大化重要得多：未能在飞机失事前预测到它的失灵，是一个比停飞实际上状态良好的飞机更危险的失误。在枪杀案的问题中，则恰好相反，因为假正例的预测结果会导致无辜之人被处决。使用F_1评分可以对特异性和灵敏度进行不同程度的加权。为此，我们用β代表灵敏度相比特异性的重要程度，并考虑如下加权调和平均数：

$$\frac{1}{\dfrac{\beta^2}{1+\beta^2}\dfrac{1}{\text{recall}} + \dfrac{1}{1+\beta^2}\dfrac{1}{\text{precision}}}$$

caret 包中的 `F_meas` 函数可以用默认等于1的β算出上述概括值。

我们重新构建一下之前的预测算法，但这次要最大化F_1评分而非总体准确度：

```
cutoff <- seq(61, 70)
F_1 <- map_dbl(cutoff, function(x){
  y_hat <- ifelse(train_set$height > x, "Male", "Female") %>%
    factor(levels = levels(test_set$sex))
  F_meas(data = y_hat, reference = factor(train_set$sex))
})
```

和之前一样，用图形展示这些F_1测量值和对应截点的关系（见图 27.5）：

F_1最大值如下：

```
max(F_1)
#> [1] 0.647
```

当我们使用如下截点时可得上述最大值：

```
best_cutoff <- cutoff[which.max(F_1)]
best_cutoff
#> [1] 66
```

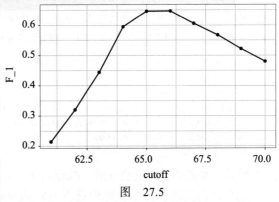

图　27.5

65 的截点比 64 的截点更合理。此外，这还平衡了混淆矩阵中的特异性和灵敏度：

```
y_hat <- ifelse(test_set$height > best_cutoff, "Male", "Female") %>%
  factor(levels = levels(test_set$sex))
sensitivity(data = y_hat, reference = test_set$sex)
#> [1] 0.63
specificity(data = y_hat, reference = test_set$sex)
#> [1] 0.833
```

现在的结果比盲目猜测的好得多，特异性和灵敏度都相对较高，我们完成了在机器学习领域中的第一个算法。这个算法将身高视为预测因素，并在个体身高等于或低于 65 英寸时将其预测为女性。

27.4.6 类别主导优势在实践中的重要性

实践中，一个有着高灵敏度和特异性的机器学习算法在类别主导优势接近 0 或 1 的情况下或许无法发挥作用。为理解这一点，假设有一位专攻某罕见疾病的医生想要编写一个算法来预测个体患病与否。在获得医生提供的数据后，你编写了一个高灵敏度的算法。你解释道，这意味着如果某个病人患有此病，该算法极有可能给出正确的预测。你同时也向医生转达了自己的担忧，因为根据你分析的数据集，1/2 的病人都患有此疾病：$P(\hat{Y}=1)=\dfrac{1}{2}$。

医生却无动于衷，并认为测试数据的精度 $P(Y=1|\hat{Y}=1)$ 才是最重要的。根据贝叶斯定理，我们可以将这两个指标联系起来：

$$P(Y=1|\hat{Y}=1)=P(\hat{Y}=1|Y=1)\frac{P(Y=1)}{P(\hat{Y}=1)}$$

医生知道该疾病的发病率是 5/1000，这意味着 $P(Y=1)/P(\hat{Y}=1)=1/100$，因此算法的精度低于 0.01。这样的算法基本没什么用处。

27.4.7 ROC 和精度 – 召回率曲线

在比较两种方法（盲目猜测与使用身高截点）时，我们主要关注准确度和 F_1。第二种方法显然优于第一种方法。但我们在第二种方法中需要对比多个截点，第一种方法却只需考虑一个问题：如何以相等的概率进行猜测。注意，由于样本是有偏的，以更高的概率猜测男性（Male）会带来更高的准确度：

```
p <- 0.9
n <- length(test_index)
y_hat <- sample(c("Male", "Female"), n, replace = TRUE, prob=c(p, 1-p)) %>%
  factor(levels = levels(test_set$sex))
mean(y_hat == test_set$sex)
#> [1] 0.739
```

但是，如前所述，这会导致灵敏度降低。本节中介绍的曲线将帮助我们认识这一点。

记住，我们能从每个参数中获得不同的灵敏度和特异性。因此，我们常通过绘制图形来评估这两种方法。

受试者工作特征（Receiver Operating Characteristic，ROC）曲线就是一个被广泛使用的评估图形。

ROC 曲线描绘了灵敏度（TPR）和 1– 特异性［即假正率（FPR）］之间的关系。下面我们计算以不同概率猜测为男性时的 TPR 和 FPR：

```
probs <- seq(0, 1, length.out = 10)
guessing <- map_df(probs, function(p){
  y_hat <-
```

```
    sample(c("Male", "Female"), n, replace = TRUE, prob=c(p, 1-p)) %>%
    factor(levels = c("Female", "Male"))
  list(method = "Guessing",
       FPR = 1 - specificity(y_hat, test_set$sex),
       TPR = sensitivity(y_hat, test_set$sex))
})
```

我们可以用相似的代码来计算第二种方法的这些值。把两条曲线放在同一张图上，以方便我们比较不同特异性下的灵敏度，如图 27.6 所示。

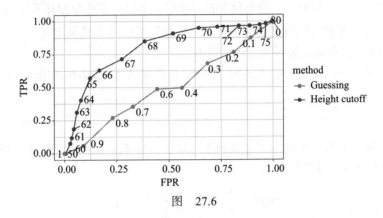

图　27.6

可以看到，不论特异性值为多少，这种方法的灵敏度都更高，这表明这种方法确实更好。注意，盲目猜测方法的 ROC 曲线总是落在 45° 线上，在绘制 ROC 曲线时加上每个点对应的截点通常会有所裨益。

pROC 包和 plotROC 包能有效地帮助我们生成这些图形。

ROC 曲线有一个弱点：它绘制的两种方法都不受类别主导优势的影响。在类别主导优势影响的情况下，我们或许可以绘制精度 – 召回率曲线。它们的理念是相似的，只是把内容换成了精度和召回率（见图 27.7）。

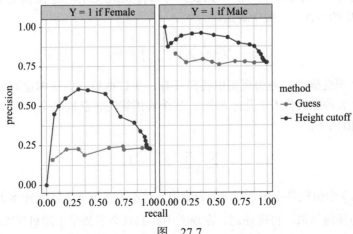

图　27.7

从图 27.7 中我们可以立即看出，盲目猜测方法的精度并不高，这是因为类别主导优势偏低。我们还可以看出，当正例表示男性而非女性时，精度 - 回归率曲线会改变，但 ROC 曲线不会。

27.4.8　损失函数

至此，专门应用于分类数据的评价指标已阐述完毕。以二进制输出为例，我们描述了如何定量使用灵敏度、特异性、准确度和 F_1 测量值。然而，这些指标并不适用于连续输出。在本节中，我们将讲解为何机器学习中定义"最佳"的一般方法是定义一个"损失函数"。该函数既可用于分类数据，也可用于连续数据。

平方损失函数是最常用的损失函数。如果 $\hat{y}$ 是预测结果而 y 是观测输出，那么平方损失函数为：

$$(\hat{y}-y)^2$$

因为我们通常会有一个含有大量观测值（如有 N 个观测值）的测试集，所以均方误差（Mean Squared Error，MSE）为：

$$\text{MSE} = \frac{1}{N}\text{RSS} = \frac{1}{N}\sum_{i=1}^{N}(\hat{y}_i - y_i)^2$$

实践中，我们经常使用均方根误差（Root MSE，RMSE），即 $\sqrt{\text{MSE}}$，因为它和输出的单位是一致的。但用 MSE 进行数学计算往往更容易，所以它在教科书中更常见，因为教科书一般只描述算法的理论性质。

如果输出是二进制的，RMSE 和 MSE 都等价于准确度，因为当预测正确时，$(\hat{y}-y)^2$ 为 0，否则为 1。一般而言，我们的目标是构建一个能将损失最小化（使其尽可能地接近 0）的算法。

因为数据通常是一个随机样本，所以我们可以将 MSE 看作一个随机变量，并视其观测值为对 MSE 期望的估计。其数学表达式为：

$$E\left\{\frac{1}{N}\sum_{i=1}^{N}(\hat{Y}_i - Y_i)^2\right\}$$

这只是一个理论概念，因为现实中我们只有一个数据集。但从理论的角度来看，假设我们拥有数量巨大的随机样本（设有 B 个），逐个应用算法，获取每个随机样本的 MSE，那么 MSE 的期望值如下：

$$\frac{1}{B}\sum_{b=1}^{B}\frac{1}{N}\sum_{i=1}^{N}(\hat{y}_i^b - y_i^b)^2$$

其中，y_i^b 表示第 b 个随机样本中的第 i 个观测值，$\hat{y}_i^b$ 表示在第 b 个随机样本上应用完全相同的算法后获得的预测结果。再次强调，在现实中我们只会观测单个随机样本，所以 MSE 期望值只是一个理论上的概念。但在第 29 章中，我们将介绍一种模拟该理论值的方法。

注意，平方损失函数并非唯一的损失函数。例如，平均绝对误差使用误差绝对值 $|\hat{Y}_i - Y_i|$ 而非其平方 $(\hat{Y}_i - Y_i)^2$。但本书只关注如何最小化平方损失函数，因为它最常用。

27.5　练习

reported_height 和 height 数据集收集于计算机科学系和生物统计学系开设的三门课，这些课程在进修学院中也有线上版。生物统计学系的线下课同进修学院提供的线上版一起于 2016 年开设。2016 年 1 月 25 日的早上 8 点 15 分的一堂讲座上，老师要求学生们填写有关性别和身高的问卷，并以此作为 reported_height 数据集。接下来的几天里，线上班的学生们在讲座发布到网上后也填写了该调查问卷。因此，我们可以定义一个变量 type，用于表示学生的类别：线下班（inclass）和线上班（online）。

```
library(lubridate)
data("reported_heights")
dat <- mutate(reported_heights, date_time = ymd_hms(time_stamp)) %>%
  filter(date_time >= make_date(2016, 01, 25) &
           date_time < make_date(2016, 02, 1)) %>%
  mutate(type = ifelse(day(date_time) == 25 & hour(date_time) == 8 &
                         between(minute(date_time), 15, 30),
                       "inclass", "online")) %>% select(sex, type)
x <- dat$type
y <- factor(dat$sex, c("Female", "Male"))
```

1. 给出汇总统计量，说明 type 可以预测性别。
2. 使用 type 变量而非 height 来预测性别。
3. 给出混淆矩阵。
4. 使用 caret 包中的 confusionMatrix 函数报出准确度。
5. 再使用 sensitivity 和 specificity 函数报出灵敏度和特异性。
6. 上述 dat 数据集中（女性）的占比为多少？

27.6　条件概率和期望

在机器学习的应用中，我们很少能完美地预测出结果。例如，垃圾邮件检测器经常会忽略明显是垃圾邮件的邮件，Siri 也经常会误解我们说的话，银行有时还会误认为你的银行卡被盗了（实际上没有）。我们无法构建完美的算法，因为通常而言这是不可能的。要理解这一点，需注意大多数数据集包含多个观测值组，各观测组中所有预测因素的值都完全相同，但输出不同。因为我们的预测规则是函数，所以相同的输入（预测因素）会得到相同的输出（预测结果）。因此，同一个预测因素和多个个体的不同结果相关联是一个巨大的挑战，我们不可能对所有情况都做出正确预测。上一节中对此进行了简单的展示：对于任意给定的身高x，符合身高x条件的既有男性也有女性。

但这并不意味着我们无法构建出比单纯的猜测方法更好（且有时甚至好过专家意见）的实用算法。为更好地实现这一点，我们要以概率的形式描述问题——这一思路源自 17.3 节。对于预测因素而言，相同的取值对应的观测结果或许并不一致，但我们可以假定这些观测结果属于某类别的概率是一致的。我们将以数学形式写出分类数据情况下的该思路。

27.6.1　条件概率

我们用 $(X_1=x_1,\cdots,X_p=x_p)$ 表示对于协变量$X_1,\cdots,X_p$，有观测值$x_1,\cdots,x_p$。这并不意味着输出 Y 会取一个特定的值，而是暗示了一个特定的概率。特别地，我们用下式表示每个类别 k 的条件概率：

$$P(Y=k\,|\,X_1=x_1,\ \cdots,\ X_p=x_p),\ k=1,\ \cdots,\ K$$

为避免重复书写，我们将使用加粗的字母$\boldsymbol{X}\equiv(X_1,\cdots,X_p)$和$\boldsymbol{x}\equiv(x_1,\cdots,x_p)$表示。我们还会用下式表示属于类别 k 的条件概率：

$$P_k(\boldsymbol{x})=P(Y=k\,|\,\boldsymbol{X}=\boldsymbol{x}),\ k=1,\ \cdots,\ K$$

注意，我们会使用$p(x)$将条件概率表示为预测因素的函数。不要把它和代表预测因素数量的符号 p 相混淆。

运用这些概率即可构建出能给出最佳预测结果的函数：对任意给定的$\boldsymbol{x}$，以$p_1(x),p_2(x),\cdots,p_K(x)$中最高概率预测类别$k$。其数学表达式类似$\hat{Y}=\max_k p_k(\boldsymbol{x})$。

在机器学习中，我们称其为贝叶斯规则（Bayes' Rule）。但这只是一个理论上的规则，因为实际上$p_k(\boldsymbol{x})$（$k=1,\cdots,K$）是未知的。事实上，你可以将这些条件概率的估算视为机器学习中的核心挑战。概率预测结果$\hat{p}_k(\boldsymbol{x})$越好，预测因素：

$$\hat{Y}=\max_k \hat{p}_k(\boldsymbol{x})$$

也就越好。预测结果取决于两个条件：① $\max_k p_k(\boldsymbol{x})$有多接近 1 或 0（完全确定性）；②预测的$\hat{p}_k(\boldsymbol{x})$有多接近$p_k(\boldsymbol{x})$。第一个条件让我们无从下手，因为它是由问题的本质决定的，我们能做的只有不断优化估算条件概率的方法。但第一个条件又意味着即使最好的算法也有上限。我们要以平常心看待这一点：在有些挑战中我们可以达到几近完美的准确度，比如数字阅读器；在另一些挑战中我们则受限于过程中的随机性，比如电影推荐系统。

在我们继续之前，要记住：在实践中，通过最大化概率来定义预测结果并不总是最佳的，这取决于环境。正如上文中讨论的那样，灵敏度和特异性的重要程度可能随情况而变化。但即使在这些情况中，只要$p_k(x)$（$k=1,\cdots,K$）的估算结果优异，就足以构建最优预测模型，因为我们可以随意控制特异性和灵敏度之间的平衡，例如，通过改变用来预测输出的。在飞机的例子中，当故障概率高于百万分之一时勒令飞机停飞，而当错误类型同样不受欢迎时，默认数值为百万分之 1/2。

27.6.2 条件期望

对于二进制的数据，我们可以将概率$P(Y=1|X=x)$看作 1 在$X=x$的层中的占比。条件概率和条件期望之间的联系使得我们将要介绍的许多算法都既适用于分类数据也适用于连续数据。

因为期望是总体中$y_1,\cdots,y_n$的平均值（y取 0 或 1），所以期望等于随机选择一个 1 的概率，因为平均值等于 1 的占比：

$$E\left(Y|X=x\right)=P\left(Y=1|X=x\right)$$

因此，期望通常可同时用来表示条件概率和条件期望。

就像分类输出那样，大多数应用中，相同的预测因素并不保证相同的连续输出。但我们假设输出服从同样的条件分布。下面我们来解释用条件期望来定义预测因素的原因。

27.6.3 条件期望使平方损失函数最小

在机器学习中我们为什么要关注条件期望？因为该期望值具备一项迷人的数学性质：它能最小化 MSE。具体来说，就是对于所有可能的预测值$\hat{Y}$，有：

$$\hat{Y}=E(Y|X=x)\text{最小化 }E\{(\hat{Y}-Y)^2|X=x\}$$

该性质将机器学习主要任务的描述简化为：对于任意特征集$x=(x_1,\cdots,x_p)$，我们用数据来估算

$$f(x)\equiv E(Y|X=x)$$

但这其实并不简单，因为该函数可以是任意形态的且p可能会很大。假设我们只有一个预测因素x，那么期望$E\{Y|X=x\}$可以是一个关于x的函数，如直线、抛物线、正弦波、阶跃函数等。当我们考虑到p偏大的情况［此时$f(x)$是多维向量x的函数］时，会变得更加复杂。例如，在数字阅读器的例子中，$p=784$！同类型机器学习算法的核心差异就体现在估算这个期望的方法上。

27.7　练习

1. 计算 height 数据集中，预测为男性的条件概率。将身高数据四舍五入到最接近的整数值（单位为英寸）。绘制每个 x 的估计的条件概率 $P(\text{Male}\,|\,\text{height}=x)$ 图。

2. 在练习 1 中绘制的图中，我们发现低身高值有更高的变异性，这是因为该层的数据点很少。现在，对分位数 0.1, 0.2, …, 0.9 使用 quantile 函数，然后使用 cut 函数保证每个组都有同等数量的点。注意，对于任意数值向量*x*，都可以根据如下分位数来分组：

   ```
   cut(x, quantile(x, seq(0, 1, 0.1)), include.lowest = TRUE)
   ```

3. 使用 MASS 数据包根据二元正态分布生成数据：

   ```
   Sigma <- 9*matrix(c(1,0.5,0.5,1), 2, 2)
   dat <- MASS::mvrnorm(n = 10000, c(69, 69), Sigma) %>%
     data.frame() %>% setNames(c("x", "y"))
   ```

   使用 plot(dat) 快速生成数据图。使用类似的方法来估算条件期望并绘制出图形。

27.8　案例研究：是 2 还是 7

上述两个简单的机器学习例子都只有一个预测因素。我们实际上没有考虑这些机器学习的挑战，其特点是某些观测值对应许多预测因素。回到数字阅读器的例子，它有 784 个预测因素。为更好地进行演示，我们把这个问题的预测因素和类别都简化到 2 个。我们的目标是构建一个能根据预测因素来确定数字是 2 还是 7 的算法。784 个预测因素的算法对我们而言还为时过早，所以我们从中抽取 2 个简单的预测因素：左上象限中暗像素的比例（X_1）和右下象限中暗像素的比例（X_2）。

然后，我们随机选取 1000 个数字作为一个样本，其中 500 个组成训练集，另外 500 个组成测试集。我们在 dslabs 包中提供了这一数据集：

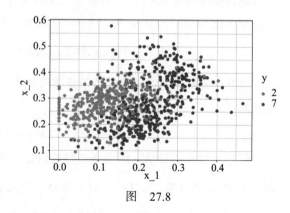

图　27.8

```
library(tidyverse)
library(dslabs)
data("mnist_27")
```

绘制两个预测因素并用颜色区分类别可以帮助我们更好地研究数据（见图 27.8）：

```
mnist_27$train %>% ggplot(aes(x_1, x_2, color = y)) + geom_point()
```

我们马上就可以看出一些规律。例如，如果 X_1（左上方区域）很大，那么该数字大概率是 7。同时，当 X_1 偏小时，2 似乎在 X_2 值范围的中间。

图 27.9 给出了最大和最小的 X_1 值对应的数字图像，以及与 X_2 的最大、最小值相对应的原始图像。

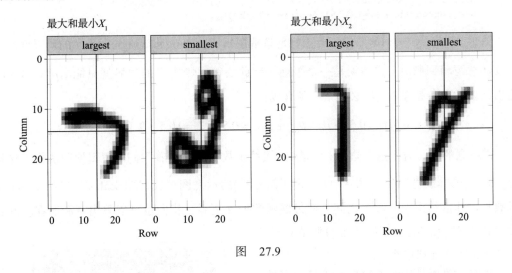

图　27.9

我们可以理解预测因素的有用之处了，同时也进一步认识到了问题的挑战性。

我们还没有真正介绍过任何一个算法，这里尝试用回归来构建一个。模型很简单：

$$p(x_1,x_2)=P(Y=1\,|\,X_1=x_1,X_2=x_2)=\beta_0+\beta_1 x_1+\beta_2 x_2$$

拟合一下：

```
fit <- mnist_27$train %>%
  mutate(y = ifelse(y==7, 1, 0)) %>%
  lm(y ~ x_1 + x_2, data = .)
```

现在，我们可以构建一个基于 $\hat{p}(x_1,x_2)$ 估计值的决策规则：

```
library(caret)
p_hat <- predict(fit, newdata = mnist_27$test)
y_hat <- factor(ifelse(p_hat > 0.5, 7, 2))
confusionMatrix(y_hat, mnist_27$test$y)$overall[["Accuracy"]]
#> [1] 0.75
```

最后得到的准确度超过 50%，很不错的开始。但还能做到更好吗？

因为我们构建了 mnist_27 示例且仅在 MNIST 数据集中就有 60000 个数字，所以我们可以用此来构建真条件分布 $p(x_1,x_2)$。注意，这在现实中是不可能办到的，但之所以包括在这个示例中是因为它使我们能够比较 $\hat{p}(x_1,x_2)$ 和 $p(x_1,x_2)$。这种比较可以让我们了解不同算法的限制。我们来实践一下。我们已经把 $p(x_1,x_2)$ 存储在 mnist_27 对象中，并用 ggplot2 函数 geom_raster 来绘制图像。然后，选择更恰当的颜色，用 stat_contour 函数来画一条曲线，该曲线将 (x_1,x_2) 划分为 $p(x_1,x_2)>0.5$ 和 $p(x_1,x_2)<0.5$ 两部分（见图 27.10）：

```
mnist_27$true_p %>% ggplot(aes(x_1, x_2, z = p, fill = p)) +
  geom_raster() +
  scale_fill_gradientn(colors=c("#F8766D", "white", "#00BFC4")) +
  stat_contour(breaks=c(0.5), color="black")
```

图 27.10 就是 $p(x, y)$ 的图像。要更好地理解逻辑回归（logistic regression）的局限性，首先要注意逻辑回归 $\hat{p}(x, y)$ 必须是一个平面，因此决策规则定义的边界就只能由 $\hat{p}(x, y) = 0.5$ 给出，也就意味着这个边界必须是一条直线：

$$\hat{\beta}_0 + \hat{\beta}_1 x_1 + \hat{\beta}_2 x_2 = 0.5 \Rightarrow \hat{\beta}_0 + \hat{\beta}_1 x_1 + \hat{\beta}_2 x_2 = 0.5 \Rightarrow x_2 = \left(0.5 - \hat{\beta}_0\right) / \hat{\beta}_2 - \hat{\beta}_1 / \hat{\beta}_2 x_1$$

需注意的是，对于这个边界，x_2 是 x_1 的线性函数。这意味着我们的逻辑回归法将无法捕捉 $p(x_1, x_2)$ 的非线性特征。图 27.11 给出了 $\hat{p}(x_1, x_2)$ 的示意图。我们用 scales 包里的 squish 函数将估计值约束在 0 和 1 之间。通过展示数据和边界，我们也可以看出漏洞所在。问题大多出在对应 x_2 值过高或过低的低值 x_1 上，回归法无法捕捉到这些。

我们需要更灵活的方法来对除平面以外的形状进行估计。

接下来我们将介绍一些基于不同思路和概念的算法。但它们还有一个共同之处，即方法更加灵活。我们将从最近邻方法和核方法开始描述。为介绍这些方法背后的概念，我们将再次从简单的一维例子开始，并描述平滑化的概念。

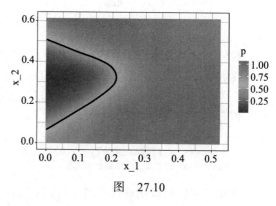

图　27.10

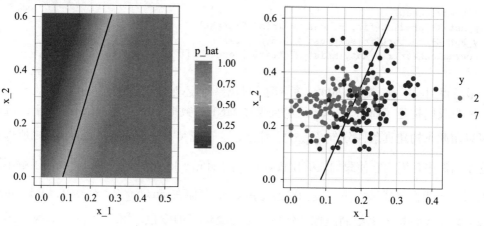

图　27.11

平滑化

在继续介绍机器学习算法之前，我们要先介绍平滑化（smoothing）这一重要概念，它也称为曲线拟合与低通滤波。这是一项被广泛用于数据分析的强大技巧，用来检测形态未知、有噪声存在的数据趋势。"平滑化"这一称呼来自我们对趋势的预设：为达成检测，我们假设它是平滑的，就像一个平面。相反，噪声或偏离趋势则难以预知地波动着，如图 28.1 所示。

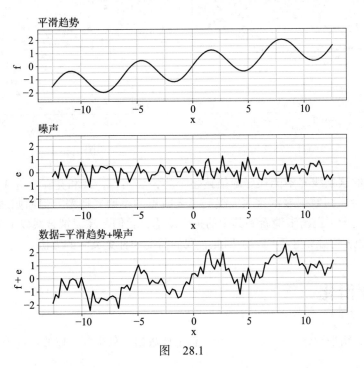

图　28.1

在本节中，我们将解释允许我们从噪声中提取趋势的假设。

我们为什么要讨论这个主题？因为平滑化技术背后的概念对于机器学习大有裨益，因为条件期望/概率可以被视作在不确定情况下需要估计的未知形状的趋势。

为解释这些概念，我们将首先着重分析只有一个预测因素的问题。具体来说，我们将尝试估计 2008 年美国普选票数差额（以奥巴马和麦凯恩为例）的时间趋势（见图 28.2）：

```
library(tidyverse)
library(dslabs)
data("polls_2008")
qplot(day, margin, data = polls_2008)
```

为充分发挥这个例子的意义，不要把它看作一个预测问题，我们只是单纯地想要在选举结束后研究趋势形态。

假设对于任意给定的第 x 天，选民 $f(x)$ 都有一个确切的倾向，但因为民意调查过程中的不确定性，每个数据点都附有一个误差 ε。已观测到的票数差额 Y_i 有如下数学模型：

$$Y_i = f(x_i) + \varepsilon_i$$

为了从机器学习的角度看待问题，假设我们想要通过 x 来预测 Y。如果我们知道条件期望 $f(x) = E(Y|X = x)$，那么就可以使用它。但正是因为我们不知道这个条件期望，所以才必须对其进行估计。我们使用回归方法（见图 28.3），因为这是我们目前已知的唯一方法。

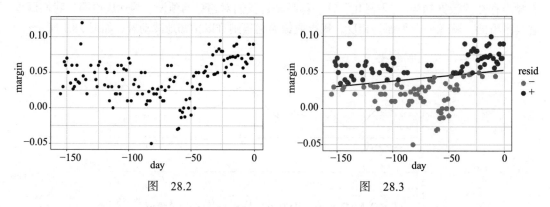

图　28.2　　　　　　　　　　　图　28.3

我们看到的这条线并不能很好地描述整个趋势。例如，共和党在 9 月 4 日（第 −62 天）召开了代表大会，而数据显示这大大提高了麦凯恩的民调支持率。但回归线并没有捕捉到这一潜在趋势。为了更清晰地看到其中的拟合缺陷，我们要注意拟合线以上的点（蓝色）和以下的点（红色）的分布并不均匀。因此，我们需要一种更灵活的方法。

28.1　箱平滑化

简而言之，箱平滑化（bin smoothing）就是把数据点分组到可以假定 $f(x)$ 为常数的层中。

因为我们认为$f(x)$在一小段时间里改变得很慢，因而几乎可被视为常数，所以才做出这样的假设。例如在 poll_2008 数据中，我们假设公众意见在一周内基本不变。有了这样的假设，我们就有了几个期望值相同的数据点。

如果我们设某一天（称其为x_0）为一周的时间中心，那么对于其他满足$|x - x_0| \leqslant 3.5$的日期x，我们都假设$f(x)$是一个常数$f(x) = \mu$。这意味着：

$$E[Y_i \mid X_i = x_i] \approx \mu, \ |x_i - x_0| \leqslant 3.5$$

在平滑化中，我们称满足$|x - x_0| \leqslant 3.5$的区间大小为窗口大小、带宽或跨度。之后，我们将对这个参数进行优化。

这个假设暗示窗口中Y_i值的平均值是一个关于$f(x)$的优秀估计值。如果我们将A_0定义为使得$|x - x_0| \leqslant 3.5$成立的索引i的集合，将N_0视为A_0中的索引数，那么估计值就是：

$$\hat{f}(x_0) = \frac{1}{N_0} \sum_{i \in A_0} Y_i$$

箱平滑化背后的理念在于以每一个x值作为中心进行如上计算。在民意调查例子中，我们以每一天为中心，计算一周时间内的平均值。图 28.4 给出了两个示例，其中两个中心分别为$x_0 = -125$和$x_0 = -55$，蓝色线段代表得出的平均值。

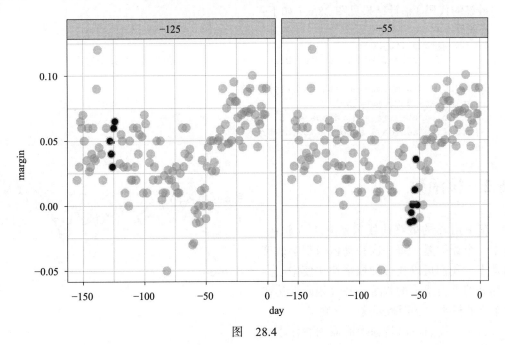

图　28.4

通过计算每个点的平均值，就可以估算出潜在的$f(x)$曲线。图 28.5 给出了从-155到0的平滑化过程。我们依次存储了每一个x_0值的估计值$\hat{f}(x_0)$。

x0 =

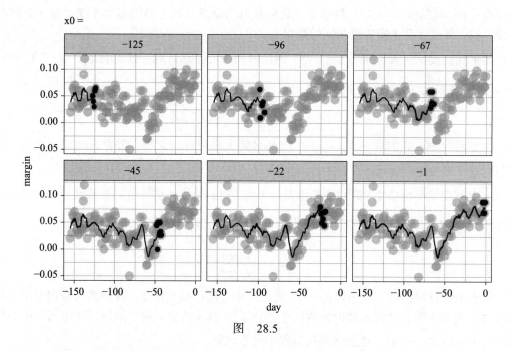

图 28.5

最终的代码（估计结果见图 28.6）如下：

```
span <- 7
fit <- with(polls_2008,
            ksmooth(day, margin, kernel = "box", bandwidth = span))

polls_2008 %>% mutate(smooth = fit$y) %>%
  ggplot(aes(day, margin)) +
    geom_point(size = 3, alpha = .5, color = "grey") +
    geom_line(aes(day, smooth), color="red")
```

28.2 核函数

　　箱平滑器的最终曲线依然有不少起伏。其中一个原因是，每一次移动窗口都会改变两个点。我们可以通过加权平均法使中心点比远处的点有更大的权重，并大幅降低边缘两个点的权重，从而减弱这一影响。

　　因此，我们可以将箱平滑器法看作求加权平均数：

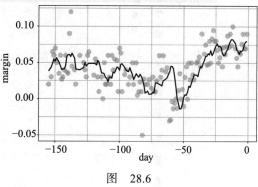

图 28.6

$$\hat{f}(x_0) = \sum_{i=1}^{N} \omega_0(x_i) Y_i$$

其中，每个点都有 0 或 $1/N_0$ 的权重，N_0 指一周中的点数。在上述代码中，我们在 ksmooth 函数的调用中使用了参数 kernel="box"。这是因为权重函数看起来就像一个方盒。ksmooth 函数提供了一个"平滑器"选项，它使用正态密度来分配权重（见图 28.7）。

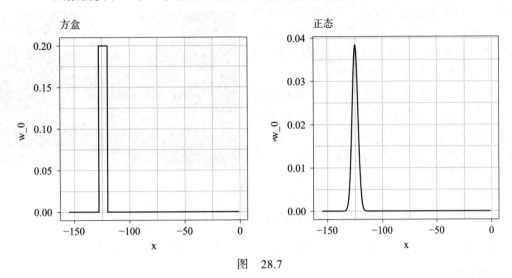

图　28.7

正态核函数的最终代码如下（结果见图 28.8）：

```
span <- 7
fit <- with(polls_2008,
            ksmooth(day, margin, kernel = "normal", bandwidth = span))

polls_2008 %>% mutate(smooth = fit$y) %>%
  ggplot(aes(day, margin)) +
  geom_point(size = 3, alpha = .5, color = "grey") +
  geom_line(aes(day, smooth), color="red")
```

注意，最终估计结果看起来更平滑了。

R 中有几个函数可以实现箱平滑器。上面展示的 ksmooth 就是一个。但在实践中，我们通常更倾向于使用比拟合常数更复杂一点的模型方法。例如上面的最终结果在某些地方仍有我们不期望得到的起伏（例如在 -125 和 -75 之间）。接下来将介绍包括 loess 在内的其他方法，它们将改进这一点。

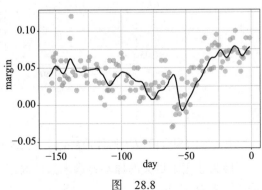

图　28.8

28.3 局部加权回归

方才描述的箱平滑器法有一个限制，即近似常数的假设只有在小窗口下才成立。因此，我们只能用少量数据点求平均值来获得一个并不精确的估计值$\hat{f}(x)$。在此我们介绍局部加权回归（loess）是如何让我们可以采用大窗口的。为实现这一点，我们将使用泰勒定理，该定理表明：对于平滑曲线$f(x)$，只要你在足够近的地方观察，它看上去就会像一条直线。要理解这背后的逻辑，请想一想园丁是如何用平直的铲子做出曲线边的（见图 28.9 ）。

图　28.9

我们假设函数是局部线性的，而非在小窗口中近似常数。在线性假设下，我们可以考虑比固定小窗口更大的窗口尺寸。放弃一周大的窗口，择用更大的、趋势近似线性的窗口。我们先采用三周大的窗口，之后再考虑和评估其他窗口：

$$E[Y_i \mid X_i = x_i] = \beta_0 + \beta_1(x_i - x_0), \ |x_i - x_0| \leqslant 21$$

对于每一点x_0，loess 定义一个窗口并在其中拟合一条线。图 28.10 展示了$x_0 = -125$ 和 $x_0 = -55$ 的拟合情况。

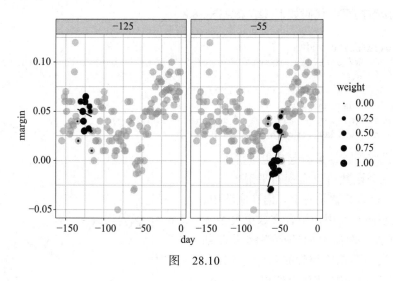

图　28.10

在x_0处的拟合值成了估计值$\hat{f}(x_0)$。图 28.11 展示了从 -155 到 0 的平滑过程。

因为使用了更大的样本容量来估计局部参数，所以最终的曲线要比箱平滑器拟合得更好（见图 28.12 ）：

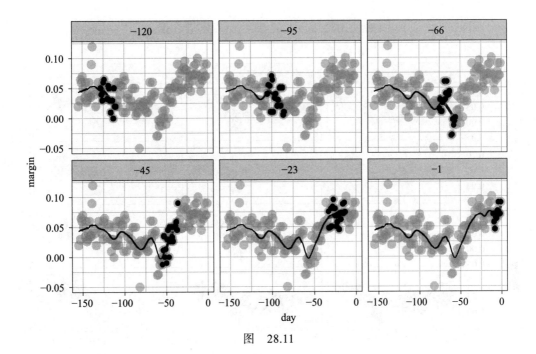

图　28.11

```
total_days <- diff(range(polls_2008$day))
span <- 21/total_days

fit <- loess(margin ~ day, degree=1, span = span, data=polls_2008)

polls_2008 %>% mutate(smooth = fit$fitted) %>%
  ggplot(aes(day, margin)) +
  geom_point(size = 3, alpha = .5, color = "grey") +
  geom_line(aes(day, smooth), color="red")
```

不同的跨度可以给出不同的估计结果。图 28.13 展示了不同的窗口大小是如何影响估计的。

最终估计结果如图 28.14 所示。loess 和典型箱平滑器法之间还有三个区别：

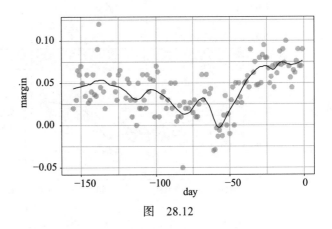

图　28.12

❏　相比箱的大小一致性，loess 只确保局部拟合使用的点数是一样的。这个数字通过 span 参数进行控制，它期望一个比例值。例如，如果 N 代表数据点数且 span=0.5，那么对于

给定的 x，loess 会使用最接近 x 的 $0.5N$ 个点来进行拟合。

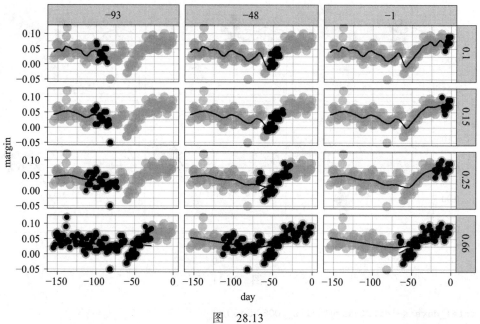

图 28.13

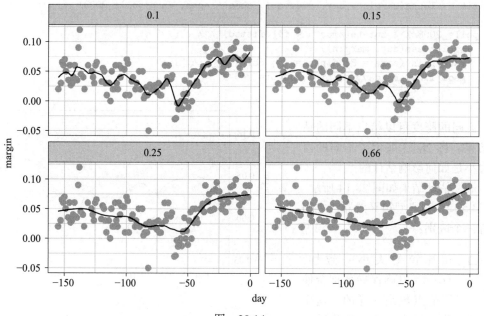

图 28.14

❑ 当进行局部线性拟合时，loess 会使用加权法。大体上，我们不使用最小二乘法，而是最小化一个加权的版本：

$$\sum_{i=1}^{N} w_0(x_i) \Big[Y_i - \big\{ \beta_0 + \beta_1(x_i - x_0) \big\} \Big]^2$$

但是，loess 使用的不是高斯核函数，而是一个叫作 Tukey 三权重（tri-weight）的函数：

$$W(u) = \Big(1 - |u|^3\Big)^3, \ |u| \leqslant 1$$
$$W(u) = 0, \ |u| > 1$$

为定义权重，我们用 $2h$ 代表窗口大小，然后定义：

$$w_0(x_i) = W\left(\frac{x_i - x_0}{h}\right)$$

该核函数和高斯核函数的不同之处在于，点越多，值越接近最大值，如图 28.15 所示。

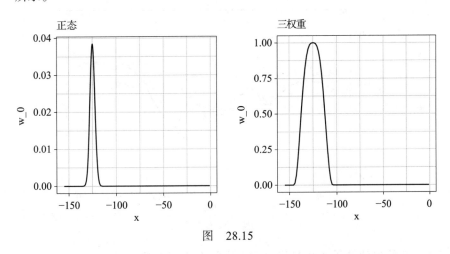

图　28.15

❑ loess 有稳健拟合模型的选项。实现了一种迭代算法，在一次迭代中拟合一个模型后，检测出离群值并在下一次迭代中降低其权重。要使用这一选项，可以采用参数 family="symmetric"。

28.3.1　抛物线拟合

泰勒定理还告诉我们，任意数学函数的曲线足够近的距离下看都近似抛物线。该定理还声明，抛物线近似的观察距离要远于直线近似的。这意味着我们可以用更大的窗口拟合抛物线而非直线。

$$E\left[Y_i \middle| X_i = x_i\right] = \beta_0 + \beta_1\left(x_i - x_0\right) + \beta_2\left(x_i - x_0\right)^2, \left|x_i - x_0\right| \leqslant h$$

这实际上是 loess 函数的默认过程。你或许会注意到,在局部加权回归的代码中,我们设 degree=1。它告诉 loess 函数拟合一次多项式,通俗来说就是直线。如果你阅读 loess 的帮助页,就会注意到参数 degree 的默认值是 2,所以在默认设定里,局部加权回归拟合的是抛物线而非直线。以下是两种拟合的对比(见图 28.16):

```
total_days <- diff(range(polls_2008$day))
span <- 28/total_days
fit_1 <- loess(margin ~ day, degree=1, span = span, data=polls_2008)

fit_2 <- loess(margin ~ day, span = span, data=polls_2008)


polls_2008 %>% mutate(smooth_1 = fit_1$fitted, smooth_2 = fit_2$fitted) %>%
  ggplot(aes(day, margin)) +
  geom_point(size = 3, alpha = .5, color = "grey") +
  geom_line(aes(day, smooth_1), color="red", lty = 2) +
  geom_line(aes(day, smooth_2), color="orange", lty = 1)
```

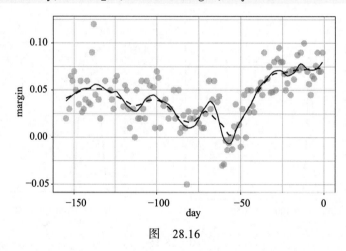

图　28.16

degree=2 给出的结果曲线起伏更大。实际上我们更倾向于 degree=1,因为它不太容易出现这种噪声。

28.3.2　注意默认平滑化参数

ggplot 在它的 geom_smooth 函数中使用了局部加权回归(见图 28.17):

```
polls_2008 %>% ggplot(aes(day, margin)) +
  geom_point() +
  geom_smooth()
```

但要格外注意默认参数,因为它们通常都不是最优解。不过,你可以轻松地对其进行修改(见图 28.18):

```
polls_2008 %>% ggplot(aes(day, margin)) +
  geom_point() +
  geom_smooth(span = 0.15, method.args = list(degree=1))
```

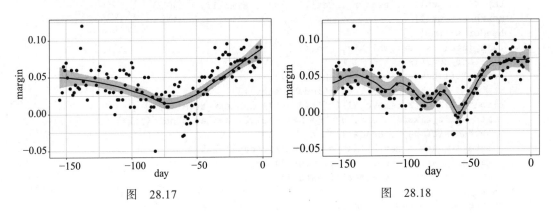

图　28.17　　　　　　　　　　　　图　28.18

28.4　平滑化和机器学习的联系

为通过实例来了解平滑化和机器学习的联系，请以 27.8 节的例子为例。如果使输出 $Y=1$ 对应数字 7，$Y=0$ 对应数字 2，那么我们想要估计的条件概率就是：

$$p(x_1, x_2) = P(Y = 1 | X_1 = x_1, X_2 = x_2)$$

其中，X_1 和 X_2 是在 27.8 节中定义的两个预测因素。在这个例子中，我们观测到的 0 和 1 是有"噪声"的，因为某些区域中的概率 $p(x_1, x_2)$ 偏离了 0 和 1，所以我们需要对其进行估计。平滑化就是一种替代方法。在 27.8 节中，我们看到线性回归不够灵活，不足以捕捉 $p(x_1, x_2)$ 的非线性属性，因此平滑化方法或许能在灵活性上做出改进。在第 29 章中，我们将介绍一个基于箱平滑化的著名机器学习算法：k 最近邻算法。

28.5　练习

1. 在本书的第四部分，我们用下列代码获取了波多黎各 2015—2018 年的死亡人数统计：

```
library(tidyverse)
library(purrr)
library(pdftools)
library(dslabs)

fn <- system.file("extdata", "RD-Mortality-Report_2015-18-180531.pdf",
                   package="dslabs")
```

```
dat <- map_df(str_split(pdf_text(fn), "\n"), function(s){
  s <- str_trim(s)
  header_index <- str_which(s, "2015")[1]
  tmp <- str_split(s[header_index], "\\s+", simplify = TRUE)
  month <- tmp[1]
  header <- tmp[-1]
  tail_index  <- str_which(s, "Total")
  n <- str_count(s, "\\d+")
  out <- c(1:header_index, which(n == 1),
           which(n >= 28), tail_index:length(s))
  s[-out] %>%  str_remove_all("[^\\d\\s]") %>% str_trim() %>%
    str_split_fixed("\\s+", n = 6) %>% .[,1:5] %>% as_tibble() %>%
    setNames(c("day", header)) %>%
    mutate(month = month, day = as.numeric(day)) %>%
    gather(year, deaths, -c(day, month)) %>%
    mutate(deaths = as.numeric(deaths))
}) %>%
  mutate(month = recode(month,
                        "JAN" = 1, "FEB" = 2, "MAR" = 3,
                        "APR" = 4, "MAY" = 5, "JUN" = 6,
                        "JUL" = 7, "AGO" = 8, "SEP" = 9,
                        "OCT" = 10, "NOV" = 11, "DEC" = 12)) %>%
  mutate(date = make_date(year, month, day)) %>%
  filter(date <= "2018-05-01")
```

使用 loess 函数对每日死亡人数的期望值进行平滑估计。绘制得到的平滑函数。跨度大致为两个月。

2. 在同一幅图上用不同的颜色绘制出与某一天相对应的平滑估计值曲线。

3. 假设我们想仅使用第二协变量来预测数据集 mnist_27 中哪些为 2，哪些为 7。这有可能实现吗？乍一看，这些数据似乎并不具备那么大的预测能力，但实际上在正则逻辑回归的拟合中，x_2 的系数其实并不显著！

```
library(broom)
library(dslabs)
data("mnist_27")
mnist_27$train %>%
  glm(y ~ x_2, family = "binomial", data = .) %>%
  tidy()
```

散点图在这里没什么用，因为 y 是二进制的：

```
qplot(x_2, y, data = mnist_27$train)
```

用上述数据拟合一条局部加权回归线，并绘制出结果。注意，条件概率虽然不是线性的，但在这里依然有预测能力。

交叉验证

在本章中，我们将介绍机器学习中最重要的思想之一——交叉验证。这里重点介绍概念方面和数学方面的内容。在 30.2 节中，我们会介绍如何在实践中使用 caret 包实现交叉验证。为说明这个概念，我们将用到 27.8 节中提出的双预测因素数字数据，并首次介绍一个真正的机器学习算法：k 最近邻法（k-Nearest Neighbors，kNN）。

29.1 k 最近邻法的动机

我们先加载数据，并展示预测因素与输出的图（见图 29.1）：

```
library(tidyverse)
library(dslabs)
data("mnist_27")
mnist_27$test%>% ggplot(aes(x_1, x_2, color = y)) + geom_point()
```

我们将使用这些数据来估计 28.4 节中定义的条件概率函数：

$$p(x_1, x_2) = P(Y = 1 \mid X_1 = x_1, X_2 = x_2)$$

kNN 估计 $p(x_1, x_2)$ 的方式与箱平滑化方法类似。但接下来我们就会看到，kNN 更容易适应多维数据。

首先，我们基于特征定义所有观测值之间的距离。然后，对于任意需要估计

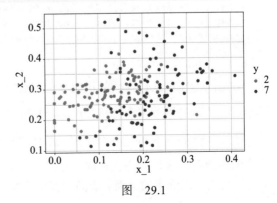

图　29.1

$p(x_1,x_2)$的点(x_1,x_2)，我们找到距离(x_1,x_2)最近的 k 个点，再取与这些点相关联的 0 和 1 的平均值。我们称这一用来计算平均值的点集为邻域（neighborhood）。根据之前介绍过的条件期望和条件概率之间的联系，这给出了一个$\hat{p}(x_1,x_2)$，正如箱平滑器给出的估计趋势那样。同样，我们也可以控制这一估计结果的灵活度，这里用到的是参数 k：k 越大，对应的估计结果越平滑；k 越小，对应的估计结果越灵活，波动越大。

为应用这一算法，我们可以使用 caret 包里的 knn3 函数。查看相关帮助页，可以发现它有两种调用方式。我们将使用第一种指定公式和数据帧的方式。数据帧包含了所有要用到的数据，公式则有 outcome ~ predictor_1 + predictor_2 + predictor_3 这样的形式。因此，我们应该输入 y~x_1+x_2。如果要使用所有的预测因素，则可以使用 .，例如 y~.。最终的调用格式如下：

```
library(caret)
knn_fit <- knn3(y ~ ., data = mnist_27$train)
```

针对这个函数，我们还需要选择一个参数：所包含的邻居点的数量。我们从默认的 $k=5$ 开始。

```
knn_fit <- knn3(y ~ ., data = mnist_27$train, k = 5)
```

在这个例子中，因为数据是平衡的，且对灵敏度和特异性的要求一致，所以我们用准确度来量化其性能。

knn 的 predict 函数为每个类别生成一个概率。我们将数字 7 对应的概率看作估计值$\hat{p}(x_1,x_2)$：

```
y_hat_knn <- predict(knn_fit, mnist_27$test, type = "class")
confusionMatrix(y_hat_knn, mnist_27$test$y)$overall["Accuracy"]
#> Accuracy
#>    0.815
```

在 27.8 节中，我们使用线性回归来生成估计结果：

```
fit_lm <- mnist_27$train %>%
  mutate(y = ifelse(y == 7, 1, 0)) %>%
  lm(y ~ x_1 + x_2, data = .)
p_hat_lm <- predict(fit_lm, mnist_27$test)
y_hat_lm <- factor(ifelse(p_hat_lm > 0.5, 7, 2))
confusionMatrix(y_hat_lm, mnist_27$test$y)$overall["Accuracy"]
#> Accuracy
#>    0.75
```

可见，kNN 在默认参数的情况下已经优于回归方法。为了解这背后的原因，我们将绘制$\hat{p}(x_1,x_2)$，并将其与真条件概率$p(x_1,x_2)$进行对比，如图 29.2 所示。

可以看到 kNN 较好地贴合了$p(x_1,x_2)$的非线性形状。但我们的估计值在红色区域内有一些蓝色的孤岛，这是有违直觉的。这是因为我们所说的过度训练，稍后我们将阐述相关细节。因为它，训练集的准确度要高于测试集的。

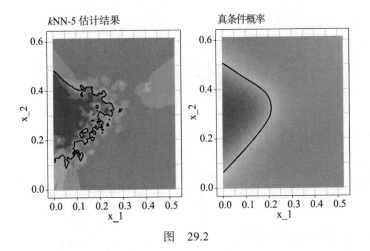

图　29.2

```
y_hat_knn <- predict(knn_fit, mnist_27$train, type = "class")
confusionMatrix(y_hat_knn, mnist_27$train$y)$overall["Accuracy"]
#> Accuracy
#>    0.882

y_hat_knn <- predict(knn_fit, mnist_27$test, type = "class")
confusionMatrix(y_hat_knn, mnist_27$test$y)$overall["Accuracy"]
#> Accuracy
#>    0.815
```

29.1.1　过度训练

过度训练带来的影响在 $k = 1$ 时是最糟糕的。当 $k = 1$ 时，训练集中每个 (x_1, x_2) 的估计值都是通过与该点对应的 y 来获得的。在这种情况下，如果 (x_1, x_2) 是唯一的，我们就会在训练集中获得完美的准确度，因为每个点都被用来预测自己。记住，如果预测因素不是唯一的，且至少有一组预测因素有不同的输出，那么预测就不可能是完美的。

下面，我们在 $k = 1$ 的情况下拟合一个 kNN 模型：

```
knn_fit_1 <- knn3(y ~ ., data = mnist_27$train, k = 1)
y_hat_knn_1 <- predict(knn_fit_1, mnist_27$train, type = "class")
confusionMatrix(y_hat_knn_1, mnist_27$train$y)$overall[["Accuracy"]]
#> [1] 0.996
```

它在测试集上的准确度实际上比逻辑回归还要糟糕。

```
y_hat_knn_1 <- predict(knn_fit_1, mnist_27$test, type = "class")
confusionMatrix(y_hat_knn_1, mnist_27$test$y)$overall["Accuracy"]
#> Accuracy
#>    0.735
```

图 29.3 展示了过度拟合的问题。

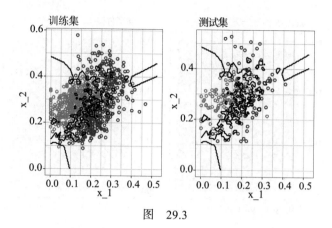

图 29.3

黑色曲线代表了决策规则的边界。

左图中，估计值$\hat{p}(x_1, x_2)$非常贴近训练数据。可以看到在训练集中，边界被完美地限定在蓝海中的单个小红点周围。因为大多数点(x_1, x_2)都是唯一的，其预测结果要么是 1 要么是 0，针对点的预测结果就是与之相关的标签。但若引入了测试集（右边），许多孤岛就会呈现相反的颜色，最终导致不正确的预测。

29.1.2 过度平滑化

$k = 5$的情况相比上一个例子要好一点，但依然是过度训练的。因此，我们应该考虑更大的k。我们试试更大的数：$k = 401$。

```
knn_fit_401 <- knn3(y ~ ., data = mnist_27$train, k = 401)
y_hat_knn_401 <- predict(knn_fit_401, mnist_27$test, type = "class")
confusionMatrix(y_hat_knn_401, mnist_27$test$y)$overall["Accuracy"]
#> Accuracy
#>     0.79
```

结果和回归结果类似，如图 29.4 所示。

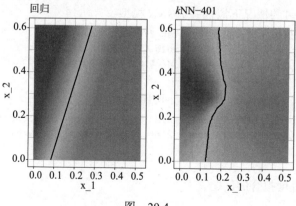

图 29.4

这个 k 太大了，因此不能提供足够的灵活性。我们称其为过度平滑化。

29.1.3 挑选 kNN 中的 k

那么，我们该如何选择 k 呢？原则上来说，我们应选一个能最大化准确度或最小化期望MSE的 k，如 27.4.8 节所述。交叉验证的目的就是为任意给定算法和调优参数集（例如 k）估算这些值。为理解需要一个特殊方法进行估算的原因，我们先以不同的 k 值重做一遍之前的事情：

```
ks <- seq(3, 251, 2)
```

我们通过 map_df 函数逐个重复上面的操作：

```
library(purrr)
accuracy <- map_df(ks, function(k){
  fit <- knn3(y ~ ., data = mnist_27$train, k = k)

  y_hat <- predict(fit, mnist_27$train, type = "class")
  cm_train <- confusionMatrix(y_hat, mnist_27$train$y)
  train_error <- cm_train$overall["Accuracy"]

  y_hat <- predict(fit, mnist_27$test, type = "class")
  cm_test <- confusionMatrix(y_hat, mnist_27$test$y)
  test_error <- cm_test$overall["Accuracy"]

  tibble(train = train_error, test = test_error)
})
```

注意，我们同时使用训练集和测试集来估计准确度。现在，我们绘出每个 k 值下估计的准确度，如图 29.5 所示。

首先，通过训练集获得的估计值总体上低于通过测试集获得的估计值，k 值越小，差异越大，这是过度训练导致的。另外，准确度随 k 的变化曲线实际上是有锯齿状波动的。这在我们的意料之外，因为 k 的小变动不应该对算法的性能造成太大影响。锯齿状波动的原因是，准确度是根据一个样本计算的，因此是一个随机变量。这也说明了为什么我们倾向于最小化期望损失，而非数据集的观测损失。

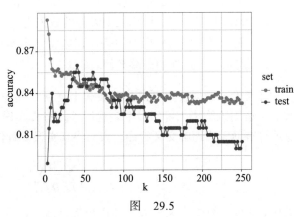

图 29.5

如果想依据这些估计值来挑选能够最大化准确度的 k，就需要用到建立在测试数据上的估计值：

```
ks[which.max(accuracy$test)]
```

```
#> [1] 41
max(accuracy$test)
#> [1] 0.86
```

我们需要更好的准确度估计的另一个原因是，如果依据测试集来选择k，就不能指望其准确度估计值能用于现实中，因为依据测试集来挑选k已经违反了机器学习的黄金法则。交叉验证也提供了考虑到这一点的估计值。

29.2 交叉验证的数学描述

在 27.4.8 节中，我们提到机器学习的一个共同目标是，找到一个可以针对输出Y给出能够最小化 MSE 的预测因素$\hat{Y}$的算法：

$$\text{MSE} = E\left\{\frac{1}{N}\sum_{i=1}^{N}\left(\hat{Y}_i - Y_i\right)^2\right\}$$

只有一个数据集时，我们可以用观测到的值来估计 MSE：

$$\hat{\text{MSE}} = \frac{1}{N}\sum_{i=1}^{N}\left(\hat{y}_i - y_i\right)^2$$

这两个概念通常分别称为真实误差和表观误差。

注意，表观误差有两个重要特征：

❑ 因为数据是随机的，所以表观误差是一个随机变量。例如，数据集或许是从一个较大总体中抽取的随机样本。一个算法的表观误差大小如何全凭运气。

❑ 如果我们在用于计算表观误差的数据集上训练算法，可能会导致过度训练。总体来说，当我们这样做时，表观误差将是真实误差的低估值。后面我们将用k最近邻法展示一个这样的极端案例。

交叉验证这项技术可以同时缓解上述两个问题。在 B 个从未用于训练算法的随机样本数据上运用该算法，得到多个表观误差，将真实误差（一个理论上的数值）视为其平均值，这或许有助于你理解交叉验证。我们将真实误差看作：

$$\frac{1}{B}\sum_{b=1}^{B}\frac{1}{N}\sum_{i=1}^{N}\left(\hat{y}_i^b - y_i^b\right)^2$$

其中，B 可以被视为无穷大。前面也提到过，因为我们只有一个可用的输出集$y_1,\cdots,y_n$，所以这只是一个理论上的数值。交叉验证基于这样一个想法：用已有数据尽可能地接近上述理论设置。为实现这一点，我们必须生成一系列不同的随机样本。方法有很多，但基本思路就是随机生成一些未用于训练，而被用来估计真实误差的较小数据集。

29.3　K 折交叉验证

K 折交叉验证是我们要介绍的第一个内容。机器学习挑战一般都从一个数据集开始。我们要基于这个数据集构建一个最终能在完全独立的数据集中运行的算法（见图 29.6）。但这个独立数据集对我们来说是不可见的。

图　29.6

为模拟这种情况，我们从原有数据集中取出一部分，然后假设它是另一个独立的数据集，也就是把数据集分为训练集和测试集两个部分（见图 29.7）。前者只用于算法训练，后者则只用于算法评估。

我们通常只取出原有数据集的一小部分，这样才能保证有尽可能多的数据用于训练。但是，我们同样希望测试集足够大，以便在拟合适量模型的前提下对损失有一个稳定的估计。我们一般选择 10%～20% 的数据用作测试集。

重申一遍，在训练时我们必须完全不使用测试集：不用于过滤行，不用于选择特征，都不用！

现在出现了一个新的问题，大多数机器学习算法都需要挑选参数，比如 k 最近邻法中的 k。在这里，我们称参数集为 λ。我们需要在不使用测试集的情况下优化算法参数，因为我们知道如果使用同一个数据集进行优化和评估，就会导致过度训练。对此，交叉验证将发挥作用。

对于每一组被考虑的算法参数，我们先对 MSE 进行估算，然后选择使 MSE 最小的参数。交叉验证提供了这种估计值。

图　29.7

首先，在进行交叉验证之前，一定要确定所有的算法参数。我们会用训练集训练算法，但对于所有训练集，参数 λ 都是一样的。当采用参数 λ 时，我们将用 $\hat{y}_i(\lambda)$ 表示获得的预测因素。

如果想要模拟如下定义：

$$\mathrm{MSE}(\lambda) = \frac{1}{B}\sum_{b=1}^{B}\frac{1}{N}\sum_{i=1}^{N}\left(\hat{y}_i^b(\lambda) - y_i^b\right)^2$$

就需要考虑能被视作独立随机样本的数据集，并多进行几次这样的计算。在 K 折交叉验证中，在我们重复 K 次。我们展示了一个 $K = 5$ 的例子。

我们最终会用到 K 个样本，但我们先讲解一下如何构建第一个样本：随机选择 $M = N / K$ 个观测值（如果 M 不是整数，则进行四舍五入），然后将其视为随机样本 $y_1^b, \cdots, y_M^b$，其中 $b = 1$。我们称其为验证集，如图 29.8 所示。

现在，我们可以用训练集拟合模型，然后根据独立集算出表观误差：

$$\hat{\mathrm{MSE}}_b(\lambda) = \frac{1}{M}\sum_{i=1}^{M}\left(\hat{y}_i^b(\lambda) - y_i^b\right)^2$$

注意，这只是一个样本，因此会返回真实误差的一个噪声估计值。我们需要K个样本，而非一个。在K折交叉验证中，我们把观测值随机分为K个不重叠的集合，如图 29.9 所示。

分别在$b=1,\cdots,K$的集合内重复上述计算，得到$\hat{\mathrm{MSE}}_1(\lambda),\cdots,\hat{\mathrm{MSE}}_K(\lambda)$。然后，计算最终估算的平均值：

$$\hat{\mathrm{MSE}}(\lambda) = \frac{1}{B}\sum_{b=1}^{K}\hat{\mathrm{MSE}}_b(\lambda)$$

并获得一个关于损失的估计。最后，选出最小化MSE的λ。

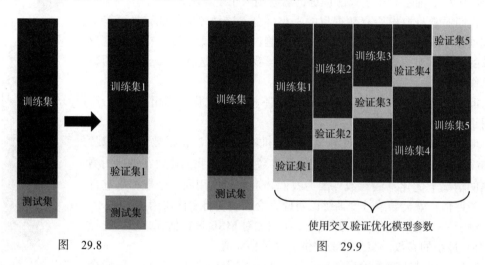

图 29.8　　　　　　　　　　　图 29.9

我们已经介绍了如何使用交叉验证来优化参数，但现在还必须考虑到，优化过程是发生在训练集上的，因此，还需要基于未用于优化选择的数据对最终算法进行评估。在这里，我们使用之前分离的测试集（见图 29.10）。

再次进行交叉验证，然后得到期望损失的最终估计（见图 29.11）。但要注意，这意味着我们的整体计算时间要乘以K。你很快就会意识到完成这项任务要花费很多时间，因为它包含许多复杂的计算。因此，我们一直在寻找可以节省时间的方法。对于最终的评估，我们通常只使用一个测试集。

如果我们很满意这个模型并希望提供给他人使用，那么只需在整个数据集上重新构建这个模型即可，无须更改优化后的参数，如图 29.12 所示。

应该如何选择交叉验证的K？我们倾向于更大的K，因为训练集能更好地模拟原始的数据集。但

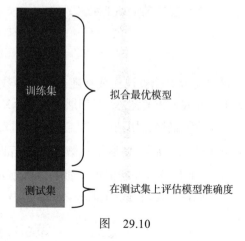

图 29.10

K 越大，计算过程越慢。例如，100 折交叉验证需要的时间是 10 折交叉验证的 10 倍。因此，$K = 5$ 和 $K = 10$ 成了两个热门选择。

使用交叉验证评估整个过程的准确度

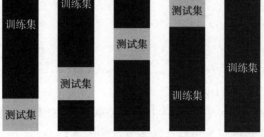

图　29.11

提高最终估计值方差的一种方法是取更多样本。为此，我们不再需要将训练集划分为不重叠的集合，只需随机选取 K 个大小不一的集合。

这种技术的一个流行用法是，在每折中，有放回地随机选择观测值（这意味着相同的观测值可能出现两次）。这种方法有一些优点（这里不讨论），通常被称为自举法。实际上，这是 caret 包中的默认方法。我们将在第 30 章介绍如何使用 caret 包实现交叉验证。在 29.5 节中，我们将解释自举法的一般运行方式。

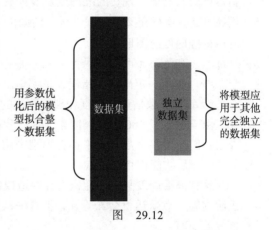

图　29.12

29.4　练习

生成一组随机预测因素和输出：

```
set.seed(1996)
n <- 1000
p <- 10000
x <- matrix(rnorm(n * p), n, p)
colnames(x) <- paste("x", 1:ncol(x), sep = "_")
y <- rbinom(n, 1, 0.5) %>% factor()

x_subset <- x[ ,sample(p, 100)]
```

1. 因为 x 和 y 是完全独立的，所以用 x 预测 y 的准确度不可能大于 0.5。使用交叉验证来验证这一点，用逻辑回归来拟合模型。因为有许多预测因素，我们随机选取一个样本 x_subset。用这个子集训练模型。提示：使用 caret 的 train 函数。train 输出中的 results 会给出准确度。忽略警告。

2. 不再随机选取预测因素，而是搜寻对结果最具有预测性的预测因素。我们可以通过比较 y = 1 组和 y = 0 组中的值来做到这一点。对每个预测因素使用 t 检验。你可以按如下方式完成这些步骤：

```
devtools::install_bioc("genefilter")
install.packages("genefilter")
library(genefilter)
tt <- colttests(x, y)
```

创建一个 *p* 值向量，称其为 pvals。

3. 创建索引 ind，其列是与 y 在统计学上显著关联的预测因素。用 0.01 的 *p* 值截点来定义在统计学上显著。在该截点下可以选择多少预测因素？

4. 重新将 x_subset 定义为 x 的子集（x 由与 y 在统计学上显著关联的列所定义），再重新运行交叉验证。现在的准确度是多少？

5. 用 *k*NN 重新运行交叉验证。尝试下列调优参数网格：k = seq(101, 301, 25)。绘制所得准确度的图形。

6. 从练习 3 和练习 4 可知，尽管 x 和 y 是完全独立的，但我们预测 y 的准确度还是可以高于 70%。其中一定出现了错误，是哪里出了问题？

   a. train 函数估计准确度和训练算法的数据是一样的。

   b. 由于包含了 100 个预测因素，因此我们对模型进行了过度拟合。

   c. 我们使用整个数据集来挑选模型中用到的列。这个步骤应该被包含在算法中。完成挑选后才能进行交叉验证。

   d. 这种高准确度只是由随机变异性造成的。

7. 进阶内容。重新运行交叉验证，但这一次把挑选步骤包括在交叉验证中，这样准确度应该接近 50%。

8. 加载 tissue_gene_expression 数据集。使用 train 函数，通过基因表达来预测组织。使用 *k*NN，多大的 *k* 最合适？

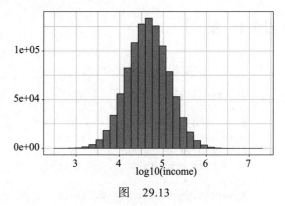

图 29.13

29.5 自举法

假设总体的收入分布（见图 29.13）如下：

```
set.seed(1995)
n <- 10^6
income <- 10^(rnorm(n, log10(45000), log10(3)))
qplot(log10(income), bins = 30, color = I("black"))
```

总体的中值是：

```
m <- median(income)
m
#> [1] 44939
```

假设我们无法访问总体数据，但想要估算中值m。取一个样本容量为 100 的样本，用样本中值M来估算总体中值m：

```
N <- 100
X <- sample(income, N)
median(X)
#> [1] 38461
```

我们可以构建一个置信区间吗？M的分布是什么？

因为我们在对数据进行模拟，所以可以用蒙特卡罗模拟来学习M的分布（见图 29.14）：

```
library(gridExtra)
B <- 10^4
M <- replicate(B, {
  X <- sample(income, N)
  median(X)
})
p1 <- qplot(M, bins = 30, color = I("black"))
p2 <- qplot(sample = scale(M), xlab = "theoretical", ylab = "sample") +
  geom_abline()
grid.arrange(p1, p2, ncol = 2)
```

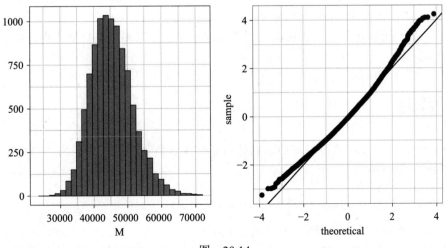

图　29.14

如果我们知道这个分布，那么就可以构建一个置信区间。但正如之前所讨论的，问题在于我们根本无法获得这个分布。我们曾经使用过中心极限定理（CLT），但 CLT 主要用于求平均值，而我们想求的是中值。基于CLT的95%置信区间为：

```
median(X) + 1.96 * sd(X) / sqrt(N) * c(-1, 1)
#> [1] 21018 55905
```

若M的实际分布已知，则可生成如下的置信区间：

```
quantile(M, c(0.025, 0.975))
#>  2.5% 97.5%
#> 34438 59050
```

二者有一定差异。

自举法允许我们在无法获得整体分布的情况下逼近蒙特卡罗模拟。总体思路其实并不难，我们假设观测到的样本就是总体，然后从数据集中取样（有放回），样本容量和原始数据集一致。最后，从这些自举样本中计算出汇总统计量——此处指中值。

由定理可知，在许多情况下，通过自举样本获得的统计量分布都近似于实际统计量的分布。下面展示了如何构建自举样本和近似分布：

```
B <- 10^4
M_star <- replicate(B, {
  X_star <- sample(X, N, replace = TRUE)
  median(X_star)
})
```

注意，通过自举样本构建的置信区间更接近通过理论分布构建的置信区间。

```
quantile(M_star, c(0.025, 0.975))
#>  2.5% 97.5%
#> 30253 56909
```

有关自举法（包括改进这些置信区间的修正方法）的更多内容请参考 Efron B. 与 Tibshirani R. J 合著的 *An introduction to the bootstrap*。

注意，我们可以把类似的想法应用到交叉验证中：可以多次取自举样本，而不把数据等分成小块。

29.6 练习

1. `creatResample` 函数可以被用来创造自举样本。例如，我们可以为 `mnist_27` 数据集创造 10 个自举样本：

```
set.seed(1995)
indexes <- createResample(mnist_27$train$y, 10)
```

   3、4 和 7 在第一个重取样索引中出现了几次？

2. 有些数字会多次出现，有些则从未出现。为使每个数据集相互独立，这是必需的。在所有重新取样的索引上重复本次练习。

3. 生成如下的随机数据集：

```
y <- rnorm(100, 0, 1)
```

估算第 75 个分位数，已知其值为：

```
qnorm(0.75)
```

样本分位数是：

```
quantile(y, 0.75)
```

运行蒙特卡罗模拟来学习该随机变量的期望值和标准误差。

4. 在实践中，因为我们不知道是否可用 rnorm 模拟数据，所以无法运行蒙特卡罗模拟。通过自举法，仅用最初的样本 y 来估算标准误差。使用 10 个自举样本。

5. 重做练习 4，但自举样本改为 10000 个。

caret 包

我们已经学习了机器学习算法中的回归和 kNN。在之后的几章中，我们将介绍其他算法，但那也只是众多算法中的一小部分。其中许多算法都已用 R 实现。但是，它们是通过不同的包发布的，这些包的创作者各不相同，且通常使用不同的语法。caret 包尝试整合这些差异并提供一致性。caret 包手册 ⊖ 总结了它目前有的 237 种算法。注意，caret 不包括所需的包，要通过 caret 来实现一个包仍然需要安装库。包手册中给出了每个方法对应的包。

caret 包还提供了实现交叉验证的函数。我们将举例说明如何使用这个极具帮助性的包。

```
library(tidyverse)
library(dslabs)
data("mnist_27")
```

30.1 caret 的 train 函数

caret 的 train 函数让我们得以用类似的语法训练不同的算法。例如，我们可以输入：

```
library(caret)
train_glm <- train(y ~ ., method = "glm", data = mnist_27$train)
train_knn <- train(y ~ ., method = "knn", data = mnist_27$train)
```

进行预测时，我们可以在不查看 predict.glm 和 predict.knn 的前提下直接使用该函数的输出。我们将学习如何从 predict.train 中获取预测结果。

两种方法的代码是一样的：

⊖ https://topepo.github.io/caret/available-models.html

```
y_hat_glm <- predict(train_glm, mnist_27$test, type = "raw")
y_hat_knn <- predict(train_knn, mnist_27$test, type = "raw")
```

这可以让我们迅速对比两个算法。例如，我们可以像下面这样对比二者的准确度：

```
confusionMatrix(y_hat_glm, mnist_27$test$y)$overall[["Accuracy"]]
#> [1] 0.75
confusionMatrix(y_hat_knn, mnist_27$test$y)$overall[["Accuracy"]]
#> [1] 0.84
```

30.2　执行交叉验证

当算法包含调优参数时，`train` 会自动使用交叉验证，从几个默认值中做出选择。为找出最佳的一个或多个参数，可以参阅包手册或研究以下代码的输出：

```
getModelInfo("knn")
```

我们还可以像这样快速查找：

```
modelLookup("knn")
```

如果我们在默认值下运行：

```
train_knn <- train(y ~ ., method = "knn", data = mnist_27$train)
```

则可以使用 ggplot 函数立马看到交叉验证的结果。参数 highlight 标明了最大值（见图 30.1 ）：

```
ggplot(train_knn, highlight = TRUE)
```

默认情况下，通过取 25 个由 25% 的观察结果组成的自举样本进行交叉验证。在 kNN 方法中，默认 $k = 5,7,9$。我们使用 tuneGrid 参数来改变这一点。值的网格必须由一个数

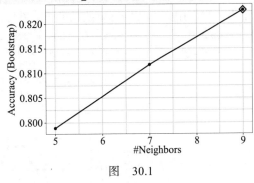

图　30.1

据帧提供，且该数据帧中的参数名称与 `modelLookup` 的输出中指定的一致。

在下面的例子中，我们尝试了9～67范围内的 30 个值。为使用 caret，我们需要定义一个名为 k 的列，所以使用 `data.frame(k = seq(9, 67, 2))` 命令。

注意，当运行这行代码时，我们将 30 个版本的 kNN 与 25 个自举样本拟合。我们拟合了 $30 \times 25 = 750$ 个 kNN 模型，所以运行该代码需要点时间。我们设置了种子，因为交叉验证是一个随机过程，而我们想确保这里的结果是可复现的（见图 30.2 ）。

```
set.seed(2008)
train_knn <- train(y ~ ., method = "knn",
                   data = mnist_27$train,
                   tuneGrid = data.frame(k = seq(9, 71, 2)))
ggplot(train_knn, highlight = TRUE)
```

为获取能够最大化准确度的参数，可以使用：

```
train_knn$bestTune
#>     k
#> 10 27
```

下面是运行得最好的模型：

```
train_knn$finalModel
#> 27-nearest neighbor model
#> Training set outcome distribution:
#>
#>   2   7
#> 379 421
```

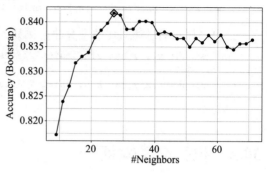

图　30.2

`predict` 函数会使用这个最佳模型。

下面是将最佳模型应用于测试集（交叉验证是在训练集上完成的，所以在这之前我们完全没有用到过测试集）时获得的准确度：

```
confusionMatrix(predict(train_knn, mnist_27$test, type = "raw"),
                mnist_27$test$y)$overall["Accuracy"]
#> Accuracy
#>    0.835
```

如果想改变交叉验证的执行方式，可以使用 `trainControl` 函数。例如，使用 10 折交叉验证可以让上述代码运行得稍微快一点。这意味着 10 个样本分别使用了 10% 的观测结果。我们用如下代码完成此任务（结果见图 30.3）：

```
control <- trainControl(method = "cv", number = 10, p = .9)
train_knn_cv <- train(y ~ ., method = "knn",
                      data = mnist_27$train,
                      tuneGrid = data.frame(k = seq(9, 71, 2)),
                      trControl = control)
ggplot(train_knn_cv, highlight = TRUE)
```

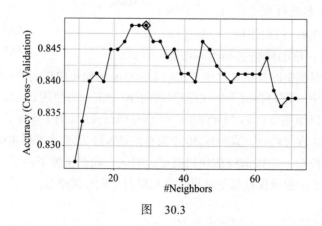

图　30.3

准确度估计值的变异性更大了，这在意料之中，因为我们改变了用来估算准确度的样本数量。

注意，`train`输出的`results`部分包含几个和交叉验证估计值的变异性相关的汇总统计量：

```
names(train_knn$results)
#> [1] "k"         "Accuracy"  "Kappa"     "AccuracySD" "KappaSD"
```

30.3　示例：使用局部加权回归进行拟合

最佳拟合的*k*NN模型近似于真条件概率，如图 30.4 所示。

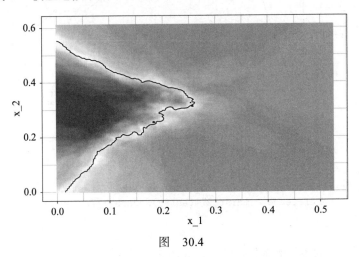

图　30.4

但其边界仍有些波动。这是因为*k*NN 和基本的箱平滑器一样不使用核函数。这可以通过局部加权回归来改善。通过阅读包手册中有关可用模型的部分，我们发现可以使用`gamLoess`方法。由手册 ⊖ 可知，使用前我们需要先安装好 gam 包：

```
install.packages("gam")
```

我们有两个需要优化的参数：

```
modelLookup("gamLoess")
#>     model parameter  label forReg forClass probModel
#> 1 gamLoess     span   Span   TRUE     TRUE      TRUE
#> 2 gamLoess   degree Degree   TRUE     TRUE      TRUE
```

保持 degree=1 的设置，但为了尝试不同的跨度值(span)，我们还是需要在表中包含一个叫作 degree 的列，以便执行以下操作：

```
grid <- expand.grid(span = seq(0.15, 0.65, len = 10), degree = 1)
```

使用默认的交叉验证控制参数（见图 30.5）：

```
train_loess <- train(y ~ .,
```

⊖　https://topepo.github.io/caret/train-models-by-tag.html

```
                 method = "gamLoess",
                 tuneGrid=grid,
                 data = mnist_27$train)
ggplot(train_loess, highlight = TRUE)
```

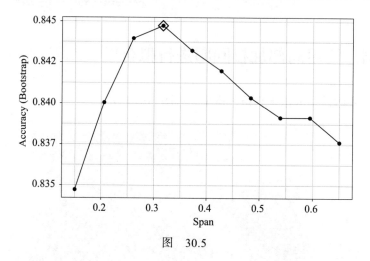

图　30.5

该方法的运行结果和 kNN 的类似：

```
confusionMatrix(data = predict(train_loess, mnist_27$test),
            reference = mnist_27$test$y)$overall["Accuracy"]
#> Accuracy
#>     0.85
```

且给出了一个更平滑的条件概率估计结果，如图 30.6 所示。

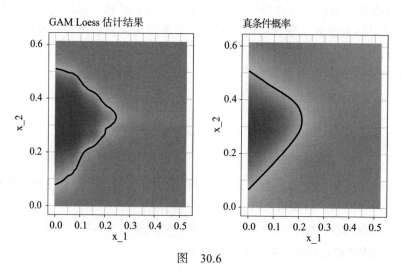

图　30.6

第 31 章 *Chapter 31*

算法示例

机器学习算法有很多，本章将提供几个方法各异的示例。我们将使用 27.8 节中介绍过的双预测因素数字数据对算法进行演示：

```
library(tidyverse)
library(dslabs)
library(caret)
data("mnist_27")
```

31.1 线性回归

线性回归可以被视作一个机器学习算法。在 27.8 节中，我们演示了线性回归过度僵硬的负面影响。这总体而言是正确的，但在某些挑战中线性回归又表现出众。线性回归还发挥着基线的作用：如果无法用更复杂的方法更好地解决问题，线性回归大概就是你的保留选项。为迅速在回归和机器学习之间建立联系，我们将使用身高数据（一个连续的输出）来重建 Galton 的研究：

```
library(HistData)

set.seed(1983)
galton_heights <- GaltonFamilies %>%
  filter(gender == "male") %>%
  group_by(family) %>%
  sample_n(1) %>%
  ungroup() %>%
  select(father, childHeight) %>%
  rename(son = childHeight)
```

假设任务是构建一个能通过父亲的身高 X 来预测儿子的身高 Y 的机器学习算法。我们来生成测试集和训练集：

```
y <- galton_heights$son
test_index <- createDataPartition(y, times = 1, p = 0.5, list = FALSE)

train_set <- galton_heights %>% slice(-test_index)
test_set <- galton_heights %>% slice(test_index)
```

在本例中，如果忽略父亲的身高，直接猜测儿子的身高，我们会猜测儿子身高为平均值：

```
m <- mean(train_set$son)
m
#> [1] 69.2
```

平方损失是：

```
mean((m - test_set$son)^2)
#> [1] 7.65
```

我们能做得更好吗？在 17.4.2 节中，我们了解到如果 (X, Y) 服从二元正态分布，那么条件期望（我们的估计目标）就等价于回归线：

$$f(x)=E(Y|X=x)=\beta_0+\beta_1 x$$

在 18.3 节中，我们介绍了最小二乘法，用于估计斜率 β_0 和截距 β_1：

```
fit <- lm(son ~ father, data = train_set)
fit$coef
#> (Intercept)     father
#>      35.976      0.482
```

这提供了条件期望的估计值：

$$\hat{f}(x)=52+0.25x$$

可以看到，这的确优化了盲目猜测法：

```
y_hat <- fit$coef[1] + fit$coef[2]*test_set$father
mean((y_hat - test_set$son)^2)
#> [1] 6.47
```

predict 函数

`predict` 函数在机器学习应用中相当有用。该函数从诸如 `lm` 或 `glm`（我们马上就会介绍 `glm`）这样的函数中获取一个已拟合的对象，以及一个带有几个要预测的新预测因素的数据帧。在当前的例子中，我们会像这样使用 `predict`：

```
y_hat <- predict(fit, test_set)
```

使用 `predict` 可以得到和之前一样的结果：

```
y_hat <- predict(fit, test_set)
mean((y_hat - test_set$son)^2)
#> [1] 6.47
```

predict 函数并不总是返回同类型的对象，这取决于被输送的对象类型。要了解具体情况，需要查看关于正在使用的拟合对象类型的特定帮助文件。predict 实际上是 R 中一种被称为泛型函数的特殊函数，它根据接收到的对象类型来调用其他函数。所以，如果 predict 接收到一个来自 lm 函数的对象，它就调用 predict.lm；如果它接收到一个来自 glm 的对象，它就调用 predict.glm。这两个函数类似但不尽相同，你可以阅读下列帮助文件以了解更多的区别：

```
?predict.lm
?predict.glm
```

predict 还有许多其他形式，该函数也被包含在许多机器学习算法中。

31.2　练习

1. 用下列代码创建一个数据集：

```
n <- 100
Sigma <- 9*matrix(c(1.0, 0.5, 0.5, 1.0), 2, 2)
dat <- MASS::mvrnorm(n = 100, c(69, 69), Sigma) %>%
  data.frame() %>% setNames(c("x", "y"))
```

使用 caret 将数据集分为大小相同的测试集和训练集。训练一个线性模型并报出 RMSE。重复该练习 100 次，画出 RMSE 的直方图，报出其平均值和标准差。按下列方法改编前面的代码：

```
y <- dat$y
test_index <- createDataPartition(y, times = 1, p = 0.5, list = FALSE)
train_set <- dat %>% slice(-test_index)
test_set <- dat %>% slice(test_index)
fit <- lm(y ~ x, data = train_set)
y_hat <- fit$coef[1] + fit$coef[2]*test_set$x
mean((y_hat - test_set$y)^2)
```

然后把它放到对 replicate 的调用中。

2. 用更大的数据集重复上述操作。使用 n <- c(100, 500, 1000, 5000, 10000) 重复练习 1。保存 100 次重复中 RMSE 的平均值和标准差。提示：使用 sapply 或 map 函数。

3. 描述 RMSE 随数据集增大而产生的变化。

   a. 平均来说，随着 n 增大，RMSE 并没有太大变化，但其变异性确实有所降低。

   b. RMSE 因大数定律而递减：数据越多，估计值越精确。

   c. n = 1000 还不够大。在更大的数据集中才能看到 RMSE 的递减。

   d. RMSE 不是随机变量。

4. 重复练习 1，但这一次要通过改变 Sigma 来增大 x 和 y 的相关性：

```
n <- 100
Sigma <- 9*matrix(c(1, 0.95, 0.95, 1), 2, 2)
```

```
dat <- MASS::mvrnorm(n = 100, c(69, 69), Sigma) %>%
  data.frame() %>% setNames(c("x", "y"))
```

重复该练习，并注意 RMSE 的变化。

5. 对于练习 4 中 RMSE 相比练习 1 要低得多这一问题，下列哪个选项做出了更好的解释？

    a. 这是随机的。再做一次可能得到相反的结果。

    b. 由中心极限定理可知，RMSE 服从正态分布。

    c. 当我们增加 x 和 y 之间的相关性时，x 有了更高的预测能力，继而给出了更好的关于 y 的预测。这种相关性对 RMSE 的影响比 n 的要大得多。更大的 n 只能让我们对线性模型系数的估算更精确。

    d. 二者都是关于回归的例子，其 RMSE 必须是一样的。

6. 用下列代码创建一个数据集：

```
n <- 1000
Sigma <- matrix(c(1, 3/4, 3/4, 3/4, 1, 0, 3/4, 0, 1), 3, 3)
dat <- MASS::mvrnorm(n = 100, c(0, 0, 0), Sigma) %>%
  data.frame() %>% setNames(c("y", "x_1", "x_2"))
```

注意，y 与 x_1 和 x_2 都是相关的，但两个预测因素之间彼此独立。

```
cor(dat)
```

使用 caret 包将数据集分为大小相同的测试集和训练集。比较只使用 x_1、只使用 x_2 和同时使用二者时 RMSE 的不同。训练一个线性模型，报出 RMSE。

7. 在 x_1 和 x_2 高度相关的情况下重复练习 6：

```
n <- 1000
Sigma <- matrix(c(1.0, 0.75, 0.75, 0.75, 1.0, 0.95, 0.75, 0.95, 1.0), 3, 3)
dat <- MASS::mvrnorm(n = 100, c(0, 0, 0), Sigma) %>%
  data.frame() %>% setNames(c("y", "x_1", "x_2"))
```

使用 caret 包将数据集分为大小相同的测试集和训练集。比较只使用 x_1、只使用 x_2 和同时使用二者时 RMSE 的不同。训练一个线性模型，报出 RMSE。

8. 比较练习 6 和练习 7 中的结果，选择一个你认同的表述：

    a. 加入额外的预测因素能显著地改善 RMSE，但当加入的预测因素和其他预测因素间高度相关时则不然。

    b. 加入额外的预测因素同等地改善了两个练习中的预测。

    c. 加入额外的预测因素会造成过度拟合。

    d. 只有在包含所有预测因素的情况下才拥有预测能力。

31.3　逻辑回归

    回归方法可以被扩展到分类数据上。本节将首先展示如何在二进制数据中对输出 y 进行简单的 0 或 1 赋值并使用回归，仿佛这就是连续数据。随后我们将指出该方法的局限性，然后介绍另一个解决方案：逻辑回归。逻辑回归是一组广义线性模型的特例。为对其进行演示说明，我们将其用到之前预测性别的例子中。

如果定义输出 $Y=1$ 对应女性，$Y=0$ 对应男性，X 对应身高，那么我们想求得的是条件概率：

$$P(Y=1|X=x)$$

假如我们要对一个 66 英寸高的学生进行预测，那么该身高对应女性的条件概率是多少？在我们的数据集中，方法是将身高四舍五入到最近的整数（以英寸为单位），然后计算：

```
train_set %>%
  filter(round(height)==66) %>%
  summarize(y_hat = mean(sex=="Female"))
#>    y_hat
#> 1 0.327
```

要构建一个预测算法，我们需要估算任意给定身高 $X=x$ 的总体中女性的占比，也就是上面提到的条件概率 $P(Y=1|X=x)$。我们来看对于不同的 x 值会有怎样的结果（我们将去除只有较少数据点的 x 的层）（见图 31.1）：

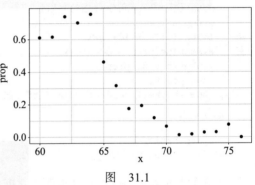

图　31.1

```
heights %>%
  mutate(x = round(height)) %>%
  group_by(x) %>%
  filter(n() >= 10) %>%
  summarize(prop = mean(sex == "Female")) %>%
  ggplot(aes(x, prop)) +
  geom_point()
```

图 31.1 中的结果看上去近似线性，所以我们决定尝试使用回归方法——这也是我们目前已知的唯一方法。我们假设：

$$p(x)=P(Y=1|X=x)=\beta_0+\beta_1 x$$

因为 $p_0(x)=1-p_1(x)$，所以我们只估计 $p_1(x)$，并去除索引 1。

如果将这些因子转化为 0 和 1，就可以用最小二乘法估计 β_0 和 β_1：

```
lm_fit <- mutate(train_set, y = as.numeric(sex == "Female")) %>%
  lm(y ~ height, data = .)
```

得到估计值 $\hat{\beta}_0$ 和 $\hat{\beta}_1$ 后，就可以获得一个确切的预测结果。我们对条件概率 $p(x)$ 的估计值是：

$$\hat{p}(x) = \hat{\beta}_0 + \hat{\beta}_1 x$$

为给出预测结果，我们定义一个决策规则：如果 $\hat{p}(x) > 0.5$，则预测为女性。我们可以用下列代码比较预测结果和输出：

```
p_hat <- predict(lm_fit, test_set)
y_hat <- ifelse(p_hat > 0.5, "Female", "Male") %>% factor()
confusionMatrix(y_hat, test_set$sex)[["Accuracy"]]
#> NULL
```

可以看到，该方法比盲目猜测要好得多。

31.3.1　广义线性模型

函数 $\beta_0 + \beta_1 x$ 可以取包括负数和大于 1 的值在内的任意值。事实上，线性回归部分计算出的估计值 $\hat{p}(x)$ 的确在 76 英寸左右变成了负数（见图 31.2）：

```
heights %>%
  mutate(x = round(height)) %>%
  group_by(x) %>%
  filter(n() >= 10) %>%
  summarize(prop = mean(sex == "Female")) %>%
  ggplot(aes(x, prop)) +
  geom_point() +
  geom_abline(intercept = lm_fit$coef[1], slope = lm_fit$coef[2])
```

取值范围是：

```
range(p_hat)
#> [1] -0.331  1.036
```

但我们要估算的是一个位于 0 到 1 之间的概率：$P(Y=1|X=x)$。

广义线性模型（Generalized Linear Model，GLM）的理念是：①定义一个与可能输出相符的 Y 的分布；②找到一个函数 g，使得 $g(P(Y=1|X=x))$ 可以建模为预测因素的线性组合。GLM 中最常用的是逻辑回归。它是线性回归的一个扩展，可以确保 $P(Y=1|X=x)$ 的估计值在 0 到 1 之间。这个方法用到了 9.8.1 节中介绍的逻辑转换：

$$g(p) = \log \frac{p}{1-p}$$

这个逻辑转换可以把概率转变成对数比值（odd）。比值告诉我们某件事发生的可能性比没发生的可能性大多少。$p=0.5$ 意味着比值是 1。如果 $p=0.75$，那么比值就是 3 比 1。该转换的优秀之处在于它使概率按 0 对称。图 31.3 给出了 $g(p)$ 与 p 的关系图。

在逻辑回归中，我们可以用：

$$g\{P(Y=1|X=x)\} = \beta_0 + \beta_1 x$$

直接对条件概率进行建模。在该模型中，我们不能再使用最小二乘法，而要计算最大似然估计（Maximum Likelihood Estimate，MLE）值。

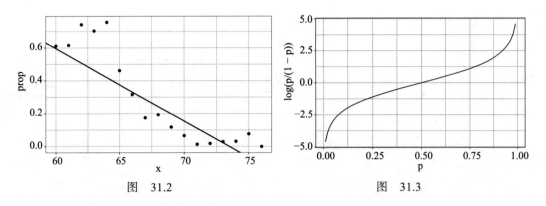

图 31.2   图 31.3

在 R 中，我们可以用函数 glm（代表广义线性模型的缩写）来拟合逻辑回归模型。glm 函数比逻辑回归更笼统，所以我们需要通过 family 参数来指定想要的模型：

```
glm_fit <- train_set %>%
  mutate(y = as.numeric(sex == "Female")) %>%
  glm(y ~ height, data=., family = "binomial")
```

我们可以用 predict 函数来获得预测结果：

```
p_hat_logit <- predict(glm_fit, newdata = test_set, type = "response")
```

当在 glm 对象上使用 predict 时，要得到条件概率就必须指定 type = "response"，因为默认返回的是逻辑转换后的值。

该模型对数据的拟合程度略优于直线，如图 31.4 所示。

得到估计值$\hat{p}(x)$后即可获得预测结果：

```
y_hat_logit <- ifelse(p_hat_logit > 0.5, "Female", "Male") %>% factor
confusionMatrix(y_hat_logit, test_set$sex)[["Accuracy"]]
#> NULL
```

两个预测结果类似。这是因为在 x 的大致同区域范围内 $p(x)$ 的两个估计值都大于 1/2（见图 31.5）：

```
data.frame(x = seq(min(tmp$x), max(tmp$x))) %>%
  mutate(logistic = plogis(glm_fit$coef[1] + glm_fit$coef[2]*x),
         regression = lm_fit$coef[1] + lm_fit$coef[2]*x) %>%
  gather(method, p_x, -x) %>%
  ggplot(aes(x, p_x, color = method)) +
  geom_line() +
  geom_hline(yintercept = 0.5, lty = 5)
```

线性回归和逻辑回归都为条件期望提供了一个估计值：

$$E(Y|X{=}x)$$

在二进制数据中，条件期望等价于条件概率：

$$P(Y{=}1|X{=}x)$$

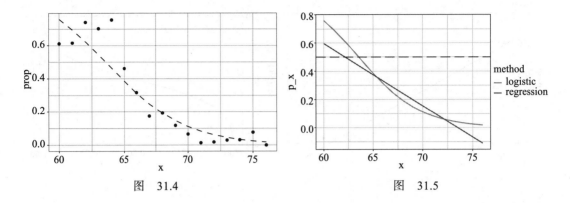

图 31.4   图 31.5

31.3.2   有不止一个预测因素的逻辑回归

在本节中，我们将对 27.8 节中介绍的 2 还是 7 例子的数据使用逻辑回归。我们要估计一个取决于两个变量的条件概率。在这种情况下，标准逻辑回归模型假设：

$$g\{p(x_1, x_2)\}=g\{P(Y=1 \mid X_1=x_1, X_2=x_2)\}=\beta_0+\beta_1 x_1+\beta_2 x_2$$

其中，$g(p) = \log \dfrac{p}{1-p}$ 是上一小节中描述过的逻辑转换函数。我们用下列代码来拟合模型：

```
fit_glm <- glm(y ~ x_1 + x_2, data=mnist_27$train, family = "binomial")
p_hat_glm <- predict(fit_glm, mnist_27$test)
y_hat_glm <- factor(ifelse(p_hat_glm > 0.5, 7, 2))
confusionMatrix(y_hat_glm, mnist_27$test$y)$overall["Accuracy"]
#> Accuracy
#>     0.76
```

把这个结果和 27.8 节中获得的结果进行比较，我们发现逻辑回归和回归的效果差不多（见图 31.6）。这在意料之中，因为估计值 $\hat{p}(x_1, x_2)$ 看上去也很相似：

```
p_hat <- predict(fit_glm, newdata = mnist_27$true_p, type = "response")
mnist_27$true_p %>% mutate(p_hat = p_hat) %>%
  ggplot(aes(x_1, x_2, z=p_hat, fill=p_hat)) +
  geom_raster() +
  scale_fill_gradientn(colors=c("#F8766D","white","#00BFC4")) +
  stat_contour(breaks=c(0.5), color="black")
```

这里的决策规则和回归中的一样，也是直线，这是一个可从数学角度证实的事实，因为：

$$g^{-1}(\hat{\beta}_0 + \hat{\beta}_1 x_1 + \hat{\beta}_2 x_2) = 0.5 \Rightarrow \hat{\beta}_0 + \hat{\beta}_1 x_1 + \hat{\beta}_2 x_2$$
$$= g(0.5) = 0 \Rightarrow x_2$$
$$= -\hat{\beta}_0 / \hat{\beta}_2 - \hat{\beta}_1 / \hat{\beta}_2 x_1$$

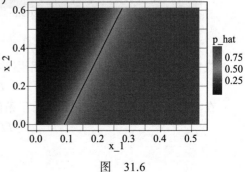

图   31.6

因此，x_2是x_1的线性函数。这意味着，逻辑回归方法同样无法捕捉$p(x_1, x_2)$的非线性特征。一旦应用到更复杂的例子，我们就会看到线性回归和广义线性回归不够灵活的局限性限制了它们在大多数机器学习挑战中发挥作用。我们学习的新技术则以一种更灵活的方式对条件概率进行估算。

31.4　练习

1. 定义如下数据集：

```
make_data <- function(n = 1000, p = 0.5,
                      mu_0 = 0, mu_1 = 2,
                      sigma_0 = 1,  sigma_1 = 1){
  y <- rbinom(n, 1, p)
  f_0 <- rnorm(n, mu_0, sigma_0)
  f_1 <- rnorm(n, mu_1, sigma_1)
  x <- ifelse(y == 1, f_1, f_0)
  test_index <- createDataPartition(y, times = 1, p = 0.5, list = FALSE)
  list(train = data.frame(x = x, y = as.factor(y)) %>%
          slice(-test_index),
       test = data.frame(x = x, y = as.factor(y)) %>%
          slice(test_index))
}
dat <- make_data()
```

注意，我们已经定义了一个可以有效预测二进制输出 y 的 x：

```
dat$train %>% ggplot(aes(x, color = y)) + geom_density()
```

比较线性回归和逻辑回归的准确度。

2. 重复练习 1 的模拟 100 次，比较每个方法的平均准确度。注意，二者几乎给出了一样的答案。

3. 通过改变两个类别之间的差别（delta <- seq(0, 3, len = 25)）来生成 25 个不同的数据集，画出准确度与 delta 的关系图。

31.5　*k* 最近邻法

我们在 29.1 节中介绍了 *k*NN 算法，并在 30.2 节中演示了如何使用交叉验证来挑选 *k*。这里，我们迅速回忆一下如何使用 caret 包来拟合 *k*NN 模型。在 30.2 节中，我们用如下代码来拟合 *k*NN 模型：

```
train_knn <- train(y ~ ., method = "knn",
                   data = mnist_27$train,
                   tuneGrid = data.frame(k = seq(9, 71, 2)))
```

能最大化准确度的估计值的参数是：

```
train_knn$bestTune
#>     k
#> 10 27
```

相比回归和逻辑回归，该模型提高了准确度：

```
confusionMatrix(predict(train_knn, mnist_27$test, type = "raw"),
               mnist_27$test$y)$overall["Accuracy"]
#> Accuracy
#>    0.835
```

条件概率估计值的图显示，kNN 估计更灵活，足以捕捉真条件概率的形态（见图 31.7）。

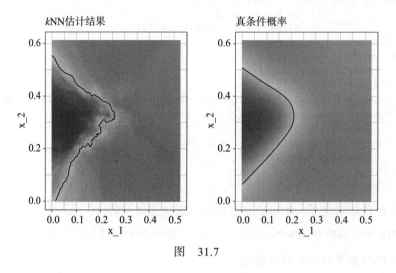

图　31.7

31.6　练习

1. 我们曾使用逻辑回归基于身高来预测性别。用 kNN 重做一遍。使用本章描述的代码来挑选 F_1 测量值并画出 $F_1 - k$ 图。将其和通过回归获取的约 0.6 的 F_1 进行比较。

2. 加载如下数据集：

```
data("tissue_gene_expression")
```

该数据集包含一个矩阵 x：

```
dim(tissue_gene_expression$x)
```

其中包含在代表 7 类不同组织的 189 个生物样本的 500 个基因上测量的基因表达。组织类型被存储在 y 中：

```
table(tissue_gene_expression$y)
```

将数据划分为训练集和测试集，然后使用 *k*NN 来预测组织类型，求准确度是多少？尝试 $k = 1,3,\cdots,11$。

31.7　生成模型

如前所述，条件期望 / 概率会在使用平方损失时提供开发决策规则的最佳方案。在二进制数据中，能达到的最小真实误差取决于贝叶斯规则，这是一个基于如下真条件概率的决策规则：

$$p(x)=P(Y=1\,|\,X\!=\!x)$$

我们已经描述了好几种估计 *p*(*x*) 的方法。在这些方法中，我们都直接对条件概率进行估计，不考虑预测因素的分布。在机器学习中，这被称为判别法。

但贝叶斯定理告诉我们，知晓预测因素 *X* 的分布可能很有用。对 *Y* 和 *X* 的联合分布进行建模的方法被称为生成模型［我们对整个数据（*X* 和 *Y*）的生成过程进行建模］。我们先描述基本的生成模型（即朴素贝叶斯模型），接着进一步描述两种特殊情况：二次判别分析（Quadratic Discriminant Analysis，QDA）和线性判别分析（Linear Discriminant Analysis，LDA）。

31.7.1　朴素贝叶斯模型

回想一下，贝叶斯规则告诉我们可以这样重写 *p*(*x*)：

$$p(\mathrm{x})=P(Y=1\,|\,X\!=\!x)=\frac{f_{X\,|\,Y=1}(x)P(Y=1)}{f_{X\,|\,Y=0}(x)P(Y=0)+f_{X\,|\,Y=1}(x)P(Y=1)}$$

其中，$f_{X\,|\,Y=1}$ 和 $f_{X\,|\,Y=0}$ 代表 $Y=1$ 和 $Y=0$ 两个类别的预测因素 *X* 的分布函数。该公式表明，如果我们可以估算这些预测因素的条件分布，那么就可以获得一个强大的决策规则。但这实践起来却很困难。我们会碰到一个分布未知的多维 *X* 的例子，在这种情况下，朴素贝叶斯模型基本毫无用武之处。但在一些预测因素数量较少（不超过 2 个），类别较多的情况中，生成模型又可能十分有用。我们给出了两个具体的例子，并将使用前面描述的案例研究来进行说明。

我们先看一个简单有趣且便于说明的例子：根据身高预测性别。

```
library(tidyverse)
library(caret)

library(dslabs)
data("heights")

y <- heights$height
```

```
set.seed(1995)
test_index <- createDataPartition(y, times = 1, p = 0.5, list = FALSE)
train_set <- heights %>% slice(-test_index)
test_set <- heights %>% slice(test_index)
```

在这个例子中，使用朴素贝叶斯模型十分合适，因为我们知道对于类别 $Y=1$（女性）和 $Y=0$（男性），正态分布是已知性别的身高的条件分布的一个很好的近似。这意味着我们可以通过从如下数据估计平均值和标准差来近似条件分布 $f_{X|Y=1}$ 和 $f_{X|Y=0}$：

```
params <- train_set %>%
  group_by(sex) %>%
  summarize(avg = mean(height), sd = sd(height))
params
#> # A tibble: 2 x 3
#>   sex      avg    sd
#>   <fct>  <dbl> <dbl>
#> 1 Female  64.8  4.14
#> 2 Male    69.2  3.57
```

我们用 $\pi = P(Y=1)$ 表示类别主导优势，它可用下列代码从数据估得：

```
pi <- train_set %>% summarize(pi=mean(sex=="Female")) %>% pull(pi)
pi
#> [1] 0.212
```

现在，用所得的平均值和标准差的估计值来获得实际规则：

```
x <- test_set$height

f0 <- dnorm(x, params$avg[2], params$sd[2])
f1 <- dnorm(x, params$avg[1], params$sd[1])

p_hat_bayes <- f1*pi / (f1*pi + f0*(1 - pi))
```

我们的朴素贝叶斯估计值 $\hat{p}(x)$ 与逻辑回归估计值看起来很像，如图 31.8 所示。

实际上，我们可以展示朴素贝叶斯法和逻辑回归预测在数学上的相似性[⊖]。通过比较它们的曲线，我们可以看出二者是相似的，这是结合经验得出的结论。

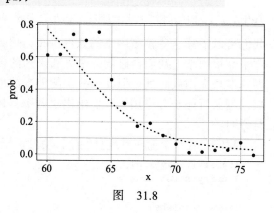

图 31.8

31.7.2 控制类别主导优势

朴素贝叶斯法的一个很有用的特性是，它包含了一个体现类别主导优势差异的参数。

⊖ https://web.stanford.edu/~hastie/Papers/ESLII.pdf

我们用样本估算了 $f_{X|Y=1}$、$f_{X|Y=0}$ 和 π。估计值 $\hat{p}(x)$ 可以写作：

$$\hat{p}(x) = \frac{\hat{f}_{X|Y=1}(x)\hat{\pi}}{\hat{f}_{X|Y=0}(x)(1-\hat{\pi}) + \hat{f}_{X|Y=1}(x)\hat{\pi}}$$

如前所述，我们例子中的类别主导优势只有 0.21，远低于总体中的。如果使用规则 $\hat{p}(x) > 0.5$ 来预测女性，低灵敏度就会影响准确度：

```
y_hat_bayes <- ifelse(p_hat_bayes > 0.5, "Female", "Male")
sensitivity(data = factor(y_hat_bayes), reference = factor(test_set$sex))
#> [1] 0.213
```

再次重申，这是因为算法为体现低类别主导优势而向特异性赋予更大权重：

```
specificity(data = factor(y_hat_bayes), reference = factor(test_set$sex))
#> [1] 0.967
```

我们之所以倾向于预测为 Male（男性），主要是因为 $\hat{\pi}$ 比 0.5 要小得多。这种做法是符合机器算法的逻辑的，因为在我们的样本中，男性确实拥有更大的类别主导优势。但若将该算法推广应用于一般总体，整体准确度就会被低灵敏度所影响。

强制为 $\hat{\pi}$ 赋以任意值是朴素贝叶斯法为我们提供的一种直接的解决方案。为平衡特异性和灵敏度，我们可以直接将 $\hat{\pi}$ 改为 0.5，而不必改动决策规则的截点：

```
p_hat_bayes_unbiased <- f1 * 0.5 / (f1 * 0.5 + f0 * (1 - 0.5))
y_hat_bayes_unbiased <- ifelse(p_hat_bayes_unbiased > 0.5, "Female", "Male")
```

灵敏度与特异性更平衡了：

```
sensitivity(factor(y_hat_bayes_unbiased), factor(test_set$sex))
#> [1] 0.693
specificity(factor(y_hat_bayes_unbiased), factor(test_set$sex))
#> [1] 0.832
```

新规则同样给出了一个非常符合直觉的位于 66～67 之间的截点，这也大致位于女性和男性平均身高的中间（见图 31.9）：

```
qplot(x, p_hat_bayes_unbiased, geom = "line") +
  geom_hline(yintercept = 0.5, lty = 2) +
  geom_vline(xintercept = 67, lty = 2)
```

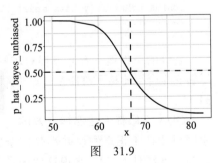

图　31.9

31.7.3　二次判别分析

二次判别分析（QDA）是一种假设分布 $p_{X|Y=1}(x)$ 和 $p_{X|Y=0}(x)$ 是多元正态分布的朴素贝叶斯法变体。我们在前一小节中所讨论的简单例子实际上就是 QDA。现在，我们来看一个稍微复杂一点的例子：是 2 还是 7。

```
data("mnist_27")
```

这个例子有两个预测因素，所以我们假设它们服从二元正态分布。这意味着我们需要估算两个平均值和两个标准差，并分别计算 $Y=1$ 和 $Y=0$ 的相关系数。得到这些数据后就可以近似 $f_{X_1,X_2|Y=1}$ 和 $f_{X_1,X_2|Y=0}$ 分布。我们可以轻松地从数据中估得参数：

```
params <- mnist_27$train %>%
  group_by(y) %>%
  summarize(avg_1 = mean(x_1), avg_2 = mean(x_2),
            sd_1= sd(x_1), sd_2 = sd(x_2),
            r = cor(x_1, x_2))
params
#> # A tibble: 2 x 6
#>   y     avg_1 avg_2  sd_1   sd_2     r
#>   <fct> <dbl> <dbl> <dbl>  <dbl> <dbl>
#> 1 2     0.129 0.283 0.0702 0.0578 0.401
#> 2 7     0.234 0.288 0.0719 0.105  0.455
```

在这里我们用可视化的方法画出了数据并用等值线图展示了估得的两个正态密度的样子（见图 31.10，图中曲线代表包括 95% 的点的区域）：

```
mnist_27$train %>% mutate(y = factor(y)) %>%
  ggplot(aes(x_1, x_2, fill = y, color=y)) +
  geom_point(show.legend = FALSE) +
  stat_ellipse(type="norm", lwd = 1.5)
```

这定义了 $f(x_1, x_2)$ 的估计值。

我们可以用 caret 包中的 train 函数来拟合模型，获取预测因素：

```
library(caret)
train_qda <- train(y ~ ., method = "qda", data = mnist_27$train)
```

可以看到，所得准确度相对较好：

```
y_hat <- predict(train_qda, mnist_27$test)
confusionMatrix(y_hat, mnist_27$test$y)$overall["Accuracy"]
#> Accuracy
#>     0.82
```

估计的条件概率看起来相对较好，尽管它拟合得比核平滑器差一点（见图 31.11）。

QDA 不像核方法那样有效的一个原因可能在于正态假设并不是完全成立的。虽然对于 "2" 来说这似乎是合理的，但对于 "7" 来说这似乎的确不妥。注意对应 "7" 的点内的细微曲率（见图 31.12）：

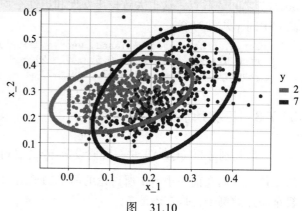

图　31.10

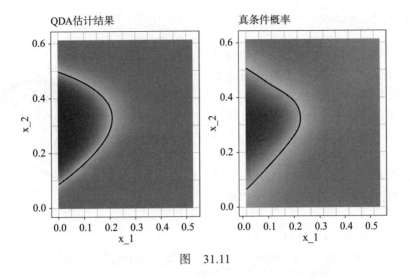

图 31.11

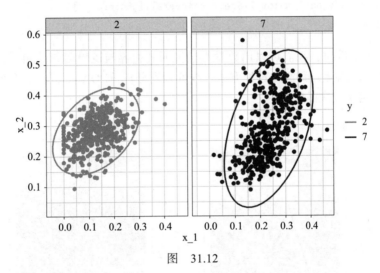

图 31.12

```
mnist_27$train %>% mutate(y = factor(y)) %>%
  ggplot(aes(x_1, x_2, fill = y, color=y)) +
  geom_point(show.legend = FALSE) +
  stat_ellipse(type="norm") +
  facet_wrap(~y)
```

QDA 在这里运作良好，但它的使用难度会随预测因素数量的增加而上升。2 个预测因素需要计算 4 个平均值、4 个标准差和 2 个相关系数，如果这个数字从 2 变为 10，又需要计算多少参数？估算预测因素之间的相关系数是这里的主要难题，因为 10 个预测因素意味着每个类别各有 45 个相关系数。公式大体上是 $Kp(p-1)/2$，它增长得很快，一旦参数的数量接近数据大小，该方法就会因过度拟合而失去实际意义。

31.7.4　线性判别分析

假设所有类别都有一致的相关性结构是一个相对简单的解决参数过多的问题的方法，这可以减少需要估算的参数的数量。

在这种情况下，我们只需计算一对标准差和一个相关系数，其分布类似图 31.13 这样。

现在，椭圆的大小和角度都是一样的，这是因为它们都有一样的标准差和相关系数。

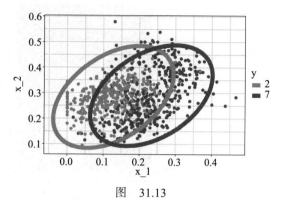

图　31.13

我们可以用 caret 来拟合 LDA：

```
train_lda <- train(y ~ ., method = "lda", data = mnist_27$train)
y_hat <- predict(train_lda, mnist_27$test)
confusionMatrix(y_hat, mnist_27$test$y)$overall["Accuracy"]
#> Accuracy
#>     0.75
```

当采用这个假设时，我们可以用数学方法证明其边界与逻辑回归的相同，都是一条直线（见图 31.14）。因此，我们称这种方法为线性判别分析（LDA）。同样，我们也可以证明 QDA 的边界一定是二次函数。

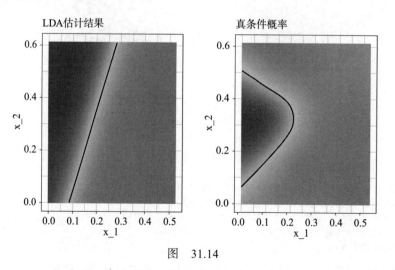

图　31.14

在 LDA 中，灵活性的缺失让我们无法捕捉真条件概率函数中的非线性特征。

31.7.5　与距离的联系

正态密度函数为：

$$p(x)= \frac{1}{\sqrt{2\pi}\sigma} \exp\left\{-\frac{(x-\mu)^2}{\sigma^2}\right\}$$

去掉常数 $1/\left(\sqrt{2\pi}\sigma\right)$ 再取对数，可得：

$$-\frac{(x-\mu)^2}{\sigma^2}$$

这是距离的平方除以标准差所得结果的相反数。在更高维中也是一样的，只是缩放情况更复杂且涉及相关性。

31.8 案例研究：类别的数量大于 3

举一个有三个类别的例子，如下：

```
if(!exists("mnist")) mnist <- read_mnist()
set.seed(3456)
index_127 <- sample(which(mnist$train$labels %in% c(1,2,7)), 2000)
y <- mnist$train$labels[index_127]
x <- mnist$train$images[index_127,]
index_train <- createDataPartition(y, p=0.8, list = FALSE)
## get the quadrants
row_column <- expand.grid(row=1:28, col=1:28)
upper_left_ind <- which(row_column$col <= 14 & row_column$row <= 14)
lower_right_ind <- which(row_column$col > 14 & row_column$row > 14)
## binarize the values. Above 200 is ink, below is no ink
x <- x > 200
## proportion of pixels in lower right quadrant
x <- cbind(rowSums(x[ ,upper_left_ind])/rowSums(x),
           rowSums(x[ ,lower_right_ind])/rowSums(x))
##save data
train_set <- data.frame(y = factor(y[index_train]),
                        x_1 = x[index_train,1], x_2 = x[index_train,2])
test_set <- data.frame(y = factor(y[-index_train]),
                       x_1 = x[-index_train,1], x_2 = x[-index_train,2])
```

训练数据（见图 31.15）如下：

```
train_set %>% ggplot(aes(x_1, x_2, color=y)) + geom_point()
```

我们可以用 caret 包来训练 QDA 模型：

```
train_qda <- train(y ~ ., method = "qda", data = train_set)
```

然后，估计三个条件概率（但要确保它们的和为 1）：

```
predict(train_qda, test_set, type = "prob") %>% head()
#>        1       2       7
#> 1 0.7655 0.23043 0.00405
```

```
#> 2 0.2031 0.72514 0.07175
#> 3 0.5396 0.45909 0.00132
#> 4 0.0393 0.09419 0.86655
#> 5 0.9600 0.00936 0.03063
#> 6 0.9865 0.00724 0.00623
```

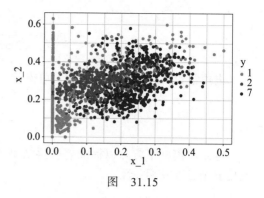

图　31.15

预测结果就是三个类别中的一个：

```
predict(train_qda, test_set) %>% head()
#> [1] 1 2 1 7 1 1
#> Levels: 1 2 7
```

因此，混淆矩阵是3×3的：

```
confusionMatrix(predict(train_qda, test_set), test_set$y)$table
#>           Reference
#> Prediction   1   2   7
#>          1 111   9  11
#>          2  10  86  21
#>          7  21  28 102
```

准确度是 0.749。

每一个类别都有一对代表灵敏度和特异性的值。为定义这些项，我们需要一个二进制的输出，所以共有三列：每一个类别各有一列对应正值，另两列对应负值。

我们现在需要 3 种颜色来形象地展示哪些区域是 1，哪些是 2，哪些是 7，如图 31.16 所示。

LDA 的准确度要差得多，只有 0.629，因为模型的灵活性不高。它的决策规则如图 31.17 所示。

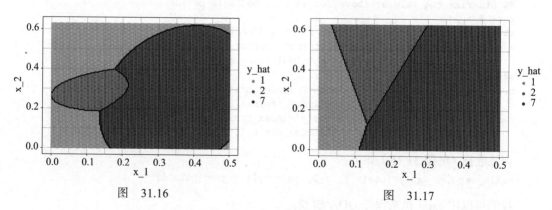

图　31.16　　　　　　　　　　　　　　图　31.17

以下 kNN 的结果的准确度明显更好，有 0.749：

```
train_knn <- train(y ~ ., method = "knn", data = train_set,
                   tuneGrid = data.frame(k = seq(15, 51, 2)))
```

其决策规则如图 31.18 所示。

注意，生成模型在此处的局限性之一，一定程度上是由正态假设的不匹配造成的（这在类别 1 上体现得尤为明显，见图 31.19）。

```
train_set %>% mutate(y = factor(y)) %>%
  ggplot(aes(x_1, x_2, fill = y, color=y)) +
  geom_point(show.legend = FALSE) +
  stat_ellipse(type="norm")
```

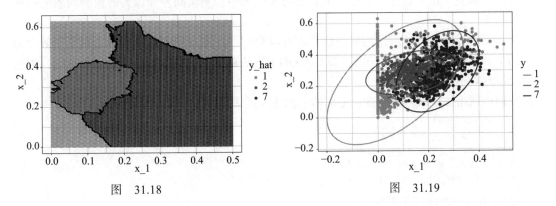

图 31.18   图 31.19

只有当能成功地以每个类别为条件近似预测因素的联合分布时，生成模型才能发挥它的强大作用。

31.9 练习

我们准备将 LDA 和 QDA 应用于 `tissue_gene_expression` 数据集。我们从基于该数据的简单例子出发，再过渡到真实的例子。

1. 创建一个只有"小脑"（cerebellum）和"海马体"（hippocampus）类别的数据集，以及一个有 10 个随机挑选的列的预测因素矩阵：

```
set.seed(1993)
data("tissue_gene_expression")
tissues <- c("cerebellum", "hippocampus")
ind <- which(tissue_gene_expression$y %in% tissues)
y <- droplevels(tissue_gene_expression$y[ind])
x <- tissue_gene_expression$x[ind, ]
x <- x[, sample(ncol(x), 10)]
```

用 `train` 函数来估计 LDA 的准确度。

2. 在这个例子中，LDA 符合两个 10 维正态分布。通过 `train` 结果中的 `finalModel` 部分观察拟合的模型。注意一个叫作 `means` 的部分，它包含了两个分布的估计平均值。分别把两个平均值作为横坐标、纵坐标来作图，并确定哪个预测因素（基因）在算法中起主导作用。

3. 用 QDA 重做练习 1，所得准确度是否高于 LDA 的？

4. 在算法中起主导作用的预测因素（基因）一致吗？像练习 2 那样绘图。

5. 从前一个图中可以看到两个组中预测因素的值是相互关联的：某些预测因素在两个组中都偏低，另一些则在两个组中都偏高。每个预测因素的平均值 colMean(x) 并不能为预测提供有用信息或其他帮助，且通常被用于居中或缩放列。上述内容可以用 train 函数中的 preProcessing 参数实现。使用 preProcessing="scale" 重新运行 LDA。注意，准确度并不会变，但从练习 4 的图中识别组间差异较大的预测因素变得更容易了。

6. 从前面的练习中可以看出两种方法都运行得很好。在散点图中画出两组之间差异最大的两个基因的预测因素值，观察 LDA 和 QDA 方法假设它们是如何遵循二元分布的。按输出给点着色。

7. 我们稍微增加挑战的复杂度：考虑所有的组织类型。

```
set.seed(1993)
data("tissue_gene_expression")
y <- tissue_gene_expression$y
x <- tissue_gene_expression$x
x <- x[, sample(ncol(x), 10)]
```

LDA 所得的准确度是多少？

8. 上面的结果稍微糟糕了一点。用 confusionMatrix 函数研究我们犯了什么错。

9. 画出 7 个 10 维正态分布的中心。

31.10　分类回归树

31.10.1　维数灾难

我们解释了 LAD 和 QDA 这样的方法之所以不适合用于 p 个预测因素的场合，是因为这样会增加大量需要估计的参数。例如，在 $p=784$ 的数字例子中，LAD 需要超过 600 000 个参数，在 QDA 中，这个数字还要乘以类别的数量。像 kNN 或局部回归这样的核方法没有需要估计的模型参数，但是它们在使用多个预测因素时也面临着挑战，即维数灾难。这里的维数指：当有 p 个预测因素时，两个观测值之间的距离需要在 p 维空间中计算。

考虑需要多大的跨度 / 邻域 / 窗口来包含所占百分比已知的部分数据，是一个有效理解维数灾难概念的方法。记住，使用较大的邻域，我们的方法会失去灵活性。

例如，假设有一个点在 [0,1] 区间内均匀分布的连续预测因素，而且我们想创建一个包含 1/10 数据的窗口。显而易见的是，窗口大小一定是 0.1，如图 31.20 所示。

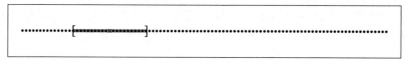

图　31.20

而对于两个预测因素，如果邻域大小还和之前一样，每个维度 10%，就只能包含 1 个点。如果想包含 10% 的数据，就需要把正方形边长增大到 $\sqrt{0.10} \approx 0.316$，如图 31.21 所示。

按照同样的逻辑，如果想让某个三维空间包含 10% 的数据，正方体边长就是 $\sqrt[3]{0.10} \approx 0.464$。一般来说，要在 p 维空间中包含 10% 的数据，需要让每个边的大小都是 $\sqrt[p]{0.10}$。这个比例将很快逼近 1，如果追平，则意味着包括了所有的数据，也就失去了平滑性（见图 31.22）：

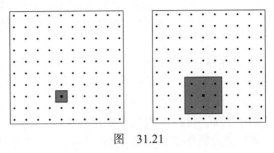

图 31.21

```
library(tidyverse)
p <- 1:100
qplot(p, .1^(1/p), ylim = c(0,1))
```

当预测因素的数量达到 100 时，邻域就不再是局部的了，它包含了几乎整个数据集。

我们将介绍一组完全通用的、适用于更高维度的方法。它们在生成可解释模型的同时允许这些区域呈现更复杂的形状。这些都是相当流行的、众所周知且被广泛研究的方法。我们将把重心放在回归树和决策树及其衍生的随机森林上。

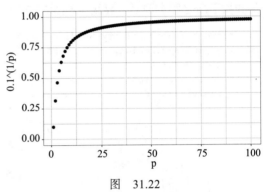

图 31.22

31.10.2 CART 动机

为继续介绍本节主题，我们将使用一个新的数据集，它包含将橄榄油的组成成分分解为 8 种脂肪酸的过程：

```
library(tidyverse)
library(dslabs)
data("olive")
names(olive)
#> [1] "region"      "area"       "palmitic"    "palmitoleic"
#> [5] "stearic"     "oleic"      "linoleic"    "linolenic"
#> [9] "arachidic"   "eicosenoic"
```

为更好地进行演示，我们尝试将脂肪酸的含量作为预测因素来预测产区。

```
table(olive$region)
#>
#> Northern Italy        Sardinia Southern Italy
#>            151              98            323
```

移除 area 列，因为我们不会把它当作预测因素来使用：

```
olive <- select(olive, -area)
```

使用 *k*NN 对产区进行一次快速预测（见图 31.23）：

```
library(caret)
fit <- train(region ~ .,  method = "knn",
             tuneGrid = data.frame(k = seq(1, 15, 2)),
             data = olive)
ggplot(fit)
```

我们看到，只使用一个点的邻域也能做出不错
的预测。但对数据进行稍加探索后可知，我们应该
能做得更好。例如，观察每个按产区分层的预测因
素的分布，可以发现二十碳烯酸（eicosenoic）只出
现在意大利南部，而亚油酸（linoleic）在意大利北
部和撒丁岛之间有明显分界线（见图 31.24）：

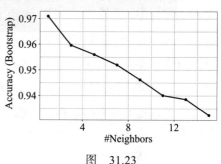

图　31.23

```
olive %>% gather(fatty_acid, percentage, -region) %>%
  ggplot(aes(region, percentage, fill = region)) +
  geom_boxplot() +
  facet_wrap(~fatty_acid, scales = "free", ncol = 4) +
  theme(axis.text.x = element_blank(), legend.position="bottom")
```

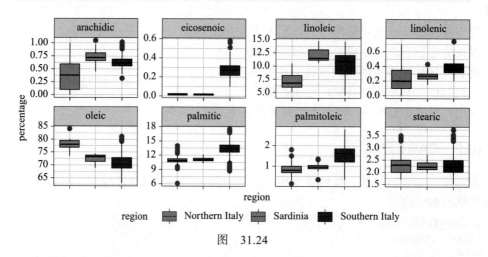

图　31.24

这意味着我们应该能构建一个可进行完美预测的算法。画出二十碳烯酸和亚油酸含量
的图有助于我们清晰地认识这一点（见图 31.25）：

```
olive %>%
  ggplot(aes(eicosenoic, linoleic, color = region)) +
  geom_point() +
  geom_vline(xintercept = 0.065, lty = 2) +
  geom_segment(x = -0.2, y = 10.54, xend = 0.065, yend = 10.54,
               color = "black", lty = 2)
```

在 33.3.4 节中，我们定义了预测因素空间。这里的预测因素空间包含值在 0 到 100 之
间的 8 维的点。在图 31.25 中，我们展示了由两个预测因素（二十碳烯酸和亚油酸）定义的

空间，而通过肉眼观察发现，我们可以构造一个划分预测因素空间的规则，使得各子空间只包含一个类别的结果。这反过来可以被用于定义具有完美准确度的算法。具体而言，我们定义如下决策规则：如果二十碳烯酸高于 0.065，则预测来自意大利南部；如果亚油酸高于 10.535，则预测来自撒丁岛，低于该值则预测来自意大利北部。我们可以画出如图 31.26 所示的决策树。

实践中经常会用到这样的决策树。例如，为确定一个人心脏病发后不良预后的风险，医生可以使用图 31.27 所示的决策树。

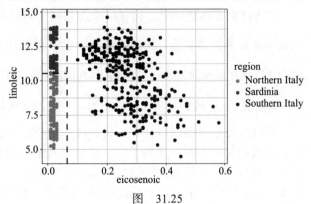

图 31.25

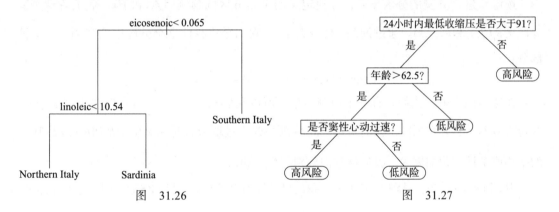

图 31.26

图 31.27

一个决策树基本上就是一个是或否问题的流程图。该方法的总体思路就是定义一个可使用数据创造这些树［能在终端（此处称为节点）给出预测结果］的算法。回归树和决策树通过划分预测因素来预测输出变量 Y。

31.10.3 回归树

如果输出是连续的，则称该方法为回归树。为进行介绍，我们将使用前面出现过的 2008 年的美国总统大选民意调查数据来描述构建这些算法的基本过程。和其他机器学习算法一样，我们会尝试估计条件期望 $f(x) = E(Y|X=x)$，其中 Y 代表选票差额，x 代表日期（即第 x 天），相关数据如图 31.28 所示。

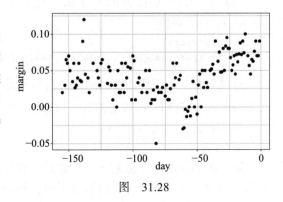

图 31.28

```
data("polls_2008")
qplot(day, margin, data = polls_2008)
```

该方法的总体思路是，构建一个决策树，然后在每个节点的末端获取一个预测因素$\hat{y}$。用数学语言来描述就是：我们将预测因素空间划分为J个不重叠的区域$R_1, R_2, \cdots, R_J$，对于任何位于区域R_j的预测因素x，用相关预测因素x_i也位于R_j的训练观测值y_i的平均值来估算$f(x)$。

但$R_1, R_2, \cdots, R_J$的划分是如何确定的呢？我们又该如何选择J呢？这就是算法的难点所在。

回归树能递归地创造分区。我们从一个分区（也就是整个预测因素空间）开始执行算法。在我们简单的第一个例子中，这个空间是区间 [−155,1]。但在第 1 步结束后，我们就会有 2 个分区。在第 2 步我们会对其中一个进行二次分割，这样就拥有了 3 个分区，然后是 4 个、5 个等。稍后我们会解释如何选择进一步分割的分区，以及何时终止这一步骤。

选定要进行分割的分区 x 后，寻找定义两个新分区的预测因素j和值s，我们称两个新分区为$R_1(j,s)$和$R_2(j,s)$。通过询问x_j是否大于s，它们会将目前这个分区中的观测值分为两部分：

$$R_1(j,s)=\{x|x_j<s\}, R_2(j,s)=\{x|x_j\geq s\}$$

在这个例子中，我们只有一个预测因素，所以我们永远会选择$j=1$，但并非总是如此。在定义好新分区R_1和R_2后，我们决定停止分割，并通过取所有对应 x 位于R_1和R_2的观测值 y 的平均值来计算预测因素。我们将它们分别称为$\hat{y}_{R_1}$和$\hat{y}_{R_2}$。

但j和s又该如何选择呢？基本上，我们只需找到使残差平方和（RSS）最小的j和s即可：

$$\mathrm{RSS}=\sum_{i:x_i\in R_1(j,s)}\left(y_i-\hat{y}_{R_1}\right)^2+\sum_{i:x_i\in R_2(j,s)}\left(y_i-\hat{y}_{R_2}\right)^2$$

然后，将上述操作递归地应用于R_1和R_2，稍后我们将描述如何终止这一步骤。把预测因素空间划分为多个区域后，每个区域内的预测结果都通过对应区域的观测值获得的。

我们来看该算法在 2008 年美国总统大选的民意调查数据上的应用。我们将用到 rpart 包中的 rpart 函数：

```
library(rpart)
fit <- rpart(margin ~ ., data = polls_2008)
```

这里只有一个预测因素。因此，我们不需要确定划分所依据的预测因素j，只需确定用来划分的值s。我们可以直观地看到划分的位置（见图 31.29）：

```
plot(fit, margin = 0.1)
text(fit, cex = 0.75)
```

第一次划分发生在第 39.5 天。之后，其中的一个区域在第 86.5 天进行二次划分。两个新区域分别在第 49.5 天和第 117.5 天再次进行划分。最终，我们得到了 8 个分区。最终的

$\hat{y}(x)$如下（见图 31.30）：

```
polls_2008 %>%
  mutate(y_hat = predict(fit)) %>%
  ggplot() +
  geom_point(aes(day, margin)) +
  geom_step(aes(day, y_hat), col="red")
```

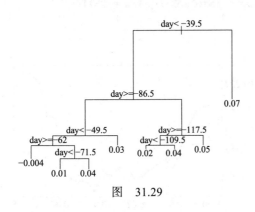

图　31.29

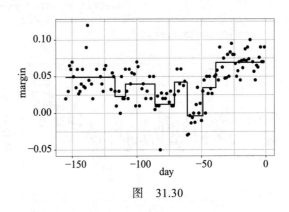

图　31.30

注意，算法在得到 8 个分区后停止。下面来说明这个决定是如何得出的。

首先，我们需要定义一个术语"复杂性参数"（cp）。每当我们划分并定义两个新的分区时，训练集 RSS 会减小。这是因为随着分区的增加，模型适应训练数据的灵活性也增加。事实上，如果不断划分，直到每个点各自为区，RSS 会降至 0——因为单个值的平均值就是它本身。为避免这一点，算法设定了允许进行另一次划分的 RSS 的最小改进值。这个参数就被称为复杂性参数（cp）。要添加新的分区，RSS 就必须以 cp 的因子增大。若 cp 的值偏大，算法提早结束，最终得到更少的节点。

但 cp 并非唯一用来决定划分与否的参数。另一个常见的参数是当下分区中的最小观测值数量。rpart 函数使用的参数是 minsplit，其默认值是 20。回归树的 rpart 实现也允许用户定义每个节点中的最小观测值数量。参数是 minbucket，其默认设定是 round(minsplit/3)。

可以预见的是，如果设 cp=0，minsplit=2，那么预测结果将足够灵活，而预测因素就是初始的数据（见图 31.31）：

```
fit <- rpart(margin ~ ., data = polls_2008,
             control = rpart.control(cp = 0, minsplit = 2))
polls_2008 %>%
  mutate(y_hat = predict(fit)) %>%
  ggplot() +
  geom_point(aes(day, margin)) +
  geom_step(aes(day, y_hat), col="red")
```

直觉上，我们知道这不是一个好方法，因为这通常会导致过度训练。cp、minsplit 和 minbucket 这三个参数可以被用来控制最终预测因素的变异性。这些数值越大，就有越多的数据被平均来计算预测因素，从而减少变异性。其缺点在于它限制了灵活性。

那我们该如何挑选这些参数呢？和其他调优参数一样，我们可以用第 29 章中讲到的交叉验证。下面就是一个使用交叉验证来选择 cp 的示例（见图 31.32）：

```
library(caret)
train_rpart <- train(margin ~ .,
                     method = "rpart",
                     tuneGrid = data.frame(cp = seq(0, 0.05, len = 25)),
                     data = polls_2008)
ggplot(train_rpart)
```

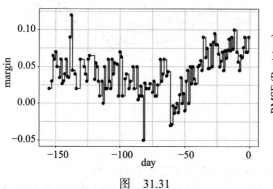

图　31.31

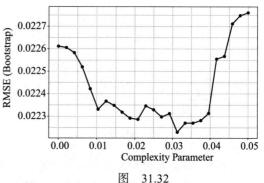

图　31.32

为查看最终得到的树，访问 finalModel 并画出图形（见图 31.33）：

```
plot(train_rpart$finalModel, margin = 0.1)
text(train_rpart$finalModel, cex = 0.75)
```

因为只有一个预测因素，所以我们可以画出 $\hat{f}(x)$（见图 31.34）：

```
polls_2008 %>%
  mutate(y_hat = predict(train_rpart)) %>%
  ggplot() +
  geom_point(aes(day, margin)) +
  geom_step(aes(day, y_hat), col="red")
```

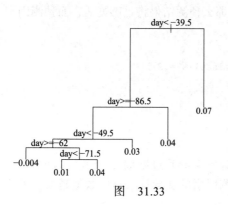

图　31.33

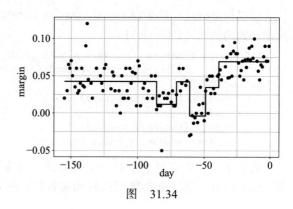

图　31.34

如果我们已经有了一个决策树，还想改用一个更大的 cp 值，就可以使用 prune 函数。我们称其为树的"剪枝"，因为我们在去掉不符合 cp 规范的分区。我们之前用 cp=0 创建了一个决策树并将其保存到 fit。我们可以这样修剪它：

```
pruned_fit <- prune(fit, cp = 0.01)
```

31.10.4 分类树

分类树又称决策树，常用于分类输出的预测问题。我们所用的划分规则总体一致，只是要考虑到输出是分类型的。

第一个不同是，我们通过计算分区内的训练集观测值中最常见的类别来进行预测，而非取每个分区的平均值（因为我们无法取类别的平均值）。

第二个不同是，我们无法再使用 RSS 来选择分区。尽管我们还是可以用最原始的方法，即寻找最小化训练误差的分区，但性能越高的方法用到的指标越复杂。基尼系数和熵是两个比较常用的指标。

在完美的情况下，每个分区内的输出都属于同一类别，因为这将保证完美的准确度。此时，基尼系数等于 0，越不符合这一情况，该系数越大。为定义基尼系数，我们将 $\hat{p}_{j,k}$ 定义为分区 j 上属于类别 k 的观测值的占比。基尼系数为：

$$\text{Gini}(j) = \sum_{k=1}^{K} \hat{p}_{j,k}(1 - \hat{p}_{j,k})$$

仔细研究这一公式，便会发现它在上述完美情况下等于 0。

熵是一个非常类似的数值，其定义如下：

$$\text{entropy}(j) = -\sum_{k=1}^{K} \hat{p}_{j,k} \log(\hat{p}_{j,k}), \ 0 \times \log(0) \ 定义为 0$$

我们来看分类树在之前讨论的数字例子中表现如何。我们可以使用以下代码来运行算法，画出决策树图（见图 31.35）：

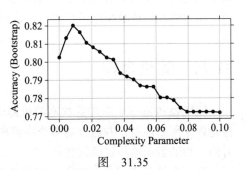

图 31.35

```
train_rpart <- train(y ~ .,
                     method = "rpart",
                     tuneGrid = data.frame(cp = seq(0.0, 0.1, len = 25)),
                     data = mnist_27$train)
plot(train_rpart)
```

该方法的准确度高于用回归得到的，但核方法的更好：

```
y_hat <- predict(train_rpart, mnist_27$test)
confusionMatrix(y_hat, mnist_27$test$y)$overall["Accuracy"]
#> Accuracy
#>     0.82
```

估计的条件概率的图展示了分类树的局限性，如图 31.36 所示。

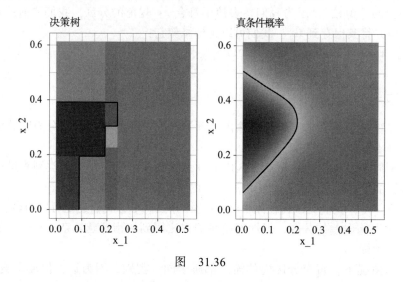

图　31.36

注意，因为分类树中每个分区都会创造一个间断，所以很难使边界平滑。

分类树的某些优点使它们非常有用。它们的可解释性甚至强于线性模型。它们易于可视化（如果足够小的话）。最后，它们可以建模人类的决策过程，不需要用到分类变量的虚拟预测因素。另外，通过递归划分的方法很容易过度训练，因此它比线性回归或 kNN 更难训练。此外，就准确度而言，它绝对不算性能最好的方法，因为它不是很灵活而且极不稳定，不方便在训练数据中进行修改。之后介绍的随机森林则在这些弱点上有所改进。

31.11　随机森林

随机森林是一个非常受欢迎的机器学习算法，它巧妙地解决了决策树的弱点。它的目标是优化预测性能，并通过对多个决策树（随机构成的树森林）求平均来降低不稳定性。它有两个帮助实现这些目标的特征。

第一步是自举聚合或打包。其总体思路是用回归或分类树生成许多预测因素，然后基于所有树的平均预测结果进行最终预测。为保证个体树都不尽相同，我们用自举法来引入随机性。这两个特征共同解释了其名字的由来：自举让个体树随机不同，树的集合则构成森林。具体的步骤如下：

1）用训练集构建 B 个决策树，称拟合模型为 $T_1, T_2, \cdots, T_B$。我们之后再解释如何确保它们都是不同的。

2）对于训练集中的每一个观测值，用树 T_j 给出一个预测值 $\hat{y}_j$。

3）对于连续输出，用平均值 $\hat{y} = \dfrac{1}{B}\displaystyle\sum_{j=1}^{B}\hat{y}_j$ 给出最终预测值。对于分类数据的类别，用多数表决法预测 $\hat{y}$（选出 $\hat{y}_1,\cdots,\hat{y}_T$ 中出现最频繁的类别）。

我们又该如何从单个训练集中得到多个决策树呢？对此，我们以两种方式（具体步骤如下）引入随机性。设 N 代表训练集中观测值的数量，为从训练集中创建 $T_j(j=1,\cdots,B)$，我们需进行如下操作：

1）从训练集中抽取 N 个观测值（有放回），获得一个自举训练集。这是引入随机性的第一个方法。

2）大数量的特征是机器学习问题的典型特征。通常，许多特征都具有预测能力，但将它们全部纳入模型中可能会导致过度拟合。随机森林引入随机性的第二个方法是，随机挑选将被包含进各棵树的特征。这降低了森林中树之间的相关性，从而提高了预测的准确度。

为说明第一个步骤如何带来更平滑的预测结果，我们用随机森林拟合 2008 年美国总统大选民意调查数据来进行演示。我们会用到 randomForest 包中的 randomForest 函数：

```
library(randomForest)
fit <- randomForest(margin~., data = polls_2008)
```

注意，如果我们把 plot 函数应用到存储在 fit 中的结果对象，就可以看到算法的误差率如何随树的添加而变化（见图 31.37）：

```
rafalib::mypar()
plot(fit)
```

在这个例子中，准确度随树的添加而提高，直到在 30 棵树左右稳定下来。

我们可以查看该随机森林的估计结果（见图 31.38）：

```
polls_2008 %>%
  mutate(y_hat = predict(fit, newdata = polls_2008)) %>%
  ggplot() +
  geom_point(aes(day, margin)) +
  geom_line(aes(day, y_hat), col="red")
```

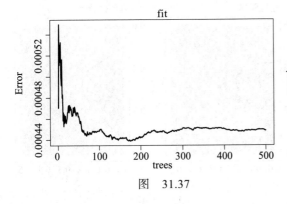

图　31.37

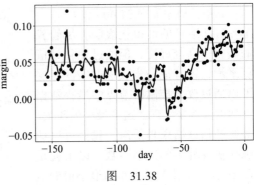

图　31.38

随机森林的估计结果比上一节中回归树的要平滑很多。这是有可能的，因为许多步函数的平均值可以是平滑的。随着树的增加，我们可以通过肉眼观察到估计结果的变化。从图 31.39 中可以看到 b 值不同的自举样本，其中当前拟合的树是灰色的，之前拟合的树是浅灰色，还可以看到对所有树求平均的结果。

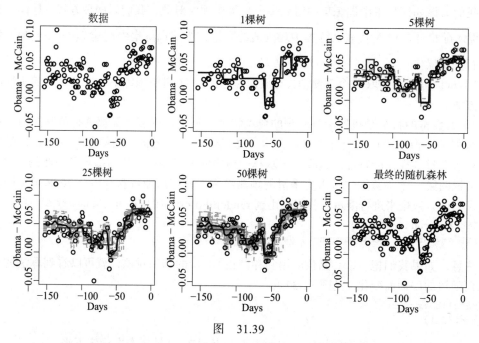

图　31.39

以下是一个拟合数字例子数据的随机森林，它基于两个预测因素：

```
library(randomForest)
train_rf <- randomForest(y ~ ., data=mnist_27$train)

confusionMatrix(predict(train_rf, mnist_27$test),
                mnist_27$test$y)$overall["Accuracy"]
#> Accuracy
#>     0.79
```

其条件概率如图 31.40 所示。

估计结果的可视化表明，尽管我们获得了高准确度，但通过使估计值更平滑，还有进一步改进的空间。这可以通过改变控制树节点中最小数据点数的参数来实现。这个最小值越大，最终的估计结果越平滑。我们可以训练随机森林中的这个参数。以下就是用 caret 包优化节点大小的最小值的示

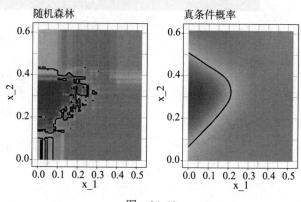

图　31.40

例（见图 31.41）。这并不是 caret 包默认优化的参数，所以我们需要自己编写代码：

```
nodesize <- seq(1, 51, 10)
acc <- sapply(nodesize, function(ns){
  train(y ~ ., method = "rf", data = mnist_27$train,
               tuneGrid = data.frame(mtry = 2),
               nodesize = ns)$results$Accuracy
})
qplot(nodesize, acc)
```

现在我们可以用优化的节点大小的最小值将随机森林与整个训练数据拟合，并用测试数据进行评估：

```
train_rf_2 <- randomForest(y ~ ., data=mnist_27$train,
                           nodesize = nodesize[which.max(acc)])

confusionMatrix(predict(train_rf_2, mnist_27$test),
               mnist_27$test$y)$overall["Accuracy"]
#> Accuracy
#>     0.82
```

所选模型提高了准确度，并提供了更平滑的估计结果（见图 31.42）。

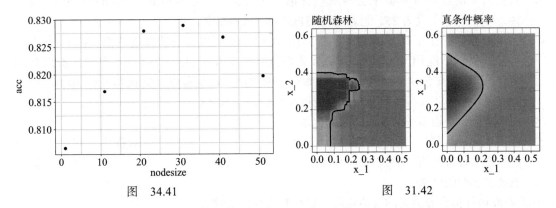

图　34.41　　　　　　　　　图　31.42

注意，我们可以通过使用其他随机森林实现方法（caret 手册 ⊖ 中有所描述）来避免自编代码。

在我们讨论的所有例子中，随机森林都表现得更好。但它的一个缺点是会失去可解释性。检查变量重要性有助于提高可解释性。为定义变量重要性，我们需计算预测因素在单棵树中的使用频率。你可以在高级机器学习的相关书籍 ⊖ 中了解更多有关变量重要性的内容。caret 包的内置函数 varImp 可以从任意实现计算的模型中提取变量重要性。我们将在下一节中举例说明变量重要性的用法。

⊖　http://topepo.github.io/caret/available-models.html

⊖　https://web.stanford.edu/~hastie/Papers/ESLII.pdf

31.12 练习

1. 创建一个简单的数据集。在该数据集中，预测因素每增加一个单位，结果平均上涨 0.75 个单位：

```
n <- 1000
sigma <- 0.25
x <- rnorm(n, 0, 1)
y <- 0.75 * x + rnorm(n, 0, sigma)
dat <- data.frame(x = x, y = y)
```

用 rpart 来拟合一个回归树，将结果保存在 fit 中。

2. 画出最终树的图，观察划分分区的位置。

3. 根据拟合情况画出 y 与 x 的散点图，以及预测值。

4. 使用 randomForest 包中的 randomForest 函数，以随机森林（而非回归树）建模，重新绘制散点图，画出预测线。

5. 使用 plot 函数，观察随机森林是否收敛，或者是否需要更多的树。

6. 默认值下的随机森林似乎会导致估计值过于灵活（但并不平滑）。将 nodesize 设为 50，maxnodes 设为 25，重新运行随机森林。重新绘图。

7. 上述操作产生了更平滑的结果。我们用 train 函数来帮助选择这些值。由 caret 手册可知，我们不能用 randomForest 来调优 maxnodes 或 nodesize 参数，所以我们将使用 Rborist 包，调优 minNode 参数。使用 train 函数，尝试值 minNode < - seq(5,250,25)，看看哪一个值能最小化估计的 RMSE。

8. 根据最佳拟合模型中的预测结果画出散点图。

9. 使用 rpart 函数，用分类树拟合 tissue_gene_expression 数据集。使用 train 函数来估计准确度。尝试如下 cp 值：seq(0, 0.05, 0.01)。画出准确度图来报出该最佳模型的结果。

10. 研究最佳拟合分类树的混淆矩阵。胎盘有怎样的变化？

11. 注意，胎盘更多被称作子宫内膜。还需要注意的是，胎盘的数量只有 6 个，默认情况下，rpart 需要 20 个观测值才能分割一个节点。因此，不可能用这些参数得到胎盘占多数的一个节点。重新运行上述分析，但使用参数 control = rpart.control(minsplit = 0) 来允许 rpart 分割任意节点。准确度提高了吗？再次查看混淆矩阵。

12. 画出练习 11 中最佳拟合模型的树。

13. 由上述内容可见，只需要 6 个基因就可以预测组织类型。随机森林能否做得更好呢？使用 train 函数和 rf 方法来训练随机森林，至少尝试范围为 seq(50, 200, 25) 的 mtry 值。mtry 值为多少能最大化准确度？为允许 nodesize 不断增长（就像我们在分类树中所做的那样），使用参数 nodesize = 1。运行会花费几秒的时间。如果想测试它，通过 ntree 尝试使用更小的值。设种子为 1990。

14. 在 train 的输出上使用 varImp 函数，将结果存储在名为 imp 的对象上。

15. 我们之前运行的 rpart 模型创建了一个只用 6 个预测因素的树。提取预测因素名称并不简单，但的确是可以做到的。如果调用 train 的输出是 fit_rpart，我们可以用如下方式提取名称：

```
ind <- !(fit_rpart$finalModel$frame$var == "<leaf>")
tree_terms <-
  fit_rpart$finalModel$frame$var[ind] %>%
  unique() %>%
  as.character()
tree_terms
```

这些预测因素在随机森林中的变量重要性为多少？它们的排名如何？

16. 进阶内容。提取重要性排名前 50 的预测因素，用这些预测因素建立子集 x，然后应用 heatmap 函数来观察这些基因在组织间的行为。我们将在第 34 章介绍 heatmap 函数。

机器学习实践

我们已经学习了几个机器学习方法，并通过例子进行了探讨，接下来我们将在真实示例（手写数字识别问题）中使用它们。

我们可以通过下面的 dslabs 包加载数据：

```
library(tidyverse)
library(dslabs)
mnist <- read_mnist()
```

该数据集包含两个部分：一个训练集和一个测试集。

```
names(mnist)
#> [1] "train" "test"
```

它们各包含一个列中为特征的矩阵：

```
dim(mnist$train$images)
#> [1] 60000    784
```

以及一个以整数作为类别的向量：

```
class(mnist$train$labels)
#> [1] "integer"
table(mnist$train$labels)
#>
#>    0    1    2    3    4    5    6    7    8    9
#> 5923 6742 5958 6131 5842 5421 5918 6265 5851 5949
```

因为我们希望在小型笔记本计算机上运行该示例，且时长不超过 1 小时，所以考虑使用该数据集的一个子集。我们将从训练集中随机抽取 10 000 行，从测试集中抽取 1000 行：

```
set.seed(1990)
index <- sample(nrow(mnist$train$images), 10000)
x <- mnist$train$images[index,]
```

```
y <- factor(mnist$train$labels[index])

index <- sample(nrow(mnist$test$images), 1000)
x_test <- mnist$test$images[index,]
y_test <- factor(mnist$test$labels[index])
```

32.1　预处理

在机器学习中，我们通常会在运行算法前对预测因素进行变换，并去除无用的那些预测因素。我们称这一步骤为预处理。

预处理包括对预测因素的标准化，对某些预测因素进行对数转换，删除和其他预测因素高度相关的预测因素，以及删除含有极少非唯一值或接近零变化的预测因素。下面将给出一些示例。

我们运行 caret 包中的 nearZero 函数，发现有几个特征在各预测值之间的差异并不大。我们可以观察到很多变异性为 0 的特征（见图 32.1）。

```
library(matrixStats)
sds <- colSds(x)
qplot(sds, bins = 256)
```

这在意料之中，因为图片上存在基本不包含笔迹（即黑色像素）的区域。

caret 包中的一个函数可根据方差是否接近 0 来推荐可被删除的特征：

```
library(caret)
nzv <- nearZeroVar(x)
```

我们可以看到推荐删除的列为（见图 32.2）：

```
image(matrix(1:784 %in% nzv, 28, 28))
rafalib::mypar()
image(matrix(1:784 %in% nzv, 28, 28))
```

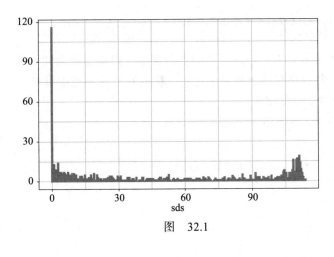

图　32.1

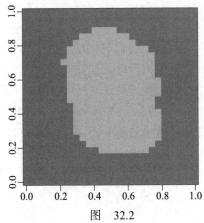

图　32.2

最后我们将保存以下数量的列：

```
col_index <- setdiff(1:ncol(x), nzv)
length(col_index)
#> [1] 252
```

现在我们可以来拟合一些模型。在这之前，我们还需要给特征矩阵添加列名，因为这是 caret 的要求。

```
colnames(x) <- 1:ncol(mnist$train$images)
colnames(x_test) <- colnames(x)
```

32.2 k 最近邻法和随机森林

我们从 kNN 开始。首先针对 k 进行优化。记住，当我们运行算法时，必须计算测试集和训练集中每个观测值之间的距离。计算量很大，所以我们使用 k 折交叉验证来提高速度。

如果在一台标准笔记本计算机上运行如下代码，计算时间需要几分钟。

```
control <- trainControl(method = "cv", number = 10, p = .9)
train_knn <- train(x[ ,col_index], y,
                   method = "knn",
                   tuneGrid = data.frame(k = c(3,5,7)),
                   trControl = control)
train_knn
```

一般来说，在执行可能花费数小时的代码之前，最好先用数据子集测试一下，以便把握总体时长。做法如下：

```
n <- 1000
b <- 2
index <- sample(nrow(x), n)
control <- trainControl(method = "cv", number = b, p = .9)
train_knn <- train(x[index, col_index], y[index],
                   method = "knn",
                   tuneGrid = data.frame(k = c(3,5,7)),
                   trControl = control)
```

然后，我们可以增大 n 和 b，并试图确立它们对计算时长的影响，以确定更大的 n 和 b 值下的拟合时长。如果函数需要花费数小时甚至数天来运行，提前知道这一点很重要。

优化算法后，我们可以用它来拟合整个数据集：

```
fit_knn <- knn3(x[, col_index], y,  k = 3)
```

这里的准确度达到了 0.95 左右：

```
y_hat_knn <- predict(fit_knn, x_test[, col_index], type="class")
cm <- confusionMatrix(y_hat_knn, factor(y_test))
cm$overall["Accuracy"]
#> Accuracy
#>    0.953
```

我们现在实现了 0.95 左右的准确度。从特异性和灵敏度来看，我们还发现数字 8 最难被检测，而数字 7 最常被预测错：

```
cm$byClass[,1:2]
#>          Sensitivity Specificity
#> Class: 0     0.990      0.996
#> Class: 1     1.000      0.993
#> Class: 2     0.965      0.997
#> Class: 3     0.950      0.999
#> Class: 4     0.930      0.997
#> Class: 5     0.921      0.993
#> Class: 6     0.977      0.996
#> Class: 7     0.956      0.989
#> Class: 8     0.887      0.999
#> Class: 9     0.951      0.990
```

接下来，我们来看用随机森林算法能否更好。

对于随机森林，计算时间是一个挑战。每一个森林都需要构建上百棵树，还要对几个参数进行调整。

因为在随机森林中，相比预测过程（正如 kNN 那样），拟合过程才是最缓慢的，所以我们只会用到 5 折交叉验证。因为没有建立最终模型，我们还会减少拟合的树的数量。

最后，我们会在构建每棵树时对观测值进行随机取样，以便在更小的数据集上进行运算。可以通过 nSamp 参数修改这个数值（见图 32.3）：

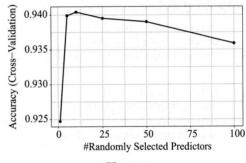

图　32.3

```
library(randomForest)
control <- trainControl(method="cv", number = 5)
grid <- data.frame(mtry = c(1, 5, 10, 25, 50, 100))

train_rf <-  train(x[, col_index], y,
                   method = "rf",
                   ntree = 150,
                   trControl = control,
                   tuneGrid = grid,
                   nSamp = 5000)

ggplot(train_rf)
train_rf$bestTune
#>   mtry
#> 3   10
```

完成对算法的优化后，就可以拟合最终模型了：

```
fit_rf <- randomForest(x[, col_index], y,
                       minNode = train_rf$bestTune$mtry)
```

我们可以使用 plot 函数来检查树的数量是否足够：

```
plot(fit_rf)
```

结果显示，我们达到了很高的准确度：

```
y_hat_rf <- predict(fit_rf, x_test[ ,col_index])
cm <- confusionMatrix(y_hat_rf, y_test)
cm$overall["Accuracy"]
#> Accuracy
#>    0.952
```

进一步调优后，还能取得更高的准确度。

32.3 变量重要性

下列函数会计算每个特征的重要性：

```
imp <- importance(fit_rf)
```

通过绘图，我们可以观察到哪个特征被使用
得最多（见图 32.4）。

```
mat <- rep(0, ncol(x))
mat[col_index] <- imp
image(matrix(mat, 28, 28))

rafalib::mypar()
mat <- rep(0, ncol(x))
mat[col_index] <- imp
image(matrix(mat, 28, 28))
```

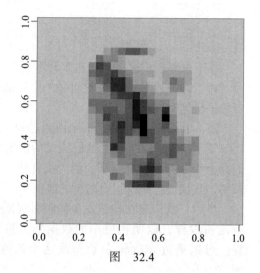

图　32.4

32.4 视觉评价

可视化结果以判断错因是数据分析的一项重要内容。其方法取决于应用。下面将展示
一些预测错误的数字的图像，我们可以比较 kNN 和随机森林的结果。

图 32.5 给出了随机森林的几个错误预测。

P(4)=0.73, 真实的是8　　　　P(2)=0.7, 真实的是7　　　　P(9)=0.67, 真实的是4　　　　P(4)=0.59 , 真实的是9

图　32.5

通过这样的错误检查，我们通常能找到算法或参数选择中的特定缺陷，以便于纠正。

32.5　集成模型

集成的概念类似于综合从不同民意调查机构处收集数据，以更好地估计各候选人的真实支持率。

在机器学习中，将不同算法的结果结合起来通常可以极大地提高最终结果的质量。

下面这个简单的例子通过取随机森林和 *k*NN 结果的平均值计算新的类别概率。准确度提高到了 0.96：

```
p_rf <- predict(fit_rf, x_test[,col_index], type = "prob")
p_rf<- p_rf / rowSums(p_rf)
p_knn  <- predict(fit_knn, x_test[,col_index])
p <- (p_rf + p_knn)/2
y_pred <- factor(apply(p, 1, which.max)-1)
confusionMatrix(y_pred, y_test)$overall["Accuracy"]
#> Accuracy
#>    0.962
```

我们将在 32.6 节中基于 `mnist_27` 数据集构建几个机器学习模型，然后构建一个集成模型。

32.6　练习

1. 基于 `mnist_27` 训练集，用 caret 包提供的几个模型构建一个新的模型。可以参考以下示例：

```
models <- c("glm", "lda", "naive_bayes", "svmLinear", "gamboost",
            "gamLoess", "qda", "knn", "kknn", "loclda", "gam", "rf",
            "ranger","wsrf", "Rborist", "avNNet", "mlp", "monmlp", "gbm",
            "adaboost", "svmRadial", "svmRadialCost", "svmRadialSigma")
```

其中很多内容都有待解释，但你只需在 `train` 的默认参数下进行应用即可。将结果保存在一个列表中。你或许需要安装一些包，记住，你很有可能会在运行时收到一些警告。

2. 现在，训练过的模型都保存到了列表中，使用 `sapply` 或 `map` 为测试集创造预测矩阵。最后应该得到一个有 `length(mnist_27$test$y)` 行和 `length(models)` 列的矩阵。

3. 在测试集上计算每个模型的准确度。

4. 通过多数表决构建集成预测结果，并计算其准确度。

5. 前面我们在训练集上计算了每个模型的准确度，它们各不相同。哪个模型比集成模型更好？

6. 人们倾向于移除表现欠佳的模型后重新集成。该方法的问题在于，我们基于测试集做出决策。但我们可以使用基于训练集进行交叉验证获得的准确度估计值。获取这些估计值，将其保存在一个对象中。

7. 在构建集成模型时只考虑估计准确度达到 0.8 的模型。此时，准确度是多少？

8. 进阶内容。集成两个结果一样的模型不会带来任何改变。比较每一对指标值调用相同事物的时间百分比，再使用 heatmap 函数对结果进行可视化。提示：在 dist 函数中使用 method = "binary" 参数。

9. 进阶内容。注意，各个模型还可以给出估计的条件概率。相比多数表决，我们可以取估计条件概率的平均值。对于大多数模型来说，我们可以在 train 函数中使用 type = "prob"。然而，部分模型要求在调用 train 函数时使用 trControl=trainControl (classProbs=TRUE) 参数。若类别以数字作为名称，则这些模型不适用。提示：改变级别。

```
dat$train$y <- recode_factor(dat$train$y, "2"="two", "7"="seven")
dat$test$y <- recode_factor(dat$test$y, "2"="two", "7"="seven")
```

10. 我们在本章基于 MNIST 数据集的子集演示了几个机器学习算法。尝试用模型来拟合整个数据集。

第 33 章 *Chapter 33*

大型数据集

机器学习问题涉及的数据集通常和 MNIST 数据集一样大，甚至更大。针对大型数据集的分析，有各种各样有用的计算技巧和统计学概念。本章我们将通过讨论矩阵代数、维数缩减、正则化和矩阵分解来初步了解这些技术和概念。我们将以电影排名相关的推荐系统为例进行学习。

33.1 矩阵代数

在机器学习中，一般所有的预测因素都是数字的，或可以被有意义地转换为数字。数字数据集就是一个例子：每个像素都记录了一个介于 0 到 255 之间的值。我们加载以下数据：

```
library(tidyverse)
library(dslabs)
if(!exists("mnist")) mnist <- read_mnist()
```

在这种情况下，将预测因素保存在矩阵，输出保存在向量中通常更便捷，无须使用数据帧。可以看到，预测因素以矩阵的形式被保存：

```
class(mnist$train$images)
#> [1] "matrix"
```

该矩阵代表了 60 000 个数字，所以我们会取一个便于管理的子集来实现本章的示例。取前 1000 个预测因素 x 和标签 y：

```
x <- mnist$train$images[1:1000,]
y <- mnist$train$labels[1:1000]
```

使用矩阵的主要原因是，开发高效代码所需的某些数学运算可以通过使用线性代数相关技术来执行。事实上，线性代数和矩阵符号是描述机器学习技巧的学术论文中的关键内容。这里不对线性代数进行详细描述，但会展示如何在 R 中使用矩阵，以便应用基础 R 或其他包中实现的线性代数技巧。

为说明矩阵的使用方法，我们会提出五个问题 / 挑战：

1）书写某些数字所用的墨水比其他数字更多吗？研究总体像素黑度的分布和其在不同数字间的区别。

2）某些像素是否缺乏信息？研究每个像素的变异，移除那些与变动不大、继而无法为分类提供太多信息的像素相关联的预测因素（列）。

3）我们能去除污渍吗？首先，观察所有像素值的分布，用它来挑选一个定义空白空间的截点。然后，将低于截点的值设为 0。

4）将数据二值化。首先，观察所有像素值的分布，用它来挑选一个区分书写区域和空白区域的截点。然后，将所有元素分别转化为 1 或 0。

5）缩放每一元素中的每个预测因素，使其具有相同的平均值和标准差。

为完成这些内容，我们必须执行包含多个变量的数学运算。tidyverse 不是为执行这种数学运算而开发的，矩阵更适合这项任务。

在开始之前，我们将介绍矩阵符号和基础的 R 代码，以定义和操作矩阵。

33.1.1　符号

在矩阵代数中，主要有三类对象：标量、向量和矩阵。标量是一个数字，例如 $a=1$。我们通常会使用小写且不加粗的斜体字母表示标量。

向量和 R 中定义的数值向量类似：它们包含若干标量元素。例如，包含第一个像素的列有 1000 个元素：

```
length(x[,1])
#> [1] 1000
```

在矩阵代数中，我们使用如下符号来表示代表一个特征 / 预测因素的向量：

$$\begin{pmatrix} x_1 \\ x_2 \\ \vdots \\ x_N \end{pmatrix}$$

同理，我们可以通过增加索引来用数学符号表示不同的特征：

$$X_1 = \begin{pmatrix} x_{1,1} \\ \vdots \\ x_{N,1} \end{pmatrix}, \ X_2 = \begin{pmatrix} x_{1,2} \\ \vdots \\ x_{N,2} \end{pmatrix}$$

在正文中书写列——比如X_1——通常会用到符号$X_1 = (x_{1,1}, \cdots, x_{N,1})^{\top}$，其中⊤代表将列变为行、行变为列的转置运算。

矩阵可以被定义为一系列大小相同的向量以列的形式组合在一起：

```
x_1 <- 1:5
x_2 <- 6:10
cbind(x_1, x_2)
#>      x_1 x_2
#> [1,]   1   6
#> [2,]   2   7
#> [3,]   3   8
#> [4,]   4   9
#> [5,]   5  10
```

数学上，我们用加粗的斜体大写字母来代表矩阵：

$$X = [X_1 \; X_2] = \begin{pmatrix} x_{1,1} & x_{1,2} \\ \vdots & \vdots \\ x_{N,1} & x_{N,2} \end{pmatrix}$$

矩阵的维数通常是完成特定运算所需的重要特征。它由两个数字组成，被定义为行数 × 列数。在 R 中，我们可以用 dim 函数获取矩阵维数：

```
dim(x)
#> [1] 1000  784
```

我们可以把向量看作 $N \times 1$ 矩阵。但在 R 中，向量是没有维数的：

```
dim(x_1)
#> NULL
```

但通过函数 as.matrix，我们可以明确地把向量转化为矩阵：

```
dim(as.matrix(x_1))
#> [1] 5 1
```

我们可以用下面这个符号（代表 $N \times p$ 矩阵）来表示任意数量的预测因素，p 可以取 784：

$$X = \begin{pmatrix} x_{1,1} & \cdots & x_{1,p} \\ x_{2,1} & \cdots & x_{2,p} \\ \vdots & & \vdots \\ x_{N,1} & \cdots & x_{N,p} \end{pmatrix}$$

将这个矩阵保存在 x 中：

```
dim(x)
#> [1] 1000  784
```

我们将介绍一些和矩阵代数相关的有用运算，这会用到之前罗列的问题中的三个。

33.1.2 将向量转化为矩阵

将向量转化为矩阵通常会很有帮助。例如，因为变量是网格形式的像素，所以我们可以将各行的像素强度转化为代表该网格的矩阵。

我们可以用 matrix 函数来把向量转化为矩阵，并规定所得矩阵的行数和列数。矩阵是按列输入的：先是第一列，再是第二列，以此类推。下面的例子将帮助展示这一点：

```
my_vector <- 1:15
mat <- matrix(my_vector, 5, 3)
mat
#>      [,1] [,2] [,3]
#> [1,]    1    6   11
#> [2,]    2    7   12
#> [3,]    3    8   13
#> [4,]    4    9   14
#> [5,]    5   10   15
```

我们可以用 byrow 参数来按行输入。例如，为转置 mat 矩阵，可以用以下代码：

```
mat_t <- matrix(my_vector, 3, 5, byrow = TRUE)
mat_t
#>      [,1] [,2] [,3] [,4] [,5]
#> [1,]    1    2    3    4    5
#> [2,]    6    7    8    9   10
#> [3,]   11   12   13   14   15
```

当把列变为行时，我们称这一运算为矩阵的转置。使用 t 函数可以直接对矩阵进行转置：

```
identical(t(mat), mat_t)
#> [1] TRUE
```

⚠️ **警告** 如果行和列的乘积不匹配向量长度，matrix 函数会在不给出警告的情况下直接对向量值进行重新利用，例如：

```
matrix(my_vector, 4, 5)
#> Warning in matrix(my_vector, 4, 5): data length [15] is not a sub-
#> multiple or multiple of the number of rows [4]
#>      [,1] [,2] [,3] [,4] [,5]
#> [1,]    1    5    9   13    2
#> [2,]    2    6   10   14    3
#> [3,]    3    7   11   15    4
#> [4,]    4    8   12    1    5
```

为将第三个元素的像素强度（即 4）放入网格中，可以使用：

```
grid <- matrix(x[3,], 28, 28)
```

为验证这一操作的正确性，我们可以使用 image 函数，给出一张展示其第三个参数的图像。该图的顶端是像素 1，却出现在图像的底部，所以该图像被翻转了。下列代码展示了逆翻转的方法（见图 33.1）：

```
image(1:28, 1:28, grid)
image(1:28, 1:28, grid[, 28:1])
```

33.1.3　行汇总和列汇总

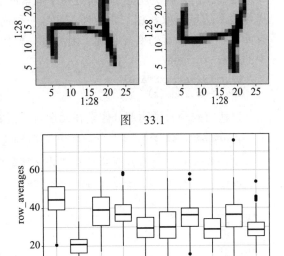

图　33.1

和总体像素黑度有关的第一个任务，是对每一行和每一列的值求和，并作图展示其在各数字间的差异。

函数 rowSums 将矩阵作为输入，计算目标值：

```
sums <- rowSums(x)
```

如果希望这些值保持在 0 到 255 之间，还可以使用 rowMeans 来计算平均值：

```
avg <- rowMeans(x)
```

有了这些之后，我们可以轻松地生成箱线图（见图 33.2）：

图　33.2

```
tibble(labels = as.factor(y), row_averages = avg) %>%
  qplot(labels, row_averages, data = ., geom = "boxplot")
```

由图 33.2 易知，书写 1 所用的墨水比其他数字都要少，这在意料之中。

我们可以使用 colSums 和 colMeans 函数来分别计算各列的和与平均值。

matrixStats 包中还附加了一些在单个行或列上进行高效运算的函数，如 rowSds 和 colSds。

33.1.4　apply

上述函数所执行的运算和 sapply 以及 purrr 函数 map 的相似：将相同的函数应用到对象某部分上。在这里，函数被应用到各个行或各个列上。apply 函数允许在矩阵上应用任意函数，而非仅仅是 sum 或 mean。第一个参数是矩阵；第二个是维度，1 代指行，2 代指列；第三个参数则是函数。例如，rowMeans 可以写作：

```
avgs <- apply(x, 1, mean)
```

但请注意，和 sapply 与 map 一样的是，我们可以执行任意函数。所以，如果需要每一列的标准差，那么可以这样写：

```
sds <- apply(x, 2, sd)
```

这种灵活性的代价就是，相比 rowMeans 等专属函数，此类运算的速度要慢一些。

33.1.5 根据汇总量对列进行过滤

现在我们来解决任务 2：研究每个像素的变异，移除那些与变动不大、继而无法为分类提供太多信息的像素相关联的列。这是一种简单的方法，但我们还是会用标准差来量化所有元素中各个像素的变异程度。因为每一列代表一个像素，所以我们将用到 matrixStats 包中的 colSds 函数：

```
library(matrixStats)
sds <- colSds(x)
```

这些值的分布说明部分像素在元素与元素之间的变异性非常低（见图 33.3）：

```
qplot(sds, bins = "30", color = I("black"))
```

这是合理的，因为方框的某些部分会被留白。下面按位置绘制的方差（见图 33.4）：

```
image(1:28, 1:28, matrix(sds, 28, 28)[, 28:1])
```

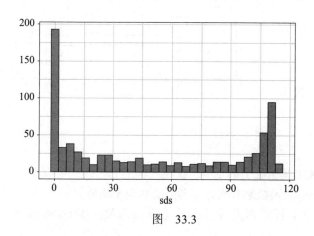

图　33.3

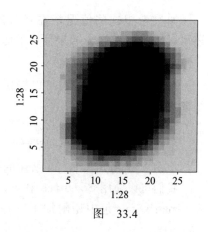

图　33.4

可以看到，角落几乎没有变化。

我们可以移除没有变化的特征，因为它们对预测无用。在 2.4.7 节中，我们介绍了用于提取列的运算：

```
x[ ,c(351,352)]
```

和用于提取行的运算：

```
x[c(2,3),]
```

我们还可以用逻辑索引来决定保留哪些列哪些行。所以，如果我们想从矩阵中移除信息量少的预测因素，就可以用下面这行代码：

```
new_x <- x[ ,colSds(x) > 60]
dim(new_x)
#> [1] 1000  314
```

只有标准差在 60 以上的列才会被保留下来，这几乎会移除一半以上的预测因素。

这里添加一个和矩阵子集相关的重要警告：如果你选择了一列或一行，结果就会是一个向量而非矩阵。

```
class(x[,1])
#> [1] "integer"
dim(x[1,])
#> NULL
```

但我们可以用参数 drop=FALSE 来保留为矩阵类别：

```
class(x[ , 1, drop=FALSE])
#> [1] "matrix"
dim(x[, 1, drop=FALSE])
#> [1] 1000    1
```

33.1.6　矩阵索引

我们可以快速绘制关于数据集内所有值的直方图。我们已经学习了如何将向量转为矩阵，以及如何将矩阵转为向量。这个运算是按行进行的：

```
mat <- matrix(1:15, 5, 3)
as.vector(mat)
#>  [1]  1  2  3  4  5  6  7  8  9 10 11 12 13 14 15
```

为查看所有预测因素数据的直方图（见图 33.5），我们可以用以下代码：

```
qplot(as.vector(x), bins = 30, color = I("black"))
```

我们注意到了明显的二分趋势，这是因为图形的一些部分有墨水，另一些则没有。例如，如果我们认为值小于 50 即为污渍，则用下列代码将其设为 0：

```
new_x <- x
new_x[new_x < 50] <- 0
```

为直观地看到效果，我们可以看一个较小的矩阵：

```
mat <- matrix(1:15, 5, 3)
mat[mat < 3] <- 0
mat
#>      [,1] [,2] [,3]
#> [1,]    0    6   11
#> [2,]    0    7   12
#> [3,]    3    8   13
#> [4,]    4    9   14
#> [5,]    5   10   15
```

并用矩阵逻辑进行逻辑运算：

```
mat <- matrix(1:15, 5, 3)
mat[mat > 6 & mat < 12] <- 0
mat
#>      [,1] [,2] [,3]
#> [1,]    1    6    0
#> [2,]    2    0   12
#> [3,]    3    0   13
```

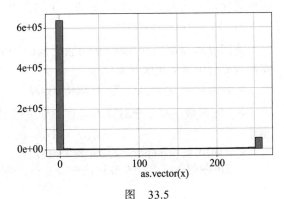

图　33.5

```
#> [4,]    4    0   14
#> [5,]    5    0   15
```

33.1.7 数据的二值化

上面的直方图似乎暗示了该数据的二值性。像素要么沾有墨水,要么没有。根据所学内容,我们可以仅使用矩阵运算对数据进行二值化:

```
bin_x <- x
bin_x[bin_x < 255/2] <- 0
bin_x[bin_x > 255/2] <- 1
```

我们也可以先把它转化为逻辑矩阵,再强行转为数字矩阵:

```
bin_X <- (x > 255/2)*1
```

33.1.8 矩阵的向量化

在 R 中,如果用矩阵减去向量,要先在矩阵的第一行中减去该向量的第一个元素,然后在第二行中减去第二个元素,以此类推。其数学表达形式如下:

$$\begin{pmatrix} X_{1,1} \cdots X_{1,p} \\ X_{2,1} \cdots X_{2,p} \\ \vdots \quad \vdots \\ X_{N,1} \cdots X_{N,p} \end{pmatrix} - \begin{pmatrix} a_1 \\ a_2 \\ \vdots \\ a_N \end{pmatrix} = \begin{pmatrix} X_{1,1} - a_1 \cdots X_{1,p} - a_1 \\ X_{2,1-a_2} \cdots X_{2,p} - a_2 \\ \vdots \quad \vdots \\ X_{N,1} - a_n \cdots X_{N,p} - a_n \end{pmatrix}$$

其他算术运算也是如此。这意味着我们可以像下面这样缩放矩阵中的每一行:

```
(x - rowMeans(x)) / rowSds(x)
```

如果缩放列,则需小心,因为这个方法对列不适用。为在列上进行类似的运算,要先用转置操作 t 将列转为行,然后进行上述运算,最后再转置回来:

```
t(t(X) - colMeans(X))
```

我们也可以使用和 apply 功能类似的 sweep 函数。它取向量的各个元素,并从对应矩阵列或行中减去相应元素:

```
X_mean_0 <- sweep(x, 2, colMeans(x))
```

sweep 函数还有一个对算术运算类型进行定义的参数。所以,要除以标准差,需做如下操作:

```
x_mean_0 <- sweep(x, 2, colMeans(x))
x_standardized <- sweep(x_mean_0, 2, colSds(x), FUN = "/")
```

33.1.9 矩阵代数运算

最后,尽管没有介绍矩阵代数运算(如矩阵乘法),但我们在这里为已有数学基础并希望学习代码的读者分享一些相关的命令,具体如下:

❑ 矩阵乘法通过 `%*%` 实现。例如，向量积的写法是：

```
t(x) %*% x
```

❑ 我们也可以用函数直接进行向量积运算：

```
crossprod(x)
```

❑ 使用 `solve` 可以计算函数的逆函数。下面展示了它在向量积上的应用：

```
solve(crossprod(x))
```

❑ 使用 `qr` 函数可以轻松获得 QR 分解：

```
qr(x)
```

33.2　练习

1. 创建一个由正态随机数组成的 100×10 的矩阵。将结果保存在 x 中。
2. 分别应用给出 x 的维数、行数和列数的 R 函数。
3. 在矩阵 x 的第一行加上标量 1，第二行加上标量 2，以此类推。
4. 在矩阵 x 的第一列加上标量 1，第二列加上标量 2，以此类推。提示：使用带有 `FUN = "+"` 的 `sweep`。
5. 计算 x 中每一行的平均值。
6. 计算 x 中每一列的平均值。
7. 对于 MNIST 训练数据中的每个数字，算出位于灰色区域（值在 50 到 205 之间）的像素所占的比例。按数字类别绘制箱线图。提示：使用逻辑运算和 `rowMeans`。

33.3　距离

　　我们在高维数据上进行的许多分析都直接或间接地和距离有关。大多数聚类和机器学习技术都依赖于用特征或预测因素定义观测值之间的距离的能力。

33.3.1　欧氏距离

　　作为回顾，我们看一下笛卡儿平面两点（A 和 B）之间距离的定义（见图 33.6）。

A 和 B 之间的欧氏距离是：

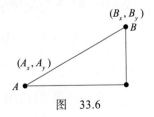

图　33.6

$$\text{dist}(A,B) = \sqrt{(A_x - B_x)^2 + (A_y - B_y)^2}$$

该定义适用于一维平面，其上两点间距离等于二者差的绝对值。所以，如果两个一维数字是 A 和 B，那么它们的距离是：

$$\text{dist}(A,B) = \sqrt{(A-B)^2} = |A-B|$$

33.3.2　高维空间中的距离

我们之前介绍过一个包含 784 个特征的测量值的特征矩阵的训练数据集。为便于说明，我们将观察数字 2 和 7 的随机样本：

```
library(tidyverse)
library(dslabs)

if(!exists("mnist")) mnist <- read_mnist()

set.seed(1995)
ind <- which(mnist$train$labels %in% c(2,7)) %>% sample(500)
x <- mnist$train$images[ind,]
y <- mnist$train$labels[ind]
```

预测因素在 x 中，标签在 y 中。

例如，若要做平滑化处理，我们希望对两个观测值（在这里指数字）之间的距离进行描述；之后，为了挑选特征，我们或许还希望找到在各样本中行为类似的像素。

要定义距离，我们首先要知道点是什么，因为数学距离就是通过两点进行计算的。在高维数据中，点不再处于笛卡儿平面上，而位于更高维空间中。它们无法再被可视化，需要用抽象思维来理解。例如，预测因素 X_i 被定义为 784 维空间 $X_i = (x_{i,1}, \cdots, x_{i,784})^\top$ 里的一个点。

用这种方法建立对点的定义后，就能用类似二维情况的方法定义欧氏距离。例如，两个观测值（$i=1$ 和 $i=2$）的预测因素间的距离是：

$$\text{dist}(1,2) = \sqrt{\sum_{j=1}^{784} (x_{1,j} - x_{2,j})^2}$$

同二维平面中的距离一样，这也是一个非负值。

33.3.3　欧氏距离举例

前三个观测值的标签是：

```
y[1:3]
#> [1] 7 2 7
```

这些观测值各自的预测因素向量是：

```
x_1 <- x[1,]
x_2 <- x[2,]
x_3 <- x[3,]
```

前两个数字是 7，第三个是 2。我们估计两个相同数字之间的距离比不同数字间的小：

```
sqrt(sum((x_1 - x_2)^2))
#> [1] 3273
sqrt(sum((x_1 - x_3)^2))
#> [1] 2311
sqrt(sum((x_2 - x_3)^2))
#> [1] 2636
```

不出所料，两个数字 7 距离很近。

使用矩阵代数能更快地进行运算：

```
sqrt(crossprod(x_1 - x_2))
#>      [,1]
#> [1,] 3273
sqrt(crossprod(x_1 - x_3))
#>      [,1]
#> [1,] 2311
sqrt(crossprod(x_2 - x_3))
#>      [,1]
#> [1,] 2636
```

我们还可以使用 dist 函数相对快速地一次性算出所有距离，该函数能算出每一行之间的距离并给出一个 dist 类型的对象：

```
d <- dist(x)
class(d)
#> [1] "dist"
```

R 中多个机器学习相关的函数都以 dist 类型的对象作为输入。为使用行索引和列索引访问这些元素，我们需要将其转换为矩阵。我们能以如下方式查看算出的距离：

```
as.matrix(d)[1:3,1:3]
#>      1    2    3
#> 1    0 3273 2311
#> 2 3273    0 2636
#> 3 2311 2636    0
```

使用下列代码可快速查看这些距离的图像：

```
image(as.matrix(d))
```

如果我们按标签对距离进行排序，则可以看到数字 2 和数字 7 总体而言是各自聚拢的（见图 33.7）：

```
image(as.matrix(d)[order(y), order(y)])
```

我们还注意到 7 的书写方式相比 2 的更加

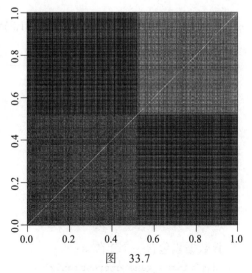

图 33.7

均衡一致，因为 7 之间的距离看上去比 2 之间的更近（在图中显示出更多的红色）。

33.3.4 预测因素空间

预测因素空间是一个常被用来表示机器学习算法的概念。"空间"一词所指的数学定义在此不做详细描述，我们只提供简单介绍，以帮助大家在机器学习算法的语境中理解预测因素空间这一术语的含义。

预测因素空间可被看作预测因素所有可能向量的集合，应作为机器学习挑战进行研究。空间中的每一个成员都被视为一个点，例如，在 2 还是 7 数据集中，预测因素空间由所有的（x_1, x_2）组成，其中的 x_1 和 x_2 都在 0 和 1 之间取值。这个特定的空间可以形象地由一个正方形来表示。在 MNIST 数据集中，预测因素空间由所有的 784 维的向量组成，其中每个向量元素都是一个介于 0 到 256 之间的整数。预测因素空间的一个必要元素是，我们需要定义一个能提供任意两点之间距离的函数。在大多数情况下，我们都使用欧氏距离，但还有其他可能，例如，当有分类预测因素时，无法直接使用欧氏距离。

定义预测因素空间在机器学习中很有帮助，因为我们经常需要定义点的邻域——这是许多平滑化技术都要求的。例如，我们可以将邻域定义为所有距中心不超过两个单位的所有点的区域。如果点是二维的且使用欧氏距离，就可以用半径为 2 的圆表示这一邻域。在三维空间中，这个邻域是一个球体。我们很快就会介绍将空间划分为不重叠区域，再根据各区域内的数据分别进行预测的算法。

33.3.5 预测因素之间的距离

我们还可以计算两个预测因素之间的距离。如果 N 是观测值的数量，那么两个预测因素（如 1 和 2）之间的距离就是：

$$\text{dist}(1,2) = \sqrt{\sum_{i=1}^{N}(x_{i,1} - x_{i,2})^2}$$

为计算 784 个预测因素中所有数对之间的距离，我们可以先将矩阵转置，再使用 dist：

```
d <- dist(t(x))
dim(as.matrix(d))
#> [1] 784 784
```

33.4 练习

1. 加载如下数据集：

   ```
   data("tissue_gene_expression")
   ```

   该数据集包含一个矩阵 x：

   ```
   dim(tissue_gene_expression$x)
   ```

其中包含代表 7 种组织的 189 个生物样本的 500 个基因上测量的基因表达。组织类型保存在 y 中：

```
table(tissue_gene_expression$y)
```

计算各个观测值之间的距离并将其保存在对象 d 中。

2. 比较第一个和第二个观测值（均为小脑）之间的距离，第 39 个和第 40 个（均为结肠）之间的距离，以及第 73 个和第 74 个（均为子宫内膜）之间的距离。观察同一类组织上的观测值之间是否距离更近。

3. 在刚刚研究的六组组织样本中，我们发现同一类组织的观测值之间确实距离更近。用 image 函数画出所有距离的图像，观察这种模式是否普遍存在。提示：先将 d 转为矩阵。

33.5　维数缩减

　　典型的机器学习挑战中包括大量的预测因素，这给可视化增加了难度。我们已经展示了可视化单变量和成对数据的方法，但展示多变量间关系的图在高维空间中会更加复杂。例如，要比较数字预测例子中的 784 个特征，就必须创建 306 936 个散点图。由于高维性，创建单一的数据散点图是不可能的。

　　我们将介绍探索数据分析的强大方法，该方法通常被称为维数缩减。其总体思路是缩减维数，同时保留重要特征，如特征或观测值之间的距离。当维数减少时，可视化的可行性提高。维数缩减背后的技术奇异值分解在其他情况下也很有用。我们将用到主成分分析（Principal Component Analysis，PCA）法。在将 PCA 应用于高维数据集之前，我们先用一个简单的示例来说明一下这背后的理念。

33.5.1　距离的保持

　　考虑一个和双胞胎身高有关的例子。其中部分双胞胎是成年人，另一些则是孩童。在此我们模拟 100 个二维点，它们代表每个个体身高距平均身高的标准差数量。每个点都代表一对双胞胎，我们用 MASS 包中的 mvrnorm 函数来模拟二元正态数据：

```
set.seed(1988)
library(MASS)
n <- 100
Sigma <- matrix(c(9, 9 * 0.9, 9 * 0.92, 9 * 1), 2, 2)
x <- rbind(mvrnorm(n / 2, c(69, 69), Sigma),
           mvrnorm(n / 2, c(55, 55), Sigma))
```

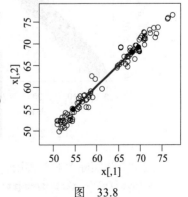

通过散点图我们很快发现相关性很高，有两组双胞胎，一组是成人（右上方的点），另一组是孩童（左下方的点），如图 33.8 所示。

图　33.8

我们的特征是 N 个二维的点，两个身高。而为了更好地进行演示，我们假设二维数据的可视化非常具有挑战性，因此希望将二维缩减至一维，同时仍能理解数据的重要特征（如观测值分为成人和孩童两组）。

请考虑一个具体的挑战：我们希望给出预测因素的一维汇总量，并由此近似任意两个观测值之间的距离。图 33.8 展示了观测值 1 和 2 之间的距离（蓝色），以及观测值 1 和 51 之间的距离（红色）。注意，蓝线更短，这也就意味着 1 和 2 之间距离更近。

我们可以用 dist 来计算这些距离：

```
d <- dist(x)
as.matrix(d)[1, 2]
#> [1] 1.98
as.matrix(d)[2, 51]
#> [1] 18.7
```

这里的距离是基于二维的，而我们想要的是一个基于一维的近似值。

我们从最简单的方法开始：移除其中一个维度。先来比较一下实际距离和只用一维计算出的距离之间的差别：

```
z <- x[,1]
```

距离近似值与原距离如图 33.9 所示。

第二个维度的结果和图 33.9 是一致的，总体上是对真实距离的低估。这在意料之中，因为当维数增加时，距离计算中的正数也随之增加。若取平均值：

$$\sqrt{\frac{1}{2}\sum_{j=1}^{2}(X_{i,j}-X_{i,j})^2}$$

这种误差就消失了。通过将距离除以 $\sqrt{2}$，我们实现了校正（见图 33.10）。

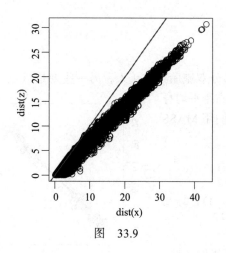

图　33.9

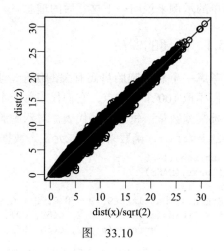

图　33.10

这个方法实际上非常实用，我们可以得到一个典型的差值：

```
sd(dist(x) - dist(z)*sqrt(2))
```

```
#> [1] 1.21
```

我们可以选出一个更好的一维汇总量来让这个近似值更完美吗？

如果我们回顾图 33.8 的散点图，画出任意两点间的线段，该线段的长度就是两点间的距离。这些线段通常沿对角线方向延伸。注意，如果我们画出差值与均值的关系图：

```
z <- cbind((x[,2] + x[,1])/2, x[,2] - x[,1])
```

就可以看出两点之间的距离在大多数时候都是由第一维度（即平均值）解释的，如图 33.11 所示。

这意味着忽略第二维度不会损失过多信息。而若这条线段完全平直，就不损失丝毫信息。利用该变换矩阵的第一维度，我们获得了一个更好的近似值，如图 33.12 所示。

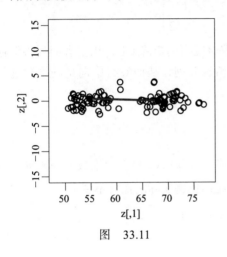

图　33.11

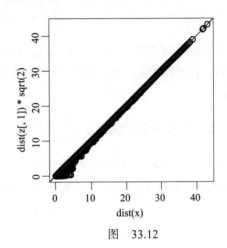

图　33.12

其典型差值提高了约 35%：

```
sd(dist(x) - dist(z[,1])*sqrt(2))
#> [1] 0.315
```

之后，我们会提到 z[,1] 是矩阵 x 的第一主成分。

33.5.2　线性变换（进阶）

注意，X 的每一行都经过了线性变换。对于任意一行 i，第一个元素是：

$$Z_{i,1} = a_{1,1}X_{i,1} + a_{2,1}X_{i,2}$$

其中，$a_{1,1} = 0.5$，$a_{2,1} = 0.5$。

第二个元素也经过了线性变换：

$$Z_{i,2} = a_{1,2}X_{i,1} + a_{2,2}X_{i,2}$$

其中，$a_{1,2} = 1$，$a_{2,2} = -1$。

我们也可以用线性变换从 Z 重获 X：

$$X_{i,1} = b_{1,1}Z_{i,1} + b_{2,1}Z_{i,2}$$

$$X_{i,2} = b_{2,1}Z_{i,1} + b_{2,2}Z_{i,2}$$

其中，$b_{1,1} = 1$，$b_{2,1} = 0.5$，$b_{2,1} = 1$，$b_{2,2} = -0.5$。

熟悉线性代数的读者可以用下列形式写出刚才执行的运算：

$$Z = XA, \quad A = \begin{pmatrix} 1/2 & 1 \\ 1/2 & -1 \end{pmatrix}$$

而乘以 A^{-1} 后，我们就可以将其转换回去：

$$X = ZA^{-1}, \quad A^{-1} = \begin{pmatrix} 1 & 1 \\ 1/2 & -1/2 \end{pmatrix}$$

我们通常可以这样理解维数缩减：将变换矩阵 A 应用到矩阵 X 上，用前者的列将保存在 X 中的信息转移到 $Z = AX$ 的前几列中，然后只保留这几列，从而对行中向量的维数进行了缩减。

33.5.3　正交变换（进阶）

注意，当比较二维距离和一维距离时，我们将上式除以 $\sqrt{2}$ 来表示维数上的差异。如果我们重新缩放 A 的列以确保平方和为 1，可以肯定距离比例实际上保持不变。

$$a_{1,1}^2 + a_{2,1}^2 = 1, \quad a_{1,2}^2 + a_{2,2}^2 = 1$$

而列的相关性为 0：

$$a_{1,1}a_{1,2} + a_{2,1}a_{2,2} = 0$$

记住，如果列是中心化的且平均值为 0，那么平方和等于方差或标准差的平方。

在我们的例子中，为进行正交变换，我们将第一组系数（A 的第一列）乘以 $\sqrt{2}$，第二组乘以 $1/\sqrt{2}$，使用两个维度所得的距离完全一致：

```
z[,1] <- (x[,1] + x[,2]) / sqrt(2)
z[,2] <- (x[,2] - x[,1]) / sqrt(2)
```

这为我们提供了一个保存任意两点间距离的变换矩阵：

```
max(dist(z) - dist(x))
#> [1] 3.24e-14
```

和一个改善后的近似值（只用第一维度）：

```
sd(dist(x) - dist(z[,1]))
#> [1] 0.315
```

这里的 Z 被称为 X 的正交旋转矩阵：它保存了行之间的距离。

注意，使用上述变换矩阵，我们用一个维度就可以总结任意两对双胞胎之间身高数据的距离。例如，对 Z 的第一维进行的一维数据探索就明显表明了两个组别（成人和孩童）的存在（见图 33.13）：

```
library(tidyverse)
qplot(z[,1], bins = 20, color = I("black"))
```

我们成功地将维数从 2 缩减到了 1，并且几乎没有损失任何信息。

之所以能这样做，是因为X的列之间相关性很高：

```
cor(x[,1], x[,2])
#> [1] 0.988
```

且变换矩阵提供了无关联的列，各列具有独立信息：

```
cor(z[,1], z[,2])
#> [1] 0.0876
```

这可能有助于在机器学习中降低模型复杂度，只使用Z_1，而非X_1和X_2。

用几个高度相关的预测因素来获取数据其实很常见。在稍后描述的例子中，PCA对于降低拟合模型的复杂度是非常有用的。

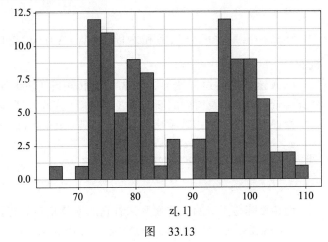

图　33.13

33.5.4　主成分分析

在上述计算中，数据的总变异性可以被定义为列的平方和之和。我们假设列是中心化的，所以这个和等同于每一列方差的和：

$$v_1 + v_2, \quad v_1 = \frac{1}{N}\sum_{i=1}^{N} X_{i,1}^2, \quad v_2 = \frac{1}{N}\sum_{i=1}^{N} X_{i,2}^2$$

我们可以用下列代码计算v_1和v_2：

```
colMeans(x^2)
#> [1] 3904 3902
```

我们还可以从数学上证明，像之前那样应用正交变换不会改变总方差：

```
sum(colMeans(x^2))
#> [1] 7806
sum(colMeans(z^2))
#> [1] 7806
```

然而，尽管X中两个列的变异性相差无几，变换后的矩阵Z只用第一维就包含 99% 的变异性：

```
v <- colMeans(z^2)
v/sum(v)
#> [1] 1.00e+00 9.93e-05
```

矩阵X的第一主成分（PC）指X上放大这种变异性的线性正交变换。prcomp 函数提供了这个信息：

```
pca <- prcomp(x)
pca$rotation
#>          PC1     PC2
#> [1,] -0.702   0.712
#> [2,] -0.712  -0.702
```

注意，第一主成分几乎和之前的$(X_1 + X_2)/\sqrt{2}$提供的一致（只除了符号的变化是随机的）。

PCA 函数同时返回变换X所需的旋转矩阵（使得通过 $rotation 获取的列按变异性从高到低排列）以及得到的新矩阵（通过 $x 获取）。默认情况下，$X$的列首先被中心化。

根据上面展示的矩阵乘法可知，下面是相同的（表示为本质上为零的元素之差）：

```
a <- sweep(x, 2, colMeans(x))
b <- pca$x %*% t(pca$rotation)
max(abs(a - b))
#> [1] 3.55e-15
```

旋转矩阵是正交的，这就意味着它的逆就是它的转置。也就是说，以下两个矩阵相同：

```
a <- sweep(x, 2, colMeans(x)) %*% pca$rotation
b <- pca$x
max(abs(a - b))
#> [1] 0
```

我们可以对其进行可视化以观察第一主成分如何对数据进行总结。在图 33.14 中，红色代表高值，蓝色代表负值（我们之后会解释其称为权重和图案模式的原因）。

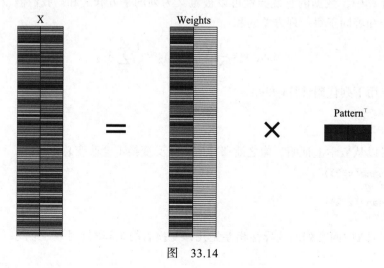

图　33.14

事实证明，任意维数为p的矩阵都可以进行这种线性变换。

对于包含X（有p列）的多维矩阵，我们能得到一个创建Z的变换矩阵，该变换矩阵保存行之间的距离，但列按方差递减的顺序排列。第二列即第二主成分，第三列即第三主成分，以此类推。和我们的例子类似，如果在一定数量（如 k）的列之后，$Z_j(j > k)$ 的列方差变得非常小，就意味着这些维度对距离的贡献也非常低——用 k 维就可以近似任意两点间的距离。当 k 远小于 p 时，我们可以获得一个非常高效的数据汇总量。

33.5.5　鸢尾花示例

鸢尾花（iris）数据集是一个在数据分析课程中被广泛使用的数据集。它包含 4 个与 3 类花卉相关的植物学测量量：

```
names(iris)
#> [1] "Sepal.Length" "Sepal.Width"  "Petal.Length" "Petal.Width"
#> [5] "Species"
```

输入 iris$Species，数据会按种类进行排序。

计算每个观测值之间的距离。你可以清晰地看到三个种类，其中一个和另外两个有显著差别（见图 33.15）：

```
x <- iris[,1:4] %>% as.matrix()
d <- dist(x)
image(as.matrix(d), col = rev(RColorBrewer::
                brewer.pal(9, "RdBu")))
```

此处的预测因素有 4 个维度，但其中三个高度相关：

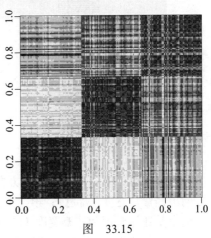

图　33.15

```
cor(x)
#>              Sepal.Length Sepal.Width Petal.Length Petal.Width
#> Sepal.Length      1.000      -0.118       0.872       0.818
#> Sepal.Width      -0.118       1.000      -0.428      -0.366
#> Petal.Length      0.872      -0.428       1.000       0.963
#> Petal.Width       0.818      -0.366       0.963       1.000
```

若应用 PCA，求距离的近似值应该只需要用到两个维度，这样就压缩了高度相关的维度。使用 summary 函数，我们可以看到由每个主成分解释的变异性：

```
pca <- prcomp(x)
summary(pca)
#> Importance of components:
#>                         PC1    PC2    PC3     PC4
#> Standard deviation     2.056 0.4926 0.2797 0.15439
#> Proportion of Variance 0.925 0.0531 0.0171 0.00521
#> Cumulative Proportion  0.925 0.9777 0.9948 1.00000
```

前两个维度解释了 97% 的变异性，用这两个维度应该能很好地得出距离的近似值。我们可以对 PCA 结果进行可视化，如图 33.16 所示。

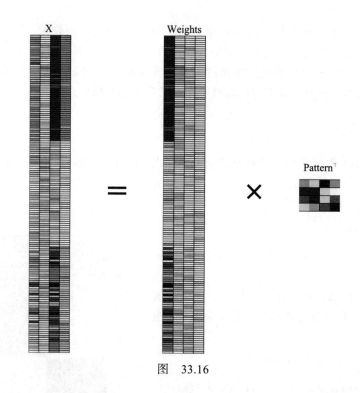

图 33.16

观察可得，第一个图案一个方向上是萼片长度、花瓣长度和花瓣宽度（红色），另一个方向上是萼片宽度（蓝色）；第二个图案一个方向上是萼片长度和花瓣长度（蓝色），另一个方向上是花瓣长度和花瓣宽度（红色）。可以从权重上看出第一个主成分导致了大部分变异性，并明确地将前三分之一的样本［山鸢尾（setosa）］和后三分之二［云芝（versicolor）和锦葵（virginica）］分割开来。观察权重的第二列，注意它某种程度上将云芝（红色）和锦葵（蓝色）分开了。

为看得更清楚，绘出前两个主成分并用不同颜色代表不同的种类（见图 33.17）：

```
data.frame(pca$x[,1:2], Species=iris$Species) %>%
  ggplot(aes(PC1,PC2, fill = Species))+
  geom_point(cex=3, pch=21) +
  coord_fixed(ratio = 1)
```

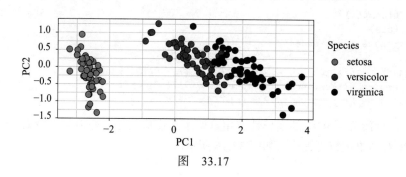

图 33.17

可以看到，前两个维度保存了距离（见图 33.18）：

```
d_approx <- dist(pca$x[, 1:2])
qplot(d, d_approx) + geom_abline(color="red")
```

这个例子比之前使用的人造例子更真实，因为我们展示了用 2 个维度可视化 4 维数据的方法。

33.5.6　MNIST 示例

手写数字例子有 784 个特征，我们能否对其进行数据缩减？能否用更少的特征来创建一个简单的机器学习算法？

加载数据：

```
library(dslabs)
if(!exists("mnist")) mnist <- read_mnist()
```

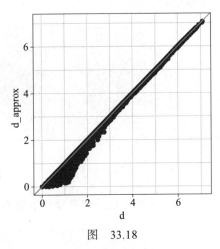

图　33.18

由于像素过小，它们在网格上应该彼此靠近且相互关联，因此可以进行维数缩减。

我们试一试主成分分析（PCA）法，探索主成分的方差。对于这个相当大的矩阵，这将花上几秒的时间（见图 33.19）：

```
col_means <- colMeans(mnist$test$images)
pca <- prcomp(mnist$train$images)
```

```
pc <- 1:ncol(mnist$test$images)
qplot(pc, pca$sdev)
```

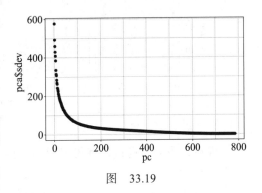

图　33.19

可以看到，前几个主成分已经解释了大部分的变异性：

```
summary(pca)$importance[,1:5]
#>                          PC1      PC2      PC3      PC4      PC5
#> Standard deviation    576.823  493.238  459.8993 429.8562 408.5668
#> Proportion of Variance   0.097    0.071   0.0617   0.0539   0.0487
#> Cumulative Proportion    0.097    0.168   0.2297   0.2836   0.3323
```

而且仅通过前两个主成分就能获得关于这个类的信息。下面是一个有 2000 个数字的随机样本（见图 33.20）：

```
data.frame(PC1 = pca$x[,1], PC2 = pca$x[,2],
           label=factor(mnist$train$label)) %>%
  sample_n(2000) %>%
  ggplot(aes(PC1, PC2, fill=label))+
  geom_point(cex=3, pch=21)
```

我们还可以看到网格上的线性组合，从而

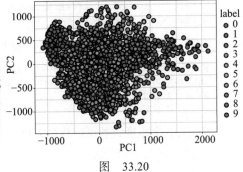

图　33.20

了解被加权的是什么（见图 33.21）。

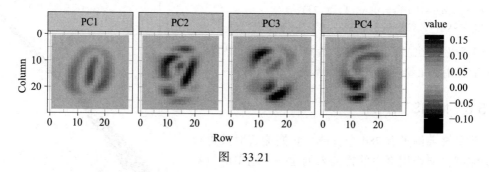

图 33.21

低方差的主成分似乎和角落里不重要的变异性相关，如图 33.22 所示。

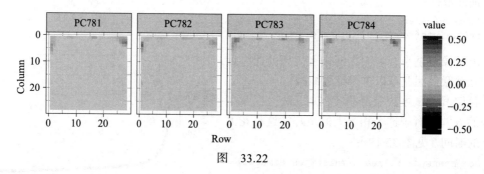

图 33.22

现在，我们将通过训练集习得的变换矩阵应用到测试集上，缩减维数并在一小部分维度上运行 kNN。

我们选择 36 个维度，因为它们解释了约 80% 的数据。首先拟合模型：

```
library(caret)
k <- 36
x_train <- pca$x[,1:k]
y <- factor(mnist$train$labels)
fit <- knn3(x_train, y)
```

然后转换测试集：

```
x_test <- sweep(mnist$test$images, 2, col_means) %*% pca$rotation
x_test <- x_test[,1:k]
```

现在，我们已准备好进行预测，如下所示：

```
y_hat <- predict(fit, x_test, type = "class")
confusionMatrix(y_hat, factor(mnist$test$labels))$overall["Accuracy"]
#> Accuracy
#>    0.975
```

只用 36 个维度，就可以得到 0.95 以上的准确度。

33.6　练习

1. 绘出 tissue_gene_expression 预测因素以对其进行探索：

```
data("tissue_gene_expression")
dim(tissue_gene_expression$x)
```

我们想要了解哪些观测值是彼此靠近的，但是 500 维的预测因素绘制起来很困难。绘制出前两个主成分，用不同颜色区分组织类型。

2. 各观测值的预测因素都是在同一个设备上的同一批实验流程上测量的。这引入了偏差，它能影响一个观测值的所有预测因素。对每个观测值，算出所有预测因素的平均值，然后画出平均值与第一主成分的图，用颜色区分组织。给出相关性报告。

3. 我们可以看到第一主成分和观测值平均值之间的联系。移除中心后重新进行主成分分析。

4. 对于前 10 个主成分，用一个箱线图展示各个组织的值。

5. 绘出主成分数与所解释的方差所占百分比的图。提示：使用 summary 函数。

33.7　推荐系统

　　推荐系统根据用户对商品的评分进行推荐。向顾客出售多种产品并允许顾客对产品进行评分的公司（例如亚马逊）能使用收集的大量数据预测某一用户对某商品的评分，由此预测的高评分商品就会被推荐给该用户。

　　Netflix 使用推荐系统预测用户对特定电影的评分。1 星表示电影糟糕，5 星表示质量绝佳。我们将介绍如何做出推荐，用 Netflix 挑战赛获胜团队所使用的一些方法进行说明。

　　Netflix 在 2006 年 10 月向数据科学界提出了一个挑战：将推荐算法效率提高 10%，即可赢得 100 万美元。2009 年 9 月，Netflix 宣布了最终的获胜者。链接 http://blog.echen. me/2011/10/24/winning-the-netflix-prize-a-summary/ 中的内容很好地概括了优胜算法的构建思路。下面我们将介绍优胜团队所使用的部分数据分析策略。

33.7.1　movielens 数据

　　Netflix 的数据是非公开的，但 GroupLens 实验室[一]生成了它们自己的数据库，该数据库包含由超过 13800 位用户针对 27000 部电影给出的总共超过 2000 万个评分。我们通过 dslabs 包获取该数据的一个小子集：

```
library(tidyverse)
library(dslabs)
data("movielens")
```

　　[一] https://grouplens.org/

这个 tidy 格式的表有上千行数据：

```
movielens %>% as_tibble()
#> # A tibble: 100,004 x 7
#>   movieId title              year genres         userId rating timestamp
#>     <int> <chr>             <int> <fct>           <int>  <dbl>     <int>
#> 1      31 Dangerous Minds    1995 Drama               1    2.5     1.26e9
#> 2    1029 Dumbo              1941 Animation|Chi~       1    3       1.26e9
#> 3    1061 Sleepers           1996 Thriller            1    3       1.26e9
#> 4    1129 Escape from New ~  1981 Action|Advent~       1    2       1.26e9
#> 5    1172 Cinema Paradiso ~  1989 Drama               1    4       1.26e9
#> # ... with 1e+05 more rows
```

每一行都代表一个用户对一部电影的一个评分。

我们可以看到给出评分的特定用户数和被评分的特定电影数：

```
movielens %>%
  summarize(n_users = n_distinct(userId),
            n_movies = n_distinct(movieId))
#>   n_users n_movies
#> 1     671     9066
```

将这两个数字相乘，我们会得到一个大于 500 万的数字，但数据表有大约 100 000 行。这意味着用户对电影的评分不是一对一关系的。因此，我们可以将这些数据看作一个巨大的矩阵，用户为行，电影为列，其中还有许多为 0 的单元格。gather 函数让我们可以将它转换成如下格式，但若应用到整个矩阵上，R 会崩溃。表 33.1 给出了对于 6 个用户和 4 部电影的矩阵。

表　33.1

userId	Forrest Gump	Pulp Fiction	Shawshank Redemption	Silence of the Lambs
13	5.0	3.5	4.5	NA
15	1.0	5.0	2.0	5.0
16	NA	NA	4.0	NA
17	2.5	5.0	5.0	4.5
19	5.0	5.0	4.0	3.0
20	2.0	0.5	4.5	0.5

你可以将推荐系统的任务看作填满表 33.1。图 33.23 这个 100 部电影和 100 个用户的随机样本展示了矩阵的稀疏程度，其中黄色代表有评分的用户 / 电影组合。

这是目前我们学过的最复杂的机器学习挑战，因为每个输出 Y 都有一组不同的预测因素。为更好地认识到它的复杂性，注意若我们想要预测用户 u 对电影 i 的评分，原则上来说，其他所有和电影 i 相关的评分以及所有由用户 u 给出的评分都可以被看作预测因素，但不同用户评价的电影类别和电影数量是不同的。此外，我们或许还能从我们认为的与电影 i 类似的电

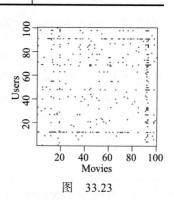

图　33.23

影，或我们认为的与用户 u 类似的用户中获取有用信息。本质上，整个矩阵都可以用作各单元格的预测因素。

我们来查看数据的部分属性，以便更好地理解这个挑战。

我们注意到的第一件事是，某些电影的评分数量比其他电影的更多。图 33.24 展示了具体的分布。这在意料之中，因为既有观影人次达百万的大片，也有仅少数人观看的独立艺术电影。我们的第二个观察结果是，一些用户比其他用户更积极参加电影评分活动。

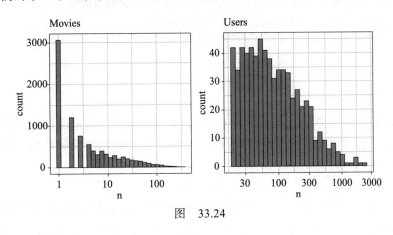

图　33.24

33.7.2　推荐系统是一个机器学习挑战

为理解推荐系统为什么是一种机器学习挑战，我们需要根据已收集数据构建一个将被应用到超出我们控制的新环境（恰如寻找电影推荐的用户们）中的算法。我们创建一个测试集来评估所用模型的准确度。

```
library(caret)
set.seed(755)
test_index <- createDataPartition(y = movielens$rating, times = 1, p = 0.2,
                                  list = FALSE)
train_set <- movielens[-test_index,]
test_set <- movielens[test_index,]
```

为确保把测试集中的用户和电影排除在训练集外，我们现在用 semi_join 函数移除这些元素：

```
test_set <- test_set %>%
  semi_join(train_set, by = "movieId") %>%
  semi_join(train_set, by = "userId")
```

33.7.3　损失函数

Netflix 挑战使用典型的误差损失：根据测试集的均方残差（RMSE）来判定优胜者。我们将 $y_{u,i}$ 定义为用户 u 对电影 i 的评分，用 $\hat{y}_{u,i}$ 表示我们预测结果，那么有如下的 RMSE 定义：

$$RMSE = \sqrt{\frac{1}{N}\sum_{u,i}(\hat{y}_{u,i} - y_{u,i})^2}$$

其中，N 指用户 / 电影组合的数量。

记住，我们可以将 RMSE 近似理解为一个标准差：它是在电影评分预测中得到的一种典型误差。如果这个数字大于 1，则意味着典型的误差在 1 星以上，结果不好。

我们编写一个函数，计算每个评分向量及对应预测因素的 RMSE：

```
RMSE <- function(true_ratings, predicted_ratings){
    sqrt(mean((true_ratings - predicted_ratings)^2))
}
```

33.7.4　第一个模型

我们从最简单的推荐系统入手：不考虑用户差异，预测所有电影评分一致。这个预测值会是多少？我们可以使用模型来回答这个问题。一个用随机变化解释用户差异，对所有电影给出一致评分的模型如下：

$$Y_{u,i} = \mu + \varepsilon_{u,i}$$

其中，$\varepsilon_{u,i}$ 指从同一个以 0 为中心的分布中抽取的独立误差，μ 指所有电影的"真"评分。我们知道最小化 RMSE 的估计值就是 μ 的最小二乘估计，在本例中，即所有评分的平均值：

```
mu_hat <- mean(train_set$rating)
mu_hat
#> [1] 3.54
```

如果我们用 $\hat{\mu}$ 预测所有的未知评分，会得到如下的 RMSE：

```
naive_rmse <- RMSE(test_set$rating, mu_hat)
naive_rmse
#> [1] 1.05
```

注意，如果插入任何其他数字，RMSE 就会变大。例如：

```
predictions <- rep(3, nrow(test_set))
RMSE(test_set$rating, predictions)
#> [1] 1.19
```

观察评分的分布，可以看到这是该分布的标准差。我们获得了一个约为 1 的 RMSE，而要赢得 100 万美元的大奖，参赛队伍必须得到约 0.857 的 RMSE。毫无疑问，我们还可以做得更好！

随着不断推进，我们会对不同方法进行比较。我们先用一个简单方法创建一个结果表：

```
rmse_results <- tibble(method = "Just the average", RMSE = naive_rmse)
```

33.7.5　电影效应建模

由经验可知，部分电影的评分总体而言会高于其他电影。不同电影的评分不同这一直觉已由数据证实。为强化之前的模型，我们加入b_i项来表示电影i的平均评分：

$$Y_{u,i}=\mu+b_i+\varepsilon_{u,i}$$

统计学教科书将这里的b称为效应（effect）。但 Netflix 挑战赛的文书将其称为"偏差"（bias），因此使用符号b来表示。

我们可以用最小二乘法来估计b_i，具体方法如下：

```
fit <- lm(rating ~ as.factor(movieId), data = movielens)
```

每个电影都有一个对应的b_i，一共有上千个，因此 lm() 函数会运行得很慢。所以，我们不推荐运行上述代码。但在这个特定的情景下，我们知道最小二乘法估计值$\hat{b}_i$就是每个电影i的$Y_{u,i}-\hat{\mu}$的平均值。所以，我们可以用这个方法进行计算（我们会在代码里省去 hat 符号来表示之后的估计值）：

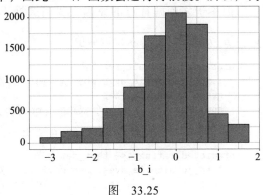
图　33.25

```
mu <- mean(train_set$rating)
movie_avgs <- train_set %>%
  group_by(movieId) %>%
  summarize(b_i = mean(rating - mu))
```

可以看到，估计结果有很大的不同（见图 33.25）：

```
qplot(b_i, data = movie_avgs, bins = 10, color = I("black"))
```

记住，$\hat{\mu}=3.5$，所以$b_i=1.5$意味着最好的五星评价。

使用$\hat{y}_{u,i}=\hat{\mu}+\hat{b}_i$后，查看预测结果会有多大改进：

```
predicted_ratings <- mu + test_set %>%
  left_join(movie_avgs, by='movieId') %>%
  pull(b_i)
RMSE(predicted_ratings, test_set$rating)
#> [1] 0.989
```

可以看到明显的改进，但我们还能做到更好吗？

33.7.6　用户效应

对评过 100 部以上电影的用户u，计算其评分均值（见图 33.26）。

```
train_set %>%
  group_by(userId) %>%
  summarize(b_u = mean(rating)) %>%
  filter(n()>=100) %>%
  ggplot(aes(b_u)) +
  geom_histogram(bins = 30, color =
                 "black")
```

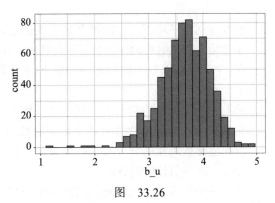
图　33.26

注意，用户之间也有明显的区别：有些用户很挑剔，另一些则无所不爱。所以，我们的模型需要进一步改进：

$$Y_{u,i} = \mu + b_i + b_u + \varepsilon_{u,i}$$

其中，b_u代表用户特有的效应。现在，若一个挑剔的用户（负b_u）给一部高分电影（正b_i）打分，效应会抵消，我们可以正确地预测出该用户对这部优秀电影的评分为 3 星，而非 5 星。

为拟合这个模型，我可以再一次使用 lm：

```
lm(rating ~ as.factor(movieId) + as.factor(userId))
```

但鉴于之前解释过的原因，我们选择不这样做，而是通过计算$\hat{\mu}$和$\hat{b}_i$，并将$\hat{b}_u$估计为$y_{u,i} - \hat{\mu} - \hat{b}_i$的平均值来获得近似值：

```
user_avgs <- train_set %>%
  left_join(movie_avgs, by='movieId') %>%
  group_by(userId) %>%
  summarize(b_u = mean(rating - mu - b_i))
```

构建预测因素，查看 RMSE 提升了多少：

```
predicted_ratings <- test_set %>%
  left_join(movie_avgs, by='movieId') %>%
  left_join(user_avgs, by='userId') %>%
  mutate(pred = mu + b_i + b_u) %>%
  pull(pred)
RMSE(predicted_ratings, test_set$rating)
#> [1] 0.905
```

33.8 练习

1. 加载 movielens 数据：

   ```
   data("movielens")
   ```

   算出每部电影的评分数，并绘出评分数与电影上映年份的图。在计数上使用平方根变换。
2. 可以看到，平均而言，1993 年后上映的电影获得的评分更多。我们还可以看到，从 1993 年开始，新出电影的评分数随年份递减：电影上映时间越晚，留给用户评分的时间越少。在 1993 年及以后上映的电影中，年评分数最多的 25 部电影是哪些？其平均评分又是多少？
3. 从上一个例子中构建的表可知，评分数多的电影，其平均评分往往也超过一般水平。这在意料之中：受大众喜爱的电影观影数自然更高。为证实这一点，将 1993 年及以后上映的电影按每年的评分数进行分层，并算出它们的平均评分。绘制平均评分与年评分数的图，画出估计的趋势线。
4. 在上一个练习中，我们观察到电影评分数越多，其评分越高。假设在预测分析中，你需要填上某个缺失的评分值，你会使用下列哪个策略？

 a. 使用所有电影的平均值。

 b. 使用 0。

 c. 使用一个比平均值低的值，因为低分才会导致漏评。尝试不同的值，并在测试集中评估预测结果。

 d. 上面的都不选。

5. `movielens` 数据集中还包含时间戳。该变量表示时间和数据，其中提供了评分。从 1970 年 1 月 1 日起，以秒为单位。创建一个展示日期的 `date` 列。提示：使用 lubridate 包中的 `as_datetime` 函数。

6. 计算每周的平均评分，绘出平均评分与各天的图。提示：在 `group_by` 之前使用 `round_date` 函数。

7. 上述图形说明存在时间效应。如果我们将$d_{u,i}$定义为用户对电影 i 给出评分 u 的日期，下列哪个模型是最适合的？

 a. $Y_{u,i} = \mu + b_i + b_u + d_{u,i} + \varepsilon_{u,i}$。

 b. $Y_{u,i} = \mu + b_i + b_u + d_{u,i}\beta + \varepsilon_{u,i}$。

 c. $Y_{u,i} = \mu + b_i + b_u + d_{u,i}\beta_i + \varepsilon_{u,i}$。

 d. $Y_{u,i} = \mu + b_i + b_u + f\left(d_{u,i}\right) + \varepsilon_{u,i}$，其中$f$是$d_{u,i}$的一个平滑函数。

8. `movielens` 数据还有一个 genres 列。它包含电影的所有划分类型。有些电影可划分为多个类型。为这个列中的所有组合定义一个类别，只保留评分超过 1000 例的类别，然后计算每个类别的平均值和标准误差，并把它们画成误差条图。

9. 上述图形明显表明存在类型效应。如果我们将$g_{u,i}$定义为用户对电影 i 给出的评分 u 的类别，下列哪个模型是最合适的？

 a. $Y_{u,i} = \mu + b_i + b_u + d_{u,i} + \varepsilon_{u,i}$。

 b. $Y_{u,i} = \mu + b_i + b_u + d_{u,i}\beta + \varepsilon_{u,i}$。

 c. $Y_{u,i} = \mu + b_i + b_u + \sum_{k=1}^{K} x_{u,i}\beta_k + \varepsilon_{u,i}$，若$g_{u,i}$是类型 k，$x_{u,i}^k = 1$。

 d. $Y_{u,i} = \mu + b_i + b_u + f\left(d_{u,i}\right) + \varepsilon_{u,i}$，其中$f$是$d_{u,i}$的一个平滑函数。

33.9　正则化

33.9.1　动机

尽管各电影间有很大差异，但我们对 RMSE 的改进只达到约 5%。我们研究一下在只考虑电影效应b_i的情况下第一个模型中的问题所在。下面列出了 10 个最大的错误：

```
test_set %>%
  left_join(movie_avgs, by='movieId') %>%
  mutate(residual = rating - (mu + b_i)) %>%
  arrange(desc(abs(residual))) %>%
  slice(1:10) %>%
  pull(title)
#>  [1] "Kingdom, The (Riget)"         "Heaven Knows, Mr. Allison"
#>  [3] "American Pimp"                "Chinatown"
#>  [5] "American Beauty"              "Apocalypse Now"
#>  [7] "Taxi Driver"                  "Wallace & Gromit: A Close Shave"
#>  [9] "Down in the Delta"            "Stalag 17"
```

这些似乎都是小众电影，其中许多被给予了高分预测。我们来看以下基于$\hat{b}_i$预测出的 10 部评分最高和最低的电影。首先，创建一个连接 movieId 和电影名称的数据库：

```
movie_titles <- movielens %>%
  select(movieId, title) %>%
  distinct()
```

我们估计的 10 部评分最高的电影为：

```
movie_avgs %>% left_join(movie_titles, by="movieId") %>%
  arrange(desc(b_i)) %>%
  slice(1:10)  %>%
  pull(title)
#>  [1] "When Night Is Falling"
#>  [2] "Lamerica"
#>  [3] "Mute Witness"
#>  [4] "Picture Bride (Bijo photo)"
#>  [5] "Red Firecracker, Green Firecracker (Pao Da Shuang Deng)"
#>  [6] "Paris, France"
#>  [7] "Faces"
#>  [8] "Maya Lin: A Strong Clear Vision"
#>  [9] "Heavy"
#> [10] "Gate of Heavenly Peace, The"
```

10 部预测评分最低的电影为：

```
movie_avgs %>% left_join(movie_titles, by="movieId") %>%
  arrange(b_i) %>%
  slice(1:10)  %>%
  pull(title)
#>  [1] "Children of the Corn IV: The Gathering"
#>  [2] "Barney's Great Adventure"
#>  [3] "Merry War, A"
#>  [4] "Whiteboyz"
#>  [5] "Catfish in Black Bean Sauce"
#>  [6] "Killer Shrews, The"
#>  [7] "Horrors of Spider Island (Ein Toter Hing im Netz)"
#>  [8] "Monkeybone"
```

```
#> [9] "Arthur 2: On the Rocks"
#> [10] "Red Heat"
```

这些电影似乎都很小众。我们看看它们被评价的频率是多少：

```
train_set %>% count(movieId) %>%
  left_join(movie_avgs, by="movieId") %>%
  left_join(movie_titles, by="movieId") %>%
  arrange(desc(b_i)) %>%
  slice(1:10) %>%
  pull(n)
#> [1] 1 1 1 1 3 1 1 2 1 1

train_set %>% count(movieId) %>%
  left_join(movie_avgs) %>%
  left_join(movie_titles, by="movieId") %>%
  arrange(b_i) %>%
  slice(1:10) %>%
  pull(n)
#> Joining, by = "movieId"
#> [1] 1 1 1 1 1 1 1 1 1 1
```

这些被预测的"评分最高"和"评分最低"的电影都是由非常少数用户评出的，有些甚至只有一个用户评价。这些电影大多很小众，这是因为更少的用户会带来更大的不确定性，因此对 b_i 的估计就很可能会虚高或虚低。

这些噪声估计在进行预测时尤其不可信。较大的误差会增加 RMSE，所以在不确定时最好保持谨慎。

在之前几节中，我们计算了标准误差并构建了置信区间来解释不同级别的不确定性。但在进行预测时，我们需要的只是一个数字、一个结果，而不是一个区间。为此，我们将引入正则化的概念。

正则化使我们可以惩罚用小样本得出的大估计值。它和16.4节所介绍的，能缩小预测结果的贝叶斯法有共通之处。

33.9.2 补偿最小二乘法

正则化的一般思路是限制效应大小的总变异性。为什么这会对问题有所帮助？考虑这样一个情景：我们有100个用户评分的电影 $i=1$ 和只有一个用户评分的4部电影 $i=2,3,4,5$。我们想要拟合模型：

$$Y_{u,i} = \mu + b_i + \varepsilon_{u,i}$$

假设平均评分是已知的：$\mu=3$。若使用最小二乘法，第一部的电影效应 b_1 的估计值就是100个用户评分的平均值，即 $\dfrac{1}{100}\sum_{i=1}^{100}(Y_{i,1}-\mu)$，这应该是一个相当精确的结果。但电影

2、3、4和5的估计值就只能是从平均评分 $\hat{b}_i = Y_{u,i} - \hat{\mu}$ 得到的观测偏差，其中 $\hat{b}_i$ 是只由一个数

字得出的估计值，所以根本不精确。注意，这些估计值在$i = 2, 3, 4, 5$时使误差$Y_{u,i} - \mu + \hat{b}_i$等于0，但这是过度训练的结果。事实上，忽略仅有的那一个用户，直接猜测电影2、3、4和5都是一般水准的电影（$b_i = 0$）或许会使预测更准确。惩罚回归的一般思路就是控制电影效应的总变异性$\sum_{i=1}^{5} b_i^2$。具体来说，就是最小化添加了惩罚项后的最小二乘方程：

$$\frac{1}{N} \sum_{u,i} \left(y_{u,i} - \mu - b_i \right)^2 + \lambda \sum_i b_i^2$$

上式的第一项只是最小二乘方程，第二项是惩罚项：当许多b_i值都很大时，它也随之增大。实际上我们可以用微积分来说明最小化该方程的b_i值为：

$$\hat{b}_i(\lambda) = \frac{1}{\lambda + n_i} \sum_{u=1}^{n_i} \left(Y_{u,i} - \hat{\mu} \right)$$

其中，n_i是电影i的评分数。该方法可以达到预期效果：当样本容量n_i非常大时，估计结果很稳定，惩罚参数λ就会被忽略，因为$n_i + \lambda \approx n_i$。但是当$n_i$很小时，估计值$\hat{b}_i(\lambda)$就会向0缩小。$\lambda$越大，缩小得越多。

用$\lambda=3$计算b_i的正则化估计值。之后，我们会解释为何选择数字3。

```
lambda <- 3
mu <- mean(train_set$rating)
movie_reg_avgs <- train_set %>%
  group_by(movieId) %>%
  summarize(b_i = sum(rating - mu)/
            (n()+lambda), n_i = n())
```

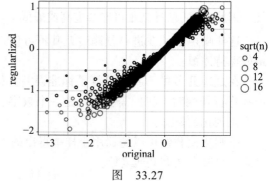

图　33.27

为理解这些估计值是如何缩小的，我们画出正则化估计值与最小二乘估计值的图（见图33.27）：

```
tibble(original = movie_avgs$b_i,
       regularlized = movie_reg_avgs$b_i,
       n = movie_reg_avgs$n_i) %>%
  ggplot(aes(original, regularlized, size=sqrt(n))) +
  geom_point(shape=1, alpha=0.5)
```

现在，我们来看基于惩罚估计值$\hat{b}_i(\lambda)$得出的10部评分最高的电影：

```
train_set %>%
  count(movieId) %>%
  left_join(movie_reg_avgs, by = "movieId") %>%
  left_join(movie_titles, by = "movieId") %>%
  arrange(desc(b_i)) %>%
  slice(1:10) %>%
```

```
pull(title)
#> [1] "Paris Is Burning"        "Shawshank Redemption, The"
#> [3] "Godfather, The"          "African Queen, The"
#> [5] "Band of Brothers"        "Paperman"
#> [7] "On the Waterfront"       "All About Eve"
#> [9] "Usual Suspects, The"     "Ikiru"
```

这里的结果合理多了！这些电影的观影人数更多，评分也更多。下面是 10 部评分最低的电影：

```
train_set %>%
  count(movieId) %>%
  left_join(movie_reg_avgs, by = "movieId") %>%
  left_join(movie_titles, by="movieId") %>%
  arrange(b_i) %>%
  select(title, b_i, n) %>%
  slice(1:10) %>%
  pull(title)
#> [1] "Battlefield Earth"
#> [2] "Joe's Apartment"
#> [3] "Super Mario Bros."
#> [4] "Speed 2: Cruise Control"
#> [5] "Dungeons & Dragons"
#> [6] "Batman & Robin"
#> [7] "Police Academy 6: City Under Siege"
#> [8] "Cats & Dogs"
#> [9] "Disaster Movie"
#> [10] "Mighty Morphin Power Rangers: The Movie"
```

结果有改进吗？

```
predicted_ratings <- test_set %>%
  left_join(movie_reg_avgs, by = "movieId") %>%
  mutate(pred = mu + b_i) %>%
  pull(pred)
RMSE(predicted_ratings, test_set$rating)
#> [1] 0.97
```

```
#> # A tibble: 4 x 2
#>   method                        RMSE
#>   <chr>                         <dbl>
#> 1 Just the average              1.05
#> 2 Movie Effect Model            0.989
#> 3 Movie + User Effects Model    0.905
#> 4 Regularized Movie Effect Model 0.970
```

惩罚估计值极大地改善了最小二乘估计结果。

33.9.3　惩罚项的选择

需要注意的是，λ 是一个调优参数。我们可以用交叉验证的方法来挑选它（见图 33.28）：

```
lambdas <- seq(0, 10, 0.25)

mu <- mean(train_set$rating)
just_the_sum <- train_set %>%
  group_by(movieId) %>%
  summarize(s = sum(rating - mu), n_i = n())

rmses <- sapply(lambdas, function(l){
  predicted_ratings <- test_set %>%
    left_join(just_the_sum, by='movieId') %>%
    mutate(b_i = s/(n_i+1)) %>%
    mutate(pred = mu + b_i) %>%
    pull(pred)
  return(RMSE(predicted_ratings, test_set$rating))
})
qplot(lambdas, rmses)
lambdas[which.min(rmses)]
#> [1] 3
```

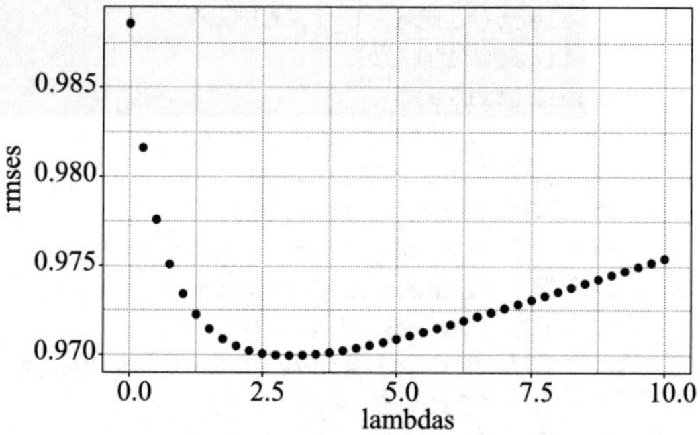

尽管我们在这里进行了演示，但在实践中，应该仅在训练集上使用完整的交叉验证，测试集只用于最终评估。测试集绝不能用于调优。

图 33.28

我们也可以正则化用户效应的估计。最小化：

$$\frac{1}{N}\sum_{u,i}\left(y_{u,i} - \mu - b_i - b_u\right)^2 + \lambda\left(\sum_i b_i^2 + \sum_u b_u^2\right)$$

我们可以用相同的方法最小化上式的估计值。这里用交叉验证法来挑选 λ（见图 33.29）：

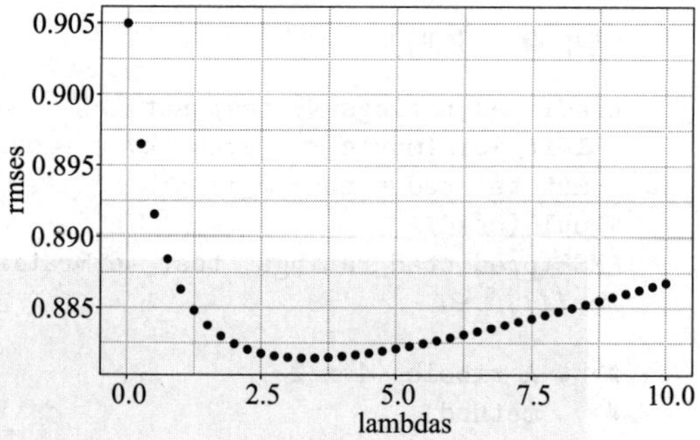

```
lambdas <- seq(0, 10, 0.25)

rmses <- sapply(lambdas, function(l){

  mu <- mean(train_set$rating)

  b_i <- train_set %>%
    group_by(movieId) %>%
    summarize(b_i = sum(rating - mu)/(n()+1))

  b_u <- train_set %>%
    left_join(b_i, by="movieId") %>%
    group_by(userId) %>%
    summarize(b_u = sum(rating - b_i - mu)/(n()+1))

  predicted_ratings <-
    test_set %>%
    left_join(b_i, by = "movieId") %>%
```

图 33.29

```
    left_join(b_u, by = "userId") %>%
    mutate(pred = mu + b_i + b_u) %>%
    pull(pred)

    return(RMSE(predicted_ratings, test_set$rating))
})

qplot(lambdas, rmses)
```

对于完整的模型，最优 λ 是：

```
lambda <- lambdas[which.min(rmses)]
lambda
#> [1] 3.25
```

几种方法的对比如表 33.2 所示。

表　33.2

方法	RMSE
平均值模型	1.053
电影效应模型	0.989
电影 + 用户效应模型	0.905
正则化电影效应模型	0.970
正则化电影 + 用户效应模型	0.881

33.10　练习

一位教育学家主张缩小学校规模。这位专家是基于这样一个事实给出该建议的：顶级名校中的许多学校都是小规模的。我们模拟一个有 100 所学校的数据集。首先模拟每个学校中的学生人数：

```
set.seed(1986)
n <- round(2^rnorm(1000, 8, 1))
```

现在给每个学校分配一个和校区规模完全无关的真品质（true quality）。这就是我们想要模拟的参数。

```
mu <- round(80 + 2 * rt(1000, 5))
range(mu)
schools <- data.frame(id = paste("PS",1:100),
                      size = n,
                      quality = mu,
                      rank = rank(-mu))
```

可以看到排名前 10 的学校是：

```
schools %>% top_n(10, quality) %>% arrange(desc(quality))
```

我们让学校中的学生做一场测验。测验过程中存在随机变异性，所以我们用正态分布模拟测验分数，其平均值由学校品质决定，标准差为百分之三十分：

```
scores <- sapply(1:nrow(schools), function(i){
  scores <- rnorm(schools$size[i], schools$quality[i], 30)
  scores
})
schools <- schools %>% mutate(score = sapply(scores, mean))
```

1. 由平均分数得出的排名靠前的学校有哪些？只展示其 ID、规模和平均分数。
2. 比较总的学校规模中值和根据分数评出的前 10 所学校规模的中值。
3. 由此次测验可知，规模小的学校比规模大的学校表现得更好。前 10 所的学校中有 5 所只有 100 位甚至更少的学生。但这怎么可能呢？在我们构建的模拟中，学校品质和规模是相互独立的。重做该练习，得出表现最差的 10 所学校。
4. 最差的学校也有相同的结果！它们的规模也很小。画出平均分数与学校规模的图，一探究竟。标出根据真品质得出的排名前十的学校。对其规模进行对数尺度变换。
5. 可以看到，当学校规模偏小时，分数的标准误差会有更大的变异性。这是我们在概率和推断章节中学过的一个基础统计学现象。实际上，排名前十的学校中有 4 所都是因为测验分数而进入前十名的。

   我们用正则化来挑选表现最好的学校。记住，正则化会将偏差从均值朝 0 缩小。为了在此处应用正则化，我们首先需要定义所有学校的总体平均值：

   ```
   overall <- mean(sapply(scores, mean))
   ```

   再定义每个学校偏离平均值的程度。编写代码，估计各学校中高于平均值的分数，但除以 $n+\lambda$ 而不是 n，这里的 n 代表学校规模，λ 是一个正则化参数。尝试 $\lambda=3$。
6. 这有一定的改善作用，现在有 4 所排名不靠前的小规模学校。还有更合适的 λ 吗？

   求出能最小化 $\mathrm{RMSE} = \dfrac{1}{100}\sum_{i=1}^{100}\left(品质 - 估计\right)$ 的 λ。
7. 根据由最优 λ 获取的平均值对学校进行排名。注意，正确包含所有小规模学校。
8. 使用正则化的一个常见的错误就是，将中心不为 0 的值朝 0 缩小。例如，如果在缩小之前不减去总体平均值，就会得到一个非常相似的结果。在不除去总体平均值的情况下，重新运行练习 6 中的代码，以证实这一点。

33.11　矩阵分解

矩阵分解是机器学习中广泛应用的概念。它与因子分析、奇异值分解（Singular Value Analysis, SVD）和主成分分析（PCA）密切相关。我们将在电影推荐系统的例子中描述这个概念。

我们已经描述过下列模型是如何用 b_i 表示电影差异，用 b_u 表示用户差异的：

$$Y_{u,i} = \mu + b_i + b_u + \varepsilon_{u,i}$$

但这个模型忽略了一个重要的变异来源，即同类型的电影有相似的评分模式，同类型的用户也有相似的评分模式。我们将通过研究残差来求出这些模式：

$$r_{u,i} = y_{u,i} - \hat{b}_i - \hat{b}_u$$

为更好地认识这一点，我们将数据转化成矩阵的形式，以用户为行，以电影为列，$y_{u,i}$ 代表第 u 行第 i 列的元素。为更好地进行演示，我们只考虑电影数据中评分较多，用户数据中评分次数较多的一个子集。我们保留《女人香》（*Scent of a Woman*）（`movieId==3252`），因为我们将其作为一个特例：

```
train_small <- movielens %>%
  group_by(movieId) %>%
  filter(n() >= 50 | movieId == 3252) %>% ungroup() %>%
  group_by(userId) %>%
  filter(n() >= 50) %>% ungroup()

y <- train_small %>%
  select(userId, movieId, rating) %>%
  spread(movieId, rating) %>%
  as.matrix()
```

添上行名和列名：

```
rownames(y)<- y[,1]
y <- y[,-1]

movie_titles <- movielens %>%
  select(movieId, title) %>%
  distinct()

colnames(y) <- with(movie_titles, title[match(colnames(y), movieId)])
```

再通过移除列效应和行效应来将它们转化为残差：

```
y <- sweep(y, 2, colMeans(y, na.rm=TRUE))
y <- sweep(y, 1, rowMeans(y, na.rm=TRUE))
```

如果上述模型解释了所有的信号，而 ε 只代表噪音，那么不同电影的残差就应该相互独立。实际并非如此。下面是一些例子（见图 33.30）：

```
m_1 <- "Godfather, The"
m_2 <- "Godfather: Part II, The"
p1 <- qplot(y[ ,m_1], y[,m_2], xlab = m_1, ylab = m_2)

m_1 <- "Godfather, The"
m_3 <- "Goodfellas"
p2 <- qplot(y[ ,m_1], y[,m_3], xlab = m_1, ylab = m_3)

m_4 <- "You've Got Mail"
m_5 <- "Sleepless in Seattle"
p3 <- qplot(y[ ,m_4], y[,m_5], xlab = m_4, ylab = m_5)

gridExtra::grid.arrange(p1, p2 ,p3, ncol = 3)
```

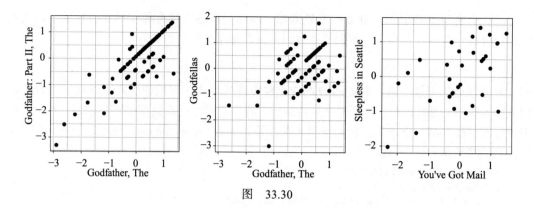

图 33.30

图 33.30 说明，对《教父》（The Godfather）的喜爱超过模型预期的用户，对《教父2》的喜爱也超过了预期，预测基于电影效应和用户效应。相似的关系也存在于《教父》和《好家伙》（Goodfellas）两部电影之间。尽管关系没那么强烈，但依然存在相关性。《西雅图未眠人》（Sleepless in Seattle）和《电子情书》（You've Got Mail）之间也存在这样的相关性。

观察电影间的相关性，我们可以发现一个模式（为节省空间，我们重命名了列）：

```
x <- y[, c(m_1, m_2, m_3, m_4, m_5)]
short_names <- c("Godfather", "Godfather2", "Goodfellas",
                 "You've Got", "Sleepless")
colnames(x) <- short_names
cor(x, use="pairwise.complete")
#>             Godfather Godfather2 Goodfellas You've Got Sleepless
#> Godfather       1.000      0.829      0.444     -0.440    -0.378
#> Godfather2      0.829      1.000      0.521     -0.331    -0.358
#> Goodfellas      0.444      0.521      1.000     -0.481    -0.402
#> You've Got     -0.440     -0.331     -0.481      1.000     0.533
#> Sleepless      -0.378     -0.358     -0.402      0.533     1.000
```

有些人似乎对浪漫喜剧情有独钟，有些人则更钟情于黑帮电影，这些都在模型预料以外。

由结果可知，数据是有结构的，但我们如何模拟它呢？

33.11.1 因子分析

下面的模拟演示了如何使用结构来预测 $r_{u,i}$。假设残差 r 如下：

```
round(r, 1)
#>      Godfather Godfather2 Goodfellas You've Got Sleepless
#> 1        2.0        2.3        2.2       -1.8      -1.9
#> 2        2.0        1.7        2.0       -1.9      -1.7
#> 3        1.9        2.4        2.1       -2.3      -2.0
#> 4       -0.3        0.3        0.3       -0.4      -0.3
#> 5       -0.3       -0.4        0.3        0.2       0.3
#> 6       -0.1        0.1        0.2       -0.3       0.2
```

```
#> 7      -0.1    0.0     -0.2    -0.2    0.3
#> 8       0.2    0.2      0.1     0.0    0.4
#> 9      -1.7   -2.1     -1.8     2.0    2.4
#> 10     -2.3   -1.8     -1.7     1.8    1.7
#> 11     -1.7   -2.0     -2.1     1.9    2.3
#> 12     -1.8   -1.7     -2.1     2.3    2.0
```

似乎有一个内在模式。事实上，我们可以看到强相关的模式：

```
cor(r)
#>           Godfather Godfather2 Goodfellas You've Got Sleepless
#> Godfather     1.000      0.980      0.978     -0.974    -0.966
#> Godfather2    0.980      1.000      0.983     -0.987    -0.992
#> Goodfellas    0.978      0.983      1.000     -0.986    -0.989
#> You've Got   -0.974     -0.987     -0.986      1.000     0.986
#> Sleepless    -0.966     -0.992     -0.989      0.986     1.000
```

我们可以创建向量 q 和 p 来解释观察到的大多数结构。p 如下所示：

```
t(q)
#>       Godfather Godfather2 Goodfellas You've Got Sleepless
#> [1,]          1          1          1         -1        -1
```

它将电影分成了两个小类：黑帮电影（标为1）和浪漫电影（标为–1）。我们也可以将用户分为三类：

```
t(p)
#>        1 2 3 4 5 6 7 8  9 10 11 12
#> [1,]   2 2 2 0 0 0 0 0 -2 -2 -2 -2
```

即喜欢黑帮电影而不喜欢浪漫电影的用户（标为2）、喜欢浪漫电影而不喜欢黑帮电影的用户（标为–2），以及没有明显偏好的用户（标为0）。重点在于，我们基本上可以用几个总共只有 17 个值的向量来重建有 60 个值的 r。如果 r 包含用户 $u = 1, \cdots, 12$ 对于电影 $i = 1, \cdots, 5$ 的残差，针对残差 $r_{u,i}$ 就有如下数学公式：

$$r_{u,i} \approx p_u q_i$$

这意味着若将之前的电影推荐模型修改为：

$$Y_{u,i} = \mu + b_i + b_u + p_u q_i + \varepsilon_{u,i}$$

我们就能解释更多的变异性。

　　然而，这只是一个简单的模拟，我们由此得出我们需要 $p_u q_i$ 项，但实际数据中的结构往往更加复杂。例如，在第一个模拟中，我们假定只有一个因子 p_u 决定电影 u 的类型，但电影数据中的结构似乎比"浪漫题材/黑帮题材"这样的划分结构要复杂得多。或许还有许多其他因子。下面呈现的就是一个稍微复杂的模拟，我们在原来的基础上添加了第六部电影：

```
round(r, 1)
#>    Godfather Godfather2 Goodfellas You've Got Sleepless Scent
#> 1        0.5        0.6        1.6       -0.5      -0.5  -1.6
#> 2        1.5        1.4        0.5       -1.5      -1.4  -0.4
#> 3        1.5        1.6        0.5       -1.6      -1.5  -0.5
```

```
#>  4     -0.1      0.1       0.1       -0.1      -0.1    0.1
#>  5     -0.1     -0.1       0.1        0.0       0.1   -0.1
#>  6      0.5      0.5      -0.4       -0.6      -0.5    0.5
#>  7      0.5      0.5      -0.5       -0.6      -0.4    0.4
#>  8      0.5      0.6      -0.5       -0.5      -0.4    0.4
#>  9     -0.9     -1.0      -0.9        1.0       1.1    0.9
#> 10     -1.6     -1.4      -0.4        1.5       1.4    0.5
#> 11     -1.4     -1.5      -0.5        1.5       1.6    0.6
#> 12     -1.4     -1.4      -0.5        1.6       1.5    0.6
```

探索这个新数据集的相关性结构：

```
colnames(r)[4:6] <- c("YGM", "SS", "SW")
cor(r)
#>            Godfather Godfather2 Goodfellas    YGM      SS      SW
#> Godfather      1.000      0.997      0.562 -0.997  -0.996  -0.571
#> Godfather2     0.997      1.000      0.577 -0.998  -0.999  -0.583
#> Goodfellas     0.562      0.577      1.000 -0.552  -0.583  -0.994
#> YGM           -0.997     -0.998     -0.552  1.000   0.998   0.558
#> SS            -0.996     -0.999     -0.583  0.998   1.000   0.588
#> SW            -0.571     -0.583     -0.994  0.558   0.588   1.000
```

由此可见，我们或许需要用第二个因子来表示用户对阿尔·帕西诺（Al Pacino，意大利裔美国演员）的喜爱、讨厌或中立态度。注意，从模拟数据中获得的相关性总体结构和真实的相差无几：

```
six_movies <- c(m_1, m_2, m_3, m_4, m_5, m_6)
x <- y[, six_movies]
colnames(x) <- colnames(r)
cor(x, use="pairwise.complete")
#>            Godfather Godfather2 Goodfellas    YGM      SS      SW
#> Godfather     1.0000      0.829      0.444 -0.440  -0.378   0.0589
#> Godfather2    0.8285      1.000      0.521 -0.331  -0.358   0.1186
#> Goodfellas    0.4441      0.521      1.000 -0.481  -0.402  -0.1230
#> YGM          -0.4397     -0.331     -0.481  1.000   0.533  -0.1699
#> SS           -0.3781     -0.358     -0.402  0.533   1.000  -0.1822
#> SW            0.0589      0.119     -0.123 -0.170  -0.182   1.0000
```

我们需要两个因子来解释这种更加复杂的结构，如下所示：

```
t(q)
#>      Godfather Godfather2 Goodfellas You've Got Sleepless Scent
#> [1,]         1          1          1         -1        -1    -1
#> [2,]         1          1         -1         -1        -1     1
```

其中，第一个因子（第一行）用来区分黑帮题材组和浪漫题材组，第二个因子（第二行）则用于表示喜爱或讨厌阿尔·帕西诺的组。我们还需要两组系数来解释 3×3 类型的组引入的变异性：

```
t(p)
#>          1   2   3 4 5   6   7   8  9   10   11   12
#> [1,]   1.0 1.0 1.0 0 0 0.0 0.0 0.0 -1 -1.0 -1.0 -1.0
#> [2,]  -0.5 0.5 0.5 0 0 0.5 0.5 0.5  0 -0.5 -0.5 -0.5
```

双因子的模型有 36 个参数，可用于解释 72 个评分中的大部分变异性：

$$Y_{u,i}=\mu+b_i+b_u+p_{u,1}q_{1,i}+p_{u,2}q_{2,i}+\varepsilon_{u,i}$$

注意，在实际的数据应用中，我们需要用这个模型来拟合数据。为解释我们在实际数据上观察到的复杂相关性，我们一般允许 **p** 和 **q** 的元素为连续型值，而非模拟中使用的离散型值。例如，我们会定义一个连续统一体，而不是简单地把电影分为黑帮电影或浪漫电影。还需注意的是，这是一个非线性模型，为拟合这个模型，我们需要用一种和 lm 所用算法不同的算法来找到使最小二乘方程最小的参数。Neflix 挑战赛中的优胜算法所拟合的模型和上面的类似，但使用正则化（而非最小二乘法）来惩罚大值的 p 和 q，该方法的实现超出了本书的范畴，将不作介绍。

33.11.2　连接 SVD 和 PCA

分解式：

$$r_{u,i} \approx p_{u,1}q_{1,i}+p_{u,2}q_{2,i}$$

和 SVD 以及 PCA 有密切关系。SVD 和 PCA 都是非常复杂的概念，但我们可以这样理解：SDV 算法的目的就是找到允许我们以下列方式重写矩阵（m 行 n 列）的向量 **p** 和 **q**：

$$r_{u,i}=p_{u,1}q_{1,i}+p_{u,2}q_{2,i}+\cdots+p_{u,m}q_{m,i}$$

其中，每项的变异性递减，**p** 彼此不相关。该算法还会计算变异性，因此当我们加入新项时就能知道有多少矩阵变异性是已被解释的。这样，我们或许只用少数几项就能解释绝大部分变异性。

以电影数据为例计算分解式，我们设空值（NA）的残差为 0：

```
y[is.na(y)] <- 0
pca <- prcomp(y)
```

被视为主成分的 **q** 向量都存储在这个矩阵中：

```
dim(pca$rotation)
#> [1] 454 292
```

而 **p**（或者说用户效应）则存储在这里：

```
dim(pca$x)
#> [1] 292 292
```

我们可以查看每个向量的变异性（见图 33.31）：

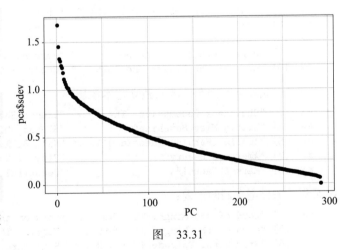

图　33.31

```
qplot(1:nrow(x), pca$sdev, xlab = "PC")
```

我们还注意到，前两个主成分与电影观点的结构是有关联的，如图 33.32 所示。

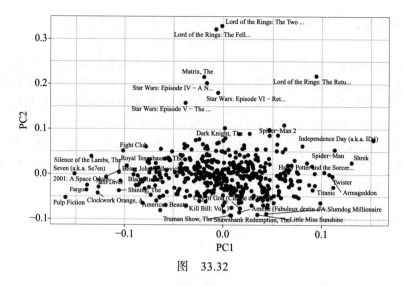

图 33.32

观察各方向上排名前十的电影，我们会得到一个重要的模式。第一主成分区分了被批评的电影

```
#> [1] "Pulp Fiction"           "Seven (a.k.a. Se7en)"
#> [3] "Fargo"                   "2001: A Space Odyssey"
#> [5] "Silence of the Lambs, The" "Clockwork Orange, A"
#> [7] "Taxi Driver"             "Being John Malkovich"
#> [9] "Royal Tenenbaums, The"   "Shining, The"
```

和好莱坞大片：

```
#> [1] "Independence Day (a.k.a. ID4)" "Shrek"
#> [3] "Spider-Man"              "Titanic"
#> [5] "Twister"                 "Armageddon"
#> [7] "Harry Potter and the Sorcer..." "Forrest Gump"
#> [9] "Lord of the Rings: The Retu..." "Enemy of the State"
```

第二主成分下的排序，则从独立艺术电影

```
#> [1] "Shawshank Redemption, The" "Truman Show, The"
#> [3] "Little Miss Sunshine"     "Slumdog Millionaire"
#> [5] "Amelie (Fabuleux destin d'A..." "Kill Bill: Vol. 1"
#> [7] "American Beauty"          "City of God (Cidade de Deus)"
#> [9] "Mars Attacks!"            "Beautiful Mind, A"
```

过渡到了宅男宅女们的最爱：

```
#> [1] "Lord of the Rings: The Two ..." "Lord of the Rings: The Fell..."
#> [3] "Lord of the Rings: The Retu..." "Matrix, The"
#> [5] "Star Wars: Episode IV - A N..." "Star Wars: Episode VI - Ret..."
#> [7] "Star Wars: Episode V - The ..." "Spider-Man 2"
#> [9] "Dark Knight, The"         "Speed"
```

拟合一个包含这些估计的模型非常复杂。我们推荐对此感兴趣的同学自行探索学习 recommenderlab 包中的内容。内容超出了本书范畴，这里不进一步讲解。

33.12 练习

以下习题集涵盖了有关奇异值分解（SVD）的介绍，它将帮助你理解矩阵分解。SVD 是一个在机器学习中被广泛应用的数学结果——无论在实践中还是在对某些算法的数学属性的理解上。这是一个比较高深的主题，为完成下列习题集，你需要对矩阵乘法、正交矩阵和对角矩阵等线性代数概念熟稔于心。

用 SVD，我们可以将 $N \times p$ $(p < N)$ 的矩阵分解成下列形式：

$$Y = UDV^\top$$

其中，U 和 V 分别是 $N \times p$ 和 $p \times p$ 的正交矩阵，D 是一个 $p \times p$ 的对角矩阵，其对角线上的值递减：

$$d_{1,1} \geq d_{2,2} \geq \cdots \geq d_{p,p}$$

在这个练习中，我们会看到这种分解的用处之一。我们首先要构建一个代表 100 个学生 24 个学科的成绩的数据集。去除总体平均分后，这个数据代表各学生高于或低于平均分的百分点，所以 0 表示平均分（C），25 指高分（A+），–25 是低分（F）。你可以像这样模拟数据：

```
set.seed(1987)
n <- 100
k <- 8
Sigma <- 64  * matrix(c(1, .75, .5, .75, 1, .5, .5, .5, 1), 3, 3)
m <- MASS::mvrnorm(n, rep(0, 3), Sigma)
m <- m[order(rowMeans(m), decreasing = TRUE),]
y <- m %x% matrix(rep(1, k), nrow = 1) +
  matrix(rnorm(matrix(n * k * 3)), n, k * 3)
colnames(y) <- c(paste(rep("Math",k), 1:k, sep="_"),
                 paste(rep("Science",k), 1:k, sep="_"),
                 paste(rep("Arts",k), 1:k, sep="_"))
```

我们的目标是尽可能简洁地描述学生的表现。例如，我们想知道测试结果是否只是随机且独立的数字。所有的学生都表现得一样好吗？在一门学科成绩优秀是否意味着另一门学科也是如此？ SVD 又将如何帮助我们解决这些问题？我们将一步步展示：如何只用三对相对较小的向量来解释 100×24 的数据集中的绝大部分变异性。

你可以通过绘图来可视化 100 个学生的 24 门测验成绩：

```
my_image <- function(x, zlim = range(x), ...){
  colors = rev(RColorBrewer::brewer.pal(9, "RdBu"))
  cols <- 1:ncol(x)
  rows <- 1:nrow(x)
  image(cols, rows, t(x[rev(rows),,drop=FALSE]), xaxt = "n", yaxt = "n",
        xlab="", ylab="",  col = colors, zlim = zlim, ...)
  abline(h=rows + 0.5, v = cols + 0.5)
  axis(side = 1, cols, colnames(x), las = 2)
}

my_image(y)
```

1. 根据图，你会如何描述数据？
   a. 测验成绩全都彼此独立。
   b. 成绩优异的学生们位于图的顶部，且似乎按学科分为了 3 组。
   c. 擅长数学的学生不擅长科学。
   d. 擅长数学的学生不擅长人文科学。

2. 你可以像这样直接检验成绩间的相关性：
   ```
   my_image(cor(y), zlim = c(-1,1))
   range(cor(y))
   axis(side = 2, 1:ncol(y), rev(colnames(y)), las = 2)
   ```

   下列描述中哪一个更符合你的观察结果？
   a. 测验成绩彼此独立。
   b. 数学和科学间高度相关，和人文科学则不然。
   c. 同一学科内的成绩相关性高，跨学科间的成绩则不然。
   d. 所有的测验都有相关性，科学和数学之间的相关性更高，二者内部的相关性尤甚。

3. 记住，正交意味着 $U^{\top}U$ 和 $V^{\top}V$ 等价于单位矩阵，这意味着我们可以将分解式重写为：
   $$YV=UD,\ U^{\top}Y=DV^{\top}$$
   我们可以将 YV 和 $U^{\top}V$ 看作 Y 的两个保存总体变异性的变换——因为 U 和 V 是正交的。用 svd 函数来计算 y 的 SVD。该函数会返回 U、V 以及 D 的对角元素：
   ```
   s <- svd(y)
   names(s)
   ```

   输入下列代码可以检查 SVD 是否运作正常：
   ```
   y_svd <- s$u %*% diag(s$d) %*% t(s$v)
   max(abs(y - y_svd))
   ```

   计算 Y 的列平方和并保存在 ss_y 中，然后计算变换后的 YV 的列平方和并保存在 ss_yv 中。证明：sum(ss_y) 等于 sum(ss_yv)。

4. 由于 V 是正交的，因此总平方和保持不变。为理解 YV 的有用性，绘出 ss_y 与列数的图和 ss_yv 与列数的图。你观察到了什么？

5. 可以看到 YV 的列变异性在递减，且相对于前三列，其他列的变异性几乎为 0。注意，我们不用计算 ss_yv 就已经得到它的答案了——为什么？因为 $YV=UD$ 且 U 是正交的，所以我们知道 UD 的列平方和是 D 对角元素的平方。绘出 ss_yv 的平方根与 D 的对角元素的图来证实这一点。

6. 由上可知，Y 的列平方和（平方的总和）加起来等于 s$d^2 的和，而 YV 变换后，列平方和等于 s$d^2。现在，计算 YV 中仅由前三列解释的变异性的占比。

7. 可以看到，$YD=UD$ 的前三列解释了几乎 99% 的变异性。所以我们应该可以解释用少数列探索数据时得到的绝大部分变异性和结构。在继续之前，我们先展示一个可以避免创建矩阵 diag(s$d) 的计算技巧。如果我们将 U 按列写成 $[U_1, U_2, \cdots, U_p]$，那么 UD 等于：

$$UD=[U_1d_{1,1}, U_2d_{2,2}, \cdots, U_pd_{p,p}]$$

用 sweep 函数来计算 UD，不构建 diag(s$d)，也不进行矩阵乘法运算。

8. 我们知道 UD 的第一列 $U_1d_{1,1}$ 几乎独占了所有的变异性。之前我们有看过一张 Y 的图像：

```
my_image(y)
```

由图可知，学生和学生之间的变异性相当大，且在一门学科中表现优异的同学似乎在所有学科中都很优秀。这意味着每个学生的（全科）平均分应该能解释很多的变异性。计算每个学生的平均分，画出平均分与 $U_1d_{1,1}$ 的图并描述你的发现。

9. 我们注意到 SVD 中的符号是任意的，因为：

$$UDV^\top=(-U)D(-V)^\top$$

有了这个概念后，我们发现 UD 的第一列和每个学生平均分除符号外几乎一模一样。这意味着用 V 的第一列乘以 Y 一定和取平均值是类似的运算。绘制 V 的图像，描述第一列和其他列的关系，以及这与取平均值之间的关系。

10. 已知我们可以将 UD 重写为：

$$U_1d_{1,1}+U_2d_{2,2}+\cdots+U_pd_{p,p}$$

其中，U_j 是 U 的第 j 列。这说明我们可以将 SVD 重写为：

$$Y = U_1d_{1,1}V_1^\top + U_2d_{2,2}V_2^\top + \cdots + U_pd_{p,p}V_p^\top$$

其中，V_j 是 V 的第 j 列。画出 U_1，然后在同样的 y 轴范围内画出 $V_1^\top$，再绘制 $U_1d_{1,1}V_1^\top$ 的图像，将其与 Y 图像进行对比。提示：用上面定义的 my_image 函数，使用 drop=FALSE 参数确保矩阵的子集也是矩阵。

11. 可以看到，尽管只用了一个长度为 100 的向量、一个标量和一个长度为 24 的向量，我们实际上已经快重构好最初的100×24矩阵。这是我们的第一个矩阵分解式：

$$Y \approx d_{1,1}U_1V_1^\top$$

我们知道它解释了百分之 s$d[1]^2/sum(s$d^2)*100 的变异性。近似值解释了好学生倾向于全面发展这一观察结果，但它没有解释原始数据中存在于学科内的更高的相关性。为更好地理解这一点，我们可以计算近似值和原始数据间的差值并算出相关性。可以运行下列代码：

```
resid <- y - with(s,(u[,1, drop=FALSE]*d[1]) %*% t(v[,1, drop=FALSE]))
my_image(cor(resid), zlim = c(-1,1))
axis(side = 2, 1:ncol(y), rev(colnames(y)), las = 2)
```

移除总体的学生效应后，由相关性图可知，我们尚未能解释学科内的相关性，或数学和科学间有比同艺术更近的联系这一事实。所以，我们继续探索 SVD 的第二列。重复之前的练习，但这一次使用第二列：画出 U_2，然后在同样的 y 轴范围内画出 $V_2^\top$，再绘制 $U_2d_{2,2}V_2^\top$ 的图像，并将其与 resid 图进行比较。

12. 第二列显然与学生在数学 / 科学和艺术之间的能力差异有关。在 s$v[,2] 的图上可以很清晰地看到这一点。将我们用这两个列获得的矩阵相加有助于我们取近似值：

$$Y \approx d_{1,1}U_1V_1^\top + d_{2,2}U_2V_2^\top$$

我们知道它将解释百分之：

```
sum(s$d[1:2]^2)/sum(s$d^2) * 100
```

的变异性。我们可以算出新的残差：

```
resid <- y - with(s,sweep(u[,1:2], 2, d[1:2], FUN="*") %*% t(v[,1:2]))
my_image(cor(resid), zlim = c(-1,1))
axis(side = 2, 1:ncol(y), rev(colnames(y)), las = 2)
```

可见余下的结构是由数学和科学间的差异产生的。为证实这一点，画出 U_3，然后在同样的 y 轴范围内画出 $V_3^\top$，再绘制 $U_3d_{3,3}V_3^\top$ 的图像，并将其与 resid 图进行比较。

13. 第三列明显与学生在数学和科学上的能力差异有关。在 s$v[,3] 的图上可以很清晰地看到这一点。将我们用这三个列获得的矩阵相加有助于我们取近似值：

$$Y \approx d_{1,1}U_1V_1^\top + d_{2,2}U_2V_2^\top + d_{3,3}U_3V_3^\top$$

我们知道它将解释百分之：

```
sum(s$d[1:3]^2)/sum(s$d^2) * 100
```

的变异性。我们可以算出新的残差：

```
resid <- y - with(s,sweep(u[,1:3], 2, d[1:3], FUN="*") %*% t(v[,1:3]))
my_image(cor(resid), zlim = c(-1,1))
axis(side = 2, 1:ncol(y), rev(colnames(y)), las = 2)
```

残差中无法再看到结构：它们似乎彼此独立。这意味着我们可以用以下模型来描述数据：

$$Y = d_{1,1}U_1V_1^\top + d_{2,2}U_2V_2^\top + d_{3,3}U_3V_3^\top + \varepsilon$$

其中，ε 是独立同分布误差的矩阵。我们用 $3 \times (100 + 24 + 1) = 375$ 个数字概括了 100×24 个观测值，可见这个模型是有用的。此外，模型的三个组成成分也各有内涵：①学生的总体实力；②学生在数学 / 科学和艺术上的能力差异；③三个学科间的其他差异。由 $d_{1,1}$、$d_{2,2}$、$d_{3,3}$ 可知各个成分解释了多少变异性。最后要注意的是，$d_{j,j}U_jV_j^\top$ 等价于第 j 主成分。

最后，用相同的 zlim 画出 Y 的图像、$d_{1,1}U_1V_1^\top + d_{2,2}U_2V_2^\top + d_{3,3}U_3V_3^\top$ 的图像以及残差的图像。

14. 进阶内容。dslabs 包中的 movielens 数据集是一个有着百万评分的数据集的子集。完整数据集见 https://grouplens.org/datasets/movielens/20m/。用我们展示的工具来创建你自己的推荐系统吧！

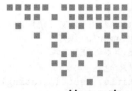
聚类

到目前为止，我们描述的算法都可以被称为监督机器学习，因为我们使用了训练集的输出来监督预测算法的构建。还有一类是非监督机器学习，在这种机器学习中，我们不一定知道输出，且只对发现某些组感兴趣。这些算法也被称为聚类算法，因为预测因素被用来定义簇（cluster）。

在下面展示的两个例子中，聚类不会有很大帮助。在第一个例子中，如果只有身高已知，我们不可能发现两个组（男性和女性），因为二者的交集很大。在第二个例子中，由图 34.1 可知，发现 2 和 7 两个数字将极具挑战性。

```
library(tidyverse)
library(dslabs)
data("mnist_27")
mnist_27$train %>% qplot(x_1, x_2, data = .)
```

然而，在某些应用中，非监督学习可以成为一种强大的技术——尤其是作为一种探索工具。

所有聚类算法的第一步都是定义观测值或观测组之间的距离。然后，需要确定如何将观测值合并到簇中。有很多算法可以做到这一点，这里我们介绍两个例子：分层聚类和 k 均值聚类。

我们将基于电影评分构建一个简单的例子。迅速构建一个由评分最多的前 50 部电影组成的矩阵 x：

```
data("movielens")
top <- movielens %>%
  group_by(movieId) %>%
  summarize(n=n(), title = first(title)) %>%
  top_n(50, n) %>%
  pull(movieId)
```

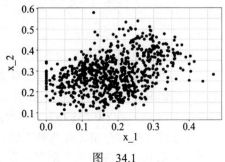

图　34.1

```
x <- movielens %>%
  filter(movieId %in% top) %>%
  group_by(userId) %>%
  filter(n() >= 25) %>%
  ungroup() %>%
  select(title, userId, rating) %>%
  spread(userId, rating)

row_names <- str_remove(x$title, ": Episode") %>% str_trunc(20)
x <- x[,-1] %>% as.matrix()
x <- sweep(x, 2, colMeans(x, na.rm = TRUE))
x <- sweep(x, 1, rowMeans(x, na.rm = TRUE))
rownames(x) <- row_names
```

我们想用这些数据来找出电影中是否存在基于 139 个影评者评分的簇。第一步是用 dist 函数找到每一对电影之间的距离:

```
d <- dist(x)
```

34.1 分层聚类

算出每一对电影间的距离后,我们需要一个定义组的算法。分层聚类首先将各个观测值定义为单独的组,然后迭代地将两个最近的组合并为一个组,直到只有一个包含所有的观测值的组。hclust 函数就实现了这个算法,它接收距离作为输入值:

```
h <- hclust(d)
```

我们可以用树状图来查看得到的组(见图 34.2):

```
plot(h, cex = 0.65, main = "", xlab = "")
```

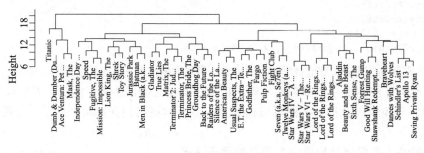

图 34.2

请按下列步骤理解图 34.2。为得到任意两个电影之间的距离,首先从上到下找到将电影分为两组的第一个节点,该位置的高度就是两组之间的距离。所以《星球大战》(*Star Wars*)系列电影之间的距离是 8 或更小,《夺宝奇兵 1》(*Raiders of the Lost of Ark*)和《沉默的羔羊》(*Silence of the Lambs*)之间的距离大约是 17。

为生成实际的分组,有两种方法:①确定一个将观测值分为一组的最小距离;②根据想要的组数找出相应的最小距离。将 cutree 函数应用到 hclust 的输出,即可执行任意一个运算并生成组。

```
groups <- cutree(h, k = 10)
```

注意，聚类为电影类型的分类提供了帮助。第 4 组似乎是大片：

```
names(groups)[groups==4]
#> [1] "Apollo 13"           "Braveheart"          "Dances with Wolves"
#> [4] "Forrest Gump"        "Good Will Hunting"   "Saving Private Ryan"
#> [7] "Schindler's List"    "Shawshank Redempt..."
```

第 9 组则似乎是宅男宅女的最爱：

```
names(groups)[groups==9]
#> [1] "Lord of the Rings..." "Lord of the Rings..." "Lord of the Rings..."
#> [4] "Star Wars IV - A ..."  "Star Wars V - The..." "Star Wars VI - Re..."
```

我们可以通过增大 k 或减小 h 来改变组的大小。我们还可以对数据进行探索，查看是否有基于影评者的簇：

```
h_2 <- dist(t(x)) %>% hclust()
```

34.2　*k* 均值聚类

要使用 *k* 均值聚类算法，必须先定义 *k*，即要定义的簇的数量。*k* 均值算法是迭代的，第一步是定义 *k* 个中心，然后将每个观测值分配到距离中心最近的簇中。第二步是用各簇中的观测值对中心进行重新定义：用列平均值来定义质心。重复这两个步骤直到中心收敛。

基础 R 包中的 kmeans 函数无法处理空值，为更好地进行演示，我们会用0填补空值。总体来说，遗失数据的填补与否或如何填补，都应谨慎对待。

```
x_0 <- x
x_0[is.na(x_0)] <- 0
k <- kmeans(x_0, centers = 10)
```

簇的分配存储在 cluster 组件中：

```
groups <- k$cluster
```

注意，因为第一个中心是随机选择的，所以最后一个簇也是随机的。多次重复整个函数并对结果求平均值可增加稳定性。我们可以用 nstart 参数来分配所用的随机起始值：

```
k <- kmeans(x_0, centers = 10, nstart = 25)
```

34.3　热点图

热点图（heatmap）是一个强大的发现数据中簇或模式的可视化工具。它的思路很简单：绘制数据矩阵的图像，用颜色作为视觉线索，并根据聚类算法的结果对矩阵的行和列排序。我们会用 tissue_gene_expression 数据集来进行演示。我们将对基因表达矩阵的行做缩放处理。

第一步如下：

```
data("tissue_gene_expression")
x <- sweep(tissue_gene_expression$x, 2, colMeans(tissue_gene_expression$x))
h_1 <- hclust(dist(x))
h_2 <- hclust(dist(t(x)))
```

现在根据聚类结果对行列进行排序：

```
image(x[h_1$order, h_2$order])
```

不过，heatmap 函数已经替我们完成了：

```
heatmap(x, col = RColorBrewer::brewer.pal(11, "Spectral"))
```

我们不会展示 heatmap 函数的结果，因为它基本没什么用——特征过多。我们将在过滤掉一些列后再重新制图。

34.4 特征过滤

如果簇的信息只包含在少数特征中，那么包含所有特征就会增加过多噪声，从而增加簇检测的挑战性。一种移除无信息特征的简单方法是，只包含高方差特征。在电影的例子中，评分方差小的用户并不能提供真正的信息：所有的电影对他们来说似乎都是一样的。以下演示了如何只包含具有高方差的特征（见图 34.3）：

图 34.3

```
library(matrixStats)
sds <- colSds(x, na.rm = TRUE)
o <- order(sds, decreasing = TRUE)[1:25]
heatmap(x[,o], col = RColorBrewer::brewer.pal(11, "Spectral"))
```

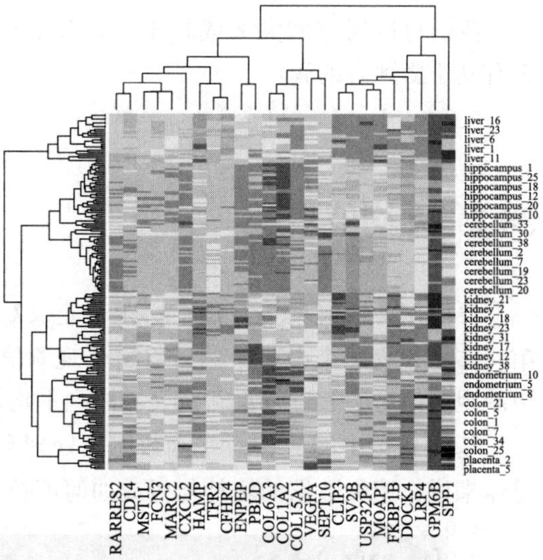

34.5 练习

1. 加载 tissue_gene_expression 数据集。移除行平均值，然后计算各观测值之间的距离，将结果保存在 d 中。

2. 绘出一张分层聚类图，添加组织类型作为标签。

3. 执行 k 均值聚类（k=7）。绘制一张表来比较识别出的簇和真正的组织类型。多次运行算法，观察结果会如何改变。

4. 选出 50 个最易变的基因。确保观测值显示在列中，预测因素居中，并添加一个颜色条来展示不同的组织类型。提示：使用 ColSideColors 参数来分配颜色。另外，用 col = RColorBrewer::brewer.pal(11, "RdBu") 来设定更适合的颜色。

第六部分 *Part 6*

生产力工具

生产力工具导论

一般来说，相比点选方法，我们更推荐用脚本语言（例如 R）进行数据分析，因为它们更灵活且极大地促进了再现性。同样，我们也不建议通过点选来整理文件和准备文档。我们将在这一部分演示其他方法，具体来说就是演示如何使用一些免费的工具——第一眼看上去它们或许会略显笨拙和抽象，但最终将帮助你成为一个更高效多产的数据科学家。

这里的三个指导原则是：①系统地整理文件系统；②尽可能地实现自动化；③尽量不使用鼠标。当你逐渐精进自己的编码能力时，你会发现：①你想要最小化记忆文件名或存储路径的时间；②如果你发现自己在不断重复同一项任务，那这里就有自动化的用武之地；③你的手指一旦离开键盘，生产力就会下降。

数据分析工程并不总是涉及一个数据集或脚本。典型的数据分析问题或许分为好几个部分，每个部分又包含多个数据文件，其中就有用于分析数据的脚本文件。把这一切都整理得井井有条是极具挑战的。我们将探讨如何使用 UNIX Shell 来管理计算系统的文件和目录。UNIX 框架（shell）可以让你在创建文件夹、目录间移动、重命名和删除文件或移动文件时，使用键盘而不是鼠标。我们还将提供有关保持文件系统组织性的详细建议。

数据分析是一个迭代和自适应的过程，因此我们需要不断地修改脚本和报告。在这一部分，我们将介绍版本控制系统 Git，它是一个可以跟踪上述变化的强大工具。我们还将介绍 GitHub[⊖]，它是一项允许托管和共享代码的服务。我们将演示如何使用这项服务来增进协作。值得一提的是，GitHub 还能帮助你轻松地向潜在雇主展示你的工作。

最后，我们将介绍如何在 R markdown 中撰写报告，它允许我们将文本和代码合并到单个文档中。我们将演示如何使用 knitr 包同时运行分析和生成报告，从而编写可重现且美观的报告。

⊖ https://github.com

　　我们将使用强大的集成桌面环境 RStudio 来整合这些内容。我们将在这一部分建立一个有关美国枪杀案的例子，该项目最终包含几个文件和文件夹（https:github.com/rairizarry/murders），其中一个文件是最终的报告（https://github.com/rairizarry/murders/blob/master/report.md）。

Chapter 36 | 第 36 章

使用 UNIX 进行组织

UNIX 是数据科学中首选的操作系统。我们将用一个管理数据分析项目的示例引入 UNIX 的工作理念，通过该示例我们会学习一些最常用的命令，但不会深究细节。我们强烈推荐你进行进一步了解，尤其当你发现自己过于依赖鼠标或经常做重复性任务时，UNIX 很可能会帮助你提高效率。以下是一些能帮助你入门的基础课程：

- ❏ https://www.codecademy.com/learn/learn-the-command-line
- ❏ https://www.edx.org/course/introduction-linux-linuxfoundationx-lfs101x-1
- ❏ https://www.coursera.org/learn/unix

还有很多参考书，*Bite Size Linux* 和 *Bite Size Command Line*[⊖] 这两本书的内容尤为清晰、简洁和完整。

在查找 UNIX 资源时，注意我们所学内容的其他说法：Linux、框架和命令行。基本上来说，我们将要学习的是帮助进行无鼠标整理文件的系列命令和思维方式。

为进行演示，我们将从使用 UNIX 工具和 RStudio 构建目录开始。

36.1 命名约定

在用 UNIX 整理项目之前，要先挑选一个命名约定，以便系统地命名文件和目录。这有助于寻找文件和确定其中的内容。

一般来说，我们希望文件的名称和其内容相关，并能指定它们与其他文件的关联方式。

⊖ https://jvns.ca/blog/2018/08/05/new-zine--bite-size-command-line/

"史密斯数据管理最佳实践"（Smithsonian Data Management Best Practices）[⊖] 给出了文件命名和管理的五大规则：

- ❑ 使用一个和内容相关的独特、可读的名称。
- ❑ 遵循一致的命名模式，以便于机器解读。
- ❑ （必要时）将文件整理到遵循一致命名模式的目录中。
- ❑ 避免文件名和目录名之间重复语义元素。
- ❑ 有一个和文件格式匹配的文件扩展名（不要更改扩展名）。

我们强烈推荐你在 *The Tidyverse Style Guide*[⊖] 中查看具体的介绍。

36.2　终端

我们不通过点击、拖放来整理文件和文件夹，而是通过向终端输入 UNIX 命令来实现。这和在 R 控制台中输入命令是类似的，但这一次我们不是在生成图形和汇总统计量，而是在整理系统中的文件。

我们首先需要访问一个终端[⊖]，将其打开后，就可以开始输入命令了。你应该会在要输入的地方看到一个闪烁的光标，这个位置称为命令行。输入一些内容并在 Windows 上按下 <Enter> 键或在 Mac 上按下 <return> 键后，UNIX 就会尝试执行此命令。如果你想尝试一下，可以在命令行中输入：

```
echo "hello world"
```

echo 命令类似于 R 中的 cat。执行此命令应该会先输出 hello world，再返回到命令行。

注意，我们无法在终端上使用鼠标，键盘是唯一的选择。例如，我们可以用上键返回到之前输入的命令。

注意，上面我们包含了一段显示 UNIX 命令的代码块，其方式与前面显示 R 命令的方式相同。我们将确保区分哪些命令用于 R，哪些用于 UNIX。

36.3　文件系统

我们将计算机上所有的文件、文件夹和程序统称为文件系统。注意，文件夹和程序也是文件，但本书将很少考虑甚至直接忽略这一技术性问题。我们目前的研究重点是文件和文件夹，后面会讨论程序或可执行文件的相关内容。

⊖ https://library.si.edu/sites/default/files/tutorial/pdf/filenamingorganizing20180227.pdf
⊖ https://style.tidyverse.org/
⊖ https://rafalab.github.io/dsbook/accessing-the-terminal-and-installing-git.html

36.3.1 目录和子目录

作为 UNIX 用户，首先需要掌握的概念就是文件系统的组织方式。我们应该将目录视为一系列嵌套的文件夹，其中每个包含文件、文件夹和可执行文件。

图 36.1 给出了上述结构的可视化表达。

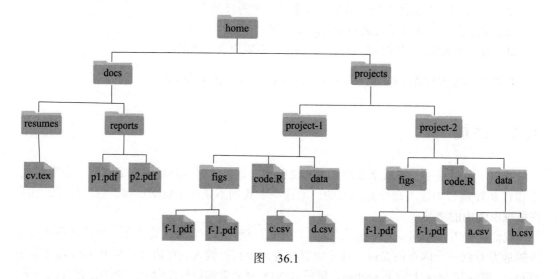

图 36.1

在 UNIX 中，我们将文件夹称为目录。位于其他目录中的目录通常被称为子目录。例如，在图 36.1 中，目录 docs 中有两个子目录：reports 和 resumes，而 docs 又是 home 的子目录。

36.3.2 主目录

主目录是存放所有文件的地方，而计算机附带的系统文件则保存在其他地方。在图 36.1 中，名为 home 的目录代表主目录，但我们很少使用这个名称。在你的系统上，主目录的名称可能与你在该系统上的用户名相同。图 36.2 给出了一个 Windows 和 Mac 上显示主目录（名为 rafa）的例子。

图 36.2

　　回顾展示文件系统的图 36.1，假设你在使用点选系统移除文件 cv.tex，而且你能在屏幕上看到主目录。为删除这个文件，首先要双击主目录，接着依次点击 docs、resumes，最后将 cv.tex 拖拽到回收站。你将体会到整个系统的分层属性：cv.tex 是 resumes 目录中的一个文件，resumes 是 docs 下的一个子目录，docs 又是主目录下的一个子目录。

　　现在，假设你无法在屏幕上看到主目录，需要想办法让它在屏幕上显示出来。一种做法是从根目录开始一直追溯到主目录——任何文件系统都有一个根目录，它包含其他所有的目录。图 36.2 中主目录一般会在根目录的两级（或更多）以下。在 Windows 中，它的结构像图 36.3 这样。

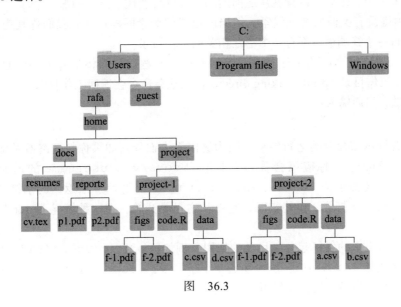

图　36.3

在 Mac 中的结构如图 36.4 所示。

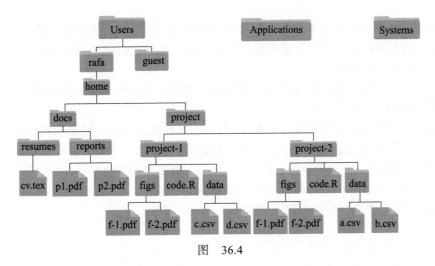

图　36.4

　　Windows 系统用户请注意：典型的 R 安装会把文档目录设置为 R 中的主目录，这可能与 Git Bash 中的主目录不同。通常，当我们讨论主目录时，我们指的是 UNIX 主目录，在本书中又指 Windows 中的 Git Bash 的 UNIX 目录。

36.3.3　工作目录

　　当前位置是点选方法的一部分：在任何给定时刻，我们都位于一个文件夹中，能够看到该文件夹的内容。当搜索一个文件时（就像上面所做的那样），我们就接触到了当前位置的概念：双击一个目录后，位置就从之前的那个文件夹变成了点击的那一个。

　　UNIX 中则没有类似的视觉线索，但当前位置的概念同样存在，我们称其为工作目录。我们打开的每一个终端窗口都有一个与之相关的工作目录。

　　我们该如何确定当前的工作目录？为回答这个问题，我们将学习第一条 UNIX 命令：pwd，即打印工作目录（print working directory）。这条命令会返回工作目录。

　　打开终端，然后输入：

```
pwd
```

　　这里没有展示该命令的运行结果，因为这因系统而异。如果你打开终端并输入第一条命令 pwd，在 Mac 上，你应该会看到类似于 /Users/yourusername 的返回结果；在 Windows 上，则类似于 /c/Users/yourusername。调用 pwd 后返回的字符串代表工作目录。当我们第一次打开一个终端时，它将从主目录开始，在这种情况下，工作目录就是主目录。

　　注意，字符串中的斜杠起分割目录的作用。例如，位置 /c/Users/rafa 表示我们目前的工作目录叫作 rafa，它是 Users 的一个子目录，Users 又是 c 的一个子目录，c 则是根目录的一个子目录。根目录只用一个斜杠表示。

36.3.4　路径

　　我们将 pwd 返回的字符串称为工作目录的全路径，这是因为该字符串说明了从根目录到相关目录所经的路径。每个目录都有一个全路径。之后我们将介绍相对路径，它告诉我们如何从工作目录到达相关目录。

　　在 UNIX 中，我们用 ~ 作为主目录的昵称。例如，若 docs 是主目录中的一个目录，它的全路径就可以写作 ~/docs。

　　绝大多数终端会在命令行中直接展示前往工作目录的路径。如果你在默认设定下在 Mac 上打开一个终端，你会在命令行上看到类似于 computername : ~ username 的内容，~ 代表工作目录，在本例中指主目录 ~。在 Git Bash 终端中也是一样的，你会看到类似于 username@computername MINGW64~ 的内容，这里工作目录显示在末尾。当目录改变时，该路径也会改变，这一点 Mac 和 Windows 是一样的。

36.4　UNIX 命令

现在我们已经学习了一系列能为数据科学项目准备目录的 UNIX 命令。但也有如果直接将其输入自己的计算机，会返回错误的命令。这是因为示例图中的文件系统是假设的，自然和你的不同。稍后，我们会给出能直接供你使用的例子。

36.4.1　ls：列出目录内容

在点选系统中，目录是可见、可知的。在终端中，图标不可见，所以我们使用命令 ls 来列出目录内容。

打开一个终端，然后输入：

```
ls
```

就能看到主目录的内容。之后我们会给出更多的示例。

36.4.2　mkdir 和 rmdir：目录的创建和删除

在为数据科学项目做准备时，我们需要创建一些目录。在 UNIX 中，我们可以用 mkdir 命令来实现。

因为很快就需要处理多个项目，因此我们强烈建议在主目录下创建一个项目目录（projects）。

你可以在自己的系统中进行尝试。打开一个终端，然后输入：

```
mkdir projects
```

如果操作正确，就什么都不会发生：没有消息就是最好的消息。如果该目录已经存在，就会收到一条出错提示，现有目录将保持不变。

为证实已成功创建了这些目录，你可以列出目录：

```
ls
```

此时，应该能看到刚刚创建的目录，或许还包括计算机中预安装的其他目录。

为更好地进行演示，我们多创建几个目录。你可以像这样一次性列出多个目录名：

```
mkdir docs teaching
```

检查这三个目录是否创建成功：

```
ls
```

可以使用 rmdir 命令来删除手误创建的目录：

```
mkdir junk
rmdir junk
```

这个命令只会删除空目录，对非空目录不会有任何作用，且会返回出错提示。移除非空目录需用到后面介绍的 rm 命令。

36.4.3　cd：通过更改目录来浏览文件系统

接下来，我们将在已有的目录中创建一个新的目录，并希望避免文件系统中的点选操作。我们将解释如何在 UNIX 中使用命令行来实现这一点。

假设我们打开了一个终端，且工作目录是主目录。我们希望将工作目录更改为 projects。我们使用 cd（change directory）命令来完成此操作：

```
cd projects
```

为检查工作目录是否更改，可使用之前学到的 pwd 命令来查看当前位置：

```
pwd
```

现在我们的工作目录应该是 ~/projects。注意，计算机上的主目录 ~ 将以类似于 /c/Users/yourusername 的形式呈现。

 重要提示　在 UNIX 中，使用 <tab> 键可实现代码自动补全功能。这意味着我们可以输入 cd d，然后按 <tab> 键，若 docs 是唯一以 d 开头的文件或目录，UNIX 就会自动补全输入或显示其他选项。试试吧！没有自动补全功能的 UNIX 很折磨人。

使用 cd 时，我们可以输入以 / 或 ~ 开头的全路径，也可以输入相对路径。在上面的例子中，我们用的就是相对路径输入 cd projects。如果输入的路径不以 / 或 ~ 开头，UNIX 就会假定这是一个相对路径，这意味着它会在当下的工作目录中查找该目录。所以，下面的命令是错误的：

```
cd Users
```

因为工作目录中没有 Users。

现在，假设我们想要回到 projects 的上一层目录（即父目录），我们可以使用父目录的全路径，但 UNIX 提供了一个快捷方式：用两个点（..）来代表工作目录的父目录。所以，要回到上一层目录，只需输入：

```
cd ..
```

现在应该已经回到主目录了，这可以用 pwd 来证实。

因为 cd 可以使用全路径，所以不管在文件系统中的什么位置，命令：

```
cd ~
```

都会将我们带回主目录。

工作目录也有一个"昵称"，即一个单独的点（.）。若输入：

```
cd .
```

我们将不会移动。. 在这里并不怎么实用，但有时却有奇效。这背后的缘由和本小节无关，但你仍然应该对这一点有基本的认识。

总而言之，我们已经了解到，当使用 cd 时，我们要么原地不动，要么使用所需的目录名移动到新目录，或使用 .. 返回父目录。

当输入目录名时，我们可以用斜杠连接目录。因此，如果想使用一个将我们带到 projects 目录的命令，那么不管我们在文件系统的哪个位置，都可以输入：

`cd ~/projects`

这等同于写出全路径。例如，在 Windows 中，我们会写：

`cd /c/Users/yourusername/projects`

这两个命令是等价的，都相当于输入了全路径。

当输入目标目录的路径时，要么使用全路径，要么使用相对路径，我们可以用前斜杠来连接目录。我们已经认识到输入全路径可以让我们从任意位置移动到 projects 目录：

`cd ~/projects`

我们还可以连接相对路径的目录名。例如，若想要回到工作目录父目录的父目录，可以输入：

`cd ../..`

最后还有一些和 cd 命令相关的小贴士。首先，可以返回任意前目录，方法是输入：

`cd -`

当你输入了一个非常长的路径后又想回到前目录（其路径也很长）时，这个命令会非常有用。

其次，如果只输入：

`cd`

就会回到主目录。

36.5 示例

我们用 cd 来探索一些例子。为进行可视化展示，我们垂直给出一个文件系统的示意图，如图 36.5 所示。

假设工作目录是 ~/projects，而我们想要移动到 project-1 下的 figs 中。这里使用相对路径会很简便：

`cd project-1/figs`

假设工作路径仍是 ~/projects，但我们想要移动到 docs 下的 reports 中，该怎么做呢？

可以用相对路径：

`cd ../docs/reports`

也可以用全路径：

`cd ~/docs/reports`

若在你自己的系统中进行尝试，要记得使用自动补全功能。

再来看一个例子。假设我们在 ~/projects/project-1/figs 中，想要移动到 ~/

projects/project-2。同样，也有两种方法。

可以使用相对路径：

```
cd ../../proejct-2
```

也可以使用全路径：

```
cd ~/projects/project-2
```

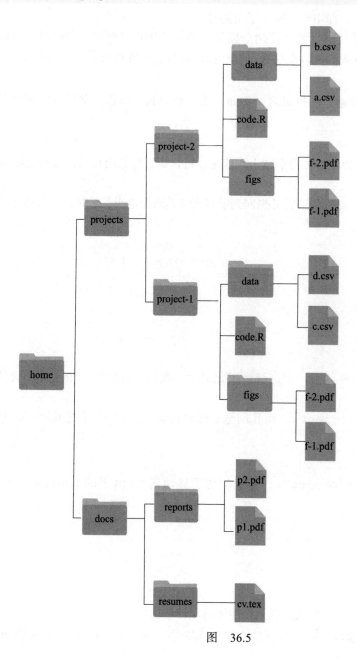

图 36.5

36.6　其他 UNIX 命令

36.6.1　mv：移动文件

在点选系统中，我们通过拖放来移动文件。在 UNIX 中，我们使用 mv 命令。

 警告 即使移动操作会导致文件的覆盖，mv 也不会在执行前进行二次询问。

既然已懂得如何使用全路径和相对路径，mv 的运用就相对简单了。其一般形式是：

```
mv path-to-file path-to-destination-directory
```

例如，若想将文件 cv.tex 从 resumes 移动到 reports，可以用全路径：

```
mv ~/docs/resumes/cv.tex ~/docs/reports/
```

也可以使用相对路径，因此可采用：

```
cd ~/docs/resumes
mv cv.tex ../reports/
```

或：

```
cd ~/docs/reports/
mv ../cv.tex ./
```

注意，在最后一个示例中，我们在作为目标目录的相对路径中使用了工作路径的快捷方式（.）。

我们还可以使用 mv 来更改文件名。为此，第二个参数需要包含一个文件名，而不是作为目标目录。例如，要将 cv.tex 更改为 resume.tex，只需输入：

```
cd ~/docs/resumes
mv cv.tex resume.tex
```

我们还可以将移动和改名结合起来，例如：

```
cd ~/docs/resumes
mv cv.tex ../reports/resume.tex
```

我们还可移动整个目录。要将 resumes 目录移进 reports 目录，需做如下操作：

```
mv ~/docs/resumes ~/docs/reports/
```

在末尾一定要加上一个斜杠，以明确你只想将 resumes 移进 reports 目录，而不想将其重命名为 reports。

36.6.2　cp：复制文件

cp 命令的行为与 mv 的类似，只不过是复制文件，而不是移动文件，这意味着原始文件会保持原样。

因此，在上面的所有 mv 示例中，都可以将 mv 切换成 cp，这样它们就会由移动操作转为复制操作，但有一点例外：我们不能在不了解参数的情况下复制整个目录，见后文。

36.6.3 rm：移除文件

在点选系统中，我们通过将文件拖放到回收站中或用鼠标进行特殊的点击处理来移除文件。在 UNIX 中，我们使用 rm 命令。

 不同于将文件扔进回收站，rm 是不可逆的。要小心！

其一般运作方式如下：

```
rm filename
```

我们还可以列出要移除的文件：

```
rm filename-1 filename-2 filename-3
```

可以使用全路径，也可以使用相对路径。要移除目录，必须了解参数，见后文。

36.6.4 less：查看文件

我们经常想要快速浏览一个文件的内容。如果是文本文件，最快的浏览方式就是使用 less 命令。我们可以用下列代码来查看 cv.tex 文件：

```
cd ~/docs/resumes
less cv.tex
```

输入 q 来退出浏览界面。如果文件内容很长，则可以用上下键来滚动浏览。和 less 相关的键盘命令还有很多，比如搜索或页面跳转命令。你肯定好奇为什么这个命令被叫作 less，那是因为最初的叫法是 more，取"展示更多文件内容"之意。第二个版本被称作 less 是因为一句谚语"less is more"（少即是多）。

36.7 为数据科学项目做准备

现在我们可以为开启项目预先建好目录。我们将以美国枪杀案项目 ⊖ 为例。

首先，可以创建一个包含所有项目的目录。建议将其创建在主目录下，并命名为 projects。为此，需要输入：

```
cd ~
mkdir projects
```

由于项目和枪杀案（Gun Violence Murders）有关，因此我们以 murders 来命名项目目

⊖ https://github.com/rairizarry/murders

录。它将是项目目录中的一个子目录。在 murders 目录中，我们将创建两个子目录，分别用来保存原始数据和中间数据。我们将它们分别称为 data 和 rda。

打开一个终端并确保当前在主目录中：

```
cd ~
```

现在，运行如下命令来创建想要的目录结构。最后，使用 ls 和 pwd 来验证是否在正确的工作目录下创建了正确的目录：

```
cd projects
mkdir murders
cd murders
mkdir data rdas
ls
pwd
```

注意，murders 数据集的全路径是 ~/projects/murders。

如果想从一个新的终端浏览该目录，需要输入：

```
cd projects/murders
```

在 38.3 节中，我们将介绍创建目录后，如何使用 RStudio 来组织数据分析项目。

36.8　UNIX 的进阶内容

绝大多数 UNIX 都包含大量功能强大的工具和实用程序。我们方才只学习了最基础的内容。建议使用 UNIX 作为主要的文件管理工具。这需要时间来适应，但是当你勤学苦练时，便会发现仅仅通过在互联网上查找解决方案就能让你受益匪浅。在本节中，我们将简要地讨论一些更高级的主题。这部分内容不会面面俱到，主要目的是让你知道哪些是可用的。

36.8.1　参数

绝大多数 UNIX 命令都可以带参数运行。根据不同的命令，参数通常是后接字母或单词的一个或两个 -，例如，rm 后面的 -r。这里的 r 代表 recursive（递归），它会使文件和目录递归地被移除，也就是说，如果输入：

```
rm -r directory-name
```

那么所有的文件、子目录、子目录中的文件，以及子目录中的子目录等，都会被移除。这等同于将整个文件夹移入回收站，但这是不可恢复的，一经执行便不可逆转。移除目录时通常会遇到受保护的文件，这时可以使用参数 -f，这里的 f 代表 force（强制执行）。

我们也可以将参数组合起来使用。例如，要移除一个包含受保护文件的目录，可以输入：

```
rm -rf directory-name
```

记住，移除是不可逆的，所以请务必谨慎使用该命令。

还有一个经常带参数引用的命令是 `ls`，下面是一些例子：

```
ls -a
```

`a` 表示 all（所有）。该参数使得 `ls` 显示目录中的所有文件，包括隐含文件。UNIX 中所有以 `.` 开头的文件都是隐含文件。许多应用程序创造隐含目录来储存重要信息，而不阻碍工作进程，例如 `git`（稍后深入讲解）。用 `git init` 创建了 git 目录后，就会生成一个名为 `.git` 的隐含目录。另一个隐含文件为 `.gitignore` 文件。

另一个使用参数的例子如下：

```
ls -l
```

这里的 `l` 代表 long（长），它会显示更多有关文件的信息。

按时间顺序查看文件通常很有用，对此我们使用：

```
ls -t
```

要倒转文件的显示顺序，可以使用：

```
ls -r
```

我们可以组合上述参数，以逆时间顺序显示所有文件的更多信息：

```
ls -lart
```

每个命令都有一组不同的参数。稍后我们将介绍如何找出它们各自的作用。

36.8.2　获取帮助

你或许注意到了 UNIX 对缩写的极端使用，这让它变得很高效，却增加了人们对命令引用的理解难度。为弥补这一点，UNIX 包含了一个完整的帮助文件或者 man 页面（这里的 man 是 manual 的缩写）。在多数系统中，我们都可通过输入 man 再后接命令名称来获取帮助。所以对于 ls，可以输入：

```
man ls
```

该命令在一些紧凑的 UNIX 实现（例如 Git Bash）中是不可行的，另一种在 Git Bash 上获取帮助的方法是输入命令后接 `--help`。所以对于 ls，可以输入：

```
ls --help
```

36.8.3　管道

帮助页面通常都很长，如果输入上述命令来查看帮助信息，它通常会滚动到末页。如果能将帮助页面保存在文件中再用 `less` 来进行查看就会方便很多。pipe（写作 "`|`"）就有类似的功能。它将一个命令的结果传输到 pipe 后的命令中，这和 R 中 `%>%` 管道的功能类似。为获取更多的帮助，我们可以输入：

```
man ls | less
```

在 Git Bash 中，则输入：

```
ls --help | less
```

当列出包含多个文件的文件时，这也很有用。我们可以输入：

```
ls -lart | less
```

36.8.4　通配符

UNIX 的强大很大程度体现在通配符上。假设我们想要移除在解决项目问题时产生的所有临时 .html 文件。假设共有几十个，一个一个地移除很麻烦。但在 UNIX 中，我们其实可以编写一个表达式来表示所有以 .html 结尾的文件。为此，我们输入通配符 *。本书在第四部分提过，该字符意味着任意数量的任意字符组合。具体来说，要列出所有 .html 文件，我们需要输入：

```
ls *.html
```

要移除一个目录下所有的 .html 文件，需要输入：

```
rm *.html
```

? 也是一个有用的通配符，它意味着任意单独的字符。如果所有我们想要删除的文件都遵循 file-001.html（其中的数字从 1 到 999）这样的格式，那么我们可以输入：

```
rm file-???.html
```

这只会移除遵循该格式的文件。

通配符是可以组合的，例如，要移除所有名称格式为 file-001（扩展名不限）的文件，可以输入：

```
rm file-001.*
```

> ⚠ **警告**　将 rm 和 * 通配符组合使用是有风险的。有些命令组合可能会毫无预警地删除整个文件系统。一定要在理解其运作方式后再在 rm 命令中使用该通配符。

36.8.5　环境变量

UNIX 中有影响命令行环境的设置，它们被称为环境变量。主目录就是其中之一。有些环境变量其实是可以改变的。在 UNIX 中，变量与其他实体的区别是前面有一个 $。主目录存储在 $HOME 中。

我们之前提过 echo 是用于输出（print）的 UNIX 命令。所以我们可以通过输入下列内容来查看主目录：

```
echo $HOME
```

要查看所有的环境变量，可以输入：

```
env
```

有些环境变量是可以改变的。但在不同的框架（shell）中，它们的称呼也有所不同。我们将在下一小节中介绍何为框架。

36.8.6 框架

我们在本章中使用的绝大部分功能都是 UNIX 框架的一部分。也有其他类型的框架，但和 UNIX 的差别不大——我们在此不做赘述，但它们也很重要。输入下列代码可以查看所使用的框架：

```
echo $SHELL
```

bash 是最常用的框架。

知道框架后，便可以更改环境变量了。在 Bash 框架中，我们用 export variable value 来完成该操作。要更改路径（下面给出了更多的相关细节），应输入（但是不要实际运行这个命令）：

```
export PATH = /usr/bin/
```

每个终端在开始之前都会运行一个程序，你可以在其中编辑变量，这样当你调用终端时，这些变量就会发生改变。不同的实现中操作也不一样，但是如果使用 bash，则可以创建一个名为 .bashrc、.bash_profile、.bash_login 或 .profile 的文件。你也可能已经有了一个。

36.8.7 可执行文件

在 UNIX 中，所有的程序都是文件，它们称为可执行文件。因此，ls、mv 和 git 也都是文件。但这些程序文件储存在哪里？你可以用 which 命令来进行查找：

```
which git
#> /usr/bin/git
```

这个目录下可能装满了程序文件。/user/bin 目录也通常存有大量程序文件。如果在终端上输入：

```
ls /usr/bin
```

将看到几个可执行文件。

也有其他通常用于存储程序文件的目录，例如 Mac 中的 Application 目录和 Windows 中的 Program Files 目录。

输入 ls，UNIX 就会运行一个储存在其他目录中的可执行文件。UNIX 如何知道该从哪儿找到它？这个信息其实是存储在环境变量 $PATH 中的。输入：

```
echo $PATH
```

就会看到一系列由 : 分割的目录。/user/bin 大概就位于前面几个。

UNIX 按此顺序在这些目录中查找程序文件。这里不做详细介绍，但你其实可以自行创建可执行文件。但是，如果把可执行文件放在工作目录里，却不把这个目录加入路径中去，就不能只通过输入命令来运行它。这个问题可以通过输入全路径来绕过。如果命令叫作 my-ls，那么可以输入：

```
./my-ls
```

掌握 UNIX 的基本操作后，就可以考虑学习如何编写自己的可执行文件，来帮助减轻重复性工作的负担了。

36.8.8　权限和文件类型

如果输入：

```
ls -l
```

最初，你会看到一系列类似于 -rw-r--r-- 的符号。这个字符串说明了文件的类型：普通文件是 -，目录是 d，可执行文件是 x。该字符串也说明了文件的权限：它是可读、可写或可执行的吗？系统内的其他用户可以阅读、编辑或执行该文件吗？这比我们现在所学的内容更深奥，但你可以从 UNIX 参考书中学习更多内容。

36.8.9　应该掌握的命令

还有一些命令未被纳入本书，但我们依然希望你能认识到它们的存在和作用：

- ❑ open/start。在 Mac 中，open filename 尝试找出文件名称对应的正确应用程序，并打开该应用程序。这是一个非常有用的命令。在 Git Bash 中，可以尝试使用 start filename。尝试用 open 或 start 打开一个 R 或 Rmd 文件：它应该会用 RStudio 打开它们。
- ❑ nano。这是一个基础的文本编辑器。
- ❑ ln。创建一个符号链接，我们不推荐使用它，但你应该熟悉它的操作。
- ❑ tar。将一个目录的文件和子目录放入一个文件中。
- ❑ ssh。连接另一台计算机。
- ❑ grep。搜索文件中的模式。
- ❑ awk/sed。这是两个非常强大的命令，可用于查找和修改文件中的特定字符串。

36.8.10　R 中的文件管理

R 也能进行文件管理，我们可以通过查看帮助文件 ?file 来了解需要学习的关键函数。unlink 是另一个有用的函数。

我们通常不推荐这样做，但是请注意我们其实可以使用 system 来在 R 中运行 UNIX 命令。

Chapter 37 第 37 章

Git 和 GitHub

本章将大致介绍 Git 和 GitHub。为更深入学习这个主题，我们强烈推荐查阅以下资源：

- ❏ Codecademy（https://www.codecademy.com/learn/learn-git）。
- ❏ GitHub Guides（https://guides.github.com/activities/hello-world/）。
- ❏ Try Git tutorial（https://try.github.io/levels/1/challenges/1 ）。
- ❏ Happy Git and GitHub for the useR（http://happygitwithr.com/）。

37.1　为什么要使用 Git 和 GitHub

他用 Git 和 GitHub 有以下三个主要原因：

- ❏ 分享：即使不使用其先进和强大的控制功能，我们仍然可以用 Git 和 GitHub 来分享代码。我们已经用 RStudio 展示了分享方法。
- ❏ 协作：一旦建立了存储库，代码就可以由多人更改并保持版本同步。GitHub 为存储库提供免费服务，它还有一个特殊的实用程序（即 pull request），任何人都可以用它提出代码修改建议。你可以轻松地接受或拒绝请求。
- ❏ 版本控制：Git 的版本控制功能允许我们跟踪对代码所做的更改。我们还可以将文件恢复到以前的版本。Git 还允许我们创建分支，以便测试想法，然后决定是否将新分支与原始分支合并。

这里将重点讲解 Git 和 GitHub 的分享功能，推荐读者从上述链接中学习更多内容。

37.2　GitHub 账户

在安装好 Git[⊖] 之后，首先要获取一个 GitHub 账户。基础的 GitHub 账户是免费的。你可以前往 GitHub 页面进行注册。

请小心选择用户名。它应该简短，便于记忆和拼写，并与你自己的姓名与职业相关。最后一点很重要，因为你可能会向潜在雇主发送你的 GitHub 账户链接。在下面的例子中，我牺牲了拼写的便利性，加入了我的名字。你的名和姓通常是一个不错的选择。如果你的名字很常见，则需要纳入考虑。一个简单的解决办法是加上数字或者拼出名字的一部分。

我用作研究的账户用户名（rafalab）与我的网页名和推特用户名一致，这也方便了我的关注者。

拥有 GitHub 账户后，就可以将 Git 和 RStudio 关联到这个账户上。

第一步是让 Git 识别我们，这可以让 GitHub 的关联更简单。我们首先在 RStudio 中打开一个终端窗口（记住，可以通过菜单栏中的 Tools 获得一个终端窗口）。现在我们使用 `git config` 命令告诉 Git 我们是谁。在终端窗口中输入以下两个命令：

```
git config --global user.name "Your Name"
git config --global user.mail "your@email.com"
```

这里需要使用用来打开 GitHub 账户的邮箱。RStudio 会话框如图 37.1 所示。

你可以先进入 Global Options，选择 Git/SVN，然后输入刚刚安装的 Git 可执行文件的路径（见图 37.2）。

图　37.1　　　　　　　　　　　　图　37.2

Windows 中的默认安装路径是 C:/Program File/Git/bin/git.exe，但这因系统而异，所以你应该自行浏览查找。为了避免每次访问库时输入 GitHub 密码，我们将创建一个 SSH RSA 密钥。单击创建 RSA 密钥按钮，RStudio 可以自动完成此操作，如图 37.3 所示。

⊖ https://rafalab.github.io/dsbook/accessing-the-terminal-and-installing-git.html

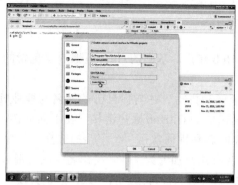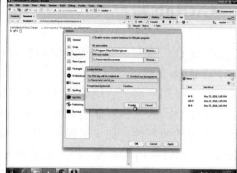

图　37.3

你可以按照图 37.4 所示的默认说明进行操作。

图　37.4

Git、RStudio 和 GitHub 现在应该可以关联起来了，我们也准备好创建第一个 GitHub 库了。

37.3　GitHub 库

现在我们可以创建 GitHub 库（repo）了。你将拥有至少两份代码副本：一份在自己的计算机上，另一份在 GitHub 上。如果将合作者添加到这个项目中，那么每个合作者的计算机上都会有一个副本。GitHub 副本通常被视为每个协作者同步的主副本。Git 将帮助你保持所有副本的同步。

如前所述，将代码保存在 GitHub 库的一个好处是，可以轻松地与对你的工作示例感兴趣的潜在雇主共享代码。很多数据科学公司都使用像 Git 这样的版本控制系统来进行项目协作，所以了解基础内容说不定会让你留下好印象。

创建个人存储库的第一步是在 GitHub 上进行初始化。因为你已经创建了一个 GitHub

账户，所以可以在 http://github.com/username 上查看自己的页面。

要创建一个库，首先要单击 http://github.com 中的 Sign In 按钮来登入账户。如果已经登入，该按钮就不会出现。登入时需要输入用户名和密码，为避免每次重复操作，建议让浏览器保存相关信息。

登入账户后，单击 Repositories，再单击 New 来创建一个新的库，如图 37.5 所示。

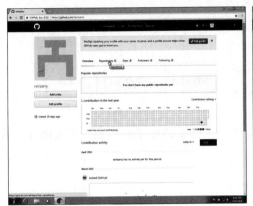

图　37.5

然后，你想要为项目选择一个描述性名称。在未来，你可能会同时拥有几十个库，所以在选择名称时一定要注意。在这里，我们使用 homework-0（见图 37.6）。我们建议将库公开。如果想保密，需要按月付费。

你在 GitHub 上的第一个库就建好了。下一步是在计算机上克隆它，然后用 Git 进行编辑和同步。

为此，使用 Git 复制 GitHub 提供的特定链接来连接到库很方便，如图 37.7 所示。我们之后需要复制粘贴它，所以一定要记住这一步。

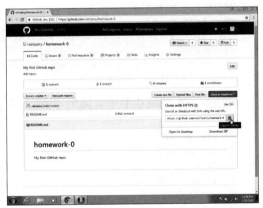

图　37.6　　　　　　　　　　　　　图　37.7

37.4 Git 概述

Git 中的主要操作有：

❑ 从远程库（在本例中即 GitHub 库）中获取更改。
❑ 添加文件，用 Git 术语来说就是筹划文件。
❑ 将更改提交到本地库中。
❑ 向远程库推送更改。

为有效地允许版本控制和 Git 中的协作，文件可以在四个不同的区域中移动，如图 37.8 所示。

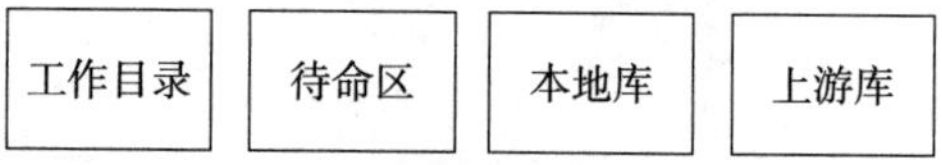

| 工作目录 | 待命区 | 本地库 | 上游库 |

图　37.8

但如何开始呢？有两个方法：我们可以克隆一个已有的库或初始化一个新的库。我们首先探索克隆的方法。

克隆

我们会克隆一个已有的上游库。你可以在 GitHub 上查看它：https://github.com/rairizarry/murders。你会在该页面中发现多个文件和目录，这就是上游库。单击绿色的克隆按钮，即可克隆该库的网址：https://github.com/rairizarry/murders.git。

但克隆是什么意思？我们不会将所有的文件都下载到计算机上，而是复制整个 Git 结构，也就是说我们会在工作目录、待命区和本地库三个本地程序中添加文件和目录。当克隆时，这三个在初始时是完全一样的（见图 37.9）。

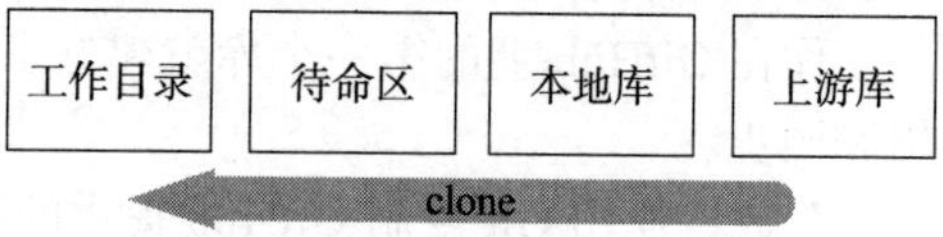

| 工作目录 | 待命区 | 本地库 | 上游库 |

clone

图　37.9

例如，打开终端，然后输入下列内容：

```
pwd
mkdir git-example
cd git-example
git clone https://github.com/rairizarry/murders.git
cd murders
#> /Users/rafa/myDocuments/teaching/data-science/dsbook
#> Cloning into 'murders'...
```

现在，你的系统中有了克隆的 GitHub 库、一个 Git 工作目录和所有的文件：

```
ls
#> README.txt
#> analysis.R
#> data
#> download-data.R
#> murders.Rproj
#> rdas
#> report.Rmd
#> report.md
```

```
#> report_files
#> wrangle-data.R
```

这里的工作目录和你的 UNIX 工作目录一样。当用编辑器（如 RStudio）编辑文件时，只会改变这个区域内的文件。使用 `git status` 命令可以查看这些文件如何同其他区域中的其他版本相关联，如图 37.10 所示。

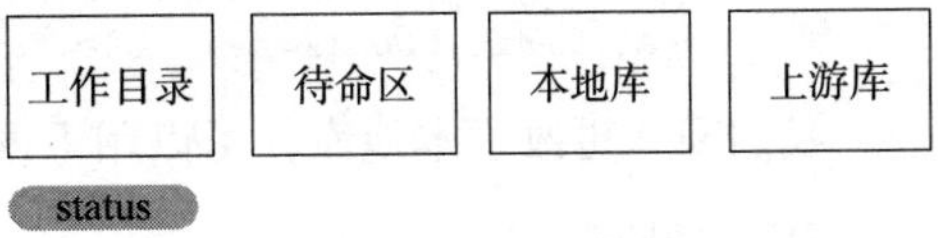

图　37.10

现在检查状态不会发现任何改变，并将收到如下消息：

```
git status
#> On branch master
#> Your branch is up to date with 'origin/master'.
#>
#> nothing to commit, working tree clean
```

现在我们要对文件做出更改。我们希望最终能追踪这些版本，并将其同步至上游库。但我们不希望追踪每一个细小的变化：只有当版本的完成度很高时，我们才希望进行同步和分享。因此，待命区中的编辑不会被版本控制系统保存。

为进行演示，我们用 `git add` 命令在待命区加入一个文件（见图 37.11）。作为示范，下面我们用 UNIX 的 `echo` 命令创建一个文件（在现实中应使用 RStudio）：

图　37.11

```
echo "test" >> new-file.txt
```

我们还加入了一个完全不想追踪的临时文件，

```
echo "temporary" >> tmp.txt
```

现在可以列出我们希望最终加入库中的文件：

```
git add new-file.txt
```

注意，现在的状态变为：

```
git status
#> On branch master
#> Your branch is up to date with 'origin/master'.
#>
#> Changes to be committed:
#>   (use "git reset HEAD <file>..." to unstage)
#>
#>   new file:   new-file.txt
#>
#> Untracked files:
#>   (use "git add <file>..." to include in what will be committed)
#>
#>   tmp.txt
```

因为 new-file.txt 被列出，所以下一次提交时，文件的当前版本将被添加到本地库

（见图 37.12）中，做法如下：

```
git commit -m "adding a new file"
#> [master b4eb2bb] adding a new file
#>  1 file changed, 1 insertion(+)
#>  create mode 100644 new-file.txt
```

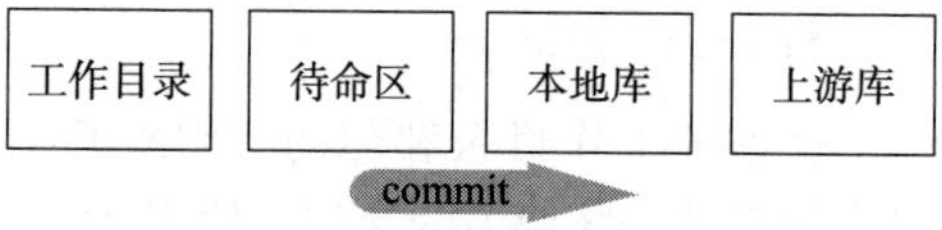

图 37.12

我们现在更改了本地库，可以用下列命令证实这一点：

```
git status
```

但如果我们再次编辑这个文件，更改只会保存在工作目录里，要把它添加到本地库中，我们需要列出它并提交要添加到本地库的更改：

```
echo "adding a line" >> new-file.txt
git add new-file.txt
git commit -m "adding a new line to new-file"
#> [master 6593042] adding a new line to new-file
#>  1 file changed, 1 insertion(+)
```

注意，这一步在 Git 中是不必要的。如果我们在提交命令中加入文件名，则可以略过组织的过程：

```
echo "adding a second line" >> new-file.txt
git commit -m "minor change to new-file" new-file.txt
#> [master d7f481a] minor change to new-file
#>  1 file changed, 1 insertion(+)
```

我们可以用下列命令追踪所有的更改：

```
git log new-file.txt
#> commit d7f481a987d146b1db849ece15030b7e99dac0bd
#> Author: Rafael A. Irizarry <rairizarry@gmail.com>
#> Date:   Mon Sep 16 17:15:53 2019 -0400
#>
#>     minor change to new-file
#>
#> commit 6593042bf59d285ceaf7fd4092247d6489d7e9cd
#> Author: Rafael A. Irizarry <rairizarry@gmail.com>
#> Date:   Mon Sep 16 17:15:53 2019 -0400
#>
#>     adding a new line to new-file
#>
#> commit b4eb2bb3391271ce6a7b10cec558b6bd86a98859
#> Author: Rafael A. Irizarry <rairizarry@gmail.com>
#> Date:   Mon Sep 16 17:15:53 2019 -0400
#>
#>     adding a new file
```

为保持同步，最后需将更改推送到上游库中（见图 37.13）。这用 git push 命令来实现：

```
git push
```

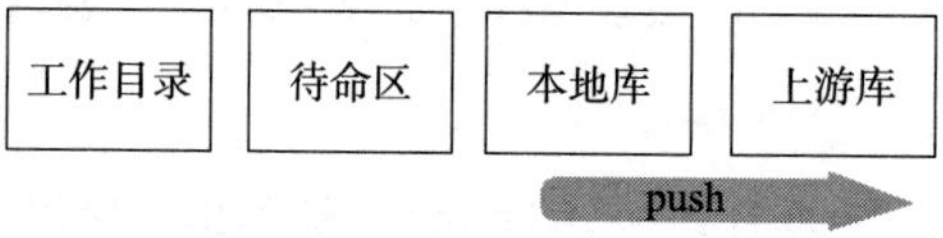

图 37.13

但这在本例中不可行，因为你没有编辑上游库的权限。如果用自己的库就没问题。

如果这是一个多人协作项目，上游库可能会更改，变得与我们自己的版本不同。可用 fetch 命令来更新本地库，使其与上游库一致（见图 37.14）：

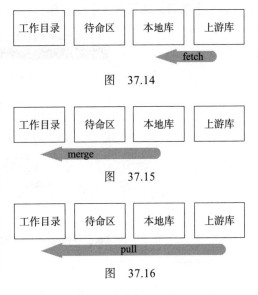

图　37.14

```
git fetch
```

然后用 merge 命令将这些副本移至待命区和工作目录区域（见图 37.15）：

```
git merge
```

图　37.15

但我们通常希望用一个命令完成（见图 37.16），所以使用以下代码：

```
git pull
```

图　37.16

我们将在 37.6 节中介绍 RStudio 如何实现这些操作。这里所讲的内容应该足够帮助你理解背后的原理。

37.5　初始化 Git 目录

现在我们介绍第二种方法：在自己的计算机上初始化一个目录，而不是克隆。

假设我们已经有了一个已填充的本地目录，并且我们希望将该目录转换为一个协作的 GitHub 库。最有效的实现方法是初始化本地目录。

为了进行说明，我们将初始化在 36.7 节中创建的 murders 目录。注意，我们已经在计算机上创建了一个包含多个子目录的目录，但是还没有 Git 本地库或 GitHub 上游库。

我们从在 GitHub 页面上新建库开始，首先单击 New 按钮，如图 37.17 所示。

图　37.17

为和本地系统中的目录名对应，我们将其命名为 murders（见图 37.18）。如果研究的是另一个项目，请另取合适的名称。

图 37.18

然后，我们会得到一系列入门指导，但也可以直接按所学知识进行操作。我们主要需要复制这个页面的网址，即 https://github.com/rairizarry/murders.git。

这时，我们可以打开一个终端，然后用 cd 加入本地的项目目录。在我们的例子中，就是：

```
cd ~/projects/murders
```

然后，初始化目录。这会将目录转为 Git 目录，Git 会开始追踪：

```
git init
```

现在所有的文件都只存在于工作目录中，本地库或 GitHub 上都没有文件。

下一步是将本地库和 GitHub 关联。在前一个例子中，RStudio 替我们做了这件事，现在只能亲力亲为。我们可以通过加入并提交任意文件来做到这一点：

```
git add README.txt
git commit -m "First commit. Adding README.txt file just to get started"
```

现在本地库中有了一个文件，并可以同上游库（其网址为 https://github.com/rairizarry/murders.git）关联。

用 git remote add 命令实现这一点：

```
git remote add origin `https://github.com/rairizarry/murders.git`
```

关联好上游库后，就可以使用 git push：

```
git push
```

在 38.3 节中，我们将继续用该例子示范如何用 RStudio 辅助 Git 工作并在 GitHub 上保持项目同步。

37.6　在 RStudio 中使用 Git 和 GitHub

命令行 Git 是一个强大而灵活的工具，但经常让入门者感到畏惧。为便于在数据分析项目的环境中使用 Git，RStudio 提供了一个图形界面。我们将在这里描述如何利用该 RStudio 特性来实现此功能。

现在，我们准备启动一个使用版本控制并将代码存储在 GitHub 库的 RStudio 项目。为此，我们在启动项目时选择 Version Control（版本控制），而不是 New Directory（新建目录），然后选择 Git 作为版本控制系统，如图 37.19 所示。

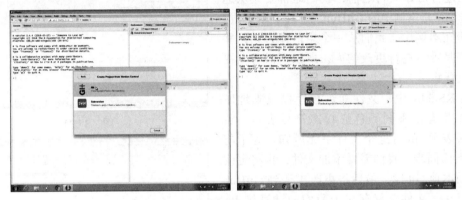

图　37.19

这里的存储库网址就是我们之前克隆的那一个。我们以 37.3 节中的 `https://github.com/username/homework-0.git` 为例。在项目目录名中，你需要输入所生成的文件夹的名字（在本例中为 `homework-0` 库的名字）。这将在本地系统中创建一个名为 `homework-0` 的文件夹。做完这一步后，项目就完成了创建并实现了与 GitHub 库的关联。你可以在右上角看到项目的名称和类型，右上角窗格上还会出现名为 Git 的新选项卡（见图 37.20）。

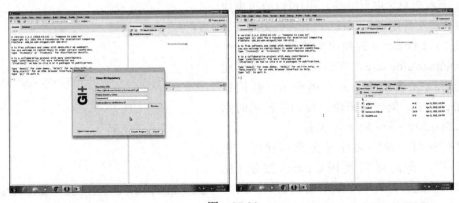

图　37.20

选择该选项卡后，它会显示项目内的文件和一些图标，这些图标提供与有关文件本身和它与库的关系的信息。在下面的例子中，我们已经向文件夹添加了一个名为 code.R 的文件，你可以在编辑窗格中看到它（见图 37.21）。

现在我们需要注意 Git 窗格。确保本地文件和 GitHub 库不会自动同步，这非常重要。如 37.4 节所述，当准备就绪时，必须使用 git push 进行同步。我们将展示如何用 RStudio（而非下面的终端）来做到这一点。

在进行协作项目之前，我们通常要先从远程库（也就是本例中的 GitHub 库）中提取更改。但由于在本例中，我们从一个空的库开始，并且我们是唯一进行更改的人，所以不需要从提取更改开始。

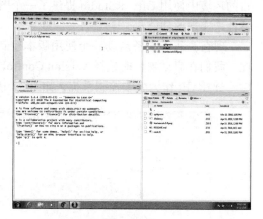

图 37.21

在 RStudio 中，文件和远程库以及本地库的关联状态由不同颜色的状态符号表示。黄色方块表示 Git 对这个文件一无所知。为了与 GitHub 库同步，我们需要添加文件，再将更改提交到本地 Git 库，最后将更改推送到 GitHub 库。现在，文件仅仅存在于我们的计算机上。要使用 RStudio 添加文件，我们单击 Staged 框，可以看到状态图标现在变为了绿色的 A（见图 37.22）。

注意，我们只会添加 code.R 这一个文件。我们不必将本地库中的所有文件都添加到 GitHub 库，只需添加那些我们希望追踪或分享的。如果我们需要生成一种特定类型的文件（但我们不希望对它进行追踪），则可以通过添加后缀将这些文件定义为 .gitignore 文件。更多有关 .gitignore 的使用方法见 https://git-scm.com/docs/gitignore。这些文件将不再出现在 RStudio Git 窗格中。如下例所示，我们只会添加 code.R。但一般来说，我们推荐同时添加 .gitignore 和 .Rproj 文件。

图 37.22

现在我们准备将文件提交到本地库。在 RStudio 中，我们可以使用 Commit 按钮（见图 37.23）。这会打开一个新的对话窗口。因为有 Git 在，只要提交更改，都需要输入一个注

图 37.23

释来描述被提交的更改。

在本例中，只需描述我们添加了一个新的脚本。在这个对话框中，RStudio 还提供了对 GitHub 库更改内容的汇总。在本例中，因为更改的是一个新文件，新增文件会被标为绿色，表示有变化。

单击 Commit 按钮后，我们应该会在 Git 看到一条包含所更改汇总的消息。现在我们准备将这些更改推送到 GitHub 库中。我们可以通过单击右上角的 Push 按钮来实现这一功能，如图 37.24 所示。

图　37.24

推送操作成功后，Git 会向我们发送一条消息。在弹出窗口中，我们看不到 code.R 文件。这是因为自上次推送以来没有执行任何新的更改。现在我们可以退出这个弹出窗口并继续处理代码（见图 37.25）。

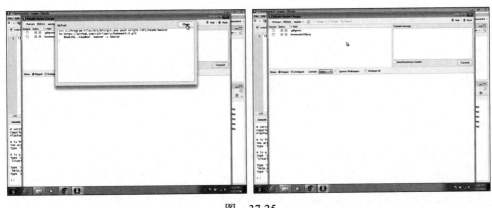

图　37.25

若现在在网上访问这个库，可以看到它和本地副本是一致的（见图 37.26）。

图 37.26

恭喜，你已经成功地将代码分享到 GitHub 库上了！

使用 RStudio 和 R markdown 的可复现项目

数据分析项目的最终产出通常是一份报告，许多科学出版物都可以看作数据分析的最终报告。基于数据的新闻报道、公司的分析报告，或者关于分析数据的课堂讲稿，都是如此。这些报告通常是纸质的或 PDF 格式的文档，其中包括对调查结果的文本描述，以及分析产生的一些图形和表格。

假设在你完成了分析和报告之后，被告知所用的数据集是错误的，你会收到一个新的数据集，并需要运行相同的分析；或者你意识到某一步出了错，需要重新检查代码，修补漏洞，重新运行分析；或者想象一下某个受你指导的人希望能查看代码，以重现结果来学习你的方法。

对于数据科学家来说，上面描述的情况实际上很常见。首先，我们将描述如何使用 RStudio 组织数据科学项目，以便重新进行分析；然后，我们将演示如何使用 R markdown 和 knitr 包生成可复现的报告，这将极大地帮助你以最小工作量重建报告。这是可能的，因为 R markdown 文档能将代码和文本描述合并到同一个文档中，而代码生成的图形和表格会自动添加到文档中。

38.1 RStudio 项目

RStudio 提供了一种方法，可以将数据分析项目的所有组件组织到一个文件夹中，并在一个文件中追踪该项目的信息（如文件的 Git 状态）。在 37.6 节中，我们演示了如何用 RStudio 促进 Git 和 GitHub 的使用。在本节中，我们将快速演示如何开始新的项目，并针对如何组织这些项目给出一些建议。RStudio 项目还允许打开多个 RStudio 会话，并进行追踪跟进。

依次单击 File 和 New Project 来启动一个项目（见图 38.1）。通常，我们会提前创建好用以保存工程的文件夹（就像在 36.7 节中做的那样），所以这里选择 Existing Directory。以下示例没有创建文件夹，所以选择 New Directory 选项。

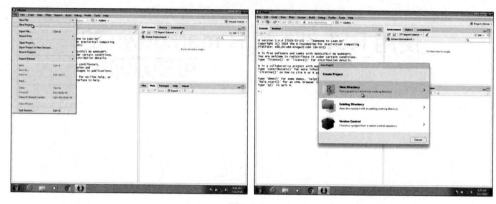

图　38.1

对于数据分析项目，一般会选择 New Project 选项，如图 38.2 所示。

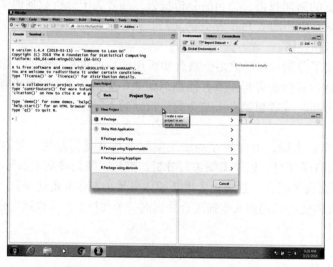

图　38.2

现在，你需要确定与你的项目相关联的文件夹的位置及其名称。和文件名称一样，在确定文件夹名称时要确保其有意义，能帮助你记住项目内容。我们同样推荐使用小写字母，无空格，并用连字符来分割单词。在这里，我们将这个项目的文件夹命名为 my-first-project（见图 38.3）。这将生成一个同名的 Rproj 文件。Rproj 文件所在文件夹与项目相关联。稍后，我们将看到它的用处。

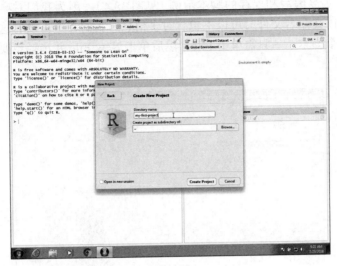

图　38.3

你可以选择是否将这个文件夹加入文件系统。在本例中，我们会将这个文件夹放到主文件夹中（见图 38.4），但通常不推荐这样做。正如我们在 36.7 节中描述的那样，最好按层次组织文件系统，并用一个叫作 projects 的文件夹保存各项目的文件夹。

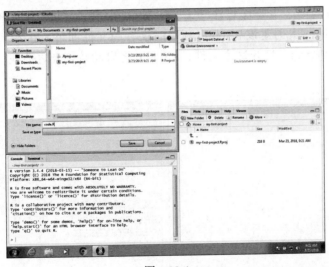

图　38.4

当开始用 RStudio 打开项目时，你会在左上角看到该项目的名称（见图 38.5）。这会提醒你该 RStudio 会话属于哪个项目。当打开一个没有项目的 RStudio 时，它会显示 Project: (None)。

当处理一个项目时，所有的文件都将在与项目相关的文件夹中保存和搜索。我们展示了一个以 code.R 为名编写和保存的脚本示例（见图 38.4）。因为我们对项目使用了一个有意义的名称，所以在命名文件时可以不包含过多信息。我们在这里没有这样做，但其实你可以同时打开多个脚本——只需单击 File，然后单击 New File 并选择想要编辑的文件类型即可。

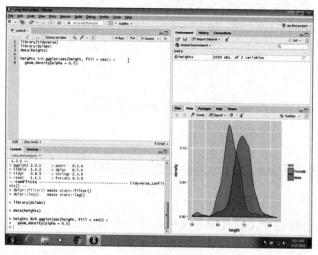

图　38.5

使用 Projects 的一个主要优势在于，关闭 RStudio 后，如果你希望继续之前的项目，只需双击或打开第一次创建该 RStudio 项目时保存的文件即可。在本例中，这个文件叫作 my-first-project.Rproj。打开这个文件，RStudio 将启动并打开之前我们编辑的脚本（见图 38.6）。

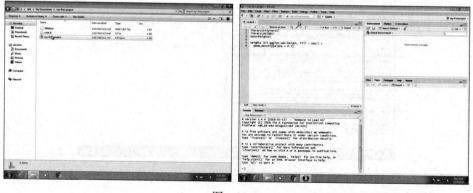

图　38.6

另一个优点在于，如果单击了两个或多个不同的 Rproj 文件，则会为每个文件启动新的 RStudio 和 R 会话。

38.2　R markdown

R markdown 是一种文字编程文档的格式。它基于 markdown，这是一种广泛用于生成 html 页面的标记语言，更多关于 markdown 的信息见 https://www.markdowntutorial.com/。文字编程将指令、文档和机器可执行代码之间的详细注释编织在一起，从而生成最适合人类理解的程序描述文档（Knuth 1984）。在 Microsoft Word 这样的文字处理程序中，结果很直观，但 R markdown 需要将文档编译成最终报告。R markdown 文档看起来与最终产出不同。这似乎是一个缺点，实则不然。例如，其中的图表是自动添加的，而非在生成后逐个插入到文字处理文档中。

在 RStudio 中，可以通过依次单击 File、New File、R Markdown 来开启一个 R markdown 文档。然后，便需要输入文档的名称和作者。我们在准备一个有关美国枪杀案的报告，所以要取个合适的名字。我们还可以决定最终报告的格式：HTML、PDF 或 Microsoft Word。这是可以更改的，但是在这里我们选择更适合进行调试的 HTML 格式，如图 38.7 所示。

这会生成一个模板文件，如图 38.8 所示。

图　38.7

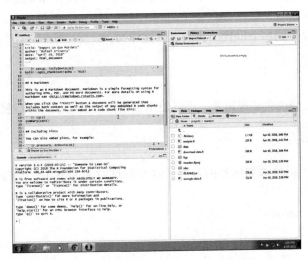

图　38.8

按照惯例，我们用 Rmd 作为这些文件的后缀。

熟练 R markdown 之后，就可以不用模板，直接从空白模板开始。模板中的有些内容值得注意一下。

38.2.1 头文件

从顶端可以看到：
```
---
title: "Report on Gun Murders"
author: "Rafael Irizarry"
date: "April 16, 2018"
output: html_document
---
```

--- 之间的内容就是头文件（header）。它其实不是必需的，但通常很有用。我们可以在头文件里定义很多模板中没有的内容。在此我们不多做讨论，但网上可以查到很多相关内容。我们要强调 output 这个参数，例如，通过将它改为 pdf_document，我们可以在编译时控制输出结果的类型。

38.2.2 R 代码块

我们可以在文档中的许多地方看到类似于
```
```{r}
summary(pressure)
```
```
的内容。这些是代码块。当编译文档时，会估计代码块中的 R 代码 ［即本例中的 summary (pressure)］，然后将结果保存在那个位置的最终文档中。

要加入自己的 R 代码块，可以在 Mac 上输入命令－ i 或在 Windows 上按 <Ctrl+Alt+I> 来快速输入上面的字符。

图表同样会被保存到那个位置。我们可以这样写：
```
```{r}
plot(pressure)
```
```

默认情况下，代码也会显现出来。可以使用参数 echo=FALSE 来避免显示代码，例如：
```
```{r echo=FALSE}
summary(pressure)
```
```

建议养成给 R 代码块添加标签的习惯。这在调试时尤为有用。只需像这样加入一个描述性的词即可：
```
```{r pressure-summary}
summary(pressure)
```
```

38.2.3　全局选项

其中一个 R 代码块包含了一个看上去十分复杂的引用：

```
```{r setup, include=FALSE}
knitr::opts_chunk$set(echo = TRUE)
```
```

这里对此不做详细描述。但在熟悉 R markdown 的过程中，你会了解到为复杂过程设置全局选项的优越性。

38.2.4　knitr

我们用 knitr 包来编译 R markdown 文档。knit 函数就是用于编译的特殊函数，它接收文件名作为输入。RStudio 提供一个简化文档编译过程的按钮。编辑图 38.9 所示的截图中的文档后可得出一个有关枪杀案的报告。现在，可以单击 Knit 按钮。

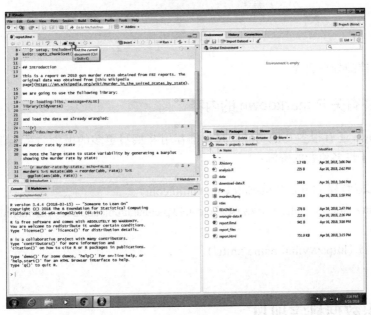

图　38.9

第一次单击 Knit 按钮后可能会出现一个对话框，它要求你安装所需的包。

安装包后，单击 Knit 按钮即可编译 R markdown 文件并弹出结果文档，这会生成一个可在工作目录查看的 HTML 文档。打开终端，列出该文件就可以进行查看。我们也可以在浏览器中打开该文件，然后用它来呈现分析。我们还可以通过更改以下代码来生成 PDF 或 Microsoft Word 文档：

`output: html_document` to `output: pdf_document` or `output: word_document`.

我们还可以使用 `output: github_document` 生成可在 GitHub 上呈现的文档。这将产生一个以 md 为后缀的 markdown 文件，并在 GitHub 上呈现。因为我们将这些文件上传到了 GitHub，所以还可以单击 md 文件以网页的形式查看报告（见图 38.10）。

图 38.10

这是一个很便捷的分享途径。

38.2.5 更多有关 R markdown 的内容

R markdown 还有很多其他功能。强烈推荐用 R 撰写更多的报告，在实践中继续学习。下列网址给出了许多免费的资源：

❑ RStudio 教程（https://rmarkdown.rstudio.com）。
❑ markdow 备忘单（https://www.rstudio.com/wp-content/uploads/2015/02/rmarkdowncheatsheet. Pdf）。
❑ knitr 书（https://yihui.name/knitr/）。

38.3 组织数据科学项目

在本节中，我们将结合所学内容来创建美国枪杀案项目，然后将其分享至 GitHub。

38.3.1 在 UNIX 中创建目录

在 36.7 节中，我们演示了如何用 UNIX 为数据科学项目做准备。这里使用同一个示例展示 RStudio 的用法。在 36.7 节中，我们用 UNIX 创建了如下目录：

```
cd ~
cd projects
```

```
mkdir murders
cd murders
mkdir data rdas
```

38.3.2　创建 RStudio 项目

在本小节中，我们会创建一个 RStudio 项目。在 RStudio 中依次单击 File 和 New Project，然后选择 Existing Directory，再填入之前创建的 murders 目录的全路径（见图 38.11）。

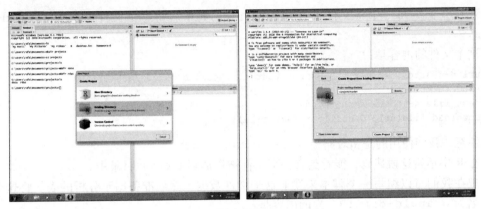

图　38.11

做完这一步后，就能在 RStudio 的 File 选项卡中看到创建的 rdas 和 data 目录了（见图 38.12）。

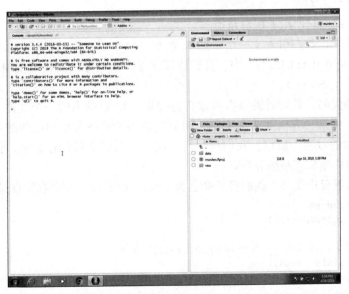

图　38.12

注意，当进入这个项目时，默认工作目录是 ~/projects/murders。这可以在 R 会话中输入 getwd() 来验证。这很重要，因为它会在我们需要写下文件路径时帮助我们组织代码。**数据科学项目的代码要始终使用相对路径，它们应该与默认的工作目录相关**。使用全路径的问题是，由于目录结构不同，代码可能无法在其他文件系统上运行。这包括用主目录 ~ 作为路径的一部分。

38.3.3 编辑 R 脚本

现在我们编写一个将文件下载到数据目录的脚本。将这个文件命名为 download-data.R。

这个文件的内容是：

```
url <- "https://raw.githubusercontent.com/rafalab/dslabs/master/inst/
extdata/murders.csv"
dest_file <- "data/murders.csv"
download.file(url, destfile = dest_file)
```

注意，我们使用的是相对路径 data/murders.csv。

在 R 中运行这段代码，能看到有一个文件被添加到了 data 目录中。

现在我们可以编写一个脚本来读取这个文件数据，然后准备用于分析的表。将这个文件命名为 wrangle-data.R。它的内容是：

```
library(tidyverse)
murders <- read_csv("data/murders.csv")
murders <-murders %>% mutate(region = factor(region),
                             rate = total / population * 10^5)
save(murders, file = "rdas/murders.rda")
```

再次注意，我们只使用了相对路径。

在这个文件中，我们引入了一个新的 R 命令：save。R 中的 save 命令将对象保存到 rda 文件（rda 是 R data 的缩写）中。我们建议在保存 R 对象的文件上使用 .rda 后缀。你还将看到使用了 .Rdata。

运行上面的代码，处理后的数据对象将保存在 rda 目录下的一个文件中。尽管这里的情况有所不同，但这种方法通常很实用，因为生成用于最终分析和绘图的数据对象可能是一个复杂且耗时的过程。所以，我们只运行一次，然后将文件保存起来。但我们仍然希望能够从原始数据中生成完整的分析。

现在准备写下分析文件，我们将其命名为 analysis.R。其内容应该是这样的：

```
library(tidyverse)
load("rdas/murders.rda")

murders %>% mutate(abb = reorder(abb, rate)) %>%
  ggplot(aes(abb, rate)) +
  geom_bar(width = 0.5, stat = "identity", color = "black") +
  coord_flip()
```

如果运行这个分析，你会看到它生成了一个图形。

38.3.4　用 UNIX 创建更多的目录

现在，假设我们想要保存生成的图形以便在报告或演示中使用。我们可以使用 ggplot 命令 ggsave 来实现这一操作。但是，我们把图形放在哪里呢？我们应该有系统地进行组织，所以我们将把图存到一个名为 figs 的目录中。首先在终端中输入以下代码以创建一个目录：

```
mkdir figs
```

然后将这一行内容加入 R 脚本：

```
ggsave("figs/barplot.png")
```

如果现在就运行该脚本，figs 目录中会存入一个 png 文件。如果想要将那个文件复制到其他正在创建演示对象的目录中，可以在终端中使用 cp 命令以避免使用鼠标。

38.3.5　添加 README 文件

目录中现在已有一个独立分析。最后，建议创建一个 README.txt 文件来描述各文件的作用，方便他人以及你自己将来能更好地阅读这些代码。这不是一个脚本，只是一些注释。在 RStudio 中打开新文件时提供的一个选项是文本文件。我们可以将类似的内容保存到文本文件中：

```
We analyze US gun murder data collected by the FBI.

download-data.R - Downloads csv file to data directory

wrangle-data.R - Creates a derived dataset and saves as R object in rdas
directory

analysis.R - A plot is generated and saved in the figs directory.
```

38.3.6　初始化 Git 目录

在 37.5 节中，我们演示了如何初始化 Git 目录并将其关联到 GitHub 的上游库，该上游库已在那一节中提前创建好了。

我们可以在 UNIX 终端中实现这一点：

```
cd ~/projects/murders
git init
git add README.txt
git commit -m "First commit. Adding README.txt file just to get started"
git remote add origin `https://github.com/rairizarry/murders.git`
git push
```

38.3.7 用 RStudio 进行文件的添加、提交和推送

我们可以继续添加和提交各个文件，但用 RStudio 来做可能会更简单。打开 Rproj 文件来启动该项目，此时应该能看到 git 图标，使用这些图标可以添加、提交和推送文件（见图 38.13）。

图 38.13

现在我们可以去 GitHub[⊖] 上确认文件是否上传成功。在 GitHub 上可以看到该项目用 UNIX 目录组织的一个版本。你可以使用终端上的 git clone 命令将副本下载到自己的计算机上。这个命令将在工作目录中创建一个名为 murders 的目录，因此要小心调用。

```
git clone https://github.com/rairizarry/murders.git
```

⊖ https://github.com/rairizarry/murders